宝钢大型高炉操作与管理

朱仁良　等编著

北　京
冶　金　工　业　出　版　社
2018

内 容 提 要

本书立足宝钢高炉炼铁三十年的生产实践，重点叙述大型高炉稳定顺行最主要的操作管理理念和方法。书中包含的宝钢大型高炉所采用的新成果、新技术及其实现过程和效果，有助于读者移植借鉴，提高炼铁操作与管理水平。

本书分四篇共17章，其中原燃料生产与质量控制篇介绍了原料、烧结、炼焦如何服务于大型高炉的生产要求及高炉的精料技术；高炉操作与管理篇介绍了大型高炉的炉况判断、煤气流调节、操作炉型管理、高煤比操作、低硅冶炼、休送风管理、开停炉操作及炉前作业管理等；高炉长寿与维护篇介绍了高炉的选型与配置、炉体维护及炉缸维护等；工艺装备技术发展篇介绍了炉顶装料系统、煤气净化系统及高炉专家系统的发展趋势。

本书可供高炉炼铁相关生产、管理、设计、科研和教学人员阅读参考。

图书在版编目(CIP)数据

宝钢大型高炉操作与管理/朱仁良等编著．—北京：冶金工业出版社，2015.9（2018.6 重印）
ISBN 978-7-5024-6962-7

Ⅰ.①宝…　Ⅱ.①朱…　Ⅲ.①高炉炼铁　Ⅳ.①TF53

中国版本图书馆 CIP 数据核字(2015) 第 192543 号

出 版 人　谭学余
地　　址　北京市东城区嵩祝院北巷 39 号　邮编　100009　电话　(010)64027926
网　　址　www. cnmip. com. cn　电子信箱　yjcbs@ cnmip. com. cn
责任编辑　刘小峰　曾　媛　美术编辑　彭子赫　版式设计　孙跃红
责任校对　王永欣　责任印制　牛晓波
ISBN 978-7-5024-6962-7
冶金工业出版社出版发行；各地新华书店经销；北京虎彩文化传播有限公司印刷
2015 年 9 月第 1 版，2018 年 6 月第 2 次印刷
169mm×239mm；37 印张；722 千字；575 页
160.00 元

冶金工业出版社　投稿电话　(010)64027932　投稿信箱　tougao@cnmip. com. cn
冶金工业出版社营销中心　电话　(010)64044283　传真　(010)64027893
冶金书店　地址　北京市东四西大街 46 号(100010)　电话　(010)65289081(兼传真)
冶金工业出版社天猫旗舰店　yjgycbs. tmall. com

前　言

钢铁业既是社会能耗重点行业，也是温室气体排放大户，受节能减排的影响，钢铁业已开始向绿色环保的低碳型改造升级，由此会积极推进清洁生产、大力发展循环经济，不断提高劳动生产率。钢铁业中炼铁工序是能耗大户，能源消耗比例占钢铁业的70%左右，而其中高炉工序能耗约占总能耗的50%。相对于容积小的高炉，大型高炉具有单位炉容投资经济、能耗低、环境负荷低、劳动生产率高等优点。因此，国内外对大型高炉的发展非常重视。

高炉大型化发展遵循的是炼铁界普遍认同的基本原则：优质、高效、低耗、环保及长寿。随着经济的高速发展，钢铁需求量的迅猛增加，一批大型高炉在国外相继涌现，最早出现的4000m^3级大型高炉诞生在日本。为进一步提高生产率，降低铁水成本，各国高炉的有效容积都在由2000m^3级向5000m^3级发展。其中最具代表性的是日本高炉大型化的发展进程，截至2005年，其平均炉容已达到3814m^3，最大高炉有效容积为5775m^3。国内首座4063m^3高炉自1985年在宝钢诞生以来，至2005年宝钢4号高炉建成投产，国内仅有宝钢4座4000m^3级高炉生产。但近十年来，随着经济发展对钢铁需求量的猛增，高炉大型化发展浪潮方兴未艾，国内4000m^3级高炉如雨后春笋般出现，截至2014年，4000m^3级高炉达到18座，最大高炉有效容积为5800m^3。一批大型高炉建成投产，极大地改变了我国高炉结构，对促进我国高炉炼铁整体工艺装备的发展，提升钢铁业效率和效益发挥着无可替代的作用。

尽管高炉大型化对钢铁业又好又快的发展有着积极的推进作用，但是其发展进程必须基于一定的条件和基础，如大型高炉需要比中小型高炉更加优质的原燃料、高效的管理和综合操作技术。当前，大型高炉对优质原燃料资源的需求越来越多，而可供使用的资源供应则日趋紧张，从而引发了高炉大型化和资源紧缺的矛盾，也导致了高炉炉况的波动、生产技术指标的下降，给高炉操作者带来了巨大的挑战。

大型高炉具有生产效率高、能源利用率高、单位炉容投资低等特点，与此同时，大型高炉需要更加严格、科学、系统的操作与管理及相应配套的生产技术。只有良好的管理与高超的操作技术结合在一起，才能充分发挥大型高炉的优势。否则，大型高炉会在波动中产生巨大的产量、成本、能耗、环境等方面的损失，成为制约企业发展进步的不稳定因素。大型高炉的操作与管理是高炉大型化发展的保障，是充分发挥大型高炉优势的前提，也是钢铁厂竞争力的体现。

高炉大型化受到下列因素的挑战：

◆ 基本操作制度选择；

◆ 调节思路及操作方法；

◆ 原燃料条件的把握（目标化管理）；

◆ 上下游工序之间的稳定管理。

宝钢目前拥有4座有效容积为5000m^{3}级的现代化高炉，其中1号高炉第一代是国内第一座投产的4000m^{3}级现代化高炉。经过三十年的发展，已形成有效容积为4966m^{3}的1号高炉（第三代）、有效容积为4706m^{3}的2号高炉（第二代）、有效容积为4850m^{3}的3号高炉（第二代）、有效容积为4747m^{3}的4号高炉（第二代），这4座大型高炉总有效容积达到19269m^3。高炉铁水产量从投产初期的300万吨，到1991年的400万吨、1995年的800万吨，再到1999年一举突破1000万吨大关，2007年实现1500万吨的突破，预计在宝钢高炉投产30年时，将累计生产铁水2.9亿吨。

虽然宝钢是国内最早引进4000m^{3}级大型高炉的企业，在投产初期也得到了外部的技术支持，但由于对大型高炉的操作认识不足，再加上每座高炉的装备各不相同，原燃料质量波动、设备不稳定等因素，给高炉顺行带来了巨大的挑战。如1号高炉第一代采用双钟四阀式结构，不太容易掌握导料板档位变化带来的炉料的落点变化和径向矿焦比的分布，炉墙反复出现结厚现象，导致高炉顺行不好、崩滑料多，强化冶炼难以实现；如2号高炉投产初期缺乏对冷却水质管理经验，导致了在1994～1995年期间2号高炉冷却板多次大面积烧坏等问题；如3号高炉采用的全冷却壁矮胖型高炉，操作上无现成的经验可循，由于过多地考虑长寿问题，边缘气流压得过重，导致软熔带根部低，崩滑料次数多，炉况波动大，甚至发生炉凉等事故。

尽管宝钢高炉生产三十年来，在操作上碰到过各种各样的问题和难题，但宝钢炼铁人始终以“掌握新技术，要善于学习，更要善于创新”为指引，把技术落实到创新上、创世界一流水平上，以创新求发展，在“引进、消化、跟踪、创新”的道路上，取得了一系列可喜的成果，主要表现在：4座高炉全部实施强化冶炼，并长期保持稳定顺行；成功实现了高煤比、高利用系数、低硅低硫、优质低耗的冶炼操作，喷煤比、燃料比、工序能耗、利用系数等一些主要经济技术指标达到世界一流水平或世界领先水平。例如，1号高炉在1999年6月月均煤比达到260.6kg/t；3号高炉在2005年3月月均利用系数最高达到2.636t/(m^3·d)；4座高炉工序能耗（标煤）“破4见3，小于400kg/t”；铁水含硅长期控制在0.3%左右；高炉长寿维护、开炉、停炉等技术取得重大突破；2号高炉一代炉龄达到15年，单位炉容产铁量超过1万吨/立方米，而3号高炉一代炉龄更是达到19年，单位炉容产铁量达到1.57万吨/立方米，步入世界长寿高炉行列；实现了高炉工作者一直追求的“优质、低耗、高效、长寿、环保”的目标，为宝钢整个生产和物流平衡走上良性循环做出了贡献。这一质的飞跃，在宝钢炼铁的发展史上，写下浓墨厚重的一笔。

本书重点叙述了大型高炉稳定顺行最主要的操作管理理念和方法。一是必要的“精料”是高炉生产顺行、指标先进的基础。大型高炉的稳定顺行，不仅仅是高炉炉况的日常调剂，而是必须从原燃料的选择以及对料场管理、烧结、炼焦全过程加以控制，在优质炼焦煤和铁矿石资源日益紧张的情况下，应及时调整高炉原燃料结构、品种和质量，为高炉提供质量稳定且能满足大型高炉冶炼需要的原燃料，以实现炼铁系统效益最大化。二是高炉操作上从传统的调节炉温、气流应逐步过渡到以稳定日常操作炉型为目标的炉体热负荷管理，强调“三段式”的煤气流管理，并结合高炉工艺装备的不同，做到高炉煤气流上、中、下的合理匹配，通过煤气流合理分布来获得稳定的操作炉型，同时还应关注炉前作业及设备状态，达到高炉炉况长期稳定运行。

纵观宝钢4座大型高炉生产实绩，我们愿意将多年来通过不断探索而形成的一套宝钢大型高炉操作技术及管理经验与读者分享，供炼铁同行参考，共同提高大型高炉的操作水平和管理水平。相信本书的出版对我国大型高炉的操作与管理取得更大的进步会有所裨益。

本书分四篇共17章。原燃料生产与质量控制篇介绍了原料、烧结、炼焦如何服务于大型高炉的生产要求及高炉的精料技术；高炉操作与管理篇介绍了大型高炉的炉况判断、煤气流调节、操作炉型管理、高煤比操作、低硅冶炼、休送风管理、开停炉操作及炉前作业管理等；高炉长寿与维护篇介绍了高炉的选型与配置、炉体维护及炉缸维护等；工艺装备技术发展篇介绍了炉顶装料系统、煤气净化系统及高炉专家系统的发展趋势。

本书编写人员都长期工作在宝钢生产第一线，有丰富的生产和管理实践经验，也是宝钢炼铁大工序的主要技术骨干。参与编写工作的人员有：王跃飞、鲁健、曹银平、华建明、林成城、夏欣鹏、俞樟勇、朱锦明、王波、朱勇军、杨俊、程乐意、王臣、朱怀宇、徐辉等，全书编写工作由朱仁良组织并负责篇章结构安排和调整、审稿、修改、定稿工作。

在本书编写过程中，还得到了宝钢集团有限公司有关部门及炼铁厂相关人员的大力支持和帮助，在此一并表示感谢。

由于作者水平所限，不足之处敬请批评指正。

朱仁良

2015年6月于上海

目　录

第一篇　原燃料生产与质量控制

第二篇 高炉操作与管理

第三篇 高炉长寿与维护

第四篇　工艺装备技术发展

第一篇 原燃料生产与质量控制

炼铁工作者常说的“七分原料、三分操作”，表明了原燃料在高炉炼铁中对高炉顺行和技术经济指标的重要性。随着高炉的大型化、现代化、高利用系数、低成本操作、高煤比和长寿需求，高炉对原燃料的质量要求越来越高。炼铁原燃料管理是以高炉对原燃料的要求为目标，确保高炉各前道工序产品烧结矿、焦炭、混匀矿等既满足大高炉需要又实现炼铁系统效益最大化。

本篇主要介绍了原料管理、烧结和炼焦的生产与质量控制以及高炉精料技术等四个方面内容：

（1）原料管理。宝钢拥有大型的现代化料场，对原料进行预处理、破碎筛分等，通过混匀堆积作业，给烧结输送稳定的原料。为满足宝钢高炉精料方针的要求，矿石系统和煤焦系统都实行“集中统一一贯和计划统一一贯”的管理原则，使高炉、烧结、焦炭生产与原料供需统一起来考虑，在每个环节上的管理都趋向标准化，减少由于外部因素变化所引起的原燃料波动，确保原燃料的库存、质量和数量达标，稳定高炉生产。

（2）烧结生产与质量控制。烧结矿作为高炉的主要原料，其质量的好坏关系到高炉的稳定顺行。在近30年的生

产实践中，宝钢烧结一直在改善配矿结构、降低配矿成本、提高烧结矿产质量等方面进行技术攻关，逐步形成了低硅烧结、高褐铁矿配比烧结、厚料层烧结、液密封环冷等高效节能环保等核心技术，确保了烧结矿成分比较稳定，理化指标和冶金性能等质量指标优良，为高炉生产的稳定顺行和降本增效提供了有力保障。

（3）炼焦生产与焦炭质量控制。根据高炉对焦炭的要求，炼焦配煤技术以焦炭质量控制为核心，注重选煤、配煤和用煤等多个环节。炼焦煤的预处理包括预破碎、煤的配合、二次破碎、成型煤及煤调湿等工艺过程，将配合好的煤装入炼焦炉的炭化室，在隔绝空气的条件下通过燃烧室加热干馏形成焦炭，并采用全干熄方式处理高温焦炭。焦炭质量管理除关注化学成分、粒度外，更主要的是其常规力学性能（转鼓强度、耐磨指数等）和高温冶金性能，如反应性（*CRI*）和反应后强度（*CSR*），确保焦炭的各项性能指标满足宝钢高炉质量要求。

（4）高炉精料技术。宝钢以高炉为中心组织生产，使用自产的烧结矿和焦炭，球团矿和精块矿均为外购。由于世界钢铁产量大幅增长，致使优质炼焦煤和铁矿石资源紧张，而且原燃料的质量和性能呈下降趋势。受市场影响，宝钢高炉原料结构、品种和质量也在不断调整和优化，对高炉稳定产生一定的影响。宝钢一贯坚持高炉精料方针，日常生产过程中不仅重视原燃料管理（槽位管理、筛分管理、水分管理和成分管理），也注重高炉炉料的合理搭配，优化高炉炉料结构一直是宝钢高炉坚持的生产技术路线。在炉料结构中化学成分是基础，物理性能是保证，冶金性能是关键。合理炉料的结构不仅要提升炉料理化性能、改善冶金性能，关键是保持炉料结构的稳定性。

1 原料管理

1.1 原料管理概述

1.1.1 原料管理的意义

原料是企业进行生产的物质基础，原料管理是钢铁企业生产管理中的重要组成部分，宝钢原料管理主要是炼铁原料和燃料的管理。

“精料”是大型高炉稳定、顺行、高产、优质、低耗、长寿的前提条件，是炼铁原燃料管理的宗旨。随着高炉的大型化、现代化，高炉对入炉的原料要求越来越高，全球主要钢铁企业将原料管理作为新的研究课题，建立大型现代化料场，对原料进行预处理、破碎筛分等，通过混匀堆积作业，使多种不同性状的原料经过预处理后变为单一稳定的原料供给烧结。而且实行了从计划入手的对矿石系统和煤焦系统的一贯管理，在每个管理环节上都制定了一系列的管理标准。使原料管理趋向标准化，其目的是为了最大限度地满足大型高炉“精料”的要求。

实践证明，任何一项稳定的原料管理指标，如品位、粒度、SiO_2 等，不仅对烧结生产有重要作用，而且对高炉冶炼也有重要意义。如入炉品位波动值由1.5%降低到1.0%，高炉可增产2.5%，降低焦比1.5%，因此原料管理能给企业带来很大的经济效益。

企业的规模越大，所需要的原料越多，影响原料稳定的因素也越多。诸如原料产地发生变化、供料过程中的运输问题、供料质量的波动、厂内各道工序发生的生产操作的波动等都直接影响原料使用的稳定。原料管理主要的任务是：（1）按照“统一、一贯”管理原则，加强管理，确保高炉、烧结、炼焦、炼钢、电厂等用户生产计划完成；（2）分解并执行上级部门下达的生产指令和生产计划，编制、调整原料单元内部各类作业计划和作业要求，要确保原料质量、数量的稳定，为各用户生产的稳定创造必要的条件；（3）确保每个品种原料的库存量，既要满足正常生产需要，又要尽量减少资金占用。

1.1.2 宝钢原料管理的特点

宝钢原料管理的特点主要是集中统一一贯管理和计划统一一贯管理。

1.1.2.1 集中统一一贯管理

集中统一一贯管理是宝钢原料管理的一大特点。宝钢原料系统具有输入、堆积、破碎、筛分、混匀、输出等一整套的原料处理设施。因此在管理上要求具有一套与之相适应的原料管理体制——集中统一一贯管理，并在原料管理上实行 P（计划）、D（实施）、C（检查）、A（处置）管理。

1.1.2.2 计划统一一贯管理

P——由生产管理部门负责编制年、季、月计划及实绩调整计划的一贯管理，实行矿石系统、煤系统的一贯成分值的管理，从而确保原料使用配比的长期稳定性。

D——原料管理是以计划管理为核心，但是原料计划并非单纯的原料使用计划，它是融合从物流、运输部门来的进料预报、确报以及船、车的运输计划和生产车间来的料场作业生产实绩信息为一体，定期进行综合调整，正确预测原料在使用过程中可能发生的问题，使发生的问题能在实行调整阶段得到妥善解决。通过一系列的管理活动，并以原料配比变更指示书的形式对原料的月计划进行微调整。

C——检查与分析。通过原料实绩整理工作，建立生产实绩台账。原料数量、质量推移图，日报，月报，年报，库存盘点等对所有制订的原料计划和原料作业进行检查，对比分析所用原料对生产的影响、计划的准确度及存在的问题，分析在原料使用过程中原料配比的变化趋势。

A——以每个阶段分析总结的结果指导以后的计划制订及再调整。

1.1.2.3 宝钢原料管理的优点

宝钢原料管理的优点归纳起来有以下四点：（1）原料集中统一一贯管理可以使高炉、烧结、焦炭生产与原料供需统一起来考虑，能很好地实现原料管理的目标。减少由于外部因素变化所引起的原料使用的波动，突出了原料使用稳定对稳定高炉生产的意义，避免各自为政的弊端。（2）有利于生产线集中精力搞好作业。（3）可以精简机构提高效率。（4）有利于原料管理实现标准化和规范化，为实现计算机进行原料管理自动化创造条件。

1.1.3 原料管理的主要内容

1.1.3.1 原料管理的对象

矿石类：原矿、整粒矿（精块矿）、粉矿、球团矿、粉碎粉、各种筛下粉、烧结矿等；

燃料类：焦煤、焦炭、发电煤、喷吹煤、烧结用煤等；

副原料类：石灰石、白云石、蛇纹石、硅石、锰矿、萤石等；

厂内回收类：高炉灰、氧化铁皮、粒铁、钢渣、高炉二次灰、活性污泥、杂矿、杂煤、头尾焦等。

1.1.3.2 原料管理日常主要工作内容

（1）信息数据收集，其主要有：

来料信息：生产管理部门的日进料计划指令；

生产信息：料场图、高炉日报、烧结日报、原料日报、原料班报、破碎生产日报、混匀矿堆积班报、煤处理日报、焦处理日报、动力煤月旬日收发存报表；

原料质量信息：进厂原料质量分析（成分、粒度、水分），破碎筛分过程采样分析（成分、粒度、水分），烧结原料分析（烧结筛下粉、返矿、小球团等）、煤质量分析。

（2）成品质量分析：焦炭质量分析、烧结矿质量分析、混匀矿质量分析。

（3）计划信息：铁水，钢水，发电的季、月生产计划；高炉、烧结、原料、焦处理、发电等单位的季、月定修计划；高炉、烧结、焦处理、混匀矿配比指示书。

（4）台账管理：收集的信息登记入账。

（5）生产实绩整理：分日、月、年报进行整理分析。

（6）原料生产计划编制：混匀矿堆积、破碎筛分生产计划的编制。

（7）原料作业调整计划。

（8）输入作业调整及日调整例会。

（9）料场管理。

1.2 原料及料场管理

1.2.1 原料质量管理

炼铁原料质量管理是以高炉对原料的要求为目标，以能采购到的原料（矿石、煤、副料）条件为基础，为达到高炉生产所要求的目标值所进行的工作内容。

1.2.1.1 原料质量管理基本方法

A 目标值管理

原料管理特点之一就是融数量和质量为一体的目标值管理。在编制原料使用年度计划时，首先由配矿、配煤小组制订年原料使用总计划（年配矿比、配煤比及高炉烧结生产计划）作为年原燃料使用目标，即在制订购矿计划时就要在数量和质量上确保炼铁生产计划的完成。虽然在原料使用过程中由于各种因素不断在变化，配矿、配煤比需要不断地调整，但是原燃料的使用始终把年目标配比作为一年中总的调整方向，这样才能保证购矿与使用的一致性，配矿比与配煤比的稳定性。

原料质量管理在各个工序环节都有明确的目标值。炼铁以高炉为中心组织生产，因此在原料管理系统中，以高炉目标值为主要管理目标，为保证完成高炉目标值，各前道工序产品烧结矿、焦炭、混匀矿等都制订出相应的目标值，见表1-1。

表 1-1 原料管理目标值

高炉			烧结			焦炭		
项目	单位	目标值	项目	单位	目标值	项目	单位	目标值
[Si]	%	0.45	TFe	%	57.5	*ASH*	%	<12.0
[Mn]	%	0.25	SiO_2	%	5.0	*DI*	%	>88.0
[P]	%	0.10	Al_2O_3	%	1.9	*CRI*	%	<24.0
[S]	%	0.025	CaO/SiO_2		1.82	*CSR*	%	>66.0
(Al_2O_3)	%	<15.3	MgO	%	1.5			
(MgO)	%	6~7	Mn	%	0.25			
CaO/SiO_2		1.25	新原料单耗	kg/t	1.135			
渣比	kg/t	<280	焦粉单耗	kg/t	52.0			

表 1-1 中目标值为宝钢实例，在实际制订年、季、月原料使用计划时，还要根据当时的生产情况对目标值进行微调整。原料管理的任务是始终要千方百计为稳定高炉生产、实现炼铁生产的目标值而努力。

B 进厂原料的“批别管理”

a “批别管理”的概念

“批别管理”就是在原料管理中将一船或一个批次的原料堆放在一起，作为一个管理单位称为“输入批”，每一个管理批都有一组能代表该管理批的原料质量成分值，以这些成分值作为混匀矿配料计算、配煤计算使用的质量数据，进而对于焦炭、烧结矿、生铁、炉渣进行预想成分计算。批别管理是原料质量管理的基础，无论是矿石、煤，一批批不断地输入场内，这些原料即使来源于同一国家、同一矿山、同一品种的原料，它们的质量也有很大的差异。以里奥多西粉矿为例，2006 年共进 39 船，每一船（一管理批）有一组成分值，如 SiO_2 最大值为 4.3%，最小值为 2.4%，可见里奥多西粉矿的批间波动也是很大的。这样大的质量差异，是不能稳定混匀矿质量的。如果不进行批别管理，而采用通常的混堆混取的方法，就无法控制输出原料质量，更无法实行烧结高炉的预想成分管理。由于船期预报的不准确，料场面积的限制，或生产发生变化，批别管理也是变化的，一般只能达到 75% 左右。

b 管理批的编制方法

管理批的大小决定于原料的进场方式。宝钢原料 95% 是水运进场，因此是由船型决定管理批的大小。以矿石为例说明矿石管理批的编制方法及成分值使用方法，管理批大体分三种：一条船一个管理批；两条船一个管理批；多条船一个管理批（如 20 万吨的大船在马迹山港减载后进宝钢码头，在马迹山卸下的矿石用小船送宝钢料场，造成多条船一个管理批）。在原料质量管理方法中，还有预想成分管理、原料成分值管理等方法。

1.2.1.2 原料质量数据收集

原料管理需要收集以下与质量管理有关的数据：

（1）进场原料质量（矿石、煤、副料的成分、水分、粒度）；

（2）加工原料质量（筛下粉、粉碎粉、精块矿的成分、水分、粒度）；

（3）混匀矿质量实绩（成分、粒度、水分）；

（4）焦炭质量实绩（粒度、强度、焦炭灰分等）；

（5）烧结矿质量实绩（成分、粒度、*RDI*、*TI*）；

（6）高炉生铁、炉渣成分；

（7）高炉、烧结生产作业指标实绩；

（8）混匀矿变更配比指示书；

（9）烧结变更配比指示书；

（10）高炉变更配比指示书；

（11）配煤变更指示书；

（12）烧结配合原料取样分析实绩。

1.2.1.3 原料质量确认的内容和方法

因许多原燃料的质量问题在报表中是看不到的，只有在现场才能及时发现并解决原燃料的质量问题，以确保各用户的利益。现场原料质量确认的主要内容有：

（1）输入料场的物料在粒度上是否符合要求；

（2）物料输入过程中物料的水分是否影响料堆的堆积；

（3）物料的堆积方法是否规范；

（4）是否存在混料现象；

（5）物料中是否混有杂物；

（6）二次料场破碎产品、落地烧结矿等的粒度情况；

（7）煤堆的温度，料场管理人员在料场巡视过程中，通过目测能基本了解物料的基本情况，另外可以通过实地测量的方法确认煤堆的温度。

1.2.1.4 原料质量问题的处理

A 混料的区分及处理方法

在作业过程中，两种或两种以上的原料混杂在一起；或作业不当，两种或两种以上的原料混合堆积在一起，形成混料。混料将影响到单品种原料的质量。混料的分类如下：

（1）原发性混料。原料在进入原料场以前已形成的混料，称为原发性混料。如原料在矿山、港口堆场、中转堆场或装卸车船的过程中，已经形成的混料。

（2）作业混料。原料在输入料场堆积过程中，由于操作和设备原因形成的混料，或在加工处理过程中发生的混料，或在原料向用户输送过程中形成的混料，都称为作业混料。

（3）落料混料。在作业过程中因操作和设备原因，如皮带跑偏、溜槽堵塞、流量过大、皮带撕裂等，引起两种或两种以上的原料混杂在一起，形成混料，称为落料性混料，其混杂料通常称为落矿。

（4）塌方混料。因大雨暴雨引起料堆塌方，致使两种或两种以上原料混杂在一起；或在处理料场塌方过程中，使两种或两种以上的原料混杂在一起，所形成的混料，称为塌方混料。

混料的处理有如下处理方法。

a 原发性混料的处理

当获悉原发性混料要进入料场时，必须了解混料的品种、数量及相混的比例，根据不同情况，分别处理。两种或两种以上原料比较均匀混合的情况，输入时堆放在料场指定的地方，使用时降级处理，即按质量最差的品种使用。两种或两种以上的原料局部混料的情况，输入时未混料部分仍按正常堆料，混料部分另行堆积，使用时降级使用。局部混合料在堆积过程中无法分别堆放时，使用时分清混料和未混的料，未混的料按正常使用，当取到混料时，所取的混料降级使用。

b 作业混料的处理

由于作业混料的场合和方式各不相同，因此，将一些较典型的混料事例列出如下：

输入过程中发生的混料的处理。当原料在输入过程中，如发现皮带系统中有混料现象，此时的原料尚未堆入料场，其处理办法是，立即停止运转，待有关部门确认后，将皮带上的混料另堆放在指定地点。

输入原料在料场堆积时发生混料的处理。当原料在堆积中，两种原料相混时，停止堆料，确认混料的品种、数量和混料的情况，如能当场处理时，及时将混料部分的料取出，另行堆放。如不能及时处理时，待该堆原料使用时处理。

原料在加工过程中发生混料的处理。原料在加工过程中发生混料时，及时将混料排放，堆放在指定的地点，待处理。

原料在输出时发生混料的处理。原料向用户输出过程中发生混料，如果原料尚未达到用户的料槽，立即停止送料，将皮带上的料处理下来，作为杂矿返回料场；如果已进入用户的料槽，先与用户联系，停止切出，查明混料的原因、品种、数量和比例，与用户协商处理并使用。

c 底料和边角料及翅膀料的处理

由于料场内不少料堆采用非固定配置，在堆取过程中，难免形成两种以上原料混杂在一起的底料和翅膀料，如果堆取周期长时，其中混合的品种就多达数种，这些原料的处理方法为：混合料全部为块矿时，降级使用，作为混合中最差的料使用；混合料全部为粉矿时，作为杂粉矿，配入混匀矿中使用；混合料中既有块矿又有粉矿时，作为杂块矿，经破碎处理后，配入混匀矿中使用。

d 落矿的处理

落矿的来源：原料在输入输出及加工过程中产生的落料和混料，高炉和烧结在生产作业中回收的落料，检化验部门在检验过程中回收的废料，运输部门码头回收的落料，炼焦和配煤回收的落煤及落焦等，都称为落矿。

落矿的收集：落矿按落矿和落煤进行分别收集，按其性质不同，可归为杂块矿、杂粉矿、杂煤和杂焦炭。各类落矿指定堆放地点，经确认后，分别堆放。

落矿废弃原则：所有落矿必须由生产管理部门确认。落矿中含有煤或副原料等的比例超过30%时，此类落矿必须废弃；落煤中含有矿及副原料等的比例超过5%时，此类落煤必须废弃。

e 塌方混料的处理

两种煤发生相混时，降级使用，作为其中较差的煤种使用。两种以上的煤混合在一起时，作为杂煤处理，堆放在料场的指定地点。两种矿发生相混时，如果同为块矿或粉矿，降级使用，作为其中较差的矿种使用。块矿和粉矿相混时，作为杂块矿，堆放在料场指定地点。多种矿相混时，参照上面两条执行。

B 异常烧结矿的处理

烧结矿头料和尾料的处理：烧结矿头料和尾料的返回量小于落地烧结矿料堆量1%时，均匀地撒在落地烧结矿料堆上；烧结矿头料和尾料的返回量大于落地烧结矿料堆量1%时，单独堆放。处理方法为，与相关方协商，按落地烧结矿输送流程进行使用，或者经全破碎后，经有关部门同意，配入混匀矿使用。

不合格烧结矿的处理：对碱度等质量指标不合格的烧结矿进行单独堆放，经全破碎后，经有关部门同意，配入混匀矿使用，或者经有关部门领导同意，均匀地撒在落地烧结矿料堆上。

C 粒度不合格球团矿处理

对于来船粒度低于管理标准的球团矿，一般采取以下方法处理：降低取料流量，以提高筛分效率，从而达到确保送到高炉的球团矿的粒度符合要求；将粉率过高（一般粉率在30%以上）矿石经破碎单元的筛分后再送高炉。

D 粒度不合格破碎产品处理

粉率超标精块矿的处理：对粉率超标的精块矿全部落地，有条件的料场可重新安排矿石破碎系统进行筛分作业。对已落地的粉率超标精块矿，一般要经过球团矿筛分系统筛分后再送用户。已落地而且粉率过高（一般粉率在30%以上）的精块矿，必须用卡车倒驳到其他矿石料场，再经矿石破碎单元的筛分后再送相关用户。

粒度超标筛下粉、粉碎粉的处理：将粒度超标筛下粉、粉碎粉全部落地，有条件的料场可重新安排矿石破碎系统进行筛分或者破碎。对于已落地而且粒度超标的筛下粉、粉碎粉必须用卡车倒驳到其他矿石料场，再经矿石破碎单元的筛分后参加混匀矿堆积。

粒度超标烧结熔剂的处理：将粒度超标烧结熔剂全部落地，用卡车倒驳到原来未选熔剂的大堆上，再经相应熔剂破碎单元的处理后送烧结使用。

1.2.2 原料数量管理

1.2.2.1 原料定额管理

根据宝钢当年经营方针和经营目标，实现全厂稳定生产，降低资金占用，提高宝钢的经济效益，按照“精料”要求，实现铁矿石、副料、燃料类的稳定供料，在管理上必须制订合理的库存标准，把定额管理制度作为数量管理的准则。

A 库存定额编制的前提条件

（1）合理库存标准就是按照年的生产量、配矿配煤方案，以年的平均日产量为依据，以近年来的生产实绩为基础，制订出标准的库存量和标准的库存使用天数。

（2）库存定额标准由生产管理部门负责每年修订一次。

（3）从主、副原料码头输入的原料量，以物流部门提供的货运单为准。特殊情况由生产管理部门与有关部门协商后，以输入的电子秤计量为准。

（4）从陆路输入的副原料，以皮带电子秤计量为准。

（5）为了准确反映料场库存量，料场月末库存按下式修正：

月末库存 = 上月末库存 + 本月输入量 - 本月使用量 ± 调整量

调整量情况：使用完了的料堆调整量 = 本堆输入量 - 本堆使用量；未使用完的料堆每月月末库存调整量，由生产管理部门与炼铁料场管理者共同现场目测确定。

B 宝钢库存定额管理中的几项规定

（1）库存量的考核标准以月最后一天时间22：00的库存量为准，22：00前已靠泊的在卸船只的装载量可以计入库存量，而待靠泊的船只的装载量不计入库存量。

（2）铁矿石、副料、煤炭类若因发生变动或设备故障等原因，使生产计划变动而引起原料使用计划变动，致使原料库存超过上限或下限的标准时，需要调整进料量。

（3）对于低于下限定额标准的铁矿石、副料和煤炭类，应加强信息交流，生产管理、采购、运输、物流、炼铁等部门共商对策，密切配合，抓紧组织输入作业，以满足生产的需要。

(4) 坚持“原料质量第一”的原则，减少防止各类杂物混入。由于管理不善造成混料，作为生产事故处理。

1.2.2.2 原料进量管理

进厂原料输入量：进口矿石和煤炭类输入量以商检计量为准。国内矿石、副料、煤炭类输入量以发货单为准。

使用原料计量：原料使用量以各用户计量为依据。设备部负责对各厂之间原料输送量和使用量的计量器具管理精度考核。

器具管理：原料管理系统中除了经确认的厂（部）间结算用的计量器具外，其余均作为工艺（作业）管理用的计量器具。

计量争议：发生计量异议时，由计量部门进行原因分析，提出处理意见，并做出裁决。重大纠纷报请公司裁决。

1.2.2.3 原料库存调整

A 库存调整的原因

料场库存量的计算方法为：

某品种原料账面库存量 = 期初库存量 + 管理期输入量 - 管理期原料使用量

在实际原料管理中，账面库存量与料场的实绩库存量两者之间经常是不一致的。在管理上为了保持账面库存量与料场实绩库存量能一致，则产生了一个调整量，即：

某品种原料库存 = 期初库存量 + 管理期输入量 - 管理期使用量 ± 调整量

产生调整量的原因主要有料场下沉量、厂内外粉尘损失和雨季流失、落矿损失、计量误差等。

B 库存量调整方法

a 日常堆位库存量调整

(1) 料场管理者对矿石各堆取完后，对该堆进行账面调整。原则上在各堆输出过程中，不做调整。

(2) 料场管理者，每周两次对库存进行检查，并绘制料场图，当天分发各有关单位。

(3) 料场管理者根据调整量，修正中控计算机画面。

b 原料的月数量调整

每月生产管理部门的原料管理人员对于原料使用量通过原料平衡表进行原料月调整，调整办法分以下三种：

(1) 粉矿调整。以 ORD-S 矿为例说明宝钢在管理中粉矿的调整办法（其他粉矿相同），见表 1-2。

表 1-2 主副原料平衡表（干量） (t)

品 名	月初库存	本月输入量	本月使用量	月末库存	储存天数	调整量
ORD-S-112	29000			29000	16.1	
ORD-S-113	97392		98210			818
ORD-S-131		57606	2883	54723	30.4	
小 计	126392	57606	101093	83723	46.5	818

注：ORD-S-112 一堆料未用完不调整。ORD-S-112 一堆输入量为 97392t，使用量为 98210t，一堆使用量大于进料量，调整量为正数 818t，如相反则调整量为负数。

（2）块矿调整。宝钢原矿、整粒矿在料场上经过破碎加工后，产生精块矿（L）、筛下粉（F）、粉碎粉（K），分别送往高炉（L）或参加料场混匀作业（F、K）后，送给烧结使用（图 1-1）。

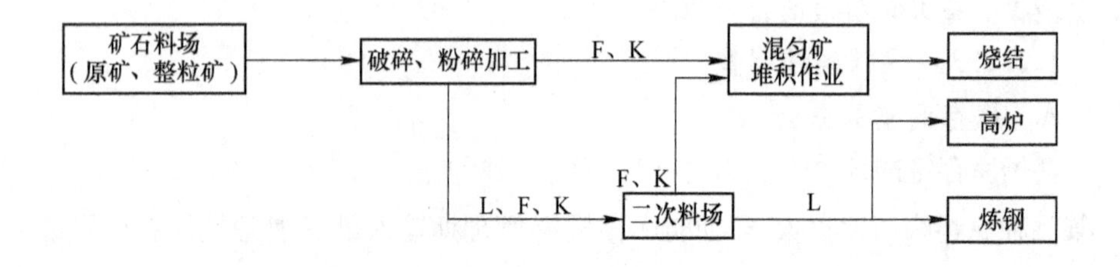

图 1-1 块矿使用示意图（块矿 = F + K + L）

以 OHN-N 矿为例说明块矿的调整办法（其他块矿相同），见表 1-3。

表 1-3 主副原料平衡表（干量） (t)

品 名	上月库存	本月输入量	本月使用量	月末库存量	调整量
OHN-N-L	8836	13345	10789	11392	
OHN-N-F	8752	8439	12332	4859	
OHN-N-K	8456	1837	6927	3366	

注：二次料场本月输入量（加工量）= 月末库存量 + 本月使用量 − 月初库存量 ± 调整量。

（3）原矿石料场调整。以 OHA-N 矿为例说明块矿的调整办法（其他块矿相同），见表 1-4。

表 1-4 主副原料平衡表（干量） (t)

品 名	上月库存	本月输入量	本月使用量	月末库存量	调整量
OHA-N-2M1	61504		32003	29501	
OHA-N-2N1		78818		78818	
OHA-N-291	66058		63594		−2464
小 计	127562	78818	95597	108319	−2464

注：原矿石场月末库存量 = 月初库存量 + 本月输入量 − 处理量（加工量）± 调整量。

表1-4中OHA-N-291账单量为66058t，加工量为63594t。料场库存实际为0，调整量为-2464t。

1.2.2.4　原料库存盘点

A　料场库存盘点的目的

库存盘点的目的是通过库存盘点掌握料场内主、副原燃料实际库存和损耗情况，根据盘库结果对原料台账进行调整，使实际库存与账面数量一致；为编制下一阶段的供需计划和申请计划提供依据；通过盘库，找出管理上的薄弱环节，加强库存管理，使库存趋于合理，减少资金占用；通过盘库找出各种主、副原燃料堆场损耗比例系数并推算下沉量。

B　盘库参加单位及分工

生产管理部门负责盘库的组织工作，提出要求并写出盘库报告，做出盈亏分析及提出改进意见。质量检测部门负责各品种堆密度的测量和堆密度报告。设备计量部门提出各秤精度的鉴定意见，参加盘库结果的盈亏综合分析，改进计量器具精度，不断提高车船输入计量、水测工作的准确性。物流部门参加库存盘点和盈亏分析讨论，提出改进意见，提供各种主、副原燃料的输入量。财务部门参加监督和检查库存盘点，负责经济核算，包括垫底、下沉量的核销，损耗分摊，参加盘库分析讨论，提出改进意见。各库、场盘库负责单位的划分：电厂负责电厂的干煤棚及其堆场，炼铁厂负责主、副原燃料料场及各用户原燃料槽位，物流部门负责铁路副原料堆场。

C　盘库时间及方法

盘库时间：库存盘点时间原则上按每年5月末及11月末两次进行，特殊情况可增减盘库次数，年末盘库必须进行。

盘点工作内容如下：

（1）盘点准备工作：

1）根据工作量确定实测小组。

2）取样测定原料堆密度。

3）为了便于各堆位实测，原料的堆积和取出必须严格按规定执行，并清理堆底。

4）测量准备工作必须预先确定每堆料的测定方法（标准图型），决定计算公式，准备记录表格及测量工具。

（2）盘点方法：

1）减算法。输入后还没有输出的料堆，料堆库存量=账单量；输出量很少的料堆，料堆库存量=账单量-输出量。

2）实测法。正在输出作业的料堆。

3）目测法。矿石，库存量在3000t以下；副料，库存量在2000t以下；煤，库存量在1000t以下。

4）对于特殊的堆积图型需进行特殊的测量，或者设想近似的模型进行测量。

（3）盘库数量整理：

计算堆积重量：

$$W = V\gamma$$

换算成湿量：

$$W_{湿} = W_{干}/(1 - H_2O\%)$$

式中 V——几何图形计算体积，m^3；

γ——堆密度（干量），t/m^3；

$H_2O\%$——输出时的水分或进料水分分析值，%。

进料量、使用量整理。每年11月30日为统计年进料量、年使用量截止时间。盈亏计算、写盘库说明及盘库数据处理意见。

（4）盘库盘存处理：

1）通过库存盘点，对库存的盈亏情况综合分析，提出改进意见和措施，以书面形式向公司汇报。

2）属于规定范围内的自然损耗，应按规定上报财务部门予以核销，并要修正料场图。

3）损耗超过规定范围的亏损，由财务部门报公司领导批准后作出处理。盘亏损耗分摊由财务部门召集相关部门共同商定，报公司领导批准。

1.2.3 料场管理

料场管理，不仅是将矿石堆放在规定的场所进行数量的管理，而且要按品种、批量进行质量管理。同时，在投产初期阶段，由于受到料场地基强度的制约，要进行压密管理。

1.2.3.1 料场的种类及特点

A 料场原有形式和命名

为了叙述方便，将料场分为A型料场、B型料场、C型料场、D型料场。普通露天条型料场即称为A型料场，在钢铁厂、码头、矿山等行业的原料储存中广泛应用，在目前国内外的绝大部分的钢铁企业，都采取这类料场的形式。图1-2为用作一次料场的A型料场布置形式，图1-3为用作混匀料场的A型料场布置形式。

B 封闭料场

为解决原料场扬尘污染的问题，目前比较流行的方法是料场封闭技术。

a B型料场

B型料场是在A型料场基础上增加封闭厂房，使之成为封闭式原料场，用作一次料场的B型料场如图1-4所示，目前在湛江球团项目原料场工程中采用了这种形式，用作混匀料场的B型料场如图1-5所示。

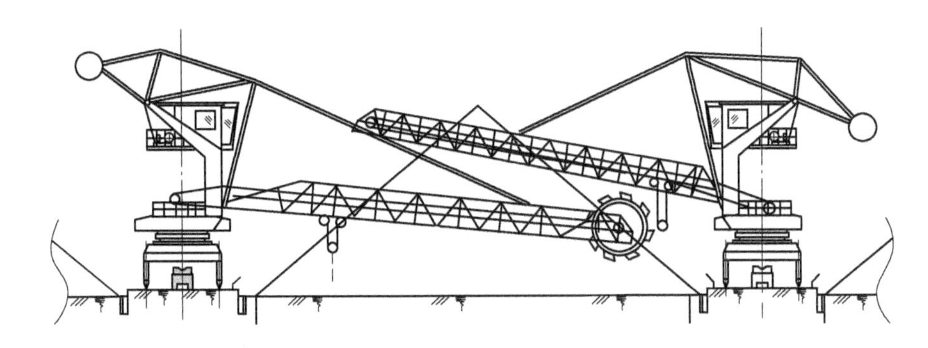

图 1-2 用作一次料场的 A 型料场工艺断面布置图

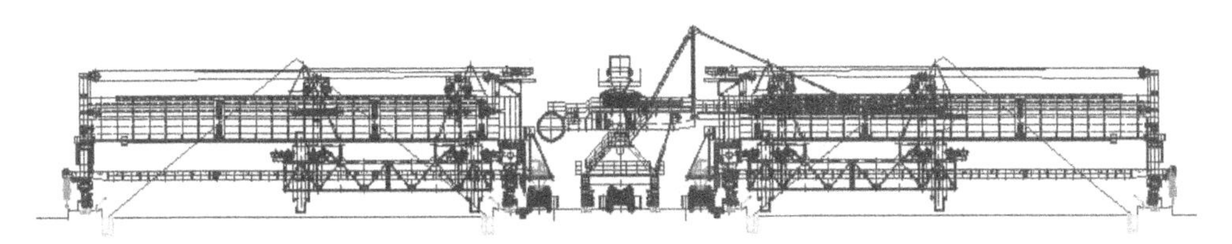

图 1-3 用作混匀料场的 A 型料场工艺断面布置图

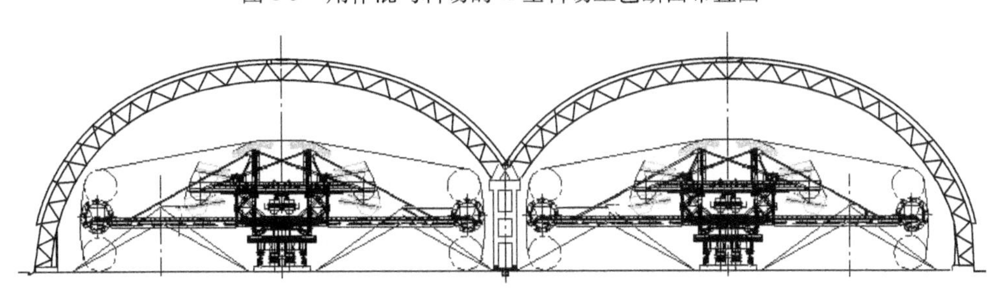

图 1-4 用作一次料场的 B 型料场工艺断面示意图

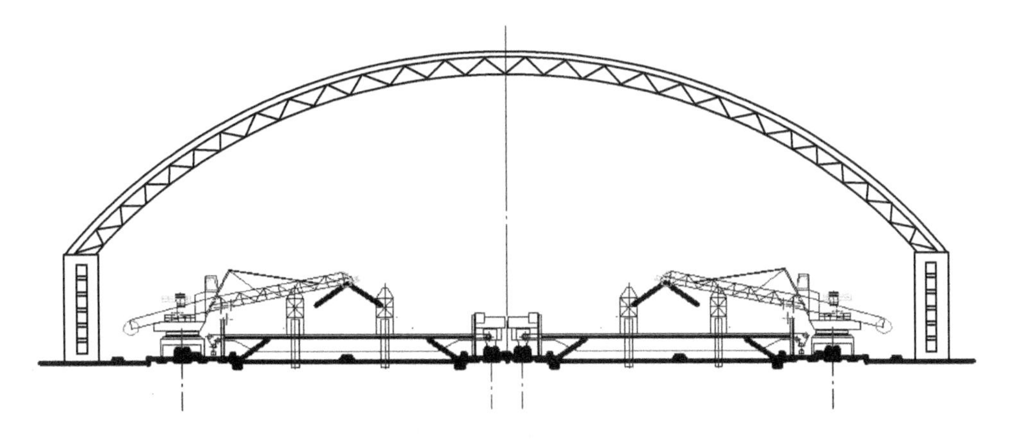

图 1-5 用作混匀料场的 B 型料场工艺断面示意图

B 型料场用作一次料场时，为了便于料场的封闭，减小厂房跨度，要求在同一道床上设置 2 台堆取料机，对两侧的料条进行堆取作业，两台设备可以互为备用。每个封闭式厂房内包含 2 条料条、2 台堆取设备、1 条道床、1 个加盖厂房、胶带输送机等设施。

B 型料场用作混匀料场时，封闭厂房内共设置 3 ~ 4 台混匀堆取设备和相应的胶带输送机，包括 1 ~ 2 台混匀堆料机和 2 台混匀取料机。

b C 型料场

C 型料场采用设置在顶部的卸矿车进行卸料和堆料，并采用刮板取料机取出供料。其工艺断面布置图如图 1-6 所示，其刮板取料机取料情况如图 1-7 所示。

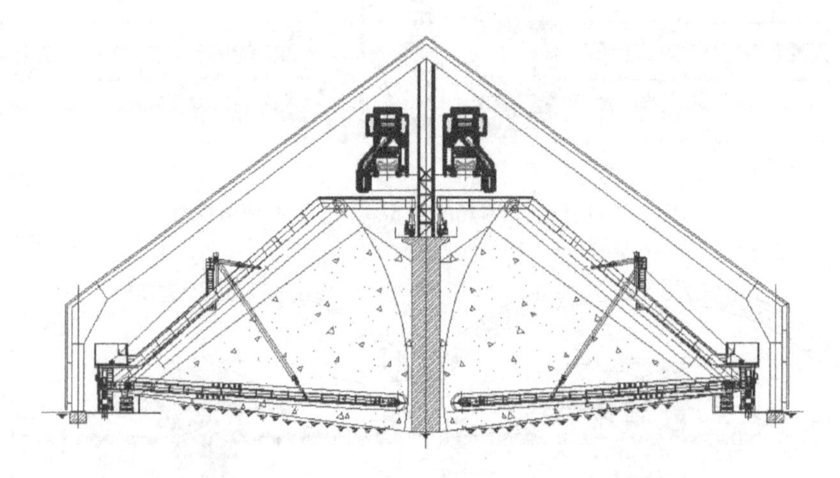

图 1-6 C 型料场工艺断面图

图 1-7 刮板取料机取料情况

C 型料场由两个料条加盖组成，两个料条中间加设挡墙，大大提高料堆高度。卸矿车和输入胶带机设置在料条顶部平台上，每个料条由 1 条胶带机输入并设置1台卸矿车卸料和堆料，取料时，每个料条由对应的半门式刮板取料机取出，经地面胶带机输出。

半门式刮板式取料机和C型料场的最大优点是可降低料场占地面积，C型料场单位面积的储煤能力是普通料场的2.17倍；储矿能力是普通料场的2.68倍。C型料场和刮板式取料机目前在国外已得到广泛的应用，特别在即将投产的韩国现代钢厂，已准备在矿石等各个料场使用。但在国内的钢铁企业还没有应用的实例，只是在电力、水泥等行业有部分应用。其主要工艺设施包括料条、堆料胶带机、卸（堆）料用卸矿车、刮板取料机和胶带机等。

c　D型料场

D型料场即为圆形料场，物料由顶部输入，通过圆形堆料机将物料堆积为以堆料机立柱为圆心的环形料堆，取料时，由刮板取料机取出，经圆形料场中部给到胶带机上输出，圆形料场可用于物料的一次堆存和混匀堆料。这种料场方式目前已广泛应用于国内外水泥行业。

D型料场为封闭式圆形料场，用于一次料场时，通常在周围设置挡墙以提高堆料能力，圆形料场底部料堆外径一般为60～120m，内部设置顶堆侧取式圆形堆取料机，堆料机可实现以中间立柱为中心的360°回转堆料作业，刮板取料机根据结构形式的不同，通常可采用悬臂刮板取料机或半门式刮板取料机。其工艺布置形式如图1-8和图1-9所示。

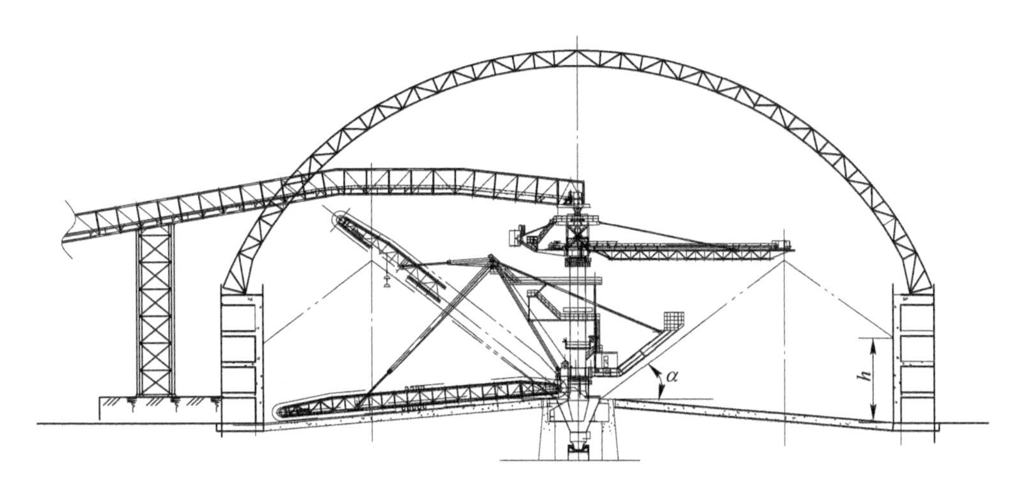

图1-8　采用悬臂式刮板取料机的圆形料场

1.2.3.2　料场的库存量管理

为了确保各用户的正常生产，各种物料在料场必须储存一定数量的库存量，以防止因船期、天气等条件变化时，不影响正常生产。对于正常期和雨期的管理基准以及管理间隔，详见表1-5。

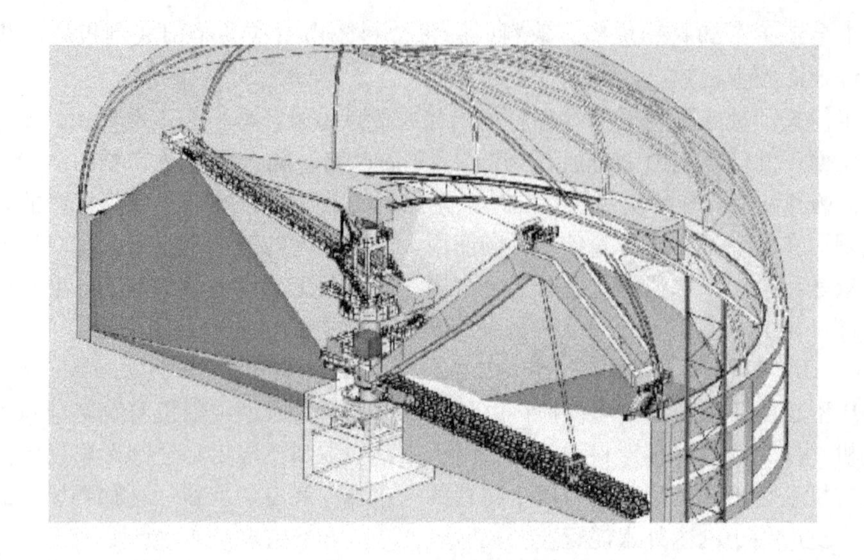

图 1-9 采用半门式刮板取料机的圆形料场

表 1-5 管理项目表

物料名称	管理基准		管理间隔
	正常期	雨 期	
铁矿石块矿	25 天用量	30 天用量	每周二、周五
铁矿石粉矿	25 天用量	30 天用量	每周二、周五
球团矿	25 天用量	30 天用量	每周二、周五
锰 矿	60 天用量	60 天用量	每周二、周五
炼焦用煤	20 天用量	20 天用量	每周二、周五
发电用煤	15 天用量	15 天用量	每周二、周五
喷吹煤	15 天用量	15 天用量	每周二、周五
块石灰石	20 天用量	20 天用量	每周二、周五
块白云石	20 天用量	20 天用量	每周二、周五
未选石灰石	20 天用量	20 天用量	每周二、周五
未选白云石	20 天用量	20 天用量	每周二、周五
蛇纹石粉	20 天用量	20 天用量	每周二、周五
硅 石	15 天用量	15 天用量	每周二、周五
石灰石粉	3 天用量	3 天用量	每天
白云石粉	3 天用量	3 天用量	每天
粉碎焦粉	3 天用量	3 天用量	每天
粗 焦	3 天用量	3 天用量	每天

续表 1-5

物料名称	管理基准		管理间隔
	正常期	雨期	
冶金焦	7 天用量	7 天用量	每天
精块矿	10 天用量	20 天用量	每天
落地烧结矿	3 天用量	3 天用量	每天
混匀矿备料	2 天用量	3 天用量	每周二、周五

1.2.3.3 料场的图表管理

图表管理是一种直观的管理方法，清晰明了表示事物的特点，能给管理工作带来很大的方便。在料场的日常管理中，掌握料场的实绩，使整个料场作业有条不紊地运行，更好地完成料场原料的计划堆积，实现“批别管理”，主要采用料场的图表管理方法。

A 阶段手制料场图

阶段手制料场图又称为料场作业现况图，是用简明的图形、原料代码、符号和数字来表明原料场内各种原燃料、副原料等现况的图表。阶段手制料场图每周制作两次（周二、周五），这种料场现况图不仅是作业人员的必不可少的“地图”，也是原料计划管理者掌握料场动态的必要工具。

阶段手制料场图包括的主要内容有：料场名称、料堆堆积地址、原料的品种及批号库存量、料场的堆积完日期、取料方向、取料优先顺序、受入预定、输入中表示、塌料表示等。另外还包括测温时温度计安放地点、底脚料表示、输入输出禁止、压密料堆、采用雨季（期）对策料堆、喷洒表面凝固剂料堆表示等。

阶段手制料场图的主要作用有：

（1）掌握料场实际配置状况；

（2）对照检查计划执行情况，如料场空位、管理批号正确否，输入输出正确否；

（3）作为计划调整的依据。

料场作业现况图例如图 1-10 所示。

B 中控计算机料场图

中控计算机料场图是原料计算机根据料场输入输出作业记录，打印出来的料场图。图中的输入量，原则是以账单量为基准，但是因为在输入时与拿到账单量时有时间差，所以先使用胶带秤称量值，一定时间再用账单量修正。

当一个批号的原料用完之后，要根据料场的实际情况修正中控计算机料场图。为了正确地绘制出料场现状图，原料管理人员必须巡视料场，特别是对于库存量很少的料堆要经常核实中控计算机料场图，使料场现状图能真正反映料场库存实际。

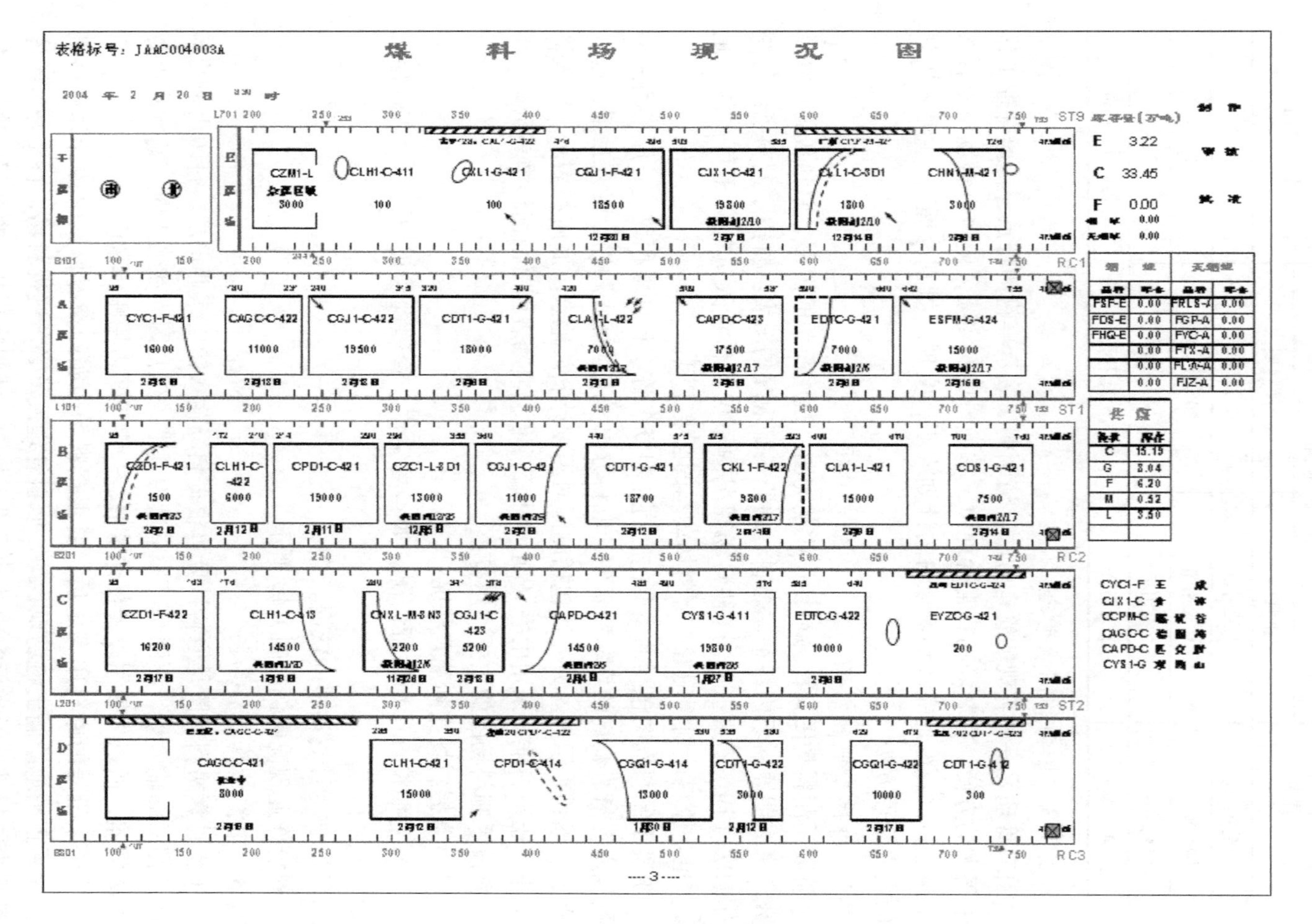
表格标号：JAAC004003A
煤 料 场 现 况 图
2004 年 2 月 20 日
CZM1-L
CLH1-C-411
CQJ1-F-421
CJX1-C-421
CYC1-F-421
CAGC-C-422
CQJ1-C-422
CDT1-G-421
CAPD-C-423
EDTC-G-421
ESFM-G-424
CLH1-C-422
CPD1-C-421
CDT1-G-421
CLA1-L-421
CDS1-G-421
CZD1-F-422
CYS1-G-411
EDTC-G-422
EYZC-G-421
CAGC-C-421
CLH1-C-421
CGQ1-G-414
CDT1-G-422
CGQ1-G-422
E 3.22
C 33.45
F 0.00

图 1-10 手制料场图

1.3 原料堆积技术

1.3.1 料场堆积技术

1.3.1.1 料堆堆积方法

A 鳞状堆积

a 鳞状堆积的目的

采取鳞状堆积的目的是为了减少物料在输出过程中的偏析，有效控制输出物料粒度组成和化学成分比较稳定，确保用户生产稳定顺行，同时也可以确保筛上物和筛下物的比例稳定，有利于整体物流平衡和生产计划的管理。

b 鳞状堆积的过程

鳞状堆积的堆积过程如图1-11所示，第一层堆积11列，堆高6.0m，第二层堆积8列，堆高9.5m，第三层堆积5列，堆高13.0m。

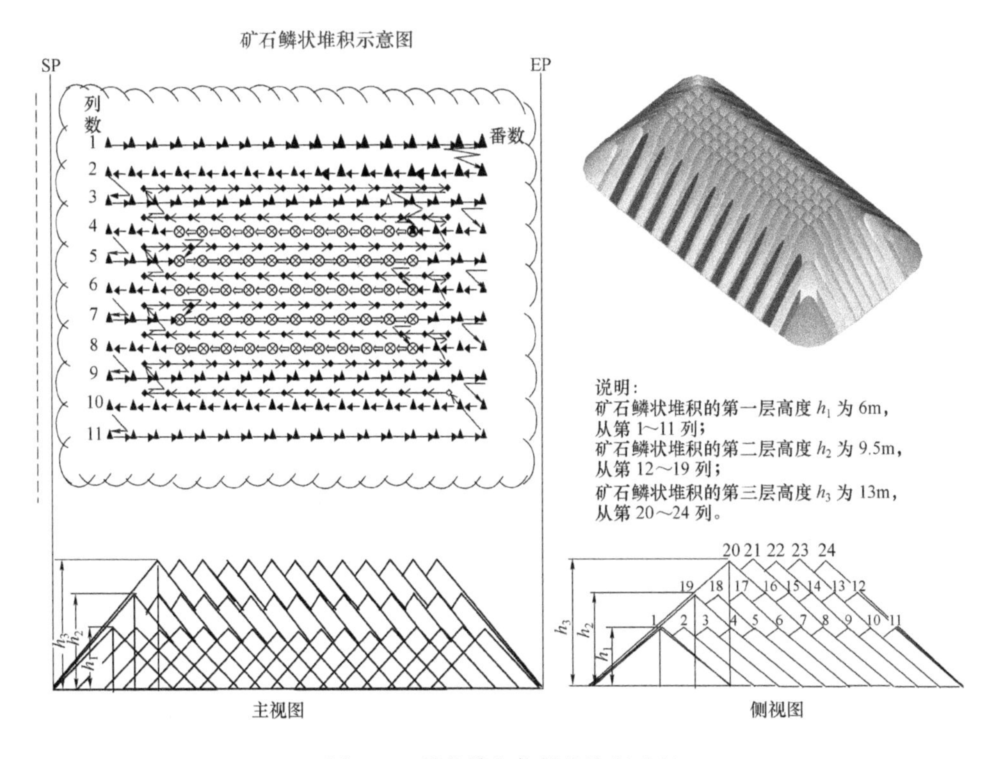

图1-11 鳞状堆积物料的堆积过程

c 鳞状堆积的物料种类

采用鳞状堆积的主要物料是粉矿和块矿，采取鳞状堆积的目的是为了减少在物料输出过程中的粒度和成分的偏析。在当前，为了提高送高炉物料的质量，部分精块矿和球团矿也采取鳞状堆积的方式。

B　定点俯仰堆积

a　定点俯仰堆积物料种类

定点俯仰堆积方式主要使用于煤场、副原料场和矿石料场的西端部。

b　定点俯仰堆积的过程。

煤场堆积高度分为6.0—9.0—13.0—16.8m，副原料堆积高度分为6.0—9.0(9.5)—12.4(13.0)m，移动距离为3.0m。堆积时可采用自动和机侧半自动方式。使用“山幅减”可以降低堆积高度。具体堆积示意图如图1-12所示。

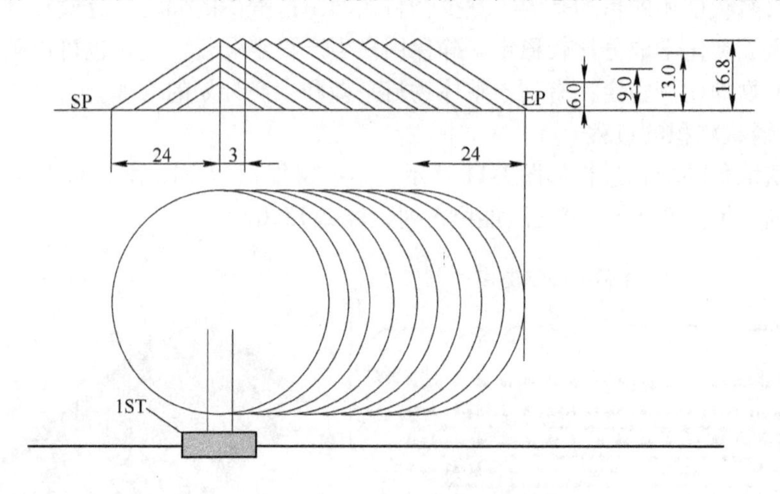

图1-12　定点俯仰堆积过程的示意图

C　连续走行堆积

连续走行堆积方式主要应用于混匀矿堆积，通过“平铺直取”的作业过程，进一步将混匀矿混匀，可以提高混匀矿的均匀性，确保混匀矿的化学成分和粒度组成满足烧结生产的要求。

a　固定起点固定终点堆积法

一般情况下，当BS延时开关失灵时，混匀矿堆积可以采用固定起点固定终点的堆积方法，具体过程如图1-13所示。

b　变起点定终点堆积法

采用连续走行堆积方式的物料是混匀矿，由于采取了“9段延时”的堆积工艺，所以在堆积过程中，起点会随料堆的增高而发生变化。图1-14所示为2BS延时堆积示意图，具体延时控制见表1-6。

表1-6　BLOCK选择对应延时时间表

No. 1	No. 2	No. 3	No. 4	No. 5	No. 6	No. 7	No. 8	No. 9
0s	3s	5s	8s	11s	13s	16s	22s	27s
0m	1.5m	2.5m	4.0m	5.5m	6.5m	8.0m	11.0m	13.0m

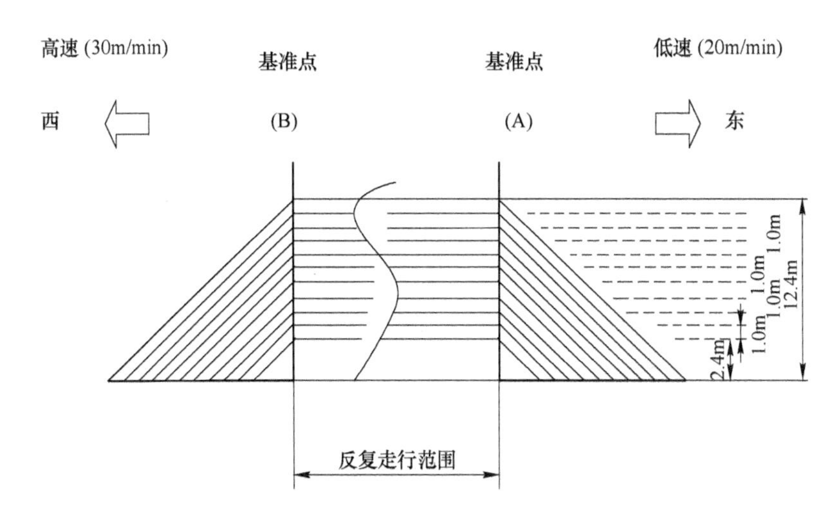

图 1-13 固定起点固定终点堆积示意图

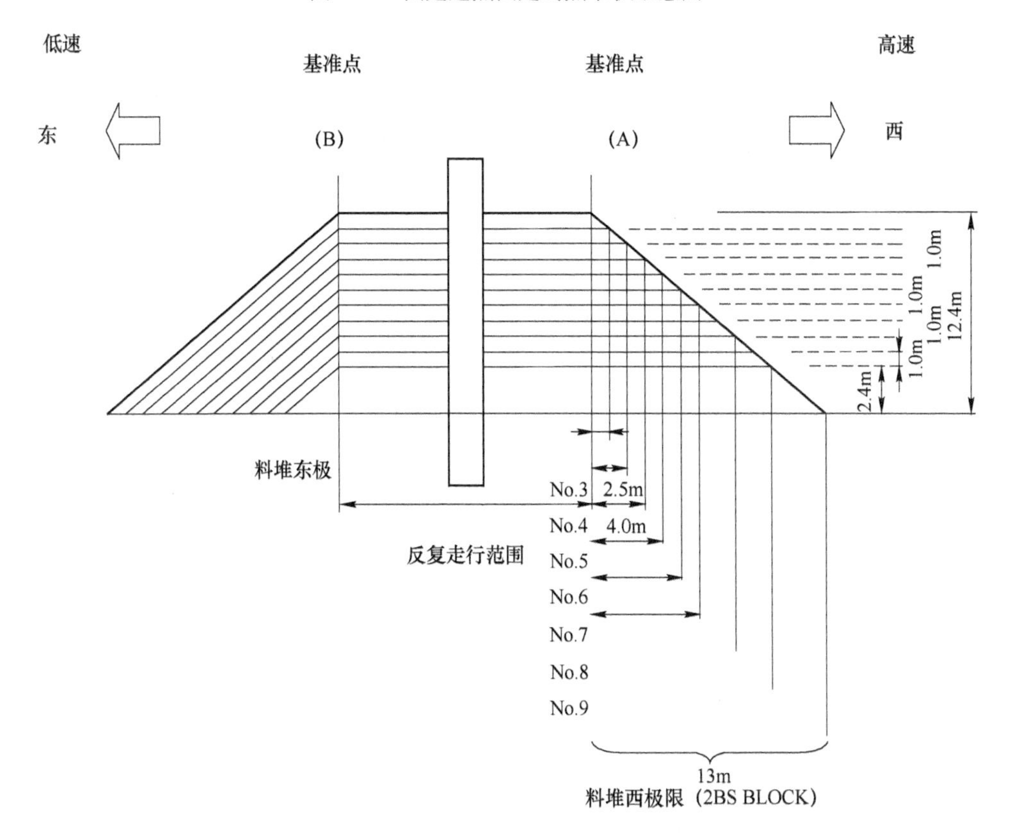

图 1-14 2BS 变起点定终点堆积示意图

1.3.1.2 料堆堆积量的计算

库存量测定方法见表1-7。

表1-7 库存量测定方法

测定方法	基 准	备 注
称量值	(1) 输入后没有使用的料堆; (2) 输入后使用量在5%以下的物料	按账本记录量
实测值	输入后的使用量占输入量10%以上的物料	库存量=体积×堆密度×(1-水分)
目测值	(1) 形状复杂，实测困难的料堆; (2) 在料槽内的物料; (3) 库存量少的物料（矿石小于3000t，煤小于1000t)	取3人以上目测量的平均值

A 料堆计算的基本方法

(1) 输入量——由水运进料场的原料，以水测量值为准，如果没有水测量，则以货运单量为准。由卡车输入的原料，以卡车地磅的称量值为准。

(2) 输入量修正:

同一船分成几堆堆积或同一船有几种品种时，输入量修正方法如下:

总量为50000t，其中分成2堆或分为2个品种，其中

A 物料（堆） 输入电子称量：19000t

B 物料（堆） 输入电子称量：28500t

$$A+B=19000+28500=47500\text{t}$$

$$a=50000/47500=1.053$$

因此，修正后为:

$$A\ 物料 = 19000\times 1.053 = 20000\text{t}$$

$$B\ 物料 = 28500\times 1.053 = 30000\text{t}$$

(3) 输入量中，矿石、副原料以干量计算，煤以湿量计算。

(4) 输出量——以高炉、烧结、炼焦等电子秤及混匀中继槽的定量给料装置的称量值为准。

(5) 在库量=输入量-输出量。

B 鳞状堆积的料堆堆积量的计算

鳞状堆积的料堆基本图形如图1-15所示。

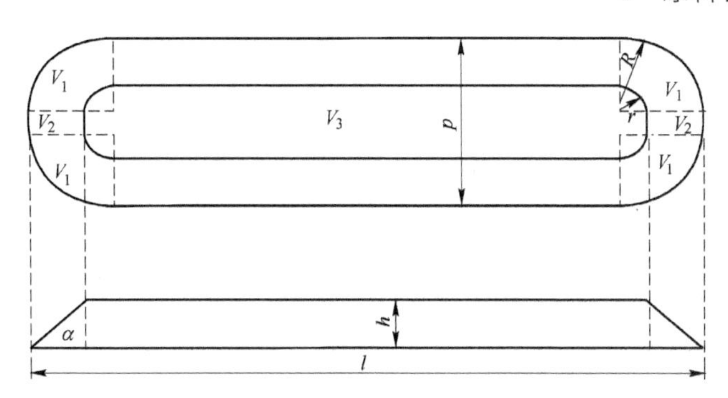

图 1-15 鳞状堆积的料堆示意图

堆积量可按下列方法计算（将整个料堆分为3部分）：

（1）将4块“V_1”部分拼成圆台形（图1-16），体积为V_1：

$$V_1 = \frac{1}{3}\pi[R^3\tan\alpha - r^2(R\tan\alpha - h)]$$

式中 h——料堆堆高（一般可根据料堆的实测高度）；

R——料堆底部堆角处的半径（一般可根据料堆实测）；

r——料堆顶部堆角处的半径，

$$r = R - \frac{h}{\tan\alpha}$$

（2）将2块“V_2”部分拼成梯形（图1-17）：

$$V_2 = (R + r)h(p - 2R)$$

式中 p——料堆宽（一般可根据料堆的实测）。

（3）中间“V_3”部分为梯形（图1-18）：

$$V_3 = \frac{1}{2}[2p - 2(R - r)]h(l - 2R)$$
$$= (P - R + r)(l - 2R)h$$

式中 l——料堆长度。

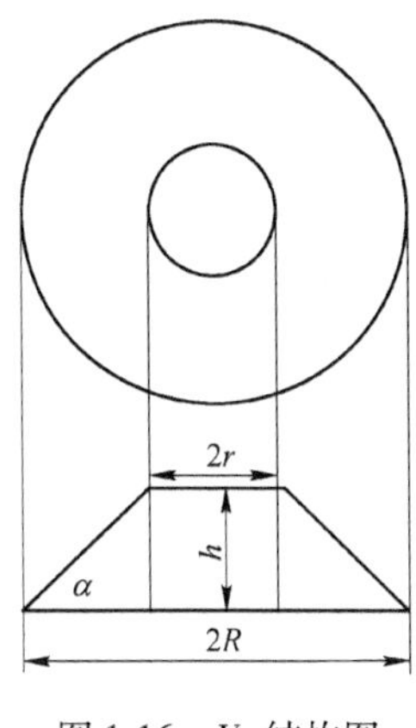

图 1-16 V_1 结构图

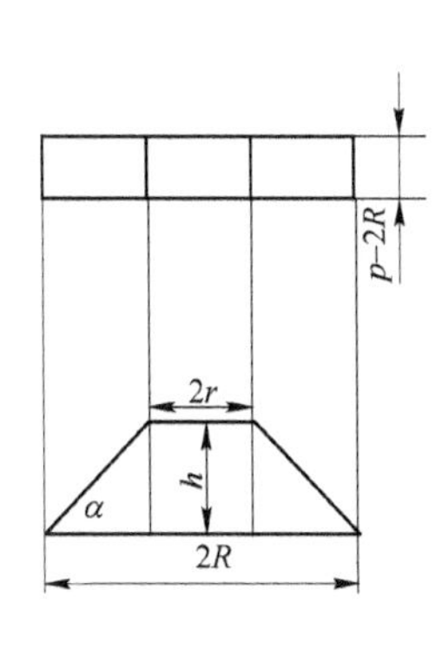

图 1-17 V_2 示意图

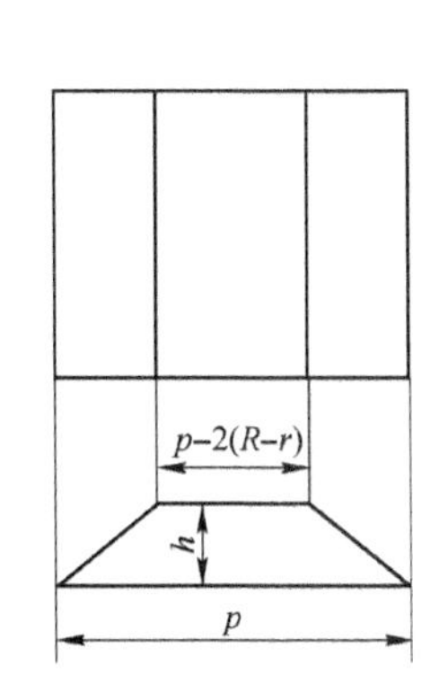

图 1-18 V_3 示意图

（4）料堆总体积：

计算料堆总体积为 $V_{总}$：

$$V_{总} = V_1 + V_2 + V_3$$

计算料堆重量 $T_{总}$：

$$T_{总} = V_{总}\rho$$

式中 ρ——物料堆密度（可由物料检测部门提供）。

C 不规则的料堆的测量及计算

在盘库时，往往有许多不规则的料堆要进行实测并计算其重量，在计算这些料堆时，一般是用估算的方法，但在精度要求比较高时，可采用一些经验公式进行计算，这里列举 3 种基本形状的经验公式。

a 料场端部的初始料堆（图 1-19）

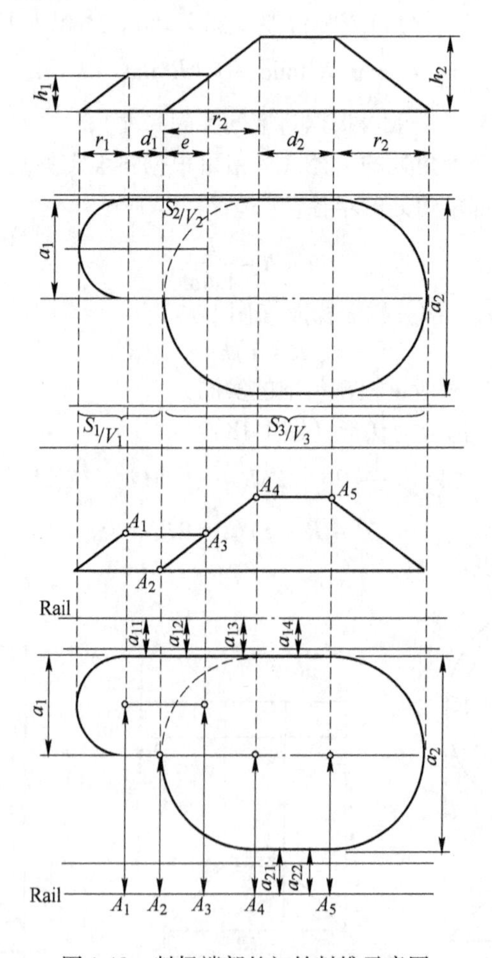

图 1-19 料场端部的初始料堆示意图

（1）计算体积：

$$V_T = V_1 + V_2 + V_3 = \frac{h_1(\pi r_1^2 + 3a_1d_1)}{6} + \frac{h_2(2\pi r_2^2 + 3a_2d_2)}{6}$$

（2）计算平面占有面积：

$$S_T = S_1 + S_2 + S_3 = \frac{\pi r_1^2 + 2a_1d_1}{2} + \frac{4r_2a_1 - \pi r_2^2}{4} + \pi r_2^2 + a_2d_2$$

其中，$r_1 = \frac{1}{2}a_1$，$r_2 = \frac{1}{2}a_2$，$d_1 = A_1 \sim A_2$，$d_2 = A_4 \sim A_5$，$e = A_2 \sim A_3$。

（3）计算在库量。在库量为料堆体积乘以该品种原料的堆密度。

b 料场端部料堆输出中的形状（图 1-20）

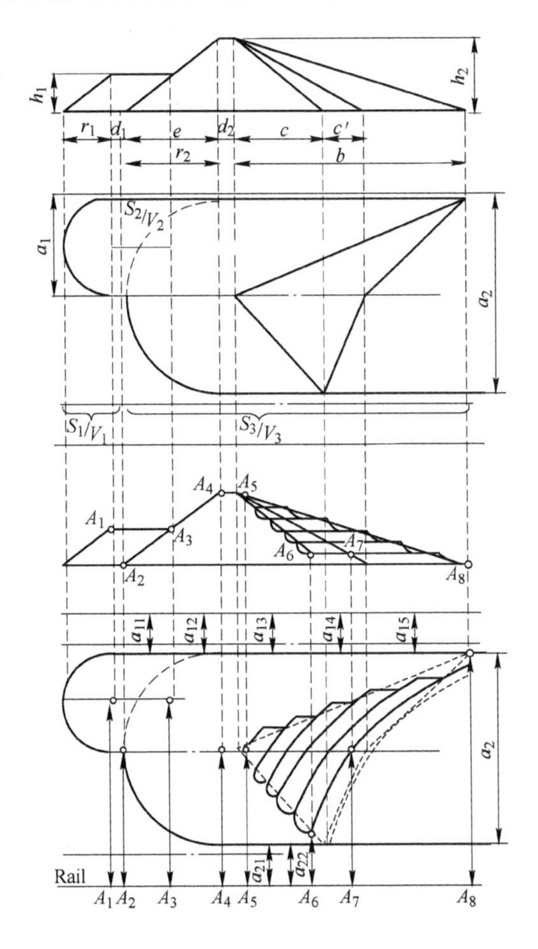

图 1-20 料场端部料堆输出中的形状示意图

（1）计算体积：

$$V_T = V_1 + V_2 + V_3$$

$$=\frac{\pi r_1^2 h_1}{6}+\frac{a_1 d_1 h_1}{2}+\frac{h_1(4r_2a_1-\pi r_2^2)}{12}+\frac{h_2(\pi r_2^2+3a_2d_2)}{6}+\frac{a_2h_2(b+3c+2c')}{12}$$

（2）计算平面占有面积：

$$S=S_1+S_2+S_3$$

$$=\frac{\pi r^2}{2}+ad+\frac{4r_2a_1-\pi r_2^2}{4}+\frac{\pi r_2^2+2a_2d_2}{2}+\frac{a_2(b+3c+2c')}{4}$$

其中，$r_1=\frac{1}{2}a_1$，$r_2=\frac{1}{2}a_2$，$d_1=A_1\sim A_2$，$d_2=A_4\sim A_5-2\text{m}$，$e=A_2\sim A_3$，$c=A_5\sim A_6+5\text{m}$，$c'=A_6\sim A_7$，$b=A_5\sim A_8+2\text{m}$。

（3）计算在库量。在库量为体积乘以料的堆密度。

c 两边取料的料堆（图 1-21）

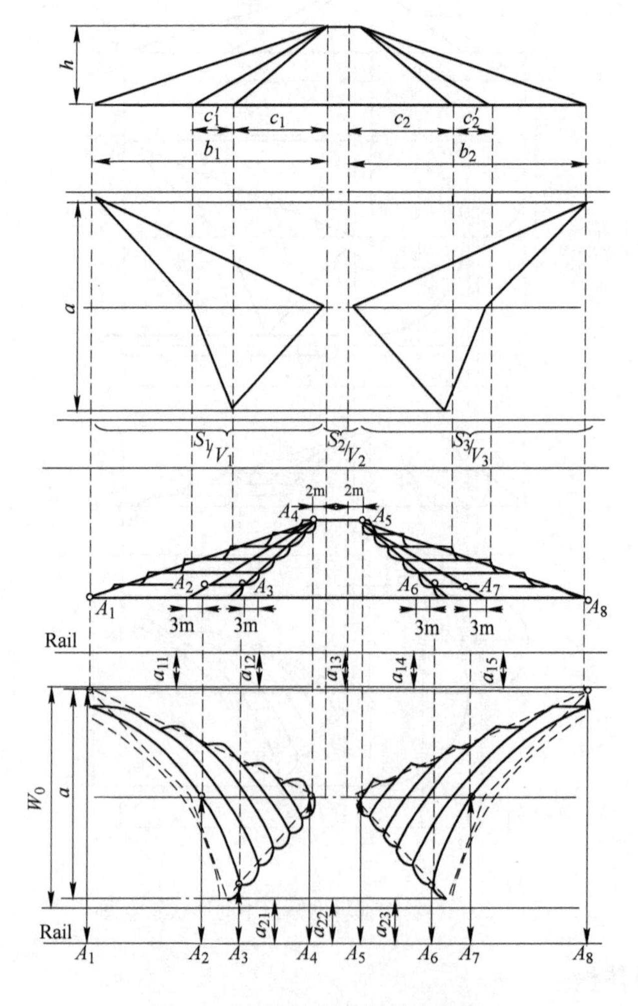

图 1-21 两边取料的料堆示意图

（1）计算体积：

$$V_T = V_1 + V_2 + V_3 = \frac{ah(b_1 + 3c_1 + 2c_1')}{12} + \frac{adh}{2} + \frac{ah(b_2 + 3c_2 + 2c_2')}{12}$$

（2）计算占有面积：

$$S_T = S_1 + S_2 + S_3 = \frac{a(b_1 + 3c_1 + 2c_1')}{4} + ad$$

其中，$c_1 = A_3 \sim A_4 + 5\text{m}$，$c_2 = A_5 \sim A_6 + 5\text{m}$，$c_1' = A_2 \sim A_3$，$c_2' = A_6 \sim A_7$，$b_1 = A_1 \sim A_4 + 2\text{m}$，$b_2 = A_5 \sim A_8 + 2\text{m}$，$d = A_4 \sim A_5 - 4\text{m}$。

（3）计算在库量。在库量为体积乘以料的堆密度。

1.3.2 混匀矿堆积技术

混匀矿是烧结的主要原料，其质量的好坏将直接影响烧结矿产质量和高炉生产的稳定。宝钢混匀矿包括粉矿、块矿筛下粉、球团筛下粉以及厂内回收的各类二次资源等20多种物料，通过“平铺截取”的混匀作业过程，将各种物料比较均匀的混合，使其理化指标比较稳定，为稳定烧结产质量奠定基础。经多年努力，从1995年开始宝钢混匀矿质量达到世界先进水平，混匀矿 σ_{SiO_2} 达到0.15以内。

混匀矿智能堆积系统自动“等 SiO_2”堆积的基本原理：混匀智能化堆积的工艺原理是对CFW切出速率“优化”计算，从而实现任一时刻CFW切出的混合物料 SiO_2 含量与大堆预想成分保持一致，以达到大堆混匀堆积目的。其原理是在计算机中设定小槽、大槽的切出速度范围和大堆堆积过程中计划的切出速度。再根据当前切出的各槽中物料的含 SiO_2 量，以“任一时刻CFW切出的混合物料 SiO_2 含量与大堆预想成分保持一致”的原则，进行“优化”计算并自动调整各槽CFW切出速率，以达到“等 SiO_2 堆积”的目的。

1.3.2.1 混匀料堆有关参数的选择

混匀料堆配置，要考虑以下几点：

（1）针对烧结连续供料的时间，以决定料堆大小（长度、宽度、堆高）。

（2）设备能力、设备选型。

（3）料场条件、允许区间、地基承载能力等。

为了提高混匀效果，宝钢选用堆、取分开的混匀作业。为了维修设备和堆取料机走行轨道道床，原设计料堆两边应留出汽车进出通道，宝钢设计为2m，但从生产实践看，在雨季如有料堆塌方，2m 宽的通道还不够，往往需要用铲车打开通道。根据原料性状和雨季的实际情况留出适当的通道，特别在雨季，一般要降低堆高（即减量堆积），以保证正常生产。

1.3.2.2 混匀矿堆积计划的编制

A 混匀矿智能堆积系统编制大致计划

根据生产管理部门下发的混匀矿大堆堆积计划，混匀矿智能堆积系统在实际编制和操作过程中基本方法是将所有计划参与堆积品种按 SiO_2 值高低排列进行分类，并区分小槽和大槽品种。具体步骤如下：

（1）将所有计划品种进行分类，来区分小槽的品种和大槽品种，其原则是：

1）如品种代码 Z 开始的，归为小槽类。

2）品种 SiO_2 含量较高，大于目标值 SiO_2 两倍的归为小槽类。

3）品种 TFe 含量较小（$<55\%$），或较大（$>70\%$），归为小槽类。

4）其他品种则放在大槽。

（2）确定小槽品种和大槽品种分别配置的计算：

1）首先分别计算出小槽、大槽平均切出速度，若小槽品种平均速度过小（<20t/h），则从大槽品种中计划量最小的一个移到小槽中。

2）若小槽平均速度过大（>40t/h），则将小槽品种中量较大且 SiO_2 值与目标值较接近的品种移入大槽。

（3）将小槽品种和大槽品种分别配置到每个槽的基本方法有：

1）将小槽品种大槽品种按 SiO_2 值从低到高重新列队。

2）每个列队的第一个品种开始逐个入槽分配。

3）检查该品种是否有同品种而批号不同的物料。如有，则放在同一槽。

4）检查该计划量，若它的计划量不小于 1/4 小槽品种总量，则分配到空槽，若小于 1/4 小槽总量，则第二品种可分配到前面一个品种的槽中。其槽内总量应控制在 1/4 小槽品种总量左右。

5）就按照这个顺序和同一槽总量的控制方法，将两列品种分别配置到小槽及大槽合适的槽中。

通过混匀矿智能堆积系统编制入槽计划，即是混匀矿工艺的要求，同时为混匀矿的下一个环节优化提供了基本条件。

B 人工编制混匀矿大致计划

在混匀矿智能堆积系统出现故障时，可人工编制混匀矿大致计划，其基本方法和混匀矿智能堆积系统的编制方法相同。

1.3.2.3 黏性矿堆积技术

A 高配比褐铁矿的混匀矿堆积技术

a 褐铁矿影响混匀矿质量的原因分析

宝钢使用的褐铁矿主要有罗布河公司的 ORB（罗布河矿）、BHP 公司的 OYD（BHP 扬迪矿）和哈默斯利公司的 OHY（哈扬迪矿），三种褐铁矿粒度见表1-8。与一般的铁矿相比，褐铁矿的粒度都比较粗，平均粒度为其他粉矿平均粒度的1.66倍。

表1-8 各种粉矿的粒度情况

名 称	平均粒度/mm	名 称	平均粒度/mm
OBC-S	2.39	ORS-S	2.10
OBR-S	2.60	OWA-S	2.22
OCM-S	2.34	ONE-S	2.78
OCR-S	2.48	ORD-S	2.31
OGA-S	2.09	ORP-S	0.11
OHA-S	2.26	ORS-S	2.10
OHP-S	2.17	OWA-S	2.22
OHW-S	2.25	OHY-S	3.48
OKL-S	2.32	OYD-S	3.43
OMC-S	2.49	ORB-S	4.04
ONE-S	2.78	平均值	2.44
ORD-S	2.31	褐铁矿粒度平均值	3.65
ORP-S	0.11	其他矿粒度平均值	2.19

褐铁矿的化学成分见表1-9。与一般的铁矿相比，褐铁矿 TFe 品位比较低，为57.5%～59.0%，但褐铁矿都含有较高的结晶水。

表1-9 部分粉矿的化学成分 （%）

矿 种	TFe	FeO	SiO_2	CaO	MgO	Al_2O_3	P	S	Ig
褐铁矿1	57.54	0.46	5.73	0.47	0.29	2.89	0.092	0.021	8.02
褐铁矿2	58.65	0.27	5.12	0.05	0.09	1.57	0.087	0.020	9.62
褐铁矿3	59.03	0.22	4.33	0.08	0.11	1.53	0.147	0.006	8.89
赤铁矿1	63.61	0.58	3.16	0.04	0.09	2.05	0.028	0.022	2.53
赤铁矿2	64.86	0.51	3.27	0.04	0.26	1.96	0.051	0.02	1.70
赤铁矿3	67.02	0.25	3.18	0.08	0.06	0.63	0.055	0.004	0.70

褐铁矿-0.5mm 粒级的毛细水、分子水和成球性指数见表1-10，褐铁矿-0.5mm 粒级的分子水、毛细水和成球性指数都比一般的铁矿要高，它们的成球性指数 $K>0.8$，属优等成球性矿物。

表1-10 -0.5mm 粒级的成球性能

矿 种	分子水/%	毛细水/%	成球性指数 K	毛细水上升速度/$mm \cdot min^{-1}$
褐铁矿1	10.39	22.72	0.842	7.02
褐铁矿2	11.57	20.38	1.312	9.52
褐铁矿3	9.31	18.83	0.978	5.64

成球性指数反映了物料的粒度、粒度组成、孔隙率、颗粒形状、颗粒表面的亲水性等天然性质对物料亲水性的影响，它能综合地反映物料的制粒性能。从现场情况来看，由于褐铁矿的亲水性较好，物料也容易吸收较多的水分。

从褐铁矿在堆积过程中的情况来看，由于这些料粒度粗，如果物料干燥，在混匀矿堆积过程中其黏附力会降低，从而产生粒度偏析并容易集中在料堆的底部（图1-22），影响混匀矿质量。

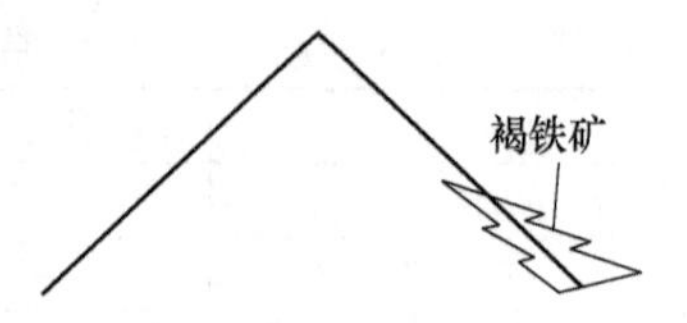

图1-22 褐铁矿在混匀矿大堆中粒度偏析情况

由于褐铁矿的集中堆积，使其在混匀矿堆积时，必须保持较大的切出量，当产生断料时，将产生较大的成分波动，从而严重影响混匀矿质量。

b 高配比褐铁矿的混匀矿堆积技术

根据宝钢现有物料、工艺设备流程等特点，在混匀矿堆积过程中，采取了以下技术措施。

褐铁矿在混匀矿堆积过程中的水分管理 由于褐铁矿微观结构比较疏松，孔隙率较大，因此，在烧结过程中需要较高的水分，在褐铁矿配比提高后，保持其水分的稳定，将对保持烧结混合料适宜的水分率，并对于确保烧结过程的顺利进行有着重要意义。根据褐铁矿亲水性较高的特点，使褐铁矿能在参加混匀矿堆积前其表面就达到一定的水分，使其在混匀矿堆积过程中的含水量尽量饱和，从而达到稳定混匀矿水分的目的。为达到上述目的，可采取如下措施：

（1）增加取料过程中的洒水。在褐铁矿从料场取出的过程中，采取边取料边洒水的方法，其主要方法有：1）取料时，开启相应料堆边上的洒水装置，并使洒水参与整个取料的全过程；2）如果相应的料堆不具备洒水条件，则尽量安排洒水车配合洒水。

（2）在CFW切出过程中增加洒水。在褐铁矿参加混匀矿堆积过程中，将其固定在相对应的槽中进行堆积，为不影响计量的精度，在相应槽切出皮带的头部上增加洒水装置并根据有无来料控制其洒水。

高褐铁矿在混匀矿堆积过程中的质量控制 质量控制包括成分控制和粒度偏析的控制：

（1）褐铁矿参加混匀矿堆积过程中成分的控制。利用计算机的“混匀矿智能堆积系统”等工具，在混匀矿堆积过程中采用了“等SiO_2”切出操作，就是在混匀矿堆积的全过程中，要求单位时间堆积料的成分和目标值保持一致，从而确保了混匀矿成分的相对稳定。

（2）褐铁矿参加混匀矿堆积过程中粒度偏析的控制。主要方法有：1）褐铁矿参加混匀矿全过程的堆积。要求从开堆后到收堆前的时间内褐铁矿不间断地参加混匀矿堆积，以确保褐铁矿与大堆的充分混合。2）控制混匀矿料层厚度。根据混匀矿的堆积过程，如果是按等量堆积的方法进行堆积，即混匀堆料机始终沿混匀料场纵向中线往复布料，混匀料堆横断面为一等腰三角形，如图 1-23 所示。

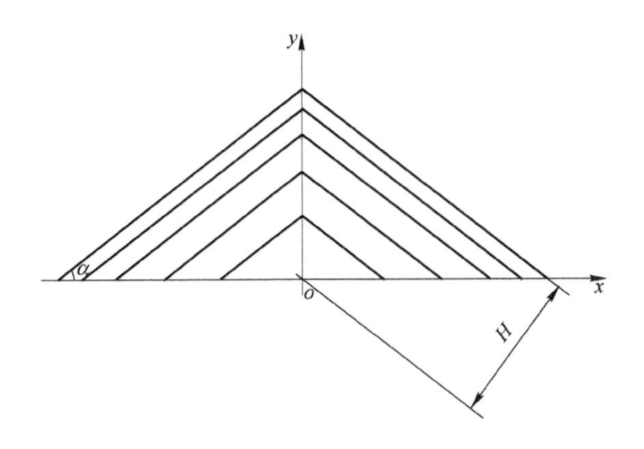

图 1-23 混匀料堆断面示意图

在 CFW 单位时间切出量和混匀料场单位长度布料量均为定值的条件下，其料层厚度的表达式为：

$$h_{i+j} = \sqrt{\frac{q\sin\alpha \cdot \cos\alpha}{\gamma}}(\sqrt{i+j+1} - \sqrt{i+j})$$

式中 h_{i+j}——第 $i+j+1$ 层与 $i+j$ 层间的料层厚度，m；

i——堆料机顺行堆积的料层累积数（规定堆料机与料场固定供料胶带运输机同向为顺行，反之为逆行），$i=0, 1, 2, 3, \cdots, i$；

j——堆料机逆行堆积的料层累积数，$j=0, 1, 2, 3, \cdots, j$；

q——混匀料场单层单位长度布料量，t/m；

γ——混匀料堆密度，t/m^3。

料层厚度分布表见表 1-11。

表 1-11 料层厚度分布表

$i+j$ 层	h/m	$i+j$ 层	h/m
0	0.1563	500	0.0035
10	0.0241	600	0.0032
20	0.0173	700	0.0030
50	0.0110	800	0.0028
80	0.0087	1000	0.0025
100	0.0078	1500	0.0020
150	0.0064	2000	0.0017
200	0.0055	2500	0.0016
300	0.0045	2900	0.0015
400	0.0039	3000	0.0014

根据宝钢混匀矿的大堆实绩，大堆平均料量 24 万吨，平均层吨数 70 吨/层，则一个大堆大约在 3428 层左右。料层厚度列于表 1-11。目前一般每堆混匀矿大堆的堆积时间为 168h，则最后 42h 共计堆积：3428 ÷ 168 × 42 = 857 层。根据现有的混匀矿堆积的工艺条件，如果在后 42h 将混匀矿堆积速度降低 1 倍，从表 1-11 中可以得出料层厚度的平均层厚大于 0.0032m，基本符合了褐铁矿粒度要求，从而达到了控制粒度偏析的目的。

c　采取措施后的效果

采取上述措施后，在高褐铁矿配比情况下，混匀矿质量有明显提高，自 2006 年 5 月以来，混匀矿中的褐铁矿的配比达到 45% 并以后逐步提高，在 2006 年 6 ~ 12月，褐铁矿的配比保持在 51% 。其混匀矿的 σ_{SiO_2} 平均在 0.128 以下。

B　精矿粉的堆积技术

a　精矿粉影响环境及混匀矿质量的原因分析

精矿粉对环境的影响　精矿粉（如 ORP-S）的粒度为一般粉矿平均粒度的 3.27% ，平均粒度只有 0.07mm，小于 200 目部分达到 80% 以上。从现场情况来看，精矿粉的亲水性极差，一般在晴天，料堆洒水以后，10min 左右料堆表面的水分就会被完全蒸发。由于精矿粉的粒度细，再加上亲水性差，所以风一吹容易扬尘，由此会对环境造成污染。

精矿粉影响混匀矿质量的原因分析　从精矿粉在堆积过程中的情况来看，由于这些料粒度细，单个质量轻，再加上亲水性差，在混匀矿堆积过程中会产生粒度偏析并容易集中在料堆的顶部（图 1-24），从而影响混匀矿质量。

图 1-24　精矿粉在堆积过程中偏析情况

由于精矿粉的集中堆积，使精矿粉在混匀矿堆积时，必须保持较大的切出量，特别在刚开始堆积时，往往会造成精矿粉的料层过厚而影响混匀矿质量。

b　配精矿粉的混匀矿堆积技术

精矿粉在混匀矿堆积过程中的环保措施　环保措施如下：

（1）在精矿粉的取料作业时增加取料过程中的洒水。根据精矿粉亲水性差的特点，在精矿粉从料场取出的过程中，边取料边洒水的方法，使精矿粉能在堆积过程中尽量与其他物料混合。其主要方法有：1）取料时，开启相应料堆边上的洒水装置，并使洒水参与整个取料的全过程；2）如果相应的料堆不具备洒水条件，则安排洒水车配合洒水。

（2）适当改变精矿粉从料场取出的方式。为尽量消除精矿粉在混匀矿堆积过程对环境的污染，适当改变精矿粉从料场取出的方式，尽量做到每次取料时料层高度和进料的厚度大致相同，以减少每次作业后精矿粉在料堆上的新曝露面积。同时增加喷凝固剂的次数，将以往的每天喷两次凝固剂改为每取一次料就喷一次凝固剂。

（3）精矿粉堆积后的扬尘控制。为尽量消除精矿粉在混匀矿堆积结束后对环境的污染，在大堆堆积结束前精矿粉不参加混匀矿堆积，使大堆堆积结束后其他物料能覆盖混匀矿中的精矿粉。

精矿粉在混匀矿堆积过程中的质量控制 质量控制方法如下：

（1）控制精矿粉的料层厚度。在混匀矿开始堆积前 8h 精矿粉不参加堆积。根据目前混匀矿的堆积过程，是按等量堆积的方法进行堆积，即混匀堆料机始终沿混匀料场纵向中线往复布料，混匀料堆横断面为一等腰三角形，如图 1-23 所示。根据宝钢混匀矿的大堆实际，大堆平均料量 24 万吨，平均层吨数 70 吨/层，则一个大堆大约在 3428 层左右。料层厚度列于表 1-11。目前一般每堆混匀矿大堆的堆积时间为 168h，则前 8h 共计堆积 $3428 \div 168 \times 8 = 164$ 层，如果精矿粉在 8h 以后再参加堆积，从表 1-11 中可以得出精矿粉的平均层厚不大于 0.01m，为开始层厚的 6.4%，从而达到了控制层厚的目的。

（2）控制精矿粉在混匀矿堆积过程中的堆积比例。要求严格按"混匀矿智能堆积系统"计算的流量控制其堆积速度。

（3）精矿粉参加混匀矿全过程的堆积。要求从开堆后 8h 到收堆前 8h 的时间内不间断地参加混匀矿堆积，以确保精矿粉与大堆的充分混合。

c 采取措施后的效果

采取上述措施后，混匀矿质量有明显提高，如 2001 年 7 月，混匀矿中的超细精矿粉的配比为 12% 左右，其混匀矿的 σ_{SiO_2} 平均都在 0.16 以内。

1.3.2.4 杂辅料预混匀技术

配入混匀矿的杂辅料主要有钢渣、钢渣粒铁、铁渣粒铁、氧化铁皮、活性污泥、高炉重力灰、二次灰、清扫落矿、皮带沿线或料场周边的沉积料等，本节所讲的杂辅料预混匀主要指水分高黏性大的杂辅料，如高炉二次灰、活性污泥等。根据分析，要改善杂辅料对混匀矿质量的影响，主要是降低这些物料的水分，由于现有的混匀矿堆积设备在原设计中没有考虑超高水分黏性物料的作业，所以要在不增加设备的前提下解决上述问题，应该从改进杂辅料的作业流程考虑。

A 杂辅料预混匀可行性分析

改进杂辅料的作业流程，主要目的就是要降低超高水分黏性杂辅料的水分，在不增加设备的前提下要降低物料的水分，除了自然晾干外，其有效方法就是在混匀矿堆积前用低水分物料和这些高水分黏性杂辅料进行事先预混匀。

混匀矿堆积过程，是多种原料按一定的配比进行一次配料，多层堆积。所以从理论上说，只要参与预混匀物料的成分接近，同时预混匀后物料的偏差在允许的范围内，应该对堆积后的混匀矿大堆质量不会产生明显的影响。另外，由于高水分黏性杂辅料的粒度极细，为了方便预混匀后物料的取出，应该适当选用一些粒度较大的物料参与预混匀。

B 参与预混匀物料的选择

根据表1-12的数据，高水分细粒度物料主要是$ZT_{1/2/3/4}$-S、ZD1-S、ZHW-S等物料，从成分SiO_2方面比较接近的是ZBG-S，从水分、粒度方面考虑，可以选用ZGZ-S和ZSC-S，从成分SiO_2和粒度方面，可以选用各类块矿、球团矿筛下粉。

表1-12 2010～2012年混匀矿中各大堆筛下粉的成分、水分和粒度

品名编号	OHA-N-F	ORG-N-F	ONE-N-F	OMC-N-F	OBF-N-F	OHP-N-F
粒度/mm	2.73	4.09	2.71	2.67	2.61	3.52
TFe/%	62.57	62.85	63.27	62.36	64.64	62.41
SiO_2/%	3.86	4.12	4.04	2.91	2.20	3.36
H_2O/%	5.92	5.60	6.10	7.17	4.93	4.3
品名编号	OWA-N-F	PSC-N-F	PSA-N-F	PRC-N-F	PRD-N-F	
粒度/mm	2.22	3.64	5.31	7.84	6.19	
TFe/%	61.75	64	64.36	65.93	65.26	
SiO_2/%	3.07	2.67	3.74	2.23	2.79	
H_2O/%	3.40	4.2	2.2	2.3	1.27	

C 杂辅料预混匀的方法

根据原料场现有设备的实际，选用3期混匀矿进行杂辅料预混匀堆积的试验，其主要方法如下。

a 通过卡车受料槽进行预混匀

通过卡车受料槽用氧化铁皮（ZSC-S）和钢渣（ZGZ-S）进行预混匀作业的具体方法是：在卡车进料时将需预混匀的杂辅料（$ZT_{1/2/3/4}$-S、ZD1-S、ZHW-S等）在料场内进行筛式堆积，然后再用卡车通过卡车受料槽和堆料机将ZSC-S、ZGZ-S等物料在上述杂辅料的堆积空当处进行补堆（如果不够，可再补堆一些块矿或球团矿筛下粉），并利用取料机的扇型取料方式在取料过程中将杂辅料和补堆品种进行混匀，降低杂辅料的水分，达到提高杂辅料的取料作业台时和利用率。图1-25为杂辅料预混匀堆积技术操作流程，图1-26为需预混匀的杂辅料通

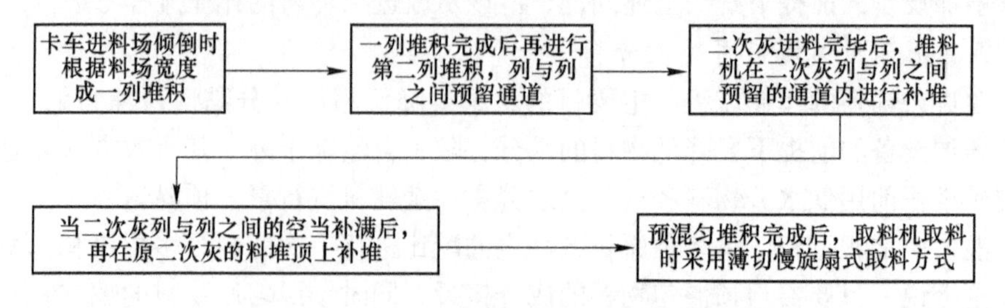

图1-25 杂辅料预混匀堆积技术操作流程

过预混匀堆积效果图。

图 1-26 需预混匀的杂辅料通过预混匀堆积效果图

通过卡车受料槽进行预混匀的技术要点是预混匀过程中堆积高度的确定。根据多次在进行预混匀过程中所得出的数据分析来看，在进行预混匀过程中，需预混匀的杂辅料堆积高度要控制在 1.5m 左右，而列间补堆料的堆积高度要控制在 2m 左右。二列需预混匀的杂辅料之间的通道必须保持在 2m 左右，而需预混匀的杂辅料料顶补料厚度在 0.5m 左右。

从取料机取料的实际来看，需预混匀的杂辅料的堆积高度过高或过低都会对取料机的取料作业带来困难，同时加大了对作业流量的控制难度。而列之间的通道过大或过小会造成无法合理控制补堆品种的数量和补堆的均匀性，最终影响到预混匀的效果。杂辅料预混匀堆积执行标准见表 1-13。

表 1-13 需预混匀的杂辅料预混匀堆积执行标准

分类	需预混匀的杂辅料堆积高度	需预混匀的杂辅料列与列的间距	需预混匀的杂辅料列间补堆料的堆积高度	需预混匀的杂辅料料顶补料厚度
标准	1.5m	2m	2m	0.5m

取料机取料作业的参数设定：需预混匀的杂辅料按照预混匀堆积执行标准预混匀堆积完成后，取料机在取出作业也是整个预混匀的关键一步，因为取料机在取料作业时，物料也会形成一种混匀作用，随着斗轮的铲取，高炉二次灰和补堆品种进一步混合。如在取料过程中选择的寸动量过大，则取料时的料层厚度就会较厚，混合的效果就会差很多，因此，为了确保混合料在取送作业时能很好地进一步混合，在取送高炉二次灰混合料时参用了“薄切快旋”取料法，并制订了相关的取料机取料作业的参数，见表 1-14。

表 1-14 取料机取料作业的参数

分 类	旋 回 速 度	寸 动 量
标 准	设定值（25.5°）的 70% ~80%	500mm

入槽物料成分的确定：

（1）入槽混合料数据来源。高水分杂辅料以卡车输入时磅单数据为准，ZSC-S、ZGZ-S以卡车受料槽系统的电子秤数据为准，球团矿筛下粉以堆料机堆积时的电子秤数据为准，其他筛下粉以系统相关电子秤数据为准。

（2）混合料成分、水分的计算。采用加权平均的方法计算入槽混合料的成分和水分，具体步骤为：

水分：

$$H_2O = \sum_{i=1}^{n}(H_iG_i)/\sum_{i=1}^{n}G_i$$

铁：

$$TFe = \sum_{i=1}^{n}(TFe_iG_i)/\sum_{i=1}^{n}G_i$$

二氧化硅：

$$SiO_2 = \sum_{i=1}^{n}(SiO_{2i}G_i)/\sum_{i=1}^{n}G_i$$

通过卡车受料槽进行预混匀后的效果：解决了黏性杂辅料入槽后易悬料和滑料的问题；通过ZSC-S、ZGZ-S等的预混匀，取料机取这些物料的台时能达到450t/h，基本解决了取料机效率低的问题；同时使得定量给料装置CFW的切出速度易于控制；减少了料场占有面积。

b　直接用筛下粉参与预混匀

直接用筛下粉参与预混匀基本方法：此方法主要是在“通过卡车受料槽用ZSC-S、ZGZ-S进行预混匀”方法的基础上，针对上述方法存在的问题进行改进，主要有：通过堆料机在需混匀的杂辅料的堆积空当处用块矿筛下粉和球团矿筛下粉进行补堆；利用取料机的扇型取料方式，在取料过程中将高水分物料和补堆品种进行混匀以达到降低高水分物料的水分及黏附性和流动性的方法，最终达到提高高水分物料的取料作业台时的目的；其他都和以上方法相似。

直接用筛下粉参与预混匀后的效果：解决了黏性杂辅原料入槽后易悬料和滑料的问题；通过预混匀，取料机取这些物料的台时能达到432t/h，基本解决了取料机效率低的问题；同时使得定量给料装置CFW的切出速度易于控制；由于可以和筛下粉合并，减少了料场占有面积；σ_{nTFe}得到初步控制（表1-15）。

表1-15　BD1-125、BC1-125大堆质量情况

大堆号	堆积总量/t	$ZT_{1/2/3/4}$-S堆积量/t	配比	ZHW-S堆积量/t	配比	高水分物料堆积量合计/t	配比	σ_{nTFe}	σ_{nSiO_2}
BD1-125	215842	6267	2.24	615	0.15	6882	2.39	0.518	0.098
BC1-125	207801	3113	1.4	1116	0.26	4229	1.66	0.316	0.137

钢渣（ZGZ-S）在混匀矿堆积过程中的控制：根据前面的分析可知，ZGZ-S可以和高炉二次灰等进行预混匀，但在 ZGZ-S 和 $ZT_{1/2/3/4}$-S、ZHW-S 等的叠加作用下，配比超过 4%，可能会引起混匀矿大堆 σ_{nTFe} 的波动，因此要对 ZGZ-S 的堆积过程进行控制。其主要方法为控制 ZGZ-S 的料层厚度，主要是在混匀矿开始堆积后 8h ZGZ-S 不参加堆积。根据目前混匀矿的堆积过程，是按等量堆积的方法进行堆积，即混匀堆料机始终沿混匀料场纵向中线往复布料，混匀料堆横断面为一等腰三角形。目前一般每堆混匀矿大堆的堆积时间为 168h，则前 8h 共计堆积 $3428 \div 168 \times 8 = 164$ 层，如果 ZGZ-S 在 8h 以后再参加堆积，可以得出 ZGZ-S 的平均层厚不大于 10mm，为开始层厚的 6.4%，从而达到了控制层厚的目的。ZGZ-S 参加混匀矿全过程的堆积，要求从开堆后 8h 到收堆前 8h 的时间内不间断地参加混匀矿堆积，以确保 ZGZ-S 与大堆的充分混合。

1.3.2.5 资源综合利用技术

资源综合利用技术主要指钢铁厂二次资源回收返生产综合利用的方法。资源种类主要包括炼钢区域的钢渣、钢渣粒铁、铁渣粒铁、OG 泥粗粒、石灰石泥饼等，轧钢区域的氧化铁皮等，焦化区域的活性污泥等，炼铁区域的高炉重力灰、二次灰、清扫落矿、皮带沿线或料场周边的沉积料等。本节主要介绍石灰石泥饼回收技术，其他二次资源回收方法基本在杂辅料预混匀技术一节已经讨论，或者作为单一品种直接配入混匀矿进行回收利用。

A 石灰石泥饼回收技术

泥饼是炼钢焙烧车间在块石灰石或块白云石生产前进行水洗而产生的沉淀物。其粒度极小，平均粒度为 0.15mm。含水率高达 17% ~20%，呈糊状，如图 1-27 所示。

图 1-27 石灰焙烧车间泥饼的外观情况

B 处理泥饼的一般过程及问题

最初回收处理泥饼的主要作业流程为：焙烧产生泥饼→卡车倒驳至料场→自

然晾干→取料机取出→破碎作业→烧结配矿槽。其成品替代经破碎后的未选石灰石或白云石，供烧结使用。因泥饼含水量大，直接将纯泥饼供破碎处理会造成整个系统中皮带机沿线撒料，取料机、皮带机堵溜槽，破碎受料槽悬料和堵料、破碎机、筛网堵死等一系列问题。

C 处理泥饼的技术措施

饼块预处理：（1）泥饼自然晾干。将泥饼在料场堆积一定的时间，使大部分水分蒸发，降低泥饼的水分，为加快水分蒸发的过程，泥饼在料场堆积期间可用铲车进行不断翻堆，使泥饼的水分由原来的30%下降到15%以下。（2）泥饼和未选块混合。利用现场两种物料不同的物理性状（块石灰石和泥饼），利用它们各自的特点，在现场进行预混合。通过将0～50mm粒度的块石灰石和粒度仅为0.15mm的泥饼相互混合，物料发生了水分和粒度的中和，使其基本符合取料机的作业要求。

取料机作业方法改进。根据泥饼的特性，对取料机在保证设计能力的前提下，慎重地选择取料机六种作业参数配置进行作业试验，最终，摸索了既能保证取料机正常取出规定的作业流量，又能做到作业无扬尘的泥饼操作法——“厚切慢旋”操作法，实现扬尘控制，参数见表1-16。该操作法可以使物料在作业的第一道环节得到充分的切削和打碎，起到了类似人的消化系统中牙齿的作用。

表1-16 “厚切慢旋”操作法控制参数

方法要领	作业参数设定	
	一、二期取料机	三期取料机
加大旋回速度	20～25m/min	50%～60%
选择合理斗轮转速	5r/min	5r/min
减少寸动量	100～120mm	100～150mm
选择合理料层高度	1000～1300mm	800～950mm

对沿线溜槽改进：由于泥饼本身的特性，使积聚在溜槽受料台上的物料和作业物料之间产生了大量的黏结，造成了物料在受料台上像滚雪球一样越涨越高，最终在溜槽的内部占据大量的空间，直至把溜槽堵死，使泥饼不能通过溜槽的转运进入下游的设备，造成大量的撒料。针对以上因素，改造的主要内容有：

（1）对溜槽内的受料台进行完善。对上下两层受料台做相应适当缩小，以达到既可以有正常的积料来保护溜槽壁，又能使物料保证正常的料流形态，为下游设备的正常运输提供必要的保证。最关键的是对下面平台的弹性装置留出了落料的空间，如图1-28所示。

（2）溜槽内增设弹性导料装置。在相应的溜槽内设立一个动态的可调节弹性导料装置，如图1-29所示。该装置由活动式挡料装置、挡料装置支撑滑动轮、活动式挡料装置固定处三大部分组成。图1-29(a)和图1-29(b)是由于固定空间

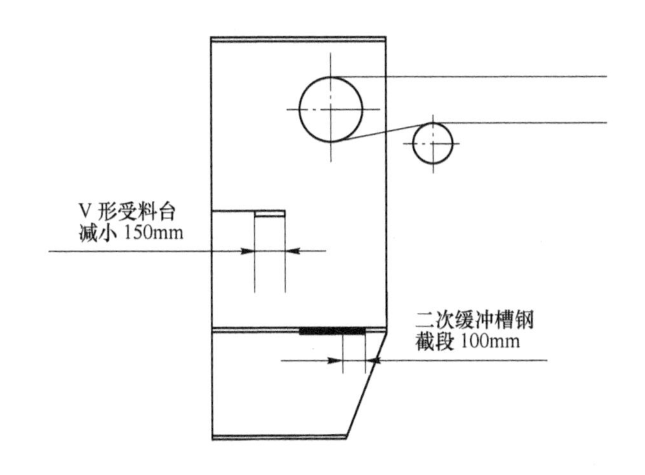

图1-28 溜槽内的受料台改造情况

条件限制而制作的两种不同的调节和固定方式，图1-29(a)是在溜槽侧壁有相当大的空间的情况下的安装情况，图1-29(b)是在溜槽侧壁没有充分安装空间的情况下在梁顶上安装的绞盘固定和调节装置。

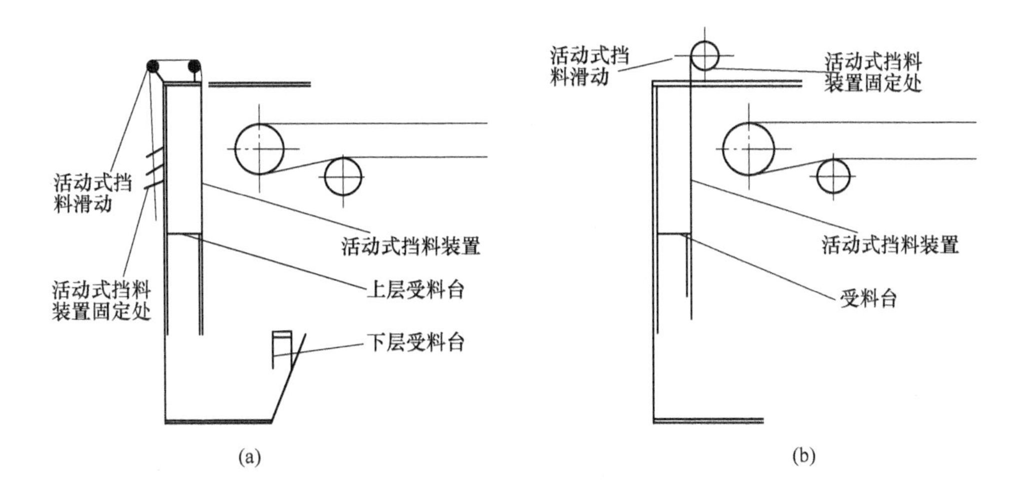

图1-29 可调节弹性导料装置

该装置运行过程为：当系统作业正常物料的时候，使用图1-29(a)所示的搭扣三级调节装置以及图1-29(b)溜槽顶置绞盘装置使挡料装置上升，溜槽内部与其他正常作业系统无异，由于在溜槽改造后的受料台能正常起到作用，同时也为湿度、黏度极高的特殊资源利用类物料通过提供了比较大的空间。当系统作业高湿度、黏度的泥饼时，将活动式导料装置的高度调整至第一层受料台向下500mm左右的位置，这样形成了橡胶材质导料装置在溜槽顶板和溜槽第一层受料台之间的空腔，在受料台下500mm成为一晃动的导料皮，当物料从上游设备进入溜槽的时候，物料直接接触到的是呈空腔状的橡胶导料装置，撞击所产生的冲击使橡胶导料装置向内运动，但橡胶导料装置的自重使之不断地复原，在力的作用下，该导料装置不断往复振动，同时，冲击也造成橡胶导料装置产生自身的振动，往复运动和自身振动的配合，这种振动对黏性极大的特殊物料来说是一种自洁的过程，即物料不断在橡胶挡料装置上黏结，但是后续运载的物料又与橡胶挡料装置发生碰撞，使之产生振动和自身的间隙振动，将前面产生的黏料振落，进入正常的料流系统，这样周而复始，形成良性循环。

1.4 原料质量管理标准

本节描述的原料质量管理标准，主要包括破碎筛分质量管理标准、混匀矿质量管理标准和用户槽位管理标准，是针对各用户的具体生产要求而制定的管理标准。

1.4.1 破碎筛分质量管理标准

高炉用精块矿的破碎筛分管理基准见表1-17。

表1-17 矿石破碎筛分管理标准

制　品	粒度范围	管理基准（目标值）	取样地点	取样频度	取样量
筛下粉	8~0mm	+8mm，≤30%	K150，S150	500t 1次/品种每班	10kg
精块矿	8~30mm	-5mm，≤4%	K147，S147	500t 1次/品种每班	10kg

烧结用熔剂的粉碎管理基准见表1-18。

表1-18 烧结用熔剂粉碎质量管理基准

制　品	粒度范围	管理基准（日平均）	取样地点	取样频度	取样量
石灰石粉	0~3mm	+3mm，≤15% MS≤1.8mm	K424，S424	4次/天	5kg以上
白云石粉	0~5mm	+3mm，≤15% MS≤1.8mm	K461，S461	4次/天	5kg以上

1.4.2 混匀矿质量管理标准

1.4.2.1 混匀矿堆积技术标准

（1）目标成分波动管理顺序：SiO_2→TFe→其他特殊成分。

（2）混匀矿预想成分值与实绩成分计算值允许偏差范围为SiO_2 ±0.03%，TFe ±0.50%，Al_2O_3 ±0.03%。

（3）混匀矿大堆目标成分允许波动值为$\sigma_{SiO_2} \leq 0.25\%$，$\sigma_{TFe} \leq 0.60\%$。

1.4.2.2 混匀矿质量检查

（1）取样地点：在混匀矿输出的第2根皮带的头部。

（2）取样频度：每次混匀矿加槽作业时，必须取样，约6次/天。

（3）测定项目：TFe、SiO_2、Al_2O_3、CaO、MgO、Mn、P、S、MS、H_2O 等。

1.4.2.3 混匀矿堆积要求

（1）堆积前的准备。堆积前，必须对混匀矿堆料机（BS）及堆积系统进行空车试运转，以确认对BS的有效控制及在堆积范围内的各限位开关正常有效。确认混匀矿堆积计划已准确输入计算机内，并在计算机中确认品种、批号、堆积量和水分值，以及各品种的化学成分数据。请求计算机编制出本堆的“混匀矿堆积大致计划”。确认“混匀矿堆积大致计划”中的品种数、品种代码、批号、计划堆积量等数据正确无误。确认料场上计划堆积品种具备开堆在库量。

（2）混匀矿堆积过程管理。坚持计划管理，按“混匀矿堆积大致计划”中给出的品种、数量、顺序进行堆积，若要变更不同槽切出的品种，应注明原因，严格按操作规定进行。严格按计算机规定的指导速度设定各槽切出速度。一旦有堆积品种切换和堆积时间的变更，必须随时修正各CFW的切出速度，确保堆积质量自始至终控制在计算机设定的目标成分值波动范围之内，除收堆的最后2个班外，堆积时矿石切出 SiO_2 预想值的控制范围为目标值 ±0.10。堆积时应尽可能提高BS作业率，减少断料，杜绝单品种堆积。堆积开始后及结束前的8个小时中，特殊品种不得参与堆积。BS因故中途停机后，堆积恢复时仍应在原停机点再开始堆积，并应与停机前的走行方向保持一致。

1.4.3 用户槽位管理标准

高炉、烧结、炼焦等用户的槽位管理标准见表1-19。

表1-19 各用户槽位管理标准

用户矿槽	品 种	上限控制槽位/%	下限控制槽位/%
高炉矿槽	副原料	85	30
	烧结矿	90	60
	块矿或球团矿	90	40
烧结矿槽	粗 焦	90	40
	粉 焦	90	40
	烧结粉	80	30
	石灰石粉	90	40
	蛇纹石粉	90	40
	白云石粉	90	40
	混匀矿	90	50
焦煤配料槽	焦 煤	90	40
喷吹煤配料槽	喷吹煤	90	40

用户槽位管理说明：

（1）由供需双方共同管理槽位值。原料通讯正常时，双方按各自的 CRT 画面槽位进行管理，当通讯故障时，高炉（或烧结）、原料双方加强电话联系。如有异议，双方共同上槽目测，并把确认值输入 CPU，修正原有显示值。

（2）由于累计称量误差，会使 CRT 显示值与实际值产生误差。为了正确显示槽位值，必要时原料侧进行人工目测并作记录，同时由原料中控修正 CRT 显示值。

（3）原料侧发生入槽困难（天气、设备故障、满槽、溢料、作业干扰等），应及时通知用户采取对策。发生混料和铁件等杂物入槽时应立即通知用户，协商处理方法。

（4）为减少槽内粘料、积料，提高槽的利用率，烧结、高炉应有计划安排检查和清理壁附料。

2 烧结生产与质量控制

2.1 概述

烧结矿作为高炉的主要原料，其质量的好坏关系到高炉的稳定顺行。宝钢现有2台495m^2、1台600m^{2}的带式烧结机，年产烧结矿约1750万吨。在近30年的生产实践中，宝钢烧结一直在改善配矿结构、降低配矿成本、提高烧结矿产质量等方面进行技术攻关，逐步形成了低硅烧结、高褐铁矿配比烧结、厚料层烧结及高效节能环保等核心技术，为高炉生产的稳定顺行和降本增效提供了有力保障。

相比较495m^{2}烧结机，600m^{2}烧结机在高效节能环保方面采用了一系列新工艺和新装备，烧结工艺的技术水平有了较大的提升。主要有：（1）厚料层烧结技术。通过增设强力混合机，延长二、三混混合时间以及强化机头组合偏析布料，料层厚度可达到850~900mm，充分发挥“厚料层蓄热”作用，以达到改善烧结过程，改善烧结矿质量，降低固体燃料消耗的目的。（2）液密封环冷机技术。环冷机采用新型液密封形式，大幅降低漏风率，环冷机采用门型罩密封，对不同温度废气采取梯级方式回收，提高了余热回收效率和降低了环冷风机耗电量，避免了环冷区域粉尘无组织排放的现象。（3）采用节能环保型棒条筛技术。成品系统采用节能环保型棒条筛，设备布置采取筛分楼形式，物流之间主要通过溜槽进行转运，相比较495m^{2}烧结机，600m^{2}烧结机的成品筛分系统皮带数量由17条减少到5条，同时占地面积也大为减少，环保状况得到明显改善。（4）采取皮带通廊封闭和粉尘气力输送技术，有效减少了粉尘的无组织排放，改善了区域环境。

宝钢烧结近年来主要技术经济指标见表2-1。

表2-1 宝钢烧结近年来主要技术经济指标

指　标	2010年	2011年	2012年	2013年	2014年
实际产量/t	17307267	17206094	17235859	16707642	18869117
运转率/%	95.33	95.42	96.29	94.93	94.42
成品率/%	75.79	75.54	76.60	76.48	76.92
TFe/%	57.82	57.62	57.69	57.84	57.93
FeO/%	8.02	8.05	8.21	8.06	8.53
SiO_2/%	4.72	4.74	4.92	4.95	4.98

续表 2-1

指　标	2010 年	2011 年	2012 年	2013 年	2014 年
Al_2O_3/%	1.62	1.66	1.74	1.79	1.89
MgO/%	1.61	1.63	1.66	1.63	1.56
TI/%	75.65	74.37	75.14	75.74	76.42
RDI/%	33.92	33.38	32.56	30.60	30.74
<5mm/%	3.8	3.6	3.9	3.3	4.8
固体燃料单耗/$kg \cdot t^{-1}$	51.31	52.53	52.27	53.19	52.79
煤气单耗/$m^3 \cdot t^{-1}$	3.82	3.99	3.86	4.08	3.31
单位蒸汽发生量/$kg \cdot t^{-1}$	37.80	43.92	44.30	45.13	53.06
料层厚度/mm	684	679	689	691	745

2.2 烧结质量管理及控制

宝钢烧结生产使用的原料成分比较稳定，同时烧结在配矿结构和生产控制方面不断改进，确保烧结矿理化性能和冶金性能等质量指标优良，为高炉生产稳定顺行提供了基础条件。

2.2.1 烧结矿质量管理标准

烧结矿占高炉入炉含铁原料的70%左右，是构成料柱的主体，对烧结矿质量要求不仅是品位和强度高、粉末和杂质少、粒度均匀，而且还须具备优良的高温冶金性能、还原性能及低温还原粉化性能。

宝钢烧结矿质量指标的管理基准见表 2-2。

表 2-2 宝钢烧结矿主要质量指标管理基准值

序　号	质 量 指 标	管理基准值
1	CaO/SiO_2	目标值 ±0.12
2	$RDI_{-3.15mm}$	<40.0%
3	$TI_{+10.0mm-JIS}$	>74.0%
	$TI_{+6.3mm-ISO}$	>78.0%
4	粉化率（-5mm）	<5.0%
5	SiO_2	目标值 ±0.16%

烧结矿的质量指标主要包括理化冶金性能和高温冶金性能两部分，在一定的操作参数条件下，烧结矿的质量指标与烧结矿的化学成分密切相关，故烧结矿的化学成分选择要从高炉装入物料的成分平衡和对烧结矿冶金性能的影响双重因素来考虑。

在炼铁生产中，高炉生产的生铁成分受炉渣成分和数量的影响很大，根据焦炭、烧结矿、球团矿、块矿和熔剂等配比及成分，大致可决定炉渣的成分，烧结矿的化学成分中如果只含有在生铁冶炼时所需要的全部熔剂是最理想的，但除对烧结矿化学成分上的要求之外，还须考虑化学成分对烧结矿转鼓强度和低温还原粉化率等冶金性能的影响，因为它们之间有着密切关系，因此烧结矿化学成分在满足生铁冶炼要求的同时还须满足自身冶金性能的要求。

2.2.2 烧结矿质量控制措施

2.2.2.1 碱度对烧结质量的影响及控制

随着碱度的不同，烧结矿的矿物组成将发生相应变化。当碱度高时，原生磁铁矿和赤铁矿量减少，铁酸钙增加，这是由于CaO增加和氧化铁结合的结果，而还原性能相当差的铁橄榄石和玻璃质熔渣，在碱度超过0.8时，减少到看不出来的程度。可以说烧结矿碱度是决定烧结矿质量的一个关键因素，适当提高碱度有利于改善烧结矿的强度和还原性，促进还原性和强度较好的铁酸钙生成，抑制还原性差的玻璃质生成。试验研究表明，在一定的操作制度下，一定的原料条件有一个与之相对应的合适的碱度区间，在这个碱度区间内，烧结矿的液相形成、冷凝、固结过程充分，矿物组成合理。表2-3为试验所用的原料化学成分。

表2-3 原料化学成分 (%)

品 名	TFe	FeO	SiO_2	CaO	MgO	Al_2O_3	S	C	灰分	挥发分
混匀矿	61.03	1.30	3.94	1.09	0.22	1.43	0.026	—	—	—
白云石	0.14	—	1.29	31.02	20.49	0.21	0.005	—	—	—
蛇纹石	4.94	—	37.91	1.99	38.20	0.93	0.051	—	—	—
石灰石	0.05	—	0.93	55.72	0.57	0.36	0.009	—	—	—
生石灰	—	—	1.68	87.13	0.58	—	—	—	—	—
返 矿	58.63	7.12	4.90	8.50	1.73	1.82	0.015	0.006	—	—
焦 粉	—	—	—	—	—	—	0.730	84.120	13.93	1.22

在上述原料条件下，按照表2-4所示的4组不同碱度的配料方案进行实验，实验过程的烧结参数见表2-5。

表2-4 原料配比方案表 (%)

实验号	返矿	混料	焦粉	白云石	蛇纹石	生石灰	石灰石	$R(-)$
1	10.50	75.82	3.90	2.80	1.21	1.25	4.52	1.5
2	10.00	74.31	3.90	2.80	1.21	1.68	6.10	1.8
3	8.50	73.79	3.90	2.80	1.21	2.12	7.68	2.1
4	7.50	72.76	3.90	2.80	1.21	2.56	9.27	2.4

表 2-5　烧结试验参数

项　目	料层厚度/mm	点火温度/℃	点火时间/s	烧结负压/Pa
参　数	600	1030	120	-12000

实验过程中所有原燃料混匀后混合料粒度组成的变化情况见表 2-6。从图 2-1 可知当按照碱度 $R=2.4$ 进行配料时，由于加入的石灰石量加大，混合料平均粒径降低，减弱了制粒效果，会引起烧结过程中料层阻力升高，恶化料层的原始透气性。

表 2-6　烧结混合料粒度　（%）

实验号	>10mm	5~10mm	3~5mm	1~3mm	<1mm	MS/mm
1	11.50	58.50	19.50	7.00	3.50	6.49
2	9.50	59.00	17.50	7.50	6.50	6.29
3	10.00	62.00	14.00	9.50	4.50	6.45
4	7.00	35.50	29.00	13.00	15.50	4.94

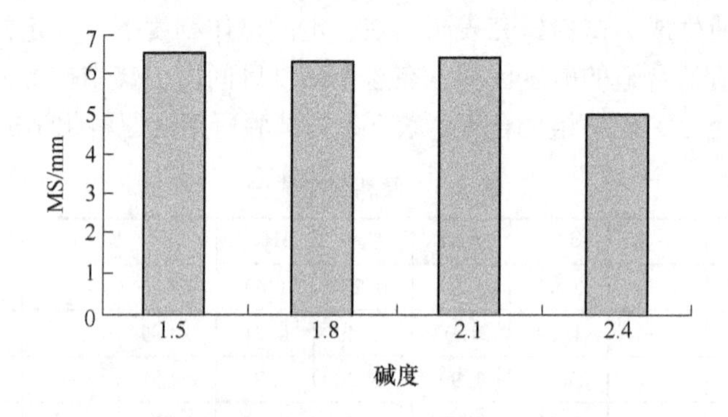

图 2-1　烧结混合料在不同碱度下的粒径对比

烧结锅实验结果见表 2-7，烧结矿化学成分分析和冶金性能检测见表 2-8 和表 2-9。从表 2-7 中可知烧结碱度 $R=2.1$ 和 $R=2.4$ 时烧结综合指标相差不大。综合考虑烧结指标和高炉造渣的需求，在宝钢使用原料的条件下，当烧结碱度控制在 $R=1.8\sim2.1$ 可以获得相对较为满意的效果。

表 2-7　烧结实验结果

实验号	垂直烧结速度 /mm·min^{-1}	烧损率/%	成品率/%	转鼓强度/%	利用系数 /t·(m^2·h)$^{-1}$
1	24.17	19.48	54.45	69.3	1.28
2	25.64	18.18	58.60	72.5	1.46
3	23.98	18.99	56.21	74.2	1.33
4	23.58	19.94	55.68	74.6	1.24

表 2-8 烧结矿化学成分 （%）

实验号	FeO	SiO_2	CaO	MgO	S	$C_{残}$	Al_2O_3	$R(-)$
1	8.46	4.37	6.36	2.40	0.016	0.026	1.38	1.46
2	8.50	5.16	9.03	2.84	0.019	0.026	1.34	1.75
3	7.27	4.68	9.73	2.61	0.022	0.028	1.45	2.08
4	8.79	4.97	12.27	2.87	0.027	0.032	1.29	2.47

表 2-9 烧结矿冶金性能 （%）

实 验 号	还原粉化指数 $RDI_{+3.15}$	还 原 度
1	78.42	87.65
2	78.29	91.46
3	79.21	90.28
4	79.85	89.24

烧结碱度对烧结生产指标影响趋势如图 2-2 所示。由图可知，随着烧结碱度的增加，成品率、利用系数和垂直烧结速度都出现了先上升后下降的趋势，而转鼓强度先增加，当 $R>2.1$ 后增加趋势减缓，综合看来，碱度为 1.8 ~ 2.1 时指标最佳（图 2-3）。

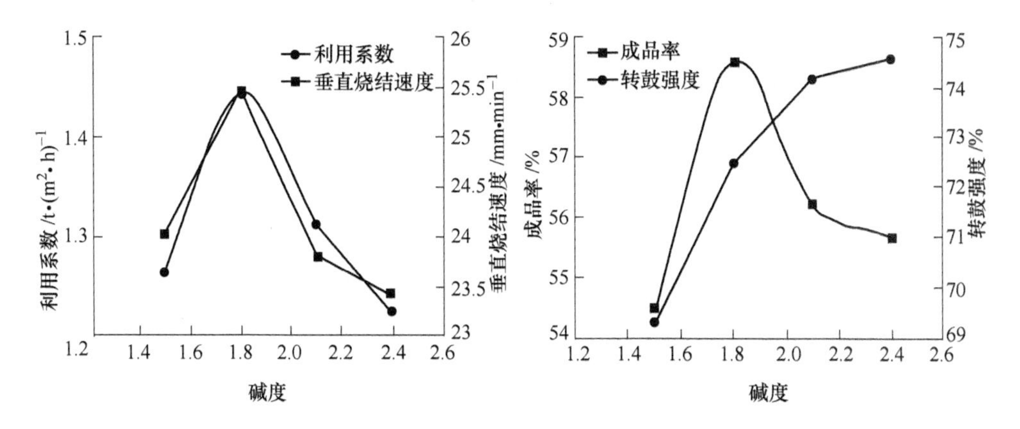

图 2-2 碱度对烧结指标的影响

不同碱度的烧结矿矿相分析如下（图 2-4）：

（1）烧结碱度为 1.5 时，细粒半自形、他形磁铁矿和赤铁矿等相间分布一起，气孔较多，气孔大小不一，无序排列；

（2）烧结碱度为 1.8 时，半自形、他形细粒状磁铁矿与针状铁酸钙相间分布，玻璃质均质，充填在铁酸钙等矿物之间；

（3）烧结碱度为 2.1 时，矿相中可见磁铁矿，针状铁酸钙，此外有少量硅酸

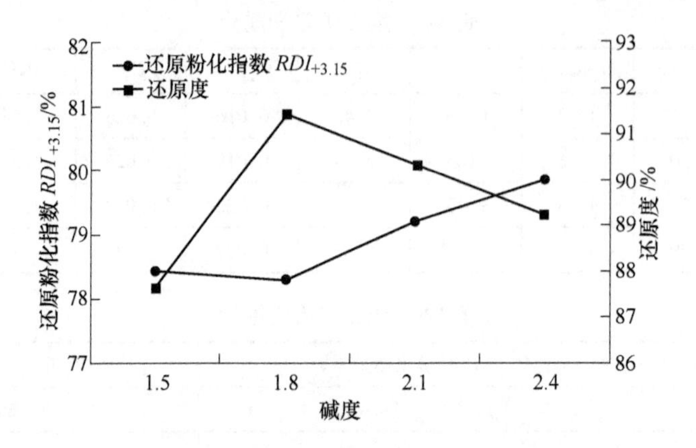

图 2-3　碱度对烧结矿冶金性能的影响

钙，玻璃质及少量硅酸盐矿物，另有分布不均的气孔；

（4）烧结碱度为 2.4 时，磁铁矿相对较多，铁酸钙相对少些，气孔多，大小不一，呈无序排列。

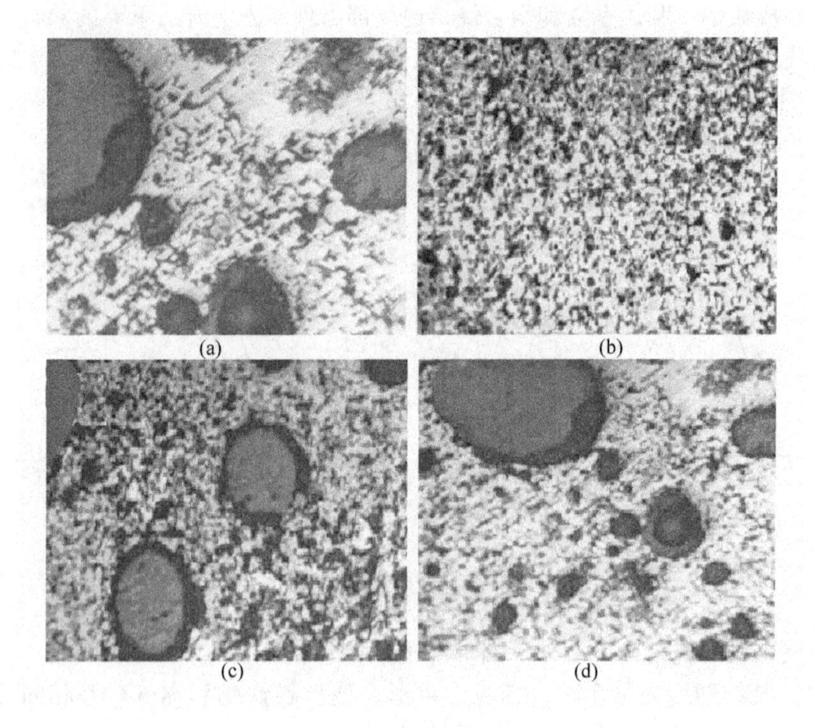

图 2-4　烧结矿矿相分析（200 ×）

（a）碱度为 1.5；（b）碱度为 1.8；（c）碱度为 2.1；（d）碱度为 2.4

通过以上研究可知，通过高炉炉料结构的合理搭配，烧结矿的碱度一般控制在1.8~2.1之间，烧结矿综合质量指标最优。

2.2.2.2 Al_2O_3含量对烧结质量的影响及控制

Al_2O_3在高炉熔渣中以铝黄长石（$2CaO \cdot Al_2O_3 \cdot SiO_2$）等硅铝酸盐形态出现，使炉渣的黏度增加，流动性变差，因此要求高炉渣中Al_2O_3含量不超过15.50%。烧结矿中Al_2O_3含量增加时，对烧结质量（如转鼓指数和还原率）和生产率带来不良影响。但是，铁矿石中含Al_2O_3矿物的组成不同，其影响程度也不同。高铝矿物可分为高岭土系（$Al_2O_3 \cdot 2SiO_2 \cdot 2H_2O$）和三水铝矿系（$Al_2O_3 \cdot 3H_2O$）。三水铝矿系的矿物在320℃以下脱水，分解成$Al_2O_3$单体，它阻碍熔渣反应，同时熔渣流动性也不好，给烧结矿质量带来不利的影响。高岭土系矿物中的Al_2O_3已经是以硅酸盐形式存在，生成的熔渣流动性较好，对烧结矿质量的不良影响较小。

试验研究表明，随着Al_2O_3含量的提高，烧结矿的转鼓强度*TI*有所下降，见表2-10。另外，提高Al_2O_3含量还会恶化烧结矿的低温还原粉化率（*RDI*）。一般来说，为了减轻Al_2O_3含量对烧结的影响，主要还是在配矿上要减少Al_2O_3含量的带入，在操作上，适当增加热量投入，有助于改善强度，提高成品率。宝钢在烧结配料时，对不同Al_2O_3含量的矿粉要作适当的搭配使用，综合考虑焦炭灰分中Al_2O_3含量，烧结矿中Al_2O_3含量以不超过1.9%控制。

表2-10 不同Al_2O_3含量对烧结矿质量的影响规律 （%）

试验期	Al_2O_3	*TI*	成品率
1	1.51	82.74	76.81
2	1.61	82.74	76.44
3	1.68	81.76	76.68
4	1.73	81.81	76.69
5	1.82	81.37	76.24

2.2.2.3 MgO含量对烧结质量的影响及控制

烧结矿中MgO的作用是满足高炉造渣的要求，同时还有助于改善烧结矿质量，降低其低温还原粉化率。当高炉渣中Al_2O_3高达15%时，为了确保炉渣的流动性和脱硫能力，要求烧结矿中MgO含量控制在1.6%~1.7%的水平，确保炉渣中MgO含量达到6%~7%。在高铁分、低SiO_2、高碱度、低FeO型烧结矿中，MgO的存在能使Fe_3O_4稳定，减少其再氧化成骸晶状赤铁矿的可能性，从而使烧结矿的*RDI*值降低。另外，随着MgO含量增加1%，烧结矿软熔温度可提高40℃左右。

MgO对烧结生产不利的影响主要体现在烧结过程中，因白云石分解产生的Mg^{2+}离子在低温状况下与Fe_2O_3和Fe_3O_4发生结合生成致密的尖晶石，在烧结过程的相变反映“初熔”温度低，烧结料层中液相产生时间过早，烧结过湿带变厚，透气性变差，从而导致烧结产能水平下降。

为满足高炉造渣要求，宝钢烧结自2004年开始，逐步增加了烧结矿的MgO含量，减少了高炉白云石的加入量，至2007年，烧结矿的MgO含量达到1.90%，高炉工序完全停止加入白云石。在此过程中，为了克服提高MgO带来的不利影响，主要采取了以下技术措施：通过提高生石灰配比和优化混合机添加水方式，改善制粒效果，从而改善烧结料层的透气性，抑制烧结“过湿层”的形成时间与厚度。此外，为了确保白云石的分解效率，同时增加液相的数量，固体燃料配入量必须适当提高，气体燃料（如焦炉煤气）的使用量也需要适当提高，以保持烧结矿表面的点火和黏结效果，以表面不“龟裂”、不松散、无生料为点火控制原则。采取以上技术措施后，提高MgO对烧结矿的质量指标没有造成大的波动，见表2-11。

表2-11 不同MgO含量的烧结矿质量指标

指 标	2003年	2004年	2005年	2006年	2007年
MgO/%	1.61	1.66	1.81	1.82	1.90
TI/%	75.50	75.38	75.96	75.64	75.55
RDI/%	30.09	29.38	29.03	27.98	27.66
-5mm/%	3.3	3.5	3.7	3.9	4.0
MS/mm	20.4	19.9	19.9	21.0	21.5

2.2.2.4 SiO_2含量对烧结质量的影响及控制

SiO_2对烧结矿质量的影响有两个方面：一方面，SiO_2的含量提高会降低烧结矿铁品位；另一方面，由于SiO_2属于酸性氧化物，在烧结过程中易与其他氧化物化合生成低熔点液相，在未熔矿石之间形成“连接桥”，最终生成“立体网状交织结构”有利于提高烧结矿强度。随着SiO_2含量的降低，虽然烧结矿的铁品位会提高，但烧结矿的黏结相量不足，强度会下降，影响烧结矿成品率，也进一步影响高炉的稳定顺行。

宝钢很早就开始低硅烧结技术研究，烧结矿硅含量最低达到4.3%，铁品位达到60%左右。针对低硅烧结的生产难点，主要采取了以下措施：

（1）在混匀矿配矿过程中，稳定SiO_2含量在3.5%左右，控制混匀矿的Al_2O_3/SiO_2比值在0.10～0.35之间，确保烧结过程中尽可能多地生成以针状铁酸钙与复合铁酸钙（SFCA）为主的黏结相。

（2）为确保烧结矿中液相的质量与适宜的流动性，根据各种矿石同化性的研究结果，在配矿时选择同化性或复合同化性良好的矿石作混匀矿的基础矿种，如罗布河、扬迪和哈默斯利粉矿等。

（3）适当提高粉核比例，采用精矿粉烧结。由于精矿粉粒度较细，虽然会对烧结料层透气性产生不利影响，但由于配入后烧结原料比表面积增加，反应活性增大，固相反应充分，也有利于黏结相的生成，提高烧结矿强度。

（4）实施厚料层烧结，降低垂直烧结速度，不仅可以延长高温保持时间，使低熔点化合物间高温反应充分，还可以降低烧结矿结晶和冷却速度，减轻烧结矿内部应力。

（5）适当提高烧结过程热量投入，提高燃烧带温度水平，也可促进黏结相的生成。

2.2.2.5 TiO_2 含量对烧结质量的影响及控制

烧结原料中添加一些含钛铁矿粉时，在高炉内经过还原在炉缸内生成难熔的 TiN、TiC 化合物，这些化合物沉积、黏附在炉底和炉砖衬上，可有效地保护砖衬和冷却设备，延长高炉寿命。

烧结料中配加的含 Ti 矿粉主要是高炉护炉时使用的钛矿或钛球的筛下粉。配入含 TiO_2 矿粉后，烧结中骸晶状 Fe_2O_3 数量增多，后者在还原过程中体积膨胀，使 *RDI* 值明显恶化。钛铁精矿配比在 0～5% 范围内的生产实绩数据回归分析得出：

$$Y = 29.806 + 1.98X$$

式中 Y——烧结矿 *RDI* 值；

X——钛铁精矿配比。

其相关系数为 0.93。

与巴西标准粉、澳洲扬迪粉以及混匀矿相比，钛矿粉在化学成分上具有“四高一低”的特点，即其 TiO_2、SiO_2、Al_2O_3、MgO 含量较高，而铁品位较低。因其是块矿筛下粉，平均粒度较粗。具体见表 2-12。

表 2-12 宝钢用钛粉物化指标

含铁原料	TFe /%	SiO_2 /%	CaO /%	Al_2O_3 /%	MgO /%	TiO_2 /%	S /%	FeO /%	MS /mm
钛矿粉	38.48	8.48	1.18	4.48	2.91	31.85	0.436	24.78	3.21
巴西标准粉	65.70	3.48	0.03	0.75	0.12	0.04	0.005	0.33	2.34
澳洲扬迪粉	58.36	4.34	0.07	1.53	0.06	0.07	0.007	0.30	3.38
混匀矿	60.96	3.84	1.10	1.37	0.24	0.08	0.015	1.46	2.82

配加钛矿粉进行烧结时，在高于 960℃ 的高温条件下，钛铁矿中的 Fe、Ti 呈无序分布而具赤铁矿结构（刚玉型结构），故形成 $FeTiO_3$-Fe_2O_3 完全固溶体。随温度下降，在约 600℃ 时 $FeTiO_3$-Fe_2O_3 固溶体出溶，在钛铁矿中析出赤铁矿的片晶。由此可知，在生产熔剂性烧结矿的还原性气氛中，高温时将会产生钙钛矿等 CaO-SiO_2-TiO_2 体系液相。钙钛矿晶体结构相变使其在烧结矿中不起黏结作用，

相反有削弱铁氧化物的连晶作用，钙钛矿晶体结构相变的副作用会使烧结矿结构不均匀，易产生脆性，使低温还原粉化率增大。

综上分析，配加钛矿粉进行烧结时，须采取的技术措施有：

（1）改善焦粉粒度，增加热量投入。在配加钛矿粉时，焦粉配比约增加0.05%～0.10%。

（2）优化点火，增强保温。为保证烧结矿强度，增开点火炉第三排烧嘴，提高保温温度。

（3）加大蓄热，确保强度。钛铁矿烧结性能较差，易影响烧结矿强度，故需保持厚料层烧结。强化布料，加强料层蓄热，设法提高烧结终点（BTP）温度，确保烧结矿转鼓强度。

（4）适当提高氯化钙溶液喷洒量，降低 *RDI*。

2.2.2.6 硫及其他有害元素对烧结质量的影响和控制

烧结矿硫含量一般不超过0.1%，以控制高炉入炉硫负荷，在高炉低硅冶炼时，这一点更为重要，不可忽视。

钾、钠和锌之类的碱金属的氧化物在高炉内很容易被还原，所生成的金属以及金属氧化物在高炉上部沉积在耐火炉衬的气孔中，对砖衬寿命有不利的影响。在烧结矿中 K_2O 和 Na_2O 含量增加，对 *RDI* 有不利影响，还有烧结矿的软熔温度会相应降低，进一步影响到高炉软熔带的位置。

宝钢主要通过加强杂辅料二次资源回收利用的管理，严格控制钾、钠和锌等有害元素含量高的物料进入烧结配料过程，并对烧结矿的含锌量进行上限管理，目标值应小于0.012%，对烧结矿的钾、钠含量则每季度检测一次，发现异常及时处理。确保高炉锌负荷小于150g/t-p，碱金属小于2.0kg/t-p。

2.2.2.7 低温还原粉化率（*RDI*）的控制

烧结矿热态强度指标一般采用低温还原粉化率（*RDI*）表示，在高炉内，烧结矿产生还原粉化的原因是由于还原初期发生微细的龟裂，随着还原过程的进行而加剧，还原到一定程度时，将产生很大的与组织几乎无关的龟裂而粉化。还原初期发生的龟裂，在磁铁矿上也有发生，但主要是在赤铁矿的粒子上产生。赤铁矿被还原成磁铁矿时，产生体积膨胀是烧结矿粉化的主要原因。试验研究表明，在烧结过程中生成的赤铁矿是烧结产生龟裂的主要因素，二元系铁酸钙和自形晶磁铁矿共存的组织或微密的三元系铁酸钙组织，发生龟裂很少。

在高炉上部被还原并成为发生龟裂原因的赤铁矿，从形态上看呈骸晶状赤铁矿，从组成和构造上看，它含有 Al_2O_3、TiO_2、MnO 多种元素，内存在微小的析出物，这种粒子是在烧结的降温过程中，由多元素的磁铁矿氧化而成的。骸晶状 Fe_2O_3 结晶是一种破坏性的矿物，它的结晶形状大多呈鱼脊状和散骨状(图2-5)。

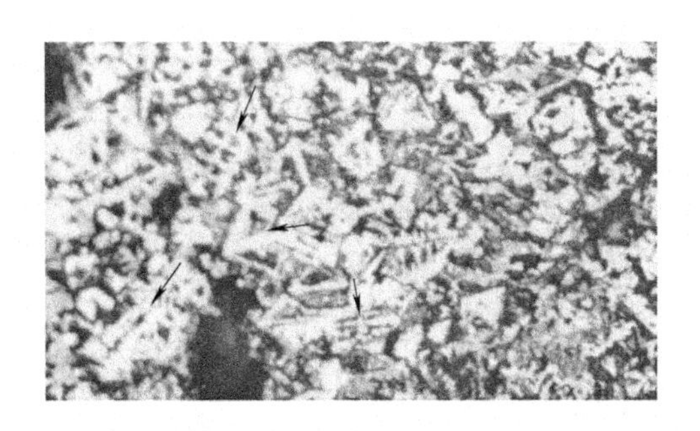

图 2-5 骸晶鱼脊状 Fe_2O_3(白色)反光 (200×)

骸晶状的赤铁矿用 H_2-H_2O 气体还原时，表观体积变化的数据列于表 2-13。可见，在 500~600℃温度下还原时，赤铁矿还原成磁铁矿体积变化最大。

表 2-13 Fe_2O_3 还原温度与体积变化的关系

还原温度/℃	表观体积变化/%
525	+25.60
625	+23.60
740	+17.30
825	+16.20

为了稳定烧结矿 *RDI* 指标，除了改善配矿结构和优化操作控制之外（前已述及），宝钢烧结还设置了氯化钙喷洒装置，确保烧结矿 *RDI* 指标受控。喷洒装置有以下要求：

（1）氯化钙喷洒管道安装高度设置为皮带上方 200mm 左右，使氯化钙溶液能够均匀渗透到烧结矿表层以下。

（2）将喷洒管的单面钻孔改造成双面钻孔（图 2-6），使喷洒出来的氯化钙溶液呈“人”字形角度喷洒，喷洒孔直径在 1.5mm 左右，使大块烧结矿正反面都能均匀喷洒到，能大大提高烧结矿表面的喷洒均匀度。

（3）根据成品烧结矿粒级分布特点，对氯化钙溶液喷洒流量进行有效调整。烧结矿粒度统计见表 2-14，在成品烧结矿中 +50~20mm 粒级约占 34.6%，20~10mm 粒级占 42.5%，10~5mm 粒级占 19.6%。因此设置氯化钙喷洒流量方式为：第一喷洒点（+50~20mm 成品矿）氯化钙喷洒量占总量的 40%；第二喷洒点（20~10mm 成品矿）氯化钙喷洒量占总量的 50%；第三喷洒点（10~5mm 成品矿）流量占总量的 10%。以此从工艺角度来调整氯化钙的喷洒量。

表 2-14 成品烧结矿粒级分布

粒级/mm	+50	+20	+10	+5	-5
所占比例/%	5.6	29.0	42.5	19.6	3.6

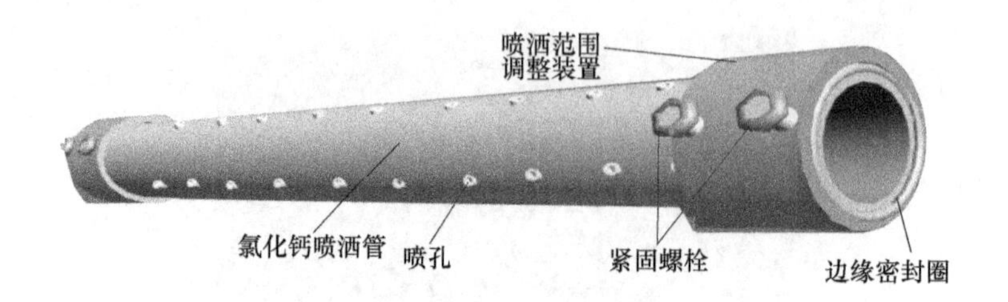

图 2-6　采用双排孔的氯化钙喷洒管

（4）将喷洒管上喷孔分布宽度设置为 900mm 宽，喷洒管两端增设喷洒范围可调装置（图 2-6）。由于喷洒管两端增设了喷洒范围可调装置，既能有效避免因台时产量高，皮带上料面宽，部分料喷洒不上氯化钙溶液的局面，又能避免减产生产时因皮带料面变窄而喷洒到皮带上的氯化钙溶液浪费的现象，既节约了资源又预防了皮带跑偏、打滑造成生产停机的不利影响。

（5）由于氯化钙溶液具有较强的腐蚀性，将氯化钙喷洒管装置改成不锈钢合金防腐材料，避免因长时间使用导致氯化钙喷洒管喷孔受腐蚀变大现象。

2.2.2.8　转鼓强度（*TI*）的控制

影响烧结矿转鼓强度的因素很多，首先从改善配矿结构考虑，改善烧结混合料的烧结性能，再从烧结操作控制方面考虑，如烧结生产率、烧结温度及烧结层厚等。具体控制手段如下：

（1）烧结生产率的控制。在其他条件不变的情况下，加快烧结速度，提高烧结机生产率，对烧结矿强度和平均粒度会产生不利影响，因此，在烧结生产过程中，不能盲目追求高产，要在提高成品率的基础上，实现稳产高产，确保烧结矿强度。

（2）烧结温度和点火强度的控制。混合料配碳量增多时，烧结矿强度改善主要是由于液相量增加，固结得到加强所致。但当燃料过多时，烧结温度过高，液相生成量过多，产生不均匀烧结，使烧结饼出现局部烧不透现象以及由于气孔过大等原因造成烧结矿强度下降。因此，烧结配碳以 FeO 在 7.5% ~8.5% 的水平进行控制。适当提高点火炉的点火强度，可提高烧结矿强度，特别对上部烧结矿强度提高很明显。利用保温炉，对上层烧结矿进行保温，减缓冷却速度，提高上层烧结矿强度。

（3）料层厚度的控制。提高料层厚度可以发挥料层蓄热作用，有助于改善烧结矿强度。

此外，为了提高和稳定烧结矿的质量，必须定期对烧结矿进行化验和检验。根据化验和检验的结果与目标值进行比较，出现偏移时要及时进行原料、配料和各工艺参数的调整，以求实际值稳定在目标值附近。为了使检验结果有代表性，烧结矿采样必须有代表性，为此要配置烧结矿自动取样系统。

2.3 烧结配矿技术

2.3.1 铁矿石的质量控制

铁矿石的质量控制和品种选择主要考虑以下三方面：

（1）含铁量高、脉石成分适宜、有害杂质少。原料含铁量越低，脉石数量就越多，高炉冶炼得多用熔剂和焦炭，生产效率下降，而且渣量增加的倍率要大于铁分降低的倍率，过贫的矿石直接入炉冶炼在成本上是不合算的，同时在操作上也有较多困难。

脉石中的 SiO_2、Al_2O_3 称为酸性脉石，CaO、MgO 称为碱性脉石，矿石中的 $(CaO+MgO)/(Al_2O_3+SiO_2)$ 或 CaO/SiO_2 的比值叫碱度，碱度接近炉渣碱度时叫自熔性矿石。因此矿石中的 CaO 多，冶炼价值高一些。而 SiO_2 越低越好，SiO_2 多，消耗的石灰石量和生成的渣量也大，引起高炉冶炼焦比升高和产量下降。矿石中 MgO 高时，会增加炉渣中的 MgO 的含量，改善炉渣的流动性和增加其稳定性，所以一般炉渣中 MgO 保持6% ~8% 的水平。Al_2O_3 在高炉渣中属于中性氧化物，渣中 Al_2O_3 含量过高时，渣难熔而不易流动。因此，矿石中 Al_2O_3 要加以控制。铁矿石中常见的有害杂质如硫、磷、砷以及铜、锌、钾、钠等，有害杂质要少。

（2）铁矿石化学成分稳定性好。烧结用铁矿石化学成分的波动会引起烧结矿含铁量和碱度的波动，从而导致高炉炉温、炉渣碱度和生铁质量的波动，造成炉况不顺，并使焦比升高，产量下降。因此，要求在烧结配矿中，要采取混匀技术，确保烧结用原料化学成分稳定。

（3）有良好的烧结性能。烧结用的矿石粒度越均匀，烧结料层的透气性就越好，对改善烧结过程有利。其次，合适的液相流动性和同化性对改善烧结过程和提升烧结矿的产质量有十分重要的意义。因此，在选择矿石配矿时，要充分考虑各种矿石的液相流动性、同化性以及相互之间的互补特性。

2.3.2 熔剂的质量控制

烧结料中加入碱性熔剂，可使烧结矿熔剂化，把炼铁过程中必须加入的部分熔剂及其在高炉内进行的化学反应前移到烧结过程中进行，这有利于强化高炉冶炼，同时也强化了造渣过程和降低焦比。另外，能够改善原料的烧结性能，强化烧结过程，提高烧结矿的产质量。

熔剂按照其性质可分为碱性熔剂、中性熔剂（Al_2O_3 等）和酸性熔剂（石英、蛇纹石等）三类。由于铁矿石的脉石成分绝大多数以 SiO_2 为主，所以通常采用含有 CaO 和 MgO 的碱性熔剂。碱性熔剂主要有石灰石（$CaCO_3$）、消石灰

($Ca(OH)_2$)、生石灰（CaO）和白云石($Ca \cdot Mg(CO_3)_2$)等：

（1）石灰石。纯石灰石的CaO理论含量为56%，CO_2为44%，但自然界的石灰石都含有铁、镁、锰等杂质。所以工业上使用的石灰石的CaO含量一般为50%～55%。石灰石呈块状集合体，硬而脆、易破碎。密度为2.6～2.8t/m³，颜色呈白色和乳白色两种。石灰石中常有SiO_2和Al_2O_3夹杂在其中。

（2）白云石。白云石的化学式是$CaCO_3 \cdot MgCO_3$，它具有方解石和碳酸镁中间产物的性质，纯白云石理论组成为$CaCO_3$ 54.2%（CaO 30.4%）和$MgCO_3$ 45.8%（MgO 21.8%）。呈粗粒块状，较硬难破碎，颜色为灰白或浅黄色，有玻璃光泽。硬度为3.5～4，密度为1.8～2.9t/m³。

（3）生石灰。生石灰是由石灰石在900～1000℃的温度下煅烧而成的，一般含CaO 85%左右。石灰石受热而放出CO_2，所以生石灰有很多裂纹，易破碎，生石灰遇水消化生成消石灰。消石灰又称为熟石灰，CaO含量为70%～80%，分散度大，有黏性，比重小于1，含水15%～20%，烧结使用的消石灰含水应小于15%，粒度小于3mm。

上述为碱性熔剂，烧结过程中有时也使用一些酸性熔剂，主要有橄榄岩和蛇纹石。在烧结中添加橄榄岩和蛇纹石等熔剂可以改善高炉炉渣的流动性，提高其脱硫能力。

烧结料中加入生石灰等熔剂，特别是对烧结精矿粉而言，被认为是强化烧结过程的有效措施。把高炉所需的部分或全部熔剂加入到烧结矿中，也是高炉对精料的要求之一。因此，目前烧结生产中广泛采用石灰石、生石灰、白云石等作为熔剂。对熔剂质量总的要求是：有效成分含量高，粒度和水分适宜。宝钢熔剂进厂标准见表2-15。

表2-15 宝钢使用熔剂进厂标准

品 名	CaO	SiO_2	Al_2O_3	MgO	P	S	H_2O	粒 度
石灰石粉	≥52.50%	≤1.5%		≤2.0%	≤0.05%	≤0.035%	≤9.0%	0～3mm，>3mm不高于10%；MS<1.6mm
白云石粉	≥30.0%	≤3.0%		≥19.0%	≤0.05%	≤0.035%	≤10.0%	0～3mm，>3mm不高于10%；MS<1.5mm
蛇纹石粉		≤40.0%	≤1.5%	≥36.8%	≤0.05%	≤0.2%	≤10.0%	0～5mm，>5mm不高于10%；MS<1.5mm
生石灰（自产）	≥80.0%	≤2.50%		≤2.0%	≤0.010%	≤0.050%		0～3mm，<1.0mm不低于75.0%；MS<1.5mm
外购生石灰	≥80.0%	≤2.50%		≤2.0%	≤0.010%	≤0.3%		0～3mm，<1.0mm不低于75.0%，>3mm低于10.0%；MS<1.5mm

2.3.3 燃料的质量控制

燃料在烧结中主要起发热剂和还原剂的作用，它对烧结过程的技术经济指标影响很大，因此，合理选择烧结燃料具有重要意义，烧结过程中使用的燃料分为点火燃料和固体燃料两种。

2.3.3.1 点火燃料

烧结点火燃料一般为气体燃料，主要是几种简单气体的混合物，可燃物为 H_2、CO、CH_4、H_2S 和各种碳氢化合物，而 CO_2、N_2 及 O_2 属非可燃物。在钢铁厂主要使用高炉煤气和焦炉煤气，或者两者的混合煤气。宝钢烧结使用焦炉煤气，具有清洁、热量高等优点，其成分见表2-16。

表2-16 宝钢焦炉煤气成分（标态） （%）

成分	CO	CO_2	H_2	N_2	CH_4	C_2H_4	C_2H_6	C_3H_6	O_2	热值/J·m^{-3}
数值	6.882	2.676	59.259	2.788	25.082	2.024	0.706	0.200	0.382	18155

2.3.3.2 固体燃料

烧结过程中使用的固体燃料主要是焦炭和无烟煤。焦炭是炼焦煤在隔绝空气条件下高温加热后的固体产物，焦炭呈黑色，机械强度大，固定碳含量高。高炉和炼焦的筛下焦用于烧结生产；煤是一种复杂的混合物，主要由有机元素C、H、O、N、S五种元素组成，它们的无机成分主要是水和矿物质，因其成因条件不同而分为无烟煤、烟煤、褐煤等，不同种类的煤的比重、脆性、机械强度、光泽、热性质、结焦性和发热量也有所不同，无烟煤可供烧结使用，其挥发分低（2%~8%），氢氧含量少（约2%~3%），固定碳高（70%~80%），发热值为25400~33500kJ/kg，无烟煤的密度较烟煤大，它的硬度也较烟煤高，呈灰黑色，光泽很强，水分含量低。

2.3.3.3 烧结对固体燃料的质量控制

烧结所用的燃料主要是固体燃料。它对烧结料层中温度的高低、燃烧的速度、燃烧带的宽度、烧结料层中的气氛以及烧结过程的顺利进行和烧结矿产质量都有极大的影响。因此，烧结过程对固体燃料提出了一定的要求：

（1）具有一定的燃烧性和反应性。为了使燃烧过程中燃料的燃烧速度和传热速度以相匹配的速度在料层中移动，要求固体燃料具有一定的燃烧性和反应性，燃烧与反应速度过快，高温保持时间短，产生夹生料；若燃烧和反应速度过慢，则燃料不能充分燃烧，料层得不到必要的高温，也会使烧结矿的质量变差，燃烧性和反应性取决于燃料的种类和粒度。如焦粉的反应性接近于传热速度，无烟煤的反应性一般偏高，故在使用燃料时，应注意其适宜的粒度和用量。

（2）具有良好的热稳定性。热稳定性指煤受热后爆裂的情况。层状或片状结构的无烟煤受热后易爆裂成粉末，因而不利于烧结过程的进行。烧结用煤粉粒度小于 3mm，故其热稳定性比高炉用的块煤要好。

（3）含碳量要高。固体燃料中固定碳含量越高，则发热值越大，灰分含量越低，含碳量一般用固定碳含量来表示。

（4）挥发分、硫分要低，灰分熔点要低。挥发分不参与燃烧，常被气流抽到烟道系统中，有可能引起火灾。若固体燃料中含硫量高，则会增加混合料中总的含硫量，增加了烧结脱硫的困难。燃料中灰分的熔点对烧结过程影响很大，易熔灰分易生成液相，有利于矿石烧结成块，可进一步改善烧结矿的质量，在一般情况下，灰分中含有 Al_2O_3、SiO_2 较高的，其熔点也较高。

（5）适宜的粒度。烧结使用无烟煤、焦炭作为烧结的固体燃料。从炼焦或高炉筛分下来的焦炭和原料料场输送的无烟煤，均通过烧结区域的固体燃料破碎系统（棒磨机破碎系统或对辊四辊破碎系统），将焦炭和无烟煤破碎筛分成粒度为 0 ~ 3mm 的粉末（平均粒度为 1.5 ~ 1.8mm）。宝钢烧结固体燃料分析结果见表 2-17。

表 2-17 宝钢烧结固体燃料的指标分析

指标	灰分/%	挥发分/%	S/%	热值/kJ · kg^{-1}	C/%	H/%	N/%
大安山煤	18.55	5.55	0.23	26554	77.63	0.93	0.28
粉焦	12.08	1.05	0.64	29554	85.28	0.11	0.98

2.3.4 混匀矿配矿技术

宝钢烧结的铁矿石基本从国外进口，以巴西矿、澳大利亚矿为主，矿石品种多，化学成分、粒度规格、烧结性能方面差异较大，需按照一定的原则和方法，合理搭配所有物料，以消除原料差异，稳定烧结矿理化性能，为高炉提供优质炉料。

在传统的配矿方案中，烧结对铁矿石原料的评价仅局限于对其化学成分、粒度组成、制粒性等物理性能的评价，对其高温性能的研究也停留在矿石的熔点高低、生成不同矿相的能力方面，对烧结过程的研究只限于两头，即原料的化学成分、粒度组成、制粒性等物理性能；生成烧结矿的宏观、微观组织结构及烧结矿的性能。烧结过程的研究仍是个黑箱。

2.3.4.1 铁矿石的烧结基础特性评价

宝钢烧结配矿技术除了考虑传统的物化指标以外，还引入了铁矿石的烧结基础特性的概念。铁矿石的烧结基础特性，就是指铁矿石在烧结过程表现出的高温物理化学性质，主要包括同化特性、液相流动特性、黏结相自身强度、连晶固结强度等。

A 矿石粉同化性

宝钢生产的烧结矿为高碱度烧结矿，高碱度烧结矿在烧结过程的主要矿物组成为复合铁酸钙（SFCA），它的形成始于 CaO 和 Fe_2O_3 的物理化学反应，且烧结过程的液相生成也是始于 CaO 和铁矿粉的固相反应生成的低熔点化合物。铁矿粉与 CaO 的反应能力，对烧结矿的质量乃至整个烧结工艺过程均具有非常重要的影响。另外，同化温度指标反映了同化反应进行的难易程度，同化程度则反映了铁矿石在不同温度下反应程度的差异。因此，铁矿粉与 CaO 的反应能力——同化温度及同化程度成为考察铁矿石烧结基础特性的重要指标。

宝钢采用“同化性指数”即单位重量矿石中的 CaO 含量，来表征随着温度的升高铁矿粉与 CaO 的反应程度的大小及其变化率。“同化性指数”的计算公式如下：

$$AI = \frac{W_d - W_s}{W}$$

式中 AI——同化性指数，g(CaO)/g(ore)；

W_d——铁矿粉与 CaO 同化后的重量，g；

W_s——铁矿粉单烧后的重量，g；

W——铁矿粉的原始重量，g。

B 矿石粉流动性

不同种类的铁矿粉，由于其自身特性的差异，在烧结过程中产生的液相的流动性必然有所差异。烧结液相的流动性较高时，因其黏结周围未熔物料的范围较大，因而可提高烧结矿的固结强度。但是，黏结相的流动性也不可过大，否则会因为黏结层厚度的减薄以及形成薄壁大孔结构，反而使烧结矿整体变脆，强度降低。适宜的液相流动性是确保烧结矿有效固结的基础。

为了便于比较各种铁矿粉液相流动性的大小，定义一个流动性的指数：

$$\text{流动性指数} = \frac{\text{试样流动后面积} - \text{试样原始面积}}{\text{试样原始面积}}$$

流动性指数越大，说明矿粉焙烧时形成的液相的流动性越大。

C 矿石粉黏结相强度

烧结矿是由黏结相黏结未熔的粗粒矿石固结而成，黏结液相在冷凝固结后使烧结体获得强度，因而黏结相以及未熔核矿石的自身强度对烧结矿强度有重要的作用。由于核矿石的自身强度要高于黏结相自身强度，故黏结相的自身强度就成为制约烧结矿强度的主要因素。

D 矿石粉连晶固结特性

铁矿粉烧结是液相型烧结，靠发展液相来产生固结。但在实际烧结过程中，物料化学成分和热源的偏析是不可避免的，从而导致在某些区域 CaO、FeO 含量很少，不足以产生铁酸钙液相或其他硅酸盐液相。因此，在这部分区域，铁矿粉之间有可能通过发展连晶来获得固结强度，铁矿粉自身产生连晶的能力也成为影响烧结矿强度的一个因素。

通过对矿石基础特性的研究，得出常用铁矿粉的基础特性综合评价，见表2-18。

表 2-18 宝钢常用铁矿粉的烧结基础特性的综合评价

铁矿粉种类	黏结相数量		黏结相质量	
	同化特性	流动特性	自身强度	连晶强度
OA-S	中下	大	中	低
OB-S	中下	小	高	低
OC-S	中下	小	高	高
OD-S	强	中	高	高
OE-S	中下	大	高	高
OF-S	中上	中	低	中
OG-S	强	大	低	高
OH-S	强	中	中	低
OI-S	中下	中	中	低
OJ-S	中上	小	中	低
OK-S	弱	小	低	低
OL-S	中上	小	高	中
OM-S	弱	小	高	低
ON-S	强	大	低	高

2.3.4.2 澳洲矿粉使用性能和评价

近年来，宝钢一直对提高澳洲矿使用比例进行系统研究和实践，形成一系列的研究成果，对改善配矿结构、优化配矿成本、提升烧结矿产质量具有一定指导作用，主要有：

（1）褐铁矿粉及半褐铁矿粉中的针铁矿在烧结过程中要释放结晶水，有可能加剧料层下部的“过湿”现象。针铁矿呈细小的豆状多孔结构，传热、传质的条件较充分，故在烧结过程中与熔剂的反应性将会较高，易出现过熔现象。这些微观特性决定了多用褐铁矿粉及半褐铁矿粉时会对烧结产能及烧结矿强度带来负面影响。

（2）一般而言，铁矿粉的结晶水、SiO_2、Al_2O_3 含量较高时，其同化性较高。疏松结构的铁矿粉的同化能力也较强。因此澳洲褐铁矿或半褐铁矿具有较高的同化性，而赤铁矿类型铁矿粉的同化性相对较低。

(3) 澳洲褐铁矿 OHY、OYD 的液相流动性大，半褐铁矿 OWA 的液相流动性较大，含半褐铁矿的 OHW 在相对高温或相对高碱度下才表现出较高的液相流动性，宝钢混匀矿尽管含有较多的褐铁矿类型的矿粉，但其液相流动性因配矿而受到较大程度的抑制。

(4) 澳洲的褐铁矿或半褐铁矿的黏结相强度相对不高，特别是 OWA 的黏结相强度很低，含有大量褐铁矿类型矿粉的宝钢混匀矿的黏结相自身强度也较低，对烧结矿的强度和产能有负面影响。

(5) 澳洲的褐铁矿或半褐铁矿的连晶固结强度不高，这主要与其结晶水含量高、结构疏松、含铁品位较低、脉石较多等因素有关。

(6) 澳洲褐铁矿或半褐铁矿的 OHY、OYD、OWA 具有同化性高、液相流动性大、黏结相自身强度不高、连晶固结能力小的特点；含有部分半褐铁矿的 OHW，除了液相流动性较小、黏结相自身强度较高之外，其他高温特性与褐铁矿或半褐铁矿相似。

(7) 混匀矿中含有较多的褐铁矿、半褐铁矿，经过配矿后的混匀矿同化性适中，但其液相流动性小、黏结相自身强度较低。因此烧结生产操作需采取相应的技术措施，以改善高褐铁矿配比烧结矿的强度和产能指标。

2.3.4.3 宝钢烧结配矿的原则

在对铁矿石烧结特性充分研究的基础上，结合宝钢高炉对烧结矿的物理化学冶金性能提出的要求（品位高、强度好、粒度匀、粉末少、杂质低、性能稳），烧结配矿的原则有以下几点：

(1) 稳定烧结原料的化学成分。按照烧结矿预想成分，对不同品种含铁原料按一定配比进行中和混匀，混匀矿的堆内、堆间成分波动控制在较小的波动范围内。

(2) 选用品位高、低硅、低铝、有害杂质少、制粒性好、烧结性能好的铁矿石原料进行烧结生产，满足高炉“精料”生产的方针。

(3) 综合考虑铁矿粉的同化性、液相流动性、黏结相自身强度、连晶固结强度等烧结基础特性，使性能较为相近的矿种可以互相取代，使性能互补的矿种可以互为搭配，以保证资源供应，避免原料的大幅波动，稳定烧结生产，从而稳定烧结矿性能。

例如精矿粉属于相对“纯净”的矿石，通常硅、铝等脉石含量很低，有害杂质少，且具有售价低廉等优点，但是，由于精矿粉往往经过“细磨深选”的选矿工序，粒度较细，表面性能特殊，常呈疏水性，成球性差，因此，在烧结混匀矿中少量使用尚可，增加其配比会对烧结过程的透气性产生负面影响，减慢垂直烧结速度，但在高褐铁矿烧结中，由于褐铁矿通常含有较高的硅、铝及其他有害成分，为了克服其不利影响，以平衡其中的脉石、铝及其他有害成分，确保烧结矿铁品位和较低的 SiO_2 含量，满足适宜的高炉炉渣成分，按照矿石的烧结基础特性，可以增加混匀矿中精矿粉的使用比例，以一定比例同化性好、粒度较为粗大的褐铁矿作为核矿石，粒度细小的精矿粉作为黏附粉，通过提高混合料的制粒效果，充分利用这两种矿石的烧结基础特性的互补性，达到降低炼铁原料成本和稳定烧结矿质量的双重目的。

2.4 烧结生产控制技术

2.4.1 低硅烧结

2.4.1.1 烧结成矿机理

在铁矿粉烧结过程中，矿石中的酸性氧化物与碱性氧化物在800℃左右通过固相反应生成低熔点化合物，随着温度的进一步升高，这些低熔点化合物逐渐熔化生成液相，且扩散至整个烧结体，形成立体“网状交织结构”，将未熔矿粉黏结起来，冷却后形成烧结矿。在此过程中，SiO_2 的存在对降低烧结氧化物的熔点起着至关重要的作用：它不仅自身能与碱性氧化物 CaO、FeO 反应生成 α-2CaO·SiO_2、β-2CaO·SiO_2、FeO·SiO_2、钙铁橄榄石等低熔点化合物，还能通过共晶反应显著降低其他化合物体系的熔点，如 SiO_2 加入 CaO·Fe_2O_3 体系后，能反应生成共晶混合物 CaO·SiO_2-CaO·Fe_2O_3-CaO·2Fe_2O_3，熔点降低70℃。

总的说来，烧结矿的成矿过程主要包括固相反应、液相生成、结晶和冷却几个步骤。

A 固相反应

烧结过程的固相反应是烧结生产过程中的一个重要物理化学变化，它能促进烧结料中易熔矿物的形成，并加快液相生成的速度。

从结构化学的角度分析，铁矿石的矿物晶体常具有结构上的缺陷，即“晶格空位”，矿石粒度越细越是如此，为降低矿石的表面化学能，“晶格空位”有位移的倾向，即其在温度升高时，一旦获得足够的活化能，就能扩散到与之临近的晶体内进行化学反应，这种固体间质点的扩散过程，就导致了固相反应的发生。

在铁矿粉烧结时，其中的主要矿物成分是 CaO、Fe_2O_3、SiO_2、Fe_3O_4、MgO、Al_2O_3 等，这些矿物颗粒间必然互相接触，在烧结升温过程中，固相就发生化学反应。表2-19是烧结料中各种矿物成分发生固相反应的开始温度。

表2-19 固相反应开始温度

反应物	固相反应产物	固相反应开始温度/℃
$SiO_2 + Fe_2O_3$	Fe_2O_3 在 SiO_2 中的固熔体	575
$SiO_2 + Fe_3O_4$	2FeO·SiO_2	990
$CaO + Fe_2O_3$	CaO·Fe_2O_3	610

续表 2-19

反 应 物	固相反应产物	固相反应开始温度/℃
$MgO + Fe_2O_3$	$MgO \cdot Fe_2O_3$	600
$CaCO_3 + Fe_2O_3$	$CaO \cdot Fe_2O_3$	590
$2CaO + SiO_2$	$2CaO \cdot SiO_2$	600
$2MgO + SiO_2$	$2MgO \cdot SiO_2$	680
$MgO + FeO$	镁浮氏体	700
$MgO + Al_2O_3$	$MgO \cdot Al_2O_3$	1000

由于烧结时间较短，燃烧带保持时间通常约 2～3min，固相反应产物虽不能决定烧结矿的最终矿物成分，但能形成原始烧结料中所没有的新物质，在温度继续升高时，就成为液相形成的先导，使液相生成的温度大为降低。因此固相反应的类型与最初生成的固相反应产物对烧结过程具有重要作用。

影响固相反应速度的因素主要有：（1）固相反应速度随原始物料分散度提高而加快，因为分散度越高，粒度越细，晶格的活化能越高，且矿石颗粒间的接触界面越大；（2）升高烧结温度和延长高温过程时间均有助于提高固相反应速度。

B 液相生成

烧结过程中液相生成及冷凝是烧结矿固结成型的基础，液相的组成性质和数量决定了烧结矿的矿物成分和显微结构，同时在很大程度上也决定了烧结矿的产、质量。

在烧结过程中，由于烧结料的组成成分多，颗粒又互相紧密接触，当加热到一定温度时，各成分间开始发生固相反应，在生成的新化合物之间、原烧结料各成分之间，以及新生化合物和原成分之间存在低熔点物质，使得在较低的温度下就生成液相，开始熔融。表 2-20 为烧结料中所特有的化合物与混合物的熔化温度。

表 2-20 烧结料形成的主要易熔化合物及混合物的熔化温度

系 统	液相特性	熔化温度/℃
SiO_2-FeO	$2FeO \cdot SiO_2$	1205
	$2FeO \cdot SiO_2$-SiO_2 共晶混合物	1178
	$2FeO \cdot SiO_2$-FeO 共晶混合物	1177
Fe_3O_4-$2FeO \cdot SiO_2$	$2FeO \cdot SiO_2$-Fe_3O_4 共晶混合物	1142
$2FeO \cdot SiO_2$-$2CaO \cdot SiO_2$	钙铁橄榄石 $CaO_x \cdot FeO_2$-$x SiO_2$ ($x = 0.19$)	1150
$2CaO \cdot SiO_2$-FeO	$2CaO \cdot SiO_2$-FeO 共晶混合物	1280
CaO-Fe_2O_3	$CaO \cdot Fe_2O_3 \rightarrow$ 液相 $+ 2CaO \cdot Fe_2O_3$	1216
	$CaO \cdot Fe_2O_3$-$CaO \cdot 2Fe_2O_3$	1200
Fe_2O_3-$CaO \cdot SiO_2$	$2CaO \cdot SiO_2$-$CaO \cdot$ Fe_2O_3-$CaO \cdot 2Fe_2O_3$	1192

影响液相生成量的因素主要有：烧结温度、烧结矿碱度、烧结气氛和混合料的化学成分等。

C 结晶和冷却

烧结液相冷却降温至某一矿物的熔点时，其成分过饱和，质点相互靠拢吸引形成线晶，线晶靠拢形成面晶，面晶重叠成为晶芽，以晶芽为基地，该矿物的质点有序排列，逐渐形成晶体。这是直接从液相中结晶的过程，其他结晶过程还包括再结晶和重结晶。

结晶过程除与结晶温度、先析出的晶体和杂质、液相黏度和结晶速度有关外，还与冷却过程密不可分，如果冷却速度过快，结晶能力差的矿物就以非晶质体（硬化液体，俗称玻璃相）存在，在冷却过程中，由于冷却速度不同，不仅造成热应力，而且还造成矿物的晶形转变而产生的结构应力，这些对烧结矿的强度都是不利的。

2.4.1.2 低硅烧结的难点

SiO_2 对烧结矿质量的影响有正负两个方面：一方面，SiO_2 的含量降低能提高烧结矿铁品位；另一方面，在铁矿粉烧结过程中，SiO_2 对烧结成矿机理影响重大。作为矿石中的酸性氧化物的 SiO_2，能在 800℃左右与碱性氧化物通过固相反应生成低熔点化合物，随着温度的进一步升高，这些低熔点化合物逐渐熔化生成液相，且扩散至整个烧结体，形成立体“网状交织结构”，将未熔矿粉黏结起来，冷却后形成烧结矿。在此过程中，SiO_2 的存在对降低烧结氧化物的熔点起着至关重要的作用：它不仅自身能与碱性氧化物 CaO、FeO 反应生成 α-2CaO · SiO_2、β-2CaO · SiO_2、nFeO · SiO_2 等低熔点化合物，还能通过共晶反应显著降低其他化合物体系的熔点，因此，降低烧结矿中 SiO_2 后，由于烧结矿的成矿机理发生变化，如不采取有效技术措施势必会减少烧结黏结相数量，严重影响烧结矿强度与成品率。

2.4.1.3 低硅烧结的主要措施及效果

通过烧结成矿机理分析可知，烧结矿的强度主要靠其中的黏结相来维持，这包括两个方面：一是黏结相的数量，二是黏结相的质量（包括高温特性黏度、同化性等）。由于降硅后烧结矿中黏结相数量受到限制，因此首先应该采取措施改善黏结相的质量，同时尽可能增加黏结相数量，以提高烧结矿的强度。因此，当 SiO_2 的含量降低后，须采取一系列技术措施，有针对性地促进烧结矿成矿过程，稳定烧结矿的强度。

为保证高炉稳定顺行，烧结生产初期采取了高强度、高液相量的操作方针，烧结矿 SiO_2 含量保持在 6% 左右。随着高炉操作的稳定和烧结技术的进步以及高炉焦比的降低和焦炭灰分的减少，为适应高炉低渣量，改善还原性的需要，烧结矿 SiO_2 逐年降低，碱度不断提高。SiO_2 是烧结矿中众多黏结相的重要组分之一，

SiO_2 减少将导致烧结矿中黏结相量不足，进而影响烧结矿的成品率与强度，为保证烧结矿降硅期间对高炉不产生影响，在降低 SiO_2 生产攻关过程中，基本上是分阶段进行的，每降一个台阶稳定 2~3 个月，通过采取一系列措施稳定烧结矿质量后再进一步降硅，开始降幅大些（约 0.2% 左右），降到 4.7% 左右时，降幅为 0.1%。主要采取了如下技术措施：

（1）配矿调整。混匀矿含 SiO_2 量确定后，烧结工序降硅的手段是调整蛇纹石配比，其配比由 3.2% 逐步降至 1.2% 左右，与此同时，在混匀矿配矿过程中，稳定 SiO_2 含量在 3.5% 左右，控制混匀矿的 Al_2O_3/SiO_2 比值在 0.10~0.35 之间，确保烧结过程中尽可能多地生成以针状铁酸钙与 SFCA 为主的黏结相；根据各种矿石同化性的研究结果，在配矿时选择同化性或复合同化性良好的矿石作混匀矿的基础矿种，如罗布河、扬迪和哈默斯利粉矿等，确保烧结矿中液相的质量与适宜的流动性；适当提高粉/核比例，采用精矿粉烧结。由于精矿粉粒度较细，虽然会对烧结料层透气性产生不利影响，但由于配入后烧结原料比表面积增加，反应活性增大，固相反应充分，也有利于黏结相的生成，提高烧结矿强度。

（2）热量调整。烧结过程投入的热量有两个来源：一是焦炉煤气的点火热量，二是烧结混合料中焦粉燃烧产生的热量。在生产高铁分低 SiO_2 烧结矿之前，烧结机点火炉温度水平较低，点火温度在 1080℃ 左右，此时烧结料面呈青灰色，由于生成的液相量充足，表观强度良好。在粉焦配比控制方式上采用低亚铁操作方针，粉焦配比在 3.1%~3.3%，烧结矿 FeO 在 6.5% 左右，由于 SiO_2 含量较高，生成的低熔点黏结相量充足，烧结矿强度良好。在生产高铁分低 SiO_2 烧结矿时，由于 SiO_2 减少导致烧结矿黏结相数量不足，表层烧结矿强度明显下降，为此，将点火炉内温度提高至 1150℃，保证表层烧结矿具有足够的强度。与此同时，烧结混合料的粉焦配比也必须相应提高，由 3.2%~3.3% 提高至 3.5%，烧结矿 FeO 控制标准调整为 7.5%。

（3）垂直烧结速度的调整。烧结矿的产量计算推导式如下：

$$Q = 48600kd$$

式中 Q——烧结矿生产能力，t/h；

k——烧结矿成品率，%；

d——垂直烧结速度，m/min。

由上式可知，降低烧结矿产量的因素有两个：成品率或垂直烧结速度。由于成品率下降会导致烧结单耗增加，成本上升，这是应当避免的，因此必须保持成品率基本不变，降低垂直烧结速度。从烧结工艺角度出发，成品率与垂直烧结速度是负相关关系，垂直烧结速度降低后，燃烧带移动速度变慢，高温保持时间延长，各组分间的化学反应时间相对充足，生成的黏结相量相对增加，同时烧结矿的冷却速度放慢，结晶完好，内应力降低，因此烧结矿强度会上升，成品率提高。因此在低硅烧结中，为了保证烧结矿强度，需要适当降低垂直烧结速度。操作控制方法需在压入量、主排风机风门开度、大烟道负压、烧结机机速等烧结工艺参数上做一系列调整。

通过采取一系列技术措施，烧结矿的 SiO_2 含量由 5.40% 降至 4.50%，全铁达 59.0% 左右；并且烧结矿的成品率与 *TI* 都较降硅初期有不同程度的改善。当然由于近些年矿石质量的劣化，烧结矿的 SiO_2 含量也逐步上升，目前在4.9% ~ 5.0%。高铁低硅烧结的工业试验情况见表 2-21。

表 2-21 高铁低硅烧结的工业试验情况

技术指标	单位	阶段一	阶段二	阶段三	阶段四	阶段五	阶段六	阶段七
TFe	%	56.72	56.63	57.18	57.85	58.26	58.68	58.91
SiO_2	%	5.40	5.35	5.13	4.95	4.75	4.63	4.50
成品率	%	77.31	77.11	75.14	75.94	75.59	77.46	76.65
台时产量	t/h	629.1	635.4	604.8	545.4	559.8	545.9	543.2
FFS	mm/min	18.5	19.1	18.5	16.6	17.0	16.3	16.4
料层厚度	mm	613	598	600	600	600	602	615
TI	%	75.35	74.78	72.82	74.69	75.05	75.31	74.08

2.4.2 厚料层烧结

厚料层烧结是目前国内外烧结发展的主要方向。因厚料层烧结可有效提高烧结成品率及生产率指标，同时由于厚料层可进一步发挥烧结料层自动蓄热作用的特点，对降低烧结固体燃料单耗、优化烧结能耗指标尤为有利。

2.4.2.1 厚料层烧结的难点

当料层厚度增加时，烧结负压会随之升高，经验数据表明，料层厚度每增加 10mm 烧结负压随之会升高 0.1 ~ 0.5kPa，尤其是对大型烧结机更为明显。高负压状态下一方面会造成烧结过程恶化，另一方面高负压状态对主排抽风机设备极为不利，会降低抽风机的有效功率、增加电耗成本、影响设备寿命。

而烧结透气性指标是反应烧结料层或烧结过程中气流阻力的大小情况，分为原始料层透气性和烧结过程透气性。当透气性条件较好的情况下，烧结生产过程中传热的阻力会降低，固体燃料燃烧产生的热量在主排风机抽风负压的作用下会由烧结料层上部向下部顺畅的传递直至烧结终点，此时抽风负压状态良好，烧结产能、过程状态及设备状态均达到理想的平衡点为最佳烧结状态；而当料层透气性差时会造成烧结料层阻力增加，传热阻力增加，热量传递不均导致烧结过程恶化，烧结产质量指标恶化等。

因此，良好的透气性条件是确保烧结生产非常重要的前提条件，尤其是对厚料层烧结更为重要。

2.4.2.2　厚料层烧结的主要措施及效果

宝钢600m^2烧结机目前的层厚在850～880mm的水平，主要采取了以下技术措施：

（1）增设通气棒，改善料层透气性。针对厚料层烧结制度，可通过设置合理的通气棒结构来改善烧结料层透气性，实现超高料层高效低耗优质烧结。该装置不但可改善烧结物料原始料层透气性条件，即物料在布到台车上时通过通气棒的间距分布将物料进行初步分流疏松，使料层具有一定的原始松散性；同时在点火后能够确保整个料层横向、纵向断面处有均匀的孔洞，确保烧结热气流均匀，最终改善烧结过程热透气性条件。

该装置由基座、通气管棒与基座连接孔（螺丝结构或焊接）、通气管棒、通气管棒长度调节装置等组成。安装时基座的安装距离较布料器（九辊）出料端间隔1500mm，确保物料落料点较基座大于50mm，杜绝基座堵料。通气管棒均为粗细均匀，刚度较好的钢制耐磨圆管，长度为2m，中间1m处为可伸缩结构，可调节管棒长度（图2-7）。

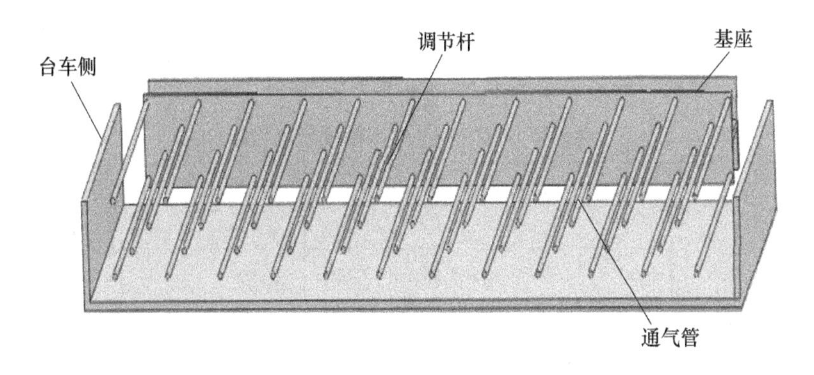

图2-7　通气棒截面图——通气棒基座主视图

随着料层厚度的不断增加，尤其是850～900mm料层区间时烧结过程透气性会出现劣化趋势，为此需优化通气管棒直径与排列方式，将通气管棒沿料层厚度方向与台车宽度方向进行多级排列，减少管棒纵向与横向间距，提高均匀度，确保气流均匀分布，改善超高料层条件下的透气性条件，从而改善烧结过程，提高烧结矿产质量指标。

（2）优化三段混合加水工艺（表2-22）。烧结过程中混合机加水量的多少及不同混合机加水比例的多少对混合料混匀及造球会产生重要的影响。600m^2烧结机采取强混＋一、二次圆筒混合的三段混合工艺强化混合料制粒效果，通过优化三段混合过程中加水量及加水比例可有效改善混合料造球效果。

表 2-22　三段混合加水比例与厚料层最优匹配应用方法

烧结料层厚度/mm	目标水分率控制/%	强混/%	二混/%	三混/%	强混＋二混占总加水比例/%	三混占总加水比例/%
750～800	7.1±0.05	15～20	60～65	15	85	15
800～850	7.2±0.05	20～25	50～55	20	80	20
850～900	7.3±0.05	30～35	35～40	25	75	25

随着料层厚度的增加，烧结过程透气性会出现恶化趋势，伴随着烧结过程负压恶化，对烧结过程极为不利。操作上通过优化三段混合机总加水量及三段加水比例与厚料层的匹配度可有效改善透气性条件，从而在一定程度上消除因料层厚度增加造成的透气性恶化。

（3）强化组合偏析布料，改善粒度和焦粉的分布。600m^2 烧结机布料采用圆辊给料机、磁性偏析反射板、九辊布料器组合装置将混合料均匀地布在已有铺底料的烧结机台车上，因组合偏析布料装置提高了物料纵向落下高度，提高了其在布料过程中的水平分速度，能够增加偏析度，使烧结机台车混合料层从上到下混合料粒度逐渐增大，含碳量由高到低，弥补料层上部热量不足缺陷，促使热量分布更趋合理，强化烧结过程，如表 2-23、表 2-24、图 2-8、图 2-9 所示。

表 2-23　混合料层分层粒度分布数据　（mm）

混合料层高度	取样点								分层平均粒度
	1	2	3	4	5	6	7	8	
660～880	2.63	2.79	2.74	2.90	2.83	2.80	2.72	2.79	2.77
440～660	3.07	3.37	3.18	3.52	3.31	3.33	3.21	3.13	3.27
220～440	3.36	3.43	3.49	3.55	3.50	3.52	3.60	3.55	3.50
0～220	3.90	3.84	4.28	3.85	4.01	4.40	3.83	4.02	4.02

表 2-24　混合料分层成分数据

高度/mm	TFe/%	*R*	Al_2O_3/%	MgO/%	C/%
660～880	48.15	2.52	1.82	1.75	4.35
440～660	49.14	2.41	1.79	1.61	3.83
220～440	49.53	2.43	1.86	1.48	3.19
0～220	49.68	2.40	1.80	1.57	3.25

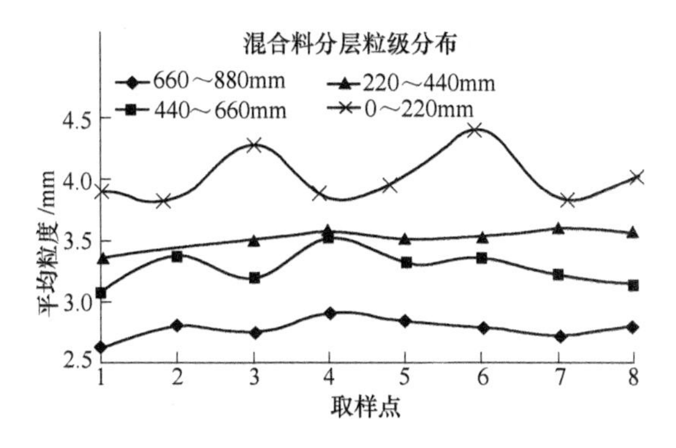

图 2-8 混合料分层粒度分布图

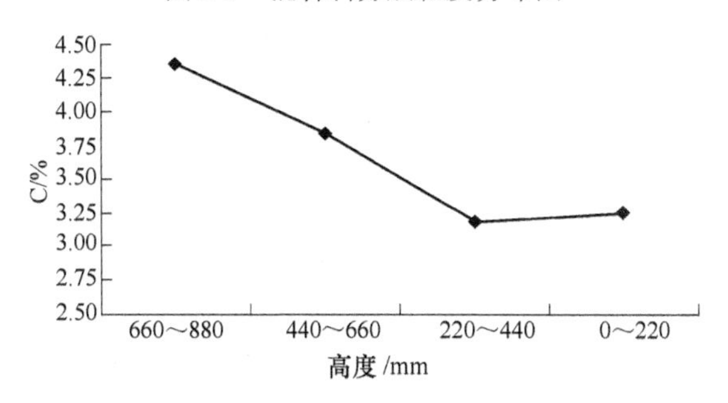

图 2-9 混合料含 C 分布图

同时，为避免固体燃料颗粒过粗产生液相过熔现象，造成粘料、热量不均等情况，600m^2 烧结机的燃料采用对辊 + 四辊的破碎燃料，外加一定量的 CDQ 除尘灰组合，使得固体燃料粒度分布更加合理，焦粉平均粒度控制在 1.4 ~ 1.5mm 区间，满足了厚料层烧结过程要求。

通过采取以上措施改善了厚料层透气性条件，解决了制约厚料层烧结的难点问题，600m^2 烧结机的厚料层生产技术取得了良好的效果，烧结透气性（负压状态）未出现显著劣化趋势，且烧结过程稳定，从生产指标来看，厚料层烧结的成品率指标高，能源消耗低，实现了高效低耗的烧结目标（表 2-25）。

表 2-25 600m^2 烧结机烧结生产指标与 495m^2 烧结机对比结果

机 组	层厚/mm	成品率/%	COG 单耗/m^3 · t^{-1}-s	固体燃料单耗/kg · t^{-1}-s
600m^2 烧结机	860	79.29	2.11	46.78
495m^2 烧结机	710	77.20	3.73	53.34

2.4.3 高褐铁矿配比烧结

2.4.3.1 高褐铁矿烧结的难点

褐铁矿并非单一矿物种，而是以针铁矿或水针铁矿为主要组分，并包括其他铁矿石、含水氧化硅及泥质等组成的矿石名称。褐铁矿呈暗褐色至红褐色，条痕褐色，半金属光泽，质地较硬（莫氏硬度为5），真密度为4200kg/m^3，堆密度为2100kg/m^3，反光显微镜下呈灰白色，内反射呈黄褐色。以罗布河矿为例，其微观结构呈胶状环带鲕粒状，表面普遍附着少量脱水后形成的赤铁矿，并含有极少量具强磁性的磁铁矿包体颗粒，矿石的平均粒度为3～3.5mm，在烧结混合料中大部分以核矿石的形式存在。褐铁矿总体的矿石特性有以下几点：全铁含量低；SiO_2 及 Al_2O_3 含量高；粒度偏粗；结晶水含量较高，烧结时烧损在10%左右。罗布河矿和扬迪矿的化学成分组成及平均粒度见表2-26。

表2-26 罗布河矿和扬迪矿的化学成分组成及平均粒度 （%）

组成	TFe	FeO	SiO_2	Al_2O_3	CaO	MgO	TiO_2	Mn	S	P	I. L.	MS/mm
罗布河矿	57.38	0.24	5.13	2.51	0.34	0.31	0.12	0.09	0.016	0.040	9.45	3.13
扬迪矿	58.60	0.29	4.91	1.31	0.03	0.08	0.06	0.05	0.006	0.041	9.56	3.58

根据铁矿石的烧结基础特性研究，分析褐铁矿的烧结性能可从同化性、液相的流动性两方面入手：

（1）同化性分析。对于粗粒核矿石而言，其同化性主要是指它与CaO反应生成低熔点液相的能力。在正常的烧结温度和时间下，只有通过配矿使粗粒矿石的同化性在一个比较适宜的水平，才能在烧结过程中保留一定的固结骨架，保证烧结料层的透气性，不使烧结矿产质量受到影响。矿石的结晶水含量及矿石自身的致密性是决定粗粒矿石同化性的主要因素。铁矿石的同化性与其结晶水含量呈显著的正相关，而与其致密性呈明显的负相关关系。另外，矿石的矿物组成、SiO_2、Al_2O_3 的含量也对同化性有影响，但远不如前两者那么显著。在宝钢使用的主要铁矿石中，两种褐铁矿（即扬迪矿和罗布河矿）以及纽曼山矿的同化性处于最好的水平，而大部分巴西矿（如里奥多西矿）同化性较弱。

（2）液相流动性分析。烧结矿主要是通过液相进行黏结，烧结过程中液相生成量及其流动性适宜时，可使烧结矿形成微孔海绵状结构的有效固结，实现较好的强度和还原性。影响液相流动性的主要因素有铁矿石的自身特性、烧结矿的碱度及烧结料层的温度。褐铁矿的液相流动性要比磁铁矿大，赤铁矿最小。烧结料层的温度与液相流动性呈正相关关系，而碱度则对不同的铁矿石有不同的影响。需要指出的是，液相流动性与同化性一样，并非越大越好。太大的液相流动性将导致烧结矿形成大孔薄壁结构，使烧结矿整体变脆，强度下降。高配比褐铁矿烧结时最难掌握的也是这一点，即褐铁矿的同化性和液相流动性均较大，BTP（烧结终点位置）控制稍有偏差，就容易造成大孔薄壁结构。如果抑制措施采取得不好，又容易造成液相生成多而不流动，严重时将导致料层燃烧前沿熄火。

2.4.3.2 宝钢高褐铁矿烧结的生产现象及分析

烧结锅试验表明，随着混匀矿中褐铁矿的配比递增，烧结成品率、转鼓强度、生产率均有不同程度的降低，燃料单耗上升，还原性有所改善。在工业试验中，各种不同褐铁矿配比的混匀矿烧结时，除了表现出与烧结锅试验结果相似的现象以外，在进行烧结机台车料层温度的测定时还发现，与“自动蓄热”理论相反，在褐铁矿配比较高的生产条件下，中层料的烧结温度最高，下层烧结料的温度低于中层料（图 2-10）。通过对各组测温数据进行分析，认为高褐铁矿配比烧结时烧结过程有以下明显变化：

（1）过湿带与燃烧带的迁移速度差异。在使用褐铁矿烧结时，以露点消失迅速升温为标志的过湿带前沿的迁移速度明显要小于以 1000℃ 出现为标志的燃烧带前沿的迁移速度，褐铁矿配比越高，两者差距越大。在褐铁矿配比为 26% 时，两者的比例约为 1∶1.3，29% 时比例约为 1∶2.2，如图 2-11 所示。从机理上分析，主要是因为褐铁矿的同化性好，形成液相及其液相流动的能力都很强，这是促使

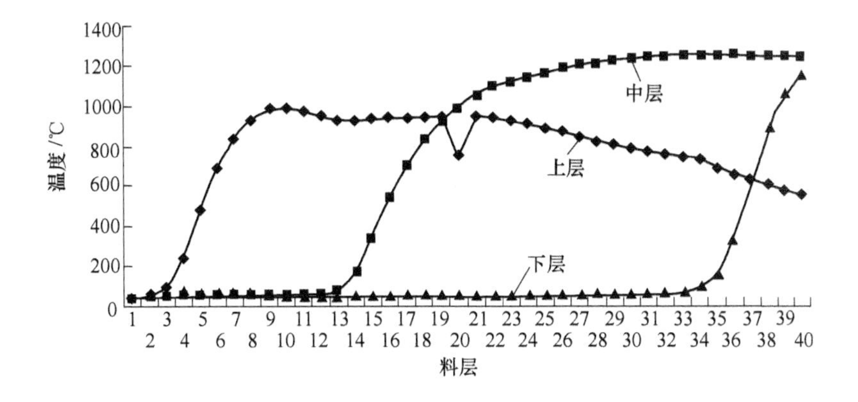

图 2-10 烧结机台车料层温度变化图

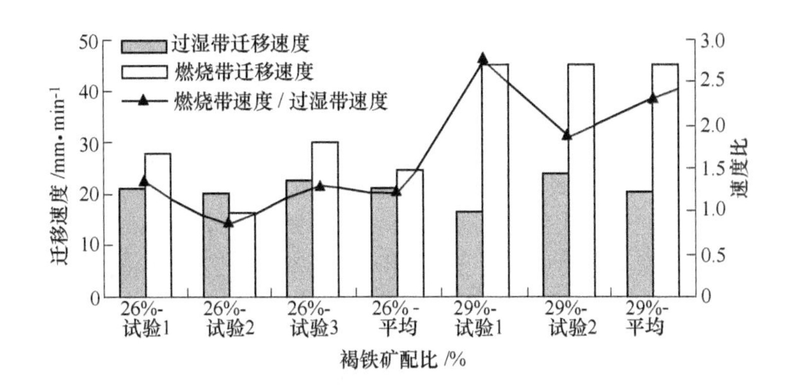

图 2-11 褐铁矿配比对过湿带及燃烧带迁移的影响

燃烧带前沿加速的主要原因；另一方面，其高含量的结晶水分解后加剧了下部料层的过湿，使过湿带厚度增加，从而延缓了其迁移速度。

过湿带与燃烧带的迁移速度差距变大造成的直接后果是在烧结机后半段两者发生“黏连”现象，即由于燃烧带前沿迁移速度明显大于过湿带前沿的迁移速度，当燃烧带下移到料层中下部时，过湿带还没有消失，两者叠加在一起，导致料层燃烧前沿遇水熄火，烧结过程中止。从机尾带料吊出的台车断面（图 2-12）可以清晰地看出，在靠近台车底部的烧结料为稀泥状，在稀泥上部则是完全过熔的烧结矿，充分表明过湿带与燃烧带“黏连”现象的存在。

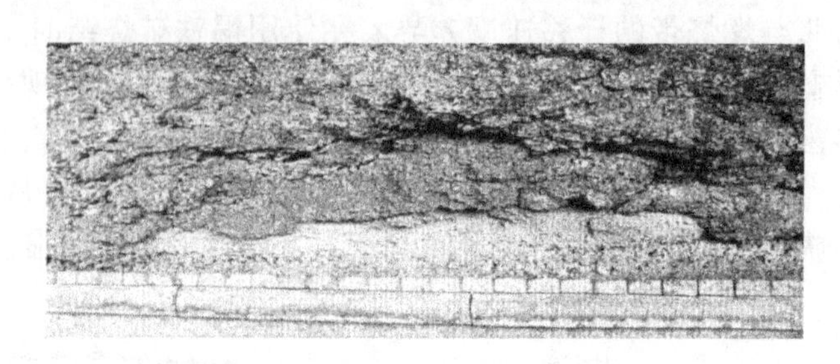

图 2-12 未烧透的台车烧结断面

（2）垂直烧结速度与边缘效应发生变化。烧结料层从上到下，垂直烧结速度并非定值，随着烧结过程的进行，上层烧结矿增加，垂直烧结速度逐渐加快。当褐铁矿配比增加时，垂直烧结速度的加速度有变大的趋势，这与褐铁矿同化性及液相流动性好是相吻合的。太大的垂直烧结速度将导致烧结矿形成大孔薄壁结构，影响烧结矿强度，因此必须加以限制。另一方面，增加褐铁矿的配比将加重料层中燃烧带与过湿带的厚度，其直接后果就是迫使台车表面空气向台车边缘、表面龟裂等处转移，这将明显加重台车边缘效应的影响，使台车宽度方向烧成不均。这两个问题在实际生产中应予以考虑。

2.4.3.3 高褐铁矿烧结的主要措施及效果

针对以上的基础研究和生产过程分析，通过配矿调整和操作调整等措施，基本掌握了高褐铁矿配比的生产技术，并达到了很好的烧结效果。高褐铁矿工业生产采取的技术措施有：

（1）优化配矿方案。通过对矿石基础特性的研究可知，褐铁矿的同化性和液相流动性都较好，在工业生产期间，通过优化配矿方案，搭配使用流动性和同化性相对较差的赤铁矿和精矿粉，使混匀矿的整体同化性和流动性处在一个比较适宜的水平，从而在烧结过程中保留一定的固结骨架，可保证烧结料层的透气性，不使烧结矿产质量受到影响。

（2）混合料水分的控制。保持烧结混合料适宜的水分率对于确保烧结过程的顺利进行有着重要意义，由于褐铁矿微观结构比较疏松，孔隙率较大，在烧结过程中需要较高的水分，因此，提高配比后，烧结混合料的适宜烧结水分应适当提高。图 2-13 是烧结混合料的水分推移图。

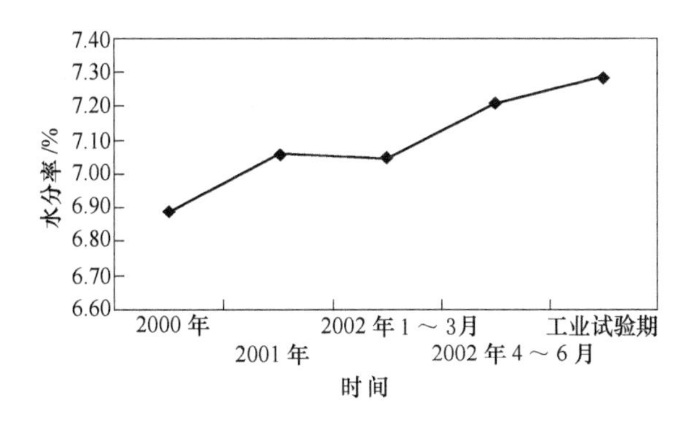

图 2-13 烧结混合料水分推移图

回归分析得到：水分率 =6.00 +0.03 × 褐铁矿配比，R^2 =0.94。回归公式高度相关，即烧结混匀矿中的褐铁矿配比每提高 1%，烧结混合料适宜水分率应提高 0.03%。

（3）点火过程的控制。由于适宜的褐铁矿烧结需较高的混合料水分，水分在点火时蒸发吸热，为保证混合料具有足够的点火温度，需增加点火炉的煤气消耗；同时，褐铁矿微观结构比较疏松，其生成的各种黏结相间结合困难，也需提高点火温度。由图 2-14 可见，煤气单耗由 2002 年 1 ~3 月的 2.68m^3/t-sr 增加至试验期的 3.29m^3/t-sr。

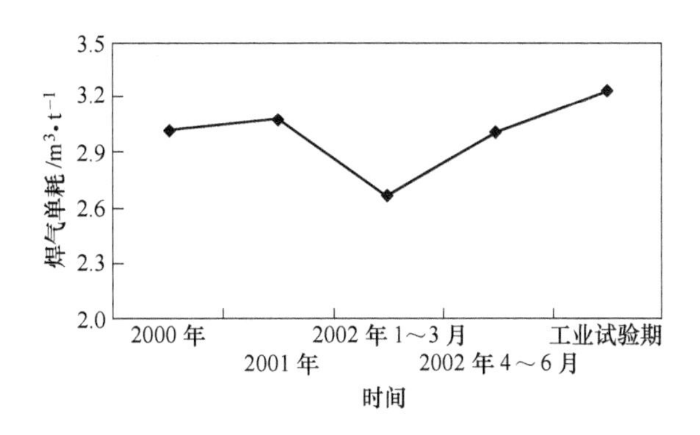

图 2-14 烧结煤气单耗推移图

（4）烧结终点（BTP）的控制。在高褐铁矿生产的条件下，由于过湿层加剧，BTP 的控制显得尤为重要。依据宝钢烧结机设置 23 个风箱的特点，操作上要求关小前 1 ~5 号风箱，使抽风时间适当滞后，点火、保温的时间得到适当延长，以增加料层上部热量。主要通过机速、层厚和主排风门三者之间的有机配合，使烧结终点（BTP）位置靠前控制，保持在第 20.5 ~ 21 号风箱之间，烧结终点的温度保持在 350 ~ 390℃，以确保过湿层完全消失。

通过采取以上操作和配矿技术措施，在高配比褐铁矿工业试验生产条件下，烧结矿产质量未受到明显影响，满足了高炉对烧结矿的质量要求，近年来烧结生产指标见表 2-1，褐铁矿配比实绩见表 2-27。

表 2-27 近年来宝钢烧结褐铁矿的配比实绩 （%）

年 份	2000 年	2001 年	2002 年	2003 年	2004 年	2005 年	2006 年
褐铁矿比例	28.39	32.86	34.96	36.05	37.27	37.69	47.31
年 份	2007 年	2008 年	2009 年	2010 年	2011 年	2012 年	2013 年
褐铁矿比例	46.50	42.38	42.11	41.38	42.47	45.47	49.14

3 炼焦生产与焦炭质量控制

焦炭在高炉中既是燃料、还原剂、增碳剂，而且还起着贯穿炉身上下的疏松骨架的作用，因此高炉对焦炭的化学组成及机械强度、物理性能等质量指标均有比较严格的要求，并且高炉越大，喷煤比越高，对焦炭的质量要求越高。

供高炉的冶金焦炭，是以煤为原料，在焦炉内经过高温干馏而生产的。相应地对于焦炉生产，在将炼焦用煤装入焦炉之前，还需将炼焦用煤进行配合和预处理；另外为便于将焦炭送入高炉，还需对来自于焦炉的高温焦炭进行熄焦降温作业。

在国内，宝钢是第一个采用6m大型焦炉的企业，建厂30年以来拥有12座6m焦炉、6座7m焦炉的大型焦炉群，焦炭年产能为553万吨，并对高温焦炭采用全干熄方式；煤的预处理过程包括预破碎、煤的配合、二次破碎、成型煤及煤调湿等工艺过程。

3.1 焦炭质量控制原则和方式

焦炭质量的控制是以满足高炉生产稳定顺行为前提，随着高炉生产的利用系数提高以及大喷煤量，焦炭质量也应相应整体提升，衡量焦炭质量指标最关键的是其冷热强度以及灰硫成分。

3.1.1 焦炭质量指标体系

焦炭质量指标体系包括工业分析、硫及碳氢氮等元素分析、宏观冷热强度分析、灰成分分析、热值分析及真密度、假密度和气孔率指标分析，涉及指标数量达八大类共37项，具体指标及检测频度见表3-1。

表3-1 宝钢焦炭质量指标体系

检测指标		单位	检测频度
工业分析	全水分	%	1次/月
	灰分	%	3次/日
	挥发分	%	3次/日
	固定碳	%	3次/日

续表 3-1

检测指标		单位	检测频度
粒级分布	粒度分布（>75mm）	%	3次/日
	粒度分布（>50mm）	%	
	粒度分布（>25mm）	%	
	粒度分布（>15mm）	%	
	粒度分布（<15mm）	%	
	平均粒度	mm	
元素分析	全硫	%	3次/日
	碳	%	1次/月
	氢	%	
	氮	%	
焦炭冷态强度	转鼓强度 *DI*	%	3次/日
	米库姆强度 M_{40}	%	1次/日
	米库姆强度 M_{10}	%	
焦炭热态强度	热反应性 *CRI*	%	1次/日
	反应后强度 *CSR*	%	
发热量	低位发热值 *Q*	kJ/kg	1次/月
气孔率	真密度	—	1次/月
	假密度	—	
	气孔率	%	
灰分成分	全铁	%	1次/周
	二氧化硅	%	
	氧化钙	%	
	三氧化二铝	%	
	氧化镁	%	
	二氧化钛	%	
	氧化锰	%	
	五氧化二磷	%	
	硫	%	
	锌	%	
	氧化钠	%	
	氧化钾	%	
	铜	%	
	铅	%	

在这 37 个指标中，日常注重控制的指标为焦炭灰分、硫、转鼓强度 DI_{15}^{150}、米库姆强度 M_{40} 和 M_{10}，焦炭热强度 *CRI* 和 *CSR*，及焦炭平均粒度共 8 项指标。

3.1.2 焦炭质量综合指标的控制

在炼焦配煤生产中，对焦炭质量的影响因素有三方面，一是炼焦煤资源情况，二是配煤技术水平，三是炼焦过程。通常认为，其中炼焦煤资源情况所占权重为 50%，配煤技术水平所占权重为 20%，炼焦过程所占权重为 30%。而焦炭质量的评价和定位，是高炉对焦炭质量的使用情况以及焦炭满足高炉用焦需求的程度，其中关系如图 3-1 所示。

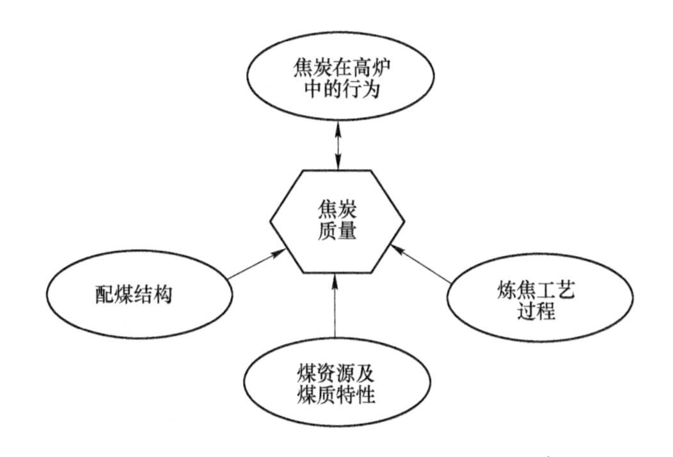

图 3-1 焦炭质量的影响因素及定位标准

焦炭在高炉内对高炉的影响反映出物理和化学两类特性，并且焦炭在参与炼铁的过程中，其物理和化学作用是交互影响的。物理特性主要是指焦炭劣化结果对高炉内透气性、气流分布和压力分布的影响，化学特性主要是焦炭在高炉发生化学反应所体现出来的特性。物理特性对应的炉内焦炭特征是指在高炉内，焦炭的粒级分布情况，更重要的是块度均匀程度，以及由此决定的焦炭透气性指标，其对应常规焦炭质量主要有焦炭的平均粒度和粒度分布、抗碎性能、耐磨性能和焦炭的热强度指标；因在高温环境下，所以还有焦炭的热膨胀性能和灰分也会影响焦炭在炉内的物理特性，化学特性对应常规焦炭质量，则主要包括焦炭灰分、硫分和热反应性。

3.1.2.1 焦炭热强度

焦炭热强度是模拟焦炭在高炉内碳熔反应的一种表征量，其包括反应性和反应后强度。

就反应性强度（*CRI*）而言，因其表征的是焦炭与 CO_2 反应后的损失量，因此从理论上来说，不会产生粉量（灰分除外），也就是说不会对高炉透气造成太大影响。但是在常规条件下（配煤工艺和炼焦工艺），反应性偏大往往会对焦炭的反应后强度造成影响。反应性和反应后强度的关系如图 3-2 所示。

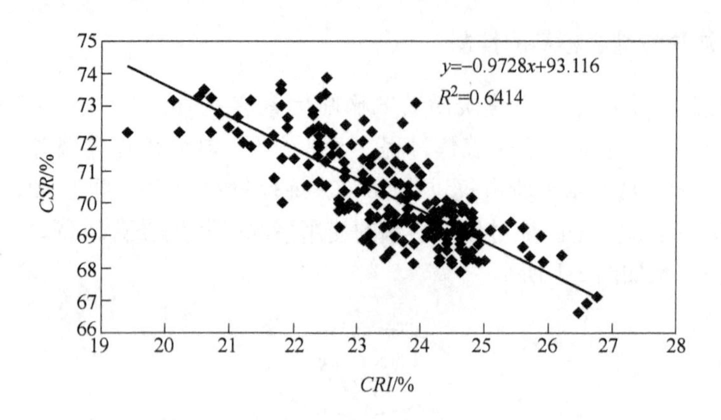

图 3-2 焦炭反应性与反应后强度关系

而反应后强度（*CSR*）是指焦炭在碳熔反应后的抗破碎能力和耐磨能力，即产生碎焦和粉焦的特性参数，其表现出来的特征在高炉操作中具有重要意义。从这种意义上来说，为控制焦炭反应后强度，必须要控制焦炭反应性。

碳熔反应的机理有两个过程，一个是 CO_2 在焦炭表面的扩散、渗透和深层反应过程，另一个是 CO_2 和碳原子表面的接触反应过程。第一个过程属于物理化学特性，其与焦炭气孔率、光学组织结构及灰分有关系；第二个过程属于化学特性，其与焦炭的灰中成分及光学组织结构有关系。这两个过程对焦炭 *CSR* 的影响规律决然不同，第一个过程因其属于焦炭基体深层反应过程，所以其对焦炭气孔壁将造成严重破坏，从而造成焦炭强度降低；第二个过程属于表面反应过程，其反应程度对焦炭基体强度影响较小。常规经验中，这两个过程是同时发生的。控制这两个过程，都可以控制焦炭的反应性，但控制第一个过程意义更大。保证较好的焦炭反应后强度，必须要控制配合煤的挥发分、黏结性、有机惰性物含量、灰分及炼焦工艺过程等关键因素，焦炭反应后强度（*CSR*）受各因素影响关系见图 3-3。

3.1.2.2 焦炭冷强度

A 焦炭的冷态特征

焦炭是一种含有裂纹的多孔脆性复合材料，由裂纹、气孔和气孔壁组成。焦炭的冷态强度主要包括焦炭的抗碎性能及耐磨性能，从焦炭结构而言，焦炭裂纹多少直接影响焦炭的块度和抗碎强度，而焦块的孔孢结构和气孔壁的光学组织则与焦炭的耐磨强度和高温反应性密切相关。

焦炭冷强度是焦炭热强度的基础指标，同时也是表征焦炭在炉内移动过程中

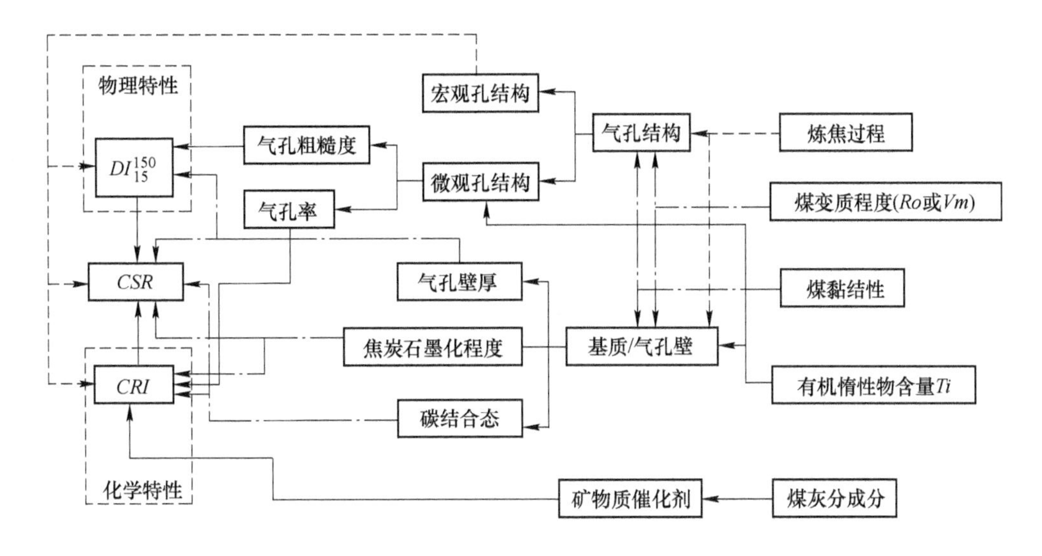

图 3-3 焦炭 *CSR* 影响因素图

块度均匀性和透气性变化的重要指标。如果焦炭冷强度过低，说明焦炭裂纹较多，或气孔壁强度较差。冷强度偏低对高炉操作不利，表现在两个方面，一是焦炭在高炉内受物理破坏，将产生大量碎焦和粉焦，导致高炉透气性差；另一个是焦炭在高炉内破碎后，粒度降低，焦炭比表面积增加，会造成焦炭反应性增加，因此控制焦炭冷强度对高炉作业十分重要。

B 表征焦炭冷强度的指标的应用

国内其他钢铁企业的高炉对焦炭冷强度的要求，基本是引用了前苏联的炼焦技术，只采用米库姆转鼓强度指标。宝钢日常对焦炭冷强度的控制和管理，采用了日本新日铁的 JIS（DI_{15}^{150}）转鼓强度和米库姆转鼓强度两项指标，因此对焦炭冷态性能的控制，集中了中外两方面的要求和经验。

为了更好地解析这两种焦炭冷强度指标之间的关系，于建厂初期针对焦炭各冷强度指标进行了系统研究，研究涉及指标包括前苏联的松格林指标、米库姆指标、法国的 IRSID、美国的 ASTM 及日本的 JIS 指标等五项焦炭冷强度指标，结果表明[1]，通用的五种焦炭转鼓试验法各有优缺点，不能完全互相替代；凡抗碎性能和耐磨性能有良好相关关系的焦炭，可将其米库姆指标与 *DI* 指标相互转换，但也并不是所有焦炭，其抗碎性能与耐磨性能均可以紧密相关。

DI_{15}^{150}转鼓强度指标和米库姆转鼓强度指标同属于块焦强度质量范畴，受焦炭宏观裂纹和基体强度两种因素影响。日本的 JIS 转鼓强度反映的是焦炭的抗碎性能，对焦炭 DI_{15}^{150}指标的分析入鼓粒度选用的是大于 25mm 或 50mm 的焦样。米库姆转鼓试验有 M_{40}和 M_{10}两项指标，M_{40}反映的是焦炭的抗碎强度，即焦炭的宏观裂纹与大气孔的性质；M_{10}是反映的是焦炭耐磨强度，与焦炭结构的致密程度有关。两种试验方法的差异见表3-2。

表3-2 DI_{15}^{150}转鼓和米库姆转鼓试验方法对比

试验方法	试验装置规格	转数，转速	试样量	入鼓粒级	水分要求
DI_{15}^{150}	封闭型圆筒，内径1500mm，长1500mm，设6块提料板，宽250mm、厚9mm、长1500mm	共150转，15r/min	10kg	>25mm（75mm以上、50mm以上及25mm以上粒级，按粒级分布权重取样）	水分大于3%应干燥后测定
M_{40}/M_{10}	密封圆筒，直径1000±5mm，鼓内长1000±5mm，设4块提料板，宽100mm、厚10mm、长1000mm	共100转，25r/min	50kg	>60mm	0.20%

就试验量而言，DI_{15}^{150}转鼓仅需10kg，米库姆转鼓需要50kg，DI_{15}^{150}转鼓要较米库姆转鼓方便；就取样代表性而言，DI_{15}^{150}转鼓反映的是25mm以上粒级焦炭的综合抗碎性能，而米库姆转鼓中M_{40}指标反映的是60mm以上粒级焦炭的抗碎性能；就试验装置而言，DI_{15}^{150}转鼓对焦炭的摔打程度要明显高于米库姆转鼓。但是表征耐磨性能却只能通过米库姆转鼓试验中的M_{10}指标。

通常焦炭抗碎强度M_{40}和耐磨强度M_{10}之间、抗碎强度DI_{15}^{150}和M_{40}之间均有着较好的相关性，如图3-4所示。

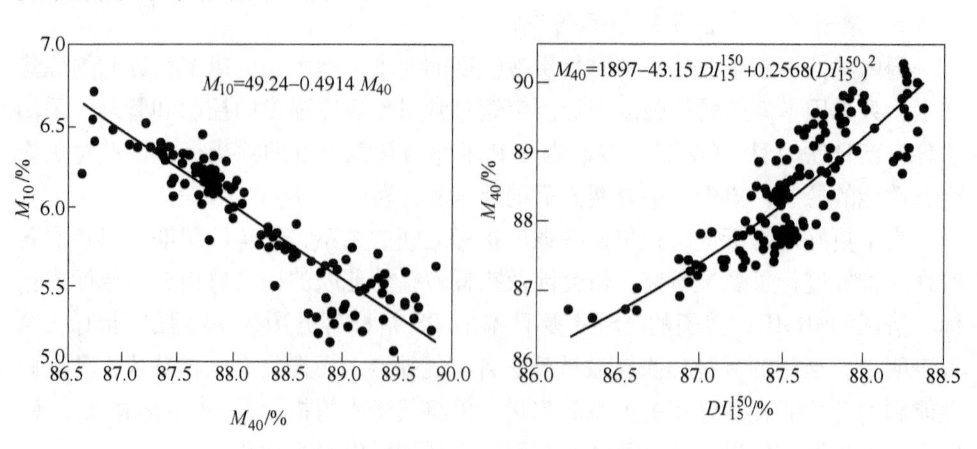

图3-4 宝钢焦炭各冷强度指标之间的关系

数据反映，焦炭的抗碎性能好时，其耐磨性能也比较好。但抗碎性能M_{40}达到88.5%以上时，其与耐磨性能M_{10}之间的关系离散程度增加，相关性变差。因此对于优质焦炭而言，抗碎强度与耐磨强度不能因为二者之间的强相关而可以互相替代。M_{40}与DI_{15}^{150}之间，当DI_{15}^{150}为86.5%以上时，提升焦炭冷强度，M_{40}改善幅度要高于DI_{15}^{150} 1%～2%；但是当DI_{15}^{150}冷强度低于86.5%时，M_{40}会低于DI_{15}^{150}。因此，在DI_{15}^{150}转鼓强度指标和米库姆转鼓强度指标同时应用时，针对质量较好的焦炭，日常应更加关注DI_{15}^{150}和M_{10}指标；此外当出现DI_{15}^{150}值高于M_{40}值时，表明大焦块的宏观裂纹偏多，预示着焦炭的品质劣化，需引起警觉。

3.1.2.3 焦炭的粒级分布

焦炭粒度分布，又称为焦炭的筛分组成，是焦炭一个重要的物理性质。就焦炭粒级分布的形成机理而言，焦炭粒度分布其实是属于一种焦炭冷态强度范畴的质量指标，图3-5是焦炭平均粒度与M_{40}和M_{10}之间关系图。

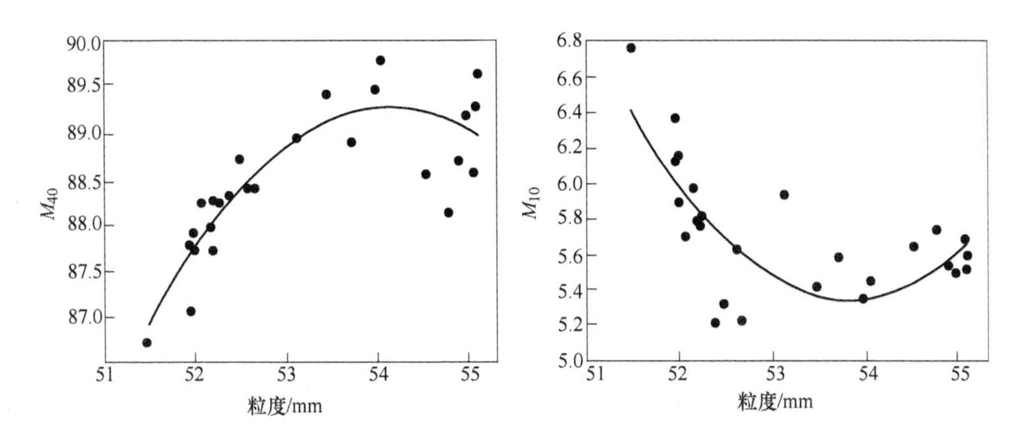

图3-5 焦炭平均粒度与M_{40}和M_{10}之间关系

焦炭是大小不均等且不规则的块状固体，焦炭的粒级分布对焦炭堆积体的空隙体积即孔隙率具有重要影响，是决定焦炭堆密度和焦炭透气性的重要因素。而在高炉内，焦炭孔隙率对高炉透气性影响较大。此外，根据焦炭粒度分布不仅可以估算焦炭堆积体的比表面积和空隙体积，还可以根据焦炭破碎前后比表面积的变化，评价焦炭的机械强度，就此意义而言，焦炭的筛分组成是确定焦炭机械强度和一系列物理性质的基础数据。因此对焦炭的粒度控制，不仅应重视焦炭的平均粒度，也应重视焦炭的粒级分布和强调焦炭的粒度均匀性。

对焦炭进行粒级分析，筛分规格标准为75mm、50mm、25mm和15mm四种，进而将焦炭分为>75mm、50～75mm、25～50mm、15～25mm和<15mm五种粒级，如图3-6所示。

为了注重焦炭粒级分布的均匀性，在焦炭粒度的日常跟踪过程中，除跟踪焦炭的平均粒度指标以外，还跟踪焦炭的40～75mm范围内的粒级含量，即粒度控制意义中的焦炭块度均匀性，通常用焦炭块度均匀性系数$k_{均}$表示，其表达式见式(3-1)：

$$k_{均} = \alpha_{75} - \left[\alpha_{25} + \frac{15}{25}(\alpha_{50} - \alpha_{25})\right] \tag{3-1}$$

式中　α_{75}——75mm 以下粒级焦炭的百分含量；

α_{50}——50mm 以下粒级焦炭的百分含量；

α_{25}——25mm 以下粒级焦炭的百分含量。

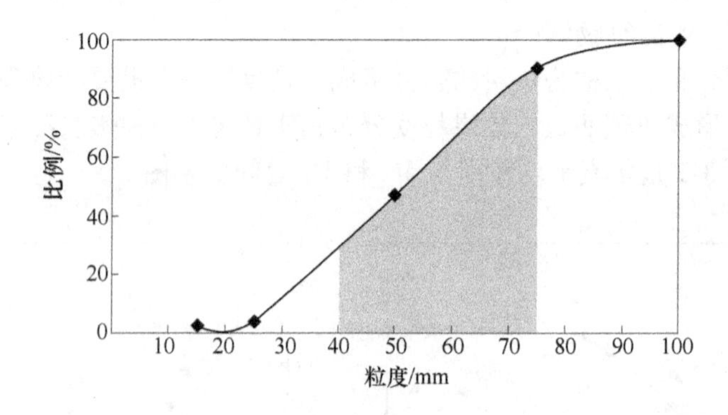

图 3-6　焦炭粒级分布指标

3.1.2.4　焦炭灰分和灰成分

A　焦炭灰分对高炉冶炼的影响

在高炉冶炼中，灰分是焦炭中的惰性物质和有害物质，一般认为，焦炭灰分每增加 1%，焦比将提高 1% ~2%，石灰石用量增加 2.5%，高炉产量约下降 2%。此影响结果是基于高炉内碳平衡的基础上得出的。

在配合煤结构及黏结性稳定的情况下，焦炭灰分升高对焦炭冷强度将产生不利影响。图 3-7 为一定的配合煤结构及黏结性条件下，焦炭灰分与冷强度之间的关系。由图可见，焦炭灰分超过 12% 以后，灰分对冷强度的影响更加显著。

在高温条件下，焦炭灰分对焦炭强度的影响将更加明显。当焦炭被加热到高于炼焦温度时，因焦炭基体与灰分热膨胀性存在差异，易以灰分颗粒为中心产生裂纹，从而加剧焦炭的碎裂和粉化，造成焦炭基体强度的降低。

B　焦炭中灰分成分对高炉冶炼的影响

焦炭灰分对焦炭热性能的影响，体现在焦炭灰分中各金属氧化物含量对焦炭与 CO_2 碳溶反应的催化程度。煤的灰分成分，是煤的无机质部分。煤的无机质部分是独立于煤化程度决定煤高温干馏生成的焦炭热性质的一个独立变量。煤中的无机组分，即煤中的矿物质在炼焦过程中转化成焦炭中的矿物质，对焦炭热强度指标将产生一定影响，其影响原因主要是矿物质的组分在 CO_2 与焦炭中的碳发生碳溶反应时充当催化剂作用。

在碱性指数（BI）基础上，表征焦炭灰中各金属氧化物含量对焦炭与 CO_2

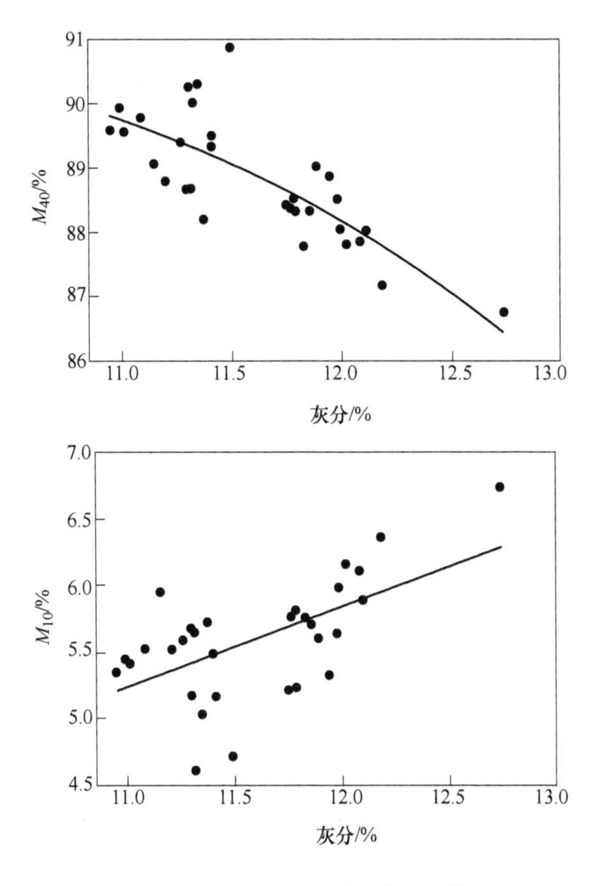

图 3-7　焦炭灰分与冷强度之间的关系

碳溶反应的催化程度，更合理的指标是灰催化指数（*MCI*）。灰催化指数（*MCI*），就是根据煤中的无机组分（以氧化物形式表示）对碳溶反应催化作用的大小的测定结果，赋予系数，将强催化作用的碱金属、碱土金属、过渡金属列在分子上，而催化作用弱的或负催化的酸性盐类作为分母，见式（3-2）：

$$MCI = A_d \frac{Fe_2O_3 + aK_2O + bNa_2O + cCaO + dMgO}{(100 - V_d)(SiO_2 + mAl_2O_3 + nTiO_2)} \tag{3-2}$$

式中　A_d——煤的干基灰分；

V_d——煤的干基挥发分；

a, b, c, d, m, n——煤中各灰分成分对焦炭热性能的影响权重系数。

式中各分子式代表各金属氧化物的重量含量。

式（3-2）中位于分子上的各矿物质前的系数为正催化作用的权重，其值越大表明其对焦炭溶损反应的正催化作用越强，系数不同反映的是煤中不同无机组分对焦炭热性质的影响程度是不同的。对碳溶反应正催化作用的强弱次序为Na >

K > Ca > Fe > Mg。位于式中分母上的各无机组分前的系数为其负催化作用的权重，其值越大表明其对焦炭溶损反应的负催化作用越强，对焦炭热性质的影响作用顺序为 Ti > Si > Al。

煤矿物质催化指数 *MCI* 与焦炭的反应性和反应后强度之间有着很好的相关关系，如图 3-8 所示。

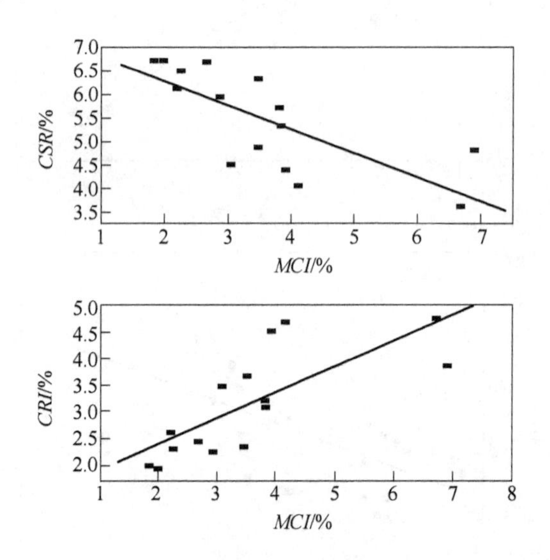

图 3-8 单种煤焦炭热性质与矿物质催化指数关系

对于焦炭而言，忽略其他因素对焦炭热反应性的影响，则灰分催化指数值越大，焦炭热反应性越高。

焦炭灰分的主要成分是高熔点的 SiO_2 和 Al_2O_3。在高炉冶炼过程中，焦炭中 SiO_2 和 Al_2O_3 含量过高对高炉的作业运行也会产生不利影响，灰分中 SiO_2 含量一般约为 45% ~55%，Al_2O_3 含量一般约为 28% ~38%，在高炉内与 $CaCO_3$ 等熔剂生成低熔点化合物，以炉渣形式排出，渣中的 Al_2O_3 含量会影响渣的黏度，从而影响铁水和渣的分离。

焦炭灰分对强度的影响，还体现在高温工艺条件下焦炭基质中灰分的挥发对焦炭强度的破坏。高炉作业中，风口焦与入炉焦相比，焦炭灰分从 12% 降至 4% 左右，说明焦炭在高温条件下存在灰分的挥发析出。研究发现，焦炭不仅仅是在高炉风口回旋区会发生脱灰现象，而是焦炭被加热至 1450℃ 时就开始有脱灰现象发生，图 3-9 是宝钢研究院胡德生首席在一次焦炭高温热处理试验意外发现焦炭灰分挥发凝结后产物的组成成分。

从图 3-9 中可以看出，焦炭在高温条件下，其灰分挥发凝结物中，SiO_2 含量达到 90%，而焦炭灰分中 SiO_2 仅占 50% 左右。SiO_2 熔点为 1670℃ 以上，沸点为

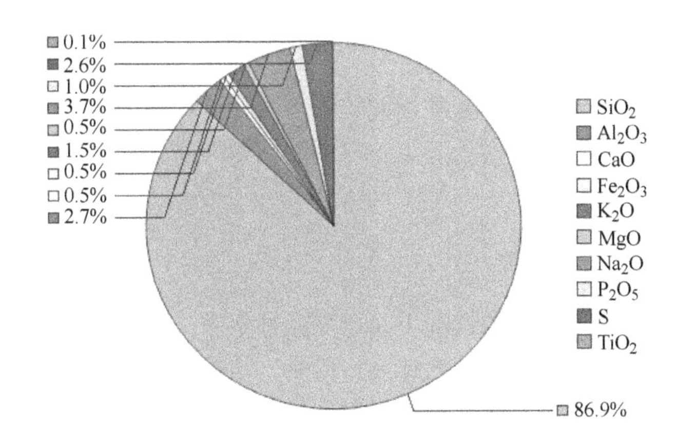

图 3-9 焦炭灰分析出后凝结产物的组成成分

1723℃以上，在1450℃时 SiO_2 就开始发生挥发析出，主要是灰分中的 SiO_2 与焦炭中的碳发生反应生成 SiO，SiO 蒸气析出再与氧气反应生成 SiO_2。此反应机理表明，焦炭中 SiO_2 在高温条件下与焦炭本身碳质的氧化反应对焦炭基体强度的影响不容忽视，此结果与焦炭灰分催化指数所表征的意义正好相反。

因此，在焦炭灰分及灰分成分的控制过程中，控制焦炭灰分高低是前提，其次才是控制焦炭中碱金属及碱土金属含量。

3.1.2.5 焦炭硫分

硫是焦炭中的有害物质。在炼焦过程中煤所含硫的80%～90%转入焦炭，其余进入焦炉煤气。高炉焦中的硫含量约占高炉炉料全部硫的65%～75%。高炉冶炼过程中，炉料带入的硫的5%～20%随高炉煤气逸出，其余的硫参加炉内硫的循环，靠炉渣排出炉外，炉料含硫高时势必增加高炉渣量。焦炭含硫每增加0.1%，焦比将增加1%～3%，铁水产量将减少2%～5%。

目前没有数据能够证明焦炭中的硫分与焦炭强度存在相关性。但是根据对焦炭微晶结构的研究发现，焦炭的冷热强度随焦炭微晶中芳香层间距增加而增大，这是由于芳香层间距有所增加时，有序度略有下降，但三维交联结构有所增加。在对焦炭中有机硫对焦炭微晶结构影响的研究中发现，在有关条件确定时，有机硫对焦炭微晶结构有一定程度的影响，有机硫对芳香微晶的有序度能产生削弱作用。从这种意义上来说，焦炭中有机硫能有利于焦炭冷热强度的提高。

综上所述，以高炉稳定为中心，控制焦炭综合质量指标意义重大。焦炭综合质量指标是指焦炭八项质量指标的一个综合反映，其中各指标对高炉的关键影响视其所处的质量水平而定。例如，当焦炭灰分超过13%，而 *CSR* 控制在68%的水平时，焦炭灰分则成为影响高炉炉况稳定的关键性因素。因此，焦炭质量的优化是其八项指标的一个综合优化过程。

3.2 炼焦煤质控制与配煤技术

炼焦煤资源情况对焦炭质量控制起着不可估量的作用。因此配煤技术的应用是根据高炉需求，以资源开发为起点，以焦炭质量控制为核心，注重选煤、配煤和用煤等多个环节。

3.2.1 炼焦单种煤使用策略

在炼焦煤资源供应充足的情况下，用煤品种集中，且集中在优质资源上，则有利于焦炭质量的改善和稳定性的提高；但是，从配煤成本控制角度而言，炼焦企业如果被固定资源品种控制，则配煤成本的控制难度将加大。因此，在炼焦配煤技术领域中，能在保证焦炭质量稳定的前提下，实现不依赖于任何一个煤种进行炼焦生产，进而具备很强的顺应资源市场、适应资源市场的能力，这是企业炼焦配煤技术进步的一个表现。

用煤的策略主要体现在用煤数量和用煤区域两个方面。

3.2.1.1 炼焦用煤数量控制

通常用煤品种数量，主要由焦炭年产能决定。焦炭产能增加，用煤品种数量能同步增加，说明炼焦对新煤种的开发力度与焦炭产能增加力度同步，其次也可以说明企业在多年的生产过程中，拥有大量的资源信息并进行均衡使用，而不依赖于任何一个品牌的煤种来维持焦炭质量。图 3-10 为宝钢年度使用的炼焦煤品种数量与焦炭年产能之间的关系。

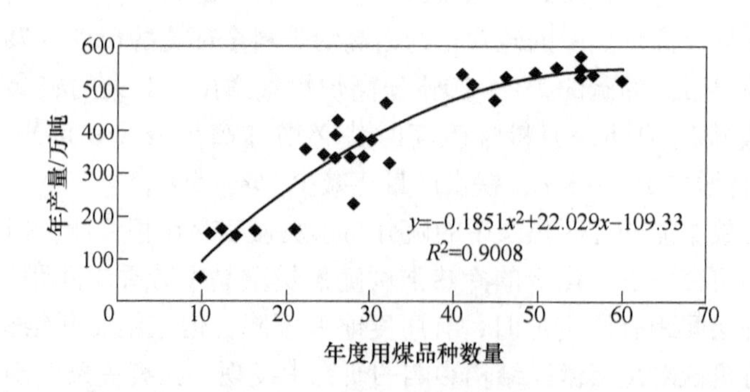

图 3-10 宝钢炼焦年度用煤品种数量与产量之间的关系

另外，炼焦用煤品种数量还与市场煤资源的紧张程度有关，国内外炼焦煤资源供应紧张，通常企业为维持稳定的资源供应以保证生产物流稳定，对品种选择品质底限不得不放宽，开发和使用的数量也较资源供应宽松时期明显上升。

煤炭使用品种数量偏高时，焦炭质量尤其是焦炭质量的稳定性就更难以控制。图 3-11 为年度使用的炼焦煤品种数量与焦炭灰分和冷强度的关系。

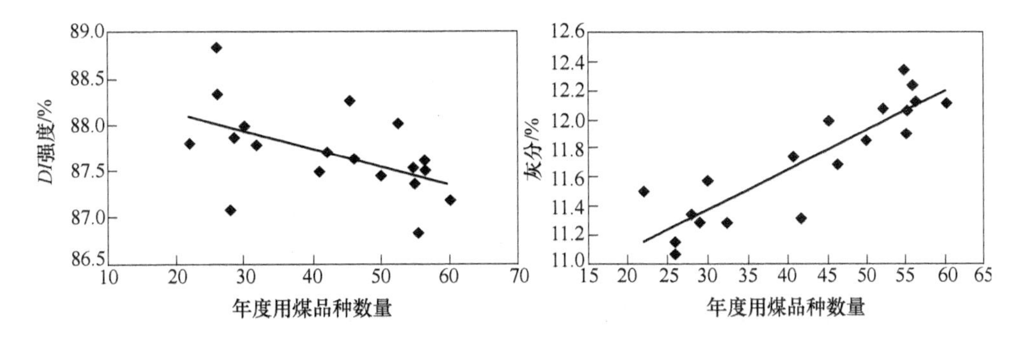

图 3-11 年度用煤品种数量与焦炭灰分和冷强度的关系

3.2.1.2 炼焦用煤区域的选择

煤质由成煤年代、成煤环境及成煤植物决定，而不同的区域具有特定的成煤环境及成煤植物，因此炼焦煤质量体现出较强的区域特性。炼焦生产对焦炭质量的控制，其中重点就是结合高炉对焦炭质量的要求，确定配煤方案，在确定配煤方案时，应遵循紧密结合国内外和当地煤炭资源的实际，以合理利用煤炭资源及不断扩大炼焦煤资源的配煤原则。

尽管中国优质炼焦煤资源可采用量在世界范围内不具有优势，但是中国拥有品种齐全的炼焦煤资源，可用空间较大，因此对国内钢铁企业和炼焦企业而言，基本仍是以国内炼焦煤资源作为使用的主体。例如，宝钢在近 30 年以来，在炼焦用煤中，国内煤占 89.08%，包括山西、内蒙古、山东、安徽和河北等 14 省市地区，其中山西煤占 29.71%，山东煤占 19.35%；进口煤仅占 10.92%，主要集中在澳洲、加拿大等七个国家，其中澳洲煤占 4.65%，加拿大煤占 3.63%，如图 3-12 所示。

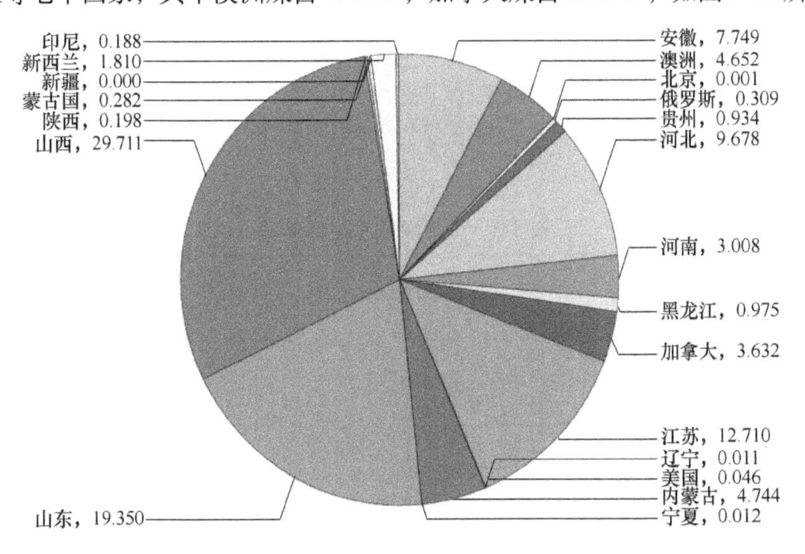

图 3-12 宝钢炼焦用煤不同来源所占比例（%）

用煤区域的选择除受焦炭质量及固定煤资源品种需求的决定之外，更主要的还是受企业所处的地理位置决定。作为沿海地区的钢铁企业，随着物流运输能力的提升，用煤资源的选择更容易面向世界范围，进而更容易根据国内外煤炭市场资源供应及价格波动，寻找进口煤与国内煤之间的使用平衡。受煤质及价格双重因素的影响，通常企业在寻找进口煤与国内煤之间使用平衡的基础上，重点是以调整山西煤使用比例为主体，进行着进口煤使用比例的调剂。宝钢长期以来，山西煤与进口煤的使用总比例控制在40%左右，如图3-13所示，山西煤使用数量与进口煤使用数量在多数时间内保持着此消彼长的状态。

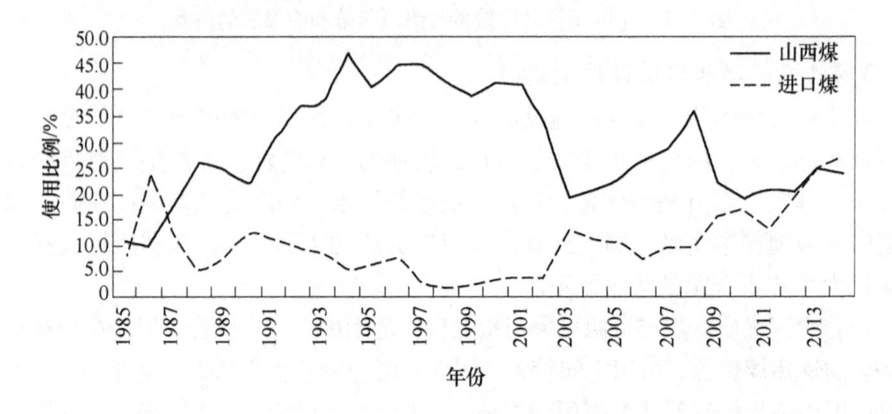

图3-13 1985年以来宝钢炼焦使用山西煤与进口煤的情况

3.2.2 进厂单种煤质量控制

3.2.2.1 进厂单种煤质量控制指标体系和检测分析

对进厂单种煤质量指标控制包括工业分析、硫及碳氢氮等元素分析、黏结性分析、煤岩分析、灰成分分析、热值分析及堆密度分析，涉及指标数量达八大类共52项，见表3-3。

表3-3 进厂煤质量指标体系

检测指标		单位	检测指标		单位
工业分析	全水分	%	灰分成分	全铁	%
	工业水分	%		二氧化硅	%
	灰分	%		氧化钙	%
	挥发分	%		三氧化二铝	%
	固定碳	%		氧化镁	%
粒级分布	粒度（>50mm）	%		二氧化钛	%
	粒度（>25mm）	%		氧化锰	%

续表 3-3

检测指标		单位
粒级分布	粒度（>10mm）	%
	粒度（>6mm）	%
	粒度（>3mm）	%
	粒度（>1.5mm）	%
	粒度（>0.6mm）	%
	粒度（>0.3mm）	%
	粒度（<0.3mm）	%
	细　度	%
	平均粒度	mm
元素分析	全　硫	%
	碳	%
	氢	%
	氮	%
黏结性	黏结指数 G 值	
	最大胶质层厚度 y 值和 x 值	mm
	基氏流动度	
	奥亚膨胀度	%
堆密度	堆密度干基	kg/m^3
	堆密度湿基	kg/m^3

检测指标		单位
灰分成分	五氧化二磷	%
	硫	%
	锌	%
	氧化钠	%
	氧化钾	%
	铜	%
	铅	%
煤岩分析	镜质组反射率	—
	有机惰性物含量	%
发热量	低位发热值 Q	kJ/kg
SCO 试验焦样	热反应性 CRI	%
	反应后强度 CSR	%
	DI 强度	%
	灰　分	%
	硫　分	%
	平均粒度	mm
	成焦率	%
	挥发分	%
	固定碳	%

在煤质指标体系中，分析频次受进厂批次（船次）决定，不受煤种决定，并且应在进入料场之前进行取样；其次，煤岩分析指标作为进厂煤的常规性检测指标，不仅用于判断混煤，还被作为凌驾于挥发分之上的判断煤种变质程度的关键性指标；在炼焦煤的黏结性和结焦性评价方面，结焦性指标要较黏结性指标重要，因此要更重视 SCO 试验焦炉指标，将煤种的 SCO 试验焦炉炼焦所得焦炭的强度指标作为煤的结焦性唯一指标，并在新品种开发过程中，作为大焦炉生产煤种使用方案的决定性依据；在炼焦煤的塑性判断方面，因黏结指数 G 值、最大胶质层厚度 y 值、基氏流动度和奥亚膨胀度 4 项黏结性指标针，在对黏结性特别强的煤或较弱的煤种塑性差别方面，存在一定的互补性，所以需同时跟踪检测。

3.2.2.2 煤种选择技术及功能计价

在配煤技术中，煤种的选择是一项关键技术。煤种选择技术水平的高低不仅决定着焦炭质量的高低，也决定着在确保焦炭质量的基础上配煤成本的高低。在实际操作过程中，煤种选择技术是以对煤的综合评价为基础的。

A　炼焦用煤综合性能指数 N 的确定和计算

在国内外，各炼焦企业一般都是根据自身的特点和需要，以炼焦用煤中某几个性质指标作为评价标准而自成一个体系。其实对炼焦煤性能评价是一个综合评价的过程，并且还需考虑各类型煤种在炼焦生产及焦炭质量控制过程中所起的不同作用，因此评价指标选择需尽量体现出完整性，具体包括煤的黏结性、最大反射率、灰分、硫分及焦样冷热强度等 13 项指标，并以此为基准，根据这些指标对煤的综合性能的影响程度不同而附以不同分值，并制定了相应的评分标准；在此基础上，再进行炼焦用煤综合性能指数 N 的确定和计算，以及炼焦用煤的等级划分、综合评价体系建立。

为体现不同类型煤种在炼焦生产中的不同作用，还需按炼焦煤的气煤、1/3 焦煤、肥煤、焦煤、瘦煤和非炼焦煤六大种类分别进行评价，如焦煤、肥煤在综合指标方面更侧重于黏结性能和结焦性能，气煤更侧重于降灰降硫，根据六大类型煤种各指标对焦炭质量贡献的差异，设置不同的权重。每个种类选取一个典型的煤种作为参照基准，对其他同类型的单种煤进行性质评价和价值评估，并以此方法指导新品种的定价。

指标权重的设置，还可以考虑大高炉生产对焦炭质量的要求，并随着高炉对质量的要求不同而按年度调整。

从炼焦用煤的配合性能、灰分和硫分三个方面对炼焦用煤的性能进行综合评价，其中配合性能包括焦样的 DI_{15}^{150}、CSR 和 CRI 3 项指标及煤样的 R、$\lg MF$、TD、G 值、y 值和 V 6 项指标；灰分包括 A（灰分）及灰分成分 P（磷）、灰分催化指数 3 项指标；硫分即是指 S_t 一项指标。

煤综合性能指数 N 是由炼焦用煤的前述 13 项指标根据一定的逻辑关系换算而成，就公式结构而言，炼焦煤（含焦煤、肥煤、1/3 焦煤、气煤和瘦煤）与非炼焦煤有所不同，主要是因为非炼焦煤评价公式中不含黏结性指标和小焦炉试验焦样的冷热强度的分值，具体如下式所示：

炼焦煤的综合性能指数：

$$N = Y_{MCI} + Y_P + Y_R + Y_{DI} + Y_{CRI} + Y_{CSR} + Y_{\lg MF} + Y_{TD} + Y_G + Y_y + Y_V + Y_A + Y_S \tag{3-3}$$

非炼焦煤的综合性能指数：

$$N' = Y'_{(K_2O+Na_2O)} + Y'_P + Y'_R + Y'_{\lg MF} + Y'_{TD} + Y'_G + Y'_y + Y'_V + Y'_A + Y'_S \tag{3-4}$$

炼焦煤与非炼焦煤的综合性能指数计算公式中各指标的分值，根据各指标对焦炭质量和高炉冶炼影响程度的不同而赋予不同的分值，在每个类型的煤种中，选一个代表性煤种，将其综合性能指数定为 100 分，其他同类型煤种的 13 项指标按相应计算方法得出相应分值，然后再计算出其综合性能指数，所选代表煤种，一般是上年度该类型煤种中的最佳煤种。

炼焦过程中，使用的非炼焦煤主要包括无烟煤和长焰煤，在配煤生产中使用非炼焦煤，除降低配煤成本之外，还为了降低焦炭的灰硫，因此在非炼焦煤评价过程中，着重考虑其灰分和硫分的比例。

B 炼焦用煤的等级划分

在对炼焦煤进行评价的基础上，分别对焦煤、肥煤、1/3 焦煤、气煤及瘦煤五大煤种按种类不同各设置了特等、一等、二等、三等和劣质五个评价等级，评价是以该煤的综合性能指数为依据的。

综上所述，从进厂煤种的鉴别、指标检验到各指标分值和综合性能指数的计算，就构成了配煤生产中完整的炼焦用煤评价体系，整个判定过程如图 3-14 所示。

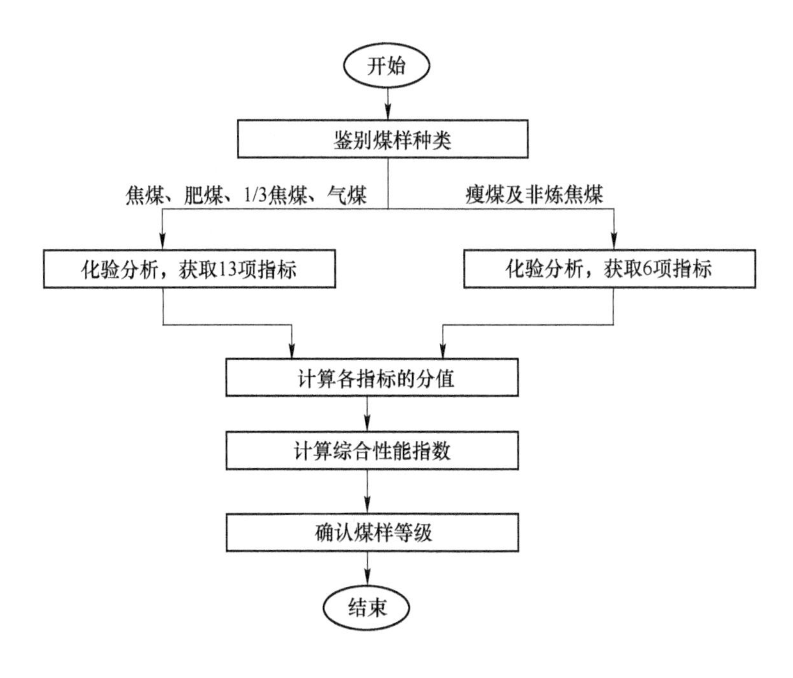

图 3-14 炼焦用煤评价体系流程

C 炼焦用煤的功能计价

炼焦用煤的功能计价过程，就是根据所要求功能计价煤种的综合性能指数，确定其合理市场价格的过程，也就是对所用煤种的性价比进行评价的过程。功能计价是炼焦用煤评价体系应用的最终目的。合理的用煤功能计价，不仅能实现对现有煤种价格的合理定位，尤其在新品种开发过程中，在初始价格的定位过程中更起着关键作用。

炼焦用煤的功能计价，是在煤种分类的基础上，在每个煤种基础上选取一个标杆品牌，并根据其价格确定其他同类型品牌煤种的价格，也就是说，炼焦用煤功能计价的运行模式采用的是一个比价的模式。功能计价的合理运用，可以拓展煤指标的价格体系，并通过多年的生产运营及与资源供应商的磨合，在供销方与使用方之间可以形成为双方所接受的指标价格体系。

在同类型煤种范围内，各煤种之间综合性能指数的差异，是其价格差异的依据。在比较同类型两种品牌煤某指标性能及价值差异时，还采用了指标定价模式。为避免因标杆煤种定价的不合理，而造成所有同类型煤种定价出现不合理现象，在对炼焦用煤进行功能计价的过程中，比价方式可以比较灵活，具体体现在：一是在同类型煤种中，比价体系并不是将标杆煤种的价格作为其他煤种定价的唯一依据，而是形成闭环控制；二是根据各类型煤种在配煤生产中的作用及替代性，从而实现不同类型煤种之间的比价。

3.2.3 新品种的开发和使用

3.2.3.1 炼焦煤新品种的意义

炼焦煤新品种的开发力度，需要新品种开发流程、煤资源品质性能综合评价及新资源使用技术研究三种方式的有机结合。得益于此，宝钢炼焦使用的煤种数量由开工初期的 8 个煤种，到 2014 年发展到 195 个煤种，煤种开发情况如图 3-15所示。

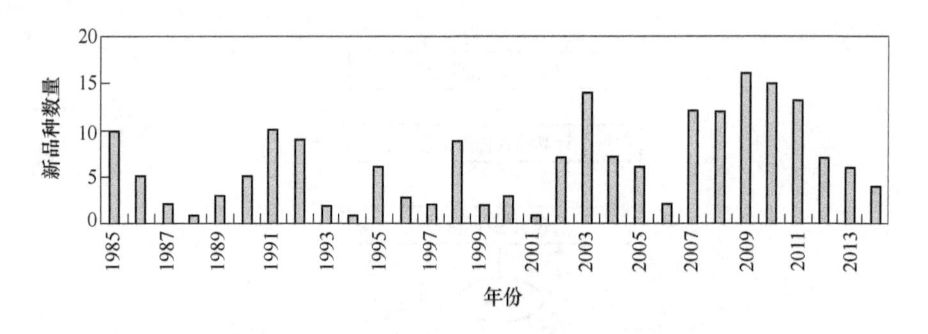

图 3-15 宝钢 1985 年以来新煤种开发情况

在配煤生产中，新煤种开发有两个作用：一是可以提高配煤结构优化的灵活性，在配煤结构调整幅度较大的情况下，仍能实现配合煤指标的稳定；二是在炼焦煤资源变化较大的情况下，缓解市场对配煤生产的压力，对控制焦炭质量具有重要意义。

新品种开发还能为在配煤生产中大量使用非炼焦煤奠定基础，这对降低配煤成本、控制焦炭灰硫具有重要意义。宝钢从 1985 ~ 2014 年，共开发应用了 28 种非炼焦煤资源，长期控制在 6% ~7% 的水平，不仅可以缓解强黏煤高灰高硫的缺陷，还为降低配煤成本起到较显著作用。

作为炼焦配煤而言，炼焦煤新品种开发的最终即对资源的有效利用，拟建立全球资源数据库，以提高炼焦配煤生产对全球资源的使用适应能力。而在新资源使用技术研究方面，对煤种的研究不能仅局限于对单品种的研究，更多的是关注资源的区域化特性，并采用国内外资源性价对比的方式对各区域煤种进行定位。

3.2.3.2 新品种开发使用流程

在炼焦配煤新品种开发起始，新品种信息来源有采购部门从市场获得、炼焦企业与资源供应商之间的技术交流或调研，以及获得同行的资源使用信息三种渠道。除此之外，新品种的开发还可以源于配煤新技术的开发研究以及高炉对焦炭质量的新要求。

新资源的信息包括质量、资源可供数量、价格、产地及运输情况等信息。在新资源信息获取之后，需通过规范的试验、评价、审核及试用流程，以决定新资源的可用性。

对新品种进行指标检测和性能评价，检测项目包括工业分析、全硫、黏结性指标、煤岩及SCO小焦炉试验等21项指标。对新品种的评价正是基于此21项指标，对新品种的审核是基于煤种上的综合评价结果。新品种资源进厂之后，还得通过SCO小焦炉进行配煤炼焦试验，以确定该新品种的最佳配入比例。焦炉大生产试用试验对该新品种的初始配入比例，一般以比SCO小焦炉试验所得的最佳配入比例低2%～4%为最佳。

对炼焦用煤新品种的开发，从供应商提供的新资源信息获得开始，到最终形成大生产试验报告，其优点是流程系统规范，对新品种的品质定位和功能计价把握较准，但在资源市场波动较大，尤其是价格波动较大时，常规的新品种开发流程适应市场能力较差，因常规判定流程周期较长，所以获得的最终功能计价信息往往会滞后于市场信息。因此为应对资源市场的快速波动，在常规的新品种开发流程基础上，还存在一种策略性采购模式，即短流程新品种开发模式，因策略性采购存在一定的使用风险，所以策略性采购涉及的煤种价格一般要明显低于同类型其他煤种的价格，在快速进厂开始试用时，初始配入比例一般控制在8%以下。

3.2.4 配煤技术发展思路及配煤结构变化

3.2.4.1 配煤技术发展过程

早期的炼焦是以单种强黏性煤为原料，存在黏结性过剩的现象。炼焦配煤技术真正形成于19世纪50年代，当时是单纯的结构配煤技术，属于第一代配煤技术，发展到今天已历经四代配煤技术，如图3-16所示。

以煤质指标指导配煤，明显拓展了炼焦用煤的可选择性，充分发挥了高、中、低挥发分煤的结焦特性及在配煤中的作用，此阶段煤炭干馏的原理研究也取得了突破；以煤岩学指导配煤形成于20世纪50年代，是以苏联阿莫索夫和美国

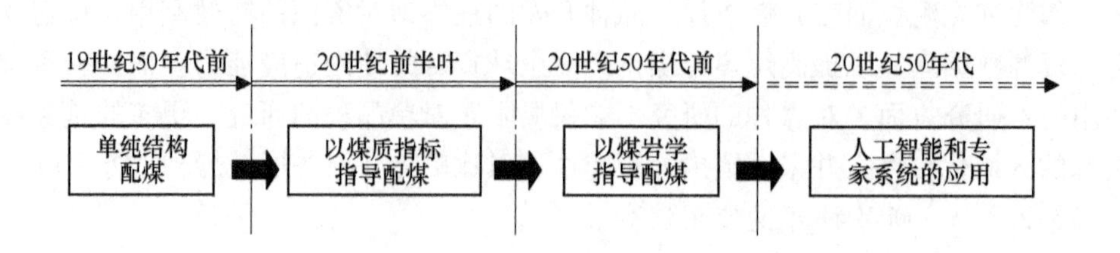

图 3-16 炼焦配煤技术发展历程

夏皮罗为代表，在煤岩学指导配煤过程中，除考虑煤化度外，还把煤岩显微组分划分为活性组分和惰性组分，并要求活性组分和惰性组分达到最佳比例；配煤技术发展到20世纪50年代，便产生了人工智能和专家系统技术的应用，配煤专家系统综合利用了煤质数据库、焦炭质量预测方法、炼焦专家经验以及过程控制原理，以实现焦炭质量可控及配煤成本最优。

中国配煤技术起源于20世纪50年代初，并开展了煤岩学在炼焦配煤中的应用研究，70年代以来，开展焦炭强度预测的研究。

在宝钢炼焦配煤技术领域中，应用标准的确定通常都是将历史数据和大高炉生产的需求作为确定依据，强调的是贯穿过去、指导未来以及注重自身应用特点的应用模式，于2000年开发了适用于宝钢自身的配煤专家系统。配煤生产实践采用的是以结构配煤和专家系统（含指标配煤及煤岩配煤技术的应用）两者相结合的方式。宝钢的配煤技术发展历程如图3-17所示。

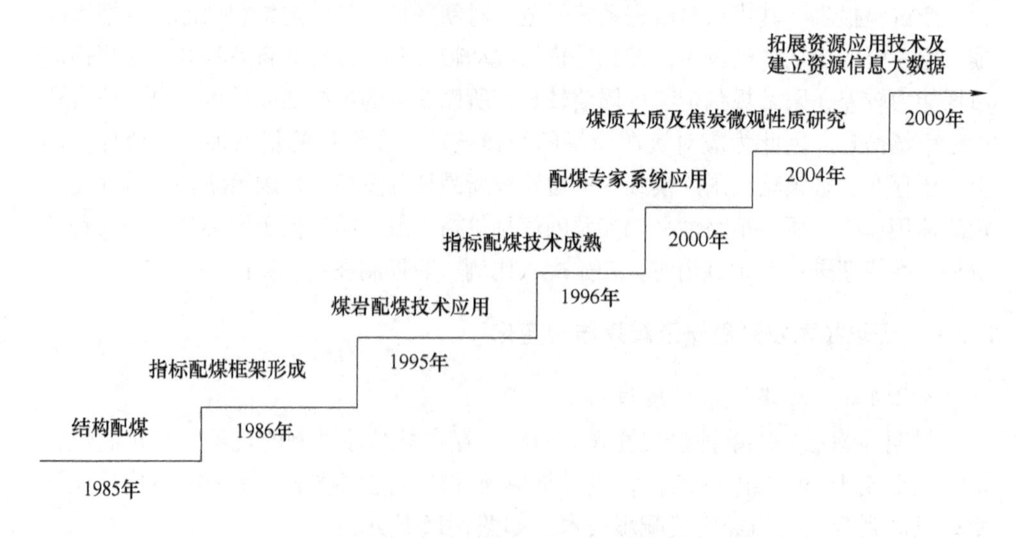

图 3-17 宝钢炼焦配煤技术发展历程

在配煤专家系统建立之后，配煤技术发展的重点便是提高焦炭质量预测精度及资源信息库的完善。焦炭质量预测的精度受资源使用品种数量及区域特性影响较大，因此对煤质本质性研究及微观机理研究，剖析焦炭微观机理与宏观机理之间关系研究，是提高配煤专家系统适用普遍性的重要途径。

3.2.4.2 配煤结构的变化的演变过程

尽管结构配煤是最基本和最原始的配煤技术，但是在炼焦日常生产过程中也是最快速便捷的配煤方案形成方式，因此配煤技术的应用并不是因为更尖端的类似于配煤专家系统的开发利用而忽视结构配煤在日常生产中的作用。在一定意义上来说，结构配煤是粗配，专家系统属于细调，结构配煤合理应用的基础，决定于企业来煤的质量和品种稳定。因此，宝钢 30 年的配煤技术应用，在重视指标配煤和专家系统预测的同时，对配煤结构也较为关注，表 3-4 为宝钢 30 年以来几种典型的配煤结构。

表 3-4 宝钢 30 年以来几种典型的配煤结构

年份			1986	1993	1996	2000	2004	2008	2014
配煤结构	强黏煤	焦煤/%	29~33	26~30	24~28	23~26	27~31	28~32	33~37
		肥煤/%	9~12	16~20	22~26	22~26	19~23	22~26	19~24
		合计/%	40~44	44~48	48~52	47~50	48~52	52~56	54~58
	弱黏煤	1/3 焦煤/%	10~14	8~11	6~8	8~12	8~12	12~15	10~15
		气煤/%	37~41	38~42	35~39	30~35	30~35	26~31	20~25
		瘦煤/%	4~8	3~5	3~5	3~8	3~6	0	3~6
		其他/%	0	0~3	0~6	0~6	0~6	3~6	3~8
		合计/%	56~60	52~56	48~52	50~53	48~52	44~48	42~46
配合煤性质		A_d/%	9.1~9.2	9.2~9.3	8.5~9.0	8.3~8.5	8.8~9.1	9.3~9.5	9.0~9.2
		V_d/%	27~28	27~28	26.5~27.5	26.5~27.5	27~28	27~28	26~27.5
		y/mm		14~15	14~15.5	14.5~16	13~15	12~15	13~16
		G/%		68~75	75~80	78~82	78~82	79~84	79~84
		TD/%	16~21	20~26	45~50	55~65	40~46	35~40	40~44
		lgMF	1.6~2.0	2.1~2.5	2.5~2.8	2.8~3.2	2.5~2.8	2.8~3.2	2.5~3.0
焦炭质量		A/%	11.95	12.13	11.33	11.06	11.7	12.36	11.99
		S/%	0.47	0.51	0.52	0.48	0.56	0.75	0.62
		M_{40}/%	87.25	87.92	87.73	89.58	89.06	87.13	89.32
		M_{10}/%	7.29	6.61	5.82	5.46	5.51	6.39	5.41
		CRI/%		27.6	23	23.69	24.79	23.55	24.83
		CSR/%		63.81	69.54	70.84	68.74	70.23	67.72
		DI_{15}^{150}/%	85.77	86.18	87.2	88.84	87.62	86.82	88.26

表 3-4 是宝钢配煤结构变化较大的几个年度，总体变化趋势是强黏比逐渐增加，由宝钢建厂初期的 40% 增加至近几年的接近 60%，其中肥煤增加幅度达 10% ~15%，这是由焦炭强度指标改善要求及 2007 年以后煤质不断劣化双向驱动造成的。

同时配合煤的黏结性总体呈提高趋势，可见合理配煤结构的锁定是建立在摸索合理配合煤黏结性的基础之上。上述 7 个典型的配煤结构分析表明，配煤结构的变化由进厂资源的性质决定的，配煤结构的变化只有保证配合煤的最大胶质层厚度为 14 ~15mm、黏结指数 *G* 值为 80 ~84、奥亚膨胀度为 40% ~50%，基氏流动度为 2. 6 ~2. 8，才能保证焦炭强度指标处于较好的水平。

因此，配煤结构的调整立足于配合煤要具有足够的黏结性能，才能保证焦炭质量稳定。无论煤炭资源如何变化，在调整配煤结构方面同时重视胶质层厚度 *y* 值、黏结指数 *G* 值、基氏流动度 lg*MF* 和奥亚膨胀度 *TD* 值这四项指标以及配煤挥发分指标。

3. 2. 5　配煤生产中的煤种替代

3. 2. 5. 1　华东煤替代山西煤

山西省的焦、肥煤热性能较为突出，故在国内各炼焦企业的配煤生产中，山西强黏煤一直占据着统治地位。但山西煤对生产厂家来说也有不足之处，一是近年来资源显得较为紧张，二是价格偏高，不利于钢铁企业降低生产成本。相对于山西煤而言，华东煤部分煤种具有冷强度好、资源丰富、运输费用低、煤价较低等特点和优势。

尤其 2008 年以后，由于全国炼焦行业均将山西强黏煤作为用煤重点，造成山西优质煤资源日益减少。一些曾经优质的山西主焦煤和肥煤资源开始枯竭，未枯竭的优质资源随着开采深度的变化，也出现瘦化迹象，焦煤劣化成瘦焦煤，肥煤逐渐变成了具有焦煤的特性。因此在配煤中，山西一些曾经优质的煤种已无昔日的优势可言，相对而言，华东地区的部分煤种仍保持较好的黏结性，尽管华东地区煤种热性能劣于山西煤种，但配以优质瘦煤或与澳洲低挥发分煤种共用，完全可以弥补华东地区煤种热性能偏差的不足，进而替代山西优质资源使用，焦炭质量可保持稳定，焦炭的 DI_{15}^{150} 指标有时甚至还可有所提高。有生产实践可以证明，华东煤配比增加 5. 59%，焦炭冷强度 DI_{15}^{150} 为 87. 67%，反应后强度 *CSR* 为 68. 85%，虽然由于焦炭灰分提高了 0. 4%，对焦炭热强度有一定的影响，但焦炭冷热强度仍保持较好的水平，仍可以满足高炉大喷吹的需求。

3. 2. 5. 2　进口主焦煤与国内煤种的配合性能

不同国家由于成煤年代、成煤植物以及成煤条件差异很大，因此，煤的黏结性、结焦性以及配合性差异也很大。在进口煤资源中，澳洲 BHP 是世界上最大炼焦煤生产和供应商，拥有可采贮藏量约为18.45亿吨。对于地理位置临海的钢铁企业而言，在进口煤性价比合适的前提下，在使用进口煤资源方面，具有一定的优势。

A 澳洲、加拿大及美国主焦煤性质差异

澳洲生产的炼焦煤品种多，质量差异大，有世界上最优质的主焦煤煤种，也有着大量的低挥发分黏结性较弱的煤种。加拿大主焦煤具有低灰低硫优点，但黏结性一般；美国主焦煤硫高，但黏结性较强，在国外一些炼焦企业甚至将美国主焦煤当作肥煤使用，但是美国主焦煤因其铁含量较高，造成其热性能较差，表3-5是三个国家进口煤的典型煤种的质量情况。

表3-5 典型进口主焦煤性质指标

煤种	煤质							小焦炉焦样强度		
	灰分/%	挥发分/%	硫分/%	基氏流动度	奥亚膨胀度/%	黏结指数	胶质层厚度/mm	*DI*/%	*CRI*/%	*CSR*/%
澳洲焦煤1	10.01	21.33	0.58	2.53	85	85	15.5	84.3	17.8	70.7
澳洲焦煤2	7.53	22	0.38	0.95	3	76	11	72.1	32.5	51.7
加拿大焦煤	9.36	21	0.38	1.4	11	73	11	83.2	27	49.5
美国焦煤2	9.45	23.82	1.39	3.40	206.75	95.88	24.88	83.6	36.2	42.1

B 进口炼焦煤与国内焦煤的替代性应用

澳洲优质主焦煤配入对焦炭粒度有一定的改善作用，对焦炭热强度的影响，焦炭热强度要略差于山西焦煤，却要略优于华东地区主焦煤；焦炭冷强度与山西焦煤相比基本持平，但要略差于华东地区焦煤，如图3-18所示。

澳洲优质焦煤配入炼焦，对炉墙的膨胀压力均要较国内焦煤大，膨胀压力大的煤配入炼焦对焦炉推焦电流影响一般也较大，图3-19是澳洲主焦煤配煤炼焦时产生膨胀压力。

澳洲优质焦煤如果与华东地区焦煤或收缩性差的肥煤同时配入，则产生的膨胀压力更大。从焦炉使用的安全角度出发，为避免焦炉难推焦事故的发生，澳洲主焦煤的配入量通常不能超过18%；美国主焦煤因其黏结性较高，配入炼焦对焦炉推焦电流影响一般也较大；加拿大焦煤收缩性较好，其配入炼焦对焦炉推焦电流影响较小，因此与华东地区焦煤或收缩性差的肥煤同时配入，不仅可以实现膨胀压力影响的互补，还可以实现焦炭冷态强度影响的互补。

3.2.5.3 低肥煤使用比例的配煤炼焦

A 肥煤在配煤炼焦中的作用

肥煤在炼焦配煤中承担着黏结和包容其他煤种的重要作用，对焦炭的冷热性能起到至关重要的作用。作为最主要的炼焦煤煤种之一，肥煤占据了煤质指标分

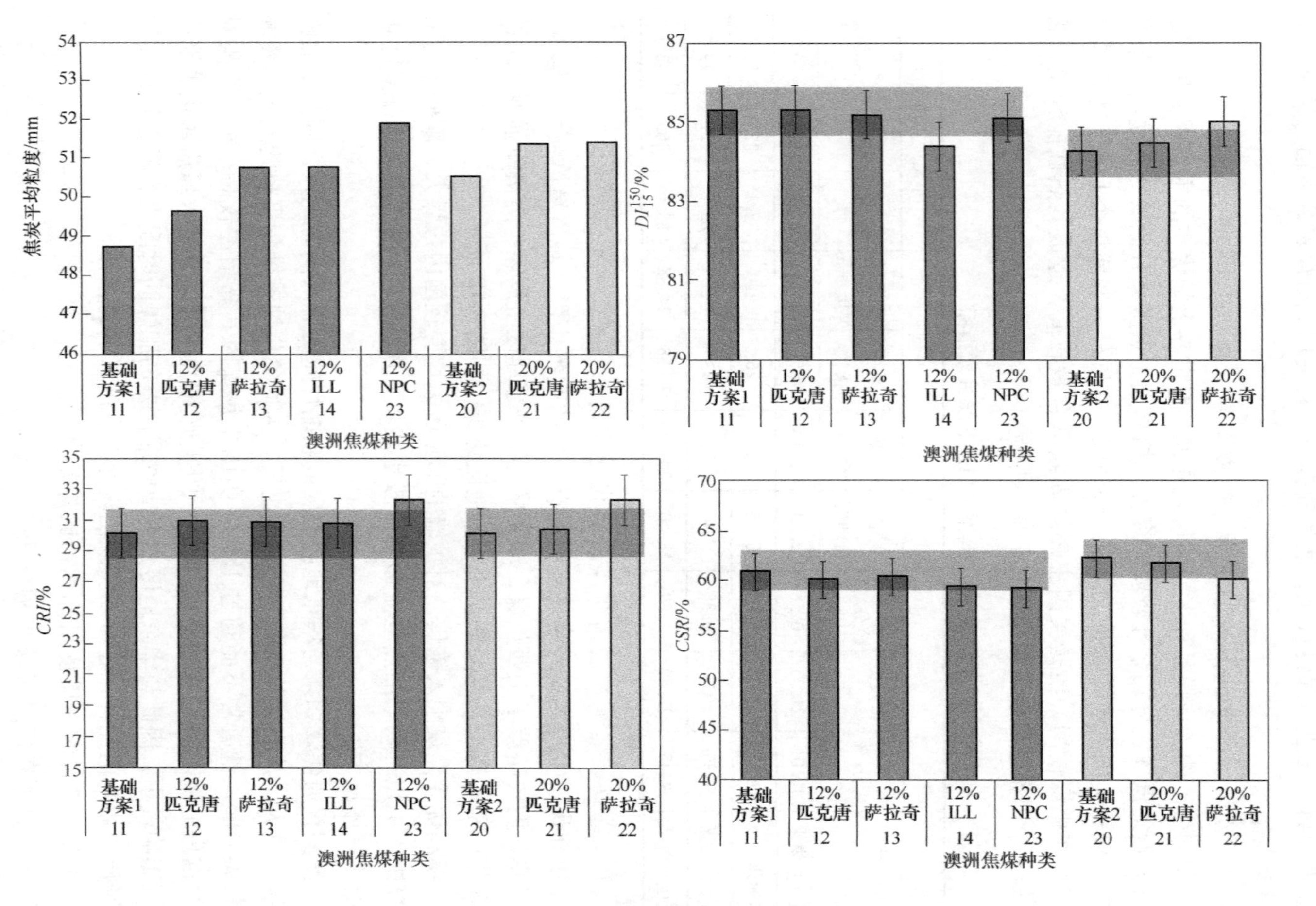

图 3-18 澳洲焦煤替代国内焦煤对焦炭质量的影响

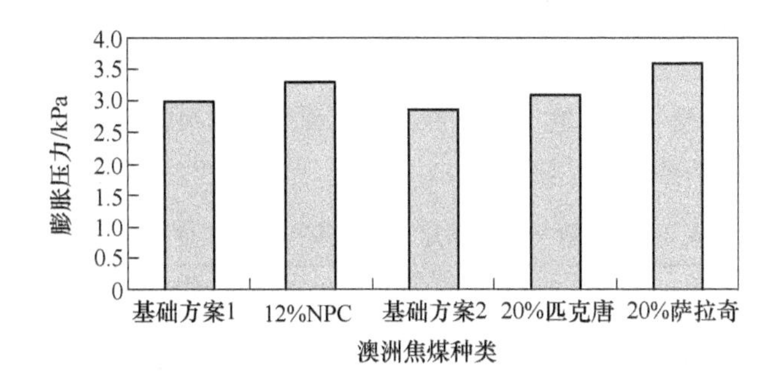

图 3-19 澳洲主焦煤配煤炼焦时产生膨胀压力

布中的重要位置。它在 *R*-*V* 图、*V*-lg*MF* 图中的位置如图 3-20 所示。从图 3-20 中上图可以看出，无论是从 *R* 还是从 *V* 值考察，落在肥煤覆盖区域的煤种还是存在的，但从图 3-20 中下图上可见，能够同时在煤阶和黏结性两个方面替代肥煤的其他煤种则不多，这正是肥煤成为优质炼焦煤的重要原因。

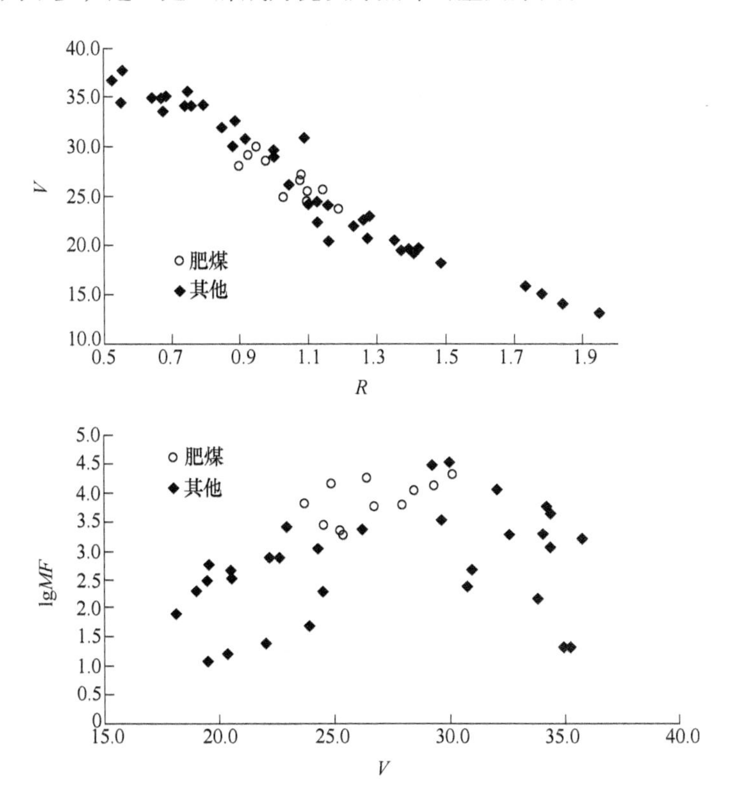

图 3-20 肥煤在 *R*-*V* 和 *V*-lg*MF* 图中所占的位置

而肥煤的资源仅占中国炼焦煤资源的 5% 左右，而一般在炼焦煤配煤中肥煤的配入比例均在 20% 以上。

由于不同变质程度炼焦煤在的热解过程不完全相同，因此所炼焦炭的气孔结构参数也有较大的差异。焦炭气孔参数是焦炭热性能影响的重要因素之一，焦炭热性质与焦炭气孔结构参数见表 3-6。

表 3-6 焦炭热性质与焦炭气孔结构参数之间的关系

参 数	回 归 方 程	相关系数 R	$R_{临界值}$
CRI	$CRI = 0.317x_{(气孔率)} + 19.957$	0.740	0.468
	$CRI = 0.110x_{(气孔平均直径)} + 21.138$	0.848	0.468
	$CRI = -0.149x_{(气孔壁平均厚度)} + 54.173$	0.783	0.468
CSR	$CSR = -0.625x_{(气孔率)} + 74.593$	0.643	0.468
	$CSR = -0.229x_{(气孔平均直径)} + 73.825$	0.774	0.468
	$CSR = 0.305x_{(气孔壁平均厚度)} + 5.747$	0.705	0.468

由于肥煤加热过程中生成的胶质体数量多且胶质体的透气性差，加上其塑性温度区间大，且能产生较大的膨胀压力。较多的胶质体、较宽的塑性温度区间及较大的膨胀压力，非常有利于煤粒之间的黏结，使所炼焦炭的气孔率低，气孔平均直径小，气孔壁厚。另一方面，肥煤成焦后光学组织以中粒镶嵌和粗粒镶嵌为主，同时含有一定量的纤维状组织，这些组织含量越多越有利于焦炭的热性质。

B 在配煤生产中降低肥煤的使用比例

对于肥煤而言，配入炼焦能提高配合煤的黏结性及改善焦炭微观光学组织，而焦煤和瘦煤炼焦，尽管黏结性弱于肥煤，但同样有利于焦炭微观光学组织的改善；国内部分挥发分较低的 1/3 焦煤，其黏结性并不弱于一般性的肥煤，因此在配煤生产中，在保证配合煤黏结性不影响前提下，以焦煤或瘦煤及 1/3 焦煤部分替代肥煤，可以保证焦炭强度指标将不受影响。表 3-7 中所示的是相关煤种部分替代肥煤试验数据。

表 3-7 提高主焦煤比例替代肥煤生产实绩 （%）

配比号	肥煤	焦煤	强黏煤	1/3 焦	气煤	瘦煤	DI	CSR	CRI
配比一	19	36	55	10	31	4	86.11	65.3	24.5
配比二	19	34	53	12	32	3	86.3	63.5	27.4
配比三	18	34	52	12	32	4	86.86	65.4	25.6
配比四	17	34	51	11	38	0	86.04	64.5	27.7
配比五	14	43	57	8	32	3	86.39	65.0	26.1
配比六	13	40	53	10	34	3	86.26	65.3	24.2

表 3-7 表明，当强黏煤的比例及配合煤黏结性能得到保证时，肥煤最低可以

降至13%，焦炭质量可以满足高炉生产的要求。

3.2.6 非炼焦煤在炼焦配煤生产中的使用

3.2.6.1 石油焦在配煤生产中应用

A 石油延迟焦的质量

石油延迟焦是石油加工的副产品，灰分特别低是其一大特点，一般低于1.0%，所以用作炼焦配煤对焦炭降灰作用最大。我国延迟焦的质量标准列于表3-8。

表3-8 延迟焦的质量标准

项目	1号		2号		3号	
	A	B	A	B	A	B
硫分/%	≤0.5	≤0.8	≤1.0	≤1.5	≤2.0	≤3.0
挥发分/%	≤10	≤12	≤12	≤15	≤16	≤18
灰分/%	≤0.3	≤0.5	≤0.5	≤0.5	≤0.8	≤1.2
水分/%	≤3	≤3	≤3	≤3	≤3	≤3

硫含量与原油含硫高低成正比，从中东原油和国内胜利原油所得延迟焦的硫分高，一般不低于2%，而从大庆和华北油田等原油，所得延迟焦的硫分都低于1%；挥发分一般在12%上下，变化幅度不大，主要受焦化工艺条件的影响。

B 延迟焦在炼焦配煤中的作用

配合煤料在炼焦过程对焦炭质量的影响，可分为两个基本阶段，即炼焦煤料塑性阶段（380～550℃）和半焦的收缩阶段（550～800℃）。塑性阶段决定着焦炭气孔结构的成形，半焦收缩阶段，在固化物质中出现由于相邻的半焦层不均匀收缩引起的应力，体积的较大变化引起焦炭内缝隙和裂纹的形成。

石油延迟焦的生成温度基本上在500℃左右，相当于半焦，结构比较疏松且含有较多的气孔，在炼焦煤料塑性阶段，延迟焦可以吸附一部分煤热分解的中、小分子挥发物，提高塑性体质量，而且它本身单独加热到500℃有3.5%的质量损失，说明在配合煤料塑性阶段，延迟焦自身也发生热分解反应。可以推测，延迟焦与煤料在煤熔融、黏结阶段也存在相互作用。

在半焦收缩阶段，延迟焦与肥煤、焦煤等半焦的收缩度相当，如某延迟焦加热到700℃的收缩率为27.0%，而试验煤样中肥煤和焦煤的半焦收缩量分别为27.0%和26.0%，因此石油焦与煤质半焦之间不存在收缩应力，并且延迟焦灰分含量低，故配延迟焦可获得裂纹少、结构致密的高质量焦炭。

C 石油延迟焦替代瘦煤对焦炭质量的影响

石油焦挥发分较低，在配煤中可以替代瘦煤，降低配合煤挥发分，起着瘦化剂的作用，更重要的是石油焦的配用对焦炭灰分有明显的改善作用。在配合煤黏结性能足够的前提下，替代瘦煤配入3%～6%的石油焦，焦炭热强度不会降低，相反还有利于改善焦炭的DI_{15}^{150}强度。

添加石油焦炼焦所得焦炭与使用瘦煤炼焦所得焦炭相比，微气孔较为丰富，但中气孔和大气孔的量要明显优于使用瘦煤炼焦所得焦炭，表3-9是石油焦替代瘦煤配煤试验所得焦炭的表面孔结构分析结果。

表3-9 焦炭微结构测试分析结果

配入煤种	平均孔径/μm	平均孔壁厚/μm	气孔率/%	孔壁厚分布/%				孔径分布/%			
				0～80/μm	81～160/μm	161～320/μm	>320/μm	0～80/μm	81～160/μm	161～320/μm	>320/μm
配瘦煤	164.5	130.4	55.8	45.5	24.5	20.5	9.5	46.0	21.5	15.0	17.5
配石油焦	113.1	152.3	42.6	40.0	26.5	20.5	13.0	49.5	29.0	14.0	7.5

从表3-9中数据可见，使用瘦煤炼焦所得焦炭的表面平均孔径达约164.5μm，配石油焦的焦炭表面平均孔径明显要小，仅为113μm；焦炭气孔壁厚，配石油焦焦炭的壁厚大，达152μm，配瘦煤所得焦炭壁厚仅为130μm；焦炭气孔率，配瘦煤的为55%，配延迟焦仅为43%。

微孔体积与孔径分布如图3-21所示。配瘦煤的焦炭平均孔径仅为4.676nm，配石油焦的焦炭平均孔径为11.83nm。

焦炭的光学显微组分主要影响焦炭高温性能，各向异性程度越高，反应性越低。石油焦和瘦煤配煤炼焦所得焦炭，光学结构指数基本相近，光学显微组分，瘦煤炼焦所得焦炭中的颗粒镶嵌组织含量要高于石油焦炼焦所得焦炭中的颗粒镶嵌组织含量，而石油焦炼焦所得焦炭中的纤维状组织含量要高于瘦煤炼焦所得焦炭中的纤维状组织含量，见表3-10。

表3-10 试验焦炭的光学显微组分分析结果 (%)

样品号	各向同性	细粒镶嵌	中粒镶嵌	粗粒镶嵌	不完全纤维	完全纤维	片状	丝炭与破片	光学结构指数
瘦煤炼焦	1.3	9.4	28.0	14.0	11.0	2.7	2.2	31.5	143.0
石油焦炼焦	0.3	7.8	23.0	9.1	15.4	5.6	2.0	36.9	142.9

3.2.6.2 长焰煤在配煤生产中应用

在煤分类中，将挥发分大于37%，无黏性的煤种称为长焰煤。长焰煤具有低灰、低硫、高挥发分等特点，用其进行配煤炼焦，可适当配入高硫高灰强黏煤，有利于扩大炼焦煤资源。

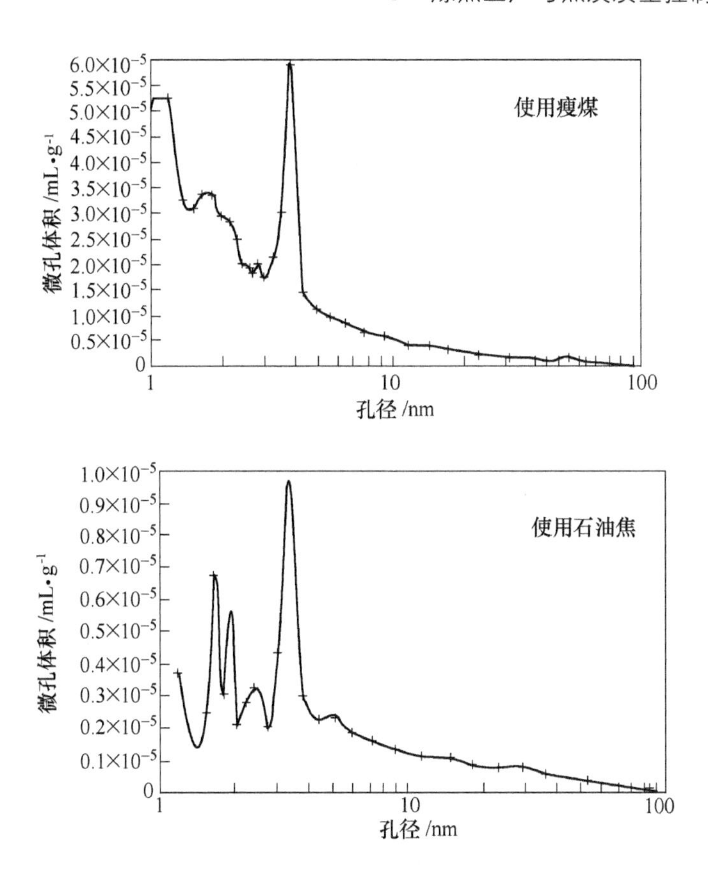

图 3-21 使用瘦煤及石油焦所得焦炭微孔体积与孔径分布

A 长焰煤配煤炼焦对配合煤黏结性的影响

长焰煤与气煤的结构基本相似，都含有较多的芳香结构和含氧官能团，基本结构呈三维网络，具有较强的非共价键缔合结构特征，其中氧含量过高是影响成焦的主要因素。

长焰煤分子很大且空间结构疏松，结构单元的侧链、氧含量及含氧官能团较多，交联键也较多。加热时，不能形成分子量适中的非挥发分液相物质，从而不能软化熔融；挥发分析出较早，但延续时间较长，在炼焦煤中析出大量的氧并大量吸收热解氢，对热塑性抽提的破坏作用较大；由此影响焦炭的冷态强度和热性质。因此，如果配煤炼焦时在煤中加入长焰煤，必将使整个配合煤的黏结性明显下降，即长焰煤对炼焦配合煤有降黏作用。图 3-22 为长焰煤与一种肥煤在不同混合比例时黏结性的变化情况。

图 3-22 中可见，长焰煤配入比例控制在 4% 以内，对配合煤的黏结性影响不大。

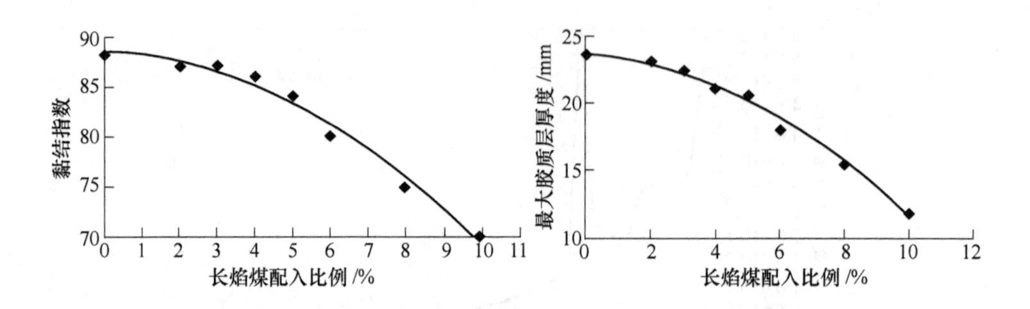

图 3-22　长焰煤不同配入比例对煤黏结性的影响

B　长焰煤的配比对焦炭质量的影响

长焰煤为低硫、低灰低变质程度的非炼焦煤，如果将其添加配合煤中炼焦可以起到降低配合煤的硫分和灰分的作用，从而能降低所炼焦炭的灰分与硫分。但因为长焰煤配入能影响配合煤的黏结性，所以对焦炭强度也会造成影响。图 3-23 为长焰煤添加比例从 2% ~10%，所得焦炭气孔率、焦炭显微强度及焦炭粒焦反应性的变化规律。

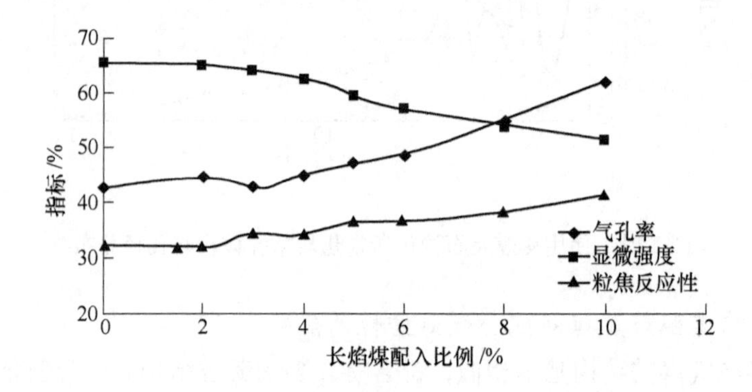

图 3-23　添加不同比例的长焰煤后焦炭质量

从图 3-23 可知，配入 10% 的长焰煤，焦炭气孔率增加了 19. 4%，粒焦反应性升高了 9. 34%，显微强度降低了 13. 9%。随着比例长焰煤比例的增加，焦炭质量有不同程度劣化，长焰煤配入比例超过 5% 时，焦炭强度劣化更为明显。

在长焰煤的配煤使用过程中，要重视长焰煤的粉碎粒度。对于惰性组分多无黏结性的长焰煤而言，适当细粉碎有利于黏结，但过细粉碎会导致其表面积大幅提高，过多吸附配合煤中活性组分，过多降低配合煤黏结性，如果配合煤黏结性不足，会导致焦炭质量下降，因此一般控制在 2 ~3mm 比较合适。

图 3-24 为与常规生产配合煤的黏结性比较接近的焦煤与长焰煤按 6∶4 的比例进行配合炼焦所得焦炭界面结合情况。

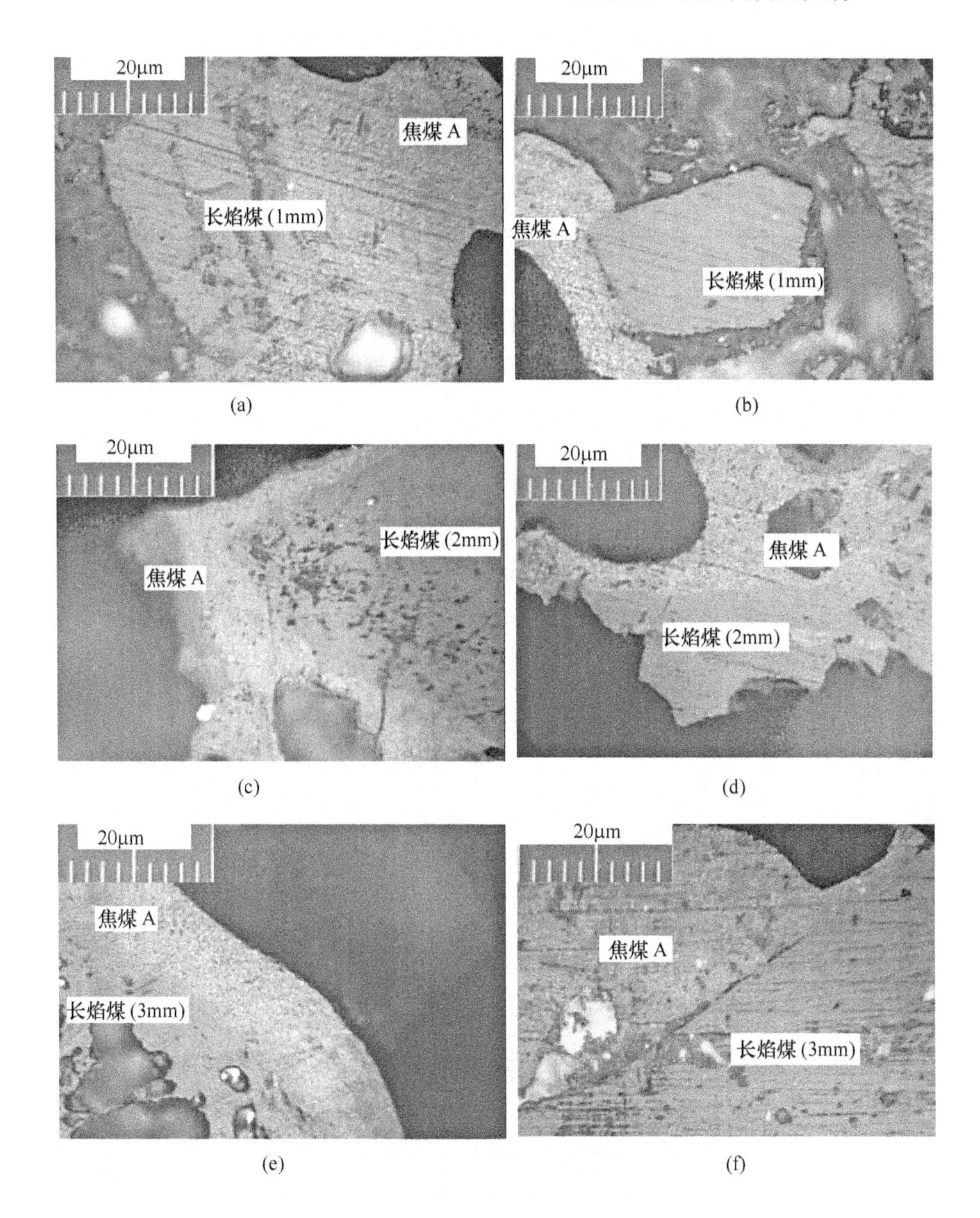

(a) (b)

(c) (d)

(e) (f)

图 3-24 不同炼焦煤与长焰煤的界面结合图

在图 3-24 中，图 3-24(a)、图 3-24(c)和图 3-24(e)为长焰煤与焦煤界面结合较好的图片，图 3-24(b)、图 3-24(d)和图 3-24(f)为粒度为长焰煤与焦煤界面结合较差的图片。其界面结合情况见表 3-11。

可见，低于 3mm 粒度和低于 2mm 粒度的长焰煤较好，低于 1mm 粒度与焦煤 A 结合较差。

表 3-11 不同粒度长焰煤配煤炼焦界面结合情况

序 号	长焰煤粒度/mm	界面结合较好占比/%
1	1	69
2	2	74
3	3	73

3.2.6.3 无烟煤在配煤生产中应用

我国无烟煤资源较为丰富，占全国煤田探明可采储量的12%，其中46%的无烟煤分布在山西省，30%以上的无烟煤资分布在贵州省，而华东、东北和西北3个大区的无烟煤储量还不到全国的5%。

A 无烟煤配煤炼焦对焦炭质量的影响

因无烟煤不收缩，在半焦收缩阶段，无烟煤与煤质半焦之间不存在收缩应力，所以在配合煤黏结性能够保证的前提下，配入无烟煤炼焦可获得裂纹少、结构致密的高质量焦炭。但无烟煤会影响配合煤的黏结性，配入比例偏高时，对焦炭的冷热强度均会造成影响，如图 3-25 所示为不同无烟煤配入比例时所得焦样的 M_{13} 和 M_3 变化规律。

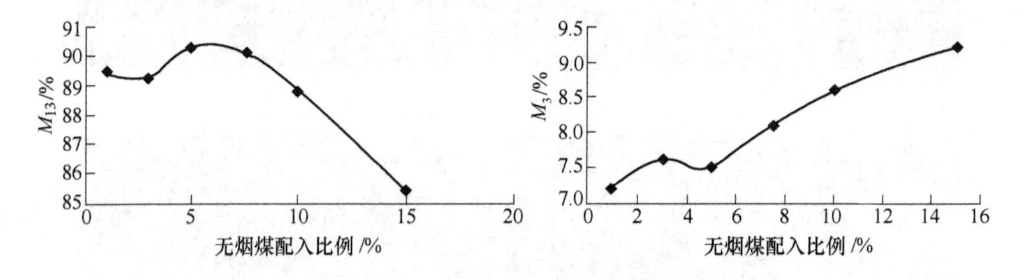

图 3-25 不同无烟煤配入比例时所得焦样冷强度

无烟煤配入比例偏高时，对焦炭的耐磨性能影响要明显高于对抗碎性能的影响。因无烟煤挥发分更低于瘦煤，所以无烟煤配煤炼焦所得焦炭较瘦煤更为致密，表 3-12 为配入瘦煤与无烟煤所得焦炭气孔结构对比情况。

表 3-12 配入瘦煤与无烟煤所得焦炭气孔结构对比情况

试验号	平均孔径/μm	平均孔壁厚/μm	气孔率/%	孔壁厚分布/%				孔径分布/%			
				0~80/μm	81~160/μm	161~320/μm	>320/μm	0~80/μm	81~160/μm	161~320/μm	>320/μm
配入瘦煤	164.5	130.4	55.8	45.5	24.5	20.5	9.5	46	21.5	15	17.5
配入无烟煤	123.7	140.8	46.8	41.5	26.5	19.5	12.5	46.5	24.5	20.5	8.5

表 3-12 中数据显示，平均孔径配入瘦煤炼焦所得焦炭为 164.5μm，而配入无烟煤炼焦所得焦炭仅为 123.7μm；气孔率配入瘦煤炼焦所得焦炭为 55.8%，

而配入无烟煤炼焦所得焦炭仅为46.8%。

B 适宜于炼焦生产的无烟煤选择

并不是所有无烟煤均适合于炼焦配煤，这主要受无烟煤在炼焦配煤中自由基生成程度决定，一般低阶无烟煤更适合于配煤炼焦。

无烟煤在炼焦煤料中的炼焦过程，实质上是一个热解炭化过程，其过程涉及自由基的生成、消失等变化，只要无烟煤能在热解过程中生成自由基，并与煤中足够的黏结质发生反应，就可以参与生成优质的焦炭，并且无烟煤在热解过程能产生新的自由基越多，则煤与黏结剂之间发生相互反应越多，参与配煤对焦炭强度的不利影响就越小。图3-26为三种不同阶的无烟煤自由基浓度 Ng 随热解温度的变化规律。自由基浓度 Ng 均随热解温度升高先增大，达到最大值后急剧下降。

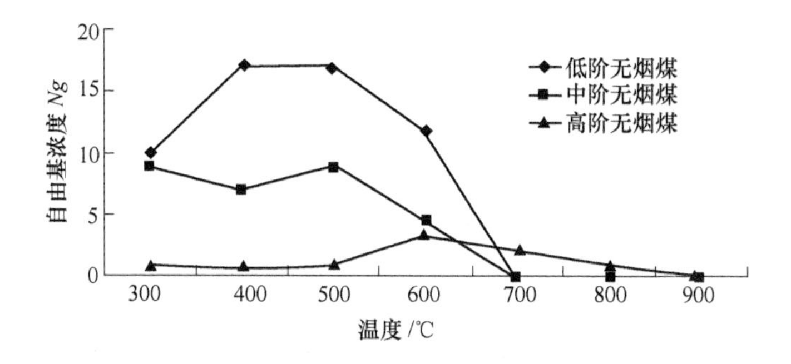

图3-26 三种不同阶的无烟煤自由基浓度 Ng 随热解温度的变化规律

但是,不同阶的无烟煤的自由基浓度(Ng)值随热解温度变化的历程不尽相同。煤阶越低,增长幅度和最大值浓度越高,与煤中塑性体之间的结合作用就越强。

适宜于炼焦生产的无烟煤选择，日常关键指标有挥发分、煤岩指标、固定碳含量及可磨性等性质指标。无烟煤性质越接近瘦煤，适量配入对焦炭质量的影响就越小，一般而言，当无烟煤镜质组随机反射率低于3.0时，适量代替瘦煤配入对焦炭质量影响不明显。图3-27为无烟煤挥发分与镜质组随机反射率之间的关系。

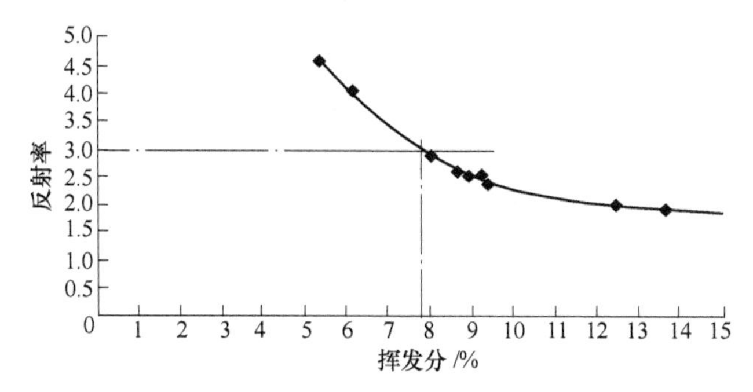

图3-27 无烟煤的挥发分与反射率的关系

炼焦煤中，碳元素含量 C 均大于固定碳含量 FC。但是，无烟煤中却存在碳元素含量 C 小于固定碳含量 FC 的情况，如图 3-28 为无烟煤碳元素含量 C 与固定碳含量 FC 的差值。

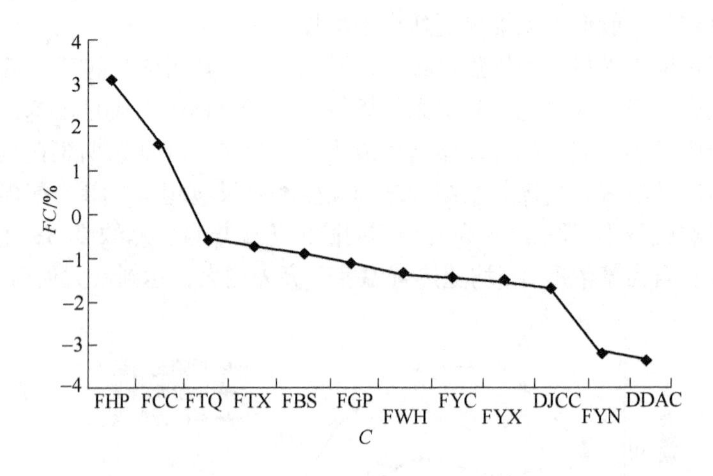

图 3-28 宝钢用过无烟煤碳元素含量 C 与固定碳含量 FC 的差值

通常无烟煤中，碳元素含量 C 与固定碳含量 FC 的差值越大，适量配入炼焦，对焦炭的强度影响就越小。当两者差值低于 –2% 时，配入炼焦，对焦炭强度影响很大。

与长焰煤类似，在配煤过程中，要求无烟煤做到细粉碎，一般粒度控制在 2～3mm 比较合适。因无烟煤煤质较硬，如果选用的无烟煤可磨性指标（*HGI*）较差，将很难保证配煤生产中无烟煤的粉碎细度。因此在选择无烟煤炼焦时，从粉碎效果来说，还是选择可磨性指标较高的为好，一般以 *HGI* 不小于 60 为好。

3.2.7 焦炭质量预测与配煤专家系统

配煤专家系统的应用过程即是通过综合利用了煤质数据库、焦炭质量预测方法、炼焦专家经验以及过程控制原理，以实现焦炭质量可控、配煤成本最小的过程。因此在配煤专家系统应用过程中，通过煤的质量预测焦炭质量的精确度高低是决定配煤专家系统应用成果与否的关键，用煤质指标预测焦炭质量并指导配煤，使焦炭质量稳定在目标范围内，已成为衡量配煤技术水平的一个重要标志。当前焦炭质量模型均建立在各厂配煤实践和不同工艺条件的基础上，并通过大量试验得到数学模型，且需在大生产实践中对模型不断修正，故有各自的适用范围。

由于焦炭的灰分和硫分主要来自配合煤，所以国内外对焦炭的灰硫预测模型都以煤的灰分、硫分以及挥发分作自变量；而对焦炭的冷热强度，由于其影响因素复杂，从而导致预测模型各有不同。

3.2.7.1 焦炭灰分预测及影响因素分析

在炼焦过程中，煤里的灰分全部残留在焦炭里，所以焦炭灰分的直接影响因素即是炼焦配合煤的灰分；其次，当配合煤灰分一定时，单位吨煤生产出来的焦炭量也影响焦炭灰分的高低，而决定单位吨煤生产出来焦炭量高低的影响因素是配合煤挥发分。因此，单纯从配煤角度分析，决定焦炭灰分高低有配合煤灰分和配合煤挥发分两个因素，焦炭灰分的预测公式基本模式见下式：

$$A_{焦} = f(A_{煤}, V_{煤}) \tag{3-5}$$

通常，在配合煤挥发分一定前提下，配合煤灰分每增加1%，焦炭灰分约增加1.3%；而在配合煤灰分一定前提下，配合煤挥发分（干基）每降低1%，焦炭灰分将降低0.1%～0.2%。配合煤灰分对焦炭灰分的影响程度是配合煤挥发分对焦炭灰分影响程度的11.5～12.5倍，也就是说，对于焦炭灰分高低的影响，90%是由配合煤灰分高低影响造成的，10%是由配合煤挥发分高低影响造成的。

3.2.7.2 焦炭硫分预测及影响因素

A 焦炭硫分的预测

在生产过程中，多通过调整配合煤硫分来控制焦炭的硫分，焦炭的硫分控制在0.6%～0.8%，一般要求配煤的硫分不应大于1%。通常焦炭硫分与配合煤硫分之间关系经验公式如下：

$$S_{焦} = (0.85 \sim 0.90) S_{配合煤} \tag{3-6}$$

往往经验公式为前一阶段统计数据回归结果，对于相对固定的配合煤煤种，适用性较好，一旦有新的煤种开始使用，经验公式不包含新煤种统计信息，预测精度会明显下降。

炼焦煤中硫主要有三种存在形式：有机硫、硫铁矿、硫酸盐。硫酸盐含量一般都极低，大部分以有机硫和硫铁矿形式存在。煤中硫的三种不同形态在炼焦过程中，黄铁矿硫对焦炭硫分影响最小，硫酸盐硫次之，而有机硫转移至焦炭中硫分的贡献率最大，三者对焦炭硫分的影响如下：

$$S_{t,dj} = 0.145 + 0.581 S_s + 0.343 S_p + 0.707 S_o \tag{3-7}$$

式中 $S_{t,dj}$——焦炭中的干基全硫，%；

S_s——煤中的硫酸盐干基硫含量，%；

S_p——煤中的黄铁矿干基硫含量，%；

S_o——煤中的有机硫干基硫含量，%。

B 煤中硫在干馏过程中的迁移过程

整个结焦过程中，75%～90%的煤气通过焦炭层，从焦饼与炭化室墙间隙上升至炉顶。煤气中H_2含量很高（50%以上），具有很好的脱硫能力。配煤中暴露的硫铁矿在温度合适时就与煤气中的H_2反应形成H_2S脱除其中的S，煤岩组分内无法接触到煤气的硫铁矿硫则无法脱除。炼焦过程中环链有机硫分解与 H_2 反应形成 H_2S 脱除，部分未能与 H_2 反应又与碳结合残留在焦炭中，还有多环有机硫稳定无法分解也就无法脱除。

宝钢研究院胡德生首席，在配合煤的全硫影响焦炭的全硫之外，还得出煤的灰分中（CaO + MgO）含量对焦炭硫分转化率影响显著，二者关系如图 3-29 所示。

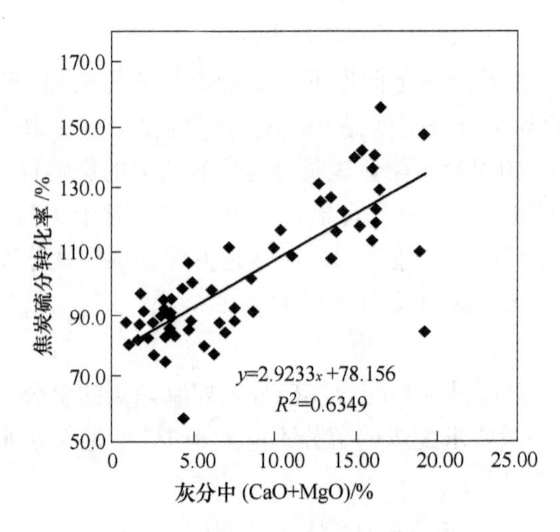

图 3-29 灰分中（CaO + MgO）含量与焦炭硫分转化率关系

胡德生认为，炼焦过程中，当煤气通过焦饼层时，煤气中部分硫与无机矿物反应形成复合物，又从煤气中固定到焦炭中，传统的室式炼焦工艺的炼焦过程中，脱硫反应和固硫反应同时并存。

3.2.7.3 焦炭强度指标预测及影响因素分析

国内外普遍认为，影响焦炭热性质的因素有镜质组平均反射率、流动度、惰性组分含量和灰分中的碱性物含量等。

A 煤性质对焦炭强度的影响

表征煤的煤化度的指标，挥发分 V 和煤的镜质组反射率 R_r 与焦炭热性质之间的关系如图 3-30 所示。

由图 3-30 可见，随着煤化度加深，焦炭的热强度提高，反应性降低。挥发分在 22% ~26% 的煤，其焦炭的反应后强度和反应性较理想，反射率在 1.1% ~1.2% 左右的煤，其焦炭的热性质较佳。

煤黏结性指标与焦炭强度之间，就冷强度而言，单种煤的挥发分及黏结性指标与焦炭冷强度相关性较好，但配合煤黏结性指标与焦炭冷强度之间很难得出普遍适用性的数学模型。图 3-31 所示为四种煤的黏结性指标与焦炭反应性和反应

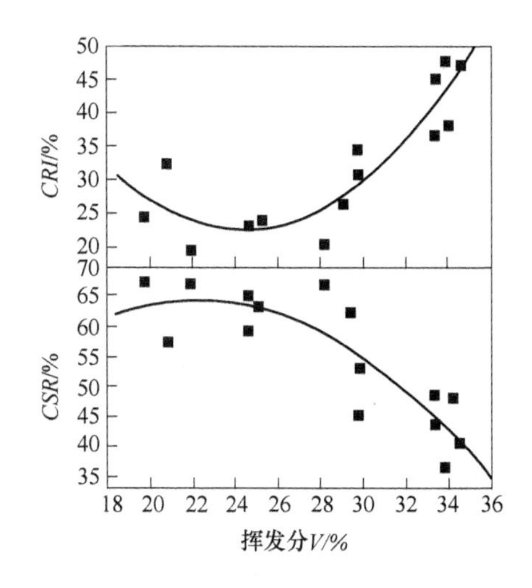

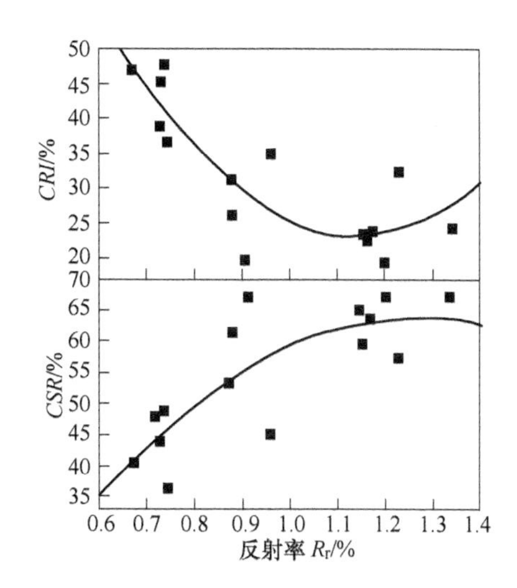

图 3-30 单种煤的挥发分和反射率对其焦炭热性质的影响

后强度之间均存在一定的关系，且基本规律是一致的，但规律的显著性有所差异，说明四个常用的煤黏结性指标是从煤炼焦过程的不同角度反映煤热解时塑性体的数量和质量；图中还可见四个指标对焦炭热性质的影响是非线性的，有时还表现出最大值的倾向。

随着配煤强黏比的增加，焦炭 *DI* 强度会迅速上升，反应性迅速下降，反应后强度大幅度提高，影响关系基本呈二次函数关系，当强黏比超过 54% 以后变化趋于平缓，也就是说，配煤结构中强黏比过高时会产生强度钝化现象。

B 配煤煤质指标的加和性

炼焦过程中使用的均为配煤，由参与配煤的各单种煤性质通过加和性直接获得配合煤的性质，是建立专家系统的重要基础。

图 3-32 是配合煤 V_d、A_d、S_{td}（全硫）、G、Y、$a+b$ 和 lg*MF* 的加和值与实测值的关系。

由图可见，V_d、A_d 和 S_{td}指标具有较好的加和性。表征煤黏结性的指标中，*G* 值表现出一定的加和性，lg*MF* 在 2.3～3.5 之间表现出较好的加和性，而全膨胀（$a+b$）、*Y* 值的加和值一般都高于实测值，基本没有加和性。武汉科技大学陈鹏教授对两种炼焦煤配合情况下 *G* 值变化研究也得出，在炼焦配煤计算中，黏结指数 *G* 值在一定程度上具有可加性，并归纳为直线型、弓型和 S 型三种类型[2]。

在用煤品种相对稳定的前提下，单种煤黏结性与配合煤黏结性之间重现率较高，因此此种情况下，可以得出相关性较强的单种煤黏结性与配合煤黏结性之间相关关系。这就决定，在用煤品种相对稳定的前提下，配合煤结构、配合煤的黏结性与焦炭强度之间可以得出较好的预测精度，因黏结指数 *G* 值、最大胶质厚度

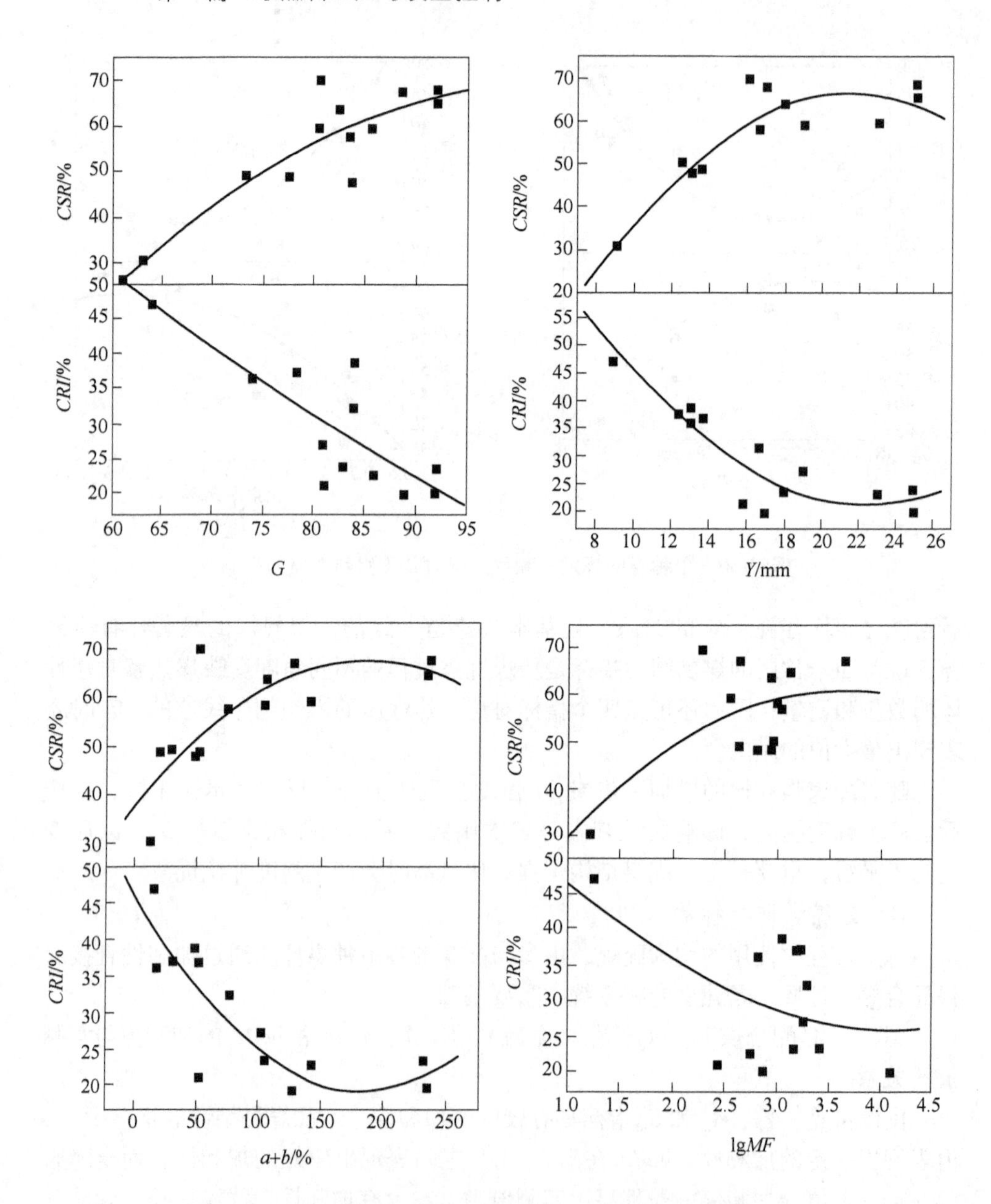

图 3-31 单种煤黏结性指标对其焦炭热性质的影响

Y 值、奥亚膨胀度 $a+b$ 和基氏流动度 lg*MF* 四项指标中，黏结指数 *G* 值和基氏流动度 lg*MF* 有一定加和性，所以可以在配煤专家系统中使用。

3.2.7.4 配煤专家系统的建立

焦炭质量模型均建立在各厂配煤实践和不同工艺条件的基础上，并通过大量试验得到数学模型，且需在大生产实践中对模型不断修正，故有各自的适用范围。

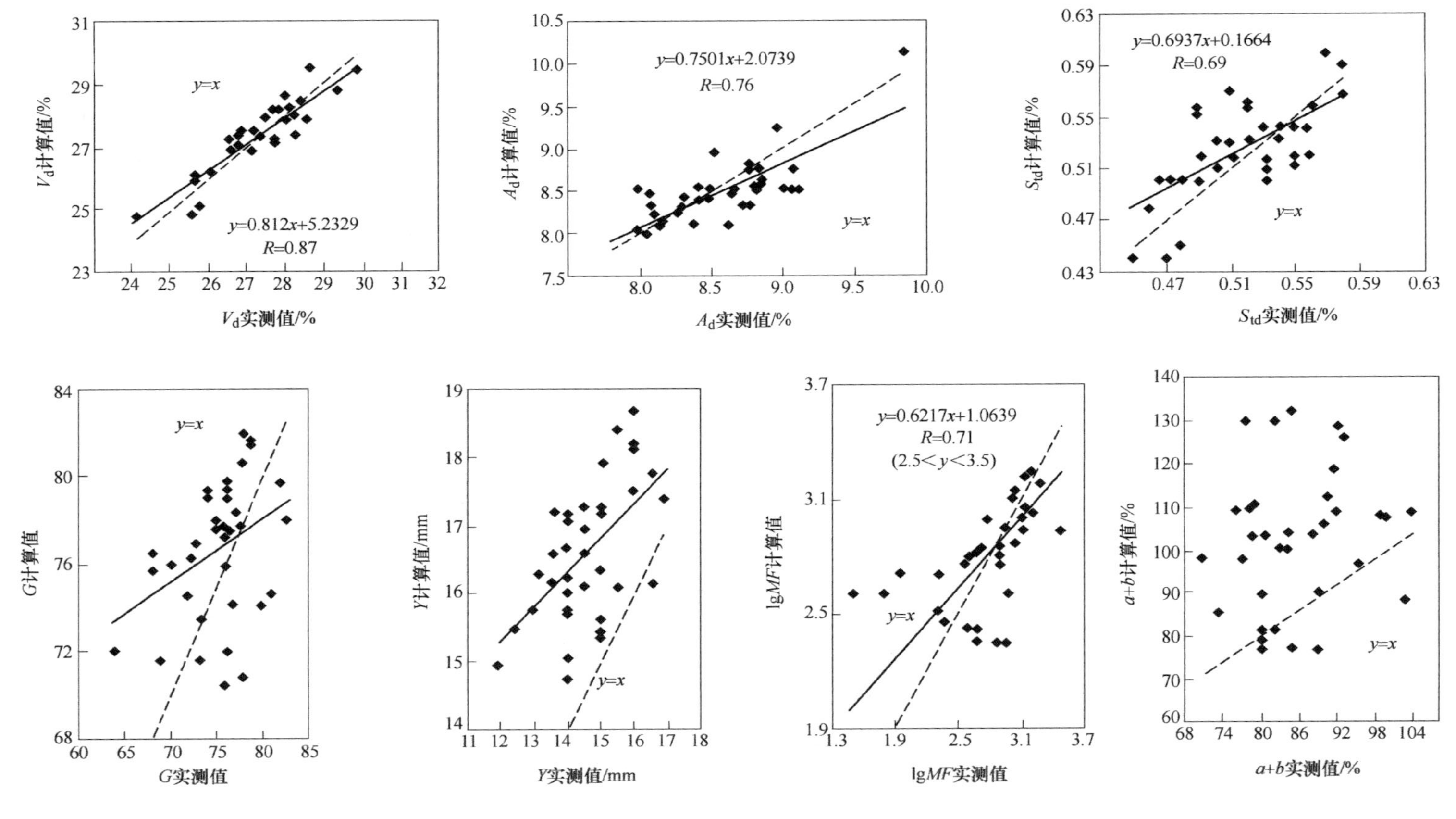

图 3-32 煤质指标的加和性图

从这种意义上来说，配煤专家系统的使用过程也就是配煤专家系统随资源变化不断完善优化的过程。

焦炭质量预测模型的建立，是配煤专家系统的核心部分。一般得出模型有三种途径：一是直接基于大生产运行指标数据，构建数学模型；二是通过 SCO 小焦炉试验，研究单种煤、配合煤炼焦对应焦炭质量之间的关系，得出相关焦炭质量预测模型，将所得模型再于大生产中检验修正，与第一种途径相比，SCO 小焦炉试验可以增宽试验指标的幅度，不像焦炉大生产中，为确保焦炭质量稳定，配合指标及焦炭质量指标波动范围较窄，在回归模型采用数据中，指标幅度越宽，所得模型预测公式适用范围越广，预测精确度越高；三是在 SCO 小焦炉试验基础上，再加以微观性质研究，并从机理角度出发，提高所得预测模型在工艺原理方面的合理性，这种途径在指标应用方面，要较第二种途径多，逻辑合理性更强，但是微观指标的检测分析在工业生产中一般难以常规化，且受微观指标分析样本量影响，因此所得预测模型很难在大工业生产中得到合理应用。

企业常用的是上述第二种途径构建焦炭质量预测模型，即是以 SCO 炉配煤试验为基础，先建立适用于 SCO 炉焦炭的质量预测模型，再从 SCO 炉校正到生产焦炉。图 3-33 为配煤专家系统结构图。

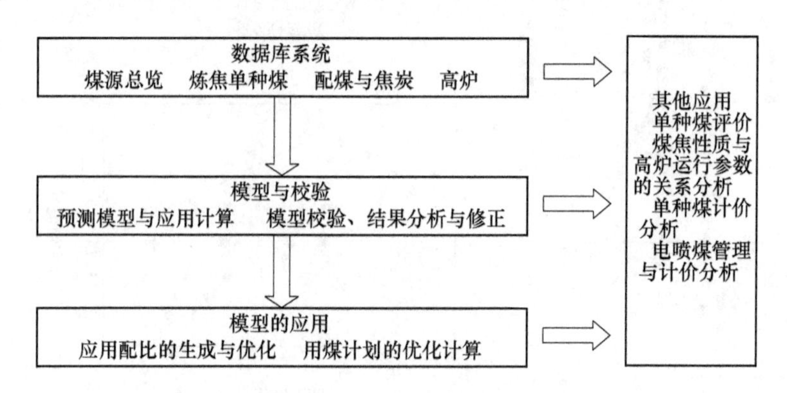

图 3-33 配煤专家系统结构简图

模型的建立采用改进的 GMDH（Group Method Data Handle）方法，利用逐步回归、自组织和遗传算法对大量候选的基于专家知识的模型参量进行选择，具体参量见表 3-13。

表 3-13 宝钢配煤专家系统中涉及的参量

序　号	各单种煤参量	序　号	各单种煤参量
1	灰分	5	随机反射率
2	硫分	6	黏结指数
3	干基挥发分	7	基氏流动度
4	惰性物含量	8	矿物质催化指数

3.3 炼焦用煤准备及处理

3.3.1 炼焦煤料场管理

炼焦煤料场管理的好坏，将直接影响配煤质量，进而影响焦炭质量，因此料场管理十分重要，它对于给焦炉提供质量均衡、物流稳定有非常重要的作用。

3.3.1.1 料场贮煤的合理堆取

贮煤合理堆取保证各种原料煤质量稳定，进而保证装炉煤质量稳定的关键措施。实际上，各批来煤的质量都有不同程度的差别。为避免进厂煤不同船次质量差异对焦炭质量造成影响，必须要对料场贮煤进行合理堆取。

A 批次管理

各单种煤应按批次分堆，对炼焦用煤的开卸和封堆，均严格执行批次管理。批次管理即是对每一船煤设置一个批（编）号进行管理的模式。一个批次的煤用完后需进行彻底的清底，杜绝了混堆。

B 进行均匀化作业

当贮煤场采用斗轮式堆取料机械时，采用“行走定点堆料、水平回转取料”的均匀化方法；当贮煤场采用抓斗式堆取料机械时，采用“平铺直取”的均匀化方法。

贮煤合理堆取和均匀化作业，对降低原料煤水分和减小原料煤灰分波动有明显作用，对防止焦炭灰分超标、提高焦炭质量合格率有显著作用。经过封堆贮存和均匀化作业，原料煤平均水分可降低2%以上，而且波动范围变小，这不仅可以降低炼焦耗热量和改善焦炉操作，还可以降低煤粉碎机耗电量，并有利于配煤槽均匀下料，从而使配煤的精确度提高。

3.3.1.2 炼焦用煤存储时间的规定

对于炼焦煤，以及炼焦使用的长焰煤种，如在料场或煤仓内存储时间过长，将发生氧化反应。氧化反应影响煤的活性，并对煤的性质影响很大。氧化是一个质变的过程，影响煤在工业生产中的炼焦性能。此外，氧化还影响煤的表面性质，改变其润湿性和凝聚作用。因此，控制炼焦煤在料场的堆放时间，防止煤氧化造成的品质下降，对于保证炼焦煤质量非常重要。表3-14为某1/3焦煤存放不同时间后，黏结性指标及对应焦炭质量指标的变化情况。

表3-14 某1/3焦煤存放期与质量对应关系

存放时间/天	黏结指标				焦炭强度		
	$a+b$/%	lgMF	G	Y/mm	DI_{15}^{150}/%	CRI/%	CSR/%
<10	152	2.54	92	18.5	84.8	17.5	71.2
<60	110	2.05	90	17.5	84.8	17.5	71.2

续表 3-14

存放时间/天	黏结指标				焦炭强度		
	$a+b$/%	lg*MF*	*G*	*Y*/mm	DI_{15}^{150}/%	*CRI*/%	*CSR*/%
<120	77	1.62	88	15	84.1	25.0	61.3
<140	54	1.30	88	15	84.2	31.2	56.5
<180	27	0.78	81	14	82.3	40.1	39.7

表 3-14 数据显示，该 1/3 焦煤存放时间越长，则质量越差，尤其当存放半年时间后，焦炭强度指标仅及较差的气煤。为避免炼焦煤在料场存放时间过长造成氧化，影响煤的使用价值，对炼焦煤存放期需制定严格的使用制度，见表 3-15。

表 3-15 不同煤种在料场存放时间的标准 （天）

煤 种	一季度	二季度	三季度	四季度
气 煤	60	45	45	60
肥 煤	70	60	60	70
焦 煤	80	70	70	80
瘦 煤	90	80	80	90

3.3.2 焦炉装入煤处理过程

煤处理过程主要是炼焦煤的配合，并进行粉碎、混匀、添加成型煤或调节煤水分，最终稳定地提供给焦炉炼焦的过程。

就改善焦炭质量而言，炼焦单元煤处理工艺具有以下特点和先进性：

(1) 采用单种煤选择性预破碎及二次粉碎，并且二次粉碎采用可调速的锤式粉碎机，防止过度粉碎，提高了配合煤的粒级分布合理性。

(2) 配煤槽定量切出装置，按配煤方案自动切出煤量，并采用自动补差的方式进行切出量偏差修正，实现配合精度控制在 ±1% 以内，保证了配煤方案的严格执行。

(3) 使用混合溜槽，提高了配合煤混合的均匀程度，实现进入焦炉煤塔的配合煤混合均匀程度达到 95% 以上。

(4) 配入型煤或采用煤调湿工艺，通过提高装煤堆密度或改善焦炉干馏速度，以提高配合煤在干馏过程中的黏结性，最终达到改善焦炭质量的目的，或保证焦炭质量，提高弱黏结性煤的使用量的目的。

3.3.2.1 炼焦配合槽入槽方案对焦炭质量的影响及控制

A 配比更换频度对焦炭质量的影响

在配比更换过程中，新旧煤品牌的替代，难免会造成过渡期间焦炭质量的波动。因此配比更换频度过高，新旧煤种交替较多都将造成焦炭质量波动加剧；延长单个配比执行时间，降低配比更替过程中煤种替代数量对控制焦炭焦量的波动很有作用。

为此，在新旧配比交接过程中，采用合理的配煤槽入槽方法，对降低配比过渡期间对焦炭质量的影响至关重要，并同时要进行配比过渡期间对焦炭质量的影响测算，必要时需制定临时过渡配比。

B 配煤方案中煤种使用数量对焦炭灰分中硫的影响

在一个配煤方案中，煤种使用数量的合理选择与进厂煤数量有关，假如进厂煤数量比较集中，并且质量比较稳定，这很有利于焦炭质量稳定控制。但是，企业采购思路及与市场的博弈，一般都是以性价比或侧重于价优进行选择，这种采购思路下，用煤品种数量不会太少。

当进厂煤品种数量较多且质量难以管控的情况下，在一个配煤方案中使用煤种数量较少就很难保证焦炭质量稳定。使用数量少，则单个煤种配入比例较大，这时当煤种质量波动或新旧配比更替时，焦炭质量波动会加剧；而使用数量多时，则单个煤种配入比例相对较小，这时当煤种质量波动或新旧配比更替时，单个煤种质量波动对焦炭质量波动影响相对就较小。当一个方案中配入煤种过多，多数煤种配入比例较小时，可能会影响 CFW 的切出精度，因为根据仪表运行特性，CFW 切出精度有一个最佳范围，一般在设计切出范围的 1/3 ~ 2/3 之间为最好。

C 配煤槽入槽方式

配煤槽的入槽方式，指将配煤方案中指定煤种对应入槽的方法，主要针对在配煤方案发生变更时，新旧煤品名替代的入槽方法。

为降低配比更换及过渡期间对焦炭质量的影响，首先配煤大结构要相对稳定，宝钢采用 8 ~ 10 个煤种进行配煤生产，在一个配煤方案中，常规的煤种及配入品种数量的结构排序见表 3-16。

表 3-16 煤种及配入品种数量的结构排序

煤 种	焦 煤	肥 煤	1/3 焦煤	气 煤	瘦煤（无烟煤或石油焦）	长焰煤
配入品种	2 ~ 3 种	2 ~ 3 种	1 ~ 2 种	1 ~ 2 种	0 ~ 1 种	0 ~ 1 种

结构中，以焦肥气个数更为重要，不黏煤使用品种数据根据资源情况及配煤槽情况具体确定。

在制定单种煤入槽方案时，基本有三个原则：一是品种对应原则，也就是黏结性和结焦性指标对应原则，即焦煤入焦煤，肥煤入肥煤，1/3 焦煤入 1/3 焦煤，气煤入气煤，瘦煤入瘦煤，长焰煤入长焰煤，石油焦入石油焦，无烟煤入无烟煤；二是灰分、硫分、挥发分指标对应原则，在黏结性和结焦性指标对应的前提下，入槽的新旧煤品名，挥发分、灰分和硫分也要尽量接近；三是相对质量对比入槽原则，即相对劣质煤可以入原槽内为相对优质的煤的槽号，但相对优质煤不能入原槽内为相对劣质的煤的槽号。

当配煤结构调整，不能实现品种对应时，一般可以采用以下煤种替代入槽方式：一是焦肥煤对入，在配合煤挥发分可以调剂的前提下，灰硫比较接近，焦煤黏结性较好且执行比例为10%以下时，焦肥煤可以对入；二是肥煤与1/3焦对入，黏结性比较好的1/3焦煤与挥发分高于27%的肥煤可以对入；三是在灰、硫差异不是太大的情况下，相对劣质煤种可以入原槽内为相对优质的煤种的槽号。

前3项标准无法达到时，可采用以下两种方法：（1）满槽法：选择灰分、硫分及结焦性互补性煤种对应槽号，以高料位切换新配比；（2）“切空法”，在“满槽法”无法满足时采用本方法，即将原配比品种切空后执行新配比。

3.3.2.2　炼焦配合槽切出精度的控制

炼焦煤配合槽切出装置精度控制在±1%，系统采用自动补差方式进行切出准确度自动修正。

A　切出装置自动控制及补差方式

定量切出装置对给料量的检测，给料量的大小由进入称量皮带有效工作长度上的煤量和皮带移动的速度决定，两者的乘积为煤料的给料量。

当系统检测到某个槽号实际切出量低于设定切出量，在恢复切出的初始，系统将进行自动补差作业。对每个配合槽而言，其负荷率范围控制在100%±20%，当80%下限检出后，即运转中负荷率下限持续20s后，该槽振动器“联动”运转启动。下料正常后，该配煤槽则在原配比基础上增加10%进行切出补差作业，直至将故障期间少切出的量“补齐”为止，再恢复原配比进行切出作业，补差作业流程如图3-34所示。

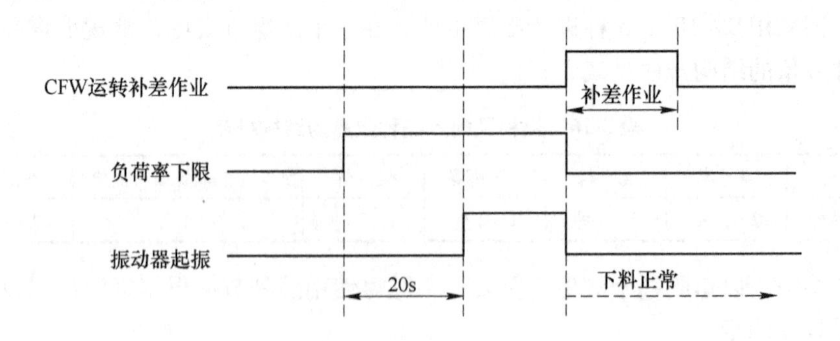

图3-34　配煤槽补差作业动作流程

如振动器运转时间达20s，而负荷率依然为下限时，配合槽该组CFW切出自动停止，需人工进行处理。

配煤槽切出装置系统的自动补差方式，可以实现一个时间段内配合煤中各单种煤切出的总量达到要求的精度。

B 切出装置精度的影响因素及维护

系统自动补差方式实现配合煤的控制精度，是建立在切出装置本体系统精度符合要求的基础上，但系统装置本身产生偏差时，自动补差同时会产生误差，因此保证配煤槽切出精度，必须要定期对配合槽下切出装置进行维护和保养。

通常配煤槽切出精度出现异常原因有：(1) 定量切出装置的润滑状况；(2) 槽内积料下料不畅；(3) 发生皮带跑偏、托辊架积煤、电子秤故障、测速电机故障、变速电机或信息传递及计算部分故障等设备问题；(4) 配合煤的水分异常超过规定值。

为确保配煤槽下定量切出装置精度，日常要精心操作加强监视。首先要保证配合槽自动给脂泵的完好，定时给脂，定期维护，对称量辊轴承手动按标准进行补脂、检查；当因槽内积料下料不畅造成负荷率发生异常波动时，需及时排除积料。日常还需及时调整皮带机的跑偏和清除托辊部位的堆积料，以消除输出系统对切出精度造成影响。此外，称量皮带两侧的裙板压附称量皮带，以及皮带上黏附过多煤粉，会导致切出量偏低，因此要经常检查称量皮带两侧的裙板对称量皮带的压附程度，以及要避免称量皮带上附着过多煤粉。

切出装置皮带秤的定期校验是保持测量精度必不可少的一个环节，包括负荷率的校验、速度发信器的校验、零漂系数校验、标定系数校验和检衡系数校验等，因此每个季度对切出装置皮带秤的负荷率和零漂系数进行一次校验，每年进行一次标定系数或检衡系数的校验。

C 槽下煤水分对单种煤量的切出准确度的影响

煤的配合比例依据干基量进行计算，实际切出量为湿基称量值，在执行配比时，由人工先往控制系统中输入各单种煤的槽下水分及单位小时的皮带总输送总湿煤量，系统再结合配煤方案中各单种煤的干基配入比例计算出各单种煤的单位小时切出湿量，并作为各槽的单位小时切出湿量设定值，计算关系如下列各式所示：

$$H_B = \sum_{i=1}^{n} H_i \tag{3-8}$$

$$G_B = S_B(1 - H_B) \tag{3-9}$$

$$G_i = G_B \gamma_i \tag{3-10}$$

$$S_i = G_i/(1 - H_i) \tag{3-11}$$

式中 H_B，G_B，S_B——分别为配合煤的水分、单位小时切出的配合煤干量及单位小时切出的配合煤湿量；

H_i，G_i，γ_i——分别为单种煤的水分、单位小时切出的单种煤干量及单种煤的配入比例。

可见，槽内单种煤水分的稳定对配煤槽切出准确度影响较大。槽内煤水分因重力因素而存在向下渗透现象，造成槽内高向上煤水分存在差异，进而影响槽下煤水分的波动，这样易造成槽下切出时实际水分与设定水分有较大偏差，进而影响单种煤切出的准确度和配合煤的执行准确度。

煤属于多孔介质，因此配煤槽内煤中水分渗透过程服从于多孔介质传质原理。配煤槽内水分发生的渗透主要是依靠水分自身重力来实现的，这一渗透机理说明，配煤槽内煤中水分渗透过程主要是由上往下的，煤中水分分布主要是体现在高向方向。

配煤槽内煤中水分向下渗透存在以下特点：（1）当配煤槽内煤中水分含量达到一定值时，才可以发生渗透，水分低于这个值，并不会发生高向渗透现象；（2）只有当煤粒表面水膜形成连续状态时，才可以发生由上而下的渗透，而水膜连续状态的形成必须要在煤粒静止的状态下才可以完成，即便煤粒表面被水膜覆盖，当煤粒在移动过程中，其表面水膜也仅能以弥散状态存在，而无法形成连续状态的水膜，也即无法发生渗透，具体说，当配煤槽在切出状态而煤层往下移动时，煤中水分是不会向下发生渗透的；只有当配煤槽切出停止而槽内煤处于静止状态且停留一定时间后，煤中水分才有可能发生渗透。

为避免配煤槽内高向上水分分布差异过大，料场取料及对配煤槽送煤操作时，要控制码头卸船环节洒水量，在煤料进料场以后，在使用过程中为提高煤堆中水分分布均匀性，煤料放置一周以后再开始使用，这样有利于煤堆中水分渗透及向空气中挥发充分进行，提高煤堆中水分分布的均匀性；并且要避免料场积水，料场积水，煤堆浸于水中，将因煤堆上下存在水分浓度差，而造成煤堆下部水分向上渗透，造成煤堆中水分分布不均。料场往配煤槽送料过程中，尽量采用直取的方法，避免入槽后在槽内各部位煤料粒度分布不均而对渗透规律造成影响。

3.3.2.3 炼焦配合煤细度控制

装入煤的细度是配合煤的重要质量指标之一，是指配合煤经粉碎后小于3mm的粒级占全部煤料的重量百分数。其之所以重要，一是因为装入煤细度会影响焦炉装煤堆密度和单孔装煤量；其次如果细度控制过高，炉内热浮力影响，装煤堆密度反而会降低；如果细度过低，易造成粗颗粒黏结性差的煤在成焦后易形成裂纹中心，进而影响焦炭强度。

在焦炉装入煤细度控制合理的基础上，炼焦过程中对装入煤各类型煤种的粉碎程度也有着不同要求，理想的配煤破碎方法是，将配煤破碎到合适的粒度确保堆密度尽可能大，同时确保活性组分粒度尽可能粗，惰性组分的粒度尽可能细小。

A 煤料平均粒径 $d_{0.5}$ 与堆密度的关系

在相同落料高度及无外压作用下，煤料平均粒径与湿基堆密度之间关系如图 3-35 所示。

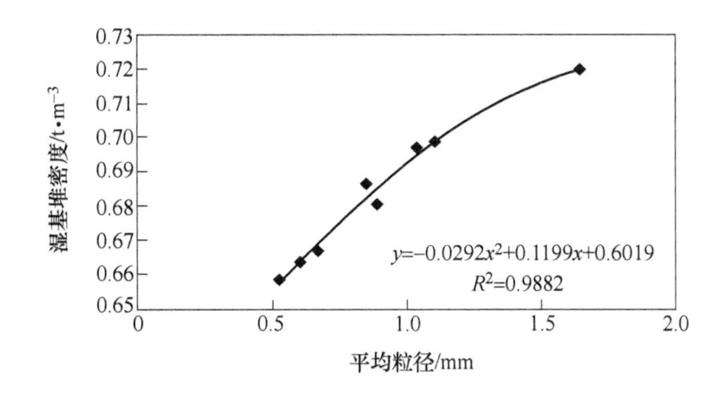

图 3-35 煤料平均粒径与湿基堆密度之间关系

煤料平均粒径与湿基堆密度之间呈现二次函数关系，函数关系式为：

$$湿基堆密度 = -0.0292d_{0.5}^2 + 0.1199d_{0.5} + 0.6019 \tag{3-12}$$

图 3-35 中函数曲线之所以呈现正向关系，是因为针对堆密度，所取的粒径未达到足够大的粒度。根据式（3-12）关系推算，可以得出当煤料平均粒径达到 2.05mm 时，煤湿基堆密度最大。同样计算方式，此时的煤干基堆密度也是最大。干基和湿基堆密度对应的影响因素，其影响关系只有针对水分时才会有所不同，而对粒度和其分布结果是相同的。

B 装煤细度的控制

在实际生产过程中，粉碎工艺一经确定，就无法实现将各粒级精确控制到要求的含量范围内，而只能以低于 3mm 粒径量占总量的百分比来作为细度控制指标。

装入煤的细度是由煤处理系统一二次粉碎机破碎实现控制的。一次破碎是针对气煤、瘦煤和非炼焦煤而言，是一个对单一煤种的破碎过程，其粉碎细度的要求是小于 3mm 粒度含量达 50% 以上；二次破碎是对配合煤的一个破碎作业过程，宝钢目前对其粉碎细度的要求是，湿煤细度控制为 83% ±2%，调湿煤控制在 80% ±2%。通过二次粉碎机进行粉碎，还可使各种铭牌的煤均匀混合，也可使煤的各种成分得到均匀粉碎。

在控制焦炉装入煤细度的同时，还需注重控制 0～0.3mm 粒级煤粉的百分含量，以避免焦炉装煤冒烟冒火和炉顶大量结石墨。对 0～0.3mm 粒级煤粉的百分含量一般控制在 20% 以下。

从设备角度考虑，影响煤粉碎细度的因素有粉碎机的转速、反击板间隙和粉碎机锤头状态；从煤质角度考虑，影响煤粉碎细度的因素有配合煤水分及各单种煤的可磨性指标，因炼焦煤可磨性均较高，所以在日常炼焦煤煤质控制中，一般不将可磨性指标作为控制指标。粉碎机转速是一个日常可在线的调节参数，但对煤粉碎细度，配合煤水分影响更大，装入煤水分和粉碎机转速与煤细度关系见式(3-13)：

$$细度 = 48.0 - 1.28 \times 水分 + 0.0871 \times 平均转速 \tag{3-13}$$

从式（3-13）可以看出，水分增加1%，粉碎细度将降低1.28%，其对煤细度的影响程度要大于粉碎机转速的影响程度。在水分增加1%时，为避免煤粉碎细度的波动，粉碎机转速需同步提高15r/min。

弱黏煤的预破碎对装入煤粒度均匀分布作用较大。在相同焦炉装入煤粉碎细度下，一次粉碎机对弱黏煤的粉碎细度越高，则粉煤粒度分布越均匀；一次粉碎机对弱黏煤的粉碎细度越低，则煤粉中0~0.3mm粒级的煤粉含量就越高。

3.3.2.4 炼焦成型煤工艺的应用

成型煤是起源于日本的一项较成熟的备煤工艺，成型煤或称压块配煤，就是将炼焦原料煤中的一部分煤料通过压块成型，再按一定比例配合到装炉煤中去炼焦的工艺。

A 成型煤的基本原理

成型煤工艺主要通过提高装炉煤堆密度，改善装炉煤黏结性能来改善焦炭质量或增加弱黏煤配比，其工作原理如下：

(1) 配入成型煤能提高装入煤的密度，装入煤的堆密度约增加10%，这样能降低炭化过程中半焦阶段的收缩，从而减少焦炭的裂纹。

(2) 型煤中配入一定量的黏结剂，能改善煤料的黏结性能，提高焦炭的质量。

(3) 型煤的视比重为1.1~1.2g/cm^3，而一般粉煤仅为0.70~0.75g/cm^3。型煤中煤粒互相接触，远比粉煤紧密，在炭化过程中软化到固化的塑性区间，煤料中的黏结组分和惰性组分的胶结作用可以得到改善，从而显著提高煤料的结焦性能。

(4) 高密度型煤块与粉煤配合炼焦时，在熔融软化阶段，型煤本身产生的膨胀压力对周围软化煤粒施加的压紧作用大大超过了一般粉煤炼焦，从而促进了煤粒颗粒间的胶结，使焦炭结构更加致密。

B 炼焦成型煤添加比例的控制

成型煤的输送有两种方式：一是粉煤与型煤是分槽存放，在装煤车进行受煤作业时，两种煤按规定比例取出，均匀混合后装入炭化室内；二是粉煤与型煤是混合存放。

型煤与粉煤在煤塔部位分槽存放的工艺，由煤塔成型煤槽下切出皮带的运转速度来控制成型煤的添加比例；粉煤与型煤混合输送至煤塔的工艺，为保证成型煤的添加比例精度，粉煤的输送量由型煤的产量参与控制和决定，逻辑关系式见式（3-14）：

$$粉煤输送量(湿) = 型煤产量(湿) \times (1 - 型煤水分) \times (1 - 型煤添加比例) / [(1 - 粉煤水分) \times 型煤添加比例] \tag{3-14}$$

C　成型煤对焦炭质量的影响

成型煤对焦炭质量的影响与配煤质量的基础水平、型煤配入比例、黏结剂添加比例等因素有关。在强黏比低于50%，配合煤黏结性不足时，成型煤的配入对焦炭质量改善作用较为明显，DI_{15}^{150}可以提高2%～4%，*CSR*提高5%～7%，*CRI*改善2%～4%。

配入成型煤可以明显提高入炉煤堆积密度，100%粉煤的堆密度约为0.72t/m³，配入15%成型煤，装炉堆密度约提高为0.740t/m³，进而可以改善焦炭的粒度组成，普遍表现为25～80mm的中块焦增多，特别是40～60mm级增多较显著，即型煤的配入焦炭的平均粒度得到改善，碎粉焦约可降低1%～2%。通过对型煤炼焦所得焦炭的微观性质进行分析，发现型煤炼焦所得的焦炭气孔内壁比常规粉煤甚至调湿煤炼焦所得焦炭气孔内壁光滑，说明其焦炭产生裂纹中心的应力点及抗碳熔反应的能力要强。

配合煤的黏结性越好，成型煤对焦炭质量的提升越不明显，如图3-36所示。也就是说，在配合煤奥亚膨胀度超过40%时，成型煤配入比例超过15%，对焦炭质量的改善作用已不明显。

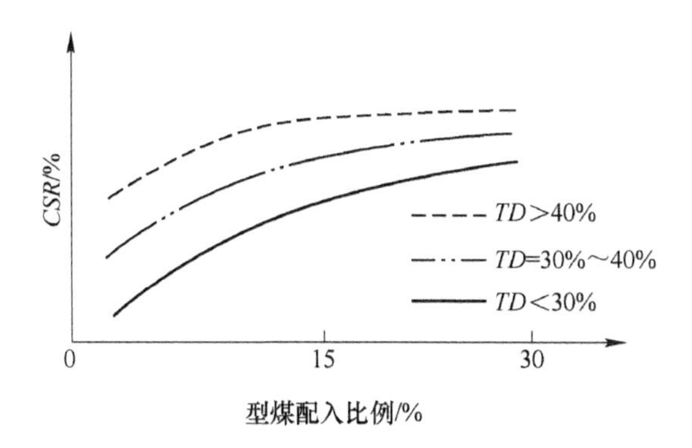

图3-36　不同的成型煤配入比例对焦炭*CSR*的影响

D　型煤质量影响因素及控制

型煤对焦炭质量的影响程度，除受配合煤黏结性影响之外，还受型煤自身质量影响较大，成型煤的质量指标见表3-17。

表 3-17　成型煤质量目标值

质量管理项目	月平均目标值	上限或下限管理值
+30mm/%	50	≥45
-10mm/%	33	≤37
压溃强度/kg	92	≥85
假密度/g · cm^{-3}	1.130	≥1.120
水分/%	9.0	≤9.5

由表可知，型煤的压溃强度是成型煤的关键指标。

影响型煤质量因素有原料煤水分含量、煤粉碎粒度、粉碎粒度、混捏操作温度与时间和成型机辊的转速等，具体见表 3-18。

表 3-18　成型煤工艺关键控制参数

控 制 内 容	单　位	指　标
原料水分	%	8 ~ 10
黏结剂的添加率	%	6 ~ 6.5
混捏机的排出温度	℃	100 ~ 105
成型机辊的转速	m/s	0.6 ~ 0.8
黏结剂温度	℃	120 ± 10

3.3.2.5　炼焦煤调湿工艺的应用

煤调湿是将炼焦煤料在装炉前除掉一部分水分，确保入炉煤料水分稳定的一种工艺，煤干燥或调湿后装炉使得流动性改善，煤颗粒之间的间隙容易相互填满，于是装炉煤堆密度增大。装炉煤堆密度增大和结焦速度加快可使焦炉生产能力提高，改善焦炭质量或者多用高挥发分弱黏结性煤炼焦。

A　煤调湿工艺对焦炭质量的影响

调湿处理后的煤用于焦炉装煤可以提高装煤堆密度，所以可以提高焦炭质量。图 3-37 为焦炉装煤干基堆密度与水分关系。

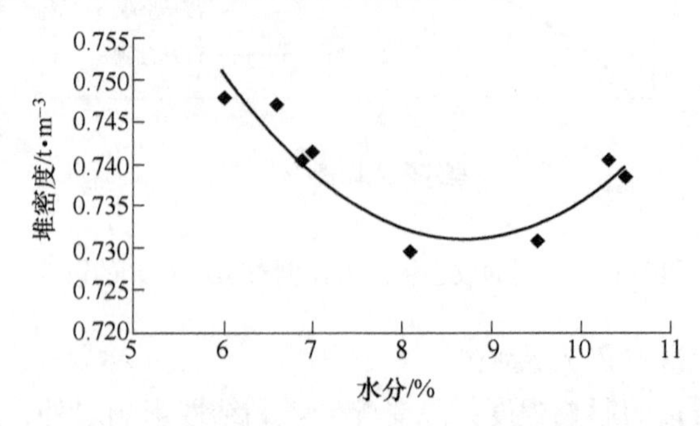

图 3-37　现场测试装入煤水分与装煤堆密度之间关系

当水分为8.87%时，干基堆密度值最低。装入煤水分从8.5%降至6.5%，装煤干基堆密度增加0.015t/m³。

调湿煤干馏可以提高焦炭质量，另一个原因是干馏性能改善，煤的黏结性增强，调湿煤因水分由10%左右降至6%~7%，与常规湿煤相比，调湿煤在炭化室内干馏过程中，可以明显缩短炭化室内煤水分蒸发需要的时间。图3-38为煤调湿与常规湿煤工艺条件下下焦饼中心温度对比情况。

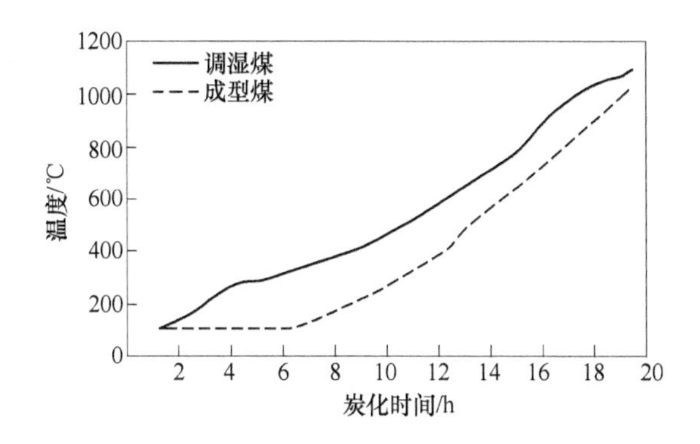

图3-38 煤调湿与常规湿煤工艺条件下下焦饼中心温度对比情况

从图3-38中可见，相对于成型煤工艺条件下的变化情况，煤水分蒸发所需时间缩短了3~4h，这种温度场的变化对改善煤的黏结性能具有一定的作用。

煤调湿工艺和成型煤工艺均可以改善焦炭质量，与成型煤工艺相比，6.5%~7.0%的调湿煤用于炼焦，在相同配煤方案下，煤调湿工艺对应的焦炭冷热强度及平均粒度要略优于配入15%成型煤的工艺条件。表3-19为在相同配比下，调湿煤和成型煤生产中焦炭冷热强度实绩对比。

表3-19 宝钢煤调湿和成型煤焦炭质量实绩

指标		*CSR*/%	*CRI*/%	DI_{15}^{150}/%	平均粒度/mm
调湿煤	1	71.6	23.4	86.95	52.61
	2	70.9	24.1	87.4	52.17
	3	71.4	23.3	87.21	52.64
	平均	71.3	23.6	87.19	52.47
成型煤	1	71.4	23.7	86.88	52.05
	2	70.4	24.4	87.23	51.57
	3	70.2	24.4	87.02	52.38
	平均	70.67	24.17	87.04	52.00
差异=调湿煤-成型煤		0.633	-0.567	0.143	0.473

B 调湿煤水分和细度控制

干燥机出口物料湿度控制采用前馈+反馈的方式进行。系统采集干燥机入口煤粉量、入口煤粉温度、湿度，作为前馈控制参数，将干燥机出口物料湿度作为反馈参数，通过调节进入干燥机的蒸汽量来实现对物料湿度的控制。

对于未采用DAPS工艺的煤调湿工艺，煤水分控制一般不能低于6.5%，如果煤水分控制过低，将严重影响焦炉可视化环境；其次易造成焦炉炭化室炉顶空间结石墨，影响装煤作业顺利进行，进而影响装煤堆密度和焦炭质量，因此采用煤调湿工艺，需避免焦炉炭化室炉顶空间大量石墨的产生，否则低水分煤进入炭化室后，将产生更大的烟尘和热浮力，造成装煤堆密度不升反降。

调湿煤的水分控制还受煤细度影响，煤细度低，装煤作业将更加顺利，则煤水分可以控制更低；但煤细度过低，会影响焦炭的冷强度，因此为保证焦炭质量，在煤水分和煤细度之间需控制一个合理的控制范围，煤水分与煤细度控制对应关系如图3-39所示。

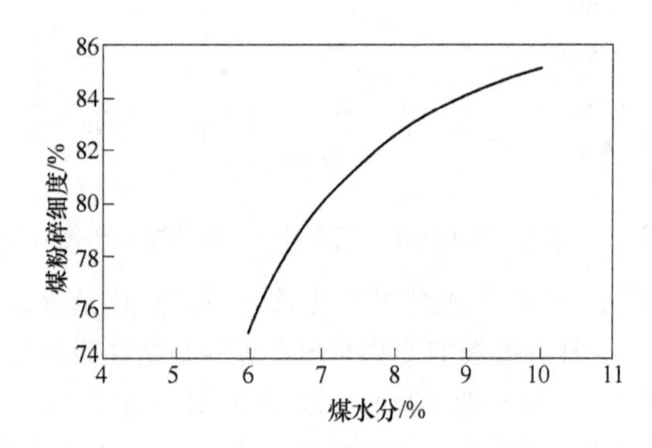

图3-39　煤水分与煤细度控制对应关系

因此，一般当调湿煤水分控制为7.0% ±0.5%时，对应的煤粉碎细度应控制为80% ±2.0%。

3.4　焦炉及熄焦生产及过程控制

3.4.1　焦炉干馏过程焦饼中心温度控制

焦饼中心温度是指结焦末期焦炉炭化室中心断面处焦炭的平均温度。它是焦炉加热调节中判断全炭化室焦炭是否成熟的一个指标，是焦炉的横向加热与高向加热的综合结果，是燃烧室标准温度及火落管理标准规定的依据。

通常把推焦前30min焦饼中心温度达到950～1050℃作为其成熟的标志。如果在推焦前焦饼中心温度未达到950℃以上，则在同一个炭化室内焦炭平均质量将变差，同一炭化室内不同部位焦炭质量的差异将变大。焦炭质量差异变大，不仅体现在炭化室内“焦根”与“焦花”之间质量差异变大，还体现在炭化室机焦侧焦炭质量差异也将变大。

焦饼中心温度测量难度较大，一般焦炉每半年进行一次标定。因此在焦炭质量控制过程中，通常采用控制焦炭挥发分来控制焦炭成熟度。焦炭挥发分受干馏温度和干馏时间影响，为保证焦炭成熟度，焦炭挥发分一般控制在1.5%以下，焦炭挥发分与焦炭冷热强度之间关系如图3-40所示。

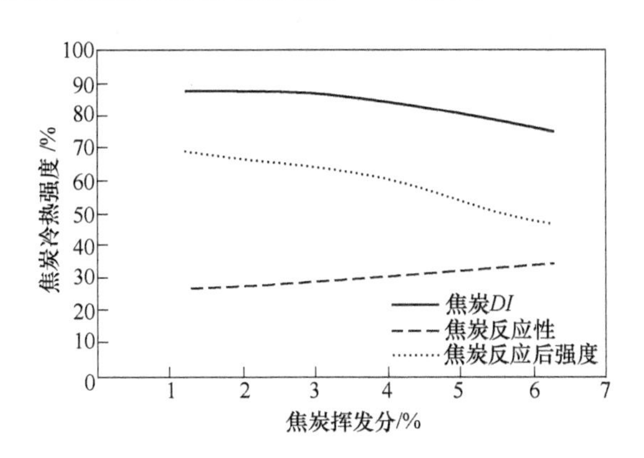

图3-40 不同焦炭挥发分时的焦炭强度

在焦饼中心温度的950～1050℃控制范围内，焦饼中心温度按上限控制有利于焦炭强度改善。因此，当炼焦焦炉作业管理首要目标被确定为保证焦炭质量时，尽管焦饼中心温度达到950～1050℃，焦炭即已成熟，但对焦饼中心温度的控制范围为1000～1050℃，焦炭热强度（*CSR*）将可以提高2%～3%。

3.4.2 焦炉火落管理

采用“火落管理”的焦炉工艺，是以“目标火落时间”为主要控制对象的。“火落”是炼焦生产过程中客观存在的一种现象，它是焦饼基本成熟的标志。

3.4.2.1 火落管理的原理

焦炉火落管理是以“目标火落时间”为基准，将炼焦时间分为两段，即从装煤结束到到达“火落”时刻的“火落时间”，及从“火落”时刻至推焦的“置时间”。发生“火落”现象是焦炭基本成熟的标志，可以通过观察荒煤气颜色等方法进行判定。火落时间与置时间的关系，如图3-41所示。

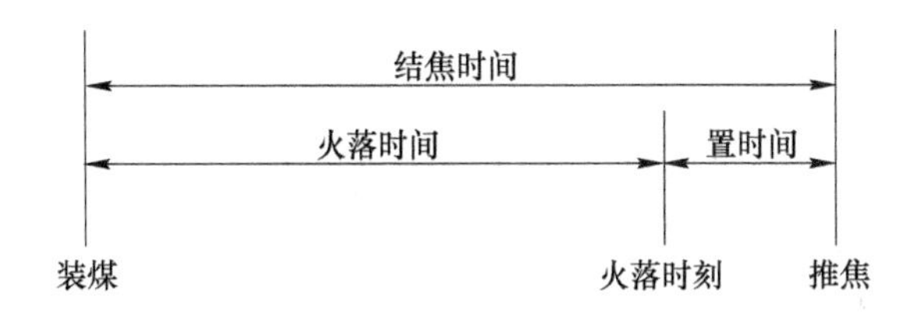

图3-41 火落时间与置时间

火落管理是直接以产品质量为对象的管理方法，用“火落时间”可以定量表达焦饼的成熟度。焦饼在“置时间”阶段除了继续进行干馏外，更重要的是焦饼的各个部分受热进一步均匀化，并使焦饼中心温度逐步升高至成焦的终了温度。这个阶段对提高焦炭质量是很有作用的，为了保证焦炭质量，必须规定不同的结焦时间所对应的置时间。对于出现火落滞后的异常炉号，仍照常或增加煤气量对焦饼进行加热，待其“置时间”不短于规定的时间才可以推焦。

焦炉加热管理的主要目标是，调控好焦炉的结焦速率，努力做到每一炉焦都能在预定的“目标火落时间”火落，以满足每一炉焦的“置时间”都满足要求，确保从炭化室推出来的每一炉焦炭的质量都合格。

3.4.2.2　焦炉火落控制标准

焦炉“火落”管理的技术关键是，在一定周转时间内对“置时间”的合理控制。“置时间”控制过短，将导致生焦，从而对焦炭冷热强度造成严重影响；“置时间”控制过长，将造成焦炭过火，影响焦炭的粒度及推焦作业的稳定顺行。焦炉“置时间”与周转时间关系如图 3-42 所示。

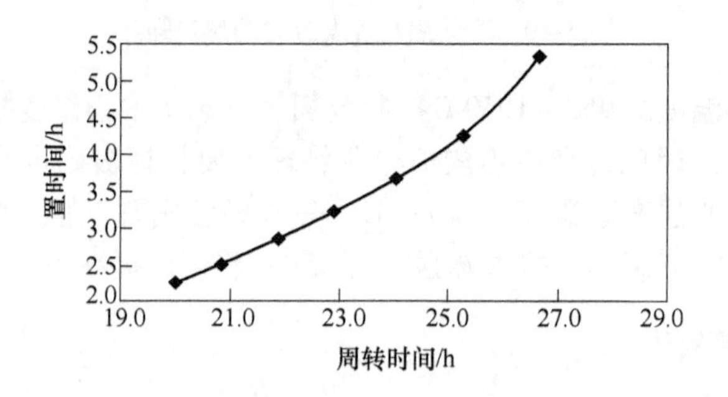

图 3-42　焦炉“置时间”与周转时间的关系

为提高焦炉加热“置时间”的控制精度，对火落时间可采用 *M-R* 控制图进行管理，将每一班的平均火落时间与目标火落时间的差异控制在 ±10min 之内，而班内各炉之间的火落时间 *R*（极差）小于 60min。为保证焦炭质量，原则上焦炉的置时间不小于 2h。为保证在任何开工率情况下，焦炉的置时间不小于 2h，对焦炉火落时间与开工率关系，按开工率 120% 分为两段。当开工率低于 120% 时，火落时间与开工率关系如式（3-15）所示：

$$y = -0.1197x + 32.11 \tag{3-15}$$

当开工率高于 120% 时，火落时间与开工率关系如式（3-16）所示：

$$y = -0.129x + 33.23 \tag{3-16}$$

3.4.2.3　焦炉火落的判定方法

受热量供、需平衡的影响，“火落时刻”在干馏过程中是个可变点，热量供给偏大时，火落现象的发生会早些，热量供给偏小时，火落现象的发生会晚些。

“火落管理”的热工管理工艺，其关键是控制结焦过程中发生“火落”的时刻。使实际的“火落时间”与“目标火落时间”的偏差在规定的范围内，达到每炉焦饼都完全成熟且所耗热量最低的炼焦效果。

入炉煤在干馏的后期，会出现以下的“火落”特征：

（1）焦饼各点的温度趋于一致，均达到900～950℃左右。

（2）荒煤气的颜色由黄色变为蓝白色。

（3）荒煤气燃烧后的火焰呈透明的稻黄色。

（4）荒煤气的组分中 CH_4 急剧减少，H_2 迅速增加，荒煤气的热值明显降低，如图3-43所示。

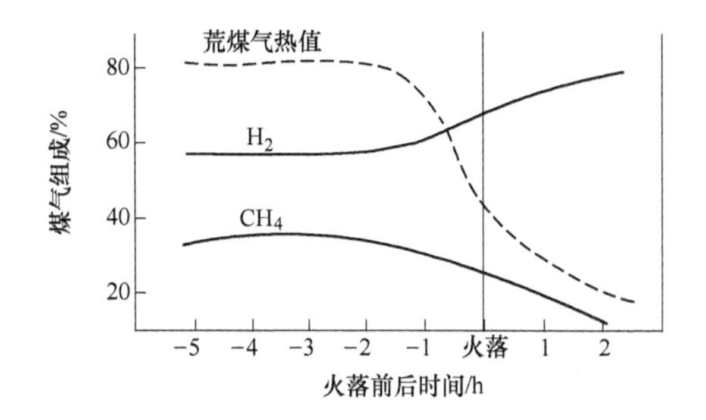

图3-43 结焦时间与荒煤气组分

（5）荒煤气的发生量明显减少，炭化室压力急剧下降。

（6）荒煤气温度在火落前一定的时间明显地上升后急剧下降，如图3-44所示。

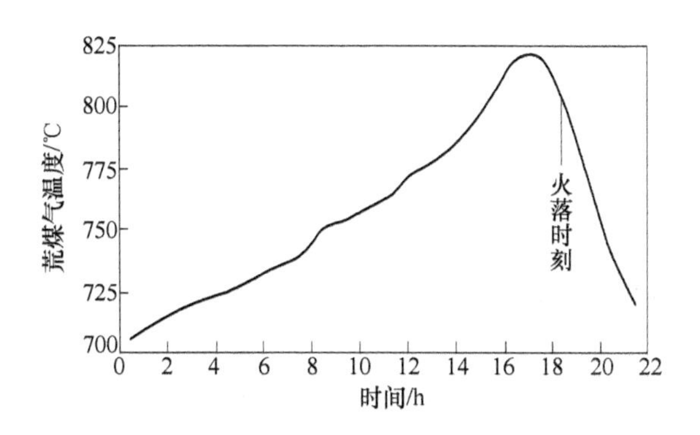

图3-44 结焦时间与荒煤气温度

当前对焦炉火落自动判定基本均是以桥管部位荒煤气温度的变化趋势来判定火落，但单纯以荒煤气拐点后温降作为判定依据，误差较大。为此，可将结焦周期时间分成三个区域：运行区域、火落预报关注区域和火落时间预报命中区域，如图3-45所示。

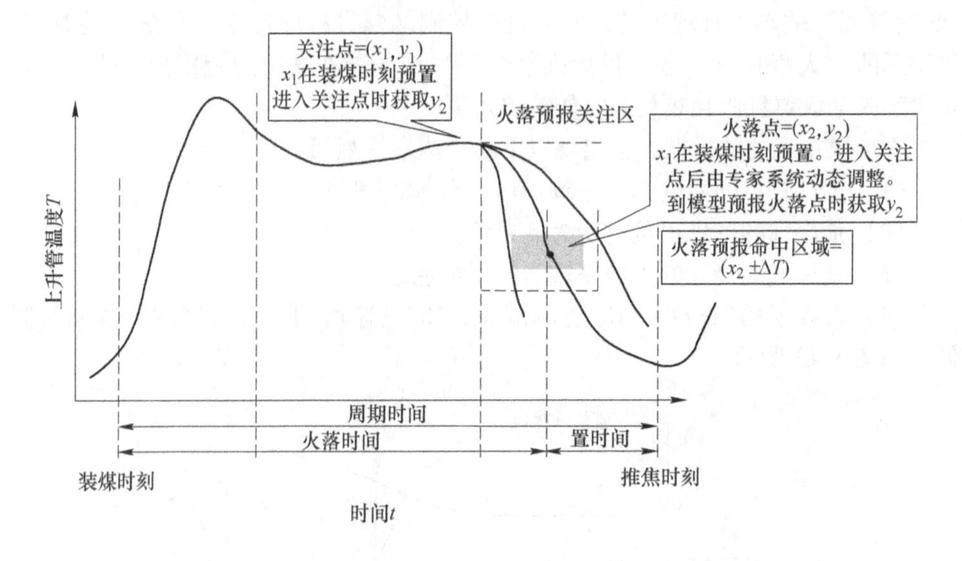

图 3-45　焦炉火落自动判定计算和控制方式

火落预报关注区的确定是由模型根据开工率的不同，取得对应经验火落时间点和经验火落时间预报比率（百分比），再根据两者决定火落预报关注区的起点时刻 x_1；火落时间预报命中区的确定是由模型根据开工率的不同，取得对应经验火落时间点和经验火落时间命中比率（百分比），再根据两者决定火落时间预报命中区起始时刻 x_2。进入火落预报关注区域后开始启动焦炉火落算法。

3.4.3　焦炉火落管理与炉温管理日常应用方式

焦炉火落时刻及置时间是由焦炉炉温决定的，二者之间，炉温属于过程量，火落时刻属于结果量，因此采用火落管理的焦炉工艺，在焦炉燃烧管理工作中，并不能完全摒弃炉温管理，而是采用以火落管理为主、炉温管理为辅的燃烧管理模式，进而在焦炉燃烧管理过程中，会有着焦炉火落管理和标准火道温度管理的双重标准，见表 3-20，但标准火道温度管理作为焦炉火落管理的辅助管理措施，其前提是要保证焦炉在不同生产条件下火落时间和置时间合乎要求。

表 3-20　某炉型的焦炉火落管理和标准火道温度管理标准

开工率/%	90	95	100	105	110	115	120	125
周转时间	26:40	25:15	24:00	22:50	21:50	20:50	20:00	19:10
火落时间	21:20	20:50	20:20	19:30	19:00	18:25	17:50	17:10
置时间	05:20	04:25	03:40	03:20	02:50	02:25	02:10	02:00
焦侧温度/℃	1205	1215	1225	1235	1245	1255	1265	1280
机侧温度/℃	1170	1180	1190	1195	1205	1215	1225	1235

在开工率稳定的正常生产中，以火落管理为主发挥其预判功能，把握推焦作业能否正常进行；标准炉温在整个炼焦过程中起全过程监控功能。火落时间作为一个反馈量，可验证一定开工率下炉温设置是否合理。

当焦炉的出炉计划进行调整时，焦炉开工率决定炉温，炉温决定煤气量调整措施。开工率调整，火落时间及置时间将相应调整，并以此来衡量煤气措施调整是否合理，同时按火落时间控制的标准进行修正。

焦炉异常生产阶段，即发生乱笺时，异常炉号能否出炉需严格按照最短置时间控制标准来执行。

3.4.4 焦炉作业计划对焦炭质量的影响

焦炉开工率提高，意味着结焦时间缩短，则焦炭质量将受到一定程度的影响，如图 3-46 所示。

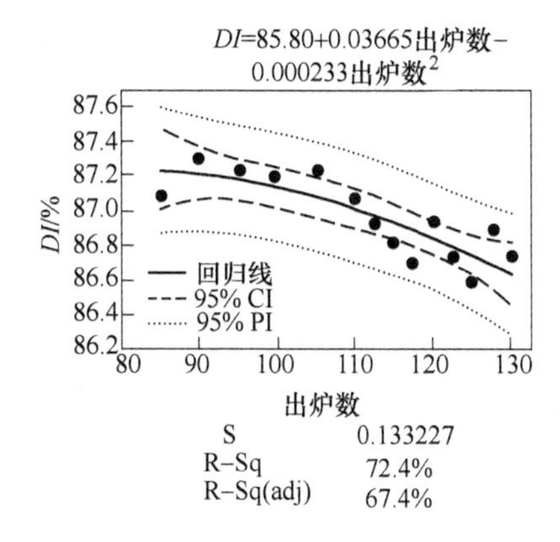

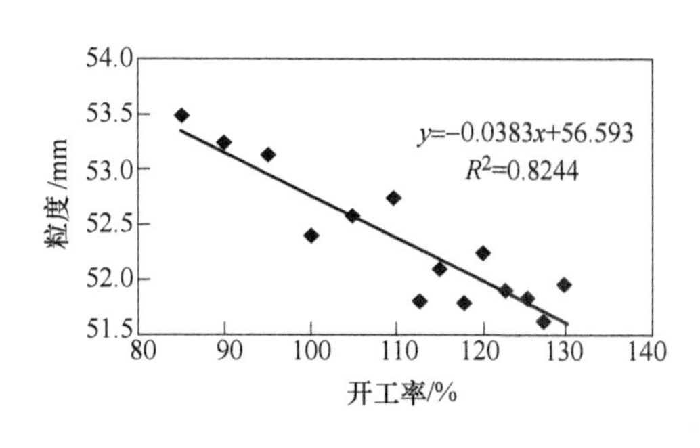

图 3-46 焦炉不同开工率下焦炭 *DI* 强度和粒度变化

开工率为 90% ~110% 时，开工率对 *DI* 影响程度不大；当开工率高于 115% 时，考虑预测区间，当开工率每提高 5%，*DI* 强度将降低 0.4%；当开工率低于 90% 时，*DI* 将降低。也就是说超高和超低开工率对焦炭 *DI* 强度的控制均为不利。焦炭粒度方面，随着开工率增加，焦炭粒度降低，开工率每增加 10%，焦炭平均粒度降低 0.4mm。

开工率调整阶段，无法做到炉温、火落时间与开工率精确匹配，因此在开工率调整时，炉温控制要按略过火状态控制，即火落时间实绩与标准火落时间差控制在 0 ~30min 以内，绝对避免生焦现象和严重过火现象发生。

当发生连续提高开工率或连续降低开工率时，在遵循"开工率日调整幅度不准超过 5%"原则基础上还必须做到，在开工率每调整 10% 后，开工率需稳定 2 ~3 天后，再进行第二阶段提高或降低开工率。开工率在提高过程中，当开工率高于 120% 时，每增加 5%，则开工率需稳定 2 ~3 天再进一步提高开工率，如图 3-47 所示。

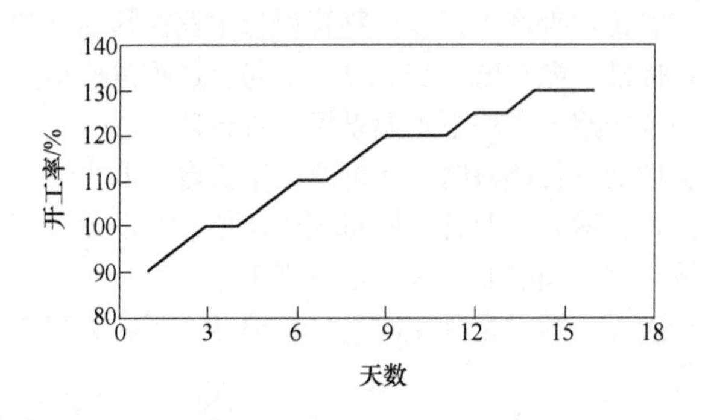

图 3-47 焦炉开工率升降作业时计划编制方式

3.4.5 干法熄焦

干法熄焦工艺是采用以氮气为主的循环气体将1000～1050℃的热焦炭降温至200℃的工艺。在国内，宝钢是首家采用这一技术的企业，并成为目前国内外唯一一家对焦炭采用全干熄的企业。

3.4.5.1 干熄焦对焦炭质量的影响

焦炭在干熄炉的预存室里有一个再炼焦的过程，对焦炭有着类似于焦炉的焖炉效果，延长焦炉的焖炉时间，可以改善焦炭的冷热强度，因此焦炭在干熄炉预存段内停留有助于改善焦炭质量，并且停留时间越长，对焦炭质量越有利；再加上它随着排焦均匀的下降和缓慢的冷却，因此焦炭裂纹较少，强度较好。干熄后焦炭的 M_{40} 可提高2%～3%，M_{10} 可改善0.3%～0.8%。

干熄焦采用以氮气为主的循环气体进行焦炭冷却，因循环气体中含有部分 CO_2，所以在干熄炉内，循环气体中的 CO_2 会与高温焦炭发生碳熔反应。在一次除尘（1DC）区域，氧气主要与焦粉发生燃烧反应产生 CO_2，其中的氧气来自于空气导入口处导入的空气。产生的 CO_2 进入干熄炉内，在冷却段顶部与900℃以上温度的焦炭接触，发生碳熔反应，各部位的反应过程如图3-48所示。

可见，通常所说的干熄炉内焦炭烧损，并不是氧气烧损焦炭，而是循环气体中的 CO_2 熔损焦炭，因为干熄炉内碳熔反应的存在，所以干熄焦操作不当，也会对焦炭的热态性能产生不利影响，通常在干熄焦排出位置发现焦炭外表面发黑，即是由干熄炉内循环气体中 CO_2 熔损焦炭造成的。

焦炭发生碳熔反应的反应程度与反应温度有很大关系。在干熄焦生产中，干熄炉冷却段顶部焦炭高温层厚度是无法进行直接测量的。在干熄炉冷却室内，从上至下焦炭温度逐步降低，但不是呈直线下降，在下部1/3阶段，温差变化很小；在中部1/3，温度下降较明显；在上部1/3，温度降低最为明显。在高温阶段，以辐射传热为主，对流传热主要发生在不同温度载气之间的汇流混合，此阶

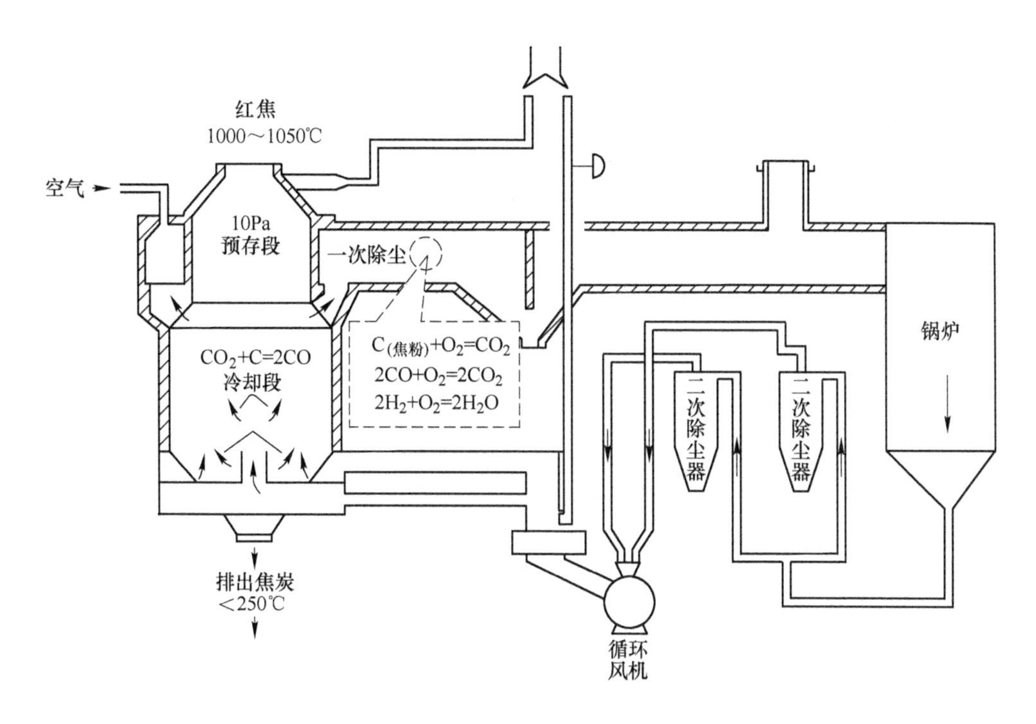

图 3-48 干熄焦各部位化学反应过程

段与床层的孔隙率分布关系不大；在中温阶段，焦炭与载气之间的热交换以辐射与对流共同作用为主，焦炭内部的非均匀性以及多孔性将对换热效果存在一定影响；在低温阶段，焦炭与载气之间的换热以对流传热为主，焦炭自身的导热速度对载气与焦炭之间的换热产生重要影响。随焦炭高温层厚度增加，焦炭中的碳与循环气体中的 CO_2 之间的碳熔反应程度就越高，对焦炭外表面的侵蚀就越大；同时也将会造成焦炭的排出温度增加，其对干熄焦排焦温度的影响结果与焦炭在预存段内的停留时间缩短是一致的。

3.4.5.2 与焦炭质量相关的干熄焦关键参数控制

为降低干熄炉内焦炭碳熔反应的程度，关键就是要降低循环气体中 CO_2 浓度及干熄炉冷却段顶部焦炭高温层厚度及区域温度。

循环系统中的 CO_2 主要来自于导入空气中的 O_2 与循环气体中的 CO 及焦粉在一次除尘（1DC）区域发生燃烧反应，其直接影响的干熄焦经济技术指标是汽化率。

高温层焦炭厚度增加及高温层区域温度增加，主要由干熄焦排焦速度过快及预存段料位偏低造成，在风料比一定的情况下，排焦速度过快及预存段料位偏低易造成干熄焦排焦温度上升。

因此，为降低干熄焦操作对焦炭质量造成不利影响，在干熄焦操作中需控制好吨焦蒸汽产率、排焦温度、循环气体成分及预存段料位4项关键指标。

A　吨焦蒸汽发生量的控制

对于75t/h的干熄炉产生的是4.5MPa、450℃中压蒸汽，根据干熄焦热平衡计算，干熄1t焦炭可产生中压蒸汽420～450kg/t。如果干熄焦吨焦产生的蒸汽量过大，则说明干熄焦系统存在的焦炭烧损过大。产生高蒸汽量的干熄焦通常是"大循环风量和高空气导入量"的作业模式，这种作业模式一般是以降低干熄焦氮气消耗及多产蒸汽为作业目的，而忽略了干熄焦系统对焦炭的烧损而影响焦炭的本质质量。

为了避免干熄焦系统造成焦炭的烧损进而影响焦炭质量，必须要合理导入空气量、合理控制吨焦产汽量和循环气体中CO_2浓度。为了降低干熄焦循环系统内的循环气体中的可燃气体成分，以提高干熄焦作业的安全性，导入一定量的空气以控制循环气体中的一氧化碳（CO）和氢气（H_2）是必须的，也就是说绝对避免干熄焦循环系统内的碳熔反应发生是不可能的，因此实际生产中的吨焦蒸汽发生量一般要高于理论吨焦蒸汽发生量，但是实际吨焦蒸汽发生量最好不要超过理论吨焦发生量的1.2倍。

除干熄焦作业模式影响吨焦蒸汽发生量之外，循环系统密封性差也是造成吨焦蒸汽发生量偏高的一个原因。

B　排焦温度的控制

干熄焦控制排焦温度不仅是为了提高干熄焦系统的热利用效率，更重要的是为了提高干熄焦生产的安全性，主要是排出装置的使用安全和焦处理皮带的运转安全。现场控制排焦温度一是通过降低排焦量，二是提高循环风量，即是提高干熄焦的风料比。在对排焦温度的控制过程中，因干熄炉入口风温有最低控制值，所以排焦温度并不是可以无限降低的，也就是说，当排焦温度达到一定低温时，提高风料比意义已不大。

干熄焦排出的焦炭，排焦温度有在线测量的温度、焦块外表面的温度及焦炭当量温度三种形式。干熄焦在线检测的排出温度测量的是焦块间的风温，所以测量温度比焦炭表面实际温度低20～30℃，而对于粒径为50mm的焦块而言，焦炭表面温度比焦炭当量温度低50～60℃。

排焦温度控制标准，一般规定为不高于250℃，该温度指的是排焦装置部位焦炭的当量温度，其对应的排焦在线实测温度不能高于160℃，这是出于安全考虑，为降低干熄炉冷却段顶部焦炭高温层厚度，排焦温度应控制在130℃以下。

C　空气导入及循环气体成分的控制

通过控制往干熄焦循环系统中的空气导入量来减少干熄焦炉内焦炭的烧损。

焦炉推出的红焦含有一定量的未完全析出的挥发分，此类挥发分在干熄焦预存段内进一步分解产生 CO 和 H_2 等可燃性气体，这些可燃性气体含量过高将会给干熄焦安全生产带来重大威胁。干熄焦循环气体成分控制标准见表 3-21。对于干熄焦循环系统中的可燃气体成分的控制，在工艺调整上主要措施有两种：一是导入空气燃烧法；二是充氮稀释法。空气导入法不但会提高锅炉入口温度，还会加速焦炭的烧损，因此，为了减少焦炭的烧损应以充氮稀释法为主要调整手段，同时尽可能降低空气导入量。

表 3-21 干熄焦循环气体成分控制标准 (%)

成 分	N_2	CO_2	CO	H_2	O_2
含 量	70 ~ 75	10 ~ 15	8 ~ 10	2 ~ 3	0 ~ 0.2

D 预存段料位控制及焦炭在干熄炉内停留时间

干熄焦预存段料位决定了高温焦炭在预存段内的停留时间及冷却段顶部焦炭的温度，干熄炉底部的排焦速度决定了干熄炉冷却段顶部高温焦炭的厚度及高温焦炭在预存段内的停留时间，因此控制合理的干熄焦预存段料位和排焦速度，有利于降低干熄焦对焦炭质量的不利影响。

在干熄焦生产过程中，严禁干熄炉进行下料位以下的排焦作业，干熄炉预存段下料位通常是位于斜道口上方 1m 高度处，料位过低，将导致 1000 ~ 1050℃ 的焦炭直接接触循环气体中的二氧化碳（CO_2），因此，正常预存段作业料位应维持在 30% ~60% 料位。

排焦速度的合理性由预存段料位及预存段的容积决定。料位越高，允许排焦速度可以越大（在最大排焦能力范围内），或者是排焦速度控制较大时，应保持预存段处于较高料位。对于预存段容积较大的干熄炉，在料位合理的情况下，排焦速度可以控制较高。总而言之，控制合理的预存段料位及排焦速度，均是为了保证红焦在干熄炉内停留时间，通常红焦在干熄炉内的停留时间要大于 4h。

参 考 文 献

[1] 奚兆元，等．焦炭米库姆转鼓与 JIS 转鼓的对比试验[J]．炼铁，1989：1.

[2] 陈鹏．中国煤炭性质、分类和利用[M]．第 2 版．北京：化学工业出版社，2001：158 ~ 161.

[3] 张福行．宝钢干熄焦蒸汽发生量的研究[J]．冶金能源，2006：1.

4 高炉精料技术

4.1 高炉原燃料质量要求

原料是高炉冶炼的基础，随着高炉炼铁技术的发展，高利用系数低成本操作、大型化、煤比不断提高和高炉寿命的不断延长势在必行，高炉对原燃料的质量要求不断提高。精料是高炉生产顺行、指标先进的基础和客观要求。由于世界钢铁产量大幅增长，致使优质炼焦煤和铁矿石资源紧张，而且原燃料的质量和性能呈下降趋势。受市场影响，宝钢高炉原料结构、品种和质量也在不断调整和优化，对高炉稳定产生一定的影响。随着原燃料条件的不断变化，精料方针和标准也应发生改变，但仍需继续坚持精料技术。

高炉精料技术习惯用“高、熟、净、匀、小、少、稳、好”八个字来表达，这也是宝钢高炉炼铁精料技术的内涵：

（1）“高”是指高炉入炉矿含铁品位要高，原燃料转鼓强度要高，烧结矿的碱度要高。入炉矿含铁品位要高是精料技术的核心，是实现高炉低碳、高效冶炼的基础。通过优化高炉炉料结构可以获得高的入炉矿品位。宝钢烧结矿品位在58%左右，通过配加高品位的块矿和球团矿可以有效地提高炼铁入炉矿品位。原燃料强度高，会减少粉末的产生，有利于提高炉料的透气性。高碱度烧结矿具有强度好、还原性好、冶金性能好的特点。

（2）“熟”是指将铁矿粉通过烧结和球团工艺，制成具有一定的强度和冶金性能的块状铁料。相对于天然块矿而言，烧结矿和球团矿称为熟料，其在炉料中使用的比例称为熟料率或熟料比。通常高炉的熟料率不能低于70%～75%。高炉使用熟料后，由于矿石还原性和造渣过程的改善，促使热制度稳定，炉况顺行；同时，由于熟料中大部分为高碱度或自熔性烧结矿，高炉内可以少加或不加石灰石等熔剂，不仅降低了热量消耗，而且又可改善高炉上部的煤气热能和化学能的利用，有利于节焦和增产。

（3）“净”、“匀”、“小”都是对原燃料粒度方面的要求。“净”是要求炉料中粉料含量少，严格控制粒度小于5mm的原料入炉量。原燃料在入炉前经过筛分整粒，筛分后的炉料中小于5mm的炉料占全部炉料的比例不能超过3%～5%。降低入炉粉末量可以大大提高高炉透气性，提高冶炼强度，并且为高炉顺行、低耗和提高喷煤比提供了良好的条件。减少小于5mm的炉料入炉也降低了炉尘量。据统计，入炉料的粉末降低1%，可使高炉利用系数提高0.4%～1.0%，入炉焦比下降0.5%。

（4）“匀”是要求各种炉料间的粒度差异不能太大，具有合适的粒度组成，粒度均匀。炉料粒度的均匀性对炉料在炉内的透气性起着决定性作用，混合料中大粒度级和小粒度级的比例增加，都会使混合料的孔隙率变小，煤气通过料层的阻力增加，而影响高炉的透气性和稳定顺行。优化的粒级组成是粗细粒度级的粒度差别越小越好。

（5）“小”是指烧结矿和球团矿的粒度应小一些。小粒度的入炉矿对提高矿石还原性、增强冶炼效率、降低焦比具有明显的促进作用。一般烧结矿大于50mm的部分不宜超过8%，球团粒度应控制在9～18mm。

（6）“少”是要求入炉料中的非铁元素、燃料中的非可燃成分及原燃料中的有害杂质含量尽可能的少。原燃料中带入的杂质和有害元素不仅影响铁水成分，增加熔剂消耗和渣量，而且影响高炉燃料比和高产、提高煤比操作，有害元素严重影响高炉顺行和长寿。因此要严格控制入炉原燃料的有害杂质含量。有效措施主要是强化选矿，使用品位高、杂质少、有害元素少的铁精矿、球团矿和块矿；强化选煤，通过洗煤降低炼焦和喷吹煤的灰分及有害杂质。

（7）“稳”是要求炉料的化学成分和性能稳定，波动范围小，炉料质量稳定。高炉炼铁要求烧结矿含铁品位波动小于±0.5%，碱度波动小于±0.08%。烧结矿或球团矿铁份，碱度和SiO_2、MgO、Al_2O_3成分的波动，会带来烧结矿或球团矿冶金性能波动，导致高炉炉温波动；而炼焦煤质量、配比和焦炭强度、灰分的不稳定，对高炉透气性、顺行和高效生产影响更大。实现入炉原料的质量稳定，必须有长期稳定的矿石来源，资源量大，品种多，供应稳定。同时要有大型原料场，进行贮存、混匀、堆积处理，通过原料混匀堆积，减小混匀矿和烧结矿或球团矿的成分波动。宝钢应用混匀堆积模型进行堆取料，烧结矿标准差$\sigma_{TFe}=\pm0.25\%$，$\sigma_{SiO_2}=\pm0.087\%$，使烧结矿铁分和$SiO_2$等成分实现了长期稳定，波动小。通过原料场管理和合理配煤，保证焦炭灰分和冷热态质量指数的稳定，使高炉保持炉况稳定顺行，取得良好的生产技术指标。

（8）“好”是要求入炉矿石的强度高，还原性、低温粉化性能、荷重软化性能以及热爆裂性能等冶金性能好，焦炭强度高，喷吹煤的制粉、输送和燃烧性能好。这是高炉对原燃料质量的最主要要求。

宝钢高炉对原燃料的质量要求总体是：吨铁渣量小于280kg，炉料成分稳定、粒度均匀、粉末少、冶金性能良好和炉料结构合理。目前宝钢高炉的炉料以烧结矿为主（约占70%以上），配加部分球团矿和少量天然块矿，因此对烧结矿的质量控制是高炉精料管理的主要内容。良好的焦炭质量对高炉稳定顺行、高产、炉缸良好工作和提高喷煤量至关重要，也是高炉精料的重要内容。

4.1.1 原料的质量要求

原料主要包括天然块矿、烧结矿和球团矿等含铁炉料。天然块矿品位高、成分稳定、冶金和力学性能良好，可以直接入炉冶炼。对于品位较低的矿石，通过精选细磨烧结或造球，提高含铁品位，去除部分有害杂质，均匀粒度，提高还原性和冶金性能，作为高炉主要原料。

高炉对原料的质量要求，除化学成分（品位、碱度等）、外在的物理指标，在转运过程、高炉上部的耐压、抗磨等性能外，主要是对其在高炉冶炼过程中的抗热爆裂、还原粉化和高温冶金性能要求。原料质量的评价指标应以冶金性能为重点，如高炉上部的还原性、透气性，以及中下部的软熔性、滴落性等。由于炉料的成分、加工工艺过程不同，其组织结构不同，因而影响其冶金性能。提高原料的质量，主要是提高其品位、冷态强度和高温冶金性能。炉料的性能指标及其对高炉冶炼的影响主要有以下方面：

（1）还原性。炉料的还原性决定了高炉生产的效率和能源的利用率。入炉矿石的还原性好，就表明矿石氧化物中的氧容易通过间接还原反应被夺去，而且还原效率越高，高炉煤气的利用率提高，燃料比降低，有效节约燃料资源。炉料的还原性取决于矿石的化学成分、矿相结构、气孔度、气孔结构、粒度大小等，从化学组成上，Fe_2O_3 易还原，Fe_3O_4 难还原，$2FeO \cdot SiO_2$ 更难还原。所以天然块矿中褐铁矿还原性好，其次是赤铁矿，磁铁矿难还原。人造富矿中球团矿比烧结矿的还原性好。

（2）强度。炉料的冷态强度和低温强度指标影响高炉上部的透气性，因此提高炉料的冷强度和低温强度有利于改善高炉上部透气性，促进上部的还原反应，提高生产效率。同时也会减少生产中炉尘的发生量。矿石冷态和低温强度的评价指标有转鼓指数、低温还原粉化率 *RDI*、膨胀指数、耐压强度等。

（3）高温性能。炉料的荷重软化、熔融性能反映了炉料在高炉下部的高温软化和熔化、滴落过程特性，对高炉软熔带的形成（位置、形状、厚度）和透气性起着决定性作用。表征此特性的参数有炉料的开始软化温度、软化终了温度、熔融温度、软化区间以及熔融区间。高炉要求矿石具有合适的软化开始温度、熔化开始温度，窄的软化和熔化温度区间，以使高炉软熔带位置既不过高也不过低，处于适宜的位置，即控制炉内块状带区域的高度，改善上部透气性。软熔带位置或其根部位置过低，熔融渣铁或炉墙周围半熔化的黏结物易直接进入炉缸，导致崩滑料甚至炉凉。炉料的软化熔融温度区间较宽，表明高炉软熔带较厚，煤气通过软熔带的阻力较大，高炉透气性较差。因此，改善炉料的高温冶金性能对实现高产、优质、低耗至关重要。

影响铁矿石软熔性的主要因素是矿石中 FeO 含量和其生成矿物的熔点，还原过程中产生的含铁矿物和金属铁的熔点也对矿石的熔化和滴落产生很大影响。研究及实践表明，要改善入炉料的软熔性，关键是提高脉石熔点和降低矿石的 FeO 含量。

4.1.1.1 入炉品位

提高入炉矿石品位是高炉精料的核心。提高入炉品位是提高利用系数、降低渣量、改善高炉透气性、降低燃料比、优化高炉综合指标的基础。根据经验，入炉矿品位提高 1%，高炉炼铁焦比下降 1%～1.5%，生铁产量提高约 1.5%～2%，因此，提高入炉矿石品位是高炉增产节焦的重要环节。

除提高烧结矿和球团的品位外，使用部分高品位进口块矿也是提高入炉品位的有效手段。烧结矿是高炉炉料结构中最主要的组成部分，约占70%～90%，宝钢使用全进口矿粉烧结，实施低硅烧结技术，烧结矿的 SiO_2 含量从 5.0% 下降到 4.4%，品位由 57% 提高到 59%。球团矿和块矿品位比烧结矿品位高，因此，适当提高入炉球团矿的比例和增加块矿比，可以有效提高总入炉料的品位，降低渣量和焦比，提高高炉透气性，从而提高高炉利用系数。宝钢用进口球团和块矿的含铁品位见表 4-1。

表 4-1 宝钢进口矿的含铁品位

进口矿	块矿 1	块矿 2	球团矿 1	球团矿 2
TFe 均值/%	65	64	66	65

4.1.1.2 烧结矿质量

烧结矿是炉料结构中的主要组成部分，烧结矿质量对高炉炉料性能及冶炼过程有很大影响。高炉对烧结矿的质量要求是：（1）含铁品位高，化学成分稳定，有害杂质少；（2）机械强度好，粒度均匀，入炉粉末少；（3）有良好的还原性；（4）低温还原粉化率低；（5）有较好的软化和熔滴性能。

高碱度烧结矿由于具有优良的强度、高的冶金性能和适宜的碱度，是目前烧结矿生产的普遍品种，而自熔性烧结矿和酸性烧结矿因强度差、还原性能差、软熔温度低、燃料单耗高而被淘汰。高炉使用高碱度烧结矿，不仅有利于改善高炉块状带和软熔带透气性，而且高炉可降低副原料用量，降低了高炉上部熔剂分解吸热和高炉炉墙结瘤的危险，高炉造渣制度控制更为简单灵活。

宝钢高炉烧结矿入炉管理标准见表 4-2。

表 4-2 宝钢烧结矿入炉管理标准

项目	TFe/%	CaO/SiO_2 波动	SiO_2 /%	Al_2O_3 /%	FeO/%	*TI*/%	*RDI* /%	5～50mm /%	-5mm/%
质量标准	58～60	目标值 ±0.12	目标值 ±0.16	≤2.1	6.0～8.0	≥78	≤40	≥65	≤5

4.1.1.3 球团矿质量

球团矿含铁品位高、膨胀率低、耐压强度和转鼓指数高，冶金性能好，是高炉“精料”的重要组成部分。

与烧结矿比较，球团矿具有以下特点：

（1）可以用品位很高的铁精矿生产，其酸性球团矿品位可达到68.0%，SiO_2含量仅1.15%。

（2）矿物主要为赤铁矿，FeO含量很低（1%）。主要依靠固相固结，即铁晶桥固结，硅酸盐渣相量少，只有碱度高的石灰熔剂球团才有较多的铁酸盐。

（3）冷强度好，ISO转鼓指数（+6.3mm）可高达95%。粒度均匀，8～16mm粒级可达90%以上。

（4）自然堆角小，仅24°～27°，而烧结矿自然堆角为31°～35°。

（5）还原性能好，但酸性球团矿的还原软熔温度一般较低，软化温度区间宽。个别品种的球团矿在还原时出现异常膨胀或还原迟滞现象。

宝钢高炉要求球团矿含铁品位高、化学成分稳定、粒度均匀，冶金性能好。就化学成分而言，要求含铁品位高，脉石（SiO_2 + Al_2O_3）含量低，S、P、K、Na等有害杂质少；冶金性能指标主要有还原性*RI*、转鼓指数、耐压强度、膨胀指数、热爆裂指数、荷重还原软化性能指标以及滴落性能指标等。这些质量指标与高炉冶炼有一定的关系。

A 还原性 *RI*

球团矿含铁品位高，矿物主要为赤铁矿，FeO含量很低（1%）。因此球团矿的还原性比烧结矿的还原性能好。高炉提高球团矿的使用比例，可明显改善透气性，大幅度降低燃料比，提高生产效率。

B 转鼓强度和耐压强度

球团矿的转鼓强度和耐压强度是反映其在输送、装料过程中是否容易碎裂的冷态强度指标。耐压强度高，则球团不易破碎粉化，对高炉透气性不产生不良影响。球团矿的强度与球团粉的矿物结构、粒度组成、黏结剂种类及其配比、焙烧工艺等密切相关。

C 还原膨胀率

氧化性球团矿在还原过程中发生体积膨胀，结构疏松，产生裂纹，使其强度急剧下降，引起粉化。球团矿在高炉内还原过程中产生体积膨胀和粉化，对高炉顺行有不利影响，易造成炉料下降不畅，煤气流上升受阻，高炉透气性下降。因此，球团矿的膨胀性指标影响球团矿的使用比例。

D 荷重还原软化和熔滴性能

同烧结矿一样，球团矿的还原软熔性能影响炉料在高炉内的软化、熔融和滴落特性，对高炉软熔带的形成温度、位置、形状、厚度和软熔带的透气性、初渣流动性等，都有显著影响。通常要求球团矿的软化温度区间窄、熔滴温度适当。

E 粒度

粒度指标与强度密切相关，球团矿的粒度较之其他炉料稍小，球团矿的粒度与其他炉料的粒度差过大会影响到炉内的透气性，因此合理的球团矿粒度范围应在8~25mm。球团入炉前应筛分，特别是堆场存放时间较长和雨天时，要筛分去除粉末后进入料仓入炉。宝钢高炉对球团矿入炉管理的标准见表4-3。

表4-3 宝钢高炉入炉球团矿的管理标准

项 目	TFe/%	9~16mm /%	-5mm/%	*TI*(-1mm) /%	常温耐压强度/MPa	还原后耐压强度/MPa	还原率/%	膨胀指数 /%
质量标准	≥64	≥85	≤4	≤5	≥20	≥4.5（酸性≥2.4）	≥55	≤16

4.1.1.4 块矿质量

天然块矿按矿物主要类型可分类为赤铁矿、磁铁矿、褐铁矿、黄褐铁矿、菱铁矿、黑铁矿和磷铁矿等。根据高炉冶炼要求，按矿石中造渣组分的四元碱度又可划分为碱性矿石（碱度大于1.2）、自熔性矿石（碱度0.8~1.2）、半自熔矿石（碱度0.5~0.8）和酸性矿石（碱度小于0.5）。赤铁矿易破碎、软、易还原，可直接装入高炉，生产普碳钢钢厂的高炉主要使用赤铁矿等天然块矿。由于天然块矿直接入炉冶炼，因此要求品位高、杂质少、冶金性能好。

高炉对天然块矿的质量要求如下：

（1）品位。炉容越大，对块矿的品位要求越高。一般入炉块矿的TFe应大于62%，且成分基本稳定，波动小。块矿中 Al_2O_3 的含量要低，以使高炉渣中 Al_2O_3 的含量控制在15%以下，保证炉渣良好的流动性。

（2）强度与粒度。天然矿石由于生成条件、矿物结构不同，其强度差异较大。块矿要求具有一定的机械强度，耐磨、耐压、耐冲击碰撞，其ISO转鼓指数（+6.3mm）应超过80%，抗磨指数（-0.5mm）应低于10%。入炉块矿的粒度宜小而均匀，一般要求与烧结矿和球团相当，在5~25mm范围。大中型高炉要求块矿的粒度在8~25mm。大于35mm的块矿要进行破碎，料场块矿入炉前应筛分，其小于5mm碎粉的比例应小于5%。对于致密、强度好、难还原的块矿，可降低粒度的上限，以提高冶炼效果。

（3）还原性。天然块矿的还原性相差较大。组织结构疏松、气孔率较高、铁氧化物主要以 Fe_2O_3 状态存在、$2FeO \cdot SiO_2$ 含量低的块矿还原性能较好。脉石的性质和存在状态也影响矿石的还原性。天然块矿的还原度应大于55%，才可直接装入高炉。

（4）热爆裂性能。由于天然矿中含有带结晶水和碳酸盐的矿物，在高炉上部加热时，气体逸出而使矿石爆裂，影响高炉上部的透气性。因此，要求块矿的抗热爆裂性能高，热爆裂指数应小于5%。

(5) 高温冶金性能。软化温度大于1050℃、熔滴温度大于1450℃、软化温度区间小于200℃、熔滴温度区间小于100℃的矿石，属于冶金性能好的矿石。

宝钢对入炉块矿的质量管理标准见表4-4。

表4-4 宝钢块矿的入炉管理标准

项　目	TFe/%	粒度范围/mm	6~30mm/%	-5mm/%	热爆裂指数/%
质量标准	>64	6.0~30.0	≥85	≤4	<1~7

4.1.2 燃料的质量要求

高炉冶炼中的燃料主要有焦炭和喷吹用粉煤。焦炭在高炉冶炼过程中起到发热剂、还原剂、渗碳剂和骨架作用。随着高炉冶炼大型化，喷煤量不断提高，焦炭发热剂、还原剂的功能逐渐被粉煤代替，但对焦炭的骨架作用提出了更高的要求，焦炭质量成为喷煤量提升的限制性因素。

随着高炉大型化、高利用系数操作、高煤比、低焦比和低成本生产的发展，高炉对焦炭质量的要求越来越高。喷吹煤粉的质量影响喷煤系统制粉和输送的能力及喷煤过程的稳定性，对煤粉在炉内燃烧利用、高炉喷煤操作的顺行稳定、喷煤量水平、煤焦置换效果都有重要影响。因此，提高焦炭与煤粉的质量，对降低高炉冶炼成本、提高经济效益意义重大。

4.1.2.1 焦炭质量

焦炭质量好坏对高炉生产稳定顺行、技术经济指标和高炉炉缸寿命至关重要，对于大型高炉影响更大。焦炭质量的评价指标除化学成分、粒度外，更主要的是其常规机械强度（转鼓强度、耐磨指数等）和高温冶金性能，如反应性(*CRI*)和反应后强度(*CSR*)。

高炉冶炼对焦炭质量的要求如下：

(1) 灰分。焦炭增加灰分就会减少碳含量，降低发热值，增加高炉熔剂加入量和渣量，增加热量损失，焦比和燃料比上升。生产实际表明，焦炭灰分每增加1%，将使高炉焦比上升1%~2%，产量减少2%~3%，见表4-5。

表4-5 焦炭灰分对高炉生产的影响

焦炭灰分含量范围/%	焦炭灰分含量降低1%		
	利用系数增加/%	焦比降低/$kg \cdot t^{-1}$	产量降低/%
12.17~13.71	1.82	16.70	3.14
12.17~13.00	1.78	14.71	2.76
13.00~13.71	2.31	18.90	3.57

（2）硫和碱金属含量。焦炭中硫分高会增加高炉入炉硫负荷，增加熔剂消耗。实践表明，焦炭中每增加0.1%的硫，焦比增加1%～3%，产量减少2%～5%，见表4-6。碱金属对焦炭气化和劣化反应有强烈催化作用，所以焦炭中磷和碱金属的含量也要低。

表4-6　焦炭硫含量对高炉生产的影响

焦炭硫含量范围/%	焦炭硫含量降低0.1%		
	利用系数增加/%	焦比降低/$kg \cdot t^{-1}$	产量降低/%
0.57～0.84	3.04	11.16	2.07
0.57～0.70	2.37	14.88	2.78
0.70～0.84	3.07	10.19	1.86

（3）水分。焦炭中水分增加会吸收高炉内的物理热，水分每增加1%将增加高炉1.1%～1.3%的焦炭用量。

（4）粒度。焦炭粒度均匀改善高炉的透气性，一般入炉焦的平均粒度应为40～80mm。大块焦炭在焦炭层的透气性好，在软熔带中则透气性良好，焦炭到达炉缸时粒度也不致过小，过小会引起炉缸堆积。但块度稳定性取决于其强度，焦炭粒度的选择应以焦炭强度为基础。以焦炭强度为基础，入炉焦炭强度高，平均粒度可适当小些；焦炭强度相对低，焦炭平均粒度应适当增大些。

（5）焦炭强度。焦炭强度是其最重要的质量指标，冷强度用M_{40}、M_{10}和DI_{15}^{150}评价，热强度用反应性指数*CRI*和反应后强度*CSR*评价。生产实践表明，提高焦炭冷态和热态强度可显著改善高炉透气性、降低高炉透气阻力系数K、增加炉腹煤气量V_{BG}、增加产量、降低焦比和燃料比。

一般用焦炭的冷态强度即M_{40}和M_{10}指标来评价焦炭的强度。实践表明，M_{40}每提高1%，焦比降低0.75%，产量增加1.5%，见表4-7和表4-8。除具有较高的冷态强度（*DI*，M_{40}、M_{10}）外，更重要的是要具有高的高温强度。

表4-7　焦炭M_{40}对高炉生产的影响

焦炭M_{40}变化范围/%	焦炭M_{40}提高1%		
	利用系数提高/%	焦比降低/$kg \cdot t^{-1}$	产量降低/%
74.67～83.70	1.08	2.57	0.49
74.67～78.00	1.44	2.79	0.52
78.00～80.00	0.92	2.52	0.47
80.00～83.70	0.57	1.97	0.38

表 4-8 焦炭 M_{10} 对高炉生产的影响

焦炭 M_{10} 变化范围/%	焦炭 M_{10} 降低 0.1%		
	利用系数提高/%	焦比降低/kg·t^{-1}	产量降低/%
7.47~9.04	0.39	1.33	0.25
7.47~8.00	0.36	1.28	0.24
8.00~9.04	0.41	1.43	0.26

宝钢高炉一直重视焦炭质量的改进和提高，在满足焦炭冷强度和粒度要求的前提下，注重焦炭反应性（*CRI*）和反应后强度（*CSR*）指标的分析、监控和改善，特别是随着喷煤比的大幅度提高，强调焦炭降低灰分和提高热性能。宝钢通过建立稳定的炼焦煤供应基地，实施优化配煤和专家配煤、煤岩配煤，加强焦炉操作管理，采用干熄焦技术，使焦炭质量一直保持世界先进水平。

良好的焦炭质量是高炉顺行和喷煤操作的基础，为确保高炉透气性、炉温、渣铁质量和炉缸活性，必须制订和实施焦炭质量管理标准，并在生产中作为日常分析项目和监控指标，进行严格管理。宝钢入炉焦炭质量管理标准见表 4-9。

表 4-9 宝钢入炉焦炭管理标准

项目	灰分/%	DI_{15}^{150}/%	粒度范围/mm	-25mm/%	+75mm/%	平均粒度/mm	*CRI*/%	*CSR*/%
质量标准	≤12	≥82	25~75	≤12	≤18	47~59	<26	>66

高炉生产操作表明，高炉使用小块焦或焦丁不仅能提高块状带矿石层的透气性，促进矿石还原，提高煤气利用率，而且能显著降低焦比和生产成本，使厂内小粒度焦炭资源得到有效合理利用。此外，对于宝钢高炉将小块焦的粒度上限提高，可以增加大块冶金焦的平均粒度，改善透气性和透液性。

宝钢小块焦平均粒度 20~22mm。根据宝钢高炉生产实绩，小块焦比由 20kg/t 增加到 60kg/t 时，CO 利用率提高 0.5%，炉顶煤气温度下降约 20~30℃，但由于小块焦粉化和块状带中大块焦炭层的厚度减小，高炉透气性会有所下降。小块焦比在 50kg/t 以下时，小块焦可同比替代大块焦，如图 4-1 所示。但小块焦硫高、灰分高和灰分中的 Al_2O_3 含量偏高，使渣比增加。小块焦比由 20kg/t 提高到 60kg/t 时，燃料比上升 2~3kg/t。

小块焦是焦炭槽下筛分的产物，小块焦的粒度取决于焦炭下筛网的尺寸设置。为减小因熔损粉化给高炉透气性和生产顺行带来的影响，宝钢高炉用小块焦的下限粒度应大于 15mm，上限粒度为 40mm。小块焦成分要求为水分小于 2.5%，灰分小于 13.0%，硫含量小于 0.6%。小块焦质量标准见表 4-10。

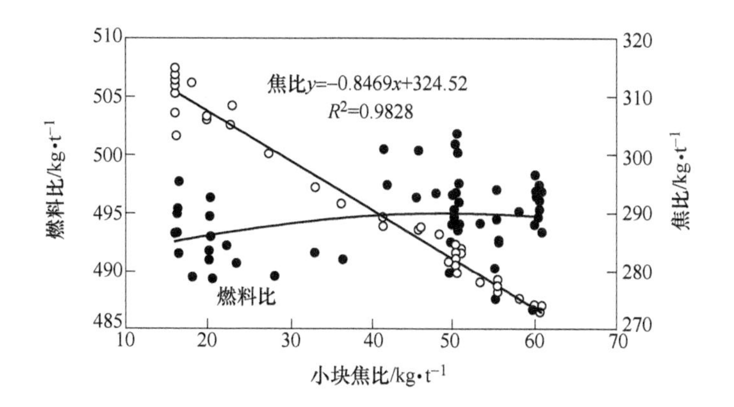

图 4-1 小块焦替代大块焦

表 4-10 小块焦的质量标准 (%)

项 目	H_2O	灰分	固定碳	硫	>25mm	25~10mm	<10mm
质量标准	0.8~2.1	11.7~12.5	83~87	0.5~0.6	20~40	55~70	0.5~1.0

4.1.2.2 喷吹煤质量

高炉喷吹煤粉是节约焦煤资源、降低焦比和生产成本的最重要措施。随着喷煤量的不断提高，对煤粉的质量也越加重视，要求不断提高。由于煤粉质量影响喷煤系统的制粉和输送能力，影响煤粉在高炉风口前的燃烧率、炉内利用效果和高炉煤焦置换比，其灰分含量影响高炉渣量，灰成分和杂质影响高炉铁水质量，因此，对喷吹煤粉质量的总体要求是：硫、磷、钾钠等有害元素含量少，灰分低，热值高，流动性、输送性好，反应性和燃烧性高。

对煤种的质量要求如下：

（1）煤的灰分低。为减少高炉渣量，煤的灰分要低。通常无烟煤的灰分比烟煤高。各种原煤或混合煤的灰分一般应低于使用的焦炭灰分，要求低于12%。

（2）硫含量低。一般应低于使用的焦炭硫含量，要求低于0.7%。由于高炉硫负荷主要由焦炭和煤粉带入，因此对煤粉的硫含量应合理选择控制，高煤比操作的高炉，煤的硫分要求更低，应低于0.45%。

（3）煤的结焦性小，应使用基本没有结焦性的煤种，高炉喷吹用煤种主要有无烟煤、贫煤、瘦煤、贫瘦煤、气煤等弱黏结和不黏结煤。除此之外还有褐煤，但使用的高炉很少。烟煤的胶质层指数 Y 值应小于10mm，避免煤粉在喷吹过程中结焦或结渣。

（4）煤的发热值高。喷吹煤粉的目的之一是替代焦炭的发热和造气作用。热值高的煤其C、H元素含量高，有较高的煤焦置换比。高挥发分烟煤的低位热值应不低于26000kJ/kg，无烟煤的低位热值应不低于29000kJ/kg。

（5）反应性和燃烧性高。喷入高炉的煤粉要求在回旋区内充分燃烧，具有高的燃烧效率，特别是喷煤量较高的情况下，未燃尽煤粉大量增加会严重影响高炉下部透气性，引起压差升高和顺行变坏。煤的反应性和燃烧性与煤的挥发分含量成正比。

（6）煤的灰熔点高。灰熔点低容易造成风口挂渣堵塞风口。煤的灰熔点应高于1500℃。

（7）煤的可磨性和制粉性能好。使用中速磨煤机制粉，*HGI*（可磨性系数）高的煤好磨，制粉出力大，但可磨性系数过高流动性变差（休止角越大煤粉流动性越差），影响其输送性能，如图4-2所示。因此原煤的可磨性系数应控制在合理的范围，通常*HGI*控制在50～90。

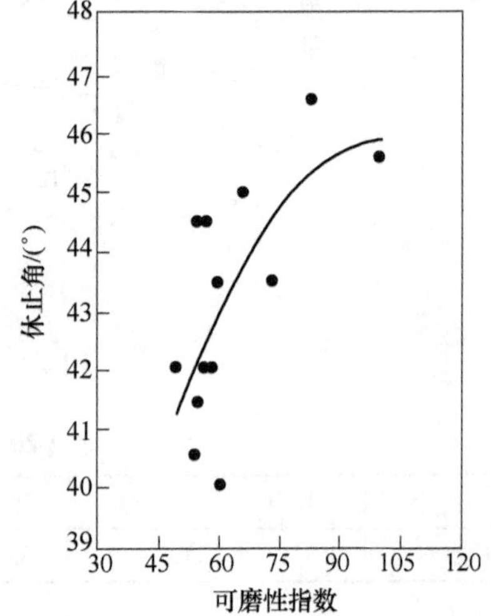

图4-2　煤的流动性与*HGI*指数的关系

（8）流动性和输送性能高。煤的流动性是煤的性质的本质特征，煤粉的输送能力更是与煤粉输送喷吹工艺及其技术参数密切相关的动态性能指标。煤粉流动性差易导致管路堵塞、空喷等现象。高喷煤量和密相（浓相）输送条件下，煤粉输送量大、浓度高，流速减慢，对煤的流动性和输送性能提出了更高的要求。根据喷煤实践，煤的休止角控制在42°以下、压缩度控制在23.5%以下，能够满足高炉大喷煤对喷吹煤流动性的要求。

4.1.2.3　辅助原料质量

高炉冶炼使用的辅助原料主要是熔剂和处理炉况用临时辅料（如锰矿、萤石等）。使用熔剂的目的是为了与炉料中的脉石及焦炭、煤粉中的灰分组成化学成分和物理性能适宜的炉渣，进行铁水脱硫、脱磷，保证冶炼顺利进行和生产合格铁水。根据矿石成分、炉料结构和焦炭、煤粉灰分的不同，所用熔剂的种类和用量也有所不同。目前高炉常用的熔剂主要有碱性的石灰石（$CaCO_3$）和白云石（$CaCO_3 \cdot MgCO_3$）、酸性的硅石三种。锰矿和萤石能显著降低炉渣熔点，提高炉渣流动性，常作为高炉开炉料和洗炉（如炉墙严重结厚、炉况异常时）用，日常使用很少。

高炉对辅助原料的质量要求如下：

（1）有效成分含量高。石灰石和白云石中CaO和MgO为有效成分，其碱性氧化物（CaO + MgO）的含量要高，酸性氧化物（$SiO_2 + Al_2O_3$）的含量要低，一般在3%左右。石灰石中CaO的理论含量为56%，白云石中CaO和MgO的理论含量分别为 30.4% 和 21.7%。锰矿的品位富矿为 25%~30%、贫矿为 15%~20%。钢铁企业所用石灰石含 CaO 一般在 50%~55%，所用白云石的（CaO + MgO）含量为 48%~51%。

（2）有害元素含量低。各种熔剂一般要求含磷量低，以减少入炉磷负荷和铁水含磷量，石灰石一般磷含量在 0.001%~0.03%，硫为 0.01%~0.08%。

（3）强度大。要求直接入炉的熔剂强度要大，以免在炉内粉碎而影响料柱透气性。石灰石和白云石的物理特性见表 4-11。目前各类熔剂的耐压强度都能满足使用要求。

表 4-11 石灰石、白云石的物理性质

名 称	莫氏硬度	密度/$g \cdot cm^{-3}$	耐压强度/MPa
白云石	3.5~4	2.8~2.9	294
石灰石	3.0	2.6~2.8	98

（4）粒度均匀。为保证良好的料柱透气性和熔剂在块状带、软熔带加热、分解反应过程的进行，熔剂应保持适宜的粒度。粒度过大，造成其在高炉下部进行分解，影响矿石软化熔融开始区间，使焦比上升。粒度过小，影响料柱的透气性。大中型高炉熔剂和辅料的合适粒度范围要求在 20~25mm。

宝钢副原料的采购标准见表 4-12。根据高炉生产使用实绩，对各种熔剂和辅料的质量管理标准见表 4-13 和表 4-14。

表 4-12 副原料的化学成分和物理性能

品 种	化学成分/%								
	CaO	SiO_2	Al_2O_3	P	S	MgO	CaF_2	Mn	H_2O
石灰石	≥53	≤2		≤0.02	≤0.035	≤2			≤4
白云石	≥30	≤3		≤0.07	≤0.035	≥19			≤4
硅石		≥93		≤0.05	≤0.1				≤4.0
锰矿（国内）		≤22	≤12					≥15	≤10
锰矿（进口）		≤35	≤12					≥30	≤10
萤石		≤18		≤0.08	≤0.2		≥80		≤2
品种	物理性能								
石灰石	0~50mm，<10mm ≤30%、>50mm ≤15%								
白云石	0~50mm，<10mm ≤25%、>50mm ≤10%								
硅石	10~30mm，<10mm ≤15%、>30mm ≤10%								
锰矿（国内）	6.3~31.5mm，<6.3mm ≤15%、>31.5mm ≤15%								
锰矿（进口）	6.3~31.5mm，<6.3mm ≤20%、>31.5mm ≤15%								
萤石	10~40mm，<10mm ≤10%、>40mm ≤10%								

表 4-13　石灰石和白云石的化学成分标准　　（%）

种　类	品级	$CaO+MgO$	MgO	SiO_2	P	S	酸不溶物	耐火度/℃
石灰石	特级	≥54	≤3	≤1.0	0.005	0.02		
	一级	≥53		≤1.5	0.01	0.08		
	二级	≥52		≤2.2	0.02	0.10		
	三级	≥51		≤3.0	0.03	0.12		
	四级	≥50		≤4.0	0.04	0.15		
白云石	特级		≥19	≤2			≤4	1770
	一级		≥19	≤4			≤7	1770
	二级		≥17	≤6			≤10	1770
	三级		≥16	≤7			≤12	1770

表 4-14　硅石化学成分标准　　（%）

成　分	SiO_2	Al_2O_3	P	S	烧损
含　量	>90	<1.5	≤0.05	<0.02	<0.6

含钛物料的使用和质量要求如下：高炉炉缸护炉很少通过烧结机配加使用或风口喷吹使用，一般从高炉炉料中直接配入炉。由于炉缸护炉主要是利用钛矿物料中的 TiO_2 成分，一是要求钛矿 TiO_2 含量高，硫、磷有害元素和 Al_2O_3 等成分低。同时，与普通烧结矿、球团块矿一样，钛矿也要有一定的还原性、高温冶金性能和强度、粒度。与钛块矿相比，钒钛球团矿品位高、还原性好、低温还原粉化指数低、软熔性能好、抗压强度高，粒度均匀，因此高炉使用钛矿球团可减小对透气性、顺行的不利影响，减少吨铁消耗，降低渣量，减少焦比、燃料比的增加，并减轻造渣和炉前作业的困难。使用钛矿护炉，以高炉稳定顺行为基础，以成本最优为原则，选择合适的原料。根据高炉使用实践，含钛炉料质量应符合表 4-15 和表 4-16 的要求。

表 4-15　含钛球团的质量标准

项目	TiO_2 /%	$TFe+TiO_2$ /%	Al_2O_3 /%	S/%	P/%	*RI*/%	*RDI*(+3.15mm) /%	抗压强度 /kN · 个$^{-1}$	粒度/mm
质量标准	≥15	≥65	<2	<0.02	<0.02	>65	<70	2.5	8~13

表 4-16　含钛块矿的质量标准

项目	TiO_2/%	$TFe+TiO_2$/%	Al_2O_3/%	S/%	P/%	<10mm/%	粒度/mm
质量标准	≥30	≥65	<5.3	<0.45	<0.04	<25	10~40

4.2　入炉原燃料管理

宝钢以高炉为中心组织生产，确保高炉稳定的高质量原燃料供给，是高炉正常生产的关键。矿焦槽的槽位是高炉安全顺行持续生产的基本保障，因而，原燃料的槽位管理显得尤为重要。宝钢高炉保持良好的生产经济技术指标离不开原燃料的管理。高炉原料管理的主要内容包括槽位管理、筛分管理、水分管理和成分管理。

梅雨季节原燃料管理要求：（1）跟踪好原燃料的实物质量，确保水分及时输入计算机。（2）加强槽位管理，保持高槽位，减少粉末入炉；若槽位小于65%，及时汇报。（3）加强筛网点检，每2h对筛网进行空振，并检查筛网堵塞率，若筛网堵塞率大于10%时必须及时清理，尤其是大量使用落地烧结矿期间。（4）监视好炉顶矿石、焦炭的显示值是否有偏差，发现差异时立即对称量系统进行检查，并及时补正。（5）制粉保持高粉位，集中供煤进干煤棚煤。

4.2.1　槽位管理

4.2.1.1　*矿焦槽参数*

焦槽、矿槽主要的作用是满足高炉生产、配料和调节的要求。为了解决烧结设备检修时能向高炉正常供料，一般应考虑原、燃料的落地贮存设施。矿槽、焦槽容积的贮存时间主要是考虑供料系统胶带检修及高炉生产波动时能确保高炉正常生产。矿槽的数目要满足矿种及矿槽倒换和检修的要求。由于供料系统的胶带比运焦胶带容易损坏，焦炉的生产也比较稳定。因此，贮矿槽的贮存时间多于焦槽的贮存时间。宝钢高炉矿槽、焦槽容量及贮存时间见表4-17。

表4-17　宝钢高炉矿槽、焦槽容量及贮存时间

原　料	料槽数目/个	每个料槽容量/t	料槽总容量/t	堆密度/$t \cdot m^{-3}$	贮存时间/h
焦　炭	6	203	1215	0.45	6.0
烧结矿	6	1019	6113	1.8	10.0
块　矿	3	280	840	2.0	13.4
球团矿	3	308	924	2.2	12.2
石灰石	1	255	255	1.5	12.2
锰　矿	1	306	306	1.8	36.4
硅　石	1	90	90	1.5	21.8
白云石	1	84	84	1.4	20.0

4.2.1.2　*槽位管理基准*

宝钢槽位管理基准是烧结矿槽位应保持在每个槽有效容积的75% ±15%，精块矿和球团保持40%以上。原料槽位正常时管理基准见表4-18。宝钢高炉烧结矿的槽位控制应用统计过程控制（SPC）技术，提高了槽位管理的水平。

高炉烧结矿槽位的稳定性大幅提高，月平均槽位均在68%以上。

表4-18　高炉矿槽管理基准

槽　号	品　种	满槽量(100%)/t	正常槽位管理标准/%	正常入槽上限/%	下限控制槽位/%
1号高炉矿槽					
11～12A	精块矿、球团矿、副原料	350		90	40
13A～18A	烧结矿	900	75±15	90	60
11～12B	精块矿、球团矿、副原料	250		90	40
13～18B	精块矿、球团矿、副原料	600		90	40
2号高炉矿槽					
201A～204A	精块矿、球团矿、副原料	350		90	40
205A～211A	烧结矿	900	75±15	90	60
201B～211B	精块矿、球团矿、副原料	250		90	40
3号高炉矿槽					
1A～2A	精块矿、球团矿、副原料	1080		90	40
3A～10A	烧结矿	1150	75±15	90	60
1B～10B	精块矿、球团矿、副原料	330		90	40
4号高炉矿槽					
1A～2A	精块矿、球团矿、副原料	1130		90	40
3A～10A	烧结矿	1130	75±15	90	60
1B～11B	精块矿、球团矿、副原料	480		90	40

4.2.1.3　低槽位的对策

高炉正常的槽位是保证全风操作、稳定原燃料强度和粒度进而改善高炉透气性、确保高炉顺行的重要条件之一。当高炉原燃料槽位低下时，壁附料塌下排出，使入炉粉末增加，而因槽位低原燃料在补入时落差变大，入槽的原燃料破碎增加，使粒度变小，强度降低，低槽位时的原燃料入炉后会影响高炉的透气性，破坏高炉顺行。高炉正常生产过程中，原燃料槽位应保持在每个槽有效容积的70%以上。当平均槽位低于40%时高炉应采取减风操作，及时提高槽位。当平均槽位低于20%时，高炉在出尽渣铁的前提休风。

4.2.2　筛分管理

4.2.2.1　原燃料振动筛

矿石给料机把烧结矿、球团矿、块矿及辅助原料从矿槽中取出，供给烧结矿振动筛或矿石称量漏斗。烧结矿振动筛将烧结矿筛分后，把合格烧结矿供给矿石称量漏斗，筛下的烧结矿粉末经烧结矿粉胶带运输机运往烧结矿粉仓，然后运往烧结车间。

A 筛子的筛分效率

在焦炭、烧结矿等物料筛分时，给料中小于筛孔尺寸的细粒级应该通过筛孔自筛下排出，但由于一系列原因，只有一部分细粒级通过筛孔排出，另一部分夹杂于粗粒级中随筛上产品排出。筛上产品中夹杂的细粒越少，筛分效果越好，筛分效率越高。

B 影响筛分效率的因素

a 给料的粒度组成

如果颗粒的粒度比筛分尺寸小得多，则细粒级通过的概率高，通过较容易；如果颗粒的粒度虽较筛孔尺寸小，但两者差不多，细粒级通过的概率低，较难通过。颗粒的粒度与筛孔尺寸两者越接近，细粒级通过的概率也越低，称为“难筛粒级”。给料中“难筛粒级”含量越高，筛分越困难，筛分效率越低。

b 给料中的水分含量

颗粒之间的表面水分对筛分效率影响很大。高炉炉料中在筛分块矿时应注意其黏结性。

c 筛孔形状

筛孔形状对筛分效率有一定的影响。筛孔尺寸应比要求的筛分粒度大一些，方形筛孔约大10%，圆形筛孔约大12.5%。胶筛面的筛孔尺寸比相应筛孔或筛网的筛孔尺寸应增加10%～20%。

d 筛面和筛子的参数

筛面的长和宽，对筛分效率影响很大。如在产量和物料沿筛面的运动速度恒定时，筛面越宽，料层厚度越薄，筛分效率越高；筛面越长，经过筛面的时间越长，筛分效率越高。一般筛面的 长：宽 = 2.5 ～ 3.0。

筛子的倾斜角要选择合适。倾角过大，物料落到筛面上的角度变小，物料颗粒从筛面上滑过，而难以通过筛面，因此在采用较大倾角时，筛面应做成梯级的，使筛孔能正对颗粒落下的角度，此外，物料沿筛面运动的速度过快，导致筛分效率下降；倾角过小，筛子的产量降低。

4.2.2.2 筛网管理基准

A 筛网目的设定

考虑高炉操作状况和粉块平衡，筛网目由操作方针决定。宝钢使用的筛网形式为棒条筛，如图4-3所示。

B 装入原燃料粉率的管理

装入原燃料粉率的管理见表4-19。

图 4-3　筛网形式

表 4-19　装入原燃料粉率管理

种　类	管理目标值	管理方法
烧结矿	-5mm，<5%	根据取样（1 次/天）结果判断、调整筛网的给料速度
焦炭	-15mm，<2%	

C　筛网的给料速度管理

各班测定一次筛上给矿量，记录在“筛给矿量管理表”内。

测定要领：测定从称量开始后 3t 到 5t 的时间，计算筛网的给料速度（$t/h = \Delta y/\Delta t$），如图 4-4 所示。

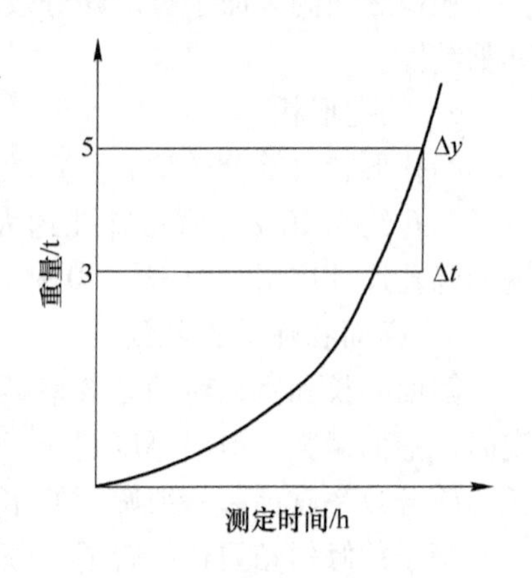

图 4-4　给料速度测量示意图

原燃料筛网给料速度管理见表 4-20。

D　筛网管理基准

筛网管理基准如下：

（1）筛网的更换在粉块平衡及装入粉率管理目标值不能维持时进行。

（2）筛网破损或网孔被磨大造成大于 8mm 的烧结矿被筛下时，要及时换筛网。

表 4-20　原燃料筛网给料速度管理　（t/h）

项　目		正常操作的给料速度值	透气性差的给料速度值
烧结筛	直送	200 ± 10	180 ± 10
	落地	190 ± 10	
焦炭筛	直送	130 ± 10	90 ± 10

（3）筛网更换情况记入“筛网管理表”内。

（4）筛网被粉末堵塞超过 30% 时必须清筛网。

E 筛网点检基准（表 4-21）

（1）1 次/班，目视点检焦炭及烧结矿筛下粉的产生情况。

（2）1 次/班，点检焦炭及烧结矿筛网的磨损、破损情况。

（3）1 次早班，点检焦炭烧结筛网各一个。

表 4-21 筛网点检基准

项 目	点检管理基准		备 注
筛下粉的发生量	焦炭	无粗粒 与日常的粉发生量相比较	询问原料中心；筛网破损，块粒排出
	烧结矿		
磨损、破损情况	由目视确认状况		振动筛停止使用，更换
堵塞情况	堵塞 30% 以下		30% 以上时扫除堵塞

F 筛网更换基准（表 4-22）

（1）以下述的通过量，磨损量作为筛网更换的大致标准，筛网的更换是有计划进行的，希望不要同时更换太多的筛网。同时，控制烧结筛下粉粒度管理标准 +5mm 不大于 10%。

（2）筛网的选择及网孔尺寸的变更由操作方针决定。

运转监视中的设定大致为：矿筛 200000t/200（t/h）=1000h；焦筛 80000t/120（t/h）=660h。

表 4-22 筛网更换基准

项 目	种 类	基准通过量/万吨	备 注
烧结矿筛	上网	30～40	参考现场点检目视情况；此值是通过上、下筛网总量
	下网	20～30	
焦炭筛	上网	约 11	
	下网	8～11	

2014 年宝钢高炉烧结矿筛使用情况：1 号高炉烧结矿筛使用周期为 9.5 个月，平均使用通过量为 44 万吨，使用烧结矿槽 7 个；2 号高炉烧结矿筛使用周期为 9.5 个月，平均使用通过量为 43 万吨，使用烧结矿槽 7 个；3 号高炉烧结矿筛使用周期为 10 个月，平均使用通过量为 36 万吨，使用烧结矿槽为 10 个；4 号高炉烧结矿筛使用周期为 10 个月，平均使用通过量为 44 万吨，使用烧结矿槽为 8 个。宝钢高炉烧结筛网的使用周期均为 9～10 个月，烧结矿筛平均通过量除 3 号高炉以外都在 43～44 万吨。

宝钢原来使用锯齿筛，现在已经全部改为棒条筛。根据宝钢高炉统计，棒条筛烧结矿筛下粉 +5mm 比例约为 4.61%，而锯齿筛 +5mm 比例约为 13.87%，返回烧结粉 +5mm 比例低的棒条筛可节约炼铁成本。

4.2.2.3 落地原燃料使用对策

原燃料的管理中，对落地焦炭的使用比例有规定，在一般情况下，落地焦炭的使用比例不超过25%。当存在大量落地焦炭时，应加强焦炭筛网管理，防止筛网堵塞，控制t/h值（排料速度），加强筛分效果，注意对透气性的影响。注意对落地焦炭水分值的跟踪管理，避免炉温波动。

高炉正常使用的是直送烧结矿，当烧结机故障或定修及直送烧结矿的输送系统发生故障时，高炉就要使用落地烧结矿。如果高炉用的烧结矿全部是落地烧结矿时，高炉操作在透气性管理方面应注意以下几点：

（1）加强筛网管理，避免筛网堵塞，若堵塞达30%以上时必须清理筛网。

（2）调整矿槽排料闸门开度，控制排料速度，提高筛分效果。

（3）加强槽位管理，减少壁附料入炉，降低入炉粉末。

（4）尽量避免在雨天使用落地烧结矿，以免落地烧结矿潮湿影响筛网堵塞而粉末筛不下来。

（5）注意确保中心气流稳定，适当发展边缘。

（6）适当降低O/C，改善炉料透气性。

4.2.3 水分管理

原燃料水分管理主要包括直送烧结矿、落地烧结矿、直送焦炭、落地焦炭、球团矿、块矿、喷吹煤粉和熔剂等的水分设定。在雨季或落地焦炭和落地烧结矿使用比例较高时，原燃料水分设定对燃料比影响较大，水分设定不准确会造成高炉向热或者向凉，影响炉况稳定。因而，高炉日常管理中每个班都要检查确认原燃料水分设定值是否正确。

4.2.3.1 铁矿石和副原料的水分设定（表4-23）

表4-23 原料水分设定

原料名称	直送烧结矿	落地烧结矿	球团矿/%	精块矿/%	副原料/%
水分设定值	根据“供应点取样表”记录值		≤8	≤8	≤2

应注意的是，球团矿、精块矿、副原料都在供应点取样分析，高炉设定值由技术通知单设定。直送、落地烧结矿的水分设定应根据供应点取样数据分析确定水分设定值。直送烧结矿、落地烧结矿根据技术通知单变更。

4.2.3.2 焦炭水分设定（表4-24）

表4-24 焦炭水分设定

直送焦炭	中子水分计自动测定，故障时、采用煤焦实验室的最新水分值
落地焦炭	操作方针没有明确指示时，用手动设定
	手动设定的水分值采用“落地焦水分管理表”的最新3个班的平均值

4.2.3.3 雨季原燃料水分管理（表4-25）

表 4-25 雨季原燃料水分管理

项 目	晴天/%	小雨天/%	大雨天/%	连续大雨天/%
直送烧结矿	0.4	0.5	0.7	—
落地烧结矿	0.8~2.0	1.5~2.0	2.0~2.5	3.0~4.0
球团矿	6.1	6.5	7.0	7.5
精块矿	4	4.6	5	6
落地焦炭	1.5~2	3.5	5	10.2
小块焦炭	2~4	5	7~8	10~11

4.2.4 成分管理

根据原燃料条件选择最佳的炉渣成分和碱度，使炉渣具有适宜的熔化性温度、良好的流动性和稳定性以及较高的脱硫能力，这是实现高产稳产的重要保证。宝钢主要对原燃料入炉 Al_2O_3、MgO、锌、碱金属和硫等元素进行控制，在兼顾渣量的条件下，通过装入计算调节副原料用量，使炉渣碱度和渣中 Al_2O_3 含量达到控制要求。

4.2.4.1 碱度的控制

碱度通常用炉渣中碱性氧化物与酸性氧化物的质量百分数的比值表示。炉渣中 CaO/SiO_2 的比值称为碱度或二元碱度 R_2；$(CaO+MgO)/SiO_2$ 的比值称为总碱度或三元碱度 R_3；而 $(CaO+MgO)/(SiO_2+Al_2O_3)$ 的比值称为全碱度或四元碱度 R_4。在一定的冶炼条件下，Al_2O_3 和 MgO 含量相对稳定，实际生产中通常采用二元碱度。

高炉在平衡和调节炉渣碱度主要关注以下几个方面：

（1）设定好装入计算中的目标硅数和煤比。装入计算表中的目标硅数直接影响着炉渣的计算碱度，如果目标硅数设定不合适，将会导致实际炉渣碱度与计算碱度的偏差过大，从而影响炉渣碱度的调节精度。应该根据最近3天日平均硅数（炉况正常、无休风和大减风）来设定装入计算表中目标硅数；根据最近3天日平均燃料比、按照最新矿焦比所对应的煤比来设定装入计算表中的煤比。根据装入计算表计算，铁水硅数在0.55%以内，0.1%的硅数影响碱度0.03±0.003。

（2）分析好最近3天烧结矿日平均碱度、高炉炉料结构、副原料使用种类和数量。分析最近3天烧结矿日平均碱度、高炉炉料结构、副原料使用种类和数量，如果最近3天副原料的日平均用量大于0.5t/批，应要求烧结在控制标准范围内做正偏差控制（高炉使用石灰石时）或负偏差控制（高炉使用硅石时），如果烧结调整后高炉副原料使用量还是大于0.5t/批，则要求原料将配比单中烧结矿的控制碱度进行适当调整。

（3）调整炉渣碱度时要考虑实际硅数与目标硅数的差异。要做好炉温的趋势管理，平衡好炉温，避免炉温大起大落，避免因实际硅数与目标硅数的过大差异引起的实际碱度与计算碱度偏差过大。调整炉渣碱度时要考虑铁口间的硅数偏差，要确保最高硅数铁次的炉渣碱度不要超过管理目标碱度的上限，要考虑渣中 Al_2O_3 含量（包括实际值和计算值），即要避免出现“三高低流”炉渣（高硅、高碱、高铝、低流动性）。

（4）调整炉渣碱度时要考虑时效性。宝钢高炉烧结矿槽满仓按 1150t、平均槽位 70%、每个槽每批切出量（含返矿）12.56t/批计算，烧结矿从入槽到切出需要时间 1150×70%÷12.56×11.2（每批料速）=718min，从烧结取样处到高炉烧结矿槽顶部需要 15min，影响高炉装入料计算碱度的烧结矿成分应该是高炉进行变料之前 733min（12.2h）的试样成分，这是高炉操炉调整炉渣碱度时应该考虑的时间因素。按照高炉目前的产量水平（11500t/d）和矿批大小（137t/批）计算，炉料从炉顶装入到生成铁水排出需要 7.93h，因此，与高炉实际炉渣碱度相对应的烧结矿碱度应该是 20.13h 之前的烧结矿成分。

（5）调整炉渣碱度时要考虑之前第 3 个烧结矿成分与最新 3 个烧结矿成分平均值之间的差异。参与高炉变料单计算的烧结矿成分为最新 3 个烧结矿成分的平均值，而真正影响高炉变料单计算的烧结矿成分应该是之前第 3 个试样成分（烧结矿试样成分每 4h 检化验 1 次，烧结矿成分影响高炉装入计算的时效性为 12h），这是影响高炉炉渣实际碱度与计算碱度偏差的又一个因素，因此，在调整炉渣碱度时需要考虑最新 3 个烧结矿成分的平均值与之前第 3 个烧结矿成分之间的差异，该差异对计算碱度的影响量（该影响量不能使用烧结比例乘以该碱度差异，而应该通过装入变料单计算即理论计算才能得出）就代表了计算碱度与该计算碱度之后 8h 实际炉渣碱度之间的差异。

当炉渣中 Al_2O_3 增加时，特别是含量大于 15% 时，需要调整控制适宜的渣量和 MgO 含量；保证炉渣黏度，宝钢控制炉渣成分的标准见表 4-26，2014 年宝钢 3 号高炉月均二元碱度实绩如图 4-5 所示。日常生产中，每次铁要求取炉渣样化验成分。每天要求取渣样进行炉渣全分析。宝钢高炉根据原燃料成分、配比及炉渣成分的变化，通过配料计算及时调整入炉熔剂来保证造渣制度稳定。

表 4-26　宝钢炉渣管理标准

项目	CaO/SiO_2	$(CaO+MgO)/(SiO_2+Al_2O_3)$	Al_2O_3	MgO	FeO	TiO_2	渣量/$kg \cdot t^{-1}$
标准	1.14～1.28	0.90～1.10	≤15.8	6.0～9.0	≤2.0	≤4.0	≤290（煤比为 180 时） ≤280（煤比为 200 以上时）

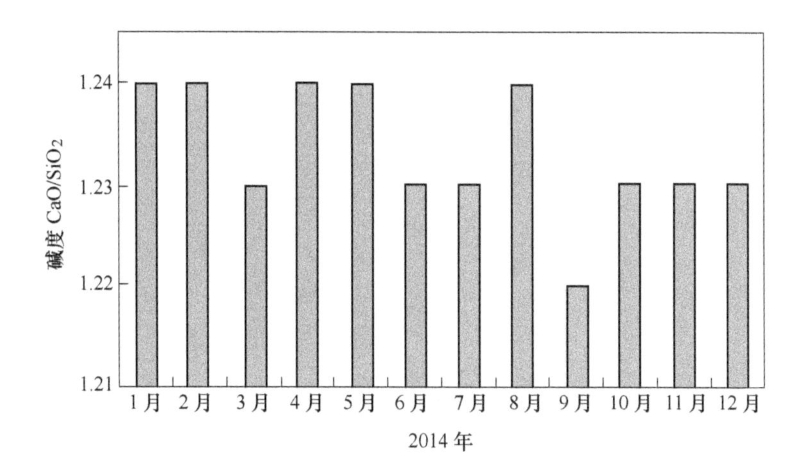

图 4-5　2014 年宝钢 3 号高炉月均二元碱度推移图

4.2.4.2　三氧化二铝的控制

高炉渣中 Al_2O_3 含量高（>15%）时，炉渣的流动性、脱硫能力和稳定性变差，同时熔化性温度较高，易引起炉墙黏结和出渣铁困难，不利于炉况顺行。

在 R_2 = 1.15 ~ 1.25，（Al_2O_3）= 14.0% ~ 18.5%，（MgO）= 6% ~ 12% 的实验条件下，研究了炉渣成分变化对炉渣性能的作用。炉渣流动特性研究关注两个方面：一个是1500℃的黏度，表征在正常冶炼情况下炉渣流动性能；另一个是熔化性温度，熔化性温度高将影响炉渣抗炉温波动的能力。

研究表明，1500℃时的炉渣黏度与（MgO）负相关，与（Al_2O_3）含量及二元碱度正相关，且因二元碱度的相关系数小，其作用可以不计。在正常冶炼情况下既保证炉渣的流动性能不变，又提高渣中 Al_2O_3 的唯一可取的途径就是提高渣中的 MgO 含量。而 Al_2O_3 与 MgO 各自变动比例为渣中 Al_2O_3 提高 1% 需要相应的 MgO 提高 0.75%，才能在 1500℃情况下保持炉渣的黏度不变，如图 4-6 所示（二元碱度为 1.20）。

熔化性温度同样与（MgO）负相关，与（Al_2O_3）含量及二元碱度正相关，且二元碱度对熔化性温度的影响作用不大。为保证炉渣抗炉温稳定性能力，必须确保熔化性温度不得升高。显而易见，提高渣中 Al_2O_3 后的熔化性温度升高可通过提高 MgO 和降低二元碱度来改善，其定量关系为提高渣中 Al_2O_3 含量 1% 需提高 MgO 含量 2% 或降低炉渣二元碱度 0.06，如图 4-7 所示。

综合 1500℃的炉渣黏度和熔化性温度的炉渣调节特点，可以看出，在提高 Al_2O_3 含量的同时可以通过部分提高 MgO 含量、部分降低二元碱度的综合调节，使得不过分提高 MgO 含量而增大渣量，小幅降低二元碱度对炉渣的脱硫也在可以承受的范围内。

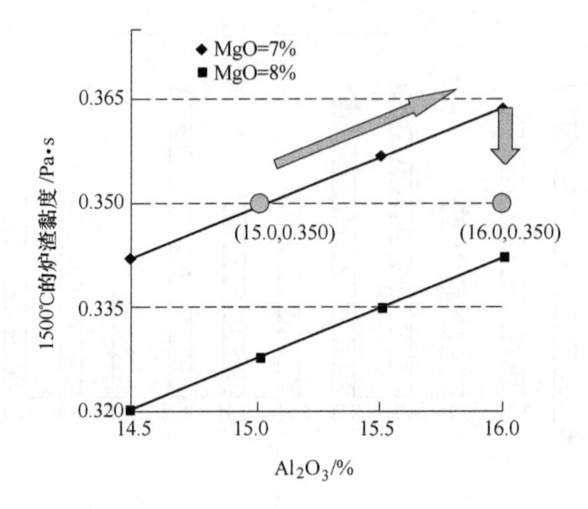

图 4-6　Al_2O_3 及 MgO 两组元对 1500℃的炉渣黏度的影响关系

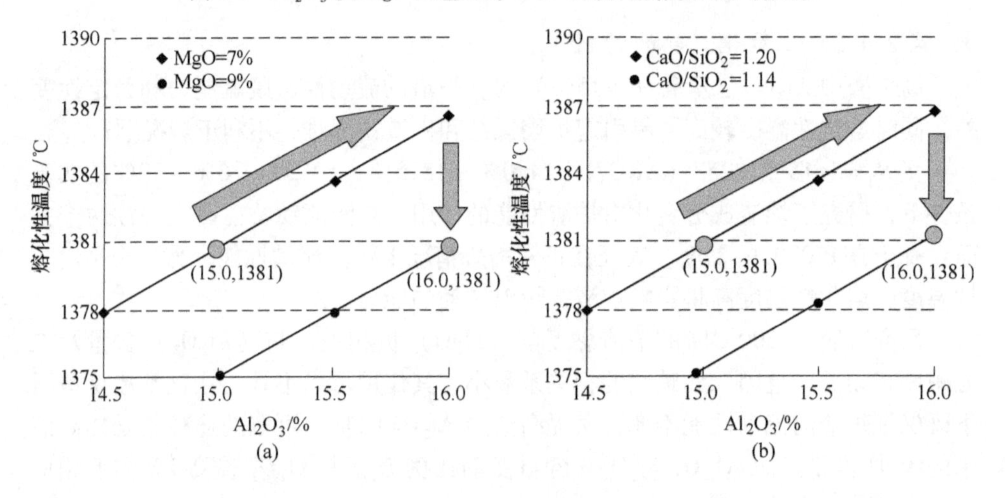

图 4-7　Al_2O_3 及 MgO 两组元对熔化性温度的影响关系

（a）$CaO/SiO_2 = 1.20$；（b）MgO = 7%

另外，相图理论说明，当炉渣成分处于黄长石、镁蔷薇辉石和钙镁橄榄石区域内，炉渣的熔化温度低、稳定性好。从（Al_2O_3）为 15% 和 20% 的 CaO-MgO-SiO_2 相图（图 4-8）可以看出，随着（Al_2O_3）的增大，高熔点的尖晶石（MgO · Al_2O_3）区扩大，熔渣逐步从液相线温度低于 1450℃的黄长石区（2CaO · MgO · SiO_2 和 2CaO · Al_2O_3 · SiO_2 的固溶体）变化为尖晶石区。在低温区，Al_2O_3 容易与 MgO 形成高熔点的尖晶石或与 CaO 和 SiO_2 形成固体悬浮物，使熔渣黏度增大。

鉴于上述原因，宝钢高炉通常将渣中的 Al_2O_3 含量控制在 15% 之内，图 4-9

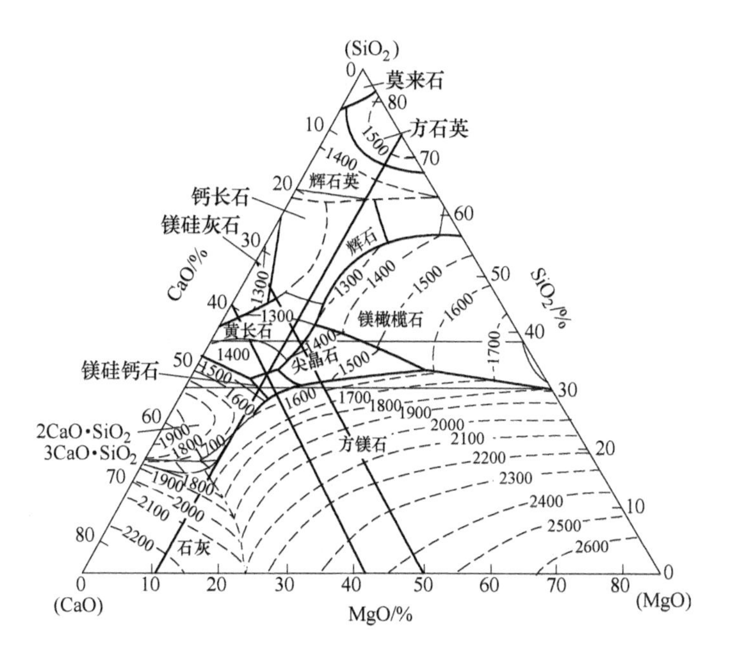

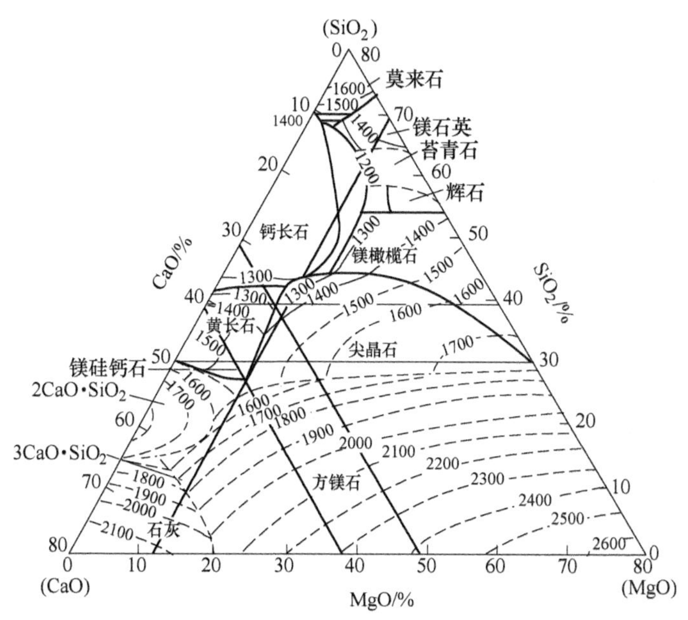

图 4-8 （Al_2O_3）为 15%（上图）和 20%（下图）的 CaO-MgO-SiO_2 相图

所示为 2014 年宝钢 3 号高炉月均炉渣中 Al_2O_3 含量实绩。

4.2.4.3 氧化镁的控制

高炉炉渣的性能受很多因素的影响，最主要的就是炉渣组分。随着二元碱度

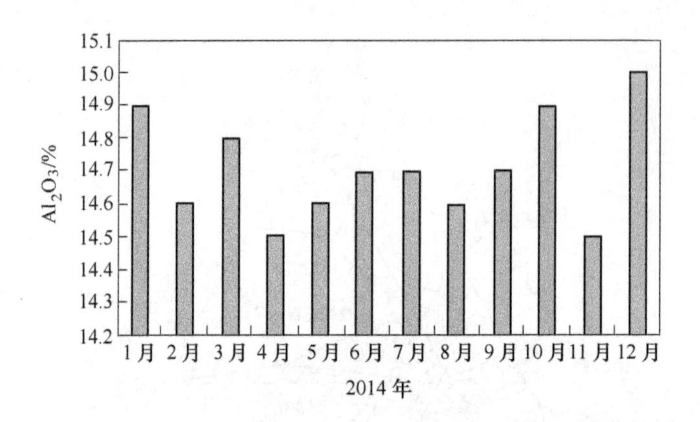

图 4-9　2014 年宝钢 3 号高炉月均（Al_2O_3）推移图

和 Al_2O_3 含量的提高，渣中高熔点组分大量增加，使得熔渣的黏度大幅度升高，炉渣的流动性和稳定性变差。研究发现，适当提高炉渣 MgO 含量对提高炉渣流动性和稳定性，改善炉渣综合冶金性能和脱硫效果。

从图 4-10 可以看出，熔化性温度在 1400℃ 左右时，黏度小于 0.8Pa · s；1500℃时，熔化性温度黏度小于 0.5Pa · s。随着 MgO 含量的增加，炉渣的熔化性温度降低、黏度下降，流动性得到改善。降低 MgO 含量，提高碱度也可降低黏度，如图 4-10 所示。同时从 $CaO-MgO-SiO_2-Al_2O_3$ 四元相图（图 4-11）可明显看出，在高 Al_2O_3 情况下，向渣中加入 MgO，可以显著扩大液相区，扩大 C_2S 及黄长石区。随着液相区的扩大，渣的熔化性温度、流动性及稳定性得到改善。但是当 MgO 含量达到 15% 时，C_2S 及黄长石区有缩小的趋势，炉渣熔点升高，故

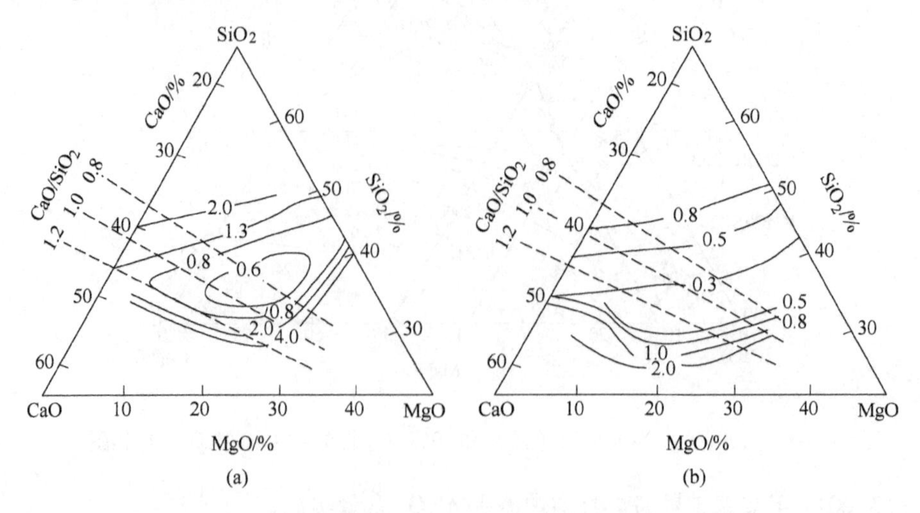

图 4-10　（Al_2O_3）为 15% 的 $CaO-MgO-SiO_2-Al_2O_3$ 四元系炉渣的等黏度图

（a）t_s = 1400℃；（b）t_s = 1500℃

MgO含量不宜太高。因此从熔渣熔点角度出发，MgO添加量不能过多。另外，为了节约MgO资源以及降低高炉炼铁的渣量，建议在满足高炉冶炼前提下，应尽可能降低MgO添加量。

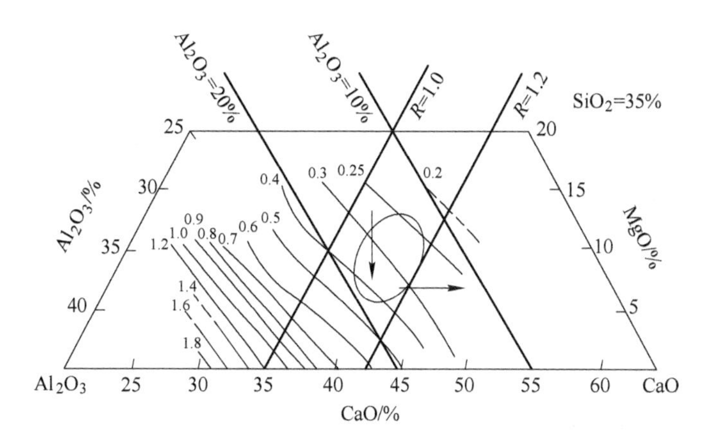

图4-11　(SiO_2)为35%的CaO-MgO-SiO_2-Al_2O_3四元系炉渣的等黏度图

宝钢根据自身原燃料条件和成本方面考虑，对渣中MgO含量要求控制在6%～9%，图4-12所示为2014年宝钢3号高炉月均（MgO）推移图。

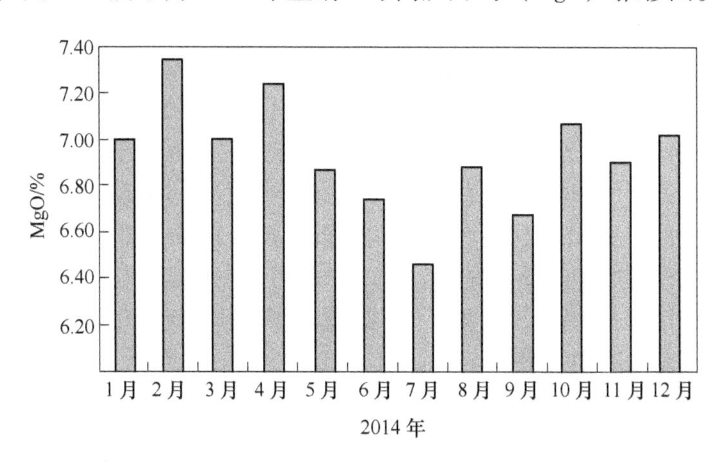

图4-12　2014年宝钢3号高炉月均（MgO）推移图

4.2.4.4　硫的控制

高炉铁水中［S］主要来源于焦炭，其次是喷煤带入的硫，其余硫来自入炉原料。高炉内脱硫机理是铁水通过渣层和在其与炉渣渣面接触当中进行脱硫反应：(CaO)＋[FeS]＋[C]→(CaS)＋[Fe]＋CO。硫在渣铁中的分配系数L_S基本反映了炉渣的脱硫能力，由脱硫反应的动力学和热力学条件可知，

L_S 主要取决于渣中的碱度、MgO 及炉渣温度。因而，控制铁水硫含量措施有以下几个方面：

（1）减少入炉硫负荷。原燃料中硫含量的高低直接决定了入炉硫负荷的高低，因而要提高原燃料质量，优化配料结构，减少入炉硫负荷。

（2）稳定炉况，减小硫波动水平。高炉炉况无疑也是影响铁水硫黄合格率的一项重要因素，高炉炉况顺行时，炉内脱硫效果好；高炉炉况波动，顺行差，炉墙脱落，炉温低下时炉内脱硫效果差，铁水中硫含量波动较大。

（3）优化炉渣性能，改善流动性，提高脱硫能力。适度提高炉渣碱度，提高脱硫能力；提高 MgO 含量，增加渣的稳定性和流动性，从而加速硫的扩散，改善炉渣脱硫的能力；降低渣中 Al_2O_3 含量，渣中的 Al_2O_3 不利于炉渣脱硫，它与氧负离子结合形成铝氧复合负离子，从而使渣中氧负离子的浓度降低而降低炉渣的脱硫能力。

（4）保证炉缸热量充沛。炉缸热量充沛能提供脱硫反应所需热量，加快反应速度；高温能降低炉渣黏度，有利于反应的扩散进行，提高脱硫的效率。

4.2.4.5 锌的控制

锌是与含铁原料共存的元素，常以铁酸盐（$ZnO \cdot Fe_2O_3$）、硅酸盐（$2ZnO \cdot SiO_2$）及闪锌矿（ZnS）的形式存在。高炉冶炼时，其硫化物先转化为复杂的氧化物，然后再在大于1000℃的高温区被 CO 还原为气态锌。大量的锌蒸气随煤气上升到温度较低的块状带区域时冷凝（580℃），然后再被 CO_2 氧化为 ZnO。锌蒸气在炉内氧化—还原循环。一方面，锌蒸气沉积在高炉炉墙面上，可与炉衬和炉料反应，形成低熔点化合物而在炉身下部甚至中上部形成结瘤。当锌的富集严重时，炉墙严重结厚，炉内煤气通道变小，炉料下降不畅，高炉难以接受风量，透气性变坏，崩滑料频繁，对生产顺行和产量、技术指标带来很大影响。另一方面，锌蒸气沉积在高炉炉体砖衬缝隙中或炉墙面上，当其氧化后体积膨胀，会损坏砖衬，锌蒸气可与炉衬反应结合，形成低熔点化合物而软化炉衬，使炉衬的侵蚀速度加快，影响高炉长寿。

高炉生产中，锌的循环除高炉内部的小循环外，还存在于烧结—高炉生产环节间的大循环上。一般锌从高炉排出后大部分进入高炉污泥中或干法除尘的布袋灰中，可是当高炉的锌负荷很大的时候，除尘器灰中也含有大量的锌。如果锌含量高的高炉尘泥，甚至锌含量高的除尘器灰配入烧结矿中再进入高炉利用，高炉内就会形成锌的循环富集。烧结配入高炉高锌尘泥和转炉、电炉尘泥，是造成高炉锌富集和危害生产的根源所在，必须打破烧结—高炉间的锌循环链，从源头上切断锌的来源。对于高炉煤气净化灰泥和转炉灰泥、电炉尘泥，必须经脱锌处理后才能回配烧结使用，否则应暂堆料场或外卖处理。尽可能少加或不加高锌尘泥到烧结矿中。众多高炉实绩证明，为回收尘泥而牺牲高炉生产顺行的做法是得不偿失的。宝钢高炉炉尘灰分见表 4-27。

表 4-27 宝钢高炉炉尘灰成分

成分/%	TFe	FeO	C	Zn	H_2O	Fe_2O_3	CaO	SiO_2
重力灰	47.87	5.10	23.66	0.072	4.60	42.38	1.78	3.20
瓦斯泥	32.46	4.63	40.92	0.711	23.7	40.45	1.67	3.90
成分/%	Al_2O_3	MgO	TiO_2	P_2O_5	S	MnO	Na_2O	K_2O
重力灰	0.68	0.40	0.170	0.029	0.014	0.07	0.056	0.28
瓦斯泥	1.34	0.47	0.170	0.005	0.210	0.040	0.14	0.47

宝钢高炉的烧结—高炉锌循环调查情况如图 4-13 所示。

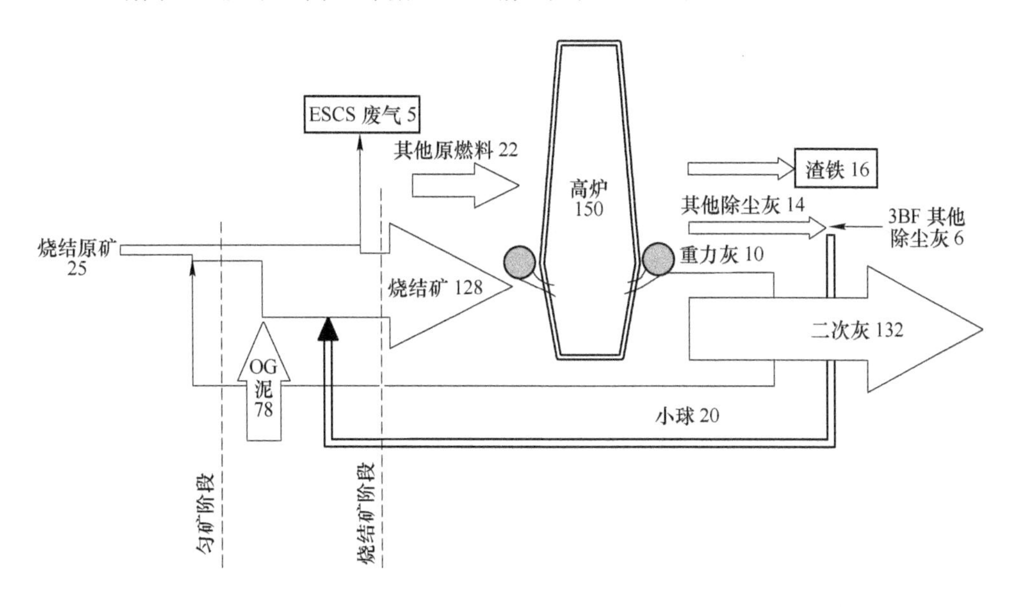

图 4-13 宝钢烧结—高炉间的锌循环（单位为 g/t）

高炉入炉料中 85% 的锌来自于烧结矿带入，烧结过程中瓦斯灰和 OG 泥的使用，是造成烧结矿—高炉间锌的循环富集的主要根源。在烧结比稳定的情况下，控制烧结矿带入的锌就成为控制高炉锌负荷的关键，这要通过控制烧结混匀矿中瓦斯灰和 OG 泥的使用量来实现。OG 泥另外处理利用或脱锌后再回配烧结，废弃一定的高锌瓦斯灰或将其脱锌后配入烧结，是减少高炉入炉锌负荷及其危害的主要办法。

天然矿、球团矿和焦炭、煤粉（含量约为 0.03% ~0.05%）中也含有微量的锌，但对高炉不具威胁。为控制高炉锌装入量，应对烧结矿和高炉瓦斯泥成分进行日常检测并加强使用管理。高炉生产中通过配料计算，对入炉锌负荷加以监控。根据高炉生产实绩，宝钢高炉入炉锌的管理标准见表 4-28。

表 4-28　宝钢高炉锌负荷的控制标准

项　目	烧结矿中的锌含量/%	炉料含锌量/%	入炉锌负荷/$kg \cdot t^{-1}$
控制标准	<0.01	<0.008	<0.15

4.2.4.6　碱金属的控制

高炉原燃料中带入的钾、钠等碱金属是高炉冶炼的有害元素，对原料质量、高炉生产、高炉炉衬带来很大危害。K、Na 的沸点只有 799℃ 和 882℃。碱金属的氧化物在炉身中温区还原出碱蒸气，随煤气流上升，与炉料中的矿物结合生成碱的氰化物、碳酸盐和硅酸盐等。这些碱金属盐随炉料返回到高炉下部高温区，被还原成碱金属蒸气。高炉下部、炉缸、炉腹区生成的碱金属氰化物在高炉上部低温区又被 CO_2 氧化为碳酸盐。这样在煤气与炉料逆流运动的条件下，入炉碱金属有相当一部分在炉内上部和下部之间循环转移，不能排除炉外，造成碱金属在高炉内的循环和富集严重时会造成高炉中上部炉墙结瘤，引起下料不畅、气流分布和炉况失常，如图 4-14 所示。

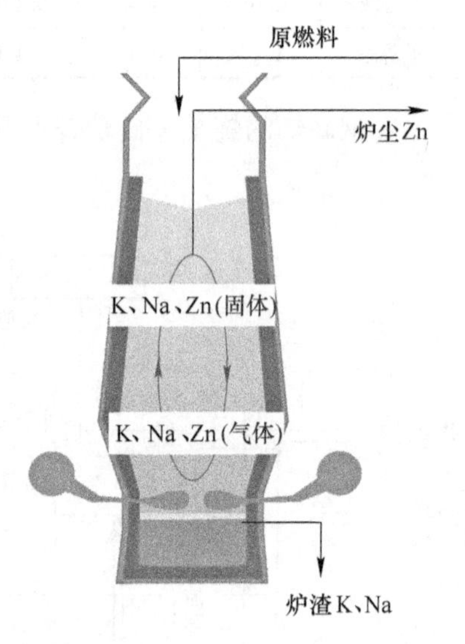

图 4-14　高炉内碱金属循环示意图

碱金属对焦炭溶损反应破坏有显著的催化作用，会造成高炉内焦炭粉化加重，料柱透气性恶化，从而影响高炉顺行和稳产。高炉风口取样分析表明，风口焦中碱金属含量升高，风口焦炭粒度减小，入炉焦炭到风口前的劣化程度增大，说明焦炭在高炉内的粉化随着碱金属在焦炭气孔中或焦炭碎末中的积累而变严重。为确保焦炭的料柱骨架和炉缸焦床透气性的作用，必须控制焦炭灰分和入炉碱金属负荷。

研究表明，碱金属能提高烧结矿的还原度，但会导致烧结矿中低温还原粉化率大幅度上升。碱金属含量较高使烧结矿软熔温度区间变宽。碱金属碳酸盐和硅酸盐使球团矿产生异常膨胀，还原强度显著下降，还原粉化加剧。碱金属在高炉不同部位炉衬的滞留、渗透，会引起硅铝质耐火材料异常膨胀；造成风口上翘、中套变形；会引起耐火材料剥落、侵蚀，造成炉体耐火材料损坏，炉底上涨甚至炉缸烧穿等事故，对高炉生产和安全带来严重不良影响。碱金属中 K 元素的循环积累及其危害性比 Na 元素更大。因此高炉生产对入炉碱金属量要严格控制。

为保证高炉的正常冶炼并有良好的技术指标，有效的办法是控制入炉料中碱金属的含量和增加碱金属的排除量。入炉料中的碱金属主要来源于焦炭和煤粉的灰分，因此生产中对焦炭和煤粉灰分成分中的钾、钠含量要检验分析并进行控制。焦炭灰分成分中，K_2O 和 Na_2O 的总含量一般约 1.0% ~1.2%，喷吹原煤的灰分成分中，K_2O 和 Na_2O 的总含量一般约 1.1% ~1.3%。焦炭灰分成分中的碱金属含量应低于 1.3%。无烟煤灰分和灰分中碱金属含量比烟煤高，高炉使用混合煤喷吹可以控制燃料中带入的碱金属的含量。喷吹煤中碱金属含量应控制在 1.5% 以下。

由于碱金属，尤其是 K_2O 对矿石、焦炭的破坏作用以及对高炉生产设备的危害，需要对矿石、煤炭进行脱碱、脱灰处理，高炉日常生产中要通过配矿、配煤减少碱金属入炉，要对原燃料碱金属含量、高炉入炉碱负荷以及碱金属在高炉系统平衡进行定期检测分析，把握其变化。碱负荷长期偏高的高炉要定期进行炉渣排碱。宝钢入炉碱金属负荷正常生产中为 1.5kg/t 左右，控制标准为小于 2.0kg/t-p。

4.2.5　渣比控制

宝钢高炉采用高碱度烧结矿与天然块矿和球团矿配合的炉料结构，熔剂加入量已减至很小的程度。高炉渣比与烧结矿、球团矿、天然块矿的含铁品位和炉料配比、焦炭和煤粉灰分有关，随煤比提高，应通过提高铁矿石含铁品位和降低焦炭灰分来不断降低渣量。实际生产中由于原燃料成分波动，特别是烧结矿的碱度波动，操作炉型不稳定，铜冷却壁易粘易脱造成炉缸热水平波动、炉温控制不稳定，以及调节碱度和（Al_2O_3）的时机和幅度把握不好等，造成熔剂用量偏多，渣比有所增加。

高炉喷煤特别是较高煤比的操作条件下，高炉需降低渣量以提高下部透气性，增强接受煤粉的能力，成为生产操作的必然要求。降低渣量可以显著改善高炉软熔带、滴落带的透气性，是提高喷煤比的重要措施。根据高炉软熔带、滴落带透气性试验，当煤比从 120kg/t 提高到 150kg/t 时，软熔带、滴落带的气流压差相应提高 20% 左右。渣量由 320kg/t 降低到 305kg/t，高炉透气性阻力系数 K 值可以相应降低 2.6% 左右。煤比为 180kg/t 时的渣量应控制在 290kg/t 以下，煤比为 200kg/t 以上时渣量应控制为 280kg/t 以下。

4.3　炉料结构

高炉炉料结构是精料技术的重要组成部分，是由资源、装备和生产条件等决定的，与生产操作和炼铁成本等密切相关，通过炉料结构的最优配比，为实现高炉稳定顺行和良好经济技术指标创造条件，同时，实现原料成本最经济。宝钢一贯坚持高炉精料方针，精料技术不仅仅局限于完善的原燃料管理，更注重各种炉料的合理搭配，优化高炉炉料结构一直是宝钢高炉坚持的生产技术路线。宝钢高炉炉料结构主要由烧结矿、球团矿和精块矿构成，烧结矿为自产，球团矿和精块矿均为外购，其主要由资源状况和炼铁工艺配套条件而确定。

合理的炉料结构与冶炼进程及技术经济指标有极为密切的关系，应满足以下要求：（1）炉料具有较高的综合入炉品位，有利于降低工序能耗；（2）能使高炉在无熔剂入炉或少熔剂入炉的情况下，造出适宜碱度和适宜成分的高炉渣；（3）炉料具有良好的高温冶金性能，能在炉内形成合理稳定的软熔带，有利于高炉强化冶炼；（4）各炉料品种和配比相对稳定，变动少；（5）结合自有资源，实现高炉低成本生产。

评价炉料结构合理性包括化学成分、物理性能和冶金性能三个方面，化学成分是基础，物理性能是保证，冶金性能是关键。没有合适的化学成分，就谈不上良好的物理性能和冶金性能。反过来说，即使有了一定的化学成分，没有良好的物理性能和冶金性能，这种炉料也很难被高炉所采用。确定合理的炉料结构，不仅仅局限于提升炉料的理化性能、改善冶金性能，关键是保持炉料结构的稳定性，还要遵循技术和经济相统一的原则，以高炉稳定顺行和高炉高产、优质、低耗、低成本、长寿为总目标。

4.3.1 炉料在高炉内的性状变化

根据高炉冶炼原理，炉料在炉内主要经历以下3个阶段：块状带、软熔带和滴落带。炉料在下降过程中温度不断升高，除了各种化学反应相继进行外，其物理性状也在不断的改变。炉料在高炉内还原过程中，性状变化主要影响高炉的透气性，进而直接影响高炉炉料顺行、炉内煤气分布与煤气利用率，因此，分析炉料结构合理性的重点是研究炉料结构的还原性与炉料在高炉中的变化对高炉透气性的影响。

4.3.1.1 块状带

根据高炉温度场分布，高炉块状带一般在900℃以下，进行的主要反应是炉料预热、水分蒸发、结晶水的分解、矿石的间接还原、少量直接还原，同时发生一些固相反应，形成了低熔点化合物。在低温区炉料在还原进行时会发生粉化现象，炉料平均粒度会明显下降；炉料的低温还原粉化一般在400～600℃区间内发生，粉化是指生成大量小于5mm的粉末，它对块状带料柱的透气性危害极大，会导致炉况不顺、产量下降和焦比升高。

在块状带，炉料保持散料体形态，根据欧根（Ergun）方程煤气压力损失计算公式：

$$\frac{\Delta P}{H}=\frac{150\mu u_0(1-\varepsilon)^2}{\overline{d}_p^2\,\overline{\phi}^2\varepsilon^3}+1.75\,\frac{1-\varepsilon}{\varepsilon^3}\,\frac{\rho_g u_0^2}{\overline{\overline{d}}_p\,\overline{\overline{\phi}}} \tag{4-1}$$

式中 ΔP——料柱压力降，N/m^2；

H——料柱高度，m；

μ——煤气黏度，Pa · s；

u_0——煤气的空炉流速，m/s；

ρ_g——煤气密度，kg/m^3；

ε——料柱孔隙率；

$\overline{d}_p$——炉料的平均粒径，m；

$\overline{\phi}$——炉料颗粒的形状系数。

式（4-1）中第一项为摩擦阻力损失，第二项为运动阻力损失，高炉内煤气以紊流状态运动，摩擦阻力损失比运动阻力小得多，故可以忽略不计。料柱的透气性可以用阻力指数的倒数表示：

$$K = \frac{1}{1.75} \frac{\varepsilon^3 \overline{d}_p \overline{\phi}}{1 - \varepsilon} \tag{4-2}$$

在一定操作条件下，炉料的透气性与炉料本身的粒度与颗粒形状有较大关系，透气性与炉料平均粒径、形状系数和$\varepsilon^3/(1-\varepsilon)$成正比，炉料的粒度均匀性与粉末量决定了孔隙率$\varepsilon$，炉料粒度均匀，孔隙率$\varepsilon$与粒度无关，只与炉料的堆积方式有关，不同粒度堆积时，孔隙率降低，而随着ε的提高，$\varepsilon^3/(1-\varepsilon)$急剧增大，说明提高孔隙率对炉料透气性的影响程度较高，即炉料粒度越大越均匀炉料的透气性越好，但是粒度增大，炉料的还原性将变差，所以需要综合考虑炉料在高炉中的各种物理化学变化，以炉料粒度的变化来衡量炉料在高炉块状区透气性。为了保证炉料在高炉块状带有均匀稳定的粒级，要求炉料具有良好的粒度组成、冷强度、透气性、较好的低温粉化率、高还原后强度等。

评价炉料在块状带的质量和性能指标，除化学成分、粒度组成以及转鼓强度外，主要还有还原性、低温还原粉化率、球团膨胀指数、精块矿热爆裂指数。

A　还原性

炉料的还原性是指其在高炉内900℃以下区域铁氧化物被煤气中的还原气体（CO、H_2）还原的难易程度，用还原度指数（*RI*）予以评价，通常，还原度指数（*RI*）越高，铁氧化物越容易被还原，还原性越好，它是评价铁矿石冶金性能的重要质量指标。还原性是含铁炉料冶金性能的基础，其对高炉冶炼，尤其是加强稳定和降低焦比有很大影响，还原性和含铁炉料的化学成分、矿物组成、矿物结构及物理性能（包括粒度、气孔率、气孔大小等）有很大的关系。研究表明，赤铁矿、磁铁矿、铁酸半钙、铁酸一钙容易还原，铁酸二钙还原性稍低，而玻璃质、钙铁橄榄石、钙铁辉石，特别是铁橄榄石难还原。结构对其还原性也有很大影响，由于炉料的还原是气体扩散到反应界面进行的，所以还原性好坏与矿物晶体大小、分布情况、黏结相的多少及气孔率等有关。大块的磁铁矿或者被硅酸盐包裹形成斑状结构对还原性不利，相反晶粒细小密集而且黏结相少的易还原。气孔率低而且大部分是铁橄榄石或玻璃质组成的气孔壁还原性差，而气孔率高（大孔和微孔）、晶体松弛以及裂纹多的结构易还原，特别是形成针状铁酸钙黏结相的残余原生赤铁矿形成的非均质结构或粒状结构对还原性极为有利，提高孔隙率和赤铁矿、铁酸钙的含量可以提高含铁炉料的还原性能。

宝钢炉料主要品种还原性如图 4-15 所示。

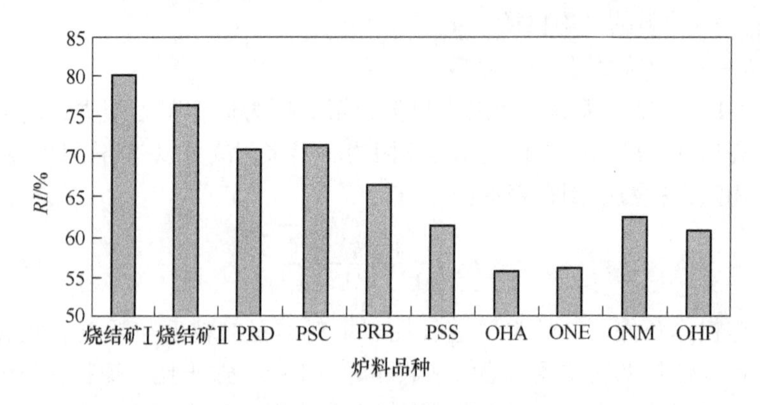

图 4-15 宝钢炉料主要品种的还原性

宝钢高炉炉料总体看，还原性为烧结矿 > 球团矿 > 精块矿，宝钢烧结矿以高碱度（1.8 ~2.1）为主，虽然近年混匀矿中 SiO_2 和 Al_2O_3 成分略有上升，烧结矿还原性略有下降，但总体保持较好还原性，达到 75% 以上。对于球团矿，自熔性球团矿还原性要优于酸性球团矿，这是由于碱性球团矿结构相对疏松，再加上其产生了优于铁橄榄石的钙铁橄榄石矿物，促进了还原进程，对于精块矿，混合精块矿（ONM、OHP）还原性好于单一品种精块矿，这与精块矿结构相对致密有关。OHP 和 ONM 分别是以 OHA 和 ONE 为原矿的混合块矿品种，混入了较大比例的劣质矿石，各种单矿之间的混合并不均一，各种单矿的配比并不固定。OHP 混合精块矿如图 4-16 所示，存在多个品种，有多种不同颜色，并且几种矿

图 4-16 OHP 精块矿现场照片

宏观质量差异较大，密度和硬度明显不同。通过原矿分离分析表明，至少有五种不同品种精块矿混合，如图 4-17 所示，劣质矿与优质矿相比，表面相对疏松，硬度较小，易破碎。

优质铁矿石

次优质铁矿石

劣质铁矿石 A

劣质铁矿石 B

劣质铁矿石 C

图 4-17　OHP 混合精块矿包含品种

还原度是反映铁矿石还原程度、评价铁矿石还原性的一个重要指标。

还原度的定义为：以三价铁状态为基准（即假定铁矿石中的铁全部以 Fe_2O_3 形式存在，并把这些 Fe_2O_3 中的氧算作 100%），还原一定时间后所达到的脱氧的程度，以质量百分数表示。通常表示如下：

$$\text{还原度}(R)=\frac{\text{从铁氧化物中排除的氧量}(O_{\text{失}})}{\text{原先与铁结合的氧量}(O_{\text{总}})}\times 100\% \tag{4-3}$$

高炉炉内含铁炉料的还原度计算公式为：

$$R=\left[1-\frac{42.9(\mathrm{TFe}-\mathrm{MFe})-11.1\mathrm{FeO}}{\text{入炉矿石含氧量}}\right]\times 100\% \tag{4-4}$$

式中　TFe，FeO，MFe——分别为铁矿石试样中全铁、氧化亚铁、金属铁含量。

图 4-18 是宝钢高炉不同高度取得的样品中烧结矿和球团矿还原度随高炉高度的变化，随着取样位置降低，烧结矿和球团矿的还原度都呈增加的趋势；球团矿和烧结矿的还原度是不同的，烧结矿的还原度约为 35% ~55%，而球团矿的还原度约为 30% ~50%，烧结矿的还原性要略好于球团矿的还原性。

B　低温还原粉化性能

铁矿石炉料进入高炉炉身上部在 500 ~600℃ 区间，由于受气流冲击及 Fe_2O_3

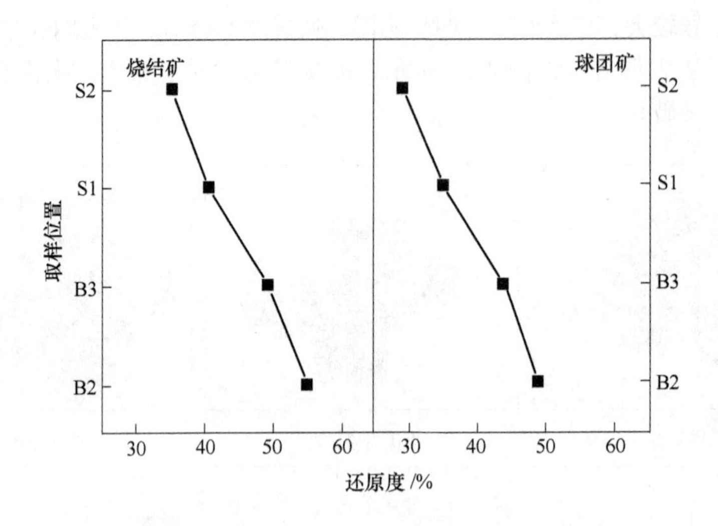

图 4-18 不同高度的炉料还原度比较（B2～S2 为冷却壁位置）

→Fe_3O_4→FeO 还原过程发生晶形，导致铁矿石粉化，直接影响高炉内气流分布和透气性。它是衡量铁矿石在高炉上部块状带性能的一项指标，对高炉冶炼具有较大的影响。低温还原粉化指数 *RDI* 原来采用日本 JIS 标准检测，用 RDI_{-3}表示，现在逐步采用国际标准检测，用 $RDI_{+3.15}$表示。

炉料低温还原粉化的根本原因是矿石中的 Fe_2O_3 在低温（400～600℃）还原时，由赤铁矿变成磁铁矿发生了晶格的变化，前者为三方晶系六方晶格，而后者为等轴晶系立方晶格，还原造成了晶格的扭曲，产生极大的内应力，导致铁矿石在机械力作用下碎裂粉化。影响高炉炉料低温还原粉化性能的因素有矿石的种类、Fe_2O_3 的结晶形态、人造富矿的碱度、还原温度及铁矿石中的其他元素的含量。烧结矿、球团矿和精块矿的赤铁矿含量和其自身的强度是影响含铁炉料低温还原粉化的主要因素，赤铁矿含量越高，炉料强度越低，低温还原粉化性能越差。根据高炉取样表明，球团矿在低温还原后，仍保持着结构的完整，可见球团矿的低温还原粉化指标要优于烧结矿。

根据宝钢高炉入炉和炉身取样烧结矿显微照片（图 4-19）可以分析烧结矿的矿物组成、显微结构、物相变化。宝钢原始烧结矿的矿相以赤铁矿、磁铁矿、玻璃相为主，而玻璃相以铁酸钙为主，铁酸钙主要为针状，少数为片状，烧结矿主要呈现出交织熔蚀结构，部分呈 $CaO \cdot Fe_2O_3$ 与 Fe_3O_4 的共晶结构，玻璃相起辅助黏结作用。S2 段样品已有相当部分 Fe_2O_3 被还原为 Fe_3O_4，铁矿物以 Fe_3O_4 为主，Fe_2O_3 集中于烧结矿的边缘和孔洞，呈粒状或条状，铁酸钙部分还原为 Fe_3O_4；S1 段与 S2 段样品的明显差别是烧结矿出现了许多细微裂纹。此现象应是导致烧结矿还原粉化现象的直接原因之一，矿物中，磁铁矿还原为浮氏体，铁酸

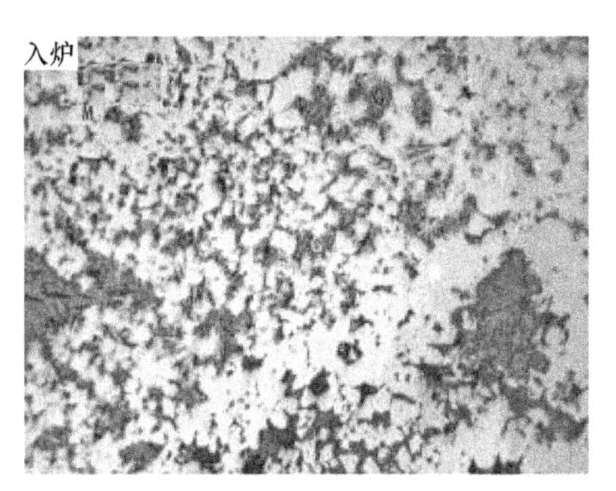

白色—赤铁矿；灰白色—磁铁矿；浅灰色—铁酸钙；黑灰色—玻璃相；黑色—孔洞

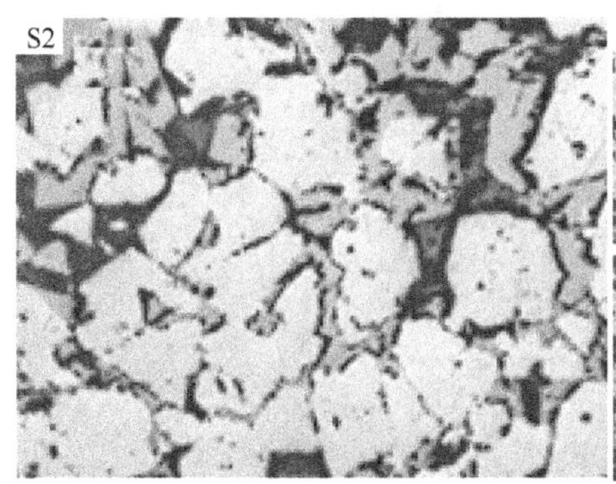

白色—赤铁矿；灰白色—磁铁矿；浅灰色—铁酸钙；黑灰色—玻璃相；黑色—孔洞

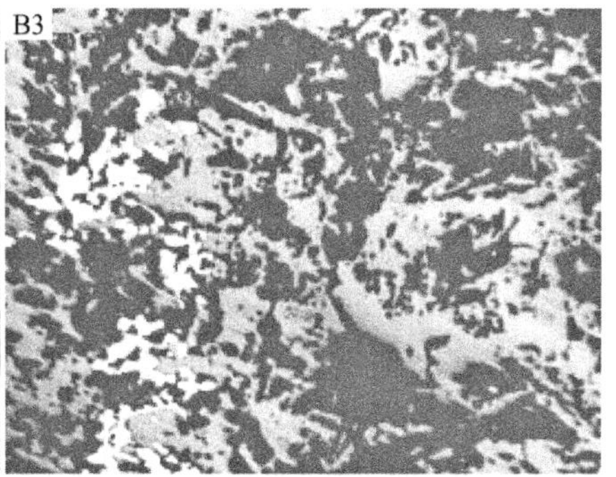

亮白色—金属；白色—浮氏体；灰白色—磁铁矿；灰色—渣相；黑色—孔洞

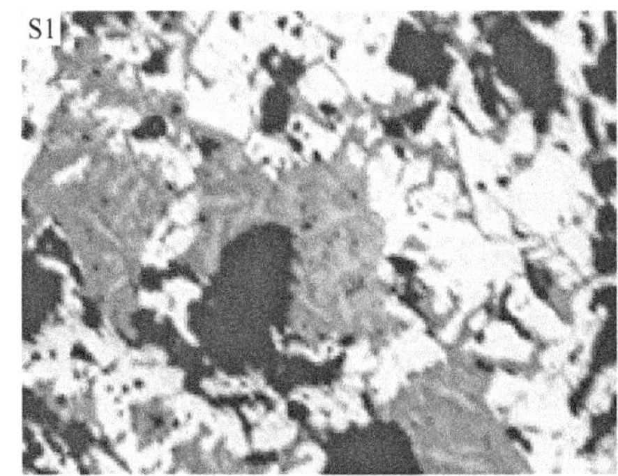

白色—浮氏体；灰白色—磁铁矿；浅灰色—铁酸钙；黑灰色—玻璃相；黑色—孔洞

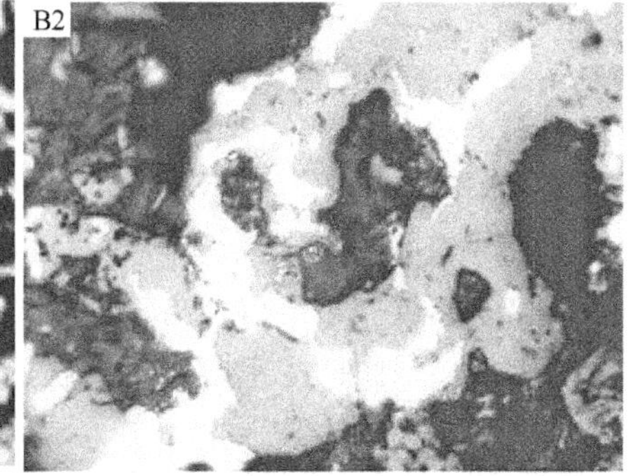

亮白色—金属；白色—浮氏体；灰色—渣相；黑色—孔洞

图 4-19 宝钢高炉入炉和炉身取样烧结矿显微照片

钙也已基本还原成 Fe_3O_4；B3 段和 B2 段烧结矿基本上由浮氏体、金属铁和渣相组成，可以观察到金属铁颗粒，金属铁主要存在于 FeO 晶粒周边和微孔区，表明多数金属铁是由 FeO 还原而得。Fe_2O_3 或 $CaO \cdot Fe_2O_3$ 还原后形成较多微孔，从浮氏体边缘析出金属铁，在浮氏体边缘形成连接结构，随着炉料下降和温度升高，铁矿石中金属铁晶粒逐渐长大成片。从烧结矿显微变化可以看出烧结矿在块状带低温还原粉化过程以及原因。

随着烧结矿氧化物还原各阶段的进行，一般正常情况下有20%～25%的体积膨胀率，造成的粉化率大约30%～35%。近年，虽然从烧结配矿看，脉石成分增加，对烧结矿低温还原粉化不利，但通过生产工艺和配矿成分调整，烧结矿低温还原粉化没有明显变化，$RDI_{+3.15}$保持在70%以上，粒度均匀稳定，在高炉块状带保持良好粒度组成，对改善高炉透气性具有重要作用。

C 球团还原膨胀性能

还原膨胀性能是针对球团矿而言的，虽然球团矿在粒度均匀、粉末少、冷态强度（抗压抗磨）、含铁量及松散密度方面都优于烧结矿，但球团矿的高温还原粉化率要比烧结矿更严重。球团产生膨胀与球团含有 Fe_2O_3 有关。球团膨胀通常分为两步，第一步发生在赤铁矿还原为磁铁矿，产生晶形变化，由赤铁矿的六面体结构转变为磁铁矿的立方体结构，造成体积膨胀，对于焙烧球团，最大膨胀率出现在还原度为30%～40%之间，此膨胀对于高炉操作影响不很大，如图4-20所示；第二步发生在浮氏体（FeO_x）转变为铁时，产生铁须，铁须的生长造成很大拉力，使铁的结构疏松而产生显著膨胀，如图4-20中的“异常”曲线，造成球团高温还原粉化，球团矿体积膨胀不超过一定范围，高炉仍可以正常运行，但是超过一定值后，高炉炉内透气性变坏，球团矿的还原膨胀指数作为评价球团矿质量的重要指标。

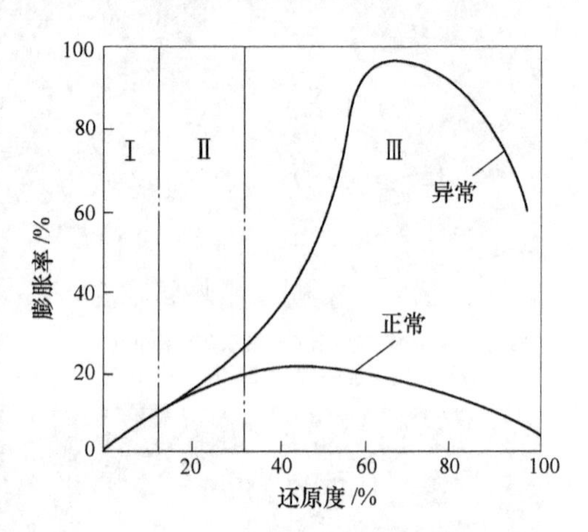

图4-20 球团还原膨胀曲线

Ⅰ—$Fe_2O_3 \rightarrow Fe_3O_4$；Ⅱ—$Fe_3O_4 \rightarrow Fe_xO$；Ⅲ—$Fe_xO \rightarrow Fe$

球团矿高温还原后其强度明显下降，还原后强度仅有还原前强度的10%左右，如图4-21所示，这主要与球团矿还原膨胀相关。从实际数据看，自熔性球团矿冷态强度，无论是转鼓强度还是耐压强度，都要高于酸性球团矿，但还原后强度两者基本相当，差异不明显。

球团矿的高温还原膨胀粉化率要比烧结矿低温还原粉化更严重。球团在还原过程中更容易产生膨胀和粉化，球团在浮氏体被还原成金属铁时，迅速形成铁晶须，此晶须的生长造成很大拉力，使铁的结构疏松从而产生很大的膨胀，并造成球团的高温还原粉化。当产生异常膨胀，体积膨胀率可高达80%，这种异常膨

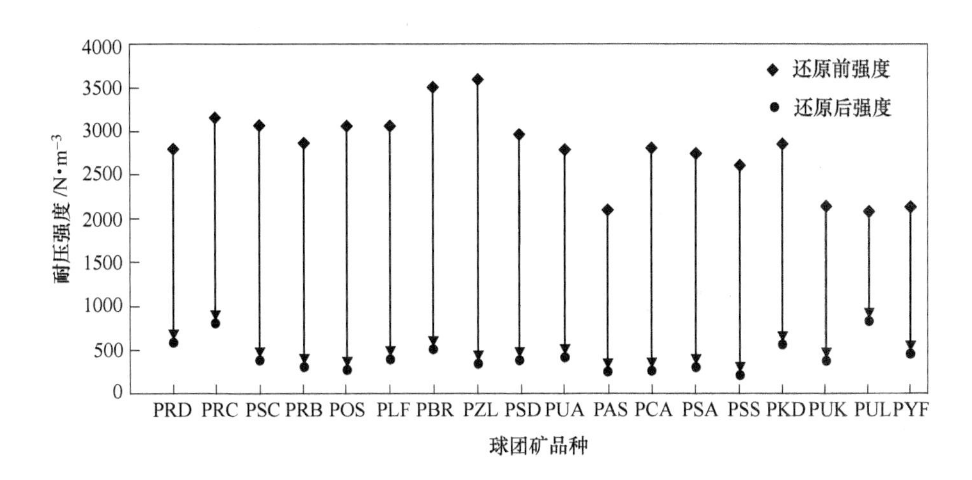

图 4-21　球团矿还原强度

胀会导致球团爆裂而粉碎，影响其膨胀的主要因素还是球团矿的化学成分与矿物组成。

宝钢高炉入炉和炉身取样球团矿在高炉内的变化如图 4-22 所示。可以看出，球团矿还原膨胀粉化过程，特别是在高温区，显微结构发生较大变化，并出现明显膨胀裂纹，同时产生明显的铁晶须，使球团矿结构疏松而产生显著膨胀，可见，在高温区，球团矿粉化较严重。

球团矿高温还原后，耐压强度下降以及膨胀粉化，对高炉高温区透气性产生不利影响，甚至影响软熔带透气性。如果球团矿还原膨胀指标较差，其对高炉整体透气性影响的负面作用要远大于其正面作用。

D　精块矿热爆裂指数

热爆裂指数对精块矿而言，精块矿热爆裂性是指块矿在加入高炉后的升温过程中由于热应力的作用而发生爆裂的特征，其原因是内含水分迅速蒸发和各向热膨胀不均造成的。一方面是块矿颗粒内外温度不均匀以及矿物不同的结构和热膨胀系数而产生的内应力所致；另一方面是因为结晶水、碳酸盐受热分解过程中不能及时释放气体而产生的内应力所致。精块矿热爆裂性取决于它的气孔率和断裂韧性，还原性好的精块矿的气孔率高，且热爆裂指数也较致密矿石的要低，但是，对具有多晶结构的致密块矿，在低温条件下存在晶间裂纹和赤铁矿分离趋势，即使该矿石非常致密，这也会造成较低热爆裂指数。

宝钢常用精块矿热爆裂指数如图 4-23 所示，总体偏低，基本在 4% 以下，宝钢精块矿热爆裂指数控制标准按加权平均低于 1%，按此标准，宝钢精块矿配比应低于 25%。在宝钢使用的精块矿中，OIK 结晶水含量较低，其热爆裂指数较低，OMS 热爆裂指数很低，几乎没有爆裂，应与 FeO 特别高有一定关联。

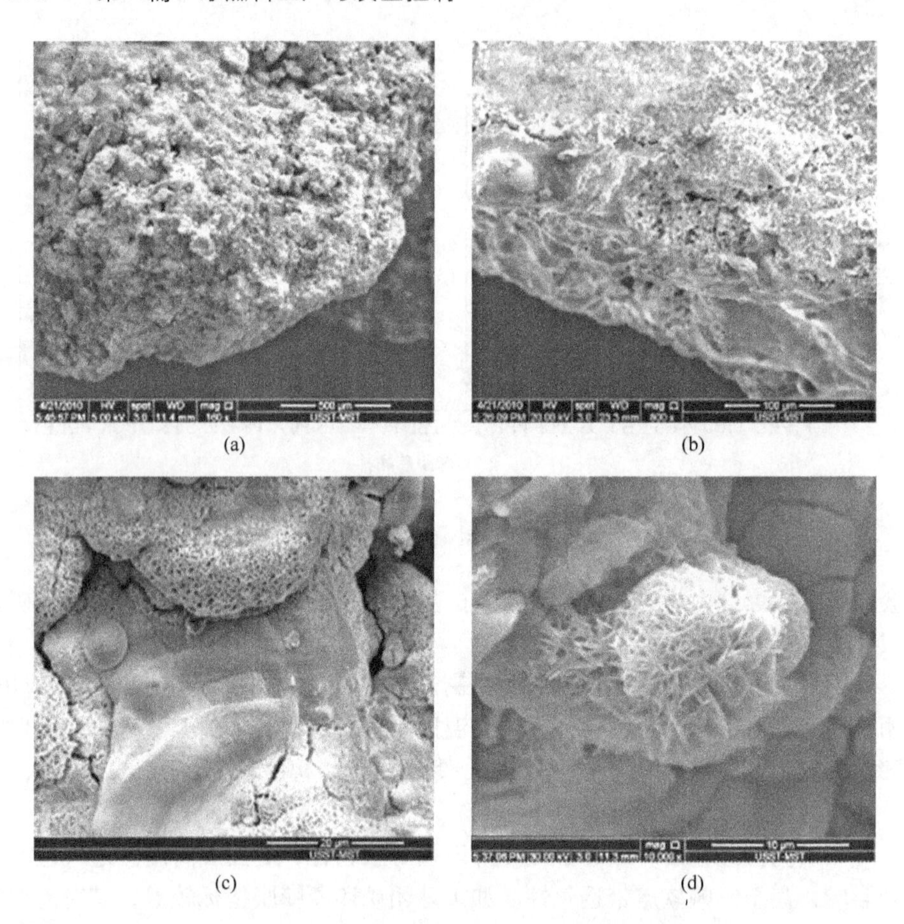

图 4-22　入炉和炉身取样球团矿扫描电镜照片

（a）还原前；（b）S2 段；（c）B3 还原后；（d）铁晶须

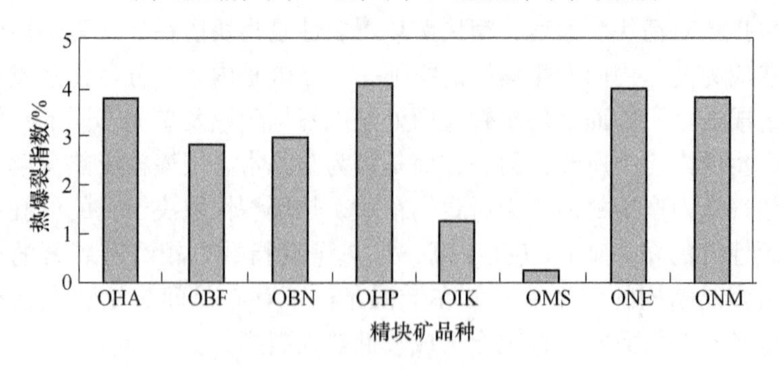

图 4-23　宝钢使用精块矿热爆裂指数

4.3.1.2　软熔带

矿石在下降的过程中温度继续升高，当温度到达 900～1100℃时，接近炉料的熔点时，开始软化，逐渐形成半熔状态，主要反应是炉料软化、间接还原、直接还原，当还原出部分金属铁后，矿块表面包围一些软化的渣相膜，它可以成为黏结剂使炉料彼此黏结和熔合在一起。当炉料中含有碱金属一类的物质时，会同 SiO_2 组成低熔点化合物，将使软化黏结开始温度降低至 700 ~ 800℃的范围。当温度达到1200℃左右时，金属铁间虽然已牢固结合，但仍能辨别出不同种类的矿石。随着温度继续升高和还原反应的继续进行，矿石中心残存的浮氏体也逐渐消失，此时成为渣铁共存的十分致密的整体，矿石层中处于同一等温线的部分几乎黏结成一个整体，即形成了软熔层。由于高炉内煤气和温度分布的特点，在高炉横断面上分布具有对称性，因而这些软熔层基本上成为环状形态；但在纵截面其分布却有相当差异，可以有若干个矿石层在不同的部位同时形成软熔层，它们与相应的焦炭层构成了一个软熔带，其形状可以分为倒 V 形、W 形、V 形等。上述情况是炉料分层装入的情况，已被高炉解剖研究所证实。

根据宝钢烧结矿进行的热台还原试验，在升温、还原过程中，同一视域的微观结构变化的扫描电镜照片如图 4-24 所示。可以看出，在 1000℃以下，烧结矿

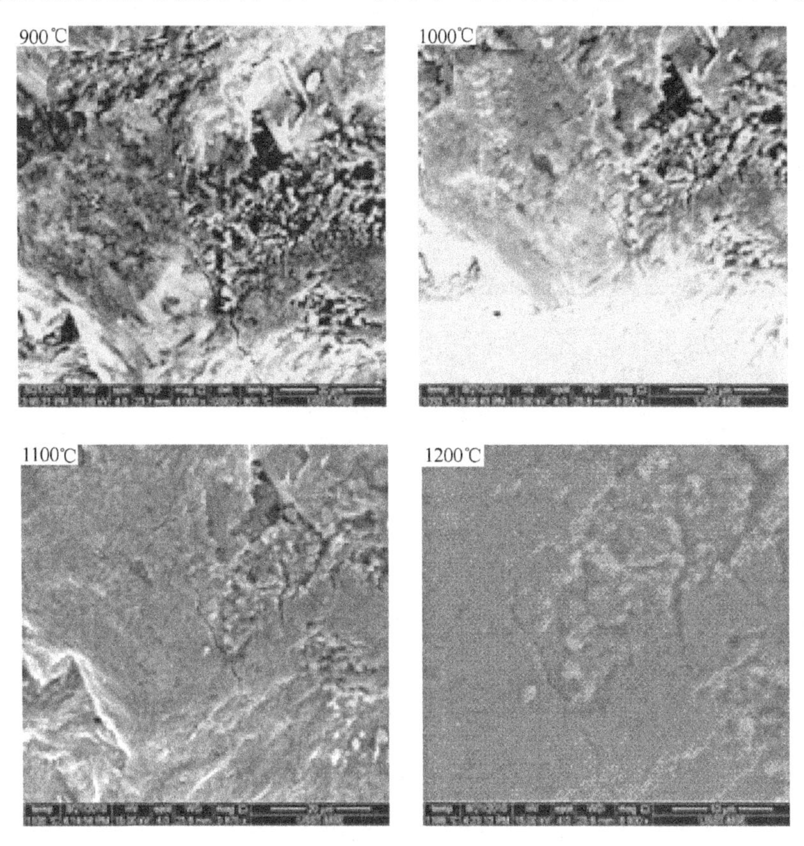

图 4-24 宝钢烧结矿热台还原试验 SEM 照片

结构没有明显变化，继续升高温度，当试样温度为1100～1200℃时，明显可以看出烧结矿局部出现软化、熔融。特别是烧结矿表面的一些微小凸起部分，逐渐收缩、消失，最终熔化在基体表面，表面较为光滑、平整，此观察到的现象为烧结矿软化开始。

宝钢烧结矿还原至1200℃时，在低倍数不能观察到烧结矿显微变化，当观测倍数为8000时（图4-25），可以明显看到烧结矿的针状结构，应为高碱度烧结矿中的典型组成铁酸钙，在其表面，已经出现了一些极为微小的颗粒，根据其镜下导电性推测，一部分为金属铁，粒度约为0.2μm左右，导电性较差的部分，应为烧结矿黏结相。进一步放大倍数观测，可以看到其结构为细小的皱褶，根据表面能最小原理，固体熔化时先产生的液相将软化、收缩，因此，可以判断该结构的出现是烧结矿的黏结相部分开始液化的结果。

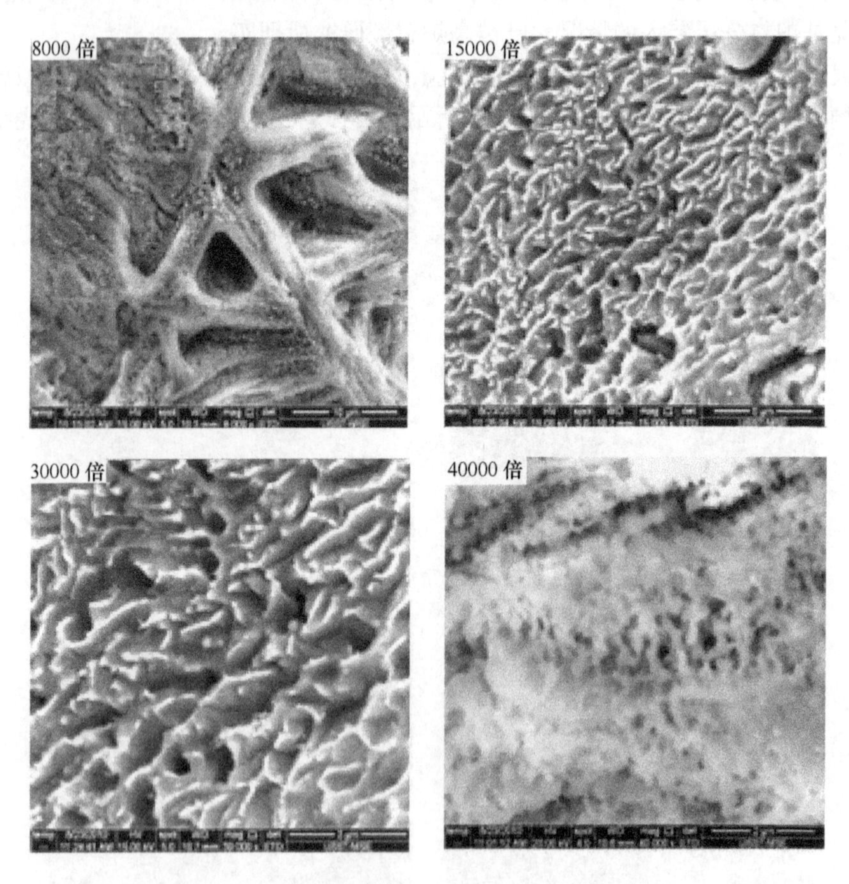

图4-25 热台还原的烧结矿微观结构（1200℃）

在高炉1100℃以上条件，已经进入高炉炉料软熔带，此带的特征为初渣开始形成，但尚未均匀，矿石大部分已经还原至FeO或金属铁，渣中含FeO量高，渣的碱度为自然碱度。这阶段要求炉料具有良好的透气性、荷重软化温度和良好的高温还原性能。

随着炉料的下降，温度越来越高，矿石开始软化，其软化过程用软化性能来衡量。软化性能包括开始软化温度和软化区间两个方面。开始软化温度指铁矿石在一定荷重下加热的开始变形温度；软化区间是指铁矿石软化开始到软化终了的温度范围。通常矿石的开始软化温度高，则软化区间较窄；反之，则软化区间较宽。按照行业通用标准，宝钢将铁矿石在荷重还原条件下收缩率10%时的温度定为软化开始温度 $T_{10\%}$，收缩率40%时的温度定为软化终了温度 $T_{40\%}$。软化区间 $\Delta T_1 = T_{40\%} - T_{10\%}$。

宝钢常用炉料软化性能如图4-26所示。总体看，烧结矿软化开始温度较高，软化区间较窄，球团矿次之，精块矿软化开始温度较低，软化区间较宽，混合精块矿软化性能更差。

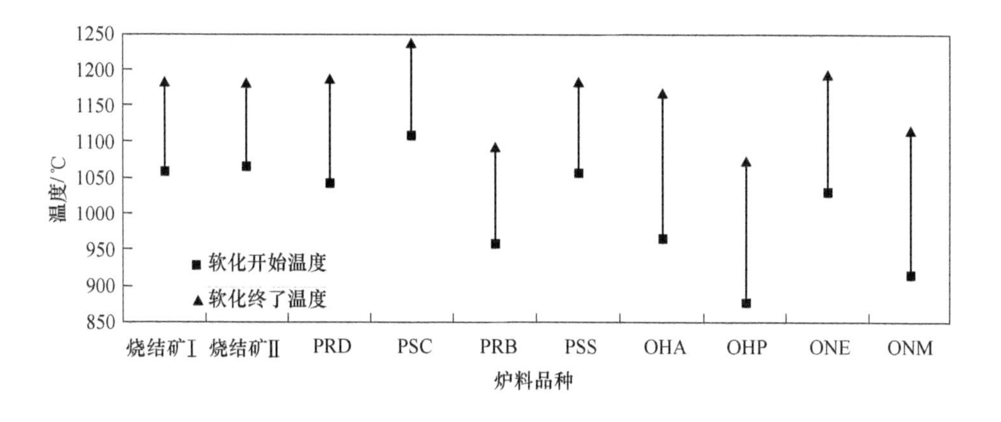

图4-26 宝钢常用炉料软化性能

高炉软熔带对高炉操作有显著影响，它决定了高炉内煤气的分布状况，并与高炉操作的稳定性有密切关系。在高炉一定操作条件下，软熔带主要取决于含铁炉料的软化、熔化及滴落性能。铁矿石不是纯物质的晶体，因此没有一定的熔点，而具有一定范围的软熔区间，在高炉生产中既要求矿石的开始软化温度高，保持较多的气—固相反应空间，又要求软熔区间窄，保持较窄的软熔带，改善高炉透气性。软化和熔滴性能不好的炉料，会使高炉炉料软化区间和熔滴区间的透气性变差，软熔带加厚，从而恶化高炉炉料透气性，破坏煤气流的合理分布，严重的会形成管道，影响高炉顺行。

影响炉料软熔性能的主要因素是炉料的化学成分、矿物组成、矿物结构、气孔率、气孔大小、还原度等，而每个因素都相互影响，造成了炉料高温软熔性能的差异。

在软熔带，炉料软熔形态，根据厄根（Ergun）方程煤气压力损失计算公式：

$$\frac{\Delta P}{H} = f_b \frac{\rho_g u^2}{2\,\overline{d_p}\,\overline{\phi}} \frac{1-\varepsilon_b}{\varepsilon_b^3} \tag{4-5}$$

软熔带的透气性可以表示为：

$$K = \frac{2\,\overline{d_p}\,\overline{\phi}}{f_b} \frac{\varepsilon_b^3}{1-\varepsilon} \tag{4-6}$$

式中 ε_b——软熔带的孔隙率，$\varepsilon_b = 1 - \rho_b/\rho_p$；

ρ_b，ρ_p——分别为软熔时与软熔前的炉料密度；

f_b——软熔带阻力系数，$f_b = 3.5 + 44\sigma^{1.44}$；

σ——软熔时炉料的收缩率，$\sigma = 1 - H/H_p$；

H，H_p——分别为软熔时与软熔前的炉料高度。

可见，软熔带的透气性与料层的收缩率、孔隙率和炉料粒度与形状系数有关，收缩率越高，孔隙率越低，透气性就越差，而收缩率和孔隙率与炉料的温度有直接关系，以可以在相同孔隙率或收缩率时的温度大小来说明透气性的好坏。

4.3.1.3 滴落带

炉料经过软熔带下部时，当温度高于1400～1500℃时，已经完全熔化为液体，炉料中铁矿石消失。渣铁分别聚集并滴落下来，金属铁经过固体焦炭的缝隙往下流动。在这个过程中不断渗碳，并且继续吸收渣中的铁和其他金属元素。

炉料在软化结束后，在高炉内继续往下运动而被进一步加热和还原，矿石开始熔滴，在熔渣和金属达到自由流动并积聚成滴前，软熔层中透气性极差，煤气通过受阻，因此出现很大的压力降。矿石的熔滴性能正是来衡量这一过程特性的。这阶段要求炉料最主要的性能就是熔滴性能。

矿石的熔滴性能通常用矿石的熔滴开始温度和终了温度以及测定过程中的压力降来表示。国内行业普遍采用压差陡升（$\Delta P_s = 490\text{Pa}$）温度表示矿石开始熔化温度 T_s，第一滴液滴下落温度表示滴落温度 T_d，以开始熔化和开始滴下的温度差为熔滴温度区间 $\Delta T_1 = T_s - T_d$，以最高压差 ΔP_m 表明熔滴区的透气性状况，熔滴性能好的炉料开始熔化温度高，熔滴温度区间窄。

一般可以用炉料的熔滴性能总特性值 S 比较炉料的熔滴性能，熔滴性能总特性值 S 越低，熔滴性能越好：

$$S = \int_{T_S}^{T_d} (\Delta P_m - \Delta P_s)\,dT \quad (\text{kPa} \cdot ℃) \tag{4-7}$$

宝钢常用炉料熔滴性能如图4-27所示，总体看，球团矿熔融开始温度较高，熔融区间较窄，烧结矿熔融开始温度也相对较高，而熔融区间较宽，精块矿软熔开始温度较低，熔融区间较宽。特别混合精块矿熔融性能更差。

在滴落带，炉料已经变为渣铁液滴，根据厄根（Ergun）方程煤气压力损失

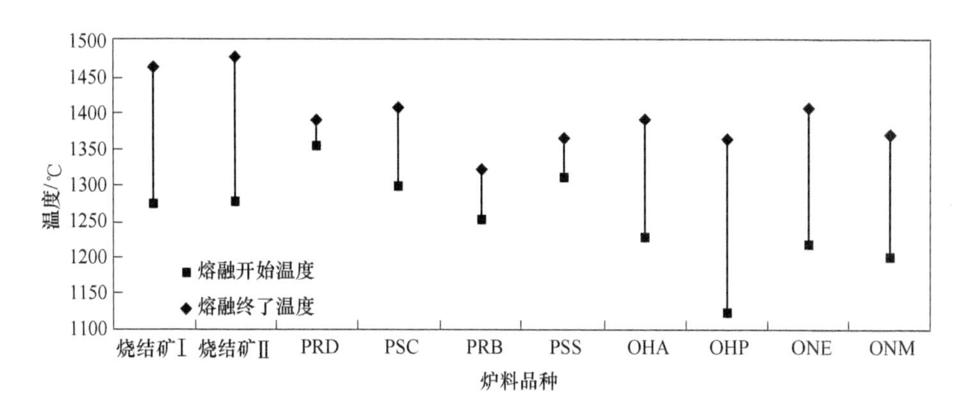

图 4-27　宝钢常用炉料的熔滴性能

计算公式：

$$\frac{\Delta P}{H} = k_1 \frac{(1-\varepsilon+h_t)^2}{\overline{d_w}} \mu u + k_2 \frac{1-\varepsilon+h_t}{\overline{d_w}(\varepsilon-h_t)^3} \rho u^2 \tag{4-8}$$

式中　h_t——渣铁液滴在焦炭中的总滞留率；

$\overline{d_w}$——焦炭平均粒度与渣铁液滴平均直径两者调和直径；

k_1，k_2——透气阻力系数。

研究表明，渣铁液滴在焦炭中的总滞留率 h_t 与煤气流速、渣铁液滴的密度、黏度、表面张力以及对焦炭的润湿性等特性有关，还与焦炭床的平均粒度、孔隙率等特性有关。降低焦炭床中的焦粉量，提高焦炭粒度，既可保证较高的孔隙率，又能使$\overline{d_w}$增加，同时通过炉料合理搭配，获得良好流动性的渣铁液滴，对改善滴落带透液性和透气性具有作用。炉料结构对滴落带透气性影响在于生成渣铁特性对煤气流压力损失。

由宝钢高炉炉身取样知道：在 B2 段已经有黏结物，应已经开始形成初渣，将 B2 段获得少量黏结较重的块样，进行破碎，去除少量明显铁粒后制粉，采用 X 射线荧光光谱分析（XRF）对制样成分做半定量分析，将测得元素，除 Fe、O 以外的元素折合为氧化物，得到除铁氧化物以外的初渣成分，见表 4-29。

表 4-29　初渣成分折算

成　分	CaO/%	SiO_2/%	MgO/%	Al_2O_3/%	R	Fe/%
1	8.02	31.31	3.47	4.12	0.26	35.84
2	1.76	18.13	0.85	7.10	0.10	47.54
3	10.25	31.01	1.12	8.25	0.33	25.76

可见，初渣组成较复杂，不同样品的渣相成分相差很大。初渣主要成分为 Fe 元素，其含量从 35% 到 50% 左右，主要存在形式应是 FeO 或 Fe，渣相中 Si 元素含量要明显高于 Ca 元素，初渣以酸性渣形态存在，碱度为 0.2 ~ 0.3 不等，表

明在初渣生成初期，高碱度烧结矿中的 CaO 尚未参与造渣反应。

根据高温软熔滴落试验和炉身取样分析的结果，烧结矿和球团矿在块状带的末期先后开始出现软化、黏结等现象。其中，球团矿和精块矿先软化并相互黏结，烧结矿外形未发生较大变化；随着炉料继续下降，由 FeO 与 SiO_2 生成低熔点硅酸铁，与烧结矿接触、粘连，参与造渣反应并形成复杂化合物，形成传统意义上的高炉初渣。

熔滴性能不好的炉料，熔融终了温度较低，形成初渣流动性差，会使高炉滴落带的透气性变差，影响炉缸透气性和透液性，从而恶化高炉透气性，破坏煤气流的合理分布，严重的会导致悬料，影响高炉顺行。

4.3.2 合理炉料结构优化途径

合理炉料结构是建立在优质原料的基础上的，没有最佳的炉料质量就不会有最佳的炉料结构。各种原料的冷态性能固然重要，但热态性能对改善高炉冶过程更为重要。热态或高温冶金性能主要包括还原后强度、还原性、高温软化等。各种矿的还原后强度对块状带料柱透气性有决定性的影响；高温软化和熔滴特性对软熔带结构和气流分布有很大的影响。因此，合理炉料结构不仅要关注炉料的冷态性能，而且还要关注炉料的还原性、还原后强度和高温软熔性能。改善炉料的高温冶炼性能，是大型高炉强化冶炼的迫切需要。

4.3.2.1 优化炉料结构的理化性能

在高炉块状区，炉料处于低温区，各炉料之间不发生反应，仅存在各炉料与高炉煤气之间间接还原反应，并且各个反应基本是独立的，因此，不同炉料结构理化性能，包括化学成分、转鼓强度、粒度分布、还原性、烧结矿的低温还原粉化率、球团矿膨胀指数、精块矿的热膨胀指数等，可以通过各种炉料理化性能加权判断，理化性能好的炉料配比越高，综合炉料结构的冶炼性就越好。

宝钢近年随着资源劣化，虽然入炉炉料整体品位略有下降，但因为近年高炉炉料结构变化，宝钢使用的球团矿和精块矿品位在63%～65%，自产的烧结矿品位57%～59%，增加球团矿和精块矿配比，整体入炉品位未明显降低。宝钢常用几种炉料结构的品位情况见表4-30。

表4-30 不同炉料结构入炉品位变化

炉料结构	A	B	C
烧结矿配比	65	70	78
球团矿配比	19	14	10
精块矿配比	16	16	12
入炉矿品位	60.13	59.97	59.48
渣 比	250	259	285

从各种含铁原料的还原性指数（*RI*）的比较可以看出：几种典型炉料还原性的基本规律大致为烧结矿优于球团矿，球团矿优于块矿，究其原因，主要是因为不同炉料在结构上存在差异。比较而言，结构致密的物质，气体由外向内扩散的阻力相对较大，其中心的还原难度增大，导致还原度指数下降。从结构上来说，球团矿和块矿比烧结矿要致密得多，而块矿在结构上也一般要比球团矿致密。不同炉料结构总的还原性能具有叠加性，可以用单一炉料还原性能加权计算得到：

$$RI_{总} = \sum_{1}^{n} (RI_i X_i) \tag{4-9}$$

式中 $RI_{总}$——炉料结构总的还原性,%；

RI_i——第 i 种炉料的还原性,%；

X_i——第 i 种炉料的配比,%；

n——综合炉料中炉料的数目。

当炉料结构中烧结矿比例减少，无论增加球团矿还是增加精块矿，整个炉料结构还原性变差，特别是增加精块矿不利于降低高炉燃料消耗。

比较烧结矿、球团矿和块矿三类炉料，烧结矿、球团矿热稳定性较好，精块矿较差；球团矿的低温还原粉化性能相对较好，烧结矿低温还原粉化较差，精块矿的热爆裂性能较差；不同炉料结构总的低温还原性粉化率具有叠加性，可以用单一炉料低温还原粉化率加权计算得到：

$$RDI_{总} = \sum_{1}^{n} (RDI_i X_i) \tag{4-10}$$

式中 $RDI_{总}$——炉料结构总的低温还原性粉化率,%；

RDI_i——第 i 种炉料的低温还原性粉化率,%；

X_i——第 i 种炉料的配比,%；

n——综合炉料中炉料的数目。

当炉料结构中增加球团矿比例，有利于改善炉料结构低温还原粉化率指标，但随着炉料在高炉内下降，温度升高，在软化熔融之前，球团矿会发生还原膨胀，还原膨胀指数高的球团矿，其高温还原粉化更严重，因此，增加球团矿不一定改善块状带的透气性。一般地，精块矿低温热爆裂粉化程度比烧结矿低温还原粉化严重，提高精块矿比例时，要尽量选择热爆裂性能相对好的品种。烧结矿的低温还原粉化可以通过喷洒 $CaCl_2$ 改善，但其对煤气管道有腐蚀影响，需要谨慎使用。

4.3.2.2 改善炉料结构的高温性能

炉料在软熔带经历着剧烈的还原、软化、收缩、黏结和液相生成至凝聚滴下的过程，软熔层中透气性极差，煤气通过受阻，产生很大的压力降，软熔带的位置高低、厚薄和形状决定了高炉煤气流的分布和能量利用情况。在一定的操作条件下，软熔带的位置和形状主要取决于高炉炉料的高温冶金性能，包括高温还原性，软化熔融特性和熔滴性能等，因此，改善矿石高温性能对高炉稳定顺行具有重要意义。

根据宝钢高炉静压力分布，如图4-28所示，高炉块状带（S1～S5段）压力阻损仅有20kPa左右，占整个高炉压力阻损15%左右，而软熔带和滴落带阻损高达96kPa，占整个高炉压力阻损60%左右，因此高温区阻损起主要作用，因此，炉料低温还原粉化、精块矿热爆裂等对高炉影响较小，而炉料高温性能以及球团矿高温还原膨胀对高炉透气性影响较大。

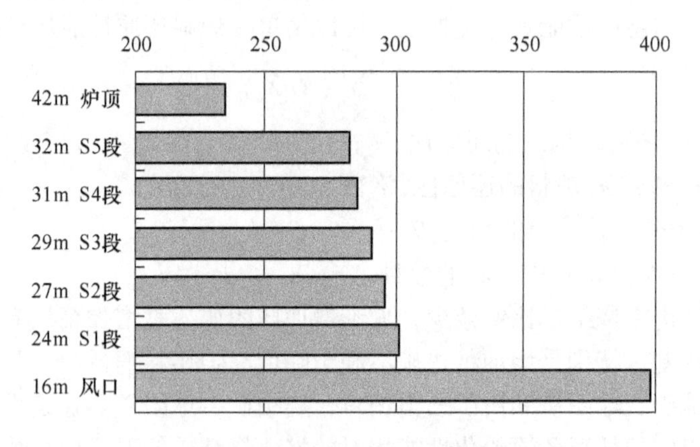

图4-28 宝钢高炉静压力分布实绩

在高炉块状区，不同炉料的各个反应存在叠加性，高炉不同炉料结构的冶炼性能可以由单一的炉料加权计算预测，冶炼性能好的炉料的配比越高，炉料结构的冶炼性能得到改善越高。在高炉的软熔区，炉料进入高温区，在不同温度下发生软化、收缩和熔融，不仅炉料与焦炭之间发生直接还原反应，炉料间由于理化性质差异，炉料间存在相互反应，不同炉料的搭配，其软化收缩率各不相同，导致不同炉料结构的软熔性能差异也不同，炉料的高温性能不存在叠加性。

各种炉料的软熔性能与炉料化学组成密切关联，炉料在高炉内下降过程中，伴随还原反应进行，还原形成的FeO与SiO_2可形成低熔点的橄榄石，使得炉料的软化温度较低，若炉料含有MgO，MgO可以与FeO形成无限固溶体，并使熔点提高。渣相中MgO含量增加后，使SiO_2活度降低，不利于与FeO反应形成低熔点的橄榄石。炉料中含有的CaO达到一定含量，Ca^{2+}扩散渗透到固相浮氏体晶格内，渣相的熔点升高，随着还原的进一步进行，其表层还原形成金属铁壳，由于金属铁的熔点为1540℃，使炉料熔滴温度升高。综合分析各种炉料化学组成，烧结矿的SiO_2含量较高，还原形成的FeO与SiO_2可形成低熔点的橄榄石，使得烧结矿的软化温度较低，但是，烧结矿中Ca^{2+}含量和MgO含量较高，烧结矿生成的渣相熔点升高，相对球团矿和精块矿，烧结矿软化温度还是较高的，并且烧结矿还原性较强，易在表层还原形成金属铁壳，所以，烧结矿的滴落温度较高。球团矿主要矿物为赤铁矿和SiO_2，不同球团矿其他矿物组成各不相同，因此球团矿的高温软熔性能差异较大，相对来讲，自熔性球团矿软熔性能优于酸性球团矿。块矿结构致密，还原性较差，还原速度较慢，SiO_2 含量高，还原形成的 FeO 易与 SiO_2 反应，形成橄榄石等低熔点物质，并且 CaO 和 MgO 含量较低，使得其软化温度和熔化温度都较低。从单一炉料品种看，高碱度烧结矿荷重软化温度相对较高；而球团矿和块矿软化温度相对较低，这与宝钢炉料实测结果基本一致。

根据不同炉料结构软化特征实验研究，对不同配比下精块矿和球团矿与烧结矿组成的混合炉料在1200℃测得收缩率，如图4-29和图4-30所示。精块矿、球团矿与烧结矿由于自身特性的不同，烧结矿为碱性炉料，而天然块矿为酸性炉料，具有发生化学反应的推动力，在高炉高温区存在复杂的交互反应，其结果能够明显改善精块矿和球团矿自身的软化特性，即缩短其软化区间，而精块矿与球团矿、球团矿与球团矿以及精块矿与精块矿没有明显的交互反应现象，这是因为天然块矿与球团矿都是酸性炉料，反应动力不足所致。

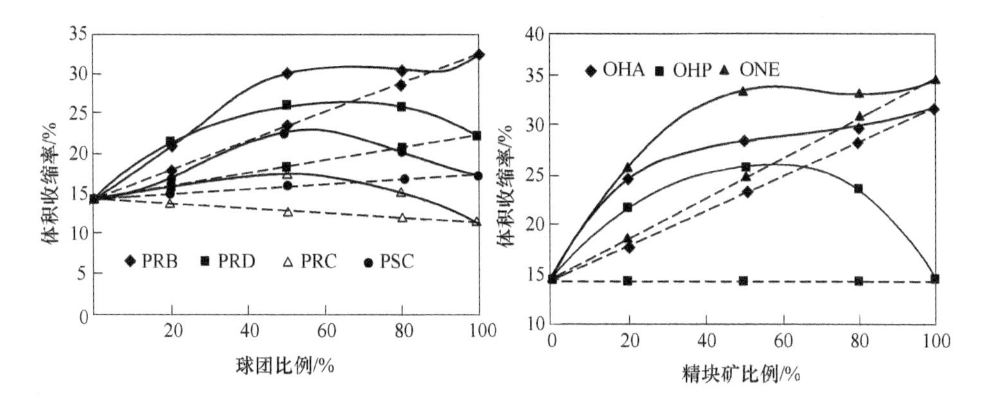

图4-29 不同比例的精块矿与烧结矿组成的混合炉料的软化特征

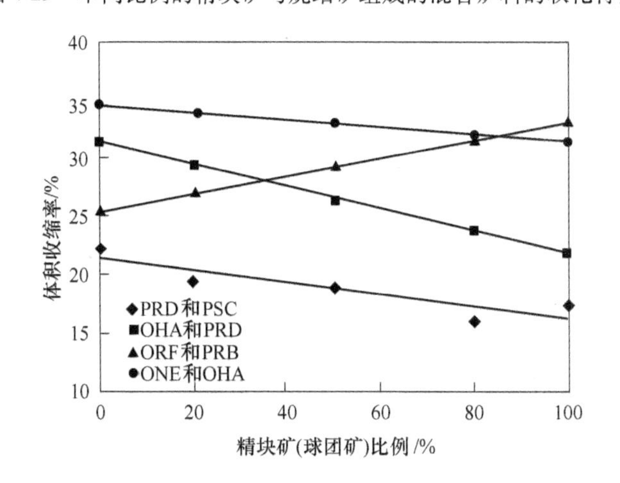

图4-30 不同比例的精块矿与球团矿混合炉料的软化特征

由于炉料在软化之前不会发生交互反应或者交互反应很弱，混合炉料软化开始温度与炉料结构配比以及各种炉料的软化开始温度密切相关，因此，随着球团矿和精块矿比例增加，混合炉料的软化开始温度相对球团矿和精块矿来讲，呈现升高趋势，而相对烧结矿来讲，呈现降低趋势。由于炉料软化以后，精块矿和球团矿与烧结矿之间均存在交互反应，对改善球团矿和精块矿的软化特征，尤其是对缩短软化区间而言有明显的作用，但以烧结矿为主的炉料结构，随着球团矿和精块矿比例增加，炉料软化开始温度降低，软熔带上移，炉料的软熔区间加宽，对高炉透气性不利，其影响程度与各种炉料交互反应有关，其交互反应结果又影响炉料熔滴性能。

不同炉料结构，随着球团矿比或者精块矿比增加，烧结矿与球团矿和精块矿发生交互反应，降低了炉料的软熔性能，软化熔融温度降低，生成的初渣流动性较差，直接影响软熔带和滴落带的透气性，初渣的流动性不仅与温度有关，还与初渣的成分有关，初渣流动性越差，炉料的熔滴性能越差。

对不同炉料结构进行熔滴性能测试，分析不同炉料结构熔滴性能差异，试验结果见表4-31。

表4-31 不同炉料结构熔滴试验

编号	球团比/%	烧结比/%	精块矿比/%	软化开始温度/℃	软化终了温度/℃	软化区间/℃	熔融开始温度/℃	滴下温度/℃	熔融区间/℃	最大压差/kPa	软熔层高度/mm	S值/kPa·℃
B1	5	78	17	1069.6	1198.4	128.8	1281.6	1430.0	148.4	9.9	21.7	1396.0
B2	15	68	17	1060.0	1177.9	118.0	1280.4	1420.1	139.7	12.4	21.5	1663.8
B3	7	68	25	1058.8	1183.6	124.8	1268.7	1415.8	147.2	10.7	21.6	1502.4

根据宝钢实际炉料结构熔滴性能测定结果看，在相同熟料比的情况下，试样B1与B2相比，烧结比越高，球团比越低，炉料的熔滴性能越好；在相同烧结比的情况下，试样B2与B3相比，提高精块矿比，降低球团矿也有利于改善炉料结构的熔滴性能；在球团比大致相同的情况下，试样B1与B3相比，提高精块矿比，降低烧结比，炉料的熔滴性能下降。综合炉料结构熔滴性能实测结果，在以烧结矿为主的炉料结构中，在改善炉料结构熔滴性能方面的排序：烧结矿>精块矿>球团矿。

根据上述不同炉料高温性能研究，以烧结矿为主的炉料结构，随着球团矿比的增加，或者随着精块矿比增加，软化开始温度降低，软熔带上移；在炉料结构熔滴性能方面，随着球团矿比增加，或者随着精块矿比增加，炉料的熔滴性能下降。因此，从改善高炉透气性角度看，以烧结矿为主的炉料结构，保证一定比例烧结矿比，对改善高炉透气性有利。

根据宝钢4号高炉年实际生产数据回归，得到如图4-31所示的相关关系。虽然高炉透气性与诸多因素有关，但炉料结构中烧结比和球团比与高炉透气性表现出显著的相关关系，随烧结比升高，高炉透气性明显改善，随球团比升高，高炉透气性明显劣化，并且相关性很显著。而透气性与精块矿比例相关关系不明显，这估计与炉料结构变化情况有关，为了保证一定熟料率，精块矿比例基本变动不大，经常通过烧结矿与球团矿比例互换，调整炉料结构。

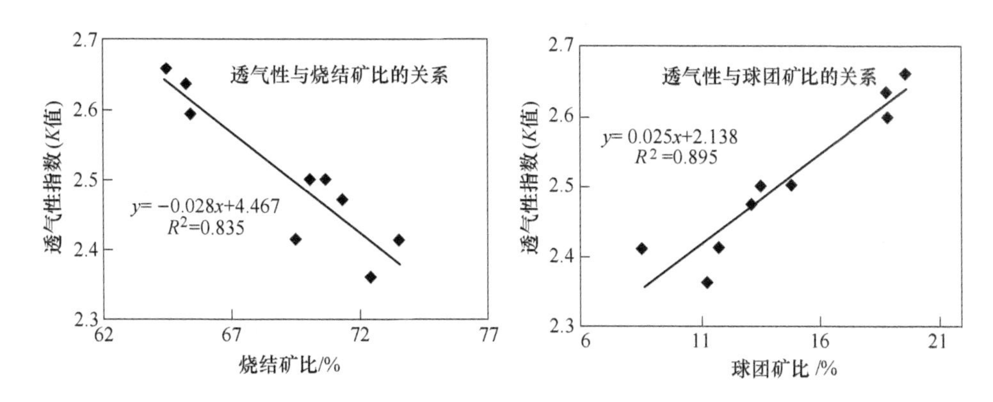

图4-31 炉料结构中烧结矿比和球团矿比与透气性的关系

高炉炉料以烧结矿为主，不同炉料结构变化主要表现在不同球团矿和精块矿品种及其配比，由于高炉主要炉料烧结矿与球团矿、精块矿在理化性能和冶金性能方面存在一定差异，在高炉中的反应各不相同，如果烧结矿配比在炉料中达到75%～80%以上，球团矿与精块矿总比例不到1/4，烧结矿性能起主导作用，球团矿或精块矿的影响与烧结矿相比就非常小，但如果烧结矿配比减少，球团矿或精块矿比例达到一定程度，其与烧结矿性能差异就会逐渐显现出来，球团矿或者精块矿的影响程度就会更明显。因此不同炉料结构对高炉生产影响主要考虑高球团比或者高精块矿比（低熟料率）影响。

另外，由于球团矿和精块矿中CaO含量较低，呈酸性或弱酸性，在炉料结构中，根据高炉炉渣碱度要求，高烧结矿比配加相对低的球团矿比和精块矿比，相应要求烧结矿碱度较低，反之，低烧结矿比配加相对高的球团矿比或精块矿比，相应要求烧结矿碱度较高。不同碱度烧结矿的高温性能，如图4-32所示，烧结矿碱度越高，软熔温度相对越高，区间越宽，烧结矿本身透气性变差，与之相对应的精块矿或者球团矿使用比例也越高，其间的性能差异也就越大，对高炉影响也就越大。因此，烧结矿低于一定比例，或者，球团矿与精块矿相比高于一定比例，对高炉透气性会产生不利影响。

4.3.2.3 提高炉料结构的稳定性

精料技术中要求的“稳”，不仅需要炉料品质和性能的稳定，更需要炉料结

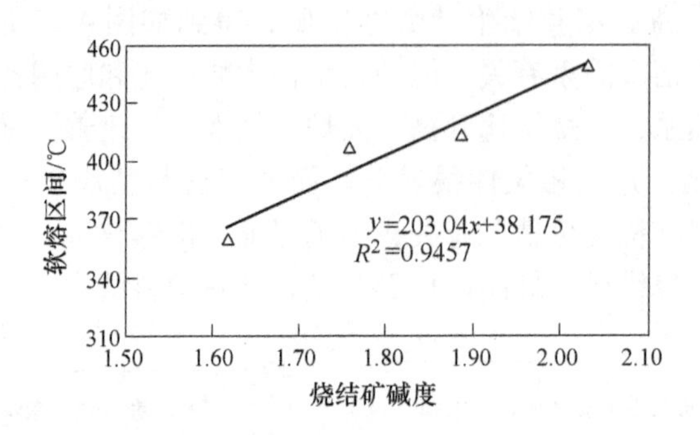

图 4-32 不同碱度烧结矿的高温性能

构相对稳定，炉料结构的不稳定，对高炉稳定顺行影响很大。由于烧结矿与球团矿和精块矿之间软熔性能存在一定差异，并且相互之间发生交互反应，反应程度与炉料自身特性相关，不同种类、不同比例的炉料结构其软熔性能差异较大，对软熔带的稳定有较大影响。炉料结构不稳定，导致软熔带形状和位置发生变化，导致高炉煤气流分布变化和透气性，从而影响高炉顺行。同时由于软熔带不稳定，会引起高炉操作炉型变化，高炉下部炉墙（炉腹、炉腰）频繁黏结和脱落，导致高炉圆周分布不均匀，煤气流分布不均匀，风压伴随炉墙波动而波动，在实际操作中表现为，如图 4-33 所示，下部炉墙脱落，热负荷上升，因为炉墙脱落黏结物而堵塞高炉滴落带通道，透气性变差，风压升高，料速变慢，当黏结物逐渐落入炉缸熔融后，因为高炉圆周气流不均匀性，导致高炉崩滑料，料速加快，并伴随透气性改善，风压下降。此现象与炉料结构软熔性能不稳定有一定关联。

高炉炉料结构由炼铁工序配套条件决定，各工序产能匹配，高炉炉料结构相对稳定，产能不匹配，必然对高炉炉料结构稳定产生影响。2006 年之前，宝钢高炉与烧结一直沿用一台 450m² 烧结机对应一座 4000m³ 级高炉匹配模式，高炉炉料结构以烧结矿为主，形成了宝钢高炉基本炉料结构：77% 烧结矿比 + 5% 球团矿比 + 17% 精块矿比。随着 4 号高炉投产，烧结与高炉按照“三对四”组织生产，炉料结构稳定性明显下降，主要表现在：

（1）虽然将烧结机扩容至 495m²，但烧结生产能力与高炉产能仍没有配套，并且根据生产条件变化，经常变化供料模式，烧结矿供料处于不稳定状态，即使在混匀配矿时，尽量保持烧结矿成分相近，但实际烧结矿成分和质量仍存在一定差异，烧结矿呈现不稳定。

（2）随着宝钢高炉球团矿使用比例增大，同时受市场和资源制约，高炉球团矿的使用品种由原来 2 ~ 3 个逐渐增加至 10 余个，来源于 10 多个国家，其性能和品质差异较大。

（3）2007 年以后，高炉精块矿主要品种 OHA 和 ONE 单一精块矿，逐步由

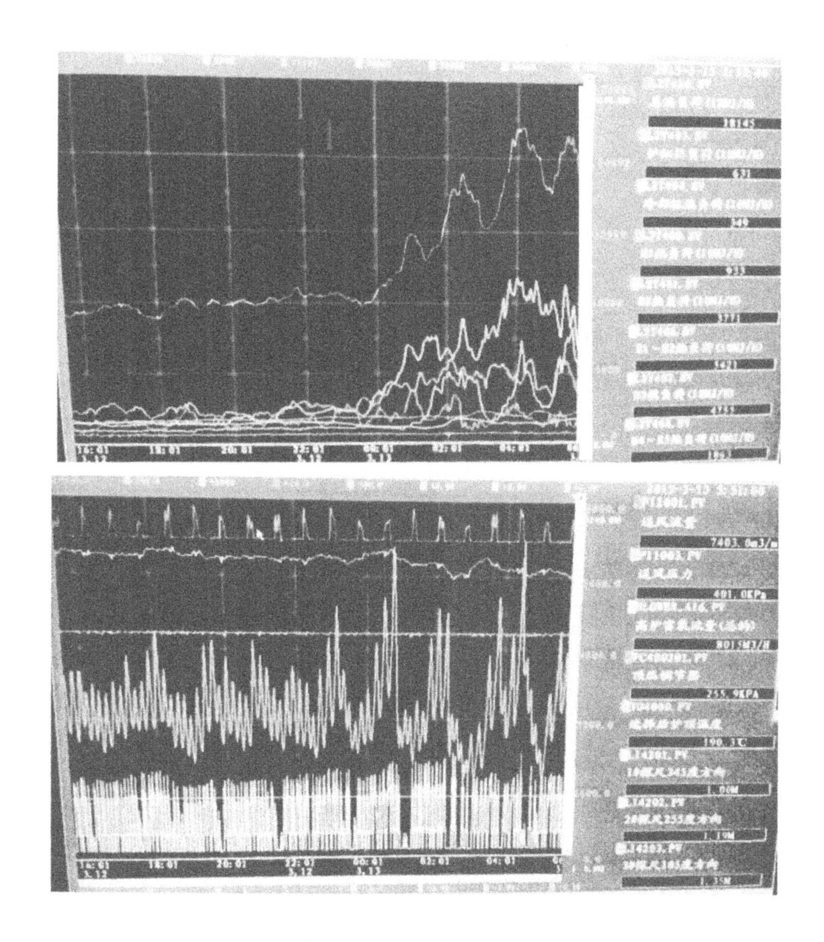

图 4-33　高炉风压波动与热负荷对应关系

OHP 和 ONM 混合精块矿所替代，混合精块矿本身性能和品质均不稳定。

多种客观因素共同作用，炉料结构处于非稳定状态，高炉炉料结构不稳定给高炉操作带来较大影响，宝钢高炉 2007 年开始，球团矿比例不断提升，使用品种也逐渐增加，并且混合精块矿也开始增加比例，高炉稳定性明显下降，代表高炉稳定顺行一个主要指标——崩滑料次数明显增加，如图 4-34 所示，虽然影响高炉顺行的因素诸多，但是从高炉实际结果看，在其他因素变动不大的情况下，炉料不稳定与炉况顺行有一定相关性，因此，从合理炉料结构角度，保持炉料结构稳定性，对高炉稳定顺行具有重要作用。

高炉炉料结构不稳定，直接影响炉料高温性能不稳定，而高温性能直接影响高炉透气性和煤气流分布，即使炉料品质提升，也会影响高炉稳定性。随着增加球团矿配比和增加精块矿配比，因为两者品位均高于烧结矿，可以提高高炉炉料入炉品位，降低渣比，对高炉冶炼有积极效果，但从宝钢实际生产看，伴随炉料

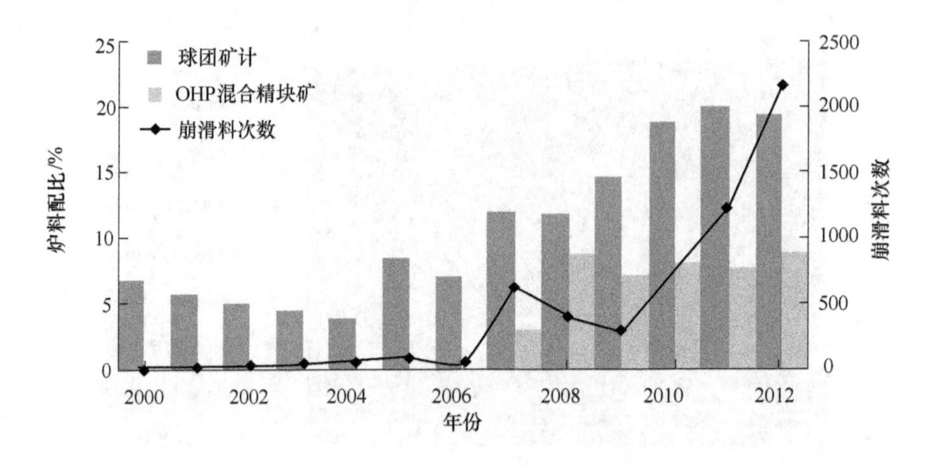

图 4-34 炉料结构不稳定影响高炉稳定顺行

结构不稳定，与高炉透气性相关的指标也呈下降趋势，如图 4-35 所示，高炉炉料结构变化对高炉喷煤比提高产生一定影响，为了维持高炉稳定顺行，被迫降低矿焦比负荷，维持一定透气性。可见高炉炉料结构不稳定产生的不利影响远远大于入炉品位的改善程度，因此合理炉料结构不仅仅局限于入炉品位改善以及低温性能的改善，更重要的是炉料结构的稳定和高温性能的改善。

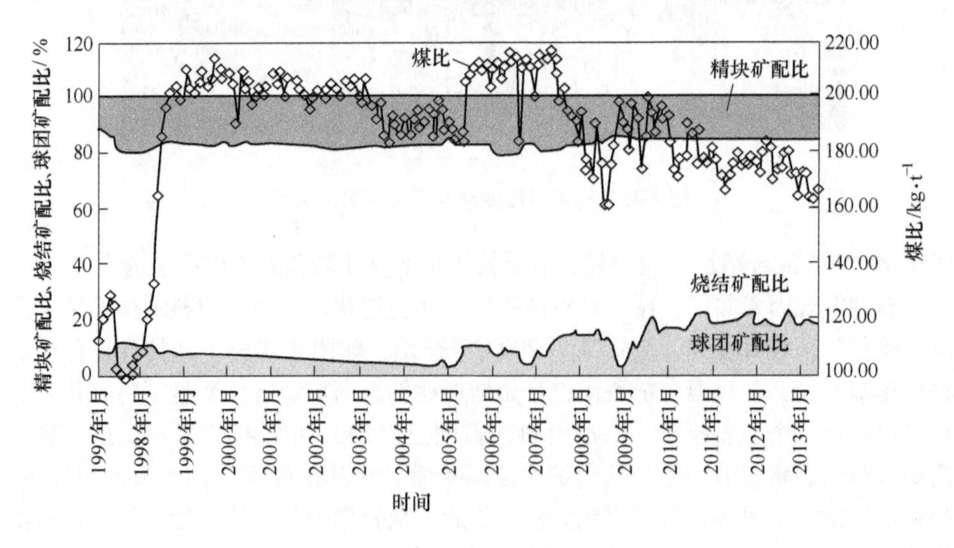

图 4-35 宝钢高炉炉料结构与喷煤比推移图

4.3.2.4 提升炉料结构的经济性

合理的炉料结构不一定是最经济的炉料结构，高炉最终目标是取得最大的经济效益。合理的炉料结构是适合高炉生产，保证高炉稳定顺行，并获得良好的高炉指标，而最佳的炉料结构既保证高炉稳定顺行，又能体现其经济性。合理炉料结构没有统一模式，需要结合各自生产条件，遵循技术和经济相统一的原则，探索适合各自高炉的最佳炉料结构。

高炉选择合理炉料结构，应在满足高炉生产基本要求前提下，综合考虑自身的铁矿石资源以及资源的合理利用和成本等因素，同时适合自身操作技术水平。宝钢没有自有矿山，高炉原料几乎全部进口，特别采用了混匀矿技术，原料质量和稳定性相对优于国内同行，宝钢高炉通过三十年的生产实践，高炉在炉料结构：烧结矿比75%～80%，球团矿比5%～10%，精块矿比16%～18%条件下，不仅保证高炉稳定顺行，而且取得了良好经济技术指标，同时，依靠高喷煤比，低燃料消耗，获得较好的经济效益。此炉料结构是适合宝钢生产条件下，比较理想的炉料结构。

合理炉料结构有利于高炉稳定和成本最优，炉料质量应与高炉经济技术指标和消耗指标相对应，才能达到效益最优，也就是说，优质的原料质量，必须达到较高经济技术指标和较低消耗指标，才能有良好经济效益，否则就是原料质量过剩。同样，结合自身资源条件，使用相对低质的原料，并且获得对应的高炉经济技术指标，实现成本最低，在行业内成本排名领先，其使用的炉料结构不是最优，但相对自身来讲就是合理炉料结构。

提升炉料结构经济性是高炉优化炉料结构的目标，从理论和高炉生产的角度来看，高炉只使用单一炉料，并把熟料率提高到100%是合理的，而烧结矿、球团矿和精块矿各有其特点，精块矿为生矿，并且现在尚未有一种理想的精块矿能完全满足现代高炉强化冶炼的需要。球团矿是熟料，球团矿碱度可以满足高炉炉渣要求，高炉生产可以完全使用球团矿，但其受资源以及成本制约，就烧结矿而论，不同类型的烧结矿的性质大不相同。满足高炉炉渣碱度要求的烧结矿，其强度处在低凹区，强度不能满足高炉要求，普通酸性烧结矿强度较好，而其还原性相对较差，高碱度烧结矿低温还原粉化性能得到改善，还原性较优，但是高炉生产也不能完全使用高碱度烧结矿。高炉无论以何种结构进行配料，最终总的炉渣碱度都要满足高炉正常生产的需求，因此，普遍使用的炉料结构是高碱度烧结矿搭配一定比例的球团矿或者精块矿。

从2013年行业烧结矿、球团矿、精块矿平均价格相比来看（见图4-36），烧结矿成本最低，最大限度使用烧结矿，才能使成本有竞争力，同时球团矿与精块矿相比，精块矿明显占有优势，炉料结构能将精块矿使用好，并且多用，在成本上就占有优势。

另外，在原料资源不断劣化情况下，烧结在条件允许的情况下，应依靠产能换质量、换成本，满足高炉对炉料要求的同时，优化炉料结构，提升炉料结构的经济性，降低原料成本。

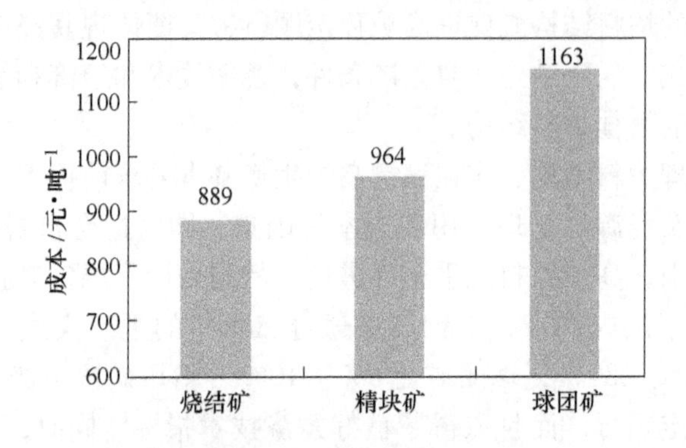

图 4-36　2013 年行业各种炉料成本

合理炉料结构与铁水成本和竞争力有密切关联，而炉料结构不仅取决于掌握资源情况，而且取决于自身产能匹配情况，同时还取决于如何用好资源，特别是用好低质廉价资源，只有使高炉炉料结构既有质量优势，又有成本优势，才能使高炉炉料结构具有竞争力。

参 考 文 献

[1] 项钟庸，王筱留，等．高炉设计——炼铁工艺设计理论与实践[M]．第 2 版．北京：冶金工业出版社，2014.

[2] 周传典．高炉炼铁生产技术手册[M]．北京：冶金工业出版社，2012.

[3] 沈峰满，等．高炉炼铁工艺中 Al_2O_3 的影响及适宜（MgO）/（Al_2O_3）的探讨[J]．钢铁，2014，49(1).

[4] 许满兴．中国高炉炉料结构的进步与发展[J]．烧结球团，2001，3：6 ~ 10.

[5] 赵改革，范晓慧．含铁炉料在高炉各区的冶炼特性[J]．中南大学学报，2010，41(6)：2053 ~ 2058.

[6] 神原健二郎，等．高炉解体研究[M]．北京：冶金工业出版社，1980：59 ~ 77.

[7] 吴胜利，等．高炉内天然块矿与烧结矿高温交互反应研究[J]．钢铁，2007，42(3)：10 ~ 13.

[8] 阎丽娟，等．高炉用含铁炉料软化特性的试验研究[C]．第十三届冶金反应工程学会议论文集，2009：165 ~ 172.

第二篇　高炉操作与管理

大型高炉具有单位投资省、效能高、成本低，便于生产组织和管理、减少污染点，且污染易于集中治理，有利于环保等优势。随着近年来我国高炉炼铁技术的进步，高炉炉容逐步朝着大型化趋势发展，全国炉容4000 m^3以上的大型高炉已达到18座。因此，探索并掌握大型高炉日常操作管理的内容，适应大型高炉生产的特点，可以更充分地发挥大型高炉的优势。

充分发挥大型高炉的优势，日常操作与管理必须要思考和解决好以下四个问题：如何以高炉为中心来组织原料准备、烧结、炼焦的生产，形成铁前流程最优；如何合理配置资源，力争使配煤配矿价值最大化，实现低成本铁水冶炼；如何回收利用全部含铁含碳物料，实现资源综合利用；如何与后道工序配合好，持续开发新钢种（如硅钢等），满足下道工序的需求，同时保持高炉炉况的稳定。另外，大型高炉与中、小型高炉相比，生产的难点是：炉喉直径大，操作中对炉顶布料控制要求高；炉缸直径大，炉温调节惰性大（滞后性）；上、中、下部三段气流合理匹配、控制难度高；料柱载荷大，对原燃料条件要求高；频繁休减风时，对高炉恢复影响大等。鉴于此，大型高炉生产必须依靠科研攻关和技术创新，不断改变操作理念，持续优化操作参数，提高操作与管理水平，以取得安全、高效、低耗的成效。大型高炉操作与管理对策和措施主要有：

（1）选择合理的操作制度，确保高炉长期稳定顺行。合理的操作制度能保证煤气流的合理分布和良好的炉缸工作状态，促使高炉稳定顺行，从而获得优质、高产、低耗和长寿的冶炼效果。选择合理的操作制度是高炉操作的基本任务，需要根据高炉具体条件（如高炉炉型、原料条件等）建立判别高炉炉况顺行的标准、适宜的上下部调节方式。

（2）优化煤气流分布，实现低燃料消耗。合理的煤气流分布是保证高炉炉料稳定下降、炉内化学反应和热交换正常进行的重要因素。因此，它是高炉稳定顺行和节能降耗的重要途径。合理的煤气流分布可以表现为高炉透气性指数适宜，煤气利用率高，炉顶煤气温度低等；可以减少高炉炉况的波动次数，使高炉燃料消耗处在一个合理的水平。

（3）充分利用矿煤资源，实现低成本铁水冶炼。包括优化烧结配矿、炼焦配煤、高炉炉料结构等。

（4）综合采用节能措施，稳步降低高炉工序能耗。包括高煤比、高风温、低湿分操作，低硅冶炼，高煤气利用率操作，开炉、停炉技术与管理进步等。

（5）对炉前作业进行管理。均匀、稳定出渣出铁、维护稳定的铁口及泥包状态、杜绝液态金属泄漏事故，是确保高炉安全、稳定生产和确保长寿的重要环节，因此，炉前作业管理是高炉冶炼操作中的一个重要组成部分。

（6）对操作炉型进行管理。合理操作炉型是高炉顺行的重要保障，是其实现低燃料比生产、低硅冶炼和提高利用系数的有效措施；合理的炉型有利于炉内煤气流分布和炉料运动，使煤气化学能和热能得到充分利用，高炉生产指标达到最佳状态。相反，高炉操作炉型不合理，则高炉顺行状况将遭到破坏，严重时出现炉况失常。因此，大高炉操作必须要对炉型进行管理，它是高炉操作与管理的核心工作之一。

（7）对高炉休、减风进行管理。对高炉休、减风进行科学、合理的管理，有利缩短高炉恢复生产的时间、降低高炉消耗、提高生产效率，是实现安全、稳定、低耗、低成本生产的有效措施，因此，必须要从生产准备、休风减矿、异常情况处理技术方案等各方面进行管理。

5 宝钢高炉生产工艺概述

5.1 高炉概况

宝钢炼铁现有 4 座 4000m³ 级以上大型高炉，总有效容积共 19269m³，年产铁约 1510 万～1520 万吨。4 座高炉生产工艺流程大致相同，主要包括原料储存及运输系统、无料钟炉顶上料系统、湿法或干法煤气清洗系统、热风炉系统、喷煤制粉系统、炉前作业及铁沟系统、水渣处理系统，高炉本体耐火材料及水系统，如图 5-1 所示。

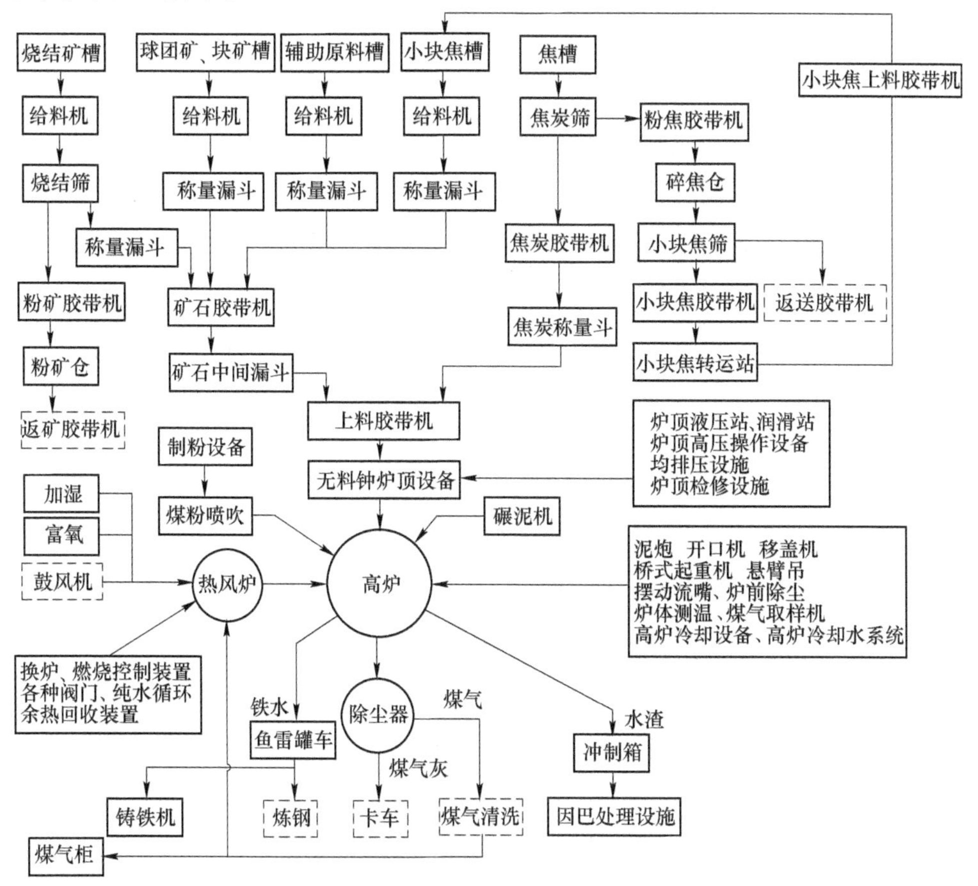

图 5-1 宝钢高炉生产工艺流程

5.2　各系统情况简介

宝钢高炉投产之初引进的是日本新日铁工艺、技术，后续投产的高炉在原燃料条件、动力、总图运输方面基本相同，随着高炉新工艺技术的出现和国家排放标准的提高，高炉在大修后对某些工艺技术、装备水平、能耗控制、自动控制和环保等方面也作了改进、提高。表 5-1 是目前 4 座高炉各系统简要情况。

表 5-1　4 座高炉各系统情况简介

高　炉		1 号高炉第三代	2 号高炉第二代	3 号高炉第二代	4 号高炉第二代
外围主要装备及工艺情况	炉前设备	国产、全液压设备；独立配置、悬挂走行式移盖机	TMT 全液压设备；同侧共用、落地悬臂梁式移盖机	国产、全液压设备；独立配置、悬挂走行式移盖机	
	煤气清洗	干法、湿法除尘并存	环缝洗涤塔	全干法	环缝洗涤塔
	热风炉	新日铁外燃式			
	炉顶系统	并罐式无料钟	串罐式无料钟炉顶		
	渣处理	因巴法			
	沟系统	活动储铁式主沟			
	喷煤	三罐并列式喷吹系统			
	制粉	两台辊式磨煤机	两台辊式磨煤机	两台辊式磨煤机	三台辊式磨煤机
本体配置	耐火材料配置	炉体冷却壁：氮化硅或赛隆结合碳化硅镶砖； 冷却板：石墨砖； 炉缸：炉底大块砖＋侧壁小块砖	炉体冷却板：氮化硅或赛隆结合碳化硅＋石墨砖； 炉缸：炉底大块砖＋侧壁小块砖	炉体冷却壁：氮化硅或赛隆结合碳化硅镶砖； 冷却板：石墨砖； 炉缸：全部大块砖	炉体冷却板及小冷壁：氮化硅或赛隆结合碳化硅＋石墨砖； 炉缸：全部大块砖
	冷却系统配置	炉体水系统：纯水密闭式； 冷却器：炉缸铜冷却壁＋铸铁冷却壁；炉体冷却板＋铜冷却壁＋铸铁冷却壁	炉体水系统：工业水＋部分纯水密闭； 冷却器：炉缸铜冷却壁＋铸铁冷却壁；炉体冷却板＋铸铁冷却壁	炉体水系统：纯水密闭式； 冷却器：炉缸铸铁冷却壁；炉体冷却板＋铜冷却壁＋铸铁冷却壁	炉体水系统：工业水＋部分纯水密闭； 冷却器：炉缸铸铁冷却壁；炉体冷却板＋小型铸钢冷却壁
	风口数	40 个	40 个	40 个	38 个
	铁口数	4 个	4 个	4 个	4 个

6 高炉炉况顺行的判别及煤气流调节

6.1 炉况顺行的判别

6.1.1 炉况顺行的定义

高炉炉内不断进行着高温物理化学反应，煤气流与固体、软熔带、液体在不断地对流运动，入炉原燃料的化学成分随高度下降也是不断变化。因此，所谓高炉炉况顺行，是指高炉内气、固、液三态物质运动状态不发生任何形式的异常，冶炼进程能够按照基本物理、化学原理顺利地进行，并保持在某一水平进行稳定生产的状态；反之，炉况不顺就是不能达到或不能完全达到前面所述情况的状态，其形式多种多样，通常是指炉墙结厚或结瘤、悬料、崩料、管道和炉缸堆积等。

6.1.2 炉况顺行的表征特点

炉况顺行的主要标志是：炉缸工况均匀活跃、炉温充沛稳定、煤气流分布合理稳定、下料均匀顺畅。具体表现在以下几方面：

（1）高炉全风、全氧、全风温操作，压差及透气性指数在合适范围。风压平稳，在较小范围内波动，风压 σ 值在 3kPa 以下。

（2）气流分布良好，十字测温边缘温度、中心温度分配比例、同步同向性、稳定性及均匀性良好。

（3）下料均匀、顺畅，下料曲线没有呆滞、毛刺，料速没有时快时慢现象；探尺深度均匀、稳定，差别不超过 0.5m。

（4）风口明亮，炉缸圆周工作均匀活跃，风口前无大块生降；炉温在规定的范围内波动。

（5）煤气利用率稳定性好且在合理范围。

（6）高炉热负荷、炉体冷却设备水温差、炉体耐火材料温度在正常范围内波动。

（7）炉顶温度随下料规律性波动，波峰、波谷在合理控制范围，各点温度均匀，极差不大于 50℃。

（8）炉体静压力无剧烈波动，高炉上下部压差相对稳定，在正常的范围内。

（9）在炉料无大变化时，灰比变化较小。

这些标志可归纳为两个方面，即炉料与煤气相对运动正常，煤气流分布合理，上升过程中压力损失正常；炉料分布合理，下降均匀流畅，各部温度正常稳定，炉缸工况均匀活跃。

6.1.3 炉况顺行的判别方法及标准

6.1.3.1 判别方法

评判一座高炉运行状况的好坏，包含两方面的指标：一是稳定性，二是适应性。

稳定性是指在一定冶炼条件下，高炉运行的波动幅度情况，体现高炉当前均值水平和“健康”状况；适应性是指高炉在内外部条件发生较大改变时，高炉能够自我调节的能力，包括幅度和程度，体现了长期运行时炉子的抗干扰、抗波动能力。稳定性和适应性是辩证统一的：稳定性是适应性的前提和基础，没有稳定，一切生产和指标无从谈起；适应性是稳定性的必要保障，没有适应性，高炉稳定也是暂时的，一旦出现冶炼条件的变化，就维持不了稳定。因此，要想保持一座高炉长期稳定、顺行，指标良好、高炉长寿，二者缺一不可。

6.1.3.2 判别要素及标准

炉况稳定性可以从风压、下料、煤气利用、炉温、炉前作业等方面判别，见表6-1。

表6-1 宝钢高炉稳定性判别要素及标准

判别要素	判别方法	判别标准	
		宝钢表征参数	状态标准
风压	首要观察风压稳定性，是否在合理范围内波动，稳定的炉况必须要求风压波动控制在某一水平以下	风压 σ 值：班均或天均风压标准方差	很稳定：<3kPa； 较稳定：3～4kPa； 不太稳定：4～5kPa； 不稳定：>5kPa
	其次观察压量关系合理性，即在一定冶炼条件下，压差和透气性是否处于合适的水平，一般压差低一点有利强化冶炼，如提产、提煤比，但也不一定是越低越好，要综合评判，压差高则相反	$K=(BP^2-TP^2)/BG^{1.7}$ 式中，BP 为高炉风压（表压），kPa；TP 为高炉顶压（表压），kPa；BG 为高炉炉腹煤气量（标态），m^3/min	过低：<2.15； 偏低：2.15～2.25； 正常：2.25～2.45； 偏高：2.45～2.55； 过高：>2.55

续表 6-1

判别要素	判别方法	判别标准	
		宝钢表征参数	状态标准
下料	首先观察崩滑料情况。发生崩滑料时，要看当时对应的气流变化特点，如料滑向中心还是边缘，热负荷的高度、圆周方向变化情况，静压力上下部压差、煤气利用率变化情况、当前时间前推 20~30 批料有无乱料等；然后根据具体表现分析其可能的原因，再采取措施减少或消除崩滑料	天均崩滑料指数：天均崩滑料指数 = 滑料次数 + 崩料次数 ×3	炉况良好：指数≤1 次； 炉况较好：指数 2~3 次； 炉况一般：指数 3~6 次； 炉况差：指数 >6 次； 炉况恶化：连续崩滑料，2h 之内 3 次或以上崩滑料
	其次观察料面均匀性，天均值或连续 3h 料面不均匀性超过一定范围，可以判定为料面偏差大，需要采取措施纠偏	探尺偏差程度：平均料线与目标料线偏差；连续 3h 内各探尺平均料线极差；连续 3h 内各探尺平均料线与总平均料线偏差	平均料线与目标料线：偏差 ≤200mm； 各探尺平均料线：极差 ≤ 500mm，最好≤300mm； 各探尺平均料线与总平均料线：一般偏差≤300mm
	再次观察下料顺畅程度	料速：炉顶上 5 批料时间间隔； 探尺斜率：呆滞程度	顺畅：料速偏差≤3min，探尺斜率基本一致，无呆尺等情况； 顺畅一般：料速偏差 3~5min，探尺斜率略有不一致，偶有呆尺等情况； 不顺畅：料速偏差 >5min，探尺斜率不一致，经常有呆尺等情况
	最后观察矿焦层厚比，正常上完焦炭或矿山后探尺放下到提起时间偏差不大，也即焦、矿的料速“宽度”接近，没有一种料装料后很快到目标料线、需要马上再次装料的“毛刺”、一种料装料后料线很浅、长时间不到目标料线的“长平台”现象。如果连续、有规律出现，则可能是焦炭、矿石在探尺位置的炉料堆积层厚偏差过大，导致表观料线深度偏差大	矿石与焦炭连续装入 5 批料，探尺刚放下时料线深度偏差	层厚比合理：焦、矿探尺偏差 ≤0.2m； 层厚比一般：焦、矿探尺偏差 0.2~0.4m； 层厚比不合理：焦、矿探尺偏差 >0.4m

续表 6-1

判别要素	判别方法	判别标准	
		宝钢表征参数	状态标准
煤气利用率	首先观察稳定性。无论高低，稳定的煤气利用率反映了炉内气、固两运动，热交换及炉内化学反应的稳定性；也在一定程度上反映了煤气流通道的稳定	小时或班均偏差水平	稳定：小时偏差≤1%或班均偏差≤0.5%； 较稳定：小时偏差≤1.5%或班均偏差≤1%； 不稳定：小时偏差>1.5%或班均偏差>1%
	其次看水平合适程度。过高说明气流偏闷，中心和边上气流都不畅；过低说明热利用效率低，有时是局部管道征兆	班均水平	过低：<50%； 偏低：(50.5±0.5)%； 最佳：(51.5±0.5)%； 偏高：(52.5±0.5)%； 过高：大于53%
炉温	首先看平均水平：保证合理、足够的物理热，既是炉缸储热的需要，更是保证高炉稳定、顺行和安全运行的基础	天均铁水温度	过低：天均<1495℃； 偏低：天均(1500±5)℃； 最佳：天均(1510±5)℃； 偏高：天均(1520±5)℃； 过高：天均>1525℃
	其次看匹配性：对特定的高炉，在一定的冶炼条件下，铁水温度和[Si]是相互匹配的，若连续一班出现铁水温度在正常范围而硅素远低于正常值或硅素正常而铁水温度远低于正常值，即是物理热和化学热不匹配。原因有：渣铁出不尽，炉子受憋；气流分布不合理，软熔带位置过高；炉缸凝铁层消耗、化炉缸；特殊原料入炉，如加钛矿等	与正常时相比，铁水温度与硅偏差程度	匹配：硅一样时铁水温度偏差≤5℃，或铁水温度一样时硅偏差≤0.05%； 基本匹配：硅一样时铁水温度偏差5~10℃，或铁水温度一样时硅偏差0.05%~0.1%； 不匹配：硅一样时铁水温度偏差>10℃，或铁水温度一样时硅偏差>0.1%
	再次看均匀性：各铁口之间，炉温偏差应该在一个正常范围，如果反复出现该情况，须认真分析原因并采取对策	铁口间铁水温度极差	均匀、偏差小：铁口间天均铁水温度极差≤10℃； 略有不均：铁口间天均铁水温度极差10~20℃； 不均匀、偏差大：铁口间天均铁水温度极差20~30℃； 严重不均：铁口间天均铁水温度极差>30℃
	最后看局部最低值：单次铁或某一铁口天均值低于一定水平，说明局部炉温不够	单铁口均值最低水平	局部过低：单次<1480℃，连续2炉<1490℃，连续3炉<1500℃，天均<1490℃； 局部偏低：单次<1490℃，连续2炉<1500℃，连续3炉<1505℃，天均<1500℃； 基本正常：单次≥1490℃，非连续2炉<1500℃，非连续3炉<1505℃，天均≥1500℃

续表6-1

判别要素	判别方法	判别标准	
		宝钢表征参数	状态标准
作业状况	首先看出渣状况：见渣是否稳定，稳定的见渣率说明炉缸工况、铁口深度基本均匀、稳定；见渣水平是否合适，一般至少要到75%以上，但不是越高越好，一般开口后10~15min左右见渣较好	见渣率的波动幅度及水平	稳定：天均见渣率波动幅度≤5%； 较稳定：天均见渣率波动幅度5%~10%； 不稳定：天均见渣率波动幅度>10%； 见渣率高：>90%； 见渣率适中：80%~90%； 见渣率偏低：70%~80%； 见渣率过低：<70%
	其次看渣铁面是否在低且稳定的状态，除了极限控制值外，正常储渣、储铁也应该控制在一定范围，同时还要尽可能稳定，不能忽高忽低，否则会对炉况、炉缸工况和侧壁造成影响	专家系统计算存储渣铁量	过高：储渣>100t，储铁>400t； 偏高：储渣50~100t，储铁200~400t； 正常：储渣≤50t，储铁≤200t
	再次看铁口状况：各铁口深度、打泥是否稳定、均匀	各铁口天均深度、打泥量及偏差情况	偏深：均值>目标深度200mm，单铁口深度>目标深度300mm； 正常：均值与目标深度差异±200mm，单铁口深度与目标深度±300mm； 偏浅：均值<目标深度200mm，单铁口深度<目标深度300mm； 均匀：铁口深度极差≤200mm； 略有不均：铁口深度极差200~400mm； 严重不均：铁口深度极差>400mm； 打泥和深度稳定：同一铁口上下炉之间铁口深度变化≤200mm，打泥量变化≤80kg；天均铁口深度变化≤100mm，平均打泥量变化≤40kg； 打泥和深度稳定性一般：同一铁口上下炉之间铁口深度变化200~300mm，打泥量变化80~160kg；天均铁口深度变化100~200mm，平均打泥量变化40~80kg； 打泥和深度不稳定：同一铁口上下炉之间深度变化>300mm，打泥量变化>160kg；天均铁口深度变化>200mm，平均打泥量变化>80kg

续表 6-1

判别要素	判别方法	判别标准	
		宝钢表征参数	状态标准
作业状况	最后看铁口工作均匀性、稳定性：各铁口单次、天均出铁、出渣量是否有较大偏差	各铁口单次和天均出铁、出渣量极差；各铁口上下次铁量、渣量偏差；天均铁量、渣量偏差	均匀：各铁口之间天均出铁≤200t，出渣量极差≤50t；单次出铁≤300t，出渣量极差≤75t； 略有不均：各铁口之间天均出铁200～300t，出渣量极差50～75t；单次出铁300～400t，出渣量极差75～100t； 严重不均：各铁口之间天均出铁>300t，出渣量极差>75t；单次出铁>400t，出渣量极差>100t； 稳定：连续3天各铁口平均出铁≤100t，出渣量变化≤25t； 较稳定：连续2天各铁口平均出铁≤200t，出渣量变化≤50t；或连续3天各铁口平均出铁≤150t，出渣量变化≤40t； 不稳定：连续2天各铁口平均出铁>200t，出渣量变化>50t；或连续3天各铁口平均出铁>150t，出渣量变化>40t

适应性可以从内部、外部条件变化时高炉抗波动能力来判别，主要考虑以下几个方面因素：

（1）内部本身变化时高炉适应能力：看炉温连续2炉以上超上限或下限控制目标、渣铁未出尽炉子受憋、造渣连续3炉以上高于上限或低于下限、炉墙大面积脱落热负荷波动大于20GJ/h等情况下，炉温有否波动或波动程度。如果出现这些情况，高炉仍能基本保持稳定顺行，或波动很小，未出现减风、大幅退负荷达10kg以上等情况，则表明炉子适应强；反之，顺行变化，炉况波动大，出现减风、顶压冒尖或炉温急剧变化，则适应性差。

（2）看外部条件变化时高炉适应能力：冶金性能差的原燃料入炉、矿焦比变更提升、送风制度较大变更、装入制度有较大变化时，高炉能自我调剂，仍能较快地达到另外一种平衡状态并保持稳定，未出现减风、大幅退负荷达10kg以上等情况，则炉子适应强；反之，则适应性差。

6.2 高炉合理煤气流控制

6.2.1 煤气流形成过程、类型及影响因素

6.2.1.1 炉气流分布形成过程

高炉是典型的逆流反应器。煤气在风口燃烧区产生，然后由下部上升穿过料

层；炉料从炉顶装入，然后下降与煤气作用完成加热、熔化、还原和渗碳等冶炼过程。炉料顺利下降，煤气流合理分布，是高炉正常冶炼的保证。煤气流的分布有三个阶段，即初始分布（自风口向上和向中心扩散，与回旋区形状和死料柱透气性有关，由送风条件和焦炭性能等决定）、二次分布（穿过滴落带并在软熔带焦炭夹层中作横向运动，与软熔带的位置、形状、焦炭强度和焦炭夹层厚度，以及滴落带的阻力有关，由装料条件和送风条件共同决定）和三次分布（曲折向上通过块状带，与块状带性能有关，由装料条件决定），最后在高炉内形成稳定的煤气流分布。影响初始、一次和二次煤气流分布的因素中，任何一种或几种因素发生变化，都将引起高炉煤气流分布的稳定和变化。一般来说，下部调剂是基础，上部调剂是主要手段，上部、下部调剂互相影响。

6.2.1.2 典型煤气流分布类型

世界范围内高炉煤气流分布有四种基本类型，即边缘发展型、边缘和中心同时发展型（又称双峰型）、中心发展型和平坦型，见表6-2。

表6-2 高炉典型煤气流分布及特点

气流类型	煤气流分布形状	透气性	对炉墙侵蚀程度	热量损失情况	煤气利用率
边缘发展型		最好	最严重	最多	最差
双峰型		较好	较严重	较多	较差
中心发展性		较差	最轻	最少	较好
平坦型		最差	较轻	较少	最好

具体描述和分析如下：

（1）边缘发展型：十字测温边缘温度上翘，甚至超过中心温度。优点是：原燃料较差时，短期内可改善顺行、降低差压。缺点是：边缘过分发展，易出现管道；干区热负荷高，易烧坏冷却设备；经常性熔铁落下烧坏风口；长时间维持该气流模式，炉缸工况变差，差压上升，不接受风量，严重时将造成中心堆积；顶温高，经常需要炉顶打水。从长期来讲，边缘发展型的煤气流分布模式应避免采用。

（2）双峰型：边缘和中心都较发展，二者基本接近，煤气流形态呈W形。一般采用同时疏松边缘、中心气流时出现。在一定程度上较边缘发展型好，但仍对炉墙、炉缸工况有较大影响。

（3）中心发展型：中心气流比边缘气流强。随着高炉炉容扩大、富氧大喷煤，需要较强的中心气流。优点是：能最大限度地利用煤气；料面形状稳定且焦炭置换率高，有利炉缸工况；边缘气流减弱，高炉热损失和对炉墙破坏程度降低。缺点是：差压略高。宝钢一般采用确保一定中心气流、维持一定边缘气流的操作模式，十字测温曲线呈现中心充沛、边缘略翘的“虾尾型”，如图 6-1 所示。

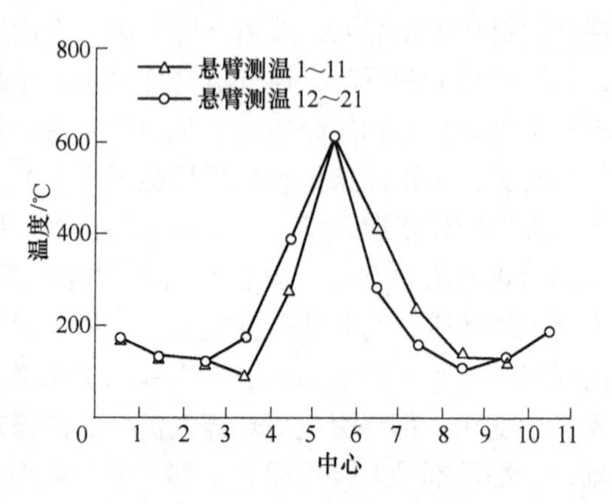

图 6-1 宝钢中心发展型煤气分布的十字测温曲线

（4）平坦型：边缘、中心煤气流都受抑制，温度曲线平坦。优点是：软熔带位置低，煤气利用率高。缺点是：两股气流均不畅，压差高；抗外界波动能差，难以长期维持顺行。

6.2.1.3 气流分布的重要意义

控制高炉煤气流合理分布极其重要，主要体现在以下几方面：

（1）它是炉况稳定顺行的基础，决定炉缸工作和炉内“三传”的好坏、软熔带的位置形状，强化冶炼能够达到的程度等。

（2）它是高炉节能降耗的基础。

（3）它是高炉稳定长寿的重要措施，气流分布不合理，会造成耐火材料冲刷加剧、冷却设备易破损、炉缸工况易复差。

其中炉缸初始煤气流的分布，不仅决定了炉缸的工作状态，同时也主导了高炉上部软熔带和块状带内的二次气流分布。

6.2.1.4 影响气流分布的因素

A 原燃料影响

（1）焦炭：焦炭在高炉冶炼中起着发热剂、还原剂和料柱骨架三大作用，焦炭质量对煤气流分布有非常重要影响。在高炉内部，自炉身中部开始，焦炭平均粒度变小、强度变差、气孔率增大，反应性、碱金属和灰分含量等增高，各种变化以靠近炉墙最剧烈。在块状带，随炉料中焦炭体积的减少，料柱透气性降低。在软熔带，焦炭粒度增大可以提高焦炭夹层的透气性。在滴落带，渣铁熔化通过固体焦炭层，当焦炭粒度变小或不均匀时，焦炭的比表面积增大和间隙度减少，增加了渣铁液体通过焦炭层的阻力和产生“液泛”现象的可能，因此，入炉焦炭强度低、粒度小，易恶化料柱透气性，导致炉缸堆积，炉缸不活。所以，焦炭强度和粒度是改善料柱透气性的重要保证，是影响煤气流分布的重要指标。宝钢的焦炭强度以及保证入炉焦炭粒度大于 52mm，可以保证煤气流合理分布要求。适量在矿批中混入使用小块焦，对改善透气性也有一定作用。

（2）喷吹煤：在一定冶炼条件下，随着喷煤量增多，炉腹煤气量增加，易发展边缘气流。炉腹煤气量是指从风口燃烧带进入直接还原带的煤气，包括 N_2、H_2 和 CO。不同煤种，挥发分不同，对炉腹煤气量造成不同影响。一般来说，烟煤比无烟煤挥发分高，烟煤比例增加，炉腹煤气量相应增加，对边缘气流影响较大。混合煤比例变化，除了要考虑热量变化，还要关注气流变化，相应调整。

（3）矿石质量变化：烧结矿碱度、FeO、MgO 等变化导致冶金性能变化，引起高炉气流变化；有害元素入炉，易造成冷却设备损坏、炉墙结瘤、悬料；矿石还原强度、软熔性和高温还原性等对高炉软熔带位置和形状有较大影响，原料低温还原粉化率高影响上部炉料透气性，软熔性影响软熔带位置和结构，高温还原性差影响煤气利用。

（4）原料粒度情况：原料粒度过小，特别粉末，小于 5mm 的粒度大于 5% 易造成炉料透气性恶化，炉墙不稳，易脱落。如筛网堵塞或清理不及时，大量粉矿进入高炉，将恶化煤气流透气性，影响高炉稳定顺行。又如雨季由于炉料较湿，粉末黏附在炉料上，不易筛分干净，特别落地矿和精块矿，进入炉内，恶化料柱透气性。

B　操作制度影响

（1）布料制度：由于冶炼条件变化，布料制度未及时调整，调整不到位，或者调剂方向错误，均对煤气流分布产生影响。

（2）送风制度：送风制度不相符，即鼓风参数与风口面积不适应，不同冶炼条件，包括富氧、喷煤等变化，风口面积未及时调整，煤气流分布也要发生变化。

（3）炉热制度：由于炉温调整错误或者其他因素，造成炉温波动较大，上下起伏，造成炉墙脱落，煤气流分布混乱，甚至出现崩滑料。另外炉温过高或者过低，均对煤气流分布影响较大，炉温过高，煤气利用差；炉温过低，容易破坏炉况顺行。

（4）造渣制度：长期渣系严重不合理，造成排渣铁困难，将导致下部气流发生变化。

（5）作业制度：炉前出渣铁作业不稳定，铁口深浅不均，出铁时间长短不一；长时间未见渣，渣铁未出净，高炉受憋，风压高，影响煤气流分布。

C　设备影响

（1）设备故障：包括原料系统、上料系统、喷吹制粉系统、炉前设备、炉体周围设备泄漏等，造成低料线或高炉休减风，对煤气流分布都造成影响。

（2）冷却系统漏水：包括风口、中套、冷却壁强化系和本体系、冷却板、微型冷却器、十字测温等漏水未及时发现，不仅影响炉温，而且影响气流分布，使炉腹煤气量增大，煤气利用率低。

(3) 布料控制设备异常：如探尺由于机械或电气原因，产生零点漂移，布料料线发生变化，影响煤气流分布，或者由于炉料偏行，布料料线发生较大变化，也影响煤气流分布；布料倾角由于编码器故障发生角度漂移；由于炉顶称量计不准导致布料圈数和重量与要求不一致；布料溜槽磨损未及时发现和更换等。

D 炉型影响

不同炉役时期，高炉从设计炉型到侵蚀炉型不断转变，若上下部调剂制度不符合，煤气流分布将发生变化；日常操作炉型维护不当，如炉墙大面积脱落、炉墙结厚等，煤气流将发生变化。

6.2.2 观察和评判气流分布方法

6.2.2.1 直接观察法

A 通过看风口状态判断气流情况

主要判断炉缸初始气流分布情况，重点关注各风口工作是否均匀，焦炭燃烧是否活跃，有否渣皮脱落或生降。看风口的作用包括以下几方面：

(1) 判断炉缸圆周工作情况：炉缸工作的要点是均匀、活跃，这是高炉顺行的一个主要标志。各风口亮度、焦炭运动活跃程度均匀，说明炉缸圆周温度均匀，鼓风量、鼓风动能一致。

(2) 判断炉缸半径方向的工作状况：炉缸工作均匀、活跃，不单是指圆周均匀，也包含中心区域。若观察到焦炭在风口区虽然仍呈循环状态，但深度不够，说明炉缸中心不够活跃。

(3) 判断炉缸温度：高炉热行时，风口光亮夺目，焦炭循环区较浅，运动缓慢。若风口明亮，无生料，不挂渣，则表面炉缸热量充沛；风口亮度一般，有时在风口前能看到生料或黑块、挂渣皮，则表面炉缸热量不足或下行；风口暗红，甚至肉眼可以观察，出现挂渣、涌渣甚至灌渣，则是炉缸大凉、炉缸冻结的征兆。通过风口判断炉温应注意区分几种情况：炉渣碱度过高，不管高低都易发生挂渣；风口破损时，局部易挂渣，并不一定炉温低。

(4) 判断顺行情况：风口明亮但不耀眼，工作均匀、活跃，无生料，不挂渣，风口破损少，则高炉顺行、下料均匀、稳定。高炉难行时，风口前焦炭运动呆滞。高炉上部崩料时，风口并没有什么反应；下部崩料时，在崩料前风口表现非常活跃，而崩料后焦炭运动呆滞。高炉发生管道时，正对管道方向，在形成期很活跃，循环区也很深，但风口不明亮；在管道压制后焦炭运动呆滞，有生料在风口前堆积；炉凉期若发生管道则风口可能会灌渣。高炉偏料时，低料面一侧风口发暗，有生料和挂渣。

B 通过炉顶摄像仪直观判断气流

现代大高炉基本装有炉顶红外摄像仪，通过温度感应成像，可以直观地分析、判断气流分布。图 6-2 ~ 图 6-5 所示是四种气流分布现象。

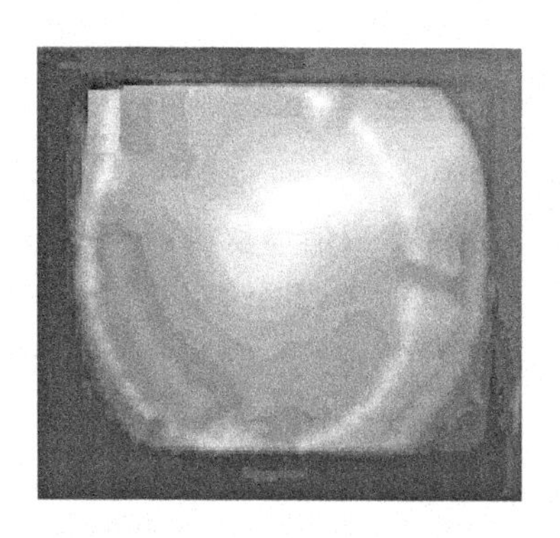

图 6-2 正常气流分布

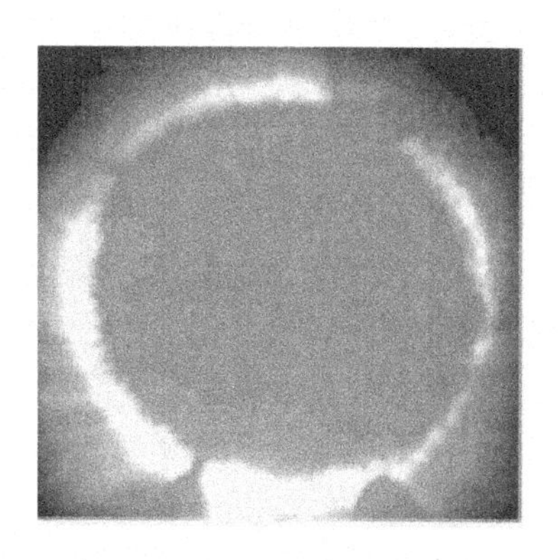

图 6-3 边缘气流过旺

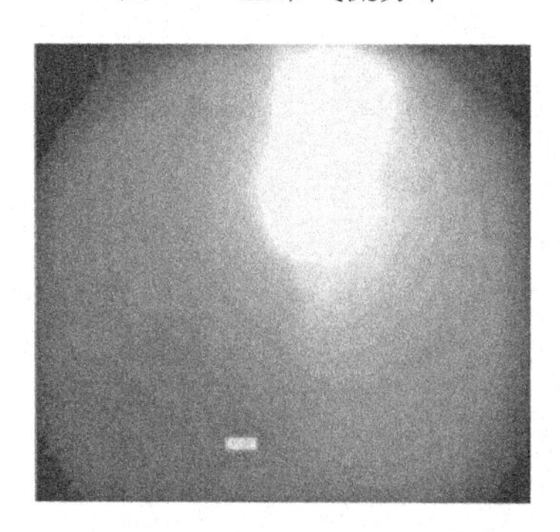

图 6-4 中心气流过旺

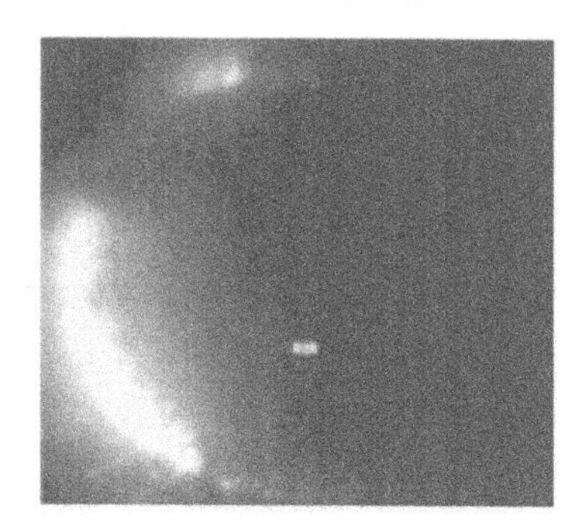

图 6-5 边缘气流局部过旺

C 通过看料面判断气流

休风时看料面的形状，包括边上是否有焦炭、平台宽度、漏斗深度、各方向料面偏差情况、炉喉钢砖磨损情况（辅助参考落料点）、料面堆尖位置；看料面煤气火焰情况，包括中心、边缘煤气火焰面积大小、强度、分布位置及均匀性。看料面的作用是：

（1）直观看气流分布的强弱及均匀性。气流分布较好时，边上、中心均有煤气火焰，且中心较集中，边缘稍弱且均匀。

（2）为日常上部调剂提供辅助参考。通过边上是否有焦炭、平台宽度、漏斗深度、各方向料面偏差情况、炉喉钢砖磨损情况（辅助参考落料点）、料面堆尖位置等综合判断布料制度是否合适，为下一步调剂方向作参考。一般在休风后打开大人孔，马上用专门的料面检测仪观察、测量料面形状。从经验上看，较为理想的料面形状是：边上有一定量焦炭，并有 200 ~ 300mm 左右“倒角”；平台宽度约占炉喉半径1/3；漏斗深度约2～2.5m，且不是“锅底形”漏斗；炉料径向分布平滑过渡，堆尖处炉料不高于其余处0.5m，且堆尖不靠近炉中心斜坡处（否则布料及下料稳定性受影响）。

6.2.2.2 间接观察法

A 通过检测仪表观察、判断气流

a 炉顶十字测温

炉顶十字测温是分析、判断气流分布的重要手段之一。日常重点要关注炉喉十字测温中心温度（包括正中心 CCT_1，次中心 CCT_2 均值及极差）、边缘温度（边缘4点均值及极差、次边缘的稳定性及极差）；同时还要关注中心和边缘的相对值，即为消除不同炉顶温度情况下对温度绝对值的影响，引入边缘气流指数，即边缘4点温度均值与炉顶4点温度均值之比（W 值）；中心气流指数，即中心及次中心5点温度之和与炉顶4点温度均值之比（Z 值）；中心与边缘分布比例指数，即 Z 值与 W 值之比（Z/W）。十字测温图电偶分布如图6-6所示。

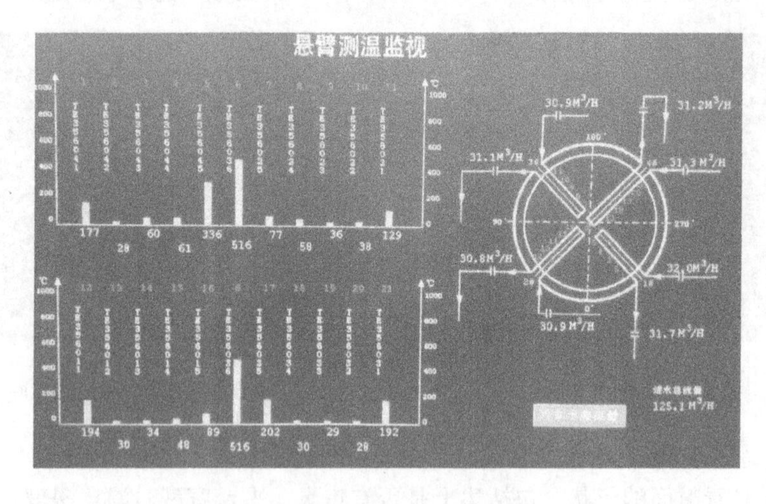

图6-6 炉喉十字测温电偶分布示意图

b 炉体热负荷、温度、水温差检测计

热负荷已成为现代高炉操作的一个重要管理参数，热负荷和水温差不仅是判断操作炉型的参考依据，也是辅助判断气流分布和调控气流的特征参数。热负荷过高，对炉体冷却壁寿命产生威胁；而热负荷过低，边缘气流过重，炉况不稳定，炉墙渣皮易脱落，影响高炉顺行。要重点关注总热负荷水平、稳定性情况，热负荷分区、分段位分布情况；同样，炉体温度、水温差也关注分区、分段的水平及趋势，并针对不同耐火材料、冷却系统，每座高炉都建立自己的热负荷、炉体温度及水温差控制标准。宝钢经验：一般炉腰中部以下区域热负荷频繁波动是边缘偏重，有时也是气流未控制住（料量或料层厚度不够）造成；若是炉身块状带（干区）热负荷频繁波动，则可能是边缘过强或气流严重不均匀造成。

c 探尺或微波料面计

通过探尺和料速，可以探知料面形状，判断下料顺畅程度，进而推断气流情况。若边缘气流不畅，往往会出现料速不均、各探尺深度及风压周期性波动；反之，若中心气流过旺或中心漏斗过大，由于中心下料快，将会出现布料或下料过程中有炉料突然滑向中心、风压突升等现象。

d 钢砖下温度计

钢砖下温度计反应边缘气流情况的气流参数。日常重点关注其均值、均匀性（极差大小）、稳定性（小时或班均偏差）、趋势性（均值持续走低还是走高）。

e 煤气成分检测计

煤气成分检测计反映炉内煤气利用状况，日常重点关注其稳定性、均值及变化趋势。煤气利用率过高，则表明气流较闷，中心及边缘都不畅，易造成差压高；过低，则说明中心或边缘过强，或局部存在炉料流态化。

f 静压力检测计

通过静压力检测计波动情况、压差分布情况来判断炉内料柱阻损情况。一般炉腰中部以下区域静压力频繁波动可能是边缘气流偏重或气流严重不均匀、局部炉墙渣皮频繁脱落造成；块状带区域静压力频繁波动，往往是边上气流过强或因为边上偏重、局部薄弱区域气流窜动所致。而压差分布，即上部、中部、下部压差也对应不同气流状态。上部压差对应块状带压差，其高低反映块状带阻损情况，也可辅助判断炉内块状带料层厚度、软熔带位置高低和形状；中部压差对应软熔带区域阻损，辅助判断软熔带厚度、稳定性；下部压差对应滴落带以下区域，辅助判断炉温水平、出渣铁状况、风量与风口面积的匹配程度、炉缸工况，下部压差长期偏高，若排除出渣铁、炉温影响，可能是炉缸工况不好、初始气流分布不易达到炉中心而边缘通道有限导致下部煤气流受阻造成，也有可能是风量与风口面积不匹配，大风量用小风口面积将导致进风受阻、下部压差高。

g 炉顶温度计

炉顶温度计用来辅助判断气流均匀性及下料顺畅程度。日常重点关注其稳定性、均值及变化趋势。

h 综合检测仪表

通过顶压稳定或波动情况（如顶压冒尖）、风压稳定或波动特点与规律（如压差水平，有否周期波动、急剧波动）、透气性指数水平来间接判断气流。

B 通过专家系统、模型等推断气流

宝钢自主开发了“高炉智能专家系统”，依据专家系统设定的规则，辅助判断、分析气流，适时报警并提供调剂建议，如图6-7所示。

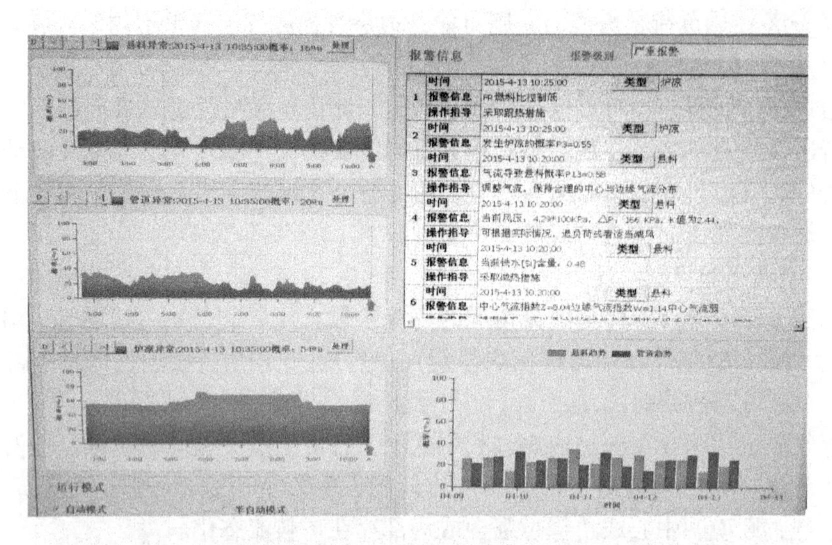

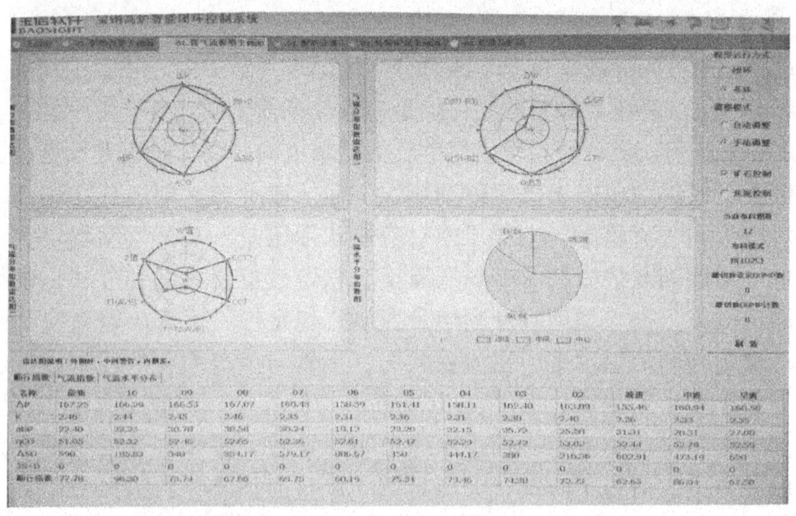

图 6-7　宝钢 1 号高炉专家系统气流判别、提示画面

6.2.3　合理煤气流特征

高炉煤气流的分布状态可以从其热能和化学能的利用结果，即温度和还原度的分布得到反映。所谓合理煤气流，就是能够保持炉况长期稳定、顺行，技术经济指标良好的气流分布状况。合理的煤气流是相对和动态的，不是绝对和静止的概念，也就是说，合理煤气流分布，并不是要某些气流参数要处于某个绝对的值，此种冶炼条件下的合理煤气流分布，在另一种冶炼条件也可能不是合理的煤气流分布，它必须与一定冶炼条件相匹配，以炉况顺行结果为最终评判标准。换

句话说，在一定冶炼条件下，能够保持高炉稳定顺行，且具有一定抗波动能力的气流分布就是符合该冶炼条件的合理煤气流分布。因此，合理煤气流分布除了关键气流参数在合适范围外，更重要的是体现在炉况顺行上。合理煤气流分布特征包括：

（1）风压平稳，压差、K值在适宜范围内。

（2）煤气利用率在合适水平，而且稳定。

（3）料速均匀，下料平稳；料面平整，稳定性好，探尺偏差小。

（4）十字测温中心和边缘温度适宜而且稳定。

（5）顶温均匀，随布料同步同向在一定范围内波动。

（6）炉喉钢砖温度稳定，圆周方向均匀。

（7）操作炉型及热负荷平稳，在适宜范围内，波动小，炉墙温度稳定，无脱落。

（8）炉缸工作状态良好，炉温充沛，各铁口温度均衡，出渣铁稳定。

（9）风口工作活跃，鼓风动能控制在适宜范围内，理论燃烧温度适宜。

6.2.4 合理煤气流的调剂与控制

6.2.4.1 基本原则

高炉煤气流调剂分为上部调剂和下部调剂。所谓下部调剂就是通过下部送风制度参数的调整来调剂炉缸径向煤气流的初始分布；所谓上部调剂就是通过上部装入制度参数的调剂来调整上部二次气流的分布。由于炉缸初始煤气流在很大程度上决定或影响煤气流在炉内的二次分布，因此，在高炉气流调剂原则上，下部调剂是基础，上部调剂是重要手段，上下部调剂必须相结合和匹配。先进行下部的基础调节，再进行上部布料制度日常调节。

6.2.4.2 基本思路和方法

（1）找准基准点：结合高炉运行实绩，找准基本送风制度参数范围；结合开炉布料试验及休风料面观察、检测，找准布料溜槽不同倾角时炉料与炉喉的初始碰撞点。

（2）综合判断，“压”、“疏”有度：根据下部气流分布特点，通过主要操作参数判断中心和边缘煤气流状况，进行上部调剂。“压”和“疏”都有一个度，达到适宜参数值为最佳。边缘气流过分“压”，容易导致炉墙脱落，破坏煤气流分布，过分“疏”导致烧损冷却设备。中心气流过强或过弱都会导致煤气流分布不合理。

（3）早调、少调：大高炉生产特点是冶炼周期长、惯性大、动作调剂见效慢，而生产运行的第一原则是稳定，因此，日常气流调剂动作必须趋势判断、看准之后采取小幅动作微调早调，若等到气流已经明显变化后采取过大、过快的调剂措施，气流分布难以在短期内适应和调整，势必造成炉况波动；另外，一旦确认调剂方向、动作量之后，必须要有一定的观察时间，若非炉况失常，切忌短期内多次调整、反复调整。

6.2.4.3 调整煤气流应考虑的诸因素

（1）当前基本送风制度，包括风量、氧量、富氧率、鼓风动能、T_f 值、风口面积（含堵风口个数、方位、风口直径）、风口长度等。

（2）当前喷煤量。高炉煤比高低对风口回旋区、下部料层透气透液性、上部料层透气性、炉墙边缘气流强弱及热负荷有很大影响。

（3）炉料结构，尤其是球团比例范围。球团矿粒度均匀，易滚动，自然堆角小，软熔温度低而且软熔区间宽，采取气流调剂措施时，要考虑如何适应配比变化。

（4）焦炭质量。对透气性、顺行影响较大。

（5）烧结矿质量。其性能的变化对高炉过程影响很大，尤其是低温还原粉化率。

（6）操作炉型。不同炉型对气流调剂有不同要求；反过来，操作炉型的变化将引起煤气流分布的明显改变。维护好操作炉型就是在炉墙结厚与过快侵蚀之间寻找一个合理平衡点。

（7）炉温热水平。炉温的高低反映了软熔带根部位置。软熔带根部位置高，炉况相对稳定。软熔带根部位置低，甚至在风口附近，若炉况稍有波动，或者炉温稍低一些，则软熔带根部即下移至风口回旋区附近，来不及熔融的生料进入炉缸，风口出现大量生降，造成煤气流分布紊乱，顺行很容易被破坏，出现崩滑料不止、局部气流过强，甚至管道、高炉煤气利用率及风压剧降现象。

（8）炉缸工况。炉缸工况良好与否，在气流调剂前也必须要关注；炉缸工况不好，上部不易采取疏松边缘气流、抑制中心的调剂措施，要从下部调剂上改善初始煤气流分布；反之，炉缸工况良好，边缘偏重，可以从上部适当疏松边缘，下部初始煤气流也可适当调整。

6.2.4.4 具体调剂手段

大高炉气流调剂全部的出发点和落脚点是确保气流分布合理，炉况长期稳定顺行。由于宝钢高炉实行的是周期定修制及定风量操作，因此，在下部调剂手段方面，风量、氧量日常操作调剂频度很小，风口面积只在定修或临时休风时进行调整，下部调剂是周期性和阶段性气流调剂手段；上部调剂措施则在正常生产中根据实际情况随时进行，因而上部调剂是日常气流调剂的主要手段和内容。

A 下部调剂

a 意义和作用

炉缸初始煤气流的分布决定了炉缸的工作状态，主导了高炉上部软熔带和块状带内的二次和三次气流分布；合理的初始煤气流分布，是高炉煤气流综合控制和调剂、确保高炉稳定顺行的基础。高炉煤气流的初始分布，主要取决于风口燃烧带或叫风口回旋区形状；决定风口回旋区大小和形状的，是高炉下部送风制度。因此，合理控制和调节送风制度，是保证高炉稳定顺行的根本性措施之一。下部调剂的主要目的是通过下部送风制度参数的调整来调整高炉风口回旋区形状，进而调整炉缸径向煤气流的初始分布。

b　主要手段

风量、氧量及匹配；风口布置包括面积、风口个数、角度及长度等，风温、湿分、喷煤量等。在保持一定的冶炼强度条件下，增加风量，降低富氧率，有利于发展中心气流，抑制边缘气流，反之则相反；正常情况下，缩小风口面积有利中心气流发展，但不是无限制，必须要与一定的冶炼强度相匹配，否则容易导致高炉下部压差上升，中心气流反而下降；提高风温、增加鼓风湿分，炉腹煤气量膨胀，有利于发展中心气流，反之则相反。各手段中，风量、富氧调整对送风制度影响最大；其次是风口面积；再次是风温、湿分和喷煤。

c　调剂目标

根据以上手段，控制下部调剂的气流参数在合理范围，调控主要参数有鼓风动能、炉腹煤气指数、炉身煤气平均流速、T_f 值等。

（1）鼓风动能：为保证炉缸一定的活性，防止死料柱过于肥大，必须要保证一定的风口回旋区长度。参照式（6-1）计算风口回旋区长度：

$$D_R = 0.88 + 0.000092E_k - 0.00031PCI/N \tag{6-1}$$

式中　D_R——回旋区长度，m；

E_k——鼓风动能，kg · m/s；

PCI——喷煤量，t/h；

N——风口个数。

参照国外比较成熟的经验：风口回旋区长度所覆盖的炉缸截面积占整个炉缸截面积之比约50%。以此计算，宝钢高炉风口回旋区长度一般控制在(2.0 ± 0.2)m。宝钢高炉风口回旋区长度控制如图6-8所示。

实际生产中，调节回旋区大小以调节煤气流的初始分布最重要的是调节鼓风动能。鼓风动能是指高炉某一风口单位时间内鼓风所具有的能量，其大小表示鼓风克服风口前料层阻力、向炉缸中心穿透的能力。鼓风动能的计算不考虑喷吹燃料在风口内的气化及燃烧，见式（6-2）：

$$E_k = (1/2)mv^2 = (1/2)(m_{风} + m_{氧} + m_{湿分})v^2 \tag{6-2}$$

式中　$m_{风}$——单位时间内鼓风质量，kg；

$m_{氧}$——单位时间内富氧质量，kg；

$m_{湿分}$——单位时间内湿分质量，kg；

v——平均鼓风速度，m/s。

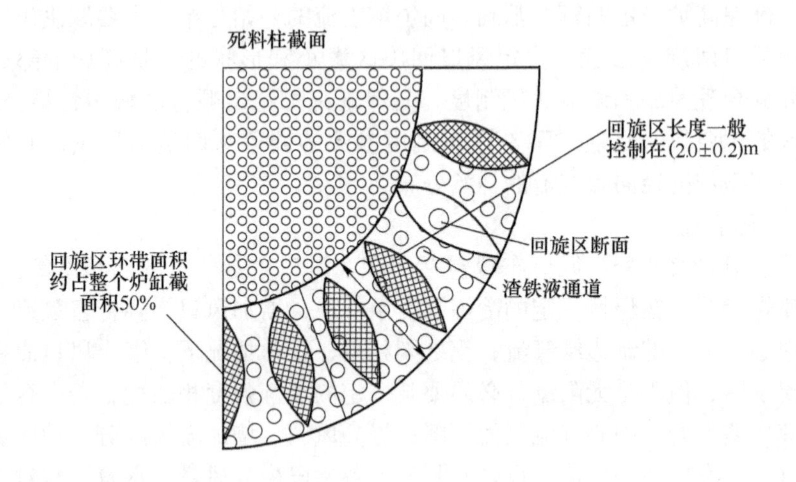

图 6-8　宝钢高炉风口回旋区长度控制示意图

由鼓风动能的概念及与回旋区关系可知，一定炉缸直径的高炉，就决定了其所需的一定范围的鼓风动能。也就是说：对于一定炉缸直径的高炉，不论何种冶炼条件，它都有一个允许最低、最高的鼓风动能，超出这个范围，无论怎么调剂，炉况都不能保证稳定；在此范围之内，还要根据不同的冶炼条件，控制不同的鼓风动能，以使炉况、技术经济指标尽可能最好。因此，合理鼓风动能的含义就是：一定回旋区长度、促进气流均匀分布和传质传热需要，能确保高炉炉况稳定顺行并取得良好技术经济指标的鼓风动能。图 6-9 是根据回旋区长度，测算不同直径高炉合理鼓风动能曲线图。

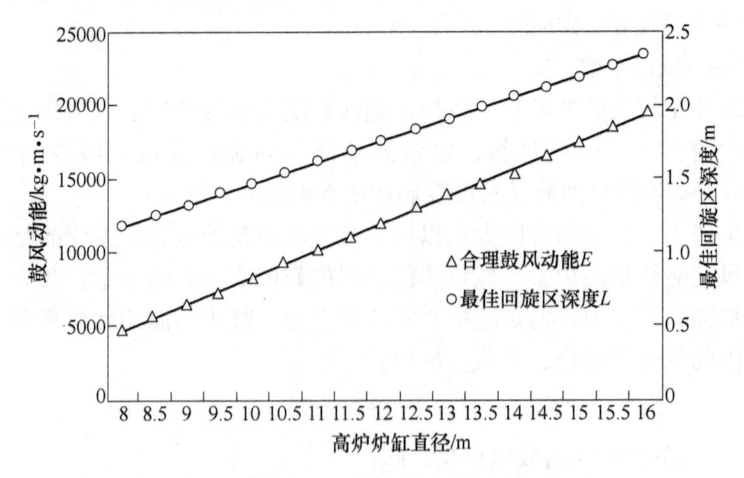

图 6-9　大型高炉鼓风动能与炉缸直径关系

根据统计和经验总结，当高炉炉缸直径 14. 0 ~ 14. 5m 时，合理鼓风动能范围是：(15500±1000)kg·m/s。图6-10是宝钢几座高炉2014~2015年月均鼓风动能推移图。

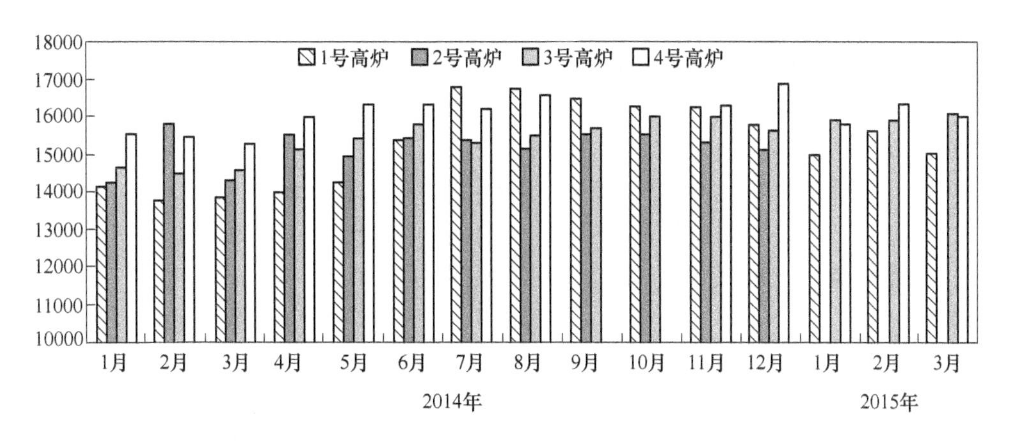

图6-10 宝钢四座高炉2014~2015年月均鼓风动能推移

(2) 炉腹煤气指数：依据高炉冶炼原理，限制高炉强化的气体力学因素，归根结底是高炉内煤气的通过能力，因此高炉存在着强化冶炼的界限；但同时，从气流分布、炉缸传质传热角度考虑，高炉冶炼也存在一定下限。炉腹煤气量指数即是反映炉缸区域通过煤气状况的指数，其定义为单位炉缸断面积上通过的炉腹煤气量，用式(6-3)计算：

$$\psi = BOSH/F \tag{6-3}$$

式中 ψ——炉腹煤气量指数，$m^3/(min \cdot m^2)$；

$BOSH$——高炉炉腹煤气量(标态)，m^3/min；

F——炉缸截面积，m^2。

炉容4000~5000m^3高炉炉腹煤气量指数基本控制在$(62\pm2)m^3/(min \cdot m^2)$，在计划产量确定的前提下，参照该标准匹配风氧量；在生产调整时，减产一般控制下限不小于$58m^3/(min \cdot m^2)$，增产、强化冶炼上限不大于$65m^3/(min \cdot m^2)$。

(3) 炉身煤气平均流速：炉身煤气平均流速是指煤气在炉身平均截面积上的流动速度，它是块状带气流分布的重要指标，对煤气、炉料的逆流反应，炉料下降影响很大，必须控制在合理范围；煤气流速过高，不仅煤气利用降低，严重时容易出现管道。炉身煤气平均流速计算见式(6-4)：

$$\text{炉身煤气平均流速} = \frac{(V_B + V_t)/2}{60} \frac{(T_{f1} + T_T)/2 + 273}{273} \left. \frac{1.013}{1.013 + (BP + TP)/20} \right/ (0.55S) \tag{6-4}$$

式中 V_B——炉腹煤气量日平均值(标态)，m^3/min；

V_t——日均炉身煤气量（标态），V_t =（送风流量日平均值 + 压缩空气量日平均值）× 0.79 × 100/[100 − (H_2 + CO + CO_2)]，m^3/min；

T_{f1}——风口前理论燃烧温度，℃；

273——摄氏与开氏温度换算，K；

BP——高炉风压（表压），MPa；

TP——高炉顶压（表压），MPa；

S——炉身平均断面积，S = 炉身容积/炉身高度，m^2；

0.55——炉料填充系数。

根据经验，一般控制炉身煤气平均流速为(2.6 ± 0.2) m/s，极限不大于3.0m/s。

(4) T_f 值：T_f 值表示风口前端理论燃烧温度，标志风口前燃烧带热状态，它的高低不仅决定了炉缸的热状态，而且由于它决定煤气温度，因而也对炉料传热、还原、造渣、脱硫以及铁水温度、化学成分等产生重大影响。在喷吹燃料的情况下，理论燃烧温度低于界限值后，还会使燃料的置换比下降，燃料消耗升高，甚至使炉况恶化。所以，风口前理论燃烧温度是炉缸热状态的一个重要指标。参照日本高炉经验计算和控制合理的 T_f 值范围，见式（6-5）：

$$T_f = 1559 + 0.839 \times BT - 6.033 \times BH + 4972 \times V_o/(V_b + V_o) - 3150 \times 1000 \times W_c/(V_b + V_o) \quad (6\text{-}5)$$

式中　BT——鼓风温度，℃；

BH——鼓风湿度，g/m^3；

V_o——鼓风氧量（标态），m^3/h；

V_b——鼓风风量（不包括氧量，标态），m^3/h；

W_c——喷煤量，t/h。

一般将 T_f 值控制在(2150 ± 100)℃，极端情况下，上限不大于2300℃，下限不小于1950℃。

d　调剂方法

(1) 选取和调整合适的风量、氧量：定修或休风时，首先根据计划产能、正常生产时吨铁耗风量来测算需要的风量、氧量范围，然后再测算风量、氧量各种不同匹配方式时，下部气流参数变化情况（结合风口面积变化），据此综合选取。除产量外，风氧量选取还要考虑不同炉容。同样产量情况下，炉容大的高炉，风量要优先考虑。生产过程中需要调整产量时，优先调整氧量，保证送风比及炉腹煤气指数不过低；氧量调整不过来再考虑风量；大幅减产时，为保证送风制度不至于发生大的变化，要适当加风、减氧。在接近定修周期末期时，由于衬套熔损，实际风口面积比理论计算大，为维持实际鼓风动能不发生较大变化，有时也采取维持产量不变，适当加风、减氧操作。

（2）合理布置风口及选取面积：定修或计划休风时，在确定一定风量、氧量范围之后，调整风口面积，控制下部气流参数在合理范围。若风口面积过小或过大，仍不能调整合理下部气流参数，则在产量不变情况下，微调风量、氧量。正常生产风口面积一般为0.4750～0.4950m^2。在调整风口面积的同时，为保证初始气流均匀、吹入角度偏差小，还要注意：在侧壁温度高堵风口时，尽可能对称堵风口、不连续堵风口；曲损风口小套必须更换，同时清理干净风口小套前端炉膛内黏结渣、铁；不同直径风口尽量均匀分布。

（3）根据需要控制风温、湿分及喷煤：风温、湿分及喷煤根据T_f值综合选取，但不作为下部调剂的主要关注及调控措施。一般风温用到最高水平，且正常不做调剂；喷煤量根据一定的矿焦比水平及燃料比控制要求调剂；鼓风湿分（B_H）一般结合大气湿分情况，留有3～5g/m^{3}的调剂余地。

表6-3是宝钢高炉定修或休风时选取合理下部送风制度的测算表，图6-11所示是宝钢风口面积分布及测算示意图。

表6-3 宝钢高炉定修送风制度选取测算表

项 目		测算一	测算二	测算三	备 注
送风制度参数	风量/m^3·min^{-1}	7000	7100	7200	
	富氧/m^3·h^{-1}	13000	12000	11000	
	风口面积/m^2	0.4900	0.4926	0.4926	
	风口数/个	38	38	38	
	热风温度/℃	1250	1250	1250	
	鼓风湿度/g·m^{-3}	13	13	13	
	喷煤量/t·h^{-1}	80	80	80	
	顶压/kPa	260	260	265	
气流及输出参数	鼓风动能/kg·m·s^{-1}	15297	15543	15598	
	风口风速/m·s^{-1}	269	270	269	
	风口标速/m·s^{-1}	238	240	244	
	炉腹煤气指数/m^3·(min·m^2)$^{-1}$	58.8	59.4	59.9	
	炉身煤气流速/m·s^{-1}	2.59	2.60	2.59	
	T_f/℃	2065	2060	2055	
	风压/kPa	422	424	432	预测
	压差/kPa	162	164	167	预测

B 上部调剂

a 目的与意义

煤气流二、三次分布受上部布料制度制约。上部调剂就是通过布料制度参数

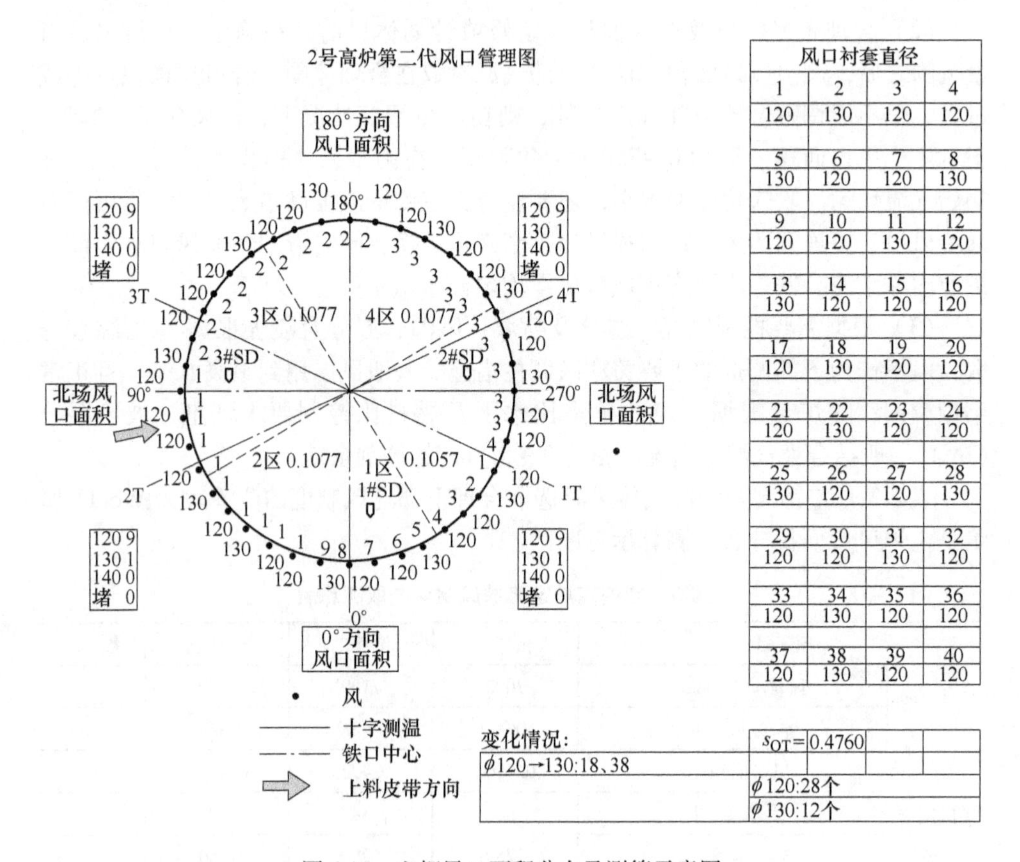

图 6-11 宝钢风口面积分布及测算示意图

的调整来控制和调整上部二次、三次气流的分布的动作过程。下部调剂是基础，但上部气流分布好坏同时也反作用于下部气流。因为下部调剂一般找准之后基本较为固定，上部调剂是日常气流调剂的主要内容。

b 主要手段

布料倾角、档位、料线（含不同料线水平的补偿角度）、布料圈数、批重、排料顺序等，各手段对气流影响方向及程度大小是：倾角 > 料线 > 焦炭档位 > 矿石档位 > 圈数 > 批重 > 排料顺序。其影响规律是：溜槽倾角对布料影响最大，在布料边缘达到碰撞点以前，缩小角度边缘发展、中心抑制，布料平台加宽，反之则相反。料线对气流影响次之，布料边缘达到碰撞点以前，提高料线发展边缘，降低料线加重边缘。焦炭、矿石档位对气流影响再次之，在一定料线范围内，矿石布向边缘是压制边缘气流，焦炭布向边缘是疏松边缘气流，但料线深到一定程度后，炉料将反弹，效果正好相反；布料圈数对气流影响又再次之，在其他布料制度不变情况下，圈数增加或减少对气流影响要看增加或减少的部位。批重对气流影响最小，批重越大，料层越厚，边缘和中心均得以控制，但相对抑制中心更明显；批重缩小，边缘和中心均得以释放，但相对加重边缘。

c 调剂目标

控制上部主要气流参数在合理范围。虽然合理气流分布不是绝对的，是为稳定顺行服务的过程参数，但炉况长期稳定顺行状态时的气流参数范围，也可以作为日常气流重要参考依据。上部调剂主要控制的气流参数及管控范围如下：

（1）十字测温温度：CCT_1(550±100)℃，CCT_2(300±50)℃、边缘四点温度均值（130±30)℃；边缘气流指数 W 值0.8±0.2、中心气流指数 Z 值为11±3、中心与边缘分布比例指数 Z/W 为14±4，随煤比和冶炼条件、各高炉特点，上下限选取略有不同。

（2）炉体热负荷、温度、水温差：

1）炉体热负荷管控标准见表6-4。

表6-4 宝钢高炉热负荷管控标准

部　位	单　位	1号高炉	2号高炉	3号高炉	4号高炉
炉身上	GJ/h	28±4	22±3	18±4	18±4
炉身中上	GJ/h	14±4	6±3	12±4	6±3
炉身中	GJ/h	12±5	8±4	3±5	8±4
炉身下	GJ/h	20±5	10±5	10±5	10±5
炉腰	GJ/h	15±5	10±5	10±5	10±5
炉腹	GJ/h	15±5	15±5	15±5	15±5
总计	GJ/h	104±10	71±8	68±8	65±8

2）炉体温度管控标准见表6-5～表6-7。

表6-5 炉体镶砖铜冷却壁壁体温度管理

参　数	单位	正常温度	要注意温度	注意温度	危险温度
B1段铜冷却壁	℃	(水温+1)<$T_{体}$<60	60	80	130
B2段铜冷却壁	℃	(水温+1)<$T_{体}$<60	60	80	130
S1段铜冷却壁	℃	(水温+2)<$T_{体}$<70	70	100	150
S2段铜冷却壁	℃	(水温+3)<$T_{体}$<70	70	100	150
S3段铜冷却壁	℃	(水温+3)<$T_{体}$<70	70	100	150

表6-6 炉体镶砖铜冷却壁壁筋温度管理

参　数	单位	正常温度	要注意温度	注意温度	危险温度
B1段铜冷却壁	℃	(水温+1)<$T_{筋}$<70	70	100	150
B2段铜冷却壁	℃	(水温+1)<$T_{筋}$<70	70	100	150
S1段铜冷却壁	℃	(水温+2)<$T_{筋}$<80	80	120	170
S2段铜冷却壁	℃	(水温+3)<$T_{筋}$<80	80	120	170
S3段铜冷却壁	℃	(水温+3)<$T_{筋}$<80	80	120	170

表 6-7　炉体冷却板前端温度管理

参　数	单位	正常温度	要注意温度	注意温度	危险温度
冷却板前端	℃	40	100	120	200

3）水温差管控标准见表 6-8。

表 6-8　宝钢高炉水温差管控标准

部　位	单位	1 号高炉	2 号高炉	3 号高炉	4 号高炉
干　区	℃	3 ~ 5	2 ~ 4	2 ~ 4	2 ~ 4
湿　区	℃	2 ~ 5	2 ~ 4	1 ~ 3	2 ~ 4
总　计	℃	3 ~ 5	3 ~ 5	3 ~ 5	3 ~ 5

（3）探尺或微波料面计：平均料线与目标料线偏差连续 3h 不大于 300mm，3 把探尺之间极差连续 3h 不大于 500mm，3 把探尺各自的平均深度与总平均深度偏差连续 3h 不大于 500mm；料速偏差每 5 批不大于 5min；焦炭和矿石布完料探尺刚放下时料线深度偏差不大于 0. 3m。

（4）钢砖下温度：均值班均差异不大于 30℃，8 点极差不大于 50℃。

（5）煤气利用率：班均(51. 5 ±0. 5)%，班均差异不大于 1%。

（6）下部压差(100 ±10)kPa，中部压差(10 ±5)kPa，上部压差(45 ±5)kPa。

（7）炉顶温度：均值班均差异不大于 30℃，4 点极差不大于 50℃。

（8）综合检测数据：顶压冒尖单次不大于 15kPa，超过减风；连续冒尖立即减风。风压缓步上升时，上限不大于正常值 $+3\sigma$（σ 值为正常班均风压波动标准方差）；风压急剧拐动时，瞬时值较拐动前上升或下降不大于 15kPa。透气性指数班均波动不大于 0. 3，天均波动不大于 0. 2。

d　调剂方法

（1）控制合理料面形状：不同布料模式或同种布料模式，不同的调剂动作量，将有不同料面形状，上部调剂的主要目的是形成合理料面形状，保持合适的径向矿焦比分布，达到稳定、均匀气流分布，下料顺畅的目的。上部装料制度主要有平台加漏斗模式和中心加焦两种模式。平台加漏斗布料模式的最大优点是煤气利用率较高、燃料消耗较低，但对原燃料质量的稳定性要求也较高。中心加焦布料模式的最大优点是能够较好地适应原燃料质量的波动，但最大的缺点是煤气利用率较低、燃料消耗较高。宝钢高炉采用平台加漏斗的模式来控制合理的料面形状，图 6-12 是宝钢高炉合理料面形状示意图。

获得合理料面形状的要点是：

1）多环布料形成一定宽度平台，一般平台宽度约占炉喉半径的 1/3；平台窄，漏斗深，料面不稳定；平台大，漏斗浅，中心气流受抑制。

2）焦炭平台宽度是合理料面形状的根本，布料平台宽度主要通过焦炭布料

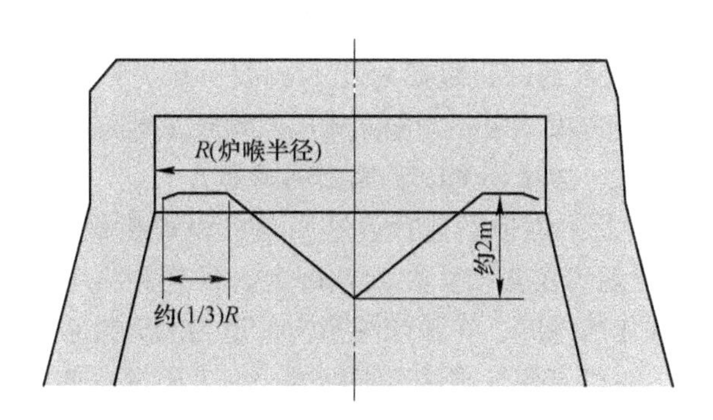

图 6-12　合理料面形状示意图

控制，通过焦炭在炉喉径向分布位置、料量来控制平台宽窄，同时也通过平台宽窄控制矿石向中心的滚动量。

3）炉边缘矿石平台略窄于焦炭平台，一般控制 1.5 ~ 1.8m。

4）炉中间和中心的矿石在焦炭平台边沿附近落下。

5）形成 2m 左右深度布料漏斗稳定中心气流。

（2）确定合理的布料制度参数：

1）根据炉喉直径和料流宽度，确定档位分布及其角度：大高炉开炉时一般要进行料面测定，可以作为布料档位分布及倾角设定的参考，但有时静态测定数据与高炉正常生产时有很大的区别，需要在生产中验证、摸索。确定合理布料档位及角度的原则和方法是：在正常操作料线时，第一落料点距炉墙 300 ~ 500mm；形成平台加漏斗的布料形状，平台宽度约占炉喉半径的 1/3，由此再确定最后一档布料倾角。表 6-9 是宝钢高炉通常倾角选取范围。

表 6-9　宝钢高炉布料溜槽倾角选取范围

档　位	1	2	3	4	5	6	7
角度/(°)	42 ~ 44	40 ~ 43	38 ~ 40	35.5 ~ 38	33 ~ 35.5	30 ~ 32.5	27 ~ 29.5

2）根据料流轨迹和落点位置，确定料线深度：在倾角确定后，以不碰撞炉墙、有上下调剂空间和实际气流状况选择合适料线。宝钢高炉料线一般选在炉喉中部偏下 0.2 ~ 0.4m，主要基于两点考虑：为日常调剂留出一定操作空间；避免探尺偏差大时局部料线过浅或过深。

3）根据批重和炉喉直径，确定布料圈数：一般是批重越大，圈数可多 1 ~ 2 圈；炉喉直径越大，选择圈数可多一点。在批重有较大变化，需要调整圈数时，原则是保证每圈的物流量变化不大。由于截面积差异，布料要把握外档圈数应多于内档圈数原则。

4）根据合理料面形状需要，确定布料档位：以形成边缘焦层有一定宽度平台（避免料面边缘产生混合层、软熔带根部位置过低）、中心有一定深度漏斗（确保中心气流稳定）、合适的边缘矿焦比的料面形状为目标确定布料档位，调整径向矿焦比分布，使边缘、中心、中间带的气流比率相对稳定。原则：中心调剂以料面形状控制为主，边缘调剂以矿焦比例调剂为主。

5）根据料层厚度及冶炼强度选择合适批重：以炉腰焦层厚度大于200mm，炉喉大于500mm为原则确定焦批；在此基础上，根据炉腹煤气量、料速适当选择矿批：增大风量强化冶炼时，炉腹煤气量大，适当扩大批重，既加重中心也适当压抑了边缘气流，对稳定煤气流是有好处的，但大矿批总体上是压制气流，在风压高、透气性不好时，必须要适当缩小矿批，疏松整个料柱的透气性，使矿批与冶炼强度、原燃料质量、喷煤比、炉况相适应。

6）根据料线和档位关系，确定不同料线时溜槽倾角设定值（Level水平）：发生崩滑料或探尺偏差较大时，若不进行料线补偿，将出现大部分炉料碰撞炉墙反弹的现象，因此有必要进行料线补偿的设定。根据料线抛物线形状，反推不同料线布料、刚刚到炉墙边缘时的倾角，或固定不同Level水平倾角调整值，推算炉料刚刚到达炉墙边缘时料线，以此作为不同Level水平的补偿料线。一般随料线越深，补偿料线间距越大。

7）根据炉料在料槽位置安排选择合适的排料顺行：以炉墙边缘及炉中心尽可能布冶金性能好的烧结矿、还原性差和粉末多的料尽量少布在边缘和中心为原则。

C 上下部调节的结合与匹配

（1）总的原则：下部吹透中心，确保初始煤气流分布合理；上部适当疏松边缘气流，确保下料顺畅、维持合理差压；中部保持合适冷却强度，维持合理操作炉型。

（2）下部制度是基础，初始煤气流在合理范围，上部调剂方能很好地发挥作用；下部不合适，调剂上部效果很小或不明显。所以调剂顺序是先进行下部调节，其后为上部调节。

（3）“压”和“疏”都有一个度，达到适宜参数值为最佳，不宜极限操作。中心、边缘气流过强或过弱都会导致煤气流分布不合理。

（4）上下部气流结合控制软熔带合理位置和形状，尤其要保持良好透气性。

上下部相结合与匹配调剂气流的逻辑思路如图6-13所示。

D 不同冶炼条件时的气流调剂与应对

a 冶炼强度变化

强化冶炼时：适当加大鼓风动能，活跃风口回旋区，初始气流尽量引向中心，最大限度地增加炉缸透气透液通道。上部调剂根据下部情况疏导或控制：（1）对由下部操作引起的中心气流发展要适当压制；（2）对下部不活跃的边缘

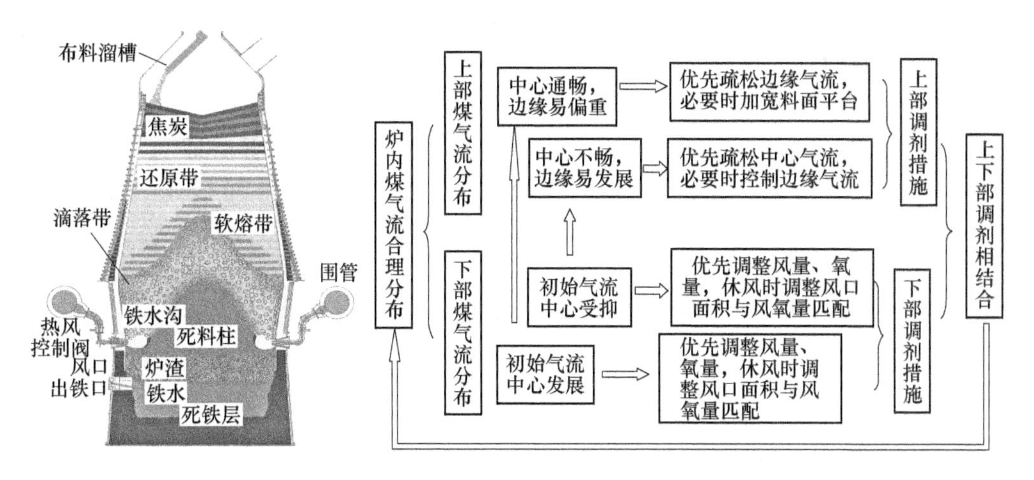

图6-13　上下部相结合与匹配调剂气流的逻辑示意图

区炉料要适当疏松，以疏导边缘区的煤气流。在维持边缘区、中心区两股煤气流的同时，有条件疏松中间区炉料也是措施之一。降低冶炼强度时：优先减氧；尽可能维持下限炉腹煤气指数，必要时增加风量、降低氧量；有条件时休风，适当地缩小风口面积；上部调剂上，采取较为发展边缘的装料制度，同时要相应缩小批重。

b　原燃料变化

当原燃料发生变化，比如粉末增多、大量使用落地矿、雨季入炉粉末多时，容易导致炉墙不稳定，炉墙易脱落，要适当疏松边缘气流，保证一定边缘煤气流，使炉墙稳定，减少脱落。此时脱落多，说明边缘气流弱，过分“压”了，边缘气流局部不均匀，虽然热负荷高，也要适当疏松边缘气流，待边缘气流和炉墙稳定后，再适当调整。另外，还可以改变布料模式，有可能的话，使粉末尽量布到高炉中间位置，减少对边缘和中心气流影响。严重时，若风压过高，边缘和中心气流都要适当疏松，甚至需要适当减风，保证气流不会被严重破坏。

c　喷煤量变化

大喷煤时，炉腹煤气量较大，边缘气流较强，可以适当控制边缘气流或疏松中心气流，当喷煤量大幅度减少时，炉腹煤气量剧减，边缘气流变弱，此时，不及时调整边缘煤气流分布，容易导致炉墙脱落，边缘气流局部分布过强或总体过弱，破坏气流分布，需要适当疏松边缘气流，保证煤气流合理分布。

d　喷煤比例变化

烟煤和无烟煤比例变化，若烟煤比例增加，煤粉挥发分增加，煤粉易燃烧，炉腹煤气量增加，风口回旋区缩小，一般来说，边缘气流会增强，中心煤气流会减弱，煤气利用率降低，需要上部及时调整，适当控制边缘气流，保证煤气流合理分布和高煤气利用率。

e　风口面积变化

在一个定修周期内，由于风口衬套可能破损，实际风口面积在不同时期会发生变化，后期比前期变大，若通过操作参数判断煤气流分布发生变化，要及时适当调整布料制度，边缘煤气流过强，热负荷升高，可以适当控制边缘气流。

f　送风恢复

送风初期，由于煤气流分布不稳定，要通过布料档位调整，适当疏松边缘气流，通过控制低顶压，比正常低 10kPa 左右，保证引出中心气流，待边缘和中心气流稳定后，再逐步调整至正常煤气流分布。

6.2.5　日常气流变化时的应对

6.2.5.1　气流分布不合理

A　边缘过发展气流

征兆：炉顶温度（*TT*）高，炉喉、炉身温度普遍上升；十字测温边缘温度高，*W* 值上升；顶压（*TP*）不稳，有冒尖现象；下料不均匀，易发生崩滑料；风口工作不均匀；渣铁温度不均匀。

原因：长期风量不足，鼓风动能低或长期使用发展边缘的装料制度；原料粉末多，强度差等。

调剂：疏松中心气流；提高炉温，降低碱度；适当降低顶压，提高鼓风动能；缩小风口面积；有条件增加鼓风量或在产量不变条件下增加风量、减少氧量（以风换氧）。

B　中心气流过发展

征兆：炉喉、炉身温度普遍偏低；顶压不稳，冒尖，顶温低；十字测温中心温度高，边缘气流低；风口工作不均；下料不均，风压受出渣铁影响大。

原因：鼓风动能过大，长期使用加重边缘的装料制度，或长期高炉温高碱度操作。

调剂：使用适当发展边缘的装料制度；适当减少风量，降低鼓风动能；适当扩大风口面积或使用短风口；若炉墙黏结严重，则洗炉。

6.2.5.2　操作炉型变化

（1）炉墙结厚征兆、原因及处理，参见第 7.2.2 节。

（2）热负荷频繁波动原因及处理，参见第 7.2.3 节。

6.2.5.3　炉温失控

A　炉温过低造成气流变化

征兆：铁水温度持续走低，低于 1450℃；硅低、硫高。料速连续快于正常料速；局部铁水温度最低之处率先出现崩滑料；风口暗红，工作不均，局部出现生降。

原因：冷却器漏水、变料错误、称量异常、连续亏欠燃料比等。

调剂：立即用足下部热量，但煤比不高于正常15kg/t；若崩滑料导致炉温急剧下降，减氧控制料速；煤气利用率急剧下降，立即减风300～500m^3/min，消除崩滑料；分析炉温下降原因，及时消除不利因素；根据实际情况决定退负荷程度，一般退10%以上；炉前强化出渣铁。

B 炉温过高造成气流变化

征兆：铁水温度持续上行，超过目标30℃以上，高硅、高碱度；料速连续慢于正常料速，甚至出现呆滞现象；风压持续上升，下部压差显著上升；风口白亮，甚至呈现橘红；十字测温边缘、中心温度均上升，顶温持续高，甚至必须要炉顶洒水降温。

原因：变料后操作应对不当，变料错误，称量异常，燃料比连续偏高。

调剂：立即大幅撤下部热量，优先风温、煤量，慎用湿分；出现探尺打横、撤热后没有效果，减风坐料，同时可进一步适当撤热；出现管道，立即减风300～500m^3/min，消除管道，同时继续大幅撤热；立即分析炉温高的原因，及时消除不利因素；调剂碱度，避免高硅、高碱度。

6.2.5.4 原燃料异常变化

包括炉料结构变化、成分变化、入炉粉末变化、强度变化等。

征兆：没有气流调剂动作量，但差压、炉况顺行、气流分布变化；粉末入炉多则上部压差上升、中心气流受抑；炉料结构变化，则边缘、中心气流分配比例变化明显；使用相同原料的高炉表现出同样问题；现场检查实物质量下降。

原因：筛网管理不到位，原料处理筛分不好，槽位控制过低，前道工序质量控制问题。

调剂：根据气流变化程度和方向决定是否要调剂气流；差异制限出现，及时减风并退矿焦比；立即分析查找具体原因，采取针对性措施及时消除不利因素。

6.2.5.5 出渣铁不好

不能及时出尽渣铁，高炉差压上升，严重时导致悬料、管道。

征兆：计算炉缸储铁储渣上升，排出量小于生产量；风压逐步上升，下部压差上升多，下料变慢；下部热负荷或静压力容易波动；料速基本正常，但铁水温度高、硅高。

原因：作业管理与控制不当导致不能及时排渣铁，渣铁生成量远大于排出量；设备故障导致不能及时出铁或单侧长时间出铁；料速连续过快，远大于排出能力。

调剂：根据存储渣铁量情况，有条件马上组织强化出铁（重叠出铁、增加上下两个铁口的搭接时间、扩大开口机钻头等）；由于设备故障，不能强化出铁，则视渣铁存储量进行减氧、减风控制；连续单边出铁一个冶炼周期以上，气流将偏行，适当退负荷，防止炉况失常；连续料快造成出渣铁不好，强化出渣铁，必要时减氧控制料速；立即分析查找具体原因，及时消除不利要素。

6.2.5.6 设备故障

布料或其他设备造成高炉低料线、布料失常等。由于影响种类因素较多，需要综合判断与分析，然后有针对性地采取气流调剂或操作调整措施。下面以布料溜槽异常为例进行说明。

A 单环布料处理

（1）送风制度：炉况顺行良好，在全风全氧下直接变更为单环布料的方式；顺行一般或较差，则考虑适当减风、减氧；退负荷后，调整煤量时要控制 T_f 值，如果 T_f 值过高，湿分无法调节，则适当减氧；控制好风速以及炉身煤气流速，避免过高而吹出管道。

（2）装入制度：单环角度设定为日常正常布料时矿石、焦炭倾角加权值，宝钢高炉一般 38°±0.5°。料线按之前的正常料线进行布料，可以根据实际边缘和中心气流的情况进行上下调节。以钟式布料的经验确定装入矿焦比，保持高炉合适的风压与透气性；矿批要控制在合适范围，矿批过大对气流影响大，矿批过小料速将过快；料流阀（FCG）开度根据需要圈数调整。为减少布料时球团矿滚落对气流的影响，将球团比例降到 15% 以下。

（3）炉热制度：*PT*：1515～1525℃，[Si]：0.5%±0.05%。因为煤气利用率下降多（一般在 48% 的水平），平衡炉热时，必须要以校正焦比为主，考虑煤气利用率下降对 *FR* 的影响。

（4）造渣制度：目标 *R*：1.21～1.23，Al_2O_3 <15%，确保渣铁流动性。

（5）作业制度：强化出渣铁，操作上严格先开后堵，1.5h 开下一个铁口，避免因渣铁受憋对气流造成影响。

B 布料溜槽底部磨穿的处理

（1）溜槽底部磨穿的判断：十字测温温度异常，CCT 温度直线下降，煤气利用率、*W* 值大幅上升；气流紊乱，高炉透气性指数（*K* 值）、高炉燃料比（*FR*）均上升；在排除了原燃料异常、炉顶设备漏水等原因后，观察溜槽旋转、倾动电流变化；炉顶摄像头观察溜槽变短、有漏料或布料异常。

（2）溜槽底部磨穿的处理：风温、湿分用足，临时补充热量；停止上料，安排休风，更换溜槽；复风后风压高、*K* 值高，加风要慢，待料柱疏松中心后再加快加风速度；避免压差高而悬料；顶压略低于正常风量时匹配值，以便引出中心气流；优先加风，富氧靠后考虑。

6.2.6 炉况失常处理方法及预案

6.2.6.1 炉况失常定义及原因

A 炉况失常的定义

由于某种原因炉况波动，调节不及时、不准确和不到位，造成高炉较长时间不能维持正常生产的状态，称为炉况失常。炉况失常一般分为两类：煤气流分布失常和炉温失常，而且二者是相互左右、相互影响。大高炉由于惯性大，炉况失常处理时间长，采用常规调节方法很难使炉况恢复，必须采用一些特殊手段，才能逐渐恢复正常生产。因此，炉况失常，轻则造成铁水质量异常、产量指标损失，重则造成高炉长时间非正常状态生产，人力、物力投入量大，同时安全风险高，处理不当或考虑不周容易出现安全事故。

B 炉况失常的原因

（1）基本操作制度不相适应。如长期气流分布不合理，造成高炉出现管道、连续崩滑料、炉墙结厚或频繁大幅脱落等。

（2）原燃料的物理化学性质发生大的波动。如入炉粉末急剧增多、成分剧烈变化、结构变化大，导致透气性、炉温急剧变化，操作上应对不当，造成炉况失常。

（3）分析与判断的失误，导致调整方向的错误。炉温、气流的日常调剂上出现偏差，反向动作，加剧炉况波动造成炉况失常。

（4）意外事故。包括设备事故与有关环节的误操作两个方面。如设备故障导致紧急状态下长时间无补热休风、长时间低料线、设备严重漏水、布料溜槽角度漂移或磨损等。

6.2.6.2 炉况失常处理方法及预案

A 管道行程

管道行程是高炉断面某局部气流过分发展的表现。按部位可分为上部管道行程、下部管道行程、边缘管道行程、中心管道行程等，按形成原因可分为炉热、炉凉、入炉粉末多、布料不正确、炉墙凝结物脱落等引起的管道行程。

a 现象或征兆

（1）风压呈锯齿波动或急剧下降后又上升，波动范围超过 20kPa 以上，风压西格玛水平显著增大。

（2）炉顶压力波动，并出现尖峰，冒尖 10kPa 以上。

（3）炉顶温度、煤气风罩温度或十字测温边缘温度在某一固定方向急剧升高，圆周方向温度分散。一般情况下，温度急速上升至 500℃以上。

（4）管道方向的炉身静压力以及冷却设备水温差会出现突然升高的现象。

（5）炉喉红外摄像可看出管道处炉料有明显吹出现象。

（6）煤气利用率（η_{CO}）瞬时下降2%以上或小时平均下降1%以上。

（7）探尺工作不均，之间偏差增大至500mm以上，并伴有呆滞现象。

（8）崩滑料逐步增多，并出现连续崩滑料现象，2h大于3次以上。

（9）风口有向凉的趋势，并伴有下大块或生降现象，严重有涌渣现象。

（10）瓦斯灰（炉尘）吹出量明显增加。

b 原因分析

（1）冷却器漏水（炉顶煤气氢含量、铁口煤气火、风口差流量、补水量变化）。

（2）煤气流分布失常（生产条件变化后，基本操作制度是否匹配）。

（3）长期的装料制度不合理（料线控制、批重大小、布料模式）。

（4）炉墙结厚或炉墙黏附物有大的脱落（炉墙温度、壁体温度、水温差）。

（5）炉热水平失控（炉温过高或过低）。

（6）出渣铁作业不正常（见渣时间长、铁流过小）。

（7）原燃料条件、性状发生大变化（粉末多、强度差、高温性能下降）。

（8）风量与高炉透气性不匹配，差压过高。

（9）设备故障导致料线过低。

c 应对调剂措施

大高炉出现管道一般是边缘管道，处理原则：尽快消除管道行程。

（1）第一步处理措施："三步同时法"，即"三同时法"。

1）减风减氧：

①一次性减风500～1000m^3/min，直至消除管道行程，管道不止原则上不能加风；

②视富氧率高低减氧或停氧；富氧率低于减风前水平。煤比控制不高于调整矿焦比前正常水平的10～15kg/t-p。

2）调整装入制度：开放中心，强力控制边缘：

①SL降0.2～0.3m（上料改手动，以浅料尺控制）；

②布料模式：PWO_{3432}^{2345}或PWO_{34321}^{23456}，必要时可采取焦炭Level1方式，矿石Level0方式（5～10批）；

③遇到顶温高，要采用打水控制的方法，不能提前上料。

3）视情况退O/C 5%～10%：

①如果η_{CO}下降2%以上、炉温低下、S+D多则补紧急空焦，同时O/C退10%以上（调整O/C时需要适当缩小OB）；

②如果η_{CO}持续1h降到48%以下，且无上升的趋势，可采取全焦冶炼（停用小块焦、矿焦比2.8、焦比大于550kg/t-p）。

（2）强化出渣铁，出尽炉内渣铁。

（3）调整炉渣成分，炉渣碱度控制不大于1.20，三氧化二铝含量控制在15.0%以下，保证渣铁流动性。

（4）增加对风口观察的频度，密切关注炉温变化，可以临时提高风温、降低湿分进行强制性补热，避免炉温急速下滑。

B 悬料

悬料是炉料透气性与煤气流运动极不适应，高炉料停止下降时间超过1～2批料的时间（大于30min），或者依靠大减风才能使炉料塌落（减压崩料）的高炉料难行的失常现象。

a 悬料征兆

悬料发生之前高炉料难行的征兆：探尺下降缓慢或停止（出现探尺划线打横现象）；风压急剧升高，压差达到风压制限报警；静压力出现悬料区域压差过高现象；上部悬料时上部压差过高，下部悬料时下部压差过高。炉顶温度明显上升，达到报警值，且4点温度差别缩小，各点互相重叠；风口焦炭不活跃。

b 原因分析

（1）高炉原燃料质量变化：入炉原燃料的粒度变小、粉末增多、强度变差、*RDI*指数降低；焦炭或烧结的槽位过低，壁附料增加、强度降低。

（2）操作制度不合理导致压差过高：装入制度不合理，中心、边缘气流均受抑制，导致透气性差；气流分布不合理，边缘过强、过重或严重不均匀，导致操作炉型严重变化。

（3）监控不到位或操作失误：风压急剧拐动或持续上升到高位，未及时发现处置；未按照压差制限操作，风压急剧上升时减风慢或未减风。

（4）高炉热制度变化过大：炉温急剧变化（急热急凉），煤气流分布短期内难以调整与适应，导致透气性急剧恶化。如空焦下达热量调整不及时、高炉向热反向操作继续跟热、长时间高硅高碱度、一段时间集中跟热等。

（5）渣铁未及时出净：短期内由于出铁不畅或由于设备故障，不能及时见渣，导致炉缸储铁渣量过多而引起透气性恶化。

c 悬料处理

原则：尽快减风减压，使炉料下降，稳定恢复炉况。分短期料难行（探尺短期打横）和长时间悬料、顽固悬料（经过3次或以上坐料未下）。

（1）炉温充足（或过热）料难行的处理：视炉温情况，迅速撤风温50～100℃，立即减氧减煤，甚至停氧停煤，争取炉料不坐而下；料不下时立即坐料，坐料前先把料线提至1.0m，出尽渣铁，然后减风坐料（按照岗位规程）；坐料后风量恢复要谨慎，按压差或*K*值复风至正常风量；优先恢复风量，复风过程根据炉温情况补充热量（采用加净焦方式），加风温要谨慎，每次加风温不大于20℃；采用适当发展边缘气流的炉顶布料模式。

（2）炉温不足时（Si < 0.2，*PT* < 1490℃）料难行的处理：先减风温 10 ~ 20℃，争取料不坐而下。若有轻料到达炉腹，酌情减风温 20 ~ 30℃（不超过 50℃）；采取疏松边缘的装入制度，适当加净焦，改善炉料透气性；炉料不下，采取坐料措施；坐料恢复时，立即补充足够热量（采取加净焦），酌情提高风温以保证炉温不至于急剧降低。

（3）长时间悬料处理：

1）做好坐料准备，点亮“悬料”信号灯，向风机房发信号；与鼓风机房、能源中心联系。

2）停 TRT，停氧、停煤。

3）若料线低于正常料线，提高料线到 1m 以上。

4）观察风口确认没有异常。

5）提起料尺。

6）锁住调压阀组。

7）全关冷风调阀。

8）先每次减风 $1000m^3/min$，逐步至常压，然后信号灯从“指定风量”切换到“减压”。

9）减风、停氧到一定程度（一般 $2000m^3/min$ 左右），料仍不下时，要根据出渣铁情况决定是否继续减风、放风坐料。若渣铁出尽，考虑继续减风、减压或放风坐料；若渣铁未出尽，则要暂缓减风、减压，全力组织出好渣铁后再选择合适时机坐料。

10）减压过程中，监视炉顶压力计；观察指示针变化。

11）放下料尺，确认坐料完毕。

（4）顽固性悬料处理：

1）连续悬料时，缩小料批，适当发展边沿及中心气流，集中加净焦或减轻焦炭负荷。

2）如坐料后探尺仍不动，根据风压、风机允许范围，适当回风，在高炉下部烧出一定空间（以累计风量、吨焦耗风量来理论推算该空间体积，以料崩下后炉喉处料线深度不大于 6m 为控制上限）；确认料加到正常料线，再次坐料（再次坐料应进行彻底放风）。

3）悬料仍坐不下来，可进行休风坐料。

4）每次坐料后，应按指定热风压力进行操作，恢复风量应谨慎。

5）严重冷悬料，难于处理，只有等净焦下达后方能好转，则及时改为全焦操作。

6）连续悬料难于加上风量，可以择机休风临时堵风口。

7）连续悬料坐料，炉温尽量上限控制。

d 悬料预防

(1) 按照风压制限操作，避免压差过高而悬料。

(2) 避免集中跟热或炉温过高时反向操作，避免高硅、高碱度操作。

(3) 出净渣铁，避免储存渣铁水过多、炉子进风受阻、下部风压升高而悬料。

(4) 杜绝过多粉末炉料入炉，管理好筛网。

(5) 持续透气性不良，不能及时查出原因时，及早退负荷。

(6) 维护好操作炉型，杜绝炉墙结厚。

C 炉凉

a 炉凉征兆

初期向凉征兆：风口向凉，生铁含硅降低，含硫升高，铁水温度不足；炉渣中 FeO 含量升高，炉渣温度降低，容易接受提炉温措施。风压逐渐降低；压差降低，下部静压力降低。在不增加风量的情况时，下料速度加快。顶温、炉喉温度降低。

严重炉凉征兆：高炉风压、煤气利用率长时间持续大幅度下行。高炉顺行恶化，崩滑料不断，煤气利用率大幅度下降。高炉炉墙持续大面积脱落，风口有生降。铁水温度、含硅大幅度下降，含硫上升。炉渣变黑，渣温急剧下降，流动性变差，渣铁沟易结死。风口发红，出现生料，有涌渣、挂渣现象。

b 炉凉原因

(1) 原料结构发生大的变化（如大量使用落地矿、落地焦）没有及时调整气流，产生管道造成炉凉。

(2) 原燃料成分异常，入炉校正焦比大幅度下降。

(3) 原料称量或水分设定错误，没有及时发现和正确应对引起炉凉。

(4) 喷煤设备故障，导致不能喷煤或煤比失控，后续没有及时补热或亏欠过多。

(5) 炉温大幅度波动或气流变化引起炉墙黏结物严重脱落，大量渣皮和生料进入炉缸。

(6) 高炉顺行破坏，连续崩滑料、管道或悬料，煤气利用率大幅度下降。

(7) 高炉连续休风或长时间休风，导致热量大幅度亏欠。

(8) 操作失误，长时间低炉温没有及时上调或炉温调剂反向。

(9) 高炉冷却设备大量漏水或忘记关炉顶打水，产生炉凉。

(10) 设备故障导致高炉大低料线，没有采取补热等应对措施。

c 炉凉处理

(1) 有初期炉凉征兆时，最大限度提高风温、降低湿分，避免炉温急剧下滑。在保证 T_f 值不小于 1950℃ 的情况下，可以通过增加喷煤量来提高燃料比，但要控制煤比不高于调整矿焦比前 10 ~ 15kg/t-p，防止料速过慢、煤比过高，进一步恶化炉况。

（2）必要时减风、减氧或停氧操作，控制料速，改善顺行。优先减氧、停氧，管道出现、连续崩滑料、煤气利用率持续下降必须减风，以控制住崩滑料、管道或悬料为目标，在此基础上，尽可能维持 1.0 或以上送风比，让轻料尽快下达。炉温未回到最低限，原则上不能加风、加氧；加风与加氧时，优先考虑加风。

（3）在采取以上措施的同时，要及时分析炉凉的原因，如果造成炉凉因素是长期性的，如原燃料质量变化、热负荷持续高位波动、煤气利用率持续下降等情况，应立即采取加紧急空焦、减轻焦炭负荷措施，视高炉情况退矿焦比（O/C）10% ~20%；如果出现连续崩滑料（S + D）或管道行程，η_{CO} 下降 2% 以上，则先补紧急空焦，同时马上退矿焦比 20% 以上，并适当缩小矿批（OB）；若已经知道有冷却设备漏水，则最大限度控制漏水；高炉只是一侧炉凉时，结合炉顶 H_2 含量，马上检查冷却设备是否漏水，发现漏水后及时切断漏水水源；检查称量情况，有问题马上处理或临时切除某一个槽称量。

（4）严重炉凉且风口涌渣时，风量应减少到风口不灌渣的最低程度。如风量小于 3500m^3/min 则停止喷煤。已经确认严重炉凉，做好如下工作：

1）矿焦比退到 2.0 ~3.5，改全焦冶炼。

2）调整好炉渣性能，成分控制：[Si]2.0%；Al_2O_3 < 14.3%；R：1.10 ~ 1.12。

3）炉前调整出渣铁安排，休止一个铁口，以二用一备、对角出铁为原则。主沟、铁沟、渣沟、残铁沟满铺黄沙，采用比正常大的钻杆开口；出铁过程中加强铁口区域结渣结铁的清理，并加强铁沟和渣沟的引流，防止渣铁上炕。

4）根据渣铁分离状况，炉前改干渣，确保出渣铁安全。

5）大沟对休止铁口进行快速投入处理，尽快使之具备出铁条件。

6）大沟对渣铁沟进行每炉清理，确保渣铁不满溢、不漏渣铁。

7）组织专人看风口，防止自动灌渣、烧出。

（5）严重炉凉且风口涌渣，出现悬料时，只有在渣铁出尽后才允许坐料。放风坐料时，当个别风口进渣时，可加风吹回（一般不宜超过 3 个）并立即往吹管打水，不急于放风，防止大灌渣。

D　炉缸堆积

炉缸活跃性是高炉操作重要的控制内容，是高炉生产稳定、高效、低耗、长寿的基础。炉缸堆积会导致高炉炉缸及炉下部的透气、透液性恶化，对高炉的控制、操作、长寿等方面工作都会带来非常不利的负面影响。

a　炉缸堆积征兆

（1）高炉压差上升，日均 K 值大于2.8，高炉不接受风量。

（2）炉温不稳定，铁口间铁水温度偏差达到正常值3倍以上；铁水温度和铁水含硅不匹配，出现硅高、铁水温度低现象。

（3）炉芯温度低下，第一层炭砖上炉芯温度接近历史最低且无变化。

（4）高炉煤气流分布均匀性差，下降不均匀、顺畅，有崩滑料现象。

（5）出铁时间严重不均匀，及时见渣的铁口出铁时间很短，不能及时见渣的铁口出铁时间很长；重叠多，日均铁次较正常上升3次以上，见渣率连续低于75%。

（6）风口工作不均匀，有生降现象。

b 炉缸堆积处理

（1）适当提高鼓风动能，如风压高、不接受风量，则降低矿焦比，来保持大风量操作。

（2）降低煤比，保持高炉顺行，防止因炉况原因造成频繁减风。

（3）发展中心气流，确保十字测温中心温度不低于550℃。

（4）改善原燃料质量，特别是改善焦炭热强度、平均粒度。

（5）保持充沛炉温，铁水温度1515～1520℃，[Si]0.45%～0.5%。

（6）改善炉渣流动性，炉渣碱度控制在1.20～1.22，Al_2O_3 控制在15%以内。

（7）强化炉前出铁，保证45min见渣。

（8）优化炉缸冷却制度，可降低炉底板水量到最低限。

c 炉缸堆积的预防

（1）避免长时间低风量操作，炉况波动不接受风量，要及时退矿焦比，来保持全风量操作。

（2）防止长时间中心气流不足。

（3）避免较长时间原料条件恶化，特别是焦炭质量劣化。

（4）加强设备管理，防止频繁设备故障休、减风。

（5）避免长时间低炉温，造成炉缸不活。

（6）避免长时间单面出铁，造成炉缸不均匀。

（7）防止炉渣性能长时间超出管理目标，尤其是长时间高碱度操作。

（8）加强风口均匀性控制，防止送风制度严重不均匀。

E 炉缸冻结的征兆及处理

高炉大凉后，炉温下降到渣铁不能从铁口自动排出时，就是炉缸冻结。炉缸冻结是高炉生产中的严重事故，处理非常困难，需要付出巨大代价，给高炉生产带来重大损失，因此必须避免炉缸冻结事故发生。

a 炉缸冻结征兆

高炉长时间处于大凉状态，炉温低于1300℃；炉前出渣铁困难，铁口自动凝死不能出铁；所有铁口主沟冻死，不能出渣铁；风口涌渣自动灌死不能进风；炉温极低突遇紧急情况休风；炉温极低，冷却器大量漏水，不能及时查出、处理。

b 炉缸冻结处理

（1）堵风口：只保留铁口上方两个风口送风。

（2）低风量操作：最多保证一个风口200m^3/min风量。

（3）减负荷：矿焦比退至2.0以下，视情况补空焦。

（4）铁口烧氧：用氧气将铁口烧出一个通道，将特制氧枪从铁口打入，保证密封，通空气和氧气，从铁口向上烧凝固铁层。

（5）定期排放渣铁：定期将铁口烧出的液态渣铁排出炉外，视氧气流量大小确定排放时间，一般5～6h，若氧枪堵住，及时排放渣铁，并更换氧枪，继续烧铁口，直至铁口与上方风口贯通。

（6）逐步开风口：待铁口与上方风口贯通，逐步从铁口上方风口向两侧开风口，一般一次一个铁口上方开两个风口，并逐步加风。待炉温正常，渣铁排放正常，可以加快开风口数量，直至全部风口打开。

（7）恢复：风口全部打开后，炉温恢复正常，出渣铁正常，风量恢复正常，炉内冻结渣铁基本熔化后排出，可以考虑逐步提负荷，至炉况恢复正常。

（8）异常情况：若在铁口与上方风口贯通前，渣铁涌至风口，影响送风，需要做好预案，从风口排放渣铁。

F 炉墙结厚及炉体热负荷急剧波动

参见第7.2.2及7.2.3节。

G 铜冷却壁渣皮大面积脱落

a 现象或征兆

大面积炉体温度报警，热负荷、水温差急剧上升；有时伴有风压、静压力曲线急剧拐动，甚至出现风口曲损、漏风现象。

b 原因分析

炉墙渣皮黏接到一定厚度，在气流、炉温、渣系、入炉炉料条件变化后，大面积或局部与铜冷却壁脱离开来。

c 应对措施

（1）炉况顺行的应对：

1）立即减风，减风幅度以能够制止住崩滑料为准（一般200～400m^3/min），如果出现风压剧烈波动（20kPa以上），减风500m^3/min；如果出现管道，顶压冒尖，则要减风200～500m^3/min，减风幅度以消除管道为基准，减风时不减或少减顶压。

2）气流紊乱，通过料线（SL）、档位等调整气流分布，适当开放中心，引导气流；如果出现管道，首先要消除管道。

3）炉料层状结构破坏，为改善透气性，适当降低 O/C。

（2）炉温平衡的应对：黏接物脱落，热负荷会大幅度升高，炉温将快速下滑，要马上补充下部热量，用足风温，全闭湿分，适当跟煤 2～3t/h，如果炉温仍下行则应果断减氧控料速提炉温，不能连续、过多加煤，防止集中跟热过多、煤比过高破坏顺行；渣皮脱落使顺行遭到破坏，煤气利用率下降明显，要防炉凉，并根据具体情况减风、减氧、退负荷来补充炉温。具体参考标准如下：

1）炉墙脱落前炉温充沛（$PT \geqslant 1520℃$、[Si]≥0.55%）：η_{CO}下降≤1%，炉况基本无影响，则适当补充热量，热负荷每上升 10GJ/h 补燃料比 1～2kg/t-p，以下部热量调剂为主（用足 BT、适当闭湿分）、适量跟煤。η_{CO}下降2%以上，炉况变差，热负荷上升 30GJ/h 以上，则用足 BT、全闭 BH，提煤比 4～6kg/t-p，2～3h 后，料速仍然过快则果断减氧控制料速提炉温。

2）炉墙脱落前炉温正常（PT：1500～1520℃、[Si]：0.40±0.05%）：η_{CO}下降≤1%，脱落对炉况基本无影响，则适当补充热量，热负荷每上升 10GJ/h 补燃料比 1～2kg/t-p，用足下部热量（用足 BT、全闭 BH）、提煤比 4～6kg/t-p。η_{CO}下降≥2%以上，炉况有变差走势，热负荷上升幅度≥20GJ/h 以上，则用足 BT、全闭 BH，提煤比 4～6kg/t-p，2～3h 后根据料速判断是否要减氧控制料速提炉温。

3）炉墙脱落前炉温偏低（$PT \leqslant 1500℃$、[Si]≤0.35%）：η_{CO}下降≤1%，炉况基本无影响，则及时补充热量，热负荷每上升 10GJ/h 补热 1～2kg/t-p，用足下部热量（用足 BT、全闭 BH）、提煤比 4～6kg/t-p。η_{CO}下降≥2%，炉况变差，热负荷上升幅度≥20GJ/h 以上，则用足 BT、全闭 BH，果断减氧甚至减风控制料速提炉温，并降低 O/C，改善顺行。

（3）确认冷却设备的排水温度，对升温速度快的方向加大水量，并密切监视水温的变化；确认风口情况，检查是否有风口曲损。如果风口出现大曲损跑风，按照事故预案进行外部打水冷却控制。如果出现有红热焦炭等高温物料喷出，紧急减风或休风，指令现场人员撤离到安全地带。

（4）强化炉前作业，出尽渣铁。控制 40min 内见渣，出铁时间在 1.5h 后应立即打开下一个铁口强化出铁。

（5）有条件改善原燃料条件，如果使用落地物料，则停止使用。

6.2.6.3 炉况失常处理案例：某高炉炉凉处理

A 案例简要经过

2012 年 1 月 16 日中班前期，某高炉出现连续崩滑料，煤气利用率下降快，探尺偏差加大（最大偏差 1.0m），边缘煤气流发散，极差增加等管道征兆，18:23 高炉开始减风、减氧、退矿焦比、加空焦等措施，但管道未得到根除，煤气利用率低至45%，炉温低至1400℃，铁水含硫大于0.07%，炉子大凉；17日夜班开始，陆续采取了继续减风（至17日7：00风量最低2500m³/min），压边缘、适当开中心，退全焦（矿焦比从2.8到2.5，再到2.286）、加净焦等手段，管道仍不能消除，炉温极低，早班22～28号风口不同程度灌或涌渣，8号风口曲损严重漏风；18日5:30之后，高炉管道现象得到控制，开始逐步加风，至13:10加到5100m³/min。为消除隐患，决定18日临时休风，更换两个漏水、一个严重曲损漏风风口；但因炉温仍偏低、炉缸局部仍存有大量渣铁，且曲损风口已经闭水准备熔损，风压减到20kPa时，多个风口全灌或部分灌渣，高炉休风712min更换直吹管、清理风口。19日4:05开始送风后，高炉炉况逐步好转，炉温逐步上升；20日5:45风量回全，6:08，氧回全。该次炉凉持续3天，损失产量约25000t。

B 原因分析

(1) 炉温失控，导致连续崩、滑料。

1) 炉缸储热不足，炉热凉行后未及时采取有效措施尽快提高炉温。中班在炉热大幅下降、下料明显偏快，顺行不好，煤气利用率连续下降1%以上情况下，未及时采取大幅补热的措施，尤其是最有效的下部热量湿分、风温没有及时用上，同时减氧不果断，导致炉温急剧凉行，16:00～17:00出现连续崩滑料，如图6-14所示。

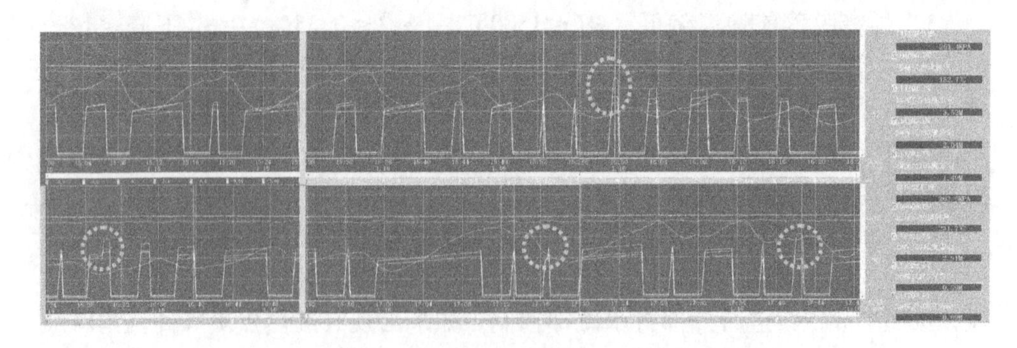

图6-14 16日15:00～17:40下料及TT

2) 日常炉热管控失误，炉缸储热基础不足。从13～15日炉况波动前三天炉热的变化来看，炉缸储热水平不足，表现是一旦炉墙热负荷波动，炉温即大幅下降。图6-15所示是13～16日铁水温度与热负荷对应关系图。

3) 操作炉型不稳定，下部脱落频繁导致炉缸储热进一步消耗。从13日开始，操作炉型不稳定，如图6-16所示。炉墙渣皮的脱落，导致炉缸热量消耗多，加上炉缸储热不足，高炉炉热凉行。

4) 冷却设备漏水增多，加剧高炉凉行。13号风口12月30日破损后减水维

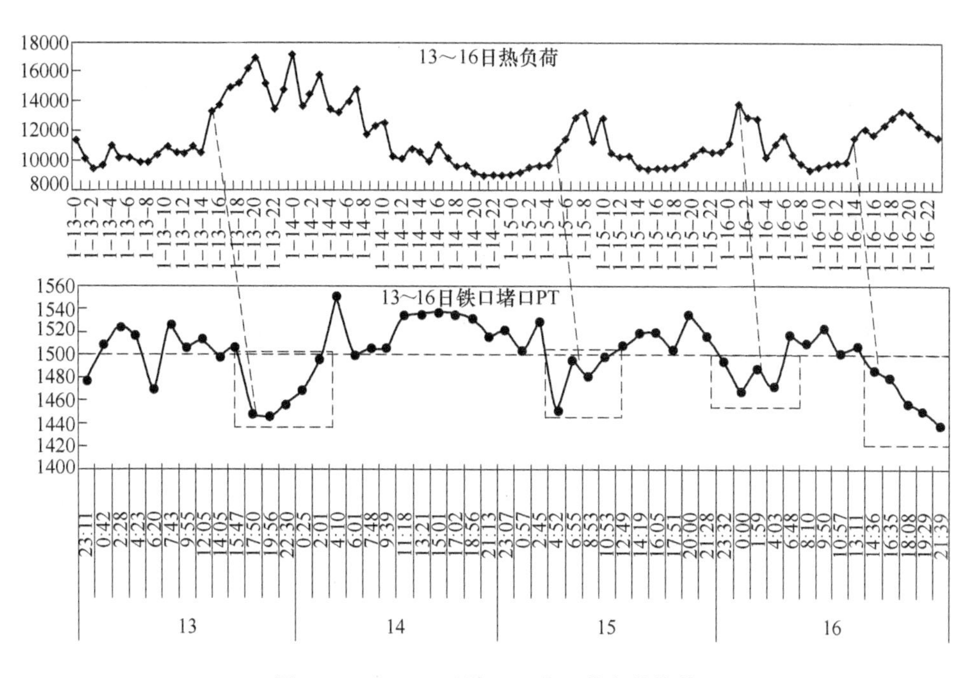

图 6-15　13 ~ 16 日堵口温度、热负荷趋势

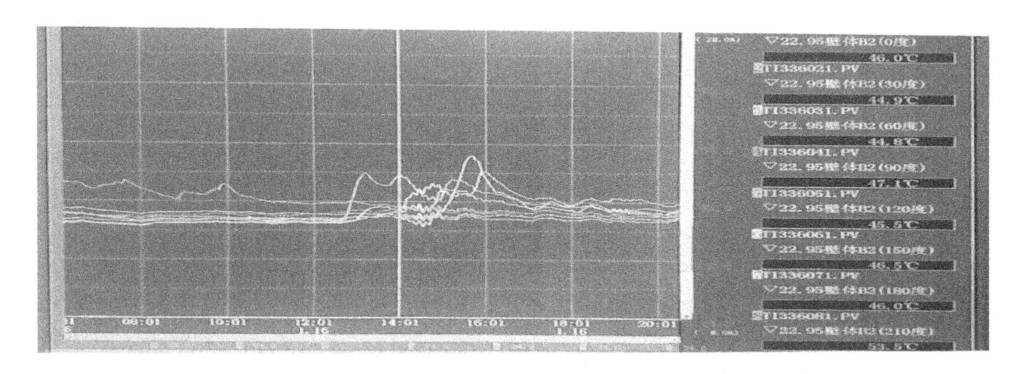

图 6-16　16 日 6:00 ~ 20:00 炉腰壁体温度

持，16 日 10:00 差流量出现较大的负值（排气多），但炉内二喷人员不够敏感，直到发现炉温低下后，16:00 经过调整进水量才逐步控制到接近 0 或负值，如图 6-17 所示。

另外，16 日 13:00 确认 5 号风口破损，增加了漏水量。

在炉缸储热不足条件下，炉墙脱落、局部风口漏水加大、煤气利用率下降导致炉温低下，最主要的是当班对炉热缺乏趋势判断和调剂，最终导致炉热大幅下降，进而出现连续崩滑料，这是本次炉凉的重要诱因。

（2）对连续崩滑料应对不当，导致管道行程。

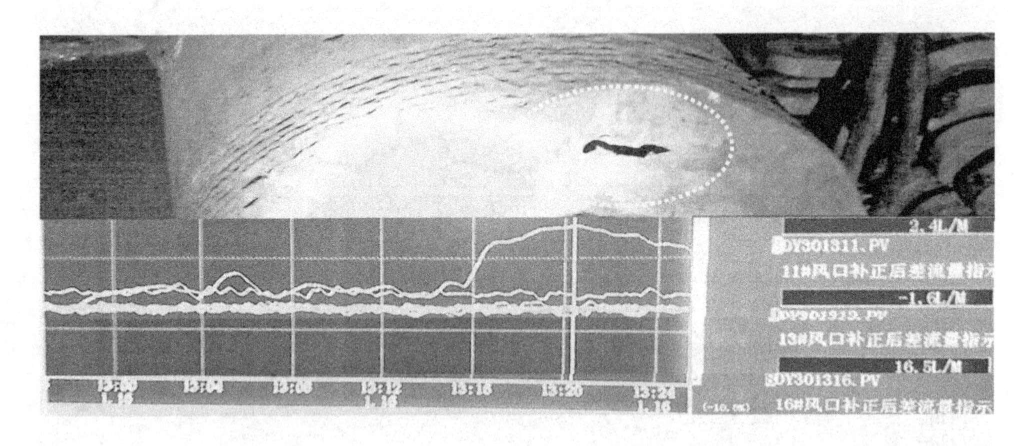

图 6-17　16 日 13:00 ~ 13:24 13 号风口差流量

1）上料的控制欠缺，上料时浅探尺过浅：中班滑料后，探尺深度偏差加大，没有及时改为手动上料，导致 17:00 以后浅尺基本在 0.8m 左右上料；17:42 后 2 号、3 号基本在 0.55m 左右上料，两把探尺料线过浅，导致局部边缘气流过强，出现管道，如图 6-18 所示。

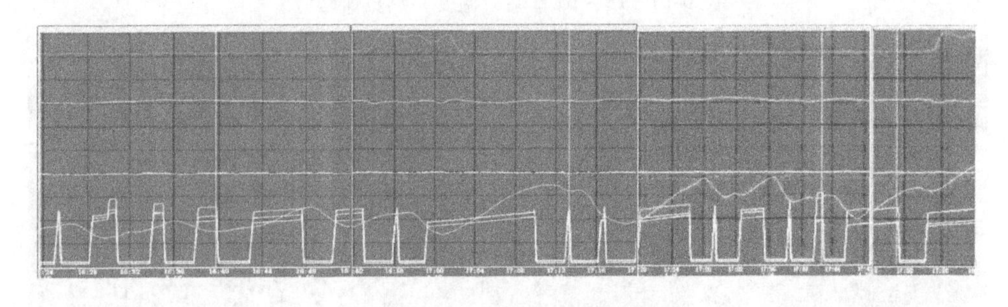

图 6-18　16 日 16:00 ~ 18:00 上料情况

2）连续崩滑料减风晚，幅度偏小：16:00 ~ 17:10 发生连续崩料，应立即减风 5% ~ 10%，以止住崩滑料，并稳定风压；实际减风是在 18:23 已经有管道的情况下减风 200m^3/min、减氧 5000m^3/h，减风晚、幅度偏小，如图 6-19 所示。

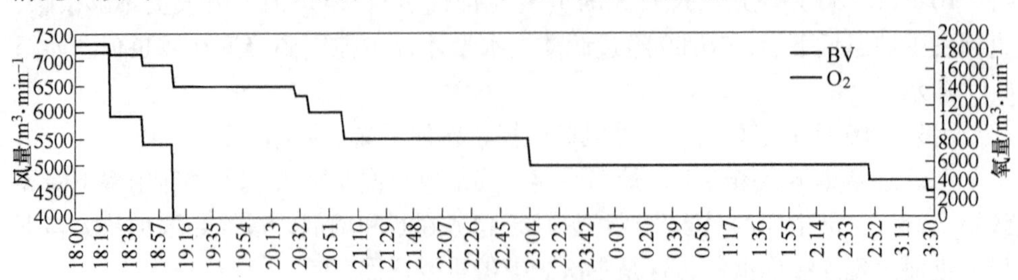

图 6-19　16 日 18:00 ~ 3:30 风氧控制实绩

由于以上几个方面未处置好，下料和煤气流相对运动失衡，18:00 左右开始十字测温 60°方向边缘，第 2、3 环温度大幅上升；炉顶温度大幅上升；煤气利用率急剧下降，管道行程产生，如图 6-20 ~ 图 6-23 所示。

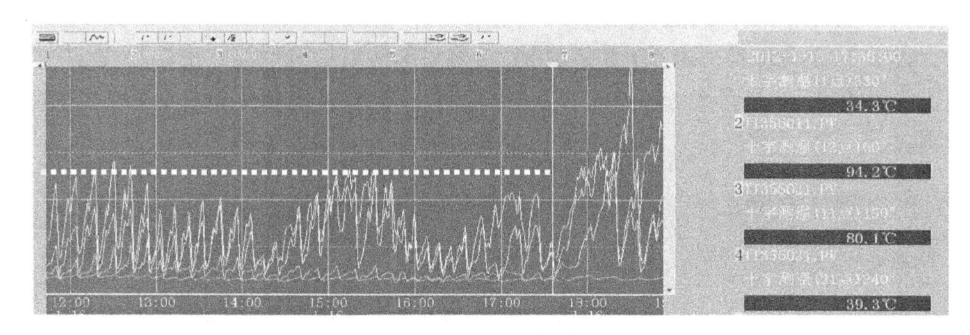

图 6-20　16 日 12:00 ~ 19:00 边缘气流走势

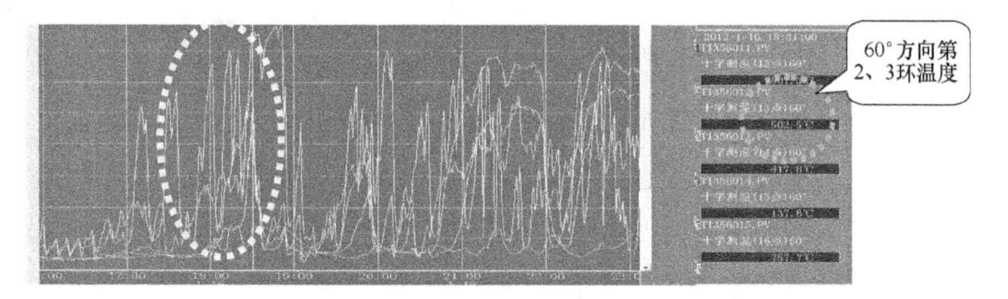

图 6-21　16 日 15:00 ~ 23:00 60°方向十字测温各点走势

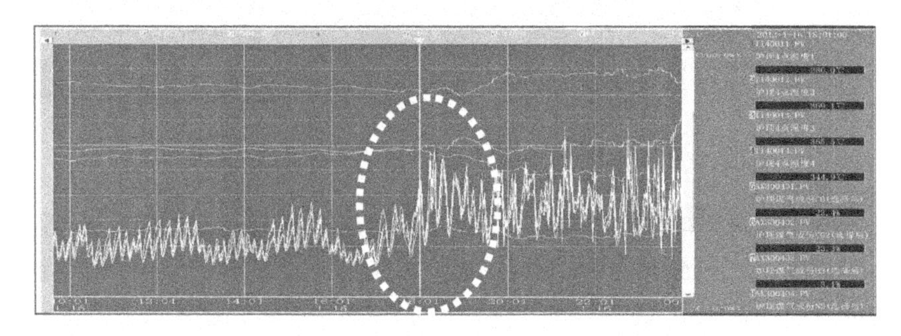

图 6-22　16 日 10:00 ~ 24:00 煤气成分、顶温变化

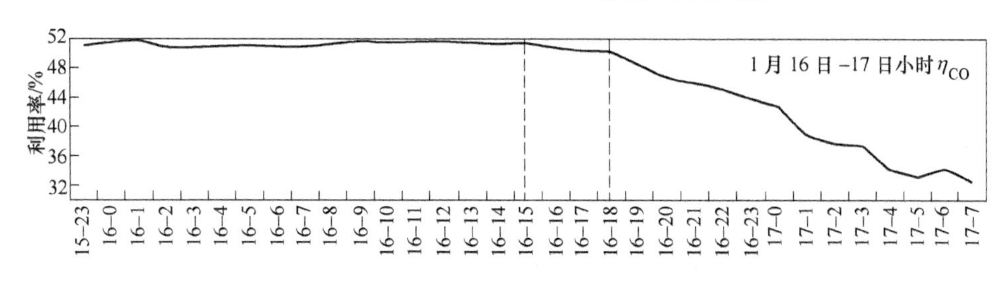

图 6-23　16 日 0:00 ~ 17 日 7:00 小时煤气利用率

(3) 对管道处理措施不到位，未能及时消除管道，导致炉况进一步恶化。

1) 未及时采取强有力装入制度，控制边缘管道。

①上料控制不当，未及时控制好管道行程方向料线深度，导致管道进一步发展。管道区域料线过浅，不仅未能控制住管道，反而加剧了管道严重程度，图 6-24 是 19:00 ~ 20:50 上料情况，2 号、3 号尺一直偏浅；图 6-25 是 60°方向边缘气流及 2、3 环气流情况，20:20 左右 1 号尺大崩料之后，60°方向管道加剧。

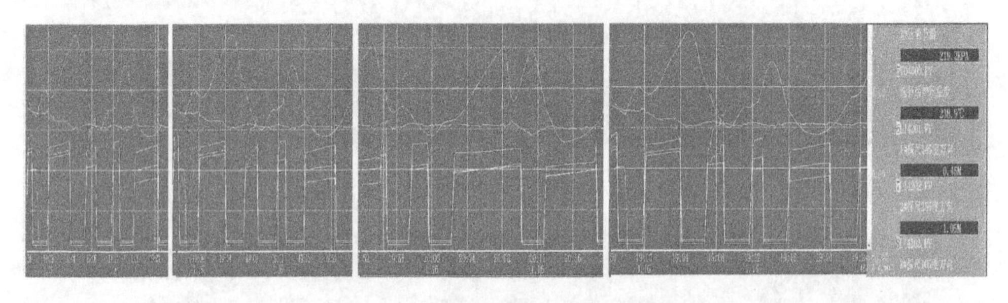

图 6-24　19:00 ~ 20:50 上料情况

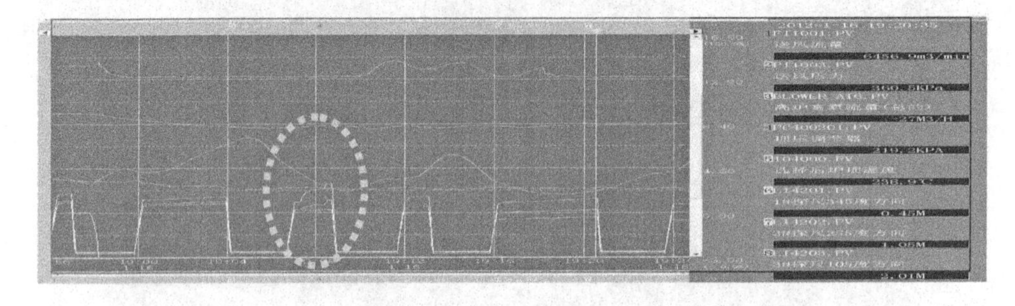

图 6-25　17:00 ~ 23:00 某高炉 60°方向十字测温情况

②没有及时调整布料档位，强力控制边缘管道。在 18:00 左右判断大管道已经发生的情况下，应该果断采取疏导中心、控制边缘的装入方式。但调整时机偏晚、力度偏小，导致煤气利用率越来越低，崩滑料不断，大量生料进入炉缸，导致炉子大凉。

2) 减风控制时机、节奏控制不当，未能有效减轻管道行程。16 日中班出现管道后，18:23 开始风量减 200m^3/min、氧量减 5000m^3/h，减风幅度过小，未能及时消除初期管道；19:00 ~ 21:30 之间减风幅度和节奏控制应该讲是可以的；但由于没有配合档位调整，减到 5500m^3/min 后（送风比 1.1）后，继续减风就导致中心气流更加难以打通，不利消除边缘管道。

3) 对炉况变化严重程度估计不足，退 O/C 幅度不够。在 16:00 开始崩料时，就加焦批 0.5t/批，O/C 退到 5.352，但在 18:00 左右大管道已经产生、顺行已经非常不好、炉温已经很低的情况下，必须要防止高炉大凉，果断大幅退矿焦比，尤其是管道不止、煤气利用率下降到45%以下时，应该一步到位，直接退到全焦冶炼水平，同时大幅缩小矿批。从事后来看，当时对炉况恶化的严重程度估计不足，没有防大凉意识和准备。

（4）对异常炉况条件下休风的风险评估和准备不足，导致恢复时间延长，损失加大。

1）休风前对炉温的判断过于乐观：炉缸局部存有大量不能流动低温渣铁，局部铁口可流动铁水温度上到一定程度，并不能代表整个炉缸热量情况；相反，如果渣铁流一直不能大量流出，即反映炉缸还存在低温渣铁未完全排出，需要局部高温渣铁逐步熔化，也就是说，整个炉缸储热还是不足的。

2）熔损曲损风口考虑不周：休风前考虑到了曲损风口不容易更换，可能导致休风时间延长，因而采取低压熔损的措施；但未考虑到炉温低下，可能发生大面积灌渣、高炉不能立即休风的异常情况。在风压到400kPa时风口开始涌渣，但曲损风口已经闭水熔损，高炉不得不休风，导致休风后风口大面积灌渣、涌渣，高炉损失加大，增加了送风恢复的难度和时间。

（5）炉凉原因综述：

1）炉缸储热不足、炉墙渣皮脱落、风口漏水等使炉温凉行，是该次炉凉的诱发因素。

2）对炉况失常操作、应对不到位，是该次炉凉的根本原因。

①对炉温缺乏趋势判断和调剂，导致炉温失控出现连续崩滑料；

②对连续崩滑料处理不当，错过时机，导致大管道的发生；

③对大管道处理、应对不当，没有及时消除管道，导致炉况进一步恶化、高炉大凉。

3）对异常炉况条件下休风的风险评估和准备不足，导致恢复时间延长，损失加大。

①休风前对炉温的判断过于盲目乐观，炉温未真正回到安全水平；

②低压熔损曲损风口考虑不周，没有考虑可能出现极端异常情况。

C 对高炉操作的启示

（1）大高炉出现管道即是边缘管道，消除管道必须采用综合措施，且必须相互匹配，单纯的某项措施不能消除管道，甚至可能加剧管道。

（2）日常高炉操作，必须按照顺行的“五大”标准，将顺行状况控制在安全范围之内；一旦超出“度”的标准，必须马上采取措施，确保炉况顺行，同时必须及时分析造成变化的原因，尽快消除或最大限度地降低不利因素。该次炉凉首先是炉温超出“度”的控制，后续又没有及时分析原因，尽快、尽早消除和降低不利因素，导致炉温持续凉行，最终诱发炉凉。

(3) 炉况大失常，首先要防大凉，补热要果断，防范“炉缸冻结”的高风险。

(4) 炉况失常时，上料控制必须要按照“消除对顺行最不利因素”的原则。具体有以下几个方面：

1) 崩滑料出现，必须及时改为手动控制，防止连续上料压死气流。

2) 探尺偏差大时，必须以浅尺为上料基准上料，防止局部料线过浅导致管道。

3) 日常必须要高度重视对补偿料线的设定，观察自动补偿是否按照要求动作和控制，防止要求控制模式与实际布料不符，导致炉况进一步恶化严重后果。

(5) 炉况大失常后，炉热判断、碱度控制和对恢复时间长短、顺利与否至关重要。

1) 炉况大失常后，必然有一个由凉到热的过程，必须要高度重视此过程的碱度调控，确保渣铁流动性和炉内低温渣顺利排放，同时保证渣铁沟的安全。全焦冶炼时，将目标硅比经验硅适当设定高0.3%～0.5%左右；仍能喷煤时，将目标硅比经验硅适当设定高0.1%～0.3%左右。

2) 炉况失常后，炉温判断不能以常规铁水温度判断，不仅要看铁水温度，更要以“铁口开始大量排渣”作为炉温恢复、炉缸储热趋于正常的标志。

(6) 低炉温休风，极易造成局部大灌渣，尤其是漏水区域，在休风之前必须综合考虑，做好极端情况的应对预案：

1) 休风前和休风过程中的所有作业要考虑到高炉减到低压时大面积涌渣的可能，要留有余地，即一旦大面积灌渣，高炉可以复风、恢复正常生产，待条件具备或改善再休风。

2) 在炉温低、局部风口漏水条件下休风，必须要做好风口可能大面积灌渣的准备工作。

7 操作炉型管理

7.1 炉型管理的概念及内容

7.1.1 炉型管理概念

高炉投产后，按照高炉内衬侵蚀变化的规律，由设计炉型逐渐转化为操作炉型。设计基本炉型是为了形成合理的操作炉型，而操作炉型对高炉煤气流的合理分布有较大影响。如果高炉操作炉型不能保持高炉内剖面的光滑和平整，那么就不能很好控制煤气流分布。高炉煤气流分布与软熔带分布、炉料分布及炉料下降过程中的行为等因素密切相关，因此，合理操作炉型是高炉顺行的重要保障，是其实现低燃料比生产、低硅冶炼和提高利用系数的有效措施。合理的炉型有利于炉内煤气流分布和炉料运动，使煤气化学能和热能利用程度高，炉衬温度分布合理，高炉生产指标达到最佳状态。相反，高炉操作炉型不合理，则高炉顺行状况将会变差；如果高炉顺行状况不好，则高炉操作炉型会更加不均匀。因此，所谓炉型管理就是对操作炉型的管理，是通过一切手段保证内部炉型的合理，维护好高炉操作炉型是高炉一代炉龄中的核心工作之一。

操作炉型不合理将会影响高炉顺行，主要表现在高炉下料不均匀、料面偏差大、崩滑料、管道、悬料；操作炉型不合理将会导致炉缸工况不均匀，致使各铁口铁水温度、出铁时间、铁口深度等产生较大的偏差，导致各风口明亮程度、风口前端焦炭活跃程度差异较大。炉墙频繁脱落、黏结不均匀、炉墙结厚是高炉操作炉型不合理的主要表现，在处理炉墙结厚的过程中，渣皮脱落砸坏风口的概率非常大，对高炉正常生产有很大的影响。

7.1.2 管理内容

合理操作炉型本质上是高炉炉内温度场在纵向和圆周上的分布情况，控制合理的操作炉型实质上就是要控制高炉纵向和圆周上的温度场分布。鉴于此，日常必须要管理好以下内容。

7.1.2.1 炉体热负荷

高炉不仅有全炉的热负荷数据，而且要根据炉体各部位分别计算各段热负荷；通过日常操作总结出每段合适的热负荷控制范围。宝钢热负荷计算公式见式(7-1)：

$$Q = F(T_{out} - T_{in}) \times 4.1718/10 \tag{7-1}$$

式中 Q——热负荷，10MJ/h；

F——支管排水流量，m^3/h；

T_{out}——支管排水温度；

T_{in}——主管供水温度；

4.1718——水比热常数。

热负荷监控画面如图 7-1 所示。

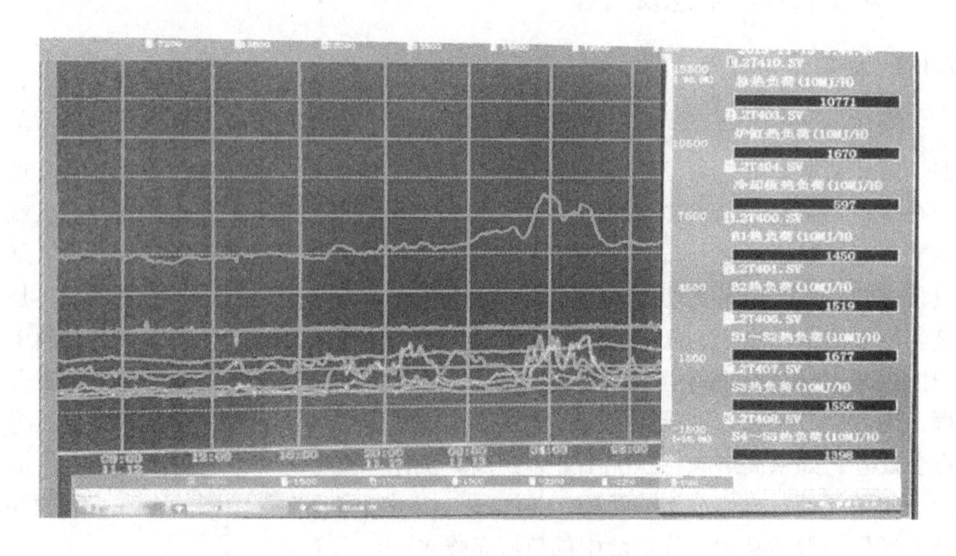

图 7-1 宝钢某高炉热负荷监视图

7.1.2.2 水温差

对于使用软水的铸铁冷却壁高炉，正常水温差在 4～10℃；对于开路工业水冷却的高炉，每段炉体冷却的水温差是不一样的，见表 7-1。

表 7-1 高炉炉体水温差及冷却水流量管理标准

指 标	1～10 段		11～20 段		21～30 段	
	水温差/℃	水流量 /$m^3 \cdot h^{-1}$	水温差/℃	水流量 /$m^3 \cdot h^{-1}$	水温差/℃	水流量 /$m^3 \cdot h^{-1}$
2 号高炉	3～8	800～900	2～8	800～900	3～8	1000～1200
4 号高炉	3～8	800～900	2～8	800～900	3～8	1000～1200
指 标	31～42 段		43～54 段		R 段	
	水温差/℃	水流量 /$m^3 \cdot h^{-1}$	水温差/℃	水流量 /$m^3 \cdot h^{-1}$	水温差/℃	水流量 /$m^3 \cdot h^{-1}$
2 号高炉	3～10	1300～1600	3～12	1200～1400	4～10	900～1200
4 号高炉	3～10	1300～1600	3～12	1200～1400	4～10	900～1200

而对于铜冷却壁的高炉管控目标：铜冷却壁段的正常水温差在 2～5℃。图 7-2 所示是宝钢某高炉水温差监视图。

纯水密闭循环系统排水干管温度监视表

水系统	测温部分	各层圆周方向分布								
纯水I系统	炉身冷却壁排水干管温度(温差)	0°	45°	90°	135°	180°	225°	270°	315°	圆周方向平均温差
		TE3430	TE3432	TE3434	TE3436	TE3438	TE3440	TE3442	TE3444	
		31.14	31.26	31.47	31.33	31.12	31.40	31.32	31.46	
		TR3430	TR3432	TR3434	TR3436	TR3438	TR3440	TR3442	TR3444	
		1.68	1.80	2.01	1.86	1.65	1.94	1.85	2.00	1.85
		22.5°	67.5°	112.5°	157.5°	202.5°	247.5°	292.5°	337.5°	
		TE3431	TE3433	TE3435	TE3437	TE3439	TE3441	TE3443	TE3445	
		31.58	31.44	31.57	31.23	31.54	31.55	31.38	31.34	
		TR3431	TR3433	TR3435	TR3437	TR3439	TR3441	TR3443	TR3445	
		2.12	1.97	2.10	1.76	2.08	2.09	1.92	1.88	1.99
纯水II系统	炉身铜冷却壁排水干管温度(温差)	0°	45°	90°	135°	180°	225°	270°	315°	
		TE3528	TE3530	TE3532	TE3534	TE3536	TE3538	TE3540	TE3542	
		33.58	34.05	34.11	36.11	33.85	33.31	33.51	34.14	
		TR3528	TR3530	TR3532	TR3534	TR3536	TR3538	TR3540	TR3542	
		1.06	1.53	1.58	3.59	1.33	0.79	0.98	1.61	1.56
		22.5°	67.5°	112.5°	157.5°	202.5°	247.5°	292.5°	337.5°	
		TE3529	TE3531	TE3533	TE3535	TE3537	TE3539	TE3541	TE3543	
		34.20	34.14	36.92	34.40	33.63	33.05	33.47	33.44	
		TR3529	TR3531	TR3533	TR3535	TR3537	TR3539	TR3541	TR3543	
		1.67	1.62	4.40	1.87	1.00	0.53	0.95	0.92	1.62

图 7-2 宝钢某高炉水温差监视图

7.1.2.3 炉体温度

炉体温度包括砖衬温度，冷却壁壁体、壁筋温度和炉体炉壳温度。对于冷却板的高炉一般监测砖衬温度。而冷却壁高炉一般管理壁体温度，铜冷却壁还增加了壁筋温度。铜冷却壁壁体管理标准见表 6-5。

7.1.2.4 均匀性

在同一高度、不同方位的炉体温度应该基本相近，各方向的水温差也在同一水平之内，且处于正常范围。

7.2 炉型管理方法及异常处理

高炉内部冷却器需要有一层渣皮保护层，渣皮厚度应适当且稳定，能够减少该区域热损失和保持合理操作炉型。应尽量避免渣皮脱落和渣皮结厚，破坏操作炉型，造成炉况波动。日常操作时，应从煤气流调剂、原燃料管控、冷却制度调整、炉热控制、合理造渣制度等方面综合管控；操作炉型异常，应马上采取相应措施，杜绝炉墙结厚和渣皮频繁脱落。

7.2.1 正常生产时炉型的管理

7.2.1.1 调剂合理的煤气流分布

高炉合理煤气分布是高炉操作的核心，是高炉各种操作制度优化的集中体现，也是高炉炉型管理的关键。合理煤气流调剂主要是控制合适的初始气流和上部二、三次气流分布。宝钢采用的煤气流分布模式是确保稳定合适的中心气流，适度发展边缘气流。合适的中心气流能够保证炉况顺行良好、炉缸工作活跃；适度的边缘气流不但不会造成炉体热负荷的上升，而且煤气利用率高，能量消耗少。因此，该种气流分布有利于边缘气流的稳定，有利于炉墙渣皮、操作炉型的稳定。

控制合理的煤气流分布对操作炉型的意义体现在：维持炉况长期稳定顺行，避免炉况波动造成操作炉型不稳定或失常；合理初始气流及上部二、三次气流，有利维持一定炉墙煤气流冲刷强度，从而维持合适的炉墙渣皮厚度。

A 高炉顺行状况对操作炉型的影响

炉况稳定顺行是维持合理操作炉型的基本保障，长时间的炉况波动会造成软熔带位置变化频繁、气流冲刷不均匀，往往会导致操作炉型的变化，严重时造成炉型异常。例如连续的崩滑料、长时间管道难以消除、风氧量频繁调整、炉腹煤气量过低等，都可能造成炉墙结厚或操作炉型不均匀。例如：2014 年 12 月 6 日，宝钢某高炉开始崩滑料增多，压差走低，K 值由 2. 2 下降至 2. 1 以下，煤气利用率不稳且逐步下降，探尺偏差逐步加大，炉温下行，中班出现连续崩滑料，十字测温边缘 4 点温度极差增大，管道现象出现，虽然采取减风、减氧，控边开中心，退矿焦比，加空焦等措施，但炉况急速恶化，如图 7-3 所示。

经过这次炉况波动后，高炉炉身上部 S4 ~ R2 的壁体、壁筋温度呈明显下降趋势，如图 7-4 所示；下部的壁体、壁筋温度也有不同程度下降趋势，且波动很小。从总的热负荷和炉体温度看，没有大面积、明显黏结现象，但是局部方向水温差偏低，且炉体温度呈下降趋势且波动很小，因此判断操作炉型圆周方向不均匀、存在局部黏结。

B 合理初始煤气流分布对操作炉型的影响及调剂

a 初始煤气流分布对操作炉型的影响

下部调剂的目的是为了控制合适的循环区大小及合适的理论燃烧温度，以便实现合理的初始煤气流分布，从而为维护合理的操作炉型打下坚实的基础。

风口循环区的大小决定了中心气流和边缘气流的分布状况。风口循环区长度增加，初始煤气流将趋向于中心且在径向上趋于均匀，炉缸状态趋向于活跃，软熔带顶部位置升高，炉腹、炉腰热负荷相对较低。风口循环区长度缩短，边缘气流加强，炉缸环流增加，软熔带根部位置抬高，炉腹、炉腰热负荷相对较高。

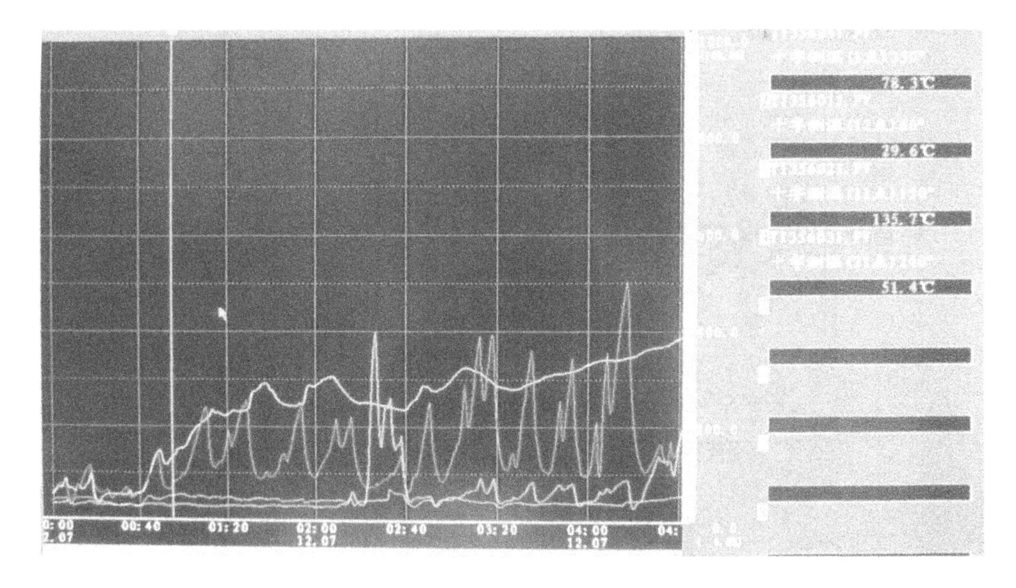

图 7-3　宝钢某高炉管道时边缘气流变化

初始煤气流在圆周方向上分布的均匀性将会严重影响高炉周向上的温度场分布，从而影响操作炉型的均匀性。理论燃烧温度的高低会影响高炉纵向上的温度场分布，影响高炉干区和湿区的分布比例，影响操作炉型的维护。

b　合理初始煤气流分布的调剂措施

控制合理的初始煤气流分布的主要方法是运用下部调剂措施，下部调剂的内容为选用合适的送风制度，主要包括选用合适的风口面积、风量、风温、湿分、喷吹量、富氧率和调整不同长短以及不同面积风口在圆周方向上的分布。下部调剂的主要作用是保持适宜的风速和鼓风动能以及理论燃烧温度，使初始煤气流分布合理，炉缸工作均匀活跃，热量充沛、稳定。具体调剂方法详见 6.2.4.4 节。

C　上部气流分布对操作炉型的影响及调剂

a　上部煤气流分布对操作炉型的影响

高炉日常生产中有关煤气流分布的核心工作是确保边缘气流和中心气流的合理分布比例。中心气流不通畅，边缘气流不均匀，高炉就容易产生边缘气流管道，这样时间长了就容易导致炉墙局部地方黏结，导致高炉操作炉型在圆周方向上的不均匀，进而使高炉下料不均匀、出现崩滑料、悬料等，煤气利用率也会随之波动，从而增加平衡炉温的难度。当边缘气流过重时，使通过边缘的煤气流过少，严重时易导致高炉炉墙黏结，特别是高炉炉腹、炉腰区域。而当边缘过轻时，由于软熔带上移较多，特别是在低负荷操作时，也会造成炉墙的黏结，使操作炉型变化，影响高炉的稳定顺行。

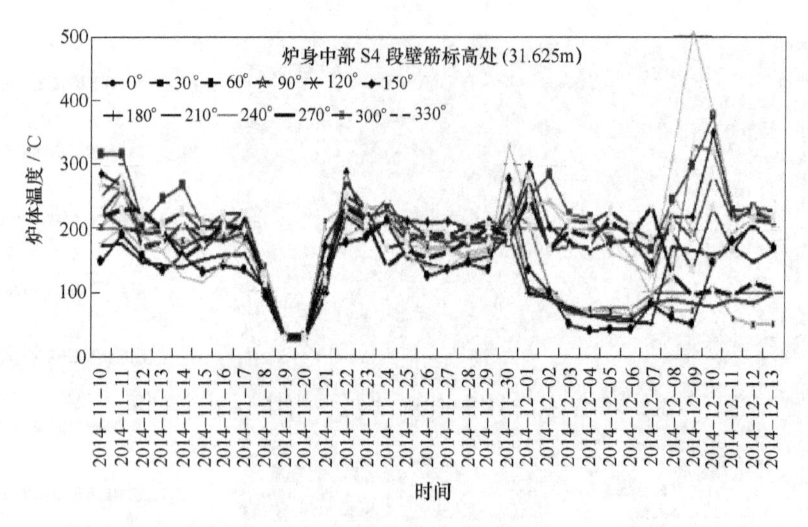

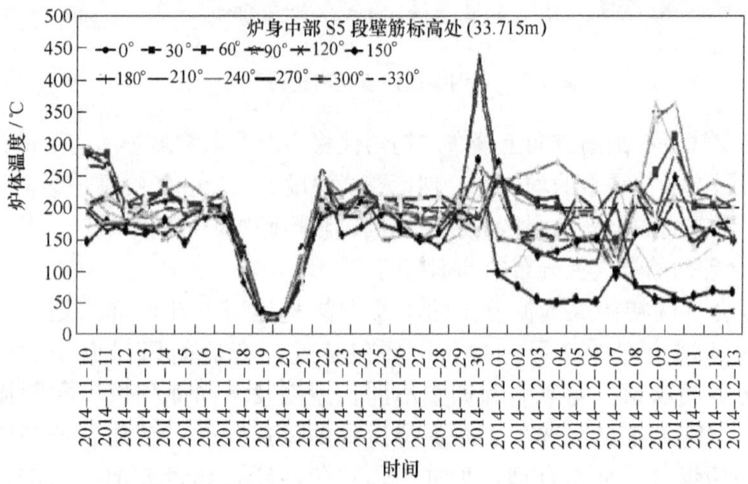

图 7-4　宝钢某高炉出现管道后炉体温度变化

b　合理上部煤气流分布的调剂措施

下部调剂是根本，在风口面积和分布位置固定之后，产量基本不变的情况下，下部送风制度就基本上没有多大的调剂空间了，高炉日常生产中主要依赖上部调剂。上下调剂要配合好，才能保证气流的稳定，维护好操作炉型。具体调剂方法详见 6. 2. 4. 4 节。

7. 2. 1. 2　入炉原燃料管理

高炉原燃料质量和合理炉料结构是高炉炉况稳定顺行的基础，同时也影响高炉炉型的维护。因此原燃料管理是高炉炉型管理的重要内容。

原燃料粒度越小、越不均匀，对煤气的阻力越大，越易引起煤气分布紊乱；

原燃料的脉石成分和杂质含量也会造成炉内透气性变差，尤其是碱金属、Zn、Pb和F等虽不进入生铁，但对高炉的炉衬起破坏作用，或在冶炼中循环累计[1]，严重时造成结厚、结瘤；烧结矿的低温还原粉化性能、球团矿的还原膨胀性能较差，块矿的热爆裂性能会使原料粒度在炉内中上部发生变化，从而引起煤气分布紊乱；入炉矿石的冶金性能特别是软熔性能对高炉冶炼过程中软熔带的形成起到极为重要的作用，当矿石的软化温度低、软化到熔化的温度区间宽时，煤气通过软熔带的阻力损失加大，透气性变差，不利于煤气流的合理分配。

焦炭高温冶金性能差导致炉内软熔带以下焦炭粒度过小，增加渣铁在焦炭中的滞留时间，煤气通道变窄，易导致下部煤气分布紊乱。煤气分布的紊乱必然影响炉内温度场的分布，影响高温煤气及渣铁对炉衬的冲刷，最终对高炉炉型产生影响，且焦炭高温冶金性能差更易导致炉缸工作不活跃，加剧渣铁对高炉铁口区域及炉缸、炉底区域的冲刷。

7.2.1.3 控制合理的冷却制度

A 冷却制度对操作炉型的影响

冷却制度：在系统配置一定情况下，冷却制度即是水量（水速）、水温。冷却制度调整的主要目的是将系统传热能力控制在一定范围之内，从而既能保证冷却设备不会因为冷却强度过低而烧坏，也能保证炉墙不会因为冷却强度过大而结厚。传热速度保持在一定范围，渣皮形成的速度和厚度合适。

合理冷却制度：水量、水速、水温处于安全范围。高于最低水速，排水温度控制在合理范围内；渣皮处于一定厚度，稳定或阶段性小波动；在操作炉型有变化趋势、需要调整时有一定调剂余地。

冷却制度不合理（冷却强度过高或过低）对操作炉型会产生不利影响。

B 合理冷却制度的控制

工业水开路循环冷却由于管道容易结垢，而且结垢也很可能不均匀，其冷却效果不如软水密闭循环冷却效果好，因此，工业水开路循环冷却情况下，设计炉型将会较快地转换成操作炉型，且其形成的操作炉型不如软水密闭循环冷却方式下形成的操作炉型均匀。

冷却制度要与生产条件和气流分布相适应。冶炼强度大，产生的热量多，冷却强度要相应地加大；冶炼强度小，产生的热量少，冷却强度要相应地减小。边缘气流强，热流强度较大，冷却强度相应地要增强；边缘气流弱，热流强度较小，冷却强度相应地要减弱。

7.2.2 炉墙结厚处理

7.2.2.1 炉墙结厚的判断

（1）炉体各段热负荷、总热负荷大幅下降，炉体温度持续下降，冷却水进排水温差低，软水冷却的高炉在结厚部位的出进水温差由正常的 4 ~ 10℃降为 2℃以下；结厚部位的热流强度明显降低。

（2）炉况顺行情况变差，风压偏高，透气性变差，高炉接受风量的能力降低，煤气利用率下降波动增大，崩滑料增多，管道、悬料开始出现，风压较高且波动大，减风较频繁，炉尘吹出量升高。

（3）局部结厚会出现探尺、边缘气流偏差增大，边缘气流难以控制、管道征兆出现等。

（4）风口圆周工作不均匀，结厚部位风口不活跃。

（5）炉缸工况变差、圆周工作不均匀，铁口间出铁量偏差大、渣铁温度和铁水含硅量偏差大。

出现结厚后，操作界面内移，高炉内部空间减小，尤其炉腰段结厚，炉身水平截面积减小，同等炉腹煤气量情况下，造成部分区域单位面积的煤气流速增大，管道出现，崩滑料增多，顺行破坏，减风频繁，顺行的恶化会加剧结厚的发展，处理难度和风险不断增加。

7.2.2.2　炉墙结厚的原因

炉墙结厚有多种原因，往往是多个因素的综合，主要因素有以下几方面：

（1）原燃料成分波动大，质量下降，粉率增加，球团和块矿的高温熔融性能变差，尤其烧结矿碱度频繁波动及入炉粉焦量增加时更容易出现边缘黏结；原燃料中碱金属（钾、钠）和锌的增加，都是造成炉墙结厚的原因，尤其要重视入炉锌的变化。当炉料锌负荷高时，由于锌的挥发温度低，气态的锌在上升过程中遇到粉焦或粉矿降温后，容易形成高炉上部或中上部的结厚或结瘤。

（2）设计炉型不合理的高炉，也会使其结厚次数增加。

（3）送风制度的不合理，风氧量设定不合理，风口布局欠合理或局部堵风口时间偏长，长期的慢风操作，边缘发展都可能造成结厚。

（4）布料制度的不合理：不合理的矿石装入顺序，粉末偏多的料、软熔性能差的料和大量熔剂布在炉墙附近，很容易黏附炉墙上；边缘气流的过强与过弱都可能造成结厚。

（5）冷却制度的不合理：水温差管理，进水温度、冷却水量控制与当前高炉操作不相适应。不同操作模式下，如产量下降、煤比下降时，冷却制度也应相应调整；进入冬季气温低下，冷却器进水温度低，冷却强度增加，未及时调整极易引起结厚；冷却设备长时间向炉内漏水，容易引起局部黏结等。

（6）设备故障多，频繁减休风，造成软熔带根部移动频繁，也易引起结厚。

（7）炉热制度的不合理，炉温大幅度波动，会导致气流不稳与软熔带的根部上下频繁移动，容易结厚。

（8）经常性的管道行程：频繁管道会使高温煤气直接进入高炉上部区域，

将部分没有还原的矿石熔化，凝固后黏结在炉墙上。

7.2.2.3 炉墙结厚处理措施

处理结厚方法有化学洗炉（加入锰矿或萤石，对炉缸也有较大影响，慎用）和热洗炉。热洗炉主要遵循四大原则：确保顺行；提高炉腹煤气量；提高炉温及强化出渣铁；上部边缘进行控制。

A 确保顺行

以确保顺行为根本，消除连续崩滑料，确保全风、全氧操作，维持较高的炉腹煤气量。

（1）严格按照压差操作，另外，风压急拐或探尺打横或顶压冒尖也必须减风避让，避免该减不减，后面大减。减风后如果压差下降、风压平稳，则及时回风。

（2）透气性指数 K 值连续4h过高，则焦批加0.5～0.8t/批。

B 气流调整方针

（1）下部送风制度：风温尽量不动，湿分大于等于20g/m^3，有条件尽量保持较高煤比，增大炉腹煤气量，$T_f<2250$℃，确保下部送风制度的合理性。

（2）上部装料制度：确保稳定充沛的中心气流和适当的边缘气流，结厚期间总体控制边缘，保证中心，高炉温和过度放边会出现向上黏结的危险。但边缘控制力度要适合，不宜过度，以保证顺行为原则。

C 确保持续充沛的炉温和适当的造渣制度

（1）上提炉温，保证燃料比，通过足够量的煤气把足够的热量传递给黏结的炉墙，熔化炉墙黏结物，对炉墙进行热震，PT：（1520±5）℃，堵口大于1530℃，[Si]：0.55%±0.05%。

（2）炉渣碱度控制在1.18～1.20，适当下控，有利高硅时的渣铁分离，$Al_2O_3<15.3\%$。

D 炉前作业管理：必须强化出渣铁，出好渣铁

（1）各铁口务必先开后堵。

（2）见渣时间小于45min，否则重叠出铁。

（3）铁口打开后90min，如果出渣铁速率低于渣铁生成速率，则重叠出铁。

（4）铁口打开后流不正、铁口钻漏等特殊情况导致渣铁流较小，则必须在开口后30min内重叠出铁。

E 炉体冷却器水量控制标准

水量适当下放，降低冷却强度是处理结厚的辅助手段，水量要保证在出现脱落时冷却器的安全，按控制标准圆周方向尽量均匀分布，供水温度可上限控制。

F 炉墙结厚脱落后曲损风口的风险防范

风口区域打水枪、胶管、波纹板、支架准备到位，日常必须确保风口区域每

根打水管都完好。炉墙脱落时除炉体水量调整外必须及时确认风口区域设备情况。对风口小曲损（风口前端下垂、无漏风、无漏水）加强点检，调整好煤枪角度或停止喷吹。

风口曲损严重时要注意：立即进行外部打水冷却，曲损风口漏风大时，除外部打水外需加大风口及中套给水量；风口曲损后漏风严重，不能再维持时，进行减风、休风处理。

7.2.2.4 炉墙结厚的预防

（1）加强原燃料质量管理，降低入炉粉率，关注碱金属和锌入炉量，保证充分的中心气流可以提高锌的逸出量。

（2）尽量稳定炉料结构、烧结矿碱度等原燃料条件。

（3）综合上下部进行调剂，通过维持合理的风口面积，风、氧量设定来控制中心与边缘煤气流的强弱，保持炉况的长期稳定顺行。

（4）保持合理的冷却强度，严格按照水温差结合炉体温度来管理，不同冶炼模式下冷却制度与之匹配，如原燃料条件发生变化，产量调整较大时，因外部条件造成频繁减休风时注意热负荷的管理。

（5）加强操作炉型的维护，尤其加强炉腰高度的热负荷管理，保持炉型均匀，避免个别方向结厚的出现，不均匀结厚的处理难度更大。另外过低的煤比对高炉结厚预防不利。

（6）发现结厚迹象应立即采取有效措施，减少炉况波动造成的损失，避免发展成结瘤。

7.2.3 热负荷频繁波动处理

热负荷是冷却水的给排水温差、冷却水量、水的热容的乘积，反映了炉内向炉外传递热量的多少。炉体热负荷的高低受炉体侵蚀程度、煤气流分布状况、高炉顺行情况、炉墙黏结物多少、冷却强度高低等多方面因素影响。正常情况下，炉体热负荷在一定值和一定范围内波动；异常情况下，炉体热负荷会较大幅度波动上升，轻则影响炉温和铁水质量，重则危及炉况稳定顺行，容易造成风口、冷却板、冷却壁破损和炉壳发红开裂，处理不当，甚至会导致炉况严重失常。

热负荷不同波动范围和不同波动部位，对炉况顺行有不同影响。高炉操作者必须有针对性地加以分析，并确定有效应对措施加以处置。

7.2.3.1 热负荷波动大原因分析

热负荷波动是一个相对概念，可以以热负荷变化相对量和绝对量来衡量，一般变化幅度15%以上，变化绝对值在10GJ/h以上时可以判定热负荷波动大。炉体热负荷波动大有多种原因，主要包括：

（1）原燃料质量劣化，如矿石入炉粉末多，冷态、热态强度指标大幅度下降；焦炭粒度下降，热态强度远低于管理目标等，引起透气性下降、煤气流分布变化，导致热负荷波动大。

（2）煤气流分布异常，如边缘气流较长时间过强，边缘气流过弱，引起局部管道，导致局部渣皮脱落、热负荷大波动。

（3）炉温波动过大，造成软熔带位置上下波动、渣皮由于热震脱落引起热负荷大波动，一般波动范围在炉腹、炉腰部位。

（4）炉墙黏结物较大脱落，造成局部煤气流过强或炉墙热阻降低，致使热负荷大波动。

（5）风口有曲损、破损，或者风口或送风支管有异物堵塞，导致气流不均匀；冷却器有破损，大量冷却水进入高炉导致炉墙不稳。

（6）冷却水的水质、给水温度变化、给水量变化或其他仪表因素造成水温差、水量变化都会引起热负荷的波动。如：水与冷却板之间形成水垢或者有气膜，对传热的效果影响甚大。研究表明[2]：当有1~5mm的水垢时，对于铸管冷却壁传热效果大约降低28%~68%，对于钻孔冷却壁传热效果大约降低90%~98%。对于铜冷却板也有相似的结论，所以水垢对其传热效果的影响很大，一旦不能有效传热，就不能形成稳定的渣皮。另外，在水速较高的情况下再提高水速，对提高冷却效果不明显，反而会增加水资源的消耗和冷却水阻力损失。

（7）高煤比生产时，炉腹煤气量相应地增加，会出现风压升高、风口回旋区缩小、边缘煤气流发展，热负荷容易出现波动。

7.2.3.2 热负荷频繁波动处理

（1）原燃料品质下降引起热负荷波动大处理：

1）根据热负荷波动幅度和煤气利用率变化情况，加焦炭0.5~1.0t/批，矿焦比降低2.5%~5.0%，以改善透气性和补充热损失；跟踪、确认原燃料状况，如灰分、水分、粒度、发热值、TFe、FeO、*RDI*、热爆裂指数等，发现异常情况及时调整。加强筛网点检、清堵工作和水分检测工作；加强T/H值管理和称量系统精准度管理。

2）煤气流分布根据情况调整，原则上保证中心稳定充沛。

（2）煤气流分布异常引起热负荷波动大处理：

1）根据热负荷波动对高炉冶炼影响程度，并结合炉况顺行、炉温、煤气利用率和热负荷变化情况，加焦炭0.5~2.0t/批，矿焦比降低2.5%~10.0%。

2）判断煤气流分布异常的原因，调整装入制度，从源头上控制热负荷波动。边缘气流过强调整：SL降0.1~0.2m；采取控制边缘气流的布料措施；若伴有顶压冒尖、煤气利用率大幅下降等管道迹象则按照管道处理的“三同时法”进行处置。边缘过弱调整：保证中心稳健前提下，适当疏松边缘，SL上提0.1~0.2m或用焦炭、矿石疏松边缘气流，具体可结合实际使用档位调整。热负荷波动大引起连续崩滑料或顶压冒尖：酌情减风200～500m^3/min，并同步调整富氧量。当有滑料、崩料时，应适当降低料线，放慢上料速度，再平稳地赶料线，避免全自动赶料，防止煤气流进一步恶化带来更严重的后果。

（3）炉墙黏结物大脱落引起热负荷大波动处理：

1）确定热负荷波动大对高炉冶炼影响程度，并结合炉况顺行、炉温、煤气利用率和热负荷变化情况加焦炭0.5～2.0t/批，矿焦比降低2.5%～10.0%。

2）脱落后煤气流若发生较大变化，如中心减弱，边缘增强，可适当调整装入制度，维持正常煤气流分布。

3）大脱落引起炉温低下或风口曲损，可酌情装入紧急空焦，并适当减风、减氧，原则上，能够控制风险时尽量少减风。

4）如炉墙温度、热负荷上升多，且三把探尺有崩滑料出现，风压、K值急剧下降或上下波动大，煤气利用率下降多，有顶压冒尖现象，特别是冷却壁高炉，则立即实施减氧、减风、加空焦、退矿焦比等动作，并要求炉前出尽渣铁，避免高炉大凉。

（4）炉温波动大引起热负荷波动处理：

1）找准炉热控制参数水平，稳定炉温，对于炉温低引起热负荷波动需防止炉温迅速向凉。

2）炉温低热负荷波动，可用足下部热量，减氧4000～8000m^3/h，同时退负荷5%～10%。

3）煤气利用率下降2%以上，根据炉温基础，及时补充热量，根据崩料深度，适当补充空焦。

4）如高炉下部脱落，则立即用足下部热量，风温用足，湿分全关，适当补充煤量，提高燃料比水平。同时根据脱落程度、炉温基础加空焦。

（5）给排水温度、流量等仪表原因引起热负荷波动大处理：查找出引起热负荷波动大的因素，立即纠正调整。

（6）其他注意事项：

1）强化炉前出渣铁工作，出尽炉内渣铁：热负荷波动较大时，务必强化炉前作业，强化出尽渣铁。一方面要控制40min内见渣。另一方面出铁时间在1.5h后应立即打开下一个铁口强化出铁。

2）及时调整炉渣成分，高炉炉渣碱度控制不大于1.22，三氧化二铝含量控制在15.0%以下，以保证渣铁的流动性。

3）增加对风口观察的频度，密切关注炉温变化，可以临时用提高风温、降低湿分进行强制性补热措施，避免炉温急速下滑，特别是高炉下部黏结物的脱落导致热负荷大幅度升高，下部热量用足。加煤不超过5t/h，煤比增加不超过10kg/t。如果炉温仍下行则应果断减氧控料速提炉温，不能一味增加煤比提高炉温，否则会导致高炉煤气流失常从而破坏高炉顺行。

4）对冷却设备的排水温度进行确认，对升温速度快的方向加大水量，并密切监视水温的变化。同时确认风口情况，检查是否有风口曲损。如果风口出现大曲损、跑风声音很响，严格按照事故预案进行外部打水冷却控制。如果出现有红热焦炭等高温物料喷出，应紧急减风甚至休风。

7.2.3.3 案例：宝钢某高炉炉墙结厚的处理

A 过程简述

某高炉第二代炉墙结厚主要集中在20.545（炉腹上）~26.785m（炉身下）区域，2007年先后发生了5次炉墙结厚，分别为3月中上旬、7月上旬、9月中旬、10月上旬、12月（如图7-5所示，炉体温度下降明显的地方）。前三次由于炉墙保护砖大部分未脱落、黏结的渣皮较厚、热洗炉较迅速、边缘煤气流发展过强导致洗炉后短时间内发生了大面积脱落，砸坏了多个风口，导致高炉休风，其中7月还因为砸坏的风口漏水严重、处理不当造成了高炉大凉。后两次结厚，热洗炉相对较轻、较慢且边缘煤气流发展适度，脱落影响较小，没有造成高炉休风，损失相对较小。

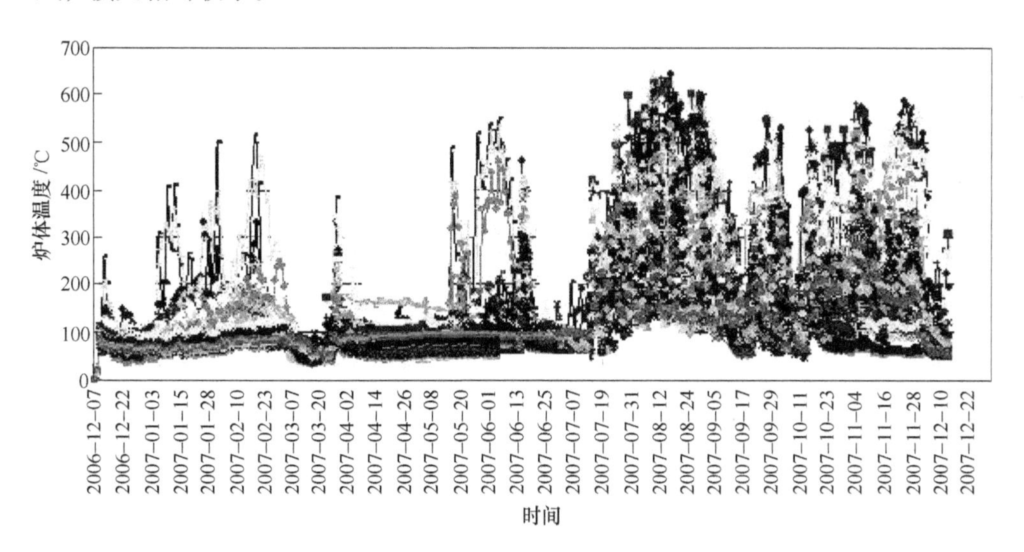

图7-5 某高炉炉墙结厚情况

B 案例征兆

（1）最直接最明显的特征是结厚部位炉体温度降低、炉壳温度降低、冷却水水温差降低。

（2）料面不平，探尺偏差较大，结厚方向的探尺下降慢。

（3）伴有偏料、崩滑料、管道、悬料发生。

（4）边缘气流分布不均匀，结厚部位的钢砖温度、十字测温边缘温度降低。

(5) 风口区域圆周工作不均匀，结厚部位风口不活跃、向凉且偶有挂渣现象出现。

(6) 炉缸工况变差、圆周工作不均匀，铁口间出铁量偏差大、渣铁温度和铁水含硅量偏差大。

(7) 风压波动大，风压偏高，透气性变差，高炉接受风量的水平降低。

C　原因分析

a　入炉粉末多

某高炉投产后原燃料质量降低：焦炭灰分和硫负荷逐渐上升，M_{40}呈下降趋势、M_{10}呈上升趋势；烧结矿平均粒度逐渐降低情况下，槽下粉率却下降。

b　操作制度不合理

某高炉是在第一代原有的框架基础上进行改造扩容的，高炉上、中、下各段不能够保持同比例的扩容，从而导致了炉身角从原来的81.4°扩大到了82.13°（设计规范是78°～82°，取上限），短时间内还未摸索出与新炉型相适应的合理的煤气流分布规律和控制方法。大修开炉以来，冶炼强度逐步加大，煤比逐渐提高，但是高炉煤气流分布却没有及时地做出与之相适应的调整。在高冶炼强度、高煤比条件下产生的煤气大部分都从中心通过，边缘煤气比较少，一旦出现其他抑制边缘煤气流的调整措施或变化因素，炉墙极易结厚；另外，边缘煤气量减少时，若冷却强度维持不变，则渣皮更容易生成及加厚。

c　冷却强度不匹配

由于对高炉炉体水温差及水量的管理经验欠缺，导致了某高炉第二代炉体冷却水温差控制过低，见表7-2。炉体部位采用了高导热的石墨砖，导热效果较好，开炉以来的较长一段时间，高炉炉体的冷却水水温差大部分都控制在1～2℃，冷却强度相对过大，加剧了炉墙的结厚。

表7-2　各时期炉体水温差控制标准　（℃）

段　数	1～10段	11～20段	21～30段	31～42段	43～54段
2007年3月脱落前	1～2	1～2	1～2	1～2	1～2
3月脱落后至7月脱落前	5	5	5	5	5
7月脱落后至8月初	10	11	11	12	12
8月初至今	8	9	10	11	12

D　处理

a　加强原燃料的管理

在烧结矿振动筛上安装打击棒，增强烧结矿的筛分效果，减少入炉粉末；合理调节原料的称量排出方式，将副原料和粉末较多的块矿、球团矿布到中心；加强原燃料的点检工作，发现块矿、球团矿粉末异常多时要及时联系，加强筛分；尽量减少矿石品种的变化。

b 加强对炉体冷却水水温差的管理

2007年3月前，炉体水温差基本控制在1～2℃；3月炉墙结厚后，炉体水温差管理值提高到了5℃；7月炉墙结厚后，炉体水温差管理值改为1～10段10℃、11～30段11℃、31～54段12℃；8月过后水温差管理值改为1～10段8℃、11～20段9℃、21～30段10℃、31～42段11℃、43～54段12℃。见表7-2。

c 提高炉温进行热洗炉，并降低炉渣碱度

及时提高炉温进行热洗炉。在热洗炉过程中适当调低碱度，改善炉渣的流动性；另外，在洗炉过程中确保炉温和炉渣碱度的稳定，减少波动，避免炉温过低和炉渣碱度过高。热洗炉过程中平稳提高炉温，避免过快、过高提升炉温造成短时间内炉墙大面积脱落，从而砸坏大量风口导致高炉休风。

d 确保一定强度且稳定的边缘气流

某高炉第二代炉体石墨砖导热性能好，传热速度快，炉墙结厚后需要发展边缘气流，边缘 W 值和边缘4点温度至正常水平或者比正常水平略高一些。

E 经验教训

(1) 原燃料质量变差和边缘煤气流不足是炉墙结厚的主要原因，冷却制度不匹配加剧了炉墙结厚。

(2) 必须加强原燃料的管理，尽量减少入炉粉末量，尽量将副原料和粉末多的块矿、球团矿布到高炉中心。

(3) 保持恰当的边缘煤气流和尽快形成稳定的操作炉型是防止炉墙结厚的根本措施。

(4) 炉墙结厚后保持较强的边缘煤气流冲刷炉墙是必须的，但炉墙开始脱落时就应逐步降低边缘煤气流的强度。

(5) 提高炉温热洗炉对消除炉墙结厚是非常有效果的，但要避免将炉温提高得过高和提高得过快。

(6) 加强炉体水温差的管理。

参考文献

[1] 周传典. 高炉炼铁生产技术手册[M]. 北京：冶金工业出版社，2002：3.

[2] 程素森，马祥，杨天均. 冷却水水垢对冷却壁冷却能力影响的传热学分析[J]. 钢铁，2002，37(7).

8　高煤比操作

8.1　高煤比操作的意义

目前，降低消耗、减少排放物对环境的污染越来越被放在更为重要、更为突出的地位。高炉风口喷吹煤粉，以资源丰富的非炼焦煤取代高炉中近半数的焦炭量，既可以缓解炼焦煤资源短缺的问题，提高能源综合利用；又可以减少焦炉对环境的污染，同时也大大降低了炼铁成本，是高炉炼铁系统技术进步的关键技术，是代表炼铁技术进步的发展方向。目前全世界采用煤粉喷吹技术的高炉超过 70%，并且还在日益增多。高炉进行喷煤的主要原因是：

（1）以煤代焦，降低生铁的成本；

（2）少建焦炉，减少对环境的污染；

（3）调剂炉况，增加炉热调节的手段；

（4）煤粉燃烧，保证高风温和低湿分的使用。

非常明显，喷煤技术的主要优点在于可降低铁水生产成本。铁水成本下降的主要原因如图 8-1 所示。

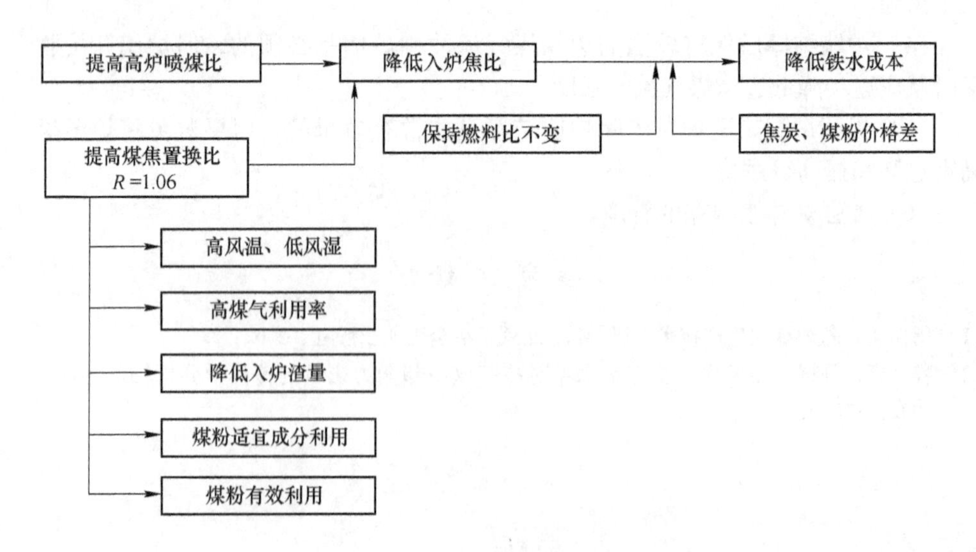

图 8-1　高炉喷煤降低铁水成本流程

另外，喷煤后高炉侧排放 CO_2 会有所降低。高炉在煤比提高到 100kg/t 和 205kg/t 时，热风炉采用焦炉煤气，总的 CO_2 排放量分别减少了 16.91m³/t 和 27.39m³/t，分别降低 3.48% 和 5.64%；如使用转炉煤气，在喷煤比 205kg/t 时，总的 CO_2 排放量减少 0.57m³/t，降低 0.12%（见表 8-1）。

表 8-1　高炉侧排放 CO_2 与煤比的变化

CR /kg·t⁻¹铁	*PCR* /kg·t⁻¹铁	高炉 CO_2 排放量 V_{BFG}/m³·t⁻¹铁	热风炉 CO_2 排放量		CO_2 排放量合计 /m³·t⁻¹铁
			COG/m³·t⁻¹铁	*BFG*/m³·t⁻¹铁	
518	0	380.40	0	105.14	485.54
410	100	368.86	12.01	87.75	468.63
305	205	354.94	14.36	88.85	458.15

目前月均煤比最好纪录由日本福山 3 号高炉于 1998 年 6 月创造，为 266 kg/t。近年来，我国 1000m³ 以上高炉喷煤量逐步提高到 150kg/t，部分达到 170～180kg/t。图 8-2 所示为国内 4000m³ 以上高炉喷煤比情况。

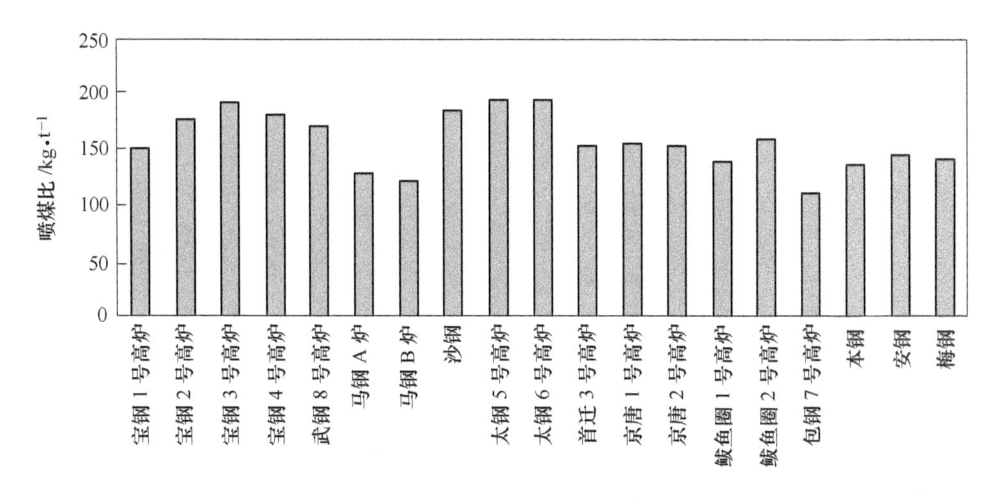

图 8-2　2014 年国内 4000m³ 以上高炉煤比情况

8.2　高炉喷煤发展历程及近年来喷煤情况

宝钢 1985 年 9 月投产之初采用喷油；1992 年从 2 号高炉开始喷煤，经过一系列攻关，掌握浓相喷吹技术后，1997 年 2 号高炉喷煤比达到 180kg/t 水平，1998 年 10 月 1 号高炉向 2 号高炉送粉装置投入后，11 月 2 号高炉喷煤比就达到了 205kg/t 的好成绩。2 号高炉第二代炉役喷煤系统投入后，仅用 18 天时间喷煤比就达到 200kg/t。1998 年 6 月 3 号高炉喷煤比 200kg/t 攻关成功，3 号高炉喷煤比连续多年保持在 200kg/t 以上水平，焦比降到 300kg/t 左右，一直保持高产下的炉况稳定；1 号高炉 1998 年 7 月煤比突破 200kg/t，1999 年 6 月及 9 月分别创 252.4kg/t 和 260.6kg/t 的高煤比纪录，喷煤比很长时间内稳定在 230kg/t，入炉焦比降到 270kg/t，燃料比始终维持在 495kg/t 左右，另外处在炉役后期的 1 号高炉煤比也能稳定在 205 ~ 215kg/t。4 号高炉喷煤投入运行后，第 3 天开始实现烟煤、无烟煤混喷，第 4 天喷煤比达到 100kg/t，第 20 天喷煤比达到 150kg/t，第 25 天喷煤比达到 200kg/t，30 天后喷煤比就稳定在 220 ~ 230kg/t，远远超出了预定的目标，反映出高炉喷煤技术更加成熟。

总体来讲，宝钢高炉喷煤发展分为五个阶段：

（1）起步和摸索：80 ~ 120kg/t；

（2）发展和创新：150 ~ 180kg/t；

（3）巩固和稳定：200 ~ 230kg/t；

（4）攻坚和突破：250 ~ 270kg/t；

（5）经济煤比冶炼：175 ~ 190kg/t。

图 8-3 所示是宝钢高炉历年煤比指标情况。各高炉达到的最高喷煤比见表 8-2。

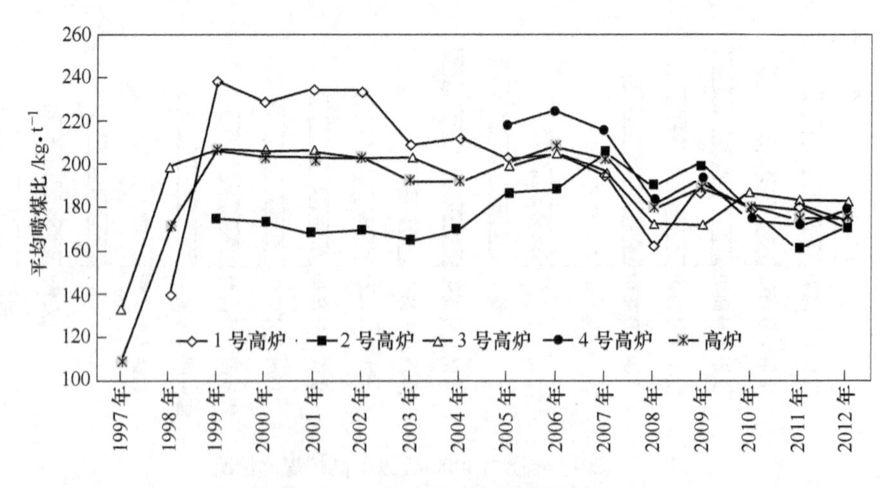

图 8-3　宝钢高炉历年平均喷煤比

表 8-2　各高炉达到最高的喷煤比

炉　号	炉容 /m^3	高炉投产日期	喷煤投入日期	喷煤设计能力 /$kg \cdot t^{-1}$	达到最高喷煤比时间
1 号高炉	4063	1997 年 5 月 25 日	1998 年 4 月 15 日	200	260.6（1999 年 9 月）
2 号高炉第一代	4063	1991 年 6 月 29 日	1992 年 5 月 10 日	72	205.0（1998 年 11 月）
2 号高炉第二代	4706	2006 年 12 月 7 日	2006 年 12 月 10 日	220	224.7（2007 年 2 月）

续表 8-2

炉 号	炉容 /m^3	高炉投产日期	喷煤投入日期	喷煤设计能力 /$kg \cdot t^{-1}$	达到最高喷煤比时间
3 号高炉	4350	1994 年 9 月 20 日	1994 年 10 月 18 日	180	217.2（1998 年 9 月）
4 号高炉	4350	2005 年 4 月 27 日	2005 年 4 月 30 日	220	231.4（2005 年 7 月）

后几年煤比下降原因说明：2005 年 4 月 4 号高炉投产后，3 座烧结机对 4 座高炉，烧结产能不足，烧结矿配比由 78.8% 持续下降，2009 年之前还能维持在 70% 左右，后三年随着烧结机老化和故障增多，烧结比仅能维持在 65%，球团配比相应逐步上提，高炉炉料结构变化过大，影响高炉炉况的顺行；2008 年受金融危机影响及国内大高炉数量增多，原燃料质量劣化，导致在 2008 年喷煤比下降至约 180kg/t 的水平。

8.3 高喷煤比操作特点及对高炉冶炼过程的影响

8.3.1 高煤比喷煤操作特点

用煤粉替代焦炭并不是简单地提高煤比，必须考虑顺行、炉温和高炉长寿等一些重要的因素以实现稳定的高炉操作状况。高煤比操作对喷煤系统和高炉操作水平提出了更高要求：

（1）具备足够的制粉能力，煤粉质量满足要求；

（2）达到要求的喷吹能力，输送过程稳定；

（3）煤枪长寿命，风口磨损和破损少；

（4）煤粉在风口前具有较高燃烧率；

（5）未燃煤粉在炉内充分消耗和利用，不影响上下部透气性；

（6）高炉上下部制度合理，气流分布适宜，炉况稳定，具有相适应的煤粉接受能力；

（7）原燃料条件满足透气性要求。

因此，伴随提高喷煤比的难题是如何控制喷煤比，使得高炉在最佳喷煤比下实现稳定顺行。当煤比达到 200kg/t 时，风口喷吹的煤粉已超出了作为鼓风调节炉况的概念。这时高炉总燃料的近 1/2 是通过风口进入高炉的煤粉。如何让如此大量的煤粉在风口处得到充分燃烧，使风口前回旋区保持合适的状态，未燃煤粉在炉内的分布和利用，以及在超高的矿焦比下不会造成炉内的透气性恶化等，都是在这个阶段所面临的问题。其中任何一个问题没有得到很好解决，高煤比就不可能长期稳定地进行。高煤比的主要限制环节在于以下几方面：

（1）风口前煤粉燃烧和热补偿问题；

（2）下部送风制度选择和初始煤气流分布控制问题；

（3）布料制度和煤气流分布控制问题；

（4）改善透气性和稳定炉况顺行问题；

（5）原燃料质量问题；

（6）渣量控制和下部透液性问题；

（7）未燃煤粉消耗利用问题。

以上限制性环节的核心问题是炉内透气性的变化，煤粉的有效利用，煤气流的合理分布。

宝钢高炉在提高喷煤比的过程中遇到三个主要难题，即炉内透气性的变化（影响炉况稳定的主要参数）、煤粉的燃烧和利用以及原燃料质量的控制等。保证高炉使用质量优良的原燃料是此项工作的基础，而改善高炉透气性、促进煤粉的燃烧和利用这两项是提高高炉喷煤比的关键，前者与高炉操作技术直接相关，后者是结合煤粉特性的操作问题。传统所讲的高炉接受能力正是与这两项内容相关的系列技术。

8.3.2 高煤比喷煤对高炉冶炼过程的影响

8.3.2.1 炉腹煤气量发生变化

高炉喷吹的煤粉，含有 H_2O、含氢化合物及其他挥发性的物质，它们的燃烧产物为气体状态。高炉喷煤之后，特别是喷吹高挥发性的烟煤之后，高炉煤气量明显增加。随着高炉煤气量增加，煤气流速增加、压差上升、炉料下降阻力增加，如果不及时准确调剂，炉况的顺行将受到破坏。不同煤种产生的炉腹煤气量是不一样的。一般来说，烟煤产生的炉腹煤气量比无烟煤要多（见图 8-4）。

8.3.2.2 风口前理论燃烧温度下降

大量的文献和研究指出，当高炉进行高煤比喷煤后，T_f 值下降趋势比较明显，并要求控制在 2100℃以上。当喷煤比在 230kg/t 时，计算 T_f 值在 2050℃左右，如图 8-5 所示。由于煤粉在风口回旋区内，并不能 100% 完全燃烧，仍有一部分未燃煤粉进入炉内。因此，在回旋区内的实际火焰温度要高于计算 T_f 值，假定煤粉在风口的燃烧率为 68%，那真实的 T_f 值应该在 2250～2300℃。

8.3.2.3 风口回旋区形状变化

高煤比后由于煤气发生量增加，煤气流会进行重新分布，风口回旋区变化特点是：

（1）O_2 浓度快速下降；

（2）CO_2 浓度最高点向风口方向移动；

（3）回旋区长度缩短、压差升高。

图 8-6 所示是不同煤比水平距风口前距离的粉末比例变化。

8.3.2.4 入炉矿焦比大幅降低

随着煤比的提升，在燃料比没有较大幅度上升的基础上，焦比下降多，焦炭

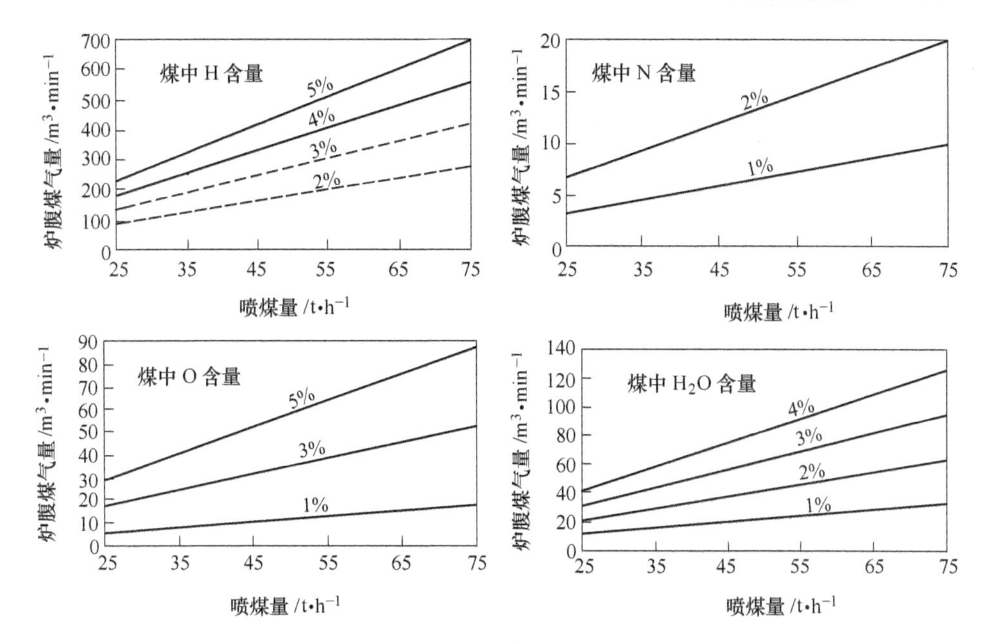

图 8-4 炉腹煤气量变化

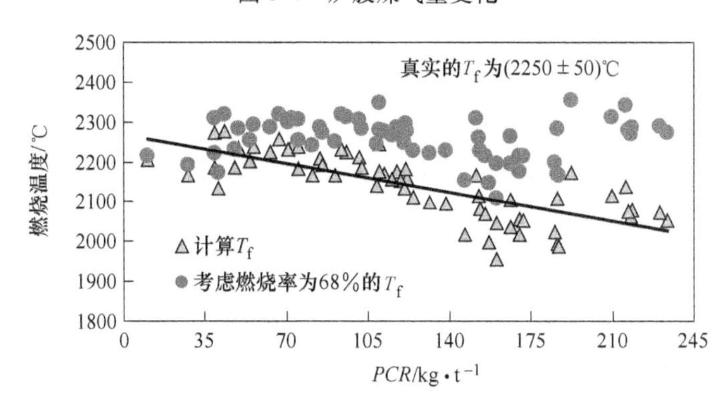

图 8-5 考虑风口煤粉燃烧率为 68% 时理论燃烧温度

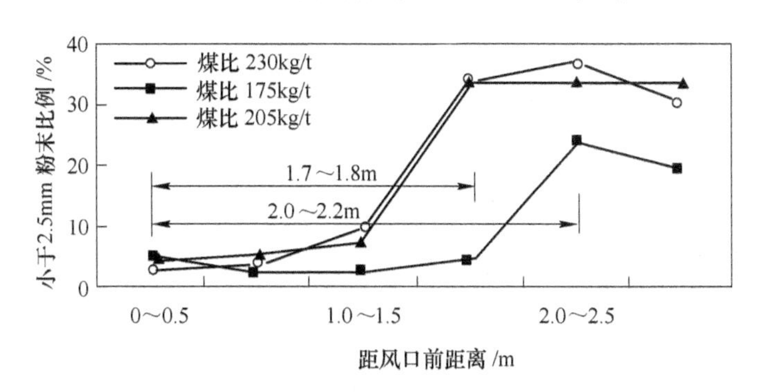

图 8-6 不同煤比水平距风口前距离的粉末比例变化

负荷加重，焦窗减小，炉内透气性变差；因此高炉必须选择合理的焦炭批重，以保证充足的软熔带焦窗通道；通过对矿石批重的上限和焦炭批重的下限的摸索和实践，矿石批重最高可达到135t以上，目前焦炭批重已降到20t以下。入炉焦批、矿焦比与煤比关系如图8-7所示。

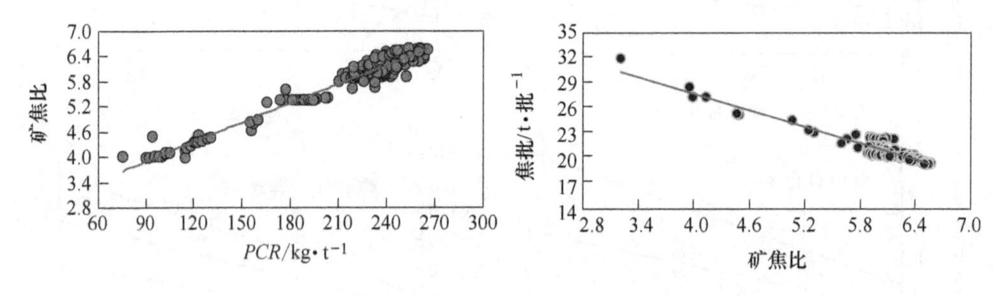

图8-7 入炉焦批、矿焦比与煤比关系

8.3.2.5 高炉炉内透气性变差

高炉喷吹煤粉量增加之后，炉料中起骨架作用的焦炭减少和部分未燃煤粉的作用，使透气性变差，煤比与透气性的关系如图8-8所示。根据有关资料，在炉内块状带，由于焦炭的减少，矿石体积由占炉容的44%上升到50%，煤气通过的“气窗”面积相对减小，这也是透气性变差的重要原因。未燃煤粉量增加和风口前焦炭碎化，使炉缸中心料柱透气性、透液性恶化。

图8-8和图8-9分别是煤比与透气性的关系、煤比与块状带压损的关系。

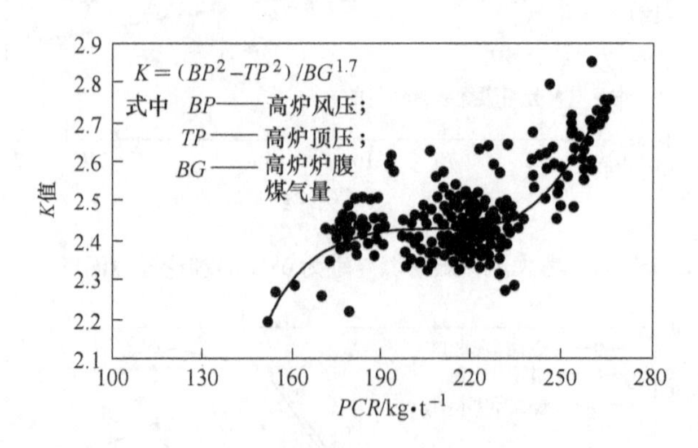

图8-8 煤比与透气性的关系

8.3.2.6 煤气流分布发生较大变化

随着喷煤比提高，炉顶气流温度的中心值会降低，边缘值有所升高。一般大型高炉喷煤后，边缘气流随喷煤量增大而有所增强，所以炉体的热负荷也会相应增加，同时高炉热流比会降低；高煤比操作时煤粉燃烧效率下降，未燃煤粉量增

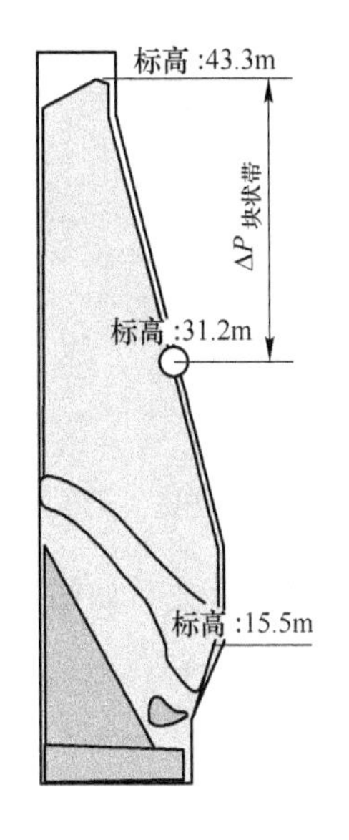

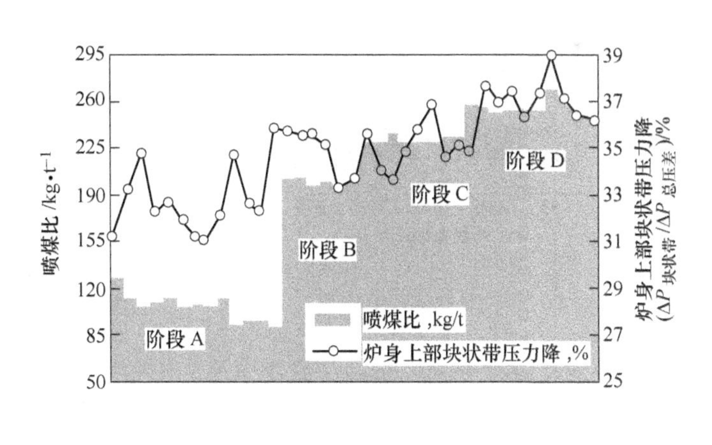

图 8-9 随着喷煤比增加，块状带压损明显增加

加，高炉瓦斯灰量上升。操作主要考虑如何保证良好透气性、高煤气利用率、炉墙稳定的热负荷。图 8-10 ~ 图 8-13 是不同煤比情况下气流变化、不同煤比与热负荷及热流强度等的关系。

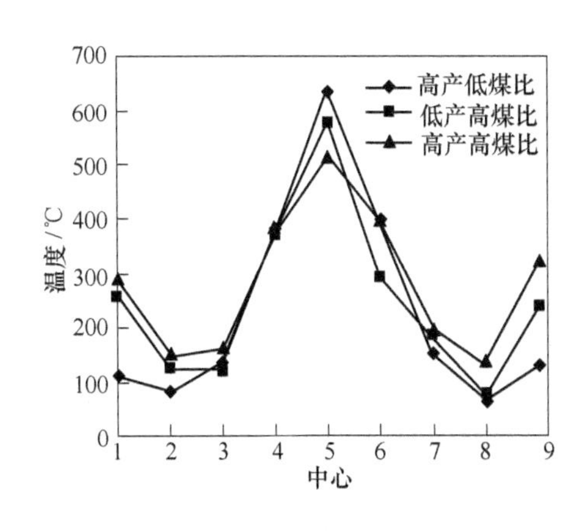

图 8-10 不同产量及煤比情况下气流分布变化

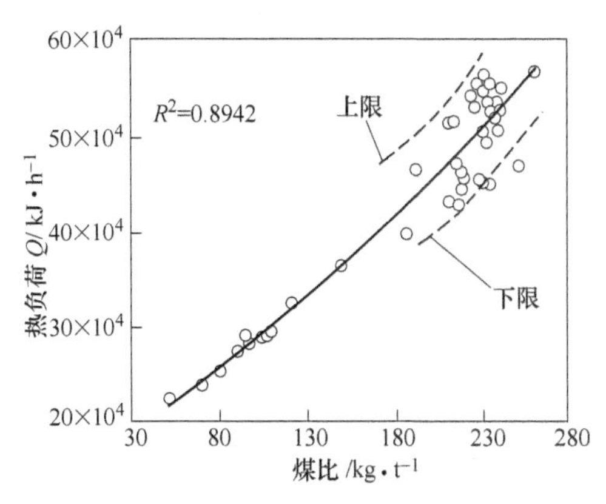

图 8-11 炉体热负荷的变化

8.3.2.7 煤焦置换比下降

煤比水平的提高必须以炉况稳定顺行、置换比高、燃料比不显著升高为前提，进行经济喷煤。传统的理论认为：高煤比喷吹，尤其是当煤比大于 180kg/t-p 时，因为煤粉与焦炭存在置换比、吹出未燃煤粉量增加，高炉燃料比随煤比上升略

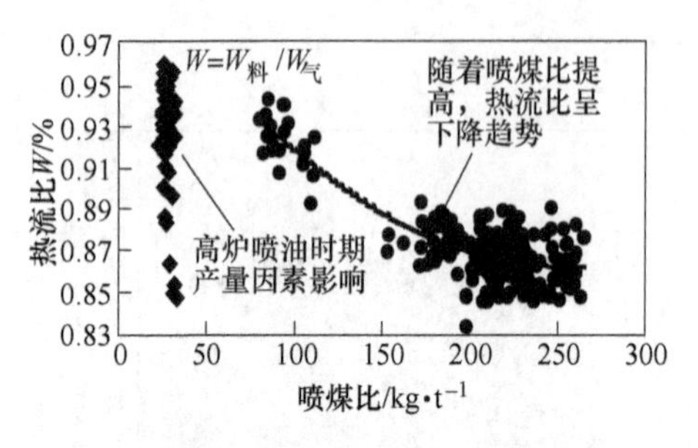

图 8-12　高炉热流比的变化

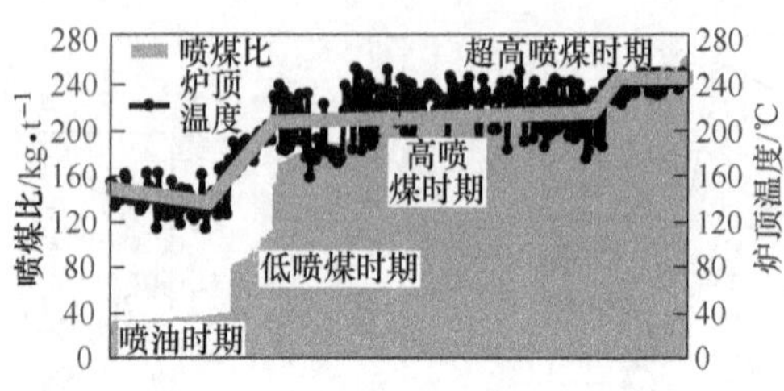

图 8-13　炉顶煤气温度的变化

有上升或有较大上升。宝钢高炉煤比与灰比、炉尘成分、炉尘残碳量关系如图 8-14 ~ 图 8-16 所示。

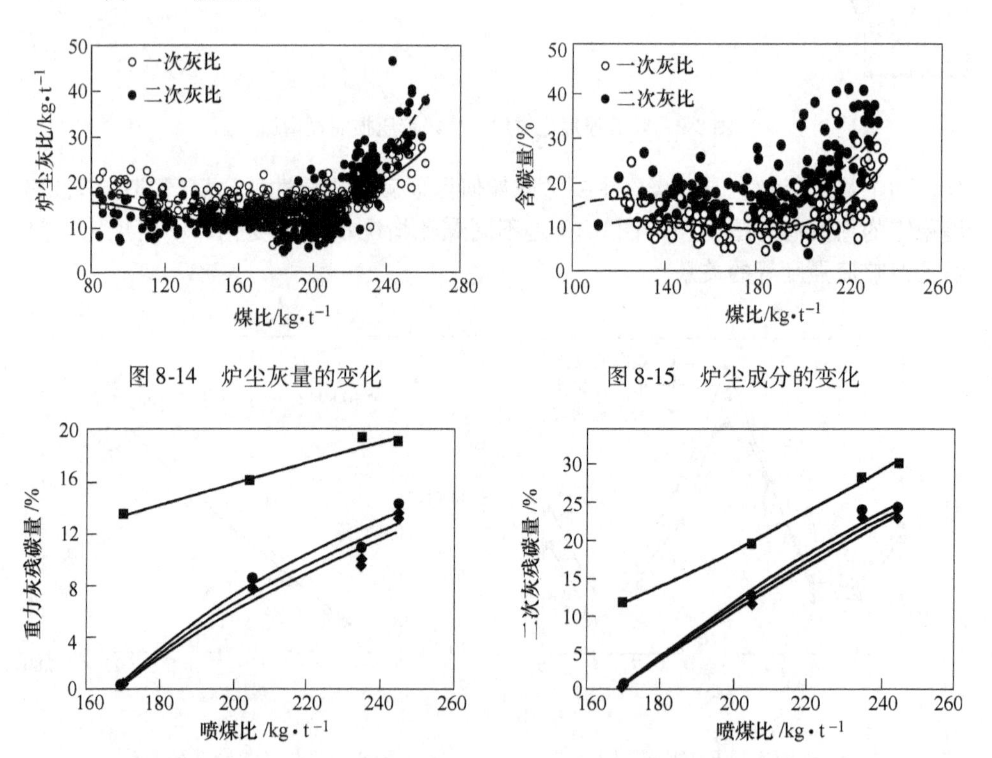

图 8-14　炉尘灰量的变化

图 8-15　炉尘成分的变化

图 8-16　炉尘未燃煤粉量的变化

从图 8-14 可知炉尘量随着喷煤比的上升而上升，煤比超过 200kg/t 后，炉尘量明显上升；从图 8-15 可知，随煤比上升，炉尘中的碳含量也上升，在煤比 180kg/t 时明显上升；从图 8-16 可知，随煤比上升，炉尘未燃煤粉量增加，煤粉燃烧率下降，煤焦置换比下降。

8.3.2.8 高炉冶炼周期变长

随煤比上升，焦比降低，高炉冶炼周期延长，主要原因是：焦炭在骨架区（滴落带）的滞留时间延长；焦炭在回旋区内做回旋运动的时间也延长。表 8-3 是不同煤比水平骨架区与回旋区变化。

表 8-3 不同煤比水平骨架区与回旋区变化

喷煤比 /kg·t^{-1}	焦比 /kg·t^{-1}	矿焦比	骨架区		回旋区	
			滞留时间 /h	荷重增加 /%	熔损率 /%	滞留时间 /h
0	489.3	3.474	6.50	0.00	29.63	1.000
100	400.0	4.250	9.06	5.53	36.25	1.393
200	310.7	5.47	14.92	12.33	46.67	2.294
300	221.4	7.678	42.23	20.87	65.49	6.494

8.4 高煤比操作的措施与对策

高炉喷煤技术是项系统性很强的工作，是各项技术工作的集中反映。主要从气流调剂、炉温和渣系控制、影响煤比外围因素的管控、提高煤焦置换比、控制合理燃料比等方面来实现高煤比。

8.4.1 调剂及控制煤气流分布

合理煤气流是炉况顺行、接受喷煤量的基础。合理的煤气流在高炉上表现为炉况稳定、顺行、透气性指数适宜、煤气利用率稳定且高、炉顶煤气温度低、燃料比低等方面，不同的冶炼条件必须要有与之匹配的煤气流分布。大喷煤后，矿焦比提高和未燃煤粉增加，高炉上下部的煤气流分布会发生较大的变化，关键问题是如何调剂，使上部气流必须与下部气流匹配，形成一个合理的煤气流分布，以改善料柱透气性，使高炉的透气性指数在可控范围内，同时获得高的煤气利用率。

宝钢高炉通过上下部调剂达到炉内合理的煤气流分布，改善透气性，提高炉况稳定性和大喷煤量的接受能力。下部调剂上，控制适宜的风速和鼓风动能，保持一定的循环区长度，发展中心气流和使炉缸保持良好的工作状态，这对于高煤比操作是至关重要的。上部调剂上，采用确保边缘焦层有一定宽度（平台）和中心漏斗的深度以及合适的边缘矿焦比的布料制度，边缘、中心、中间带的气流比率相对稳定，焦炭在边缘形成一定宽度的平台，避免料面边缘产生混合层、软熔带根部位置过低，确保中心气流稳定。

8.4.1.1 控制合理的边缘、中心气流指数

在高煤比时如何界定中心和边缘气流的合适范围是非常重要的。宝钢控制标

准采用多元的综合判定，如透气性指数、煤气利用率、热负荷、炉墙温度、炉顶齿轮箱温度等。图 8-17 所示是宝钢不同煤比下边缘气流指数。

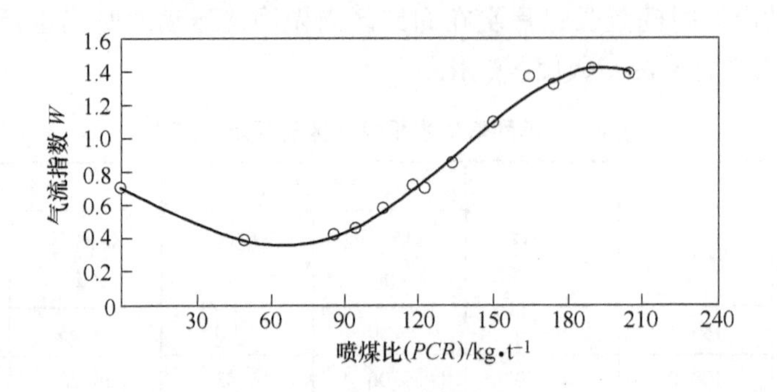

图 8-17 煤比与 W 值关系

8.4.1.2 控制一定的风口前理论燃烧温度（T_f 值）

当高炉喷煤比上升后，T_f 值将有所下降，一般要求在 2100℃以上。如日本高炉喷吹 170 ~ 180kg/t 煤粉时 T_f 值控制在 2110 ~ 2150℃；法国高炉喷吹 185 ~ 195kg/t 煤粉 T_f 值控制在 2080 ~ 2140℃。宝钢高炉 T_f 值随喷煤比增加呈下降趋势。实际生产中，喷煤比 210kg/t 时，T_f 值在 2000℃左右，高炉顺行良好。因此，可以认为风口前理论燃烧温度（T_f 值）有所下降，在喷煤比 200kg/t-p 左右时，T_f 值控制在 2050℃就可满足要求，突破了传统理论认为的下限值。

8.4.1.3 提高煤气利用率

高煤比时 T_f 值总体是要下降，为保证炉缸正常工作，应力求煤气利用率高一些，力求降低燃料比，适当降低炉腹煤气量和减少炉内阻损，更重要的是还有利于降低高炉渣比。宝钢高炉在大喷煤时仍保持了较高的煤气利用率，并且还呈现煤比越高，煤气利用率越高的良好趋势；同时还保持了入炉燃料比基本不变。目前要求煤气利用率控制在 51.0% ~ 52.0%（高于国外大喷煤时 49% ~ 50% 左右的水平）。2 号高炉径向煤气利用率变化如图 8-18 所示。

8.4.1.4 控制合适的富氧率

大喷煤时理论燃烧温度下降、煤焦置换比下降，同时炉腹煤气量增加，因此，必须与富氧相结合，以提高理论燃烧温度，增加煤粉燃烧程度，同时在产量不变情况下减少炉腹煤气量，降低炉身煤气流速，降低高炉压差，维持高炉顺行。但富氧率也不是越高越好，从气流均匀性和炉缸工况角度考虑，又需要一定炉腹煤气量，因此，富氧率要控制在一定范围。宝钢实践表明：高炉在富氧率 1.5% 以上，理论燃烧温度大于 2050℃，是能够长期维持高炉大喷煤的；另外，统计结果表明，3.0% 富氧率效果较好。3 号高炉富氧率与煤比关系如图 8-19 所示。

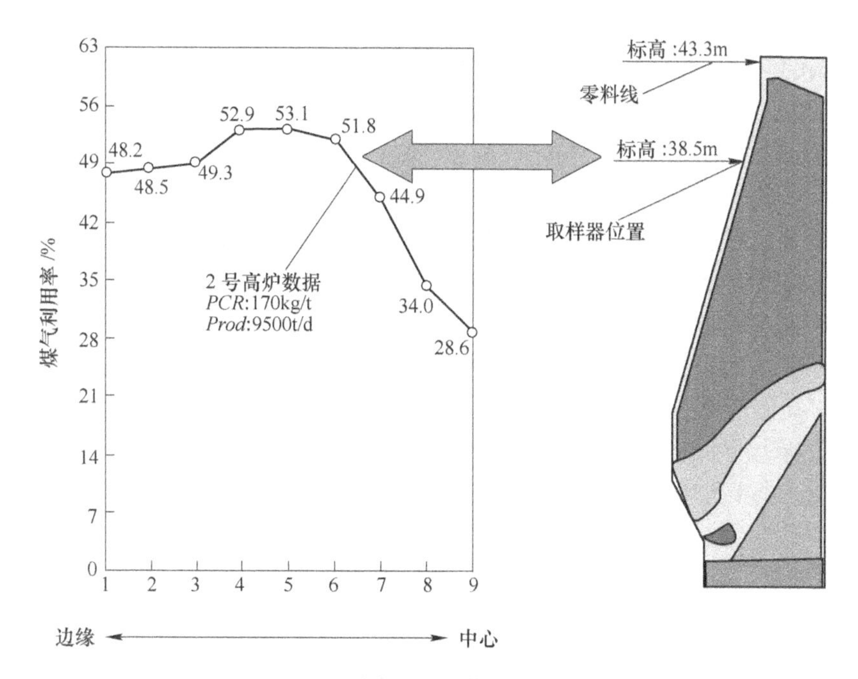

图 8-18 2 号高炉径向煤气利用率变化

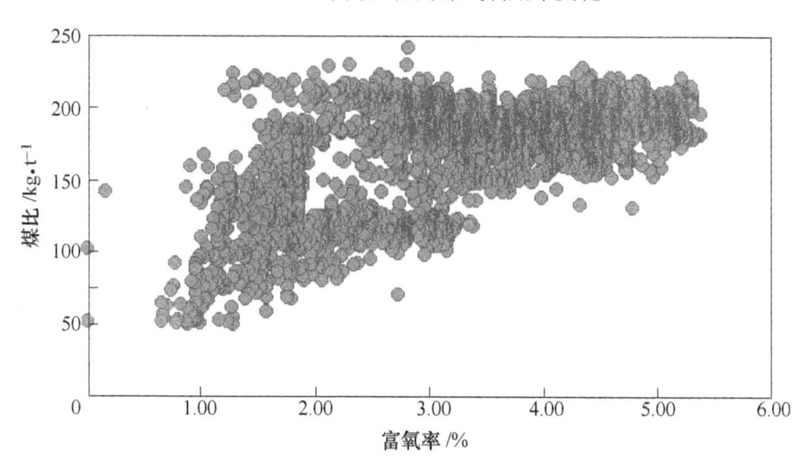

图 8-19 3 号高炉富氧率与煤比关系

8.4.1.5 控制合适高炉鼓风速度

喷煤后，边缘气流发展，因此需要增加鼓风速度（即鼓风动能）来改变炉缸煤气流初始分布状态。控制适当的高风速，有利于维持一定的风口循环区长度，有利于促进煤粉燃烧，还有利于保持炉缸良好的工作状态。由于气流分布合理，高炉透气性良好，三座高炉的透气性指数（*K* 值）非但没有随喷煤比的增加而升高反而有所降低，从原来 2.6 降到 2.4 左右。合适的鼓风动能，使未燃煤粉在风口循环区外的反应程度得到有效提高，煤粉被充分用作还原剂，可解决燃烧率受限制的问题。因此，保持一定的鼓风速度，有利于高炉继续强化和接受大喷煤量。宝钢已确立了相应的风速范围，并成为重要控制因素。风速控制范围是260～280m/s。

8.4.1.6 调整料面形状及径向矿焦比分布

喷煤后，由于大部分煤粉在靠近风口区域燃烧，使风口循环区发生很大变化。初始煤气流分布表现出边缘气流发展、中心气流不足，炉墙热负荷增加。因此需要对装入制度作较大调整，具体方法是采用确保边缘焦层有一定宽度和中心漏斗的深度以及矿石布在边缘的布料制度，使边缘、中心、中间带的气流比率相对稳定。具体来说，为稳定中心气流，强调漏斗形状的自然特征；为确保边缘透气性，保持边沿一定的焦炭量。中心和边缘气流的选择必须与下部气流初始分布一起考虑。由于大喷煤后高炉矿焦比进一步加重，漏斗的深度和边缘矿焦层状态显得更加重要。

8.4.1.7 合理装入小块焦

宝钢高炉采用在矿批中混加小块焦的方式，并且将小块焦布在中间位置，改善料柱透气性。矿石混加小块焦是为了改善高炉软熔带的透气性和减少高炉下部参加直接还原的焦炭消耗量，国外大喷煤的高炉用量多的达到40kg/t-p左右。宝钢高炉在喷煤200kg/t-p以上时控制在0～20kg/t-p，高炉炉况稳定顺行。

8.4.1.8 控制合理的料线和批重

喷煤比增加后，由于边缘气流发展，除了利用无料钟档位来控制煤气流分布外，还利用料线和批重来调节炉顶布料，以获得最佳的煤气流分布。通过料线设定，可以调整落料点的位置，达到控制料面的形状、炉墙热负荷、煤气利用率等参数的目的，根据高炉实际状况已确定每座高炉落料点的最佳位置；批重根据产量、炉腹煤气量、喷煤比、炉墙热负荷、煤气利用率、焦炭层厚度等参数来进行调整。

8.4.2 控制炉热制度和造渣制度

8.4.2.1 控制炉热制度

A 高煤比操作对炉温控制的要求

高煤比操作炉温呈现的特点是：铁水温度正常、硅较低，所以对炉温控制的要求是：以物理热为主，控制合理铁水温度，不能过高，更不能长期过低；化学热作为参考，不能看硅操作。主要原因是：高煤比对外围的变化，如漏水、原燃料、喷煤等设备故障敏感度加大，连续炉温低会造成炉况顺行变化，甚至发生炉凉等炉况失常现象而造成严重的损失，另外若高炉在炉温低的情况下遇到紧急休风，炉况恢复难度加大；但同时，随煤比上升，焦比大幅度降低，透气性变差，炉温过高容易造成炉腹煤气量急剧膨胀，高炉差压进一步上升，初始煤气流分布也会发生变化，不利于高炉顺行。

B 高煤比操作时炉温控制方法

高煤比情况下，炉热调剂一定要结合对炉况顺行的综合判断，趋势调剂，避免集中加减热，炉温管理要以铁水物理热为准，化学热作为参考；保持燃料比及校正焦比在相对稳定的水平。具体方法如下。

控制稳定的燃料比：每班计算、每小时滚动推移，主要根据料速快慢来调整煤量，目的是控制小时煤比稳定。同时考虑各种影响因素，控制校正焦比稳定。高煤比条件下炉热调整动作时机的选择应该建立在不断分析、判断、计算校正CR的基础上，采取动作时要考虑动作量的滞后时间，还需考虑采取动作量的时机、采取动作量的反应结果与各影响因素对炉温趋势综合影响的副作用在预计的时刻抵消。

关注 H_2 含量变化：通过炉顶 H_2 含量的变化来判断冷却设备是否破损漏水（炉顶 H_2 含量不明原因上升0.3%以上），并到现场进行查漏工作，一旦发现漏水，要通过预计漏水大小对炉温的影响程度来补充足够的热量，以免发生炉凉等炉况失常现象而造成严重的损失，高煤比情况下若漏水大对炉况顺行产生影响，可以安排临时休风处理。

关注灰比、燃料比：高煤比条件下若连续灰比高、燃料比高，但实际炉温不够，遇到此种情况要主动下调煤比，以炉况顺行为主。不能通过不断提高煤比来提高炉温，过高煤比会造成高炉透气性恶化，送风制度被破坏，煤气流分布混乱，炉况发生波动。

合理安排休风减矿率：煤比180kg以上时的高炉成功的休风减矿是确保高炉安全、顺利休风、送风后炉况顺利恢复的重要前提。针对大喷煤热滞后的特点，改进和优化休风减矿，合理分配炉内各部分减矿率，是高煤比高炉快速复风的关键。高煤比条件下焦比大幅度降低，料柱骨架作用削弱，透液性变差，休风时，渣铁不易通过，炉内易形成“死料层”，加上炉料压实，造成复风后料柱透气性差，风压高，风量不易接受，影响恢复。针对这一问题在制订休风料计划时，可以适当提高总的减矿率，并优化减矿率的分配，将最轻的料安排在“炉腰”和“炉腹”部位，这样就可以有效补偿休风时的热损失；重料装入位置较高，尽量减少进入高温区，多停留在软熔带以上，推迟了第一批渣铁到达炉缸的时间，又保证炉料得到充分预热和还原，防止出现复风后炉温下滑、炉缸温度低、铁水含硫高的情况，消除了复风后炉温对炉况顺行的影响。

关注煤枪情况：要求加强煤枪日常管理，点检频率增加，发现问题及时处理，确保全部煤枪投入，从而保证圆周方向喷吹均匀，有利于高煤比条件下的炉况稳定顺行。

8.4.2.2 控制造渣制度

A 控制渣比

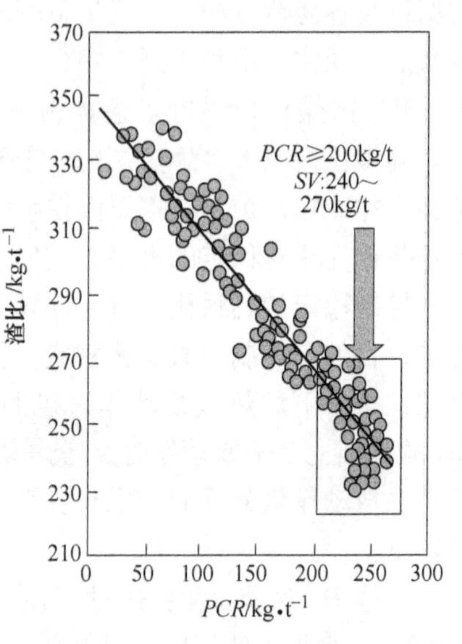

图 8-20 煤比与渣比的关系

高炉渣量大，炉缸死料柱焦层中炉渣的积聚量增大，从而会影响高炉下部的气流分布和风口气流向中心区的穿透能力。为此，宝钢高炉喷吹 200kg/t 煤粉时的渣比控制在 270kg/t 以下；喷吹 250kg/t 煤粉时的渣比控制在 250kg/t 左右。煤比与渣比的关系如图 8-20 所示。降低渣比采取的措施有：

（1）降低高炉副原料的用量；

（2）降低喷吹煤的灰分；

（3）降低烧结矿 SiO_2 的含量，提高烧结矿品位。

B 控制成分

高煤比对渣性能要求：一是黏度低，流动性好；二是脱硫能力强；控制合理的渣铁性能一方面是为了高炉出渣铁的顺利，另一方面是为了得到合适的生铁成分。由于渣比下降、硅降低、脱硫能力下降，因此要控制好炉渣 Al_2O_3 含量，适当提高渣中 MgO 含量，既保证炉渣流动性又有较好的脱硫性能，保证生铁质量符合炼钢要求。

8.4.3 提高煤焦置换比

随着喷煤比的上升，未燃煤粉量上升，煤焦置换比下降，高炉燃料比上升，喷煤的经济性下降。因此，高炉大量喷煤时，需要提高煤焦置换比，一是从成本考虑，二是从炉况考虑。在操作中除了采取提高送风温度、降低鼓风湿度和改善煤气利用状况等措施外，主要是未燃煤粉的有效利用。

8.4.3.1 煤粉在高炉内利用过程分析

喷入高炉的煤粉大部分在风口前燃烧，未燃尽的煤粉部分积存在炉缸（死料柱表面）内，参加铁水渗碳和非铁元素还原等，其余随煤气流上升，在软熔带处转向并黏附在熔融的渣铁层上，进行 FeO 的直接还原和碳气化反应；在块状带主要通过气化反应消耗；未在炉内消耗利用的煤粉将随炉顶煤气逸出炉外。煤粉在高炉内充分利用的问题，在于如何让未燃煤粉参加炉内反应。煤粉喷入高炉后，风口回旋区内未完全燃尽的煤粉以未燃煤粉的形式进入炉内。未燃煤粉在炉内的数量与喷煤量、煤粉粒度及燃烧率等因素密切相关。煤粉平均粒度的燃烧时间如图 8-21 所示。

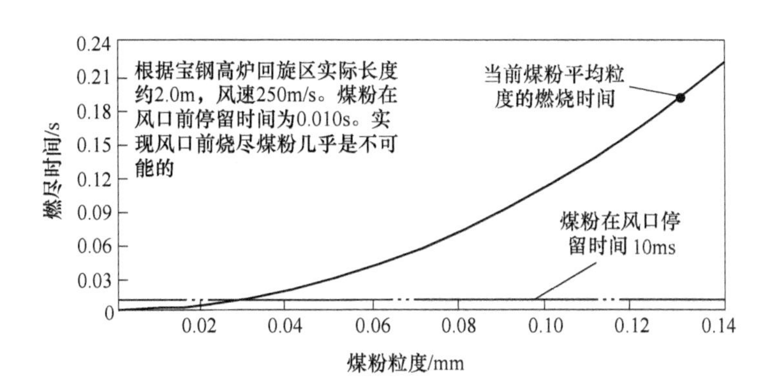

图 8-21 煤粉平均粒度的燃烧时间

8.4.3.2 提高煤焦置换比的措施和途径

提高煤焦置换比有两个途径：一是提高煤粉在风口区的燃烧率，主要是通过鼓风温度、鼓风含氧量、煤粉粒度、煤粉成分、煤枪位置等因素来控制；二是提高未燃煤粉在炉内的利用率，主要是通过未燃煤粉在炉缸的合理分布来解决。

A 提高煤粉在风口区的燃烧率

(1) 控制合理 T_f 值：高风温、低湿分、合适富氧，促进燃烧，最主要是风温和湿分，当高煤比操作时，风温应维持在 1230℃以上，湿分维持在 13g/m^3 以下，T_f 值控制在 2050℃左右。

(2) 选择合理的喷吹用煤粉粒度：煤粉粒度的组成，决定了煤粉在高炉内的燃烧率，煤粉的输送，以及制粉过程中的生产率和能耗。宝钢将煤粉 100 ~ 200 目的比例控制在 70% ~80%。

(3) 根据高煤比对煤粉性能需要选用喷吹用煤：在特定系统条件下，煤粉特性除化学成分满足冶炼条件（热能、反应性、煤气量等）之外，必须满足制粉性能和喷吹性能的要求（表 8-4）。不单满足喷煤需要，而且可使制粉能力超常发挥，使生产过程稳定、安全、高效。

表 8-4 某高炉使用煤粉成分 (%)

成分	M_t	A_d	V_d	S_{td}	*HGI*	Q_{net_d}	CaO	SiO_2	Al_2O_3	MgO
含量	12.16	8.13	20.15	0.43	66	30835kJ	0.789	3.787	2.395	0.1062
成分	P_2O_5	MnO	Fe_2O_3	Na_2O	K_2O	Zn	Pb	H	C	N
含量	0.0607	0.01	0.587	0.0438	0.0468	0.002	0.001	3.95	80.34	1.21

(4) 依据综合性能最优原则合理配煤：从煤的成分组成来看，对单种煤特性来说，烟煤具有挥发分高、着火点低的特点，易于燃烧，但固定碳含量较低，而无烟煤的特点正好相反。为获得高炉大喷煤时良好的煤粉燃烧率、较高的煤焦置换比，在混合煤灰分一定的情况下，挥发分含量越高，则固定碳含量就越低。

挥发分含量高低会影响煤粉的燃烧率，而固定碳含量又会影响煤焦置换比。因此，从高炉生产的实际要求出发，对混合煤的成分必定有着一个合理的控制区间，自然煤种能符合这一要求的并不多。所以，采用多种煤混合技术可以有效利用各种煤的特点，使煤粉成分最优。喷煤比高的高炉通常采用含碳量高、发热值高的无烟煤和挥发分高、着火点低的烟煤配合，使混合煤的挥发分达到15%～25%，灰分控制在12%以下，充分发挥两种煤的优点。混合煤除了需要考虑成分上的因素外，同时还必须兼顾价格的因素，所以采用混煤技术可以有效利用各种煤的特点，满足高炉生产要求，具体在混煤时要考虑以下几点：

1）满足高炉入炉硫负荷的需求；

2）良好的燃烧性能；

3）较高的煤焦置换比；

4）合理的挥发分含量。

经过多年的摸索，对喷吹煤种的选择也经历了几个阶段，从喷吹100%无烟煤到喷吹100%烟煤都曾经进行过有益的尝试。使用过的喷吹煤种已接近20余种，通过对煤种的性能进行研究（如煤的可磨性系数、煤粉流动性、煤粉燃烧性、成分分析等），在配煤成本最优化的前提下，并考虑满足混合煤制粉性能、喷吹性能、高炉冶炼性能，利用集中供煤系统进行煤资源的合理配置，得到了高炉大喷煤时各种煤的最佳配比，目前已经确定了满足要求的适宜配煤方法和混煤配比，根据分析和计算，无烟煤和烟煤的配比取决于最终成分分析，其中挥发分应控制在15%～25%之间。混合煤挥发分与燃烧率的关系如图8-22所示。

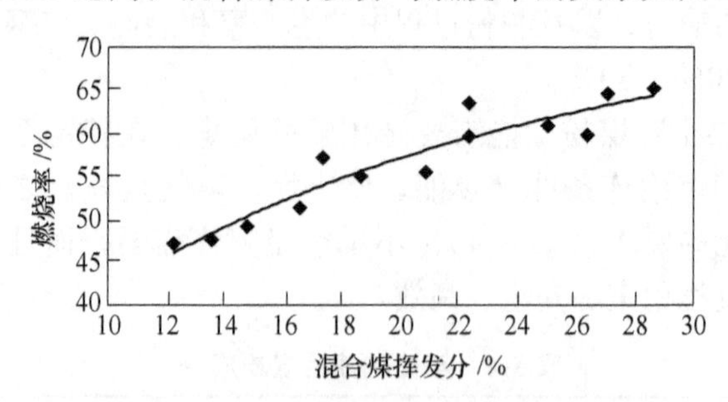

图8-22 混合煤挥发分与燃烧率关系

烟煤、无烟煤比例基本是35%、65%，2015年开始烟煤、无烟煤比例改变为40%、60%，配合煤主要成分等指标见表8-5。

表8-5 某高炉使用配合煤主要成分 （%）

配比号	配合煤				
	A_d	V_d	S_{td}	M_t	*HGI*
FA508A1	8.13	20.15	0.43	12.16	66
FA509A1	7.81	20.11	0.4	12.71	65

高炉采用混煤喷吹对置换比的影响：随着无烟煤品种的增多及阳泉煤在3号高炉上的应用，2号、3号高炉已进行了多次混煤喷吹。从实践的结果来看，采用混煤喷吹对降低入炉燃料比非常明显。随着燃料比的降低，生铁成本大幅度降低。随着高炉冶炼条件及使用的无烟煤煤种不同，其效果也是不一样的。3号高炉在使用永城和阳泉煤时，其变化率为0.275kg/%，2号高炉在使用宝桥煤时，其变化率为0.365kg/%。从结果来看，2号高炉要好于3号高炉。从现在的混煤条件（即一个系列磨无烟煤，一个系列磨烟煤）来看，当混入约50%的无烟煤时，2号高炉可以降低入炉燃料比约18kg/t，3号高炉可以降低约13kg/t。

（5）调整和控制煤枪的位置：日常生产加强煤枪的位置的观察调整，班中做好对每根煤枪枪位安全距离的测量跟踪管理。煤枪弯头基本露出直吹管前端截面，约在160mm。规定距离不允许超过600mm，确保煤枪枪头能完全伸出直吹管，同时制定防止生产中煤枪位置后退的对策。另外高煤比操作强调圆周方向实现均匀喷吹，正常情况下要求所有煤枪都投入，避免投入煤枪个数减少，导致圆周方向喷吹不均匀、不利于炉况稳定顺行。

B 提高未燃煤粉在炉内的利用率

主要通过调剂气流来调整边缘和炉中心未燃煤粉的分布。上部通过料线、档位、角度以及矿批大小等手段，将中心气流逐步引出来，并保证中心气流充沛、稳定，同时将边缘气流疏松到适当范围，另外从调整送风制度入手，合理选择风氧量、风口面积等，获得适宜鼓风动能及风速，保证煤气流初始分布均匀，通过上下部制度匹配调整，最终实现两股气流合理分布、煤气利用率稳定且处于高水平，使得煤粉在高炉冶炼过程中保持高的利用率，改善和提高煤焦置换比。高炉在不同喷煤时期煤粉在炉内利用情况见表8-6。

表8-6 高炉在不同喷煤时期煤粉在炉内的利用情况

1号高炉			2号高炉			3号高炉		
煤比 /kg·t^{-1}	未燃煤粉吹出率 /%	煤粉利用率 /%	煤比 /kg·t^{-1}	未燃煤粉吹出率 /%	煤粉利用率 /%	煤比 /kg·t^{-1}	未燃煤粉吹出率 /%	煤粉利用率 /%
170	0.1	99.9	160	0.6	99.4	190	0.5	99.5
205	1.4	98.6	165	0.7	99.3	205	1.3	98.7
235	2.1	97.9				210	1.5	98.5
245	3.2	96.8				215	1.6	98.4

8.4.3.3 高煤比条件下煤焦置换比及燃料比实绩

全无烟煤喷吹时煤焦置换比在0.9左右，采用混合煤喷吹，煤焦置换比0.8以上，确保了炉况稳定顺行，实现了高炉大喷煤时的低燃料消耗。表8-7和图8-23是宝钢高炉在不同喷吹煤配比时的煤粉置换比、近年来宝钢高炉煤比与燃料比对比图。

表 8-7　高炉喷吹全烟煤和混合煤时的置换比

阶　段	焦比 /kg · t⁻¹	喷煤比 /kg · t⁻¹	燃料比 /kg · t⁻¹	校正焦比 /kg · t⁻¹	置换比
基准期	518.0	0	518.0	0	
全烟煤	387.2	122.2	509.4	-44.29	0.708
混合煤	378.1	116.1	494.1	-42.25	0.841

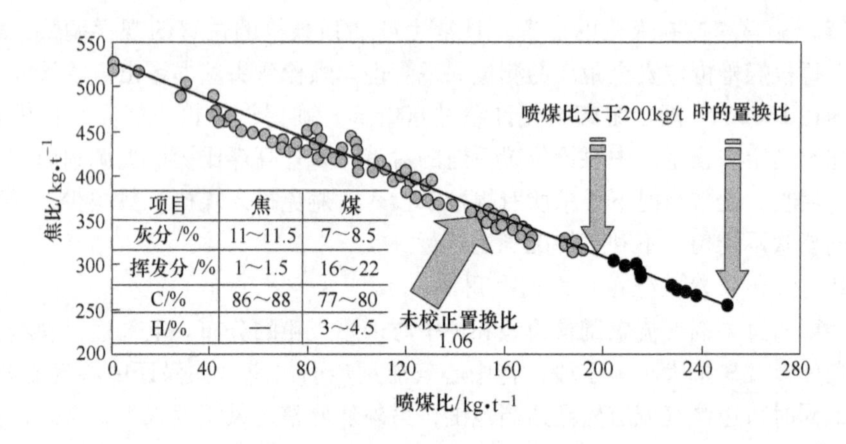

图 8-23　喷煤比大于 200kg/t 时校正置换比（0.82 ~ 0.85）

8.4.4 保证稳定的外围条件

8.4.4.1　高煤比操作对外围条件的要求

高煤比生产是个系统工程，高煤比冶炼对外围因素的稳定性提出了更高、更严格的要求，主要有：高炉主体设备必须稳定，杜绝频繁减风、休风，同时制粉、喷煤系统保持稳定；必要的原燃料质量保证，尤其是较高热强度、较低热反应性的焦炭。

8.4.4.2　保证外围条件的措施

A　改善焦炭质量

随着高炉喷煤比的提高，炉内矿焦比的加重，焦炭在炉内的滞留时间、溶损率以及荷重的增加，必须确保高炉内炉料的透气性和炉缸的透液性。宝钢高炉的焦炭随着喷煤比提高，在保证各项指标的前提下，更加注重 *CRI* 和 *CSR* 两个指标的改善，根据不同的喷煤比有相应的控制标准。在高炉喷煤比 200kg/t 以上时，$M_{40}>88\%$，$M_{10}<6\%$，*CRI* 和 *CSR* 分别控制在 24% 和 69% 左右时，完全能满足高炉的需要。焦炭质量的改善，有利于高炉高喷煤比高利用系数的实现。图

8-24 所示是煤比与焦炭质量关系图，其中焦炭平均粒度差 ΔMS(mm) = 入炉焦平均粒度(mm) - 风口焦平均粒度(mm)。

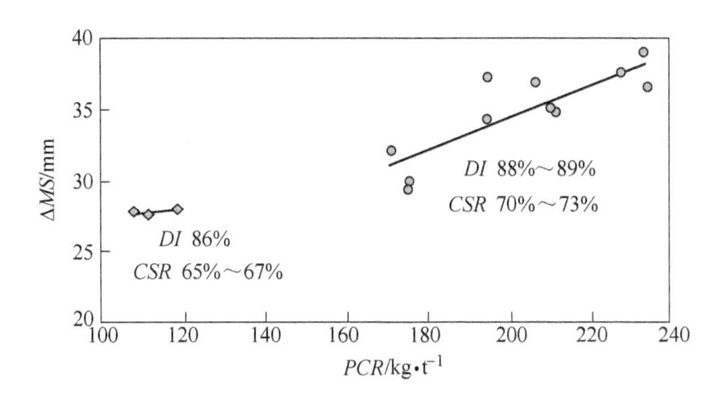

图 8-24　煤比与焦炭质量关系

B　设备保证

a　减少风口结焦和磨损

从调整煤枪结构、枪头与风口的相对位置两个方面着手，解决煤粉与风口接触的问题，从而避免风口结焦和减轻煤粉对风口侧壁的磨损。

b　强化炉体冷却效果

高炉喷煤比的增加，边缘气流的发展，直接导致炉墙热负荷的升高。除了在布料方式和鼓风参数进行调整外，还通过炉体冷却器的结构和方式的改进，避免由热负荷增加带来的炉体冷却器损坏。通过采用增加炉体冷却水量、部分冷却板由四通道改为六通道、炉体安装微型棒式冷却器（冷却壁高炉）等措施，使高炉炉体在高喷煤比高热负荷的情况下满足高炉生产的需求。目前宝钢高炉炉体热负荷都在安全区，炉皮温度平均值在 35～50℃。

C　制定喷煤、制粉系统故障时的预案

a　制粉故障

一旦制粉系统发生故障，煤粉仓料位不能保证，最终将影响高炉煤粉喷吹，引起炉缸热制度波动，所以必须准确判断，果断处理。处理的关键是判断煤粉仓中料位能维持多久以及估计故障大概持续时间，通过加 BT、减 BH、减煤来延长喷煤时间，再不行就减 O_2，减 BV，相应减煤，如果故障时间长，关键是要做好加 BC，退 O/C，出尽渣铁等各项休风准备措施。

b　喷煤停喷

一旦发生停止喷吹事故，应该马上采取以下措施：

(1) 停止后的　$O/C = 矿耗/(CR + 0.8 \times PCR)$

式中　CR——停止前的焦比，kg/t；

PCR——停止前的煤比，kg/t。

（2）停止富氧。

大喷煤状况下煤粉全部停喷处理方法：

（1）减少风量，停止富氧。

（2）增加风温，减少湿分，退矿焦比（可先以空焦方式加入）。

（3）如喷煤没有马上恢复，进一步下调风量。

（4）打开另一个铁口，出尽渣铁。

（5）30min 后喷煤仍没有恢复，高炉转入休风。

c 堵枪

日常认真监视操作画面，一旦发现堵枪事件要马上到现场确认，并联系及时排堵，尽量保证所有煤枪均匀喷吹，有堵枪及时处理。另外日常生产中加强风口区域巡检，发现枪位不正要及时调整煤枪位置，避免磨损风口。

参考文献

[1] 朱锦明. 宝钢高炉 200kg/t 以上喷煤比的实践[J]. 炼铁，2005(9)：36～39.

[2] 朱锦明. 宝钢高炉高喷煤比的实践与探索[C]. 2004 年炼铁生产技术交流会议，2004：2～7.

[3] 徐万仁，朱仁良，张龙来，等. 高炉高煤比操作的实践[J]. 钢铁，2005(9)：10～12.

[4] 梁利生. 宝钢 3 号高炉高煤比条件下快速复风操作实践[J]. 炼铁，2005(12)：12～15.

[5] 李荣壬，朱锦明，李有庆. 宝钢 4 号高炉快速提高煤比生产实践[J]. 宝钢技术，2007(1)：11～14.

9 低硅冶炼

9.1 低硅冶炼的理论

9.1.1 低硅冶炼的意义

硅是高炉冶炼制钢生铁的指标之一。随着高炉冶炼技术的不断革新进步，低硅冶炼技术越来越受到重视，成为高炉操作的重要课题。高炉铁水含硅量低，可达到高产、稳产、节焦、优质的目标，降低生产成本和吨铁成本，取得良好的经济效益，是高炉冶炼技术进步和创新的一个重要标志。同时，低硅低硫铁水可以降低炼钢渣量，减少转炉炉衬溶蚀，提高铁的收得率，缩短冶炼时间，满足炼钢无渣或少渣与顶底复合吹炼的需要，对开发新钢种、冶炼高级纯净钢、提高转炉生产能力、降低成本具有重要意义。因此，国内外普遍展开了对低硅操作技术的研究。

9.1.2 国内外低硅冶炼水平

高炉冶炼低硅生铁是20世纪70年代新技术之一。80年代，日本高炉生铁含硅量降到0.25左右，最低生铁含硅量纪录由新日铁公司名古屋1号高炉创造，达到0.12%的世界最佳水平[1]。韩国浦项钢铁公司光阳厂1996年在高炉操作中通过降低铁水温度、降低燃料比等手段使生铁含硅量在原燃料条件恶化的情况下降低到0.28% ~0.34%的范围内[2]（见图9-1和图9-2）。近年来，我国炼铁工作

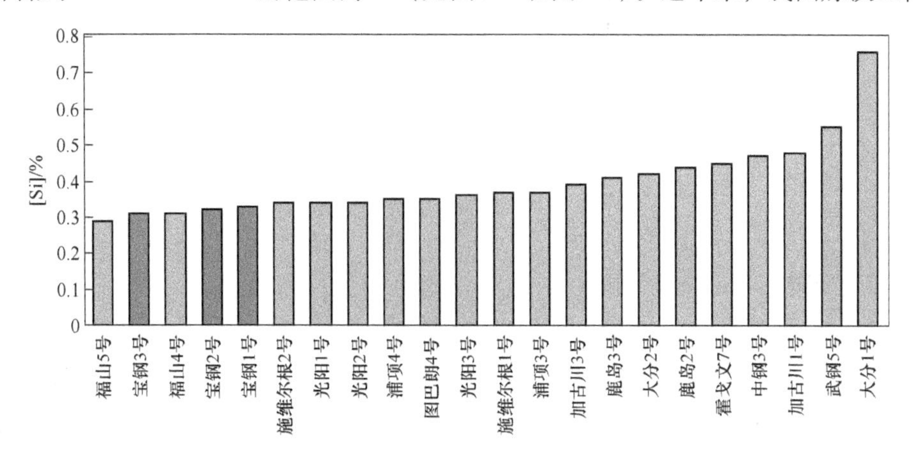

图9-1 1999 ~2000年国外大高炉硅素水平

者在这方面的研究也不断深入。在国内，由于受原燃料、高炉操作水平等因素的综合影响，大高炉（有效容积大于1000m^3）的生铁含硅量均在0.4%左右，有的甚至在0.5%左右（见图9-3）。

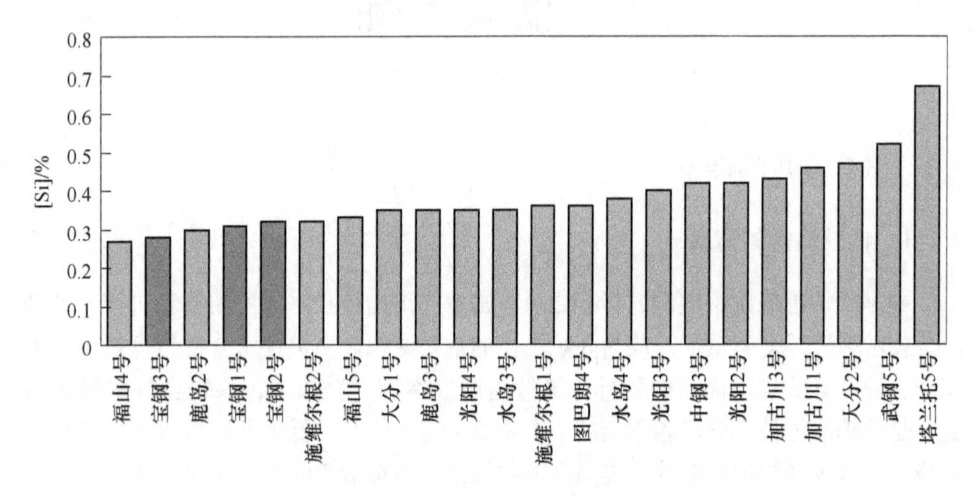

图9-2 2000~2001年国外大高炉硅素水平

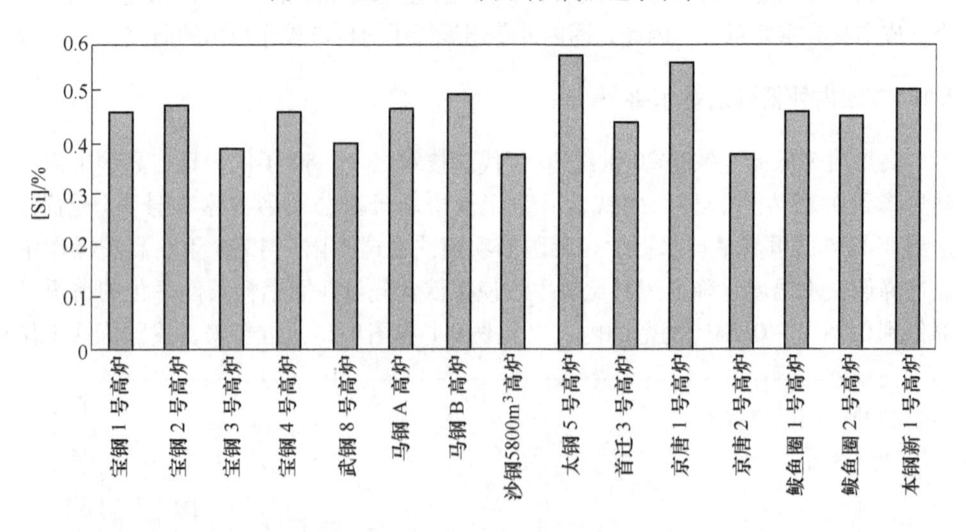

图9-3 2011年国内大高炉硅素水平

9.1.3 低硅冶炼的机理分析

9.1.3.1 硅还原机理概述

硅是难还原的元素，这可以从还原1kg硅消耗的热量是还原1kg铁的8倍这一点看出来，因此硅的还原主要在高炉下部高温区，这是毫无疑问的。日本新日铁公司洞冈4号高炉解剖数据表明，在炉腰上部硅开始还原，铁水中含硅量约

0.2%，大约在炉腰中部迅速升高，到风口上方铁样中含硅平均达2.38%，为生铁含硅量的3.84倍，国内某高炉风口的取样数据也证实了这一点，如图9-4所示。

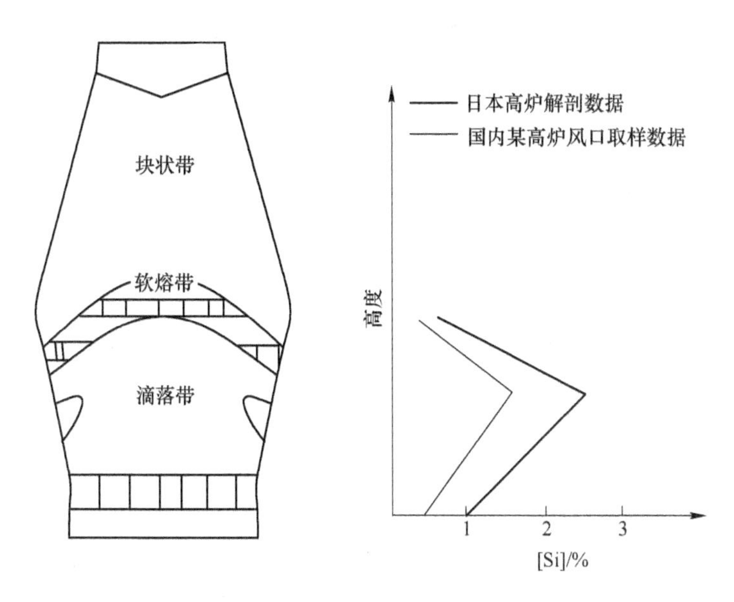

图9-4 滴落带与硅含量的关系

由图9-4可知，高炉中的硅含量在到达风口之前是逐渐增加的，但是，高炉渣铁在通过焦窗时，其初渣所含的FeO很多，能抑制SiO_2的还原，或通过吸收SiO气体来限制生铁中硅的增加，即使硅被还原出来，也会被氧化，硅含量是逐渐降低的，但事实却是逐渐升高的。对此，东北大学学者王国雄、李永镇认为可能主要是初渣偏流和高温下发生下列反应引起的：

$$SiO(g) + C = [Si] + CO \tag{9-1}$$

随着初渣偏流程度的加剧，促使渣铁分离，减轻了FeO对SiO_2还原的抑制作用；同时，随着渣铁下滴，温度升高，为上述反应的进行创造了有利的条件。结果，在滴落带上部，硅含量缓慢升高，到达风口上方时，由于风口前较高的燃烧温度加速了反应进程，而使硅含量急剧升高以至达到最高值。

目前，对于高炉中硅进入铁水的途径较为普遍的看法是硅通过SiO气体分两步进入铁水。日本学者槌谷等人根据高炉解剖与大量的实验室研究工作证实，高炉中的硅的还原主要是通过焦炭灰分中的SiO_2，且是分两步进行的，反应式为：

$$(SiO_2)(焦) + C(s) \longrightarrow SiO(g) + CO(g) \tag{9-2}$$

$$SiO(g) + [C] \longrightarrow [Si] + CO(g) \tag{9-3}$$

其过程为：由于焦炭灰分中SiO_2的活度（a_{SiO_2}）比较高，而且与焦炭中碳的接触条件极好，在风口以上的高温区，发生了 SiO_2 的还原反应，即反应(9-2)，产生的SiO气体随着煤气上升，在上升过程中与滴落带不断下落的渗碳饱和的铁水相遇，SiO气体与铁滴中的碳发生反应，即反应（9-3）。根据日本学者的研究，铁滴对于SiO气体的吸收率可达到70%～100%。结果，[Si] 进入铁水。随着铁滴的不断下降，铁水中的硅含量也越来越高，以至在风口上方达到最高含量。当铁水下降通过风口时，由于风口部位的高氧化势，使含硅量由于氧化作用而明显降低。进入炉缸后，高碱度渣降低了 a_{SiO_2}，再加上渣中MnO、FeO的氧化作用的存在，反应式为：

$$2(MnO) + [Si] = (SiO_2) + 2[Mn] \tag{9-4}$$

$$2(FeO) + [Si] = (SiO_2) + 2[Fe] \tag{9-5}$$

使生铁中的含硅量进一步降低，达到了最终要求的含硅量。因而，炉渣起到了脱硅的作用。

这一设想很好地解释了高炉冶炼低硅制钢生铁时硅含量的变化，因此被广为接受。对于冶炼低硅铁而言，在高炉操作上，可以分别通过控制反应（9-4）和反应（9-5）来达到降硅的目的，即通过降低反应区温度（主要是焦炭温度、铁水温度和理论燃烧温度）及渣中 SiO_2 的活度抑制SiO气体的形成；通过降低软熔带高度、提高利用系数，以减少铁水在滴落带的滞留时间。

忽略反应（9-4）、反应（9-5）的逆反应，则其速度式分别为：

$$-\mathrm{d}[(\%SiO_2)\rho_s H_s/(100m_{SiO_2})]/\mathrm{d}T = k_1 A_{sc} a_{SiO_2} \tag{9-6}$$

$$\mathrm{d}[[\%Si]\rho_m H_m/(100m_{Si})]/\mathrm{d}T = k_2 A_{gm} p_{SiO} \tag{9-7}$$

式中 $(\%SiO_2)$——渣中 SiO_2 的百分浓度；

$[\%Si]$——铁水中硅的百分浓度；

ρ_s，ρ_m——分别为渣、铁的密度，kg/m^3；

H_s，H_m——分别为渣、铁在填充床内的全滞留量，m^3/m^3(床)；

m_{SiO_2}，m_{Si}——分别为 SiO_2 和Si的分子量，kg/kmol；

k_1，k_2——分别为反应（9-6）、反应（9-7）的反应速度常数，kmol/(m^2·h)；

A_{sc}，A_{gm}——分别为单位体积中渣-焦，气-铁的界面积，m^2/m^3(床)；

a_{SiO_2}——渣中 SiO_2 的活度；

p_{SiO}——SiO气体分压，kPa；

T——时间，h。

9.1.3.2 低硅冶炼热力学分析

A 概述

从氧化物标准吉布斯自由能图可以看出，SiO_2 的 $\Delta G^{\ominus}$-T 直线在氧势图较下面的部分，因此，属于比较难以还原的氧化物，需要在较高的温度下才能加以还原。高炉中 SiO_2 的还原主要是被碳素所还原，CO 不具备还原 SiO_2 的热力学条件。

目前，对于高炉中的硅进入生铁的途径普遍认为是通过 SiO 气体进入铁水，其反应式见反应（9-2）、反应（9-3）。其主要内容是：由于焦炭中的灰分与铁水中的碳具有良好的接触条件和热力学条件，因此首先在风口高温区发生反应（9-2），产生的 SiO 挥发并向上扩散，在上升过程中，与铁水中的碳发生反应（9-3），硅进入铁水。这不仅是因为它能够很好地解释高炉内硅含量由上到下变化的规律，即从炉腹上部开始铁水硅含量逐渐升高到达风口上方时达到最高，然后逐渐降低直至出铁，而且有良好的热力学条件。

B 高炉中硅含量渐增过程的热力学分析

由于硅还原是强吸热反应，因此硅的还原反应（9-2）需在较高温度下，在高炉高温区首先发生。因为反应（9-2）可以由下列 3 个反应组合而成，因此其标准吉布斯自由能 $\Delta G^{\ominus}$ 可以通过下列反应的标准吉布斯自由能加减获得：

$$\mathrm{Si(l)} + \mathrm{O_2} = \mathrm{SiO_2(l)} \qquad \Delta G^{\ominus}_{9-8} = -866500 + 152.3T \qquad (9\text{-}8)$$

$$2\mathrm{Si(l)} + \mathrm{O_2} = 2\mathrm{SiO(g)} \qquad \Delta G^{\ominus}_{9-9} = 310500 - 94.6T \qquad (9\text{-}9)$$

$$2\mathrm{C(s)} + \mathrm{O_2} = 2\mathrm{CO} \qquad \Delta G^{\ominus}_{9-10} = -232600 - 167.8T \qquad (9\text{-}10)$$

所以

$$\begin{aligned}\Delta G^{\ominus} &= \frac{1}{2}(\Delta G^{\ominus}_{9-9} + \Delta G^{\ominus}_{9-10}) - \Delta G^{\ominus}_{9-8} \\ &= \frac{1}{2}(-310500 - 94.6T - 232600 - 167.8T) - (-866500 + 152.3T) \\ &= 599950 - 299T\end{aligned}$$

$$\Delta G = \Delta G^{\ominus} + RT\ln J = 599950 - 299T + RT\ln\frac{p_{\mathrm{SiO}}p_{\mathrm{CO}}}{a_{\mathrm{SiO_2}}a_{\mathrm{C}}}$$

以标准态物质为基准，取 $a_C = 1$，$a_{SiO_2} = 1$，$p_{CO} \approx 1$，p_{SiO} 由于焦炭中灰分含量很少，因此可以取 $p_{SiO} \approx 0.001$。代入 ΔG 式中计算得：

$$\begin{aligned}\Delta G &= 599950 - 299T + 8.314T\ln[10^{-3} \times 1/(1 \times 1)] \\ &= 599950 - 299T - 57.43T \\ &= 599950 - 356.43T\end{aligned}$$

在高炉实际条件下，若温度约为 1500℃，即

$$T = 1500 + 273 = 1773\mathrm{K}$$

代入上式得：

$$\Delta G = 599950 - 1773 \times 356.43 = -32000.39$$

因其吉布斯自由能为负值，且比较大，而且焦炭中的灰分与铁水中的碳接触

良好，因此无论是从热力学条件上还是从动力学上来说是完全有可能发生的。

SiO 气体生成以后，按照槌谷等人的理论将会挥发向上，在升高的过程中，与不断下降的铁水相遇，将会发生反应（9-3），它可以通过下列反应组合而成，因此其标准吉布斯自由能 $\Delta G^{\ominus}$ 可由反应（9-10）、反应（9-9）的 $\Delta G^{\ominus}$ 加减而得。

所以

$$\Delta G^{\ominus} = \frac{1}{2}(\Delta G^{\ominus}_{9-10} - \Delta G^{\ominus}_{9-9})$$

$$= \frac{1}{2}(-232600 - 167.8T - 310500 + 94.6T)$$

$$= 33950 - 36.6T$$

因此，标况下反应起始反应温度 = 33950/36.6 = 927.5K，即 654℃左右，在高炉实际条件下，

$$\Delta G = \Delta G^{\ominus} + RT\ln J = 33950 - 36.6T + 8.314T\ln\frac{p_{CO}a_{[Si]}}{p_{SiO}a_C}$$

以标准态物质为基准，由于硅含量较小，因此可以取 $a_{[Si]} = [\%Si] \approx 0.005$，$p_{CO}$、$p_{SiO}$、$a_C$ 取值参照反应（9-2），代入上式得：

$$\Delta G = 33950 - 36.6T + 8.314T\ln[0.01 \times 0.005/(0.001 \times 1)]$$

$$= 33950 - 36.6T + 5.76T$$

$$= 33950 - 30.84T$$

则反应起始温度为 33950/30.84 = 1102K，即在 829℃左右即可反应，而高炉中从炉腹上部开始往下其温度大于 829℃并逐渐升高，由于反应是强吸热反应，因此温度对于反应的进行具有决定性的作用，随温度的升高，反应进行的趋势也加大，反应进行的程度也加深，铁水中的硅含量也就升高，因此热力学条件的分析与高炉中硅含量的分布变化是相符的，这也从另一个侧面说明槌谷等人的理论是可信的。

此外，从热力学计算还可以看出，尽管 SiO 气体的产生要在 1500℃左右的高温区才能发生，但是一旦产生，由于其反应起始温度小于 900℃，与铁水中的碳的反应热力学条件是极佳的，而且反应极快，铁水对于 SiO 气体的吸收率很高，据日本学者的计算，可以达到 70% ~100%。

在铁水向下流淌时，有人认为初渣中的 SiO_2 也有可能与铁水中的碳发生下列反应：

$$(SiO_2)(\text{初渣}) + 2C = [Si] + 2CO \tag{9-11}$$

上述反应可由下列反应组合而成，所以其标准吉布斯自由能 $\Delta G^{\ominus}$ 也可以由反应（9-6）、反应（9-8）的 $\Delta G^{\ominus}$ 加减而得。

即

$$\Delta G^{\ominus} = \Delta G^{\ominus}_{9-8} - \Delta G^{\ominus}_{9-6}$$

$$= -232600 - 167.8T - (-866500 + 152.3T)$$

$$= 633900 - 320.1T$$

因此标况下反应起始温度 = 633900/320.1 = 1980K，即 1707℃。

$$\Delta G = 633900 - 320.1T + 8.314T\ln[a_{Si}p_{CO}^2/(a_C a_{SiO_2})]$$

取标准态物质为基准，p_{CO}、a_C、a_{Si}取值参照前面，由于初渣中 a_{SiO_2} 较小，而 a_{Si}很小，因此 $\ln[a_{Si}p_{CO}^2/(a_C a_{SiO_2})]$数值将为负值，则根据 ΔG 计算得反应起始温度将大于根据标况下计算的起始温度即 1707℃，而高炉实际条件下低于 1500℃，因此，此反应在热力学上来说是不能发生的，由于初渣中 FeO 的含量很高，即便发生了，也会被氧化性强的 FeO 所氧化，这可以从下面的反应热力学分析计算得出。

FeO 与硅的反应方程式见反应（9-5）。其标准吉布斯自由能 $\Delta G^{\ominus}$可由下列反应和反应（9-8）的 $\Delta G^{\ominus}$组合而成：

$$2Fe(l) + O_2 = 2FeO(l) \qquad \Delta G_1^{\ominus} = -459400 + 87.4T \qquad (9\text{-}12)$$

$$\Delta G^{\ominus} = \Delta G_{9-12}^{\ominus} - \Delta G_{9-8}^{\ominus}$$

$$= -866500 + 152.3T - (-495400 + 87.4T)$$

$$= -371100 + 64.9T$$

因此，在高炉实际条件下，即取 $T = 1773\text{K}(1500℃)$，则：

$$\Delta G^{\ominus} = -371100 + 64.9 \times 1773 = -256032.3$$

反应趋势很大。因此，可以推测，在渣铁下降过程中产生了初渣偏流，渣铁由于密度不同而分开，否则铁水中的硅即使还原出来也会被 FeO 氧化。

C 风口区的热力学条件与分析计算

在高炉风口区的燃烧带由两个区域组成，有自由氧存在的地方称为氧化区，从自由氧消失处到二氧化碳消失处称为还原区，在这个区域进行着二氧化碳被还原成一氧化碳的反应。整个燃烧带，不论是氧化区还是还原区，完全不同于高炉其他部分，由于 O_2 和 CO_2 的存在，不仅能使燃料中的碳燃烧，而且能使已进入生铁中的硅予以氧化，又称氧化带。渣铁在流经风口区时，由于风口区的氧势很高，很有可能被氧气或二氧化碳所氧化，反应式为式（9-8）、式（9-9）和式（9-13）：

$$2SiO(g) + O_2 = 2SiO_2(s) \qquad (9\text{-}13)$$

反应(9-8) $\qquad \Delta G^{\ominus} = -866500 + 152.3T$

其 $\Delta G = \Delta G^{\ominus} + RT\ln[a_{SiO_2}/(p_{O_2}a_{[Si]})]$，取标准态物质为基准，$a_{SiO_2}$取 1，取 $a_{[Si]} = [\%Si] \approx 0.01$，根据宝钢现场数据 $p_{O_2} \approx 14000/101325/2.5 = 0.0552$，故

$$\Delta G = \Delta G^{\ominus} + RT\ln[a_{SiO_2}/(p_{O_2}a_{[Si]})]$$
$$= -866500 + 152.3T + 8.314T\ln[1/(0.0552 \times 0.01)]$$
$$= -866500 + 62.37T$$

在高炉条件下，取 $T = 1973K$(即 1700℃)，得

$$\Delta G = -866500 + 62.37 \times 1973 = -743443.99 J/mol$$

负值很大，因此反应趋势是极大的。

反应(9-13) $\Delta G^{\ominus} = 2\Delta G^{\ominus}_{9-8} - \Delta G^{\ominus}_{9-9}$

$$= 2 \times (-866500 + 62.37T) - 310500 + 94.6T$$
$$= -2043500 + 219.34T$$

在高炉条件下，取 $T = 1973K$，得

$$\Delta G = \Delta G^{\ominus} + RT\ln\frac{a^2_{SiO_2}}{p_{O_2}p^2_{SiO}}, \ p_{O_2} = 0.0552, \ p_{SiO} \text{取} 0.001, \ a_{SiO_2} = 1$$
$$\Delta G = -2043500 + 219.34T + 8.314T\ln[1/(0.001 \times 0.0522^2)]$$
$$= -2043500 + 325.87T$$

在高炉条件下，取 $T = 1973K$(1700℃)，得

$$\Delta G = -2043500 + 325.87 \times 1973 = -1400562.198 J/mol$$

自由能变化为较大负值，同样证明了在风口区域由于［Si］和 SiO 气体受到氧化而使铁水中的硅含量是趋向于减小的。国内外高炉解剖数据表明，在风口区铁水的硅含量开始急剧下降，也同样证明了这一点。

D 渣层热力学分析

铁水通过风口后进入炉渣层，有人认为炉渣中的 SiO_2 会被碳还原，而生成硅与 CO，但就冶炼制钢生铁而言，高炉解剖数据上显示，高炉铁水含硅量在经过渣层之前和之后的这段时期明显降低，从热力学条件上也可以证明，炉渣中的 SiO_2 无法被铁水中的碳所还原，而使铁水增硅，相反倒是铁水中的［Si］被氧化而降硅。

根据反应（9-11)，可以由反应（9-8)、反应（9-10）组合而成，所以 $\Delta G^{\ominus}$ 可以由 $\Delta G^{\ominus}_{9-8}$ 和 $\Delta G^{\ominus}_{9-10}$ 加减获得

$$\Delta G^{\ominus} = \Delta G^{\ominus}_{9-10} - \Delta G^{\ominus}_{9-8}$$
$$= -232600 - 167.8T - (-866500 + 152.3T)$$
$$= 633900 - 320.1T$$

标态下反应起始温度为：

$$633900/320.1 = 1980K = 1707℃$$

因此反应是有可能在渣铁接触时进行的。

$$\Delta G = \Delta G^{\ominus} + RT\ln J$$
$$= \Delta G^{\ominus} + 8.314T\ln[a_{Si}p_{CO}^2/(a_{SiO_2}a_C^2)]$$

取标准态物质为基准，则 a_C 取 1，a_{Si} 由于硅含量很少，取 a_{Si} = [% Si] ≈ 0.01，p_{CO}取 1，a_{SiO_2}根据文献［5］第 3 章图 3-37 SiO_2 活度图获得。

宝钢炉渣成分表见表 9-1。

表 9-1 宝钢 1 号高炉某日白班炉渣取样表 (%)

SiO_2	CaO	MgO	TiO_2	Al_2O_3
33.3	40.7	8.9	0.86	15

100g 炉渣中各组成成分的摩尔分数为：

$$n_{CaO} = 41.2/56 = 0.735, \quad n_{SiO_2} = 33.7/60 = 0.562$$
$$n_{MgO} = 9/40 = 0.225, \quad n_{Al_2O_3} = 15.2/102 = 0.149$$
$$n_{总} = 0.735 + 0.562 + 0.225 + 0.149 = 1.671$$
$$\Sigma X_{CaO} = 0.735 + 0.225/1.671 = 0.575$$
$$\Sigma X_{Al_2O_3} = 0.149/1.671 = 0.089$$
$$\Sigma X_{SiO_2} = 0.562/1.671 = 0.335$$

查图得，$a_{SiO_2} = 0.015$。

$$\Delta G = \Delta G^{\ominus} + RT\ln J$$
$$= 633900 - 320.1T + 8.314\ln[0.01 \times 1/(0.015 \times 1)]$$
$$= 633900 - 320.1T - 3.37T$$
$$= 633900 - 323.47T$$

所以在高炉条件下，取 $T \approx 1973$K（1700℃）的较高温度，则

$$\Delta G = 633900 - 323.47 \times 1973$$
$$= 633900 - 638206.31$$
$$= -4306.31$$

因此此反应在高炉条件下从热力学角度上说，是有可能进行的，但反应的趋势不大，即使发生了反应，反应的量也有限。因此，铁水经过渣层时所发生的反应主要是氧化反应，即硅的氧化反应，可能的反应如反应（9-4）和反应（9-5）。

由反应（9-12）及反应（9-8）可以得出反应（9-4）的标准吉布斯自由能：

$$\Delta G^{\ominus} = -866500 + 152.3T - (-459400 + 87.4T)$$

$$= -407100 + 64.9T$$

则标态下反应起始温度 =407100/64.9 =6727K，因此可以用 $\Delta G^{\ominus}$ 代替 ΔG 进行热力学的判断，在高炉条件下取反应温度为1500℃（1773K），则

$$\Delta G^{\ominus} = -407100 + 64.9 \times 1773 = -202932.3\text{J/mol}$$

$\Delta G^{\ominus}$ 为负值且较大，因此反应趋势是很大的。

对于反应（9-5）而言，从氧势图可以看出，FeO 与 MnO 由于氧势位相近，因此在热力学上具有与 FeO 类似的氧化作用。因此，它对于铁水中的硅具有与 FeO 类似的氧化效果，故不再赘述。

9.1.4 降低铁水硅含量的措施

由以上高炉内硅的反应机理和硅的迁移表明，铁水含硅量主要受回旋区产生的 SiO 气体反应的影响，其次受炉内滴落带渣铁间化学反应的影响。因此，在实际操作中有效降低铁水含硅量的措施有：

（1）通过降低焦比和焦炭灰分，降低烧结矿 SiO_2 含量，减少 SiO_2 入炉量；

（2）降低风口循环区火焰温度，减少 SiO 气体生成量；

（3）提高利用系数，减少 SiO 气体的反应时间，抑制［Si］生成；

（4）优化炉渣性能，降低炉渣中 SiO_2 的活度；

（5）提高炉顶压力，增加鼓风压力，等等；

（6）控制合适的铁水温度；

（7）确保炉况稳定顺行，维持较高煤比及煤气利用率。

9.2 高炉低硅冶炼实践

宝钢高炉投产始于1985年9月，至1994年9月三座高炉全部投入生产。在10年的生产过程中，虽然铁水产量每年都完成了任务，但铁水硅的含量一直居高不下，在0.4%～0.5%左右，造成高炉高燃料消耗和高生产成本。此后，高炉技术人员进行了高炉低硅冶炼的探索，通过确立合适的原燃料质量和高炉操作制度，使铁水硅的含量逐年降低。

从整个降低高炉生铁含硅过程来看，既有选择合适的原燃料质量来降低入炉的 SiO_2 含量，又有提高高炉喷煤比来改善高炉的入炉结构和操作参数的优化（如降低风口前的理论燃烧温度等），还有确保高炉稳定顺行减少炉温的波动（如 σ_{Si} 等）等综合性措施。从宝钢高炉的低硅实践来看，主要从渣铁性能的优化、降低风口前理论燃烧温度、提高高炉煤气利用率、高喷煤比控制和改善原燃料质量等方面着手，取得了非常好的成绩。

宝钢高炉实施低硅冶炼虽然较晚，但由于各项基础工作准备得比较充分，技术措施到位。因此，从1999年1月开始的低硅冶炼工业性试验，就在较短的时

间内取得了明显的成绩。整个试验过程中以调整工艺操作为主，改善原燃料性能为辅，生铁中的［Si］由原来的0.35%下降到0.29%，高炉低硅冶炼取得了成功。由图9-5和图9-6可以看出，1995年后宝钢高炉铁水硅素逐年稳步降低，其中2000～2002年铁水硅素控制在0.3%，特别3号高炉2002年全年平均达到0.27%的水平。

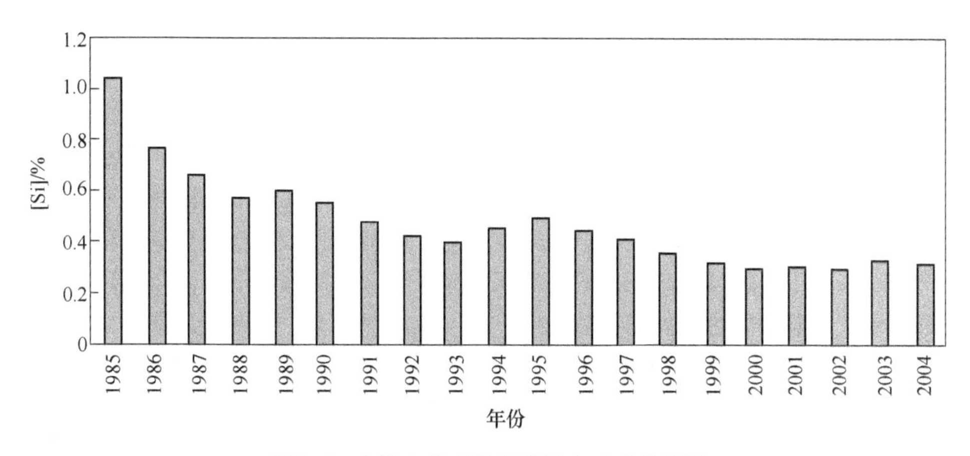

图9-5 宝钢4座高炉年均铁水硅素推移图

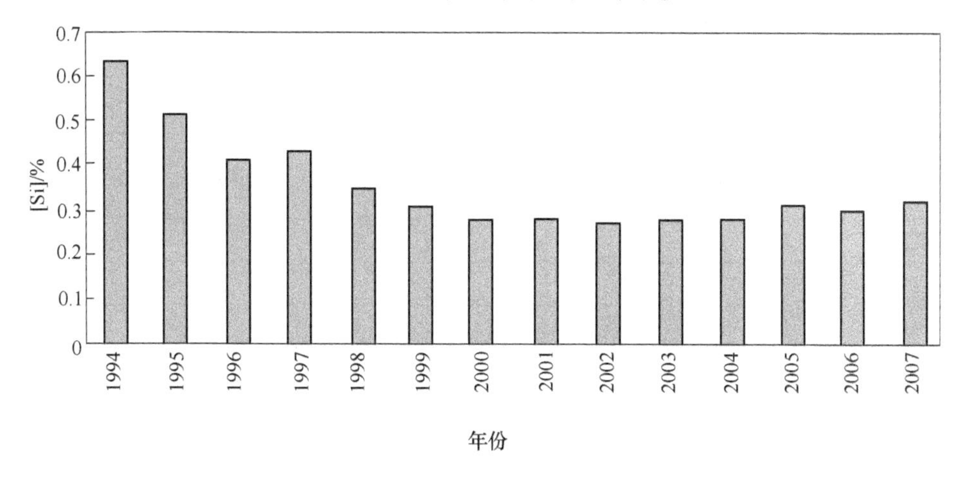

图9-6 宝钢3号高炉年均铁水硅素推移图

9.2.1 低硅冶炼特点

低硅冶炼表现出铁水温度不高、硅素低、硫黄较高的特点，因此对炉热及造渣制度的稳定性要求高，特别在高煤比操作条件下的低硅冶炼操作难度更大，炉热及造渣的不稳定会对炉况顺行及低硅冶炼产生不利影响。宝钢长期以来通过对大型高炉操作制度的研究，在改善原燃料质量、调整高炉操作参数、优化煤气流分布和合理造渣制度等方面采取多项技术措施，逐步掌握了高产、高煤比下低硅、低硫冶炼技术，生铁含硅量逐步下降，从高炉投产初期的0.5%~0.6%，下降到目前的0.35%以下，最低可以达到0.27%，含硫量保持在0.021%左右，为炼钢长期供应优质铁水提供保证。

9.2.2 低硅冶炼技术措施

结合宝钢高炉的生产情况，主要采取以下措施来实施高炉低硅。

9.2.2.1 确保炉况稳定顺行

确保炉况稳定顺行是低硅低硫冶炼的基础，确保炉况稳定主要措施包括：

（1）控制合理送风制度，调整布料档位，优化煤气流分布。获得合理的煤气流分布的基础是下部送风制度不偏离基本范围，调整布料档位作为重要手段，最终达到确保稳定中心煤气流、一定的边缘煤气流并与下部初始煤气流分布相适应的气流分布模式，其目的是确保热负荷稳定、煤气利用率提高、炉况稳定顺行。

（2）稳定热负荷。炉墙热负荷的波动将对气流、炉温产生极大的冲击，热负荷过高，对炉体冷却壁寿命产生威胁；而热负荷过低，边缘煤气流过重，炉况不稳定，炉墙渣皮易脱落，影响高炉顺行。

由于高炉操作技术的进步，使得高炉实现低硅操作变成了可能，高炉的顺行状况以及生铁中 σ_{Si} 得到明显的改善，见表9-2。

表9-2 3号高炉的顺行状况以及生铁的 σ_{Si}

年份		高炉顺行状况			铁水 σ_{Si}	生铁[Si]/%
		滑料	崩料	悬料		
低硅前	1997	282	27	0	5.0	0.43
低硅后	1998	45	6	1	3.8	0.35
	1999	3	1	0	2.6	0.31
	2000	2	0	0	2.1	0.28
	2001	0	0	3	2.2	0.28
	2002	0	0	1	2.3	0.27
	2003	3	3	0	2.2	0.28
	2004	9	7	0	2.8	0.28
	2005	4	0	0	2.2	0.31
	2006	4	1	0	2.3	0.30
	2007	6	0	0	2.6	0.32

9.2.2.2 优化炉渣性能，改善流动性，提高脱硫能力，抑制［Si］还原

合理的炉渣性能不仅可以减少炉渣中 SiO_2 与焦炭的反应生成SiO气体量，而

且可以促进铁水中［Si］形成SiO_2，向炉渣转化，达到降低生铁含［Si］量的目的，同时也是提高脱硫能力、降低铁水含［S］量的有效途径。低硅低硫冶炼对炉渣冶金性能的要求：一是黏度低，流动性好；二是脱硫能力强；三是SiO_2的活度低，控制［Si］的还原。

提高炉渣碱度，降低了渣中的SiO_2的活度，一方面能够减少SiO气体的挥发量，另一方面使炉渣在穿过滴落带时对SiO气体的吸收能力及其在铁水穿越渣层时对铁水中硅的再氧化能力增强。因此，适当提高炉渣碱度可抑制SiO气体的生成，减少硅的还原，同时又可提高脱硫能力。但是，随着CaO含量的增加，炉渣熔化性温度和黏度升高，流动性变差，对低硅冶炼不利，因而碱度必须控制在合适的范围。宝钢原燃料条件，炉渣Al_2O_3含量在15.0%左右，炉渣黏度较高，对低硅低硫冶炼不利，3号高炉通过适当提高MgO含量来改善炉渣的流动性，同时，MgO可以提高炉渣的表面张力，减少炉渣和焦炭的有效接触面积，抑制［Si］的还原，3号高炉实践表明：炉渣成分控制碱度1.20～1.23，（Al_2O_3）15.0%左右，（MgO）8.5%左右，渣流动性好，炉缸活跃，可生产低硅低硫生铁。炉渣中MgO的含量对生铁硅含量的影响如图9-7所示，线性关系比较明显。

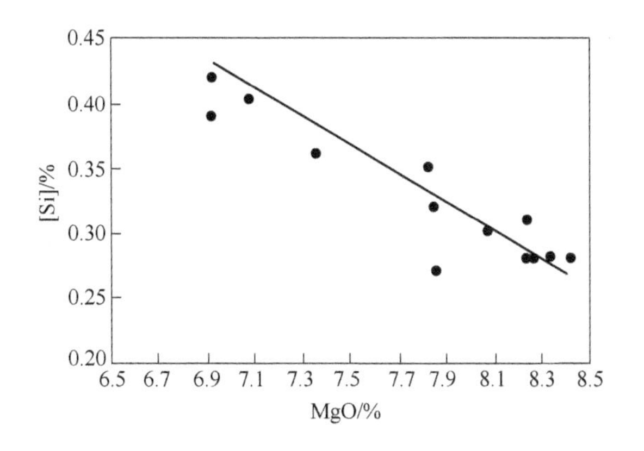

图9-7 炉渣（MgO）含量对生铁［Si］的影响

9.2.2.3 控制合理铁水温度范围

国内外有些高炉以［Si］含量的高低来衡量铁水温度的高低，并确定其为炉缸热制度的主要参数之一。以硅化学元素来衡量铁水温度的高低称为化学热法；以铁水温度来衡量炉温称为铁水物理热。根据Fe-C相图，铁水的熔化与凝固只与铁水含C量和物理温度有关，而与铁水［Si］含量高低无直接关系。因此，一般都采用物理热来表征炉温状态更为合理，宝钢高炉炉温管理是以铁水物理热为主，化学热为参考。

通过高炉数据的分析，发现高炉的铁水温度与生铁硅数呈线性关系，铁水温度越高，生铁中的硅数也就越高，高炉铁水温度的变化对生铁硅含量的影响很大，如图 9-8 所示。

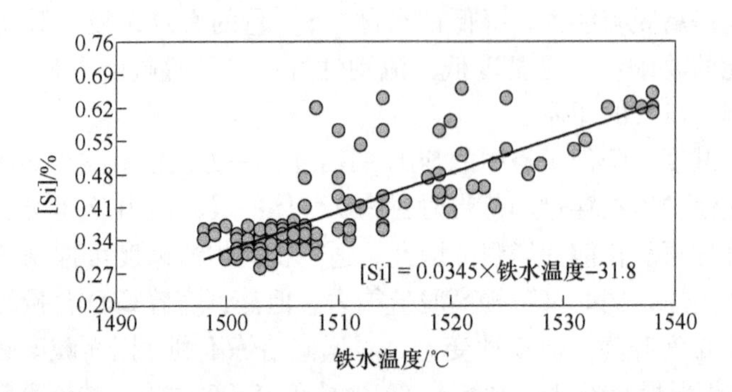

图 9-8 铁水温度对生铁［Si］的影响

因此，高炉只要在稳定顺行的前提下，可以适当降低铁水温度的管理值，使高炉生铁硅数得到降低，同时也使入炉燃料消耗（入炉 SiO_2 含量）得到降低，形成一个良好的循环。宝钢高炉在低硅冶炼期间，铁水温度控制范围由原来的 (1515 ± 5)℃ 下降到 (1505 ± 5)℃，铁水［Si］含量在 2000 ~ 2002 年达到 0.3%，铁水温度控制都不超过 1505℃，在高炉降硅的同时，也使高炉的燃料消耗得到了降低。

9.2.2.4 维持适宜风口燃烧温度

风口前理论燃烧温度（以下简称 T_f 值）是高炉下部鼓风参数的一个综合反映，直接影响煤粉的燃烧和炉缸的热量和温度。传统的高炉操作理论认为：过高和过低的风口前理论燃烧温度都会影响高炉炉况的顺行，一般认为将温度控制在 2100 ~ 2300℃ 对高炉操作比较适宜，即下限控制在 2100℃ 以上，否则炉况顺行状况难以保证。在配合高炉大喷煤生产时，当喷煤比 200kg/t 以上的 T_f 值控制在只有 1950℃ 左右，高炉依然保持稳定顺行。由于 T_f 值的降低，减少了炉内高温区域的 SiO 气体挥发，有利于高炉低硅生铁的冶炼。宝钢高炉风口前理论燃烧温度与硅含量的关系如图 9-9 所示。

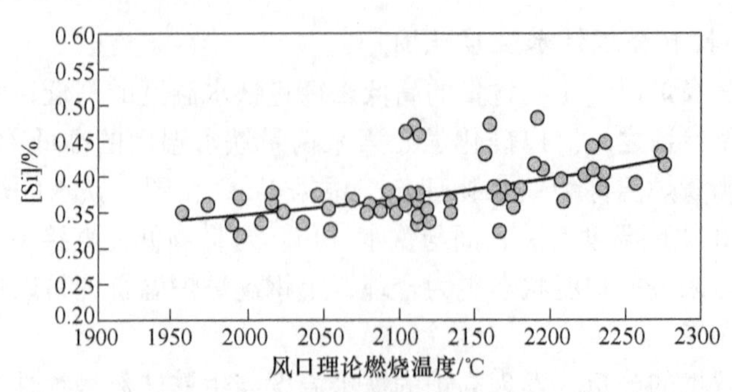

图 9-9 风口理论燃烧温度对生铁［Si］的影响

从上面分析可知，降低风口前的理论燃烧温度对高炉冶炼低硅生铁是非常有利的。宝钢高炉在采取一些其他措施后，将 T_f 值降到2050℃左右，高炉炉况依然保持稳定顺行。由于 T_f 值降低，使得风口回旋区的温度下降，减少了炉内高温区域的 SiO 气体挥发，有利于高炉冶炼低硅生铁的实现。

9.2.2.5 维持较高煤气利用率

高炉合理煤气流分布是高炉稳定顺行的基础，也是获得高煤气利用率的前提条件。高煤气利用率有利于降低高炉的燃料消耗（η_{CO}变化 ±1% 将影响高炉燃料比 4kg/t），直接减少入炉 SiO_2 的含量；高煤气利用率也改变了炉内的冶炼进程，为低硅冶炼创造了条件。由于高炉煤气利用率与煤气流分布合理与否有直接关系，而合理的煤气流分布又是高炉稳定顺行的基础，因此，高炉稳定顺行—煤气流合理分布—煤气利用率三者构成一个体系，决定了高炉是否可以进行低硅冶炼。

高炉高煤气利用率，直接带来的好处是可以降低高炉燃料比，减少炉腹煤气体积，减少煤气对炉料的阻损，更是煤气流分布合理的标志。为了获得高煤气利用率，在调整煤气流分布方面，应本着确保边缘一定的透气性、稳定中心气流与高炉下部初始煤气流分布相适应的原则来进行。

宝钢高炉采用的双峰式煤气流分布，有利于高炉的稳定顺行和获得高的煤气利用率，有利于减少高炉高温区体积，扩大炉内中、低温区的范围，降低软熔带的高度。因此，在一定的铁液生成条件下，降低软熔带的高度等于减少硅还原的时间，从而减少 SiO 气的挥发量，降低进入生铁中硅的含量。另外，煤气利用率的提高，直接带来的好处是可以降低高炉燃料比，减少炉料带入的 SiO_2 的含量，降低高活度的 SiO_2 含量（焦炭灰分中 SiO_2 活度要高于炉渣中 SiO_2 活度），实现高炉低硅生铁，同时，燃料比降低，未燃煤粉减少，炉腹煤气量减少，差压降低，更有利于高炉的稳定顺行，维持较高的煤气利用率。高炉煤气利用率与生铁硅含量的关系如图 9-10 所示。

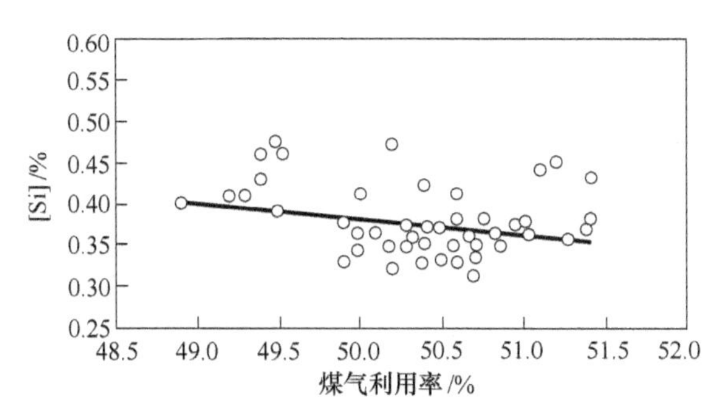

图 9-10 煤气利用率对生铁［Si］的影响

9.2.2.6　维持较高喷煤比

高炉喷吹煤粉的作用是替代焦炭，高炉喷煤比的提高可以大幅度降低入炉焦比，使得入炉的 SiO_2 含量降低以及低活性的 SiO_2 含量增加，有利于生铁的低硅冶炼；同时喷煤比增加会导致风口前理论燃烧温度下降，也为生铁的低硅冶炼创造了条件。

高炉喷吹煤粉后，由于焦比的下降，使得高炉内 SiO_2 的还原过程发生了变化。喷入高炉风口的煤粉有大部分在风口回旋区内被燃烧，在这个氧化性气氛的区域内，存在着煤粉中的 SiO_2 首先被高温区蒸发生成 SiO 气体，然后 SiO 气体被 CO 还原或被 CO_2 和 O_2 氧化；煤粉燃烧后的灰分进入炉渣，在风口回旋区以下的高温区也会发生气化和还原，这两个过程都会影响生铁的硅含量。从实验室的结果来看，当反应温度和反应时间都不变的情况下，高炉喷煤比从零增加到 200kg/t（分 0kg/t、100kg/t、150kg/t、200kg/t 四档，焦比相应降低），生铁中［Si］含量是略有下降，影响不大。

根据一些高炉的统计数据表明，生铁中硅的含量有 50% 以上是来源于焦炭中 SiO_2 含量（余下的来自于炉渣），焦炭灰中的 SiO_2 活度要明显高于炉渣中 SiO_2 的活度，因此，提高高炉喷煤比、降低高炉入炉焦比无疑会带来生铁中硅含量的降低。

当高炉喷煤比提高到 200kg/t 时，除了降低入炉焦炭的 SiO_2 含量之外，还因为煤粉灰分的降低和高炉渣比的下降减少了约 20% 的 SiO_2 入炉总量。喷煤比对生铁硅含量的影响如图 9-11 所示，从图中可以看到，在喷煤比提高时，生铁中硅素是下降的。

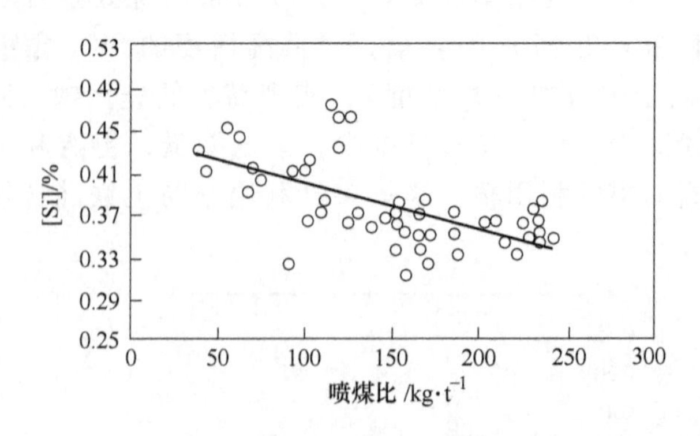

图 9-11　喷煤比对生铁［Si］的影响

从风口焦炭取样的结果来看，随着喷煤比的增加，风口焦灰分中残余 SiO_2 增加，说明在高煤比时 SiO_2 还原生产的 SiO 气体量的比例相应降低；另外残余 SiO_2 量也随炉墙边距的增加而增加，因此，在保证吹透中心气流、保证高炉稳定顺行的条件下，适当发展边缘气流对降硅也是有利的。

目前宝钢高炉在高喷煤比下要求煤气利用率达到51.0%以上。在实际生产中，3号高炉还采用高风温（1250℃左右）、低湿分（10～13g/m^3）、提高煤气利用率（51.5%以上）、降低渣比等措施来降低焦比，以进一步降低铁水硅含量。

9.2.2.7　改善原燃料质量

根据高炉内硅还原机理，铁水中［Si］主要来源于焦炭灰分中和炉渣中的SiO_2（焦炭要占50%以上），它们在风口高温区与焦炭反应生成SiO气体，SiO气体在上升过程中与滴落铁水中［C］发生反应被铁水吸收，铁水含硅量主要受风口回旋区内产生的SiO气体反应和炉内滴落带渣铁间化学反应的影响。因此，改善原燃料质量，特别是降低原料带入的SiO_2总量对实现高炉低硅生铁冶炼具有很大作用，它是高炉实现低硅冶炼的物质基础。

对原燃料的质量改善是以成本控制为主要目的，同时在能够满足高炉稳定顺行的情况下进行的，一是降低SiO_2的入炉量，二是原燃料的性能。在烧结矿方面，可通过降低SiO_2含量和提高铁分等措施，降低入炉的SiO_2量和入炉渣比（减少炉渣的SiO_2量）；在焦炭方面，在不断降低焦炭灰分的同时，进一步改善焦炭的反应性（*CRI*）和焦炭反应后强度（*CSR*）两个指标，降低SiO_2的还原率。

2001年烧结矿中SiO_2含量达到历史最低点4.43%，高炉入炉渣比也从300kg/t左右下降到250kg/t左右，因烧结矿降硅和高炉降渣量这两项就使高炉入炉硅含量得到较大幅度下降，烧结含硅下降及高炉入炉渣量下降对生铁硅含量的影响如图9-12和图9-13所示。

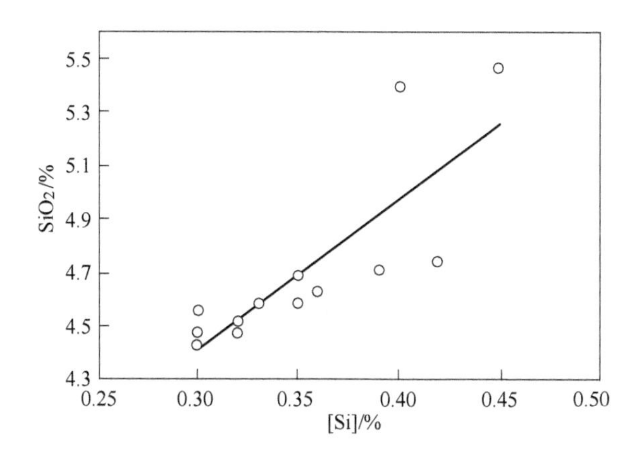

图9-12　宝钢烧结矿SiO_2含量与铁水［Si］推移图

对焦炭的质量，在相同的粒度下，由于焦炭的反应性及其溶损量不同，焦炭中SiO_2开始还原和激烈还原的温度也不相同。有理论研究表明，反应性低的与溶损量小的焦炭灰分中SiO_2的开始还原和激烈还原的温度较高，大约相差100℃

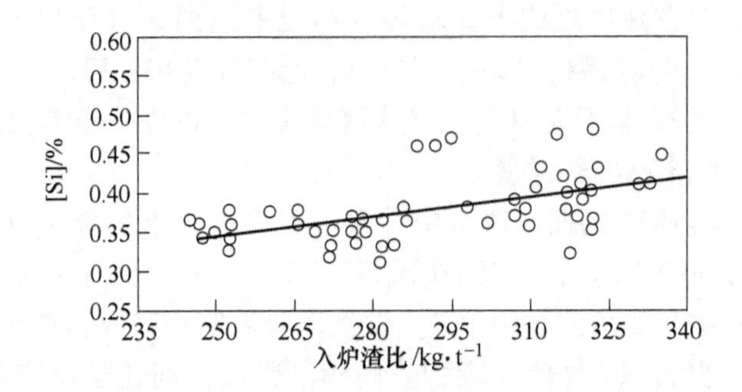

图 9-13　入炉渣比对生铁［Si］的影响

左右，或者也可以说在相同温度下其 SiO_2 还原率较反应性高的及溶损量大的焦炭为低。

因此，采用低反应性焦炭和降低炉内焦炭的溶损量对抑制硅的还原和降低生铁含硅量是有益处的，焦炭的反应性降低以及保持较低的焦炭反应性有利于低硅生铁的冶炼。焦炭灰分也随着高炉降硅的需求逐步地降低。根据高炉生铁中硅有50%以上是从焦炭灰分转化而来，采取降低焦炭灰分来减少焦炭的 SiO_2 的含量，继而进一步减少炉内发生的 SiO 气体量，对高炉降硅是非常有作用的，焦炭灰分对生铁硅含量的影响如图 9-14 所示。

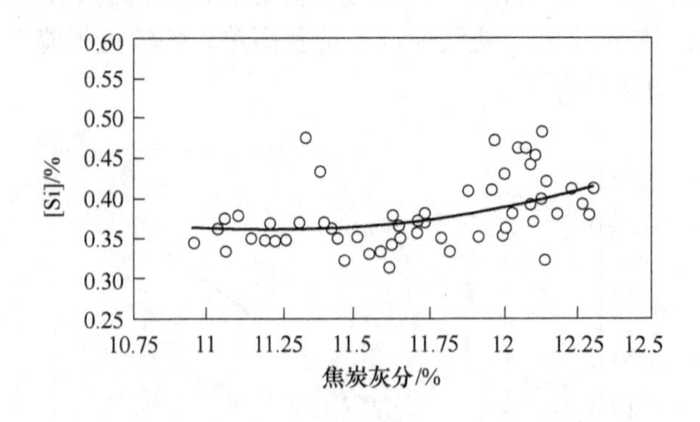

图 9-14　焦炭灰分对生铁［Si］的影响

从铁水硅含量与焦炭灰分回归关系图可知，焦炭灰分的变化将直接影响铁水［Si］含量。目前，宝钢焦炭灰分基本在 11.8 左右，与国外相比，宝钢焦炭灰分偏高，因此，要想进一步降低铁水中［Si］含量，除了提高操作水平、确保高炉稳定顺行以外，进一步提高原燃料质量、降低焦炭灰分也是我们今后的努力方向。

9.2.2.8　合理提高利用系数，采用高顶压

根据各高炉条件适当提高利用系数，随着高炉的产量增加，冶炼周期缩短，

这就意味着铁滴通过软熔带焦窗的时间变短。也就是说，利用系数提高，降低了铁滴与焦炭中灰分的接触时间，而且铁滴通过高炉料层的时间也相应减少。因此，反应时间的缩短必将影响反应的进行，也就是说，伴随着铁滴生成和滴落时间的缩短，进入铁水中的硅将减少。由图 9-15 可以明显看出，随着利用系数提高，铁水［Si］呈下降趋势，二者呈现明显负相关性。当提高炉顶压力时，可以抑制直接还原的发展，抑制 SiO 气体的产生。炉顶压力对生铁硅含量的影响如图 9-16 所示。

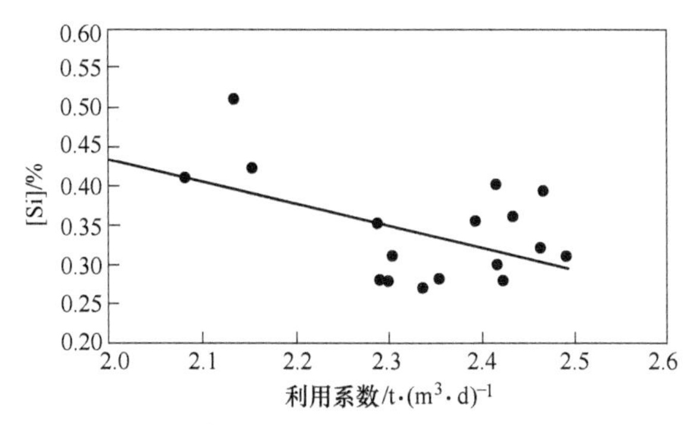

图 9-15　高炉利用系数和铁水［Si］关系图

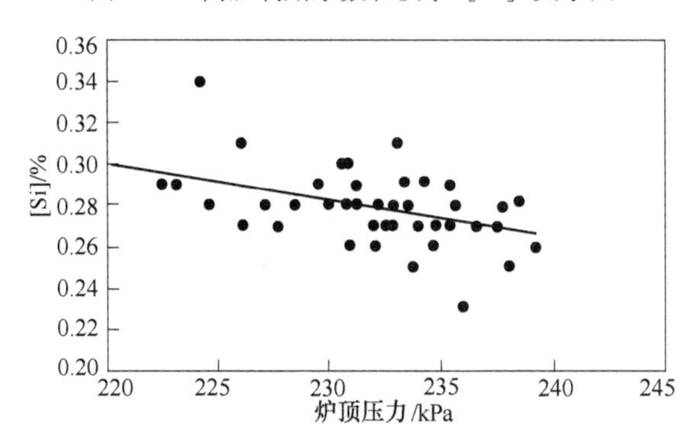

图 9-16　炉顶压力对生铁［Si］的影响

参 考 文 献

［1］杨生州，侯伟．高炉冶炼低硅生铁技术的探讨[J]．甘肃冶金，2013(6)：23～24.
［2］梁利生．宝钢 3 号高炉低硅低硫冶炼[J]．炼铁，2005(增刊)：41～45.
［3］张雪松，等．高炉铁水降硅的实验研究[J]．北京科技大学学报，2008(6)：595～597.
［4］王志堂．马钢 2 号高炉低硅强化冶炼实践[J]．ANHUI METALLURGY，2011(4)：11～12.
［5］黄希祜．钢铁冶金原理[M]．修订版．北京：冶金工业出版社，1997：72～140.

10　休风管理和送风管理

10.1　休风管理

休风按照紧急程度分预定休风和紧急休风，按照时间长短分为常规休风和长时间休风，不同种类的休风其准备、休风过程和休风后管理要求也不一样。预定休风即有准备的休风，需要高炉在预定时刻休风，配合公司产线统一定修或临时休风处理设备故障。紧急休风则是因高炉主线设备或相关系统发生重大故障无法维持生产，高炉被迫快速休风。长时间休风一般是外部环境发生重大变化，或高炉关键设备检修需要高炉长时间停止生产，休风时间一般在 36h 以上。

10.1.1　预定休风准备工作

预定休风的准备工作主要包括操作准备、工程确认及联络、人员安排及物资准备，以及休风条件确认等。

10.1.1.1　操作准备

操作准备有休风减矿制定、风口面积调整，以及操作和作业安排等。

A　休风减矿计划制定

a　高炉休风减矿的重要性

高炉休风减矿是高炉休送风管理的重要内容，它包括休风减矿计划的制订、休风料单的确认打印和休风料的计算装入。成功的休风减矿管理是确保高炉安全顺利休风和送风恢复的重要前提。高炉复风后送风参数的恢复顺利与否，很大程度上取决于休风时的炉温基础、合适的减矿率以及送风恢复过程中各参数的匹配。

因此，休风减矿是高炉计划休风工作中一个极为重要的基础环节，减矿计划制订的合适与否，将直接影响高炉炉内炉料分布的合理性，进而影响送风后的炉温变化及料柱的透气性。能否顺利休风以及送风后高炉炉况恢复快慢、炉温水平高低、渣铁流动性好坏等一系列问题都与此有关。高炉操作者在每次休风前必须认真仔细地做好这项工作。

b　休风减矿率的确定

休风减矿计划包括很多内容，如休风前的风氧量、基础矿焦比（O/C）、矿批、焦批，总的减矿率、各段减矿率、装入体积及批数，休风时间、休风时的要求，炉渣成分等。

(1) 休风减矿率的选定：

1) 总减矿率的选定：总的休风减矿率是编制休风减矿计划的最首要也是最重要的任务，确定的依据是休风时间的长短、基础矿焦比、基础炉温的高低。根据《高炉操作技术规程》，确定如下：

对于时间在 8 ~36h 的休风，总减矿率：

$$K = FYR_0 \pm a$$

式中 K——炉内总减矿率,%，含净焦；

F——总休风减矿系数，按照 0.145 ~0.165 选取；

Y——休风时间，h；

R_0——休风前基准 O/C；

a——总减矿调整系数,%，在 0 ~3 之间选取。

按上述公式计算出的减矿率是大致范围，还应根据经验参考历次高炉休风的实绩来对上面计算出的休风减矿率进行修正。休风减矿率的选择必须认真、谨慎、合理，否则减矿率过高会造成不必要的成本上升而且复风后炉温高，铁水含硅长时间降不下来，炉墙脱落，炉体热负荷上升，引起冷却设备破损；而减矿率过低会带来炉热不够，送风后炉温低下，影响顺利加风，影响产量。

2) 高炉各段减矿率的选定：高炉内部不同位置的减矿率是根据各段炉料下移到达炉缸影响炉温的时间规律选择的。炉腰部分的减矿率最高，O/C 最低，其次是炉腹，而炉身下、中、上部的减矿率逐步降低，O/C 逐步提高，风口部分减矿率最低。

风口下：在休风前炉料已经下达到该部位，考虑复风初期时燃料比低、炉温低，减矿率按 6% ~8% 水平考虑，该部位可装 10 ~12 个料。此段料主要是为休风前提炉温，使高炉在炉热充沛的情况下休风，为送风打下基础。

炉腹：该部位炉料处于滴落带，由于该区域耗热量大加之所需的焦炭量多，因此减矿率按 14% ~20% 水平考虑，该部位可装 8 ~10 个料。此段料在送风后第一次出铁过程中到达炉缸，由于前期无喷煤且鼓风温度低、鼓风湿度高，因此该段料的减矿率要高一些。正常情况下，高炉是在炉热充沛的情况下休风，炉缸储热充足，送风后要先消耗一部分炉缸储热，因而该段料的减矿率要高一些但不是各段中最高的。

炉腰：该部位炉料处于软熔带及滴落带之间，由于该区域耗热量大加之透气性的要求高，因此减矿率按 16% ~23% 水平考虑，该部位可装 8 ~10 个料。该段料一般在送风后第二炉铁过程中到达炉缸。此时尽管可能已经喷煤但煤的热效应还未发挥加上鼓风的温度和湿度还未到位，炉缸储热已经消耗了大部分，因此这段料的减矿率是最高的。

炉身下部：该部位炉料处于软熔带、渣铁滴落区及块状带之间，由于该区域耗热量大、透气性要求高，因此减矿率按14% ~19%水平考虑，该部位可装6 ~ 8个料。

炉身中部：该部位炉料基本上处于块状带，由于有煤气的间接还原作用，燃料比要求相对的低一些，减矿率按10% ~15%水平考虑，该部位可装5 ~7个料。

炉身上部：该部位炉料处于块状带中，炉料有充足的预热时间，加之一个冶炼周期后高炉已经恢复到正常的生产水平，是提负荷的过渡段，因此减矿率按6% ~8%水平考虑，该部位可装3 ~5个料。

表10-1为近几年高炉定修休风减矿率的情况。

表10-1　近年定修休风减矿率情况统计

休风时间/h	基础矿焦比	折算矿焦比	各段减矿率/%						总减矿率/%	
			风口下	炉腹	炉腰	炉身下	炉身中	炉身上	不含BC	包含BC（空焦）
20	5.394	5.074	6.50	20.60	28.00	20.00	14.60	8.50	18.61	22.25
22	5.000	5.000	5.00	20.00	26.90	22.00	14.00	8.00	17.03	19.39
22	5.841	5.215	5.67	20.52	26.06	18.78	13.70	7.68	17.46	20.50
24	5.210	4.715	7.56	16.12	28.10	22.44	16.12	5.63	17.05	19.02
24	5.249	4.841	5.79	23.68	31.05	20.37	14.84	10.91	19.99	22.52
24	5.301	4.872	5.68	23.38	28.86	22.19	14.32	8.27	19.53	21.37
24	5.400	4.963	6.31	24.51	31.69	21.77	15.34	10.89	20.37	22.96
24	5.466	5	4.09	30.25	33.19	22.02	14.75	9.22	21.48	23.82
26	5.401	5.02	6.32	25.94	29.88	24.76	16.81	9.61	21.36	24.02
28	5.252	5.04	2.80	29.20	34.00	24.60	17.90	12.30	21.70	24.00
30	4.96	4.596	6.32	28.00	31.89	24.78	17.92	10.95	21.74	23.67
30	5.470	4.956	6.15	24.92	34.05	23.75	15.28	8.74	21.60	25.70
30	5.579	5.231	7.41	27.72	34.48	27.01	18.81	9.65	22.90	25.74
32	5.000	4.74	5.80	19.25	27.78	19.25	15.03	9.09	17.61	20.35
32	5.427	4.811	7.13	24.73	33.43	24.98	18.33	11.13	21.19	24.71
32	5.537	4.981	3.78	30.95	35.68	23.53	16.75	11.41	22.92	24.92
32	5.708	5.269	6.67	31.20	37.61	25.82	19.24	14.06	24.76	26.73
36	5.039	4.594	6.03	29.52	33.13	25.28	18.13	12.03	22.60	24.78

一般来说，休风时间超过 36h 的长时间休风，炉腹、炉腰减矿率应达到全焦冶炼的相应水平，制定相应的休风减矿专项方案，总的减矿率可参考表 10-2 中的标准。表中基础矿焦比较低，若实际矿焦比高于参考的基准矿焦比，应将减矿率在表中数据的基础上增加 8% ~12%，超过 100h 的休风其减矿率大于 50%。

表 10-2　长时间休风减矿率参考标准

休风时间/h	基础矿焦比	减矿率/%	休风时间/h	基础矿焦比	减矿率/%
40	4.400	22.43	96	4.400	46.23
48	4.400	25.83	108	4.400	51.33
60	4.400	30.93	120	4.333	56.13
72	4.567	36.78	132	4.400	61.53
84	4.400	40.76			

（2）休风料批数的选定：休风料选择多少批数的依据是看休风减矿计划中炉腹到炉身上段的休风料的体积之和考虑压缩率后是否达到高炉内风口到炉身上段之间的有效容积，如果体积不够，说明尽管休风料全部装入，但休风时休风料没有到达高炉预定的位置，会对炉况和炉温产生影响。而如果休风料批过多体积过大，说明休风料各段下移，热量提前反应，达不到预期的效果。

以某高炉为例，按各原燃料品种的比重不同，结合所处段位的不同乘以当前段位的压缩率（取经验值），得到每批料的体积，然后根据炉内各段的体积确定出各段所需料批数。计算可知此高炉休风料批数一般在 42 ~45 批左右，各段的批数见表 10-3。

表 10-3　某高炉各段休风料批数

部　位	风口下	炉　腹	炉　腰	炉身下部	炉身中部	炉身上部
批　数	10 ~12	8 ~10	8 ~10	6 ~8	5 ~7	3 ~5
平均批数	11	9	9	7	6	4
压缩率/%		14	12	10	8	6

（3）休风料中矿焦批重的选定：矿批重、焦批重一般不应过大或过小，尤其是矿批重。如果矿批重比正常矿批减小很多，加上休风料焦炭负荷很轻，会引起气流压不住，煤气利用率下降快，造成炉温下降，炉况波动。而矿石批重过大，因为负荷轻，会影响布料，而且会造成送风时中心吹不透，中心气流不易形成，风压高、透气性差，影响加风速度。休风料中的矿石批重一般选择在 120t/批左右，焦批重一般不超过 30t/批。

（4）炉渣成分的计算：合理的炉渣成分（主要是炉渣碱度、渣中 Al_2O_3 和 MgO 含量），可以确保送风后尤其是铁水温度偏低、铁水含硅偏高的情况下，炉渣的良好的流动性，以保证出净渣铁、出好渣铁，为顺利加风创造条件。计算炉渣碱度、成分时要综合考虑 O/C、目标铁水含硅、煤比和空焦数量，根据休风前几天正常炉况时计算值与实际值的偏差来决定，要求休风料对应的返回实际炉渣碱度控制在 1.15 ~ 1.20，渣中 Al_2O_3 在 13.5% ~ 14.0% 范围，MgO 在 7.0% 以上，确保炉渣良好的流动性。

（5）其他注意事项：在编制休风减矿炉料计划中备注栏还应注明的重要事项有：休风时间、休风料线和炉顶温度，休风前要求的炉温，装入档位，以及有没有特殊要求需要操作者在休风时加以考虑，如炉顶更换溜槽、上升管喷涂对料线、顶温的要求，布料试验对档位和料线的要求等都必须写清楚，使操作者一目了然，不易出错。

另外，在每次定修结束后还应做好跟踪和总结工作，因为休风减矿管理没有统一的标准，不同的高炉、不同的冶炼负荷其减矿率也不尽相同，这就需要高炉操作者进行观察和跟踪，根据每次的送风实际效果来检验减矿率是否合适，不断总结，久之则可以摸索出该高炉在不同的冶炼负荷、不同的休风时间等条件下的合理减矿率。

c 休风料单的确认打印

休风减矿计划经炉长审核同意后，休风前一个班的炉内人员要进一步检查、核对休风减矿计划表，确认好每段料批对应的减矿率、批数、矿批、焦批、空焦数量和炉渣成分等各项细节，然后将每一段料对应的料单打印出来，再与休风减矿计划表做一次核对，随后由炉内作业长再进一步检查、核对并签字确认，以确保休风减矿计划的顺利准确执行。

d 休风料装入时间的确定

成功的装料应该在休风时正好装完最后一批，而料线、顶温又符合休风计划的要求。确定休风料开始装入时间，主要通过计算高炉内容积和休风料体积，结合休风相关的细节要求等方面一起考虑。

关于休风料开始装入时机的确定，下面以某高炉某次定修的休风料单为例进行说明。休风料装入时，风氧量、产量和炉况基本与休风前几天一致。

（1）计算出正常炉料一批的体积为 $117m^3$/批。其中，各种炉料的堆密度：烧结矿 $1.85t/m^3$，球团矿 $2.2t/m^3$，块矿 $2.5t/m^3$，副原料 $1.5t/m^3$，焦炭 $0.5t/m^3$，小块焦 $0.8t/m^3$。

（2）计算出正常炉料一批的下料速度为 1440/124 = 11.6min/批。

（3）计算出休风料的总体积为 $5658m^3$。

（4）6:00 开始减风到 7:00 休风的 1h 内，可以装入 3 ~ 4 批休风料，体积为 450m^3。

（5）料线变动引起体积变化，根据炉喉面积计算，此次休风料线从 2.1m 提高到 1.5m，相应体积增加 48.1m^3，提料线一般在 5:00～6:00 完成。

（6）6:00 之前应装入的休风料体积为 $5658 - 450 + 48.1 = 5256\text{m}^3$。

因此，计算可知装入这些休风料需要时间为 $5256/117 \times 11.6 = 521\text{min}$，即 8 小时 41 分钟。计划于定修当日 6:00 开始减风，故休风料开始装入时间应在前一日 21:20 左右。而此次休风料实际也是在 21:20 左右开始装入，到次日 5:55 减风时共装入 42 批，减风到休风阶段装入 4 批，合计共装入休风料 46 批，与休风料装入计划一致。

B 调整和确定风口面积

定修或临时休风时，一项重要的工作就是确定风口面积及调整方案。在按照生产计划的产量组织水平，确定送风后的目标风量、氧量、顶压、风温和湿分水平后，即可在高炉中控计算机模型中计算得出所需要匹配的风口面积大小（见图 10-1）。

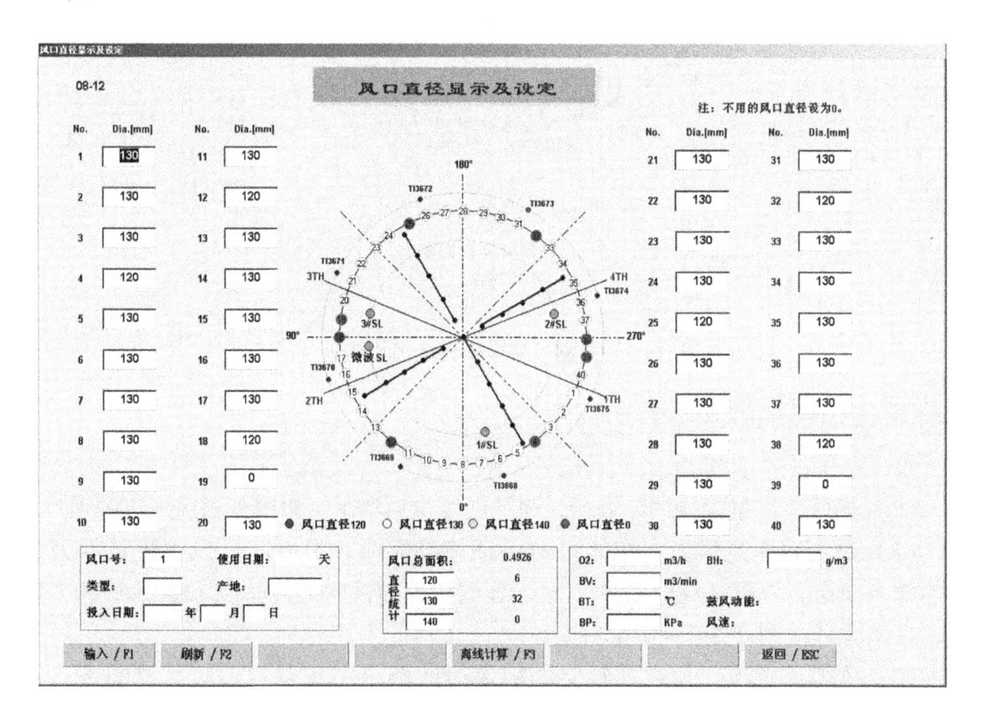

图 10-1 风口尺寸调整模型

每个风口尺寸的选择上，应以追求送风制度在圆周方向上尽量均匀为基本原则。在正常的高炉操作炉型中，风口长度应尽量保持一致。高炉圆周方向上各个区域的风口面积也应尽量保持平衡。图 10-2 为某高炉定修的风口管

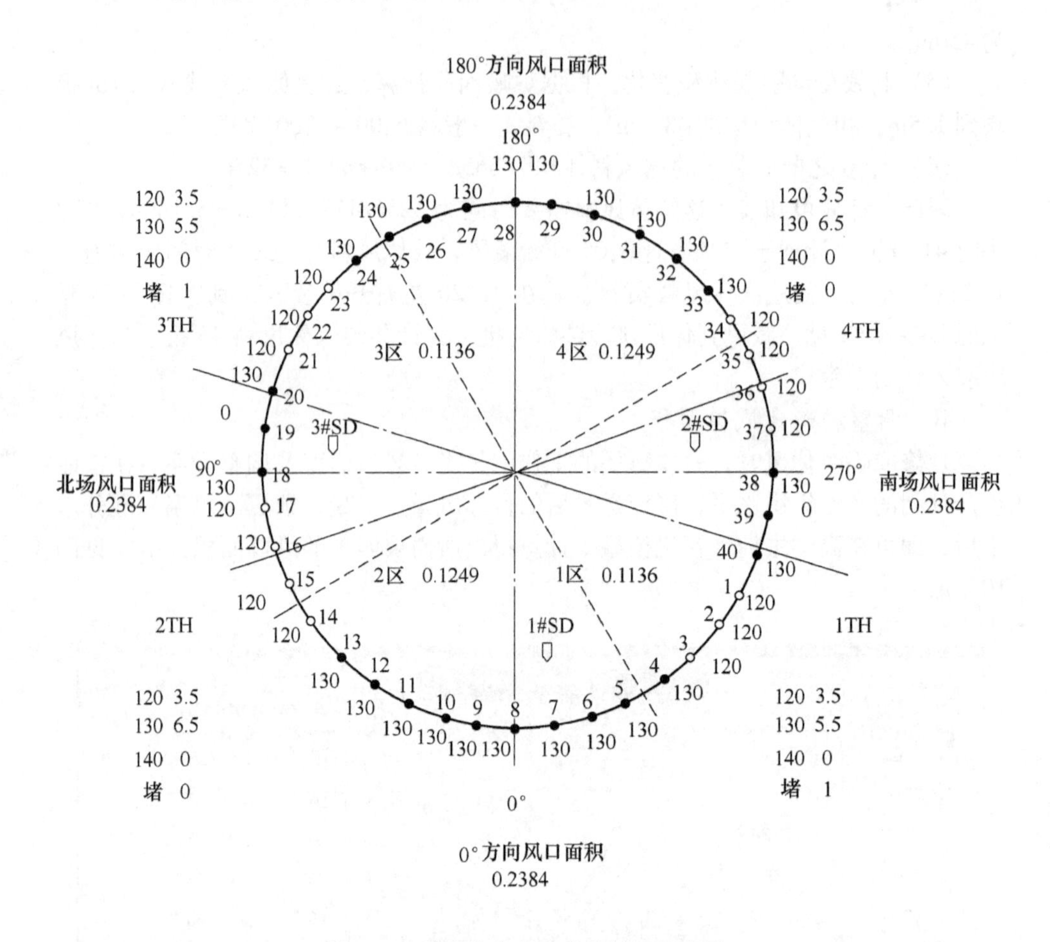

图 10-2 某高炉某次定修的风口管理图

理图。

C 操作和作业安排

(1) 休风前尽量保持炉况顺行，消除或减少崩滑料，以减少送风恢复的困难。

(2) 适当地提高炉温，在休风前保证炉温充沛。长时间休风则更要保证炉缸热储备充足，根据休风时长的不同，确保休风前铁水温度达到 1530~1540℃以上，铁水含硅达到 0.5%~0.6%以上。

(3) 安排好铁次，使之在预定的减风时间两个对角铁口出喷。控制铁口深度在正常范围，确保泥套和铁口孔道状态正常，确保炉缸渣铁出净。长时间休风时可能需要打开 3 个铁口同时出铁，并在铁口大喷后才能堵口。休风前堵铁口打泥量控制在 100kg 左右，避免送风后铁口过深造成开口困难。

(4) 全面检查炉体相关冷却设备，确认风口和冷却板（或冷却壁）有无破损，避免漏检，若在长期休风过程中冷却设备向炉内漏水，会造成炉子大凉和送风恢复困难。

（5）休风前必须全面确认热风炉系统的设备运行状况，强化高炉休风前最后一轮烧炉效果，确保高炉送风后热风炉能够尽快具备提供高风温的能力。

（6）为了确保系统安全，高炉较长时间的休风前煤粉喷吹系统的喷吹罐必须全部喷空。

10.1.1.2 工程确认及联络

休风前，安排好工程（休风中安排的设备更换或抢修项目）进度，以各生产单元为单位，梳理出休风后需要开展的检修工程项目。以正常定修为例，应按照管理区域，如原料、炉顶、炉周围、喷煤和水渣等，列出检修项目名称、责任人、进度节点、物料消耗和作业注意事项等，形成定修管理计划。预先与有关方面作好联系，通知对方减风、休风的预定时间。

图 10-3 所示为定修作业工程指示书。图 10-4 所示为定修工程计划。

由高炉生产方将在休风中要进行的设备检修（或抢修）项目委托给设备检修人员，由设备方编制定修工程计划表，发各相关的生产和检修单元。定修休风要在定修前开好定修工程会和定修开工确认会，使检修（或抢修）有准备有序高质量地进行，确保检修过程中各项目按照计划节点完成。

10.1.1.3 人员安排及物资准备

A 人员安排

根据休风检修项目，合理安排好各班次的当班和加班人员，在休风管理计划中详细分配好各人的责任区域和作业范围，规定作业注意事项，确保检修项目安全、顺利进行。

B 休风前的作业和资材准备

在规定的区域准备好休风所需的消耗性资材和工器具（如堵风口用的泥和堵扒等），试运转炉顶点火装置。

制定休风前的操作和作业方针，做好休风前的炉温和炉渣成分的调整计划，安排好出铁出渣，确保在预定减风时刻渣铁出净使得对角两个铁口大喷。

另外，做好休风后主沟残铁的保温或排出计划，以及混铁车在休风后的保温准备。

10.1.1.4 休风条件确认

达到预定减风时间时，应充分确认高炉是否具备休风条件，如高炉是否炉温充沛、炉况顺行正常、休风料按照计划装入到位、出渣铁作业正常，以及后工序协同匹配等。

当休风料装入，已准备要按计划休风，但遇到下列情况时，应推迟或取消休风：

第　次定修作业工程指示书

2009年6月30日星期二～2009年7月1日星期三

1.休风时间；　2009年6月30日07时00分
2.炉顶点火；　2009年6月30日08时30分
3.电源切断；　2009年6月30日09时00分
4.联络会议 1　2009年6月30日16时00分
　联络会议 2　2009年6月30日22时00分
　联络会议 3
　联络会议 4
5.停蒸气　2009年6月30日12时00分
6.送风时间　2009年7月01日03时00分
7.主要工事；

（1）X-401BC尾部增面轮轴承更换
（2）X-401BC热胶
（3）Z-401BC头部溜槽导料板更换
（4）1#炉顶炉顶放散阀更换
（5）3#BFG切断阀更换
（6）COG燃烧阀密封面清扫
（7）环缝大人孔及钟阀人孔开闭
（8）DC清灰、绞笼清灰；上闸阀插板清灰
（9）Z-401BC清灰、粉矿斗积料清除

8.驱赶BFG时间:　　　～

检测时间	检测人	单位	CO检测部位和浓度				
			B1	B2	B3	B4	B5
		ppm					

9.驱赶COG时间:　　　～

检测时间	检测人	单位	CO检测部位和浓度				
			C1	C7	C6	C5	C4
		ppm					

10.其它机器的状态及注意事项
（1）矿石切换溜槽（II）侧
（2）焦碳切换溜槽（II）侧
（3）矿石、焦碳取样装待机
（4）粉矿斗、粉焦斗空（原料BC晚一点停）
　若卡车排放休风前2小时要求改BC排放
注：DC内部清灰作业必须专人监护，内部确保负压，人孔处空气吸入，CO与氧气检测合格后带好空气呼吸器方可进入
注：原料BC托辊更换多，液力接手、链接手检修多，等试运转时确认到位，粉矿斗清料加强管理，1#炉顶放散阀更换，吊运安全注意，人员不要进入吊运区域
注：环缝开人孔检查、COG阀门清扫、TRT出口N阀阀密封面检查等作业必须煤防站检查确认，作业过程加强跟踪检查。
注：热风系统施工注意注意炉内压力，确保负压。

11.炉顶设备休止状态　操作者：　　检查者：

No	设备名称	停止状态	油路锁定		机械锁定	
			要求	实际	要求	实际
1	上闸阀	闭	锁定		锁定	
2	上密封阀	闭	锁定		锁定	
3	下料流阀	闭	锁定		锁定	
4	下密封阀	闭	锁定		锁定	
5	I 均阀	开	锁定		锁定	
6	II 均阀	开	锁定		锁定	
7	I 排阀	开	锁定		锁定	
8	II 排阀	开	锁定		锁定	
9	均压主阀	闭	锁定		锁定	
10	1均上球阀	闭				
11	炉顶氮气罐入口阀		闭			
12	炉顶氮气罐排污阀		开			
13	二层平台氮气主阀		关闭；氮气分配气包泄压			
14	齿轮箱冷却水箱补水手动球阀				闭	
15	旋转溜槽		倾动待机位置，旋转180°			
16	探尺位置		更换位置			
17	中间料斗闸门状态					
	IC	开	IO		开	
	IIC	开	IIO		开	
18	矿石1#～11#称量斗闸门状态				开	

12.踏脚料品种和数量:

设备	品种	数量 t
上料罐	焦炭	38
下料罐	焦炭	
焦中继斗	焦炭	

13.安全措施:
（1）遵照基准通过三方立会来确定开关阀门的操作。
（2）现场不准抽烟，吸烟要在吸烟点
（3）煤气设施，密闭容器检修必须进行O_2和CO浓度的测定
（4）严格执行一事一票制度。
　对KY表内容要检查，辨识要全面，措施有效。
　高危项目必须有安全专项技术方案。
（5）停电挂牌必须三方确认并签字。
（6）请各班检查一下休风用工器具，资材准备充足。
★ 请各班组长组织组员认真学习，阅完后组长签名：

甲	乙	丙	丁

图 10-3　定修作业工程指示书

（1）正常休风待料到达风口，才具备休风条件；休风料因受减风或其他原因影响而未到达预定位置（至少要超过 25 批），应推迟休风，等休风料到炉腹下

工程编号 工程名称	工事类别	数量	工时	工事进展 计划 日 实际 日 年 月 日 时— 年 月 日 时
BGTAAAIA1406378 送风支管加装盲板	其他	40	5*12	
BGTAAAIA1406382 直吹管拆装	周期	40	5*8	
BGTAAAIA1406383 风口设备修理	周期	15	5*8	
BGTAAAIA1406384 风口设备送风保驾(三级高危)	周期	5	8*16	
BGTAAAIA1406385 中套大套焊补	周期	10	2*2	
BGTAAAIA1406386 直吹管中下部拉杆更换	周期	10	4*2	
BGTAAAIA1406387 送风支管检查更换	周期	1	12*88	
BGTAAAIA1406388 炉身煤气泄漏处理	其他	80	3*24	
BGTAAAIA1406389 炉皮开裂短管根部打包	其他	15	6*52	
BGTAAAIA1406390 冷却板拆装	其他	8	22*180	
BGTAAAIA1406391 重力除尘器搅拌机修理	周期	5	5*12	
BGTAAAIA1406392 重力除尘器人孔开闭	周期	1	2*1	
BGTAAAIA1406393 重力除尘器放散阀清扫	周期	1	2*1	
BGTAAAIA1406394 静压力孔清扫配合	周期	20	2*8	
BGTAAAIA1406395 配合生产疏通静压力孔	其他	20	2*1	

图 10-4　定修工程计划

部才可进行休风。

（2）休风前炉温连续两炉以上铁水温度低于 1490℃ 或铁水含硅低于 0.4% 时，应将炉温提高后休风较为安全。

（3）渣铁未出净，铁口未喷则要推迟休风时间，待出净渣铁铁口大喷再开始减风进行休风操作过程，确保风口不灌渣。

（4）炉况顺行不好，有连续崩滑料或管道行程时尽量不休风。遇悬料而又必须休风时，则必须把料坐下来后才能休风。

10.1.2 休风操作

10.1.2.1 预定休风

A 减风减压控制

一般常规休风时，高炉生产顺行和外围条件基本稳定，高炉操作者按照高炉操作规程中的休风手则进行即可。各项休风准备工作完成，人员、资材和备件到位，待具备减风条件后，主要按照以下步骤进行：

(1) 联系：联系各相关单位，告知休风原因、休风计划、休风处理事项和委托处理事项。

(2) 减风：运转停止重力除尘（DC）放灰、停止余压透平发电装置（TRT）；减风前10～15min逐步停止喷煤和富氧；充分确认渣铁出净（以对角铁口出喷为准）并停止原料称量后，开始减风，每次减风500～1000m^3/min，前期减风速度相对快一些，一般从开始减风到改常压的时间控制在25min左右；每次减风后调整炉顶压力，以100m^3/min风对应5kPa顶压等比计算顶压调整幅度。

(3) 常压：当风量减至3000～3500m^3/min时，改常压操作。改常压后，加强风口点检，观察风口有无漏水、灌渣或破损等情况。对于休风之前发现并维持的破损风口，应根据风压情况分阶段对破损风口进行减水控制。

(4) 减压：改完常压，风压稳定后，将风量拨盘上的“+”、“-”号切换，将风压设定到比当前风压低10～20kPa的水平，比如当前风压为140kPa，则在拨盘上设定120kPa。分适当的间隔减压，每次减压10～20kPa，延长减压时间，确保低压时间控制在35min左右。风压80kPa时堵一个铁口，风压40kPa以下确认渣铁出净的情况下再堵掉另一个铁口。

(5) 切煤气：当风压减至60～80kPa时准备切煤气，联系确认准备好切煤气所需使用的蒸汽和氮气，并用广播通知周围人员；联系好后，炉顶通蒸汽，煤气清洗系统通入氮气，调整炉顶2号、4号放散阀开度，确认防爆气体流量到位后开始封水封切煤气，确认水封阀已经水封完成后，炉顶2号、4号放散阀全开。切煤气时要注意以下几点：风压在60～80kPa切煤气；煤气压力要在8kPa；不准升压或减压；停止上料。

(6) 放风：切完煤气后再继续慢慢减压。当风压减至20kPa时，在风口平台确认每个风口堆焦，风口都没有异常时，打开放风阀放风。

(7) 休风：放风后，风压继续下降，当风压降至5kPa左右时，关闭热风阀休风，广播休风完了，告知相关单位高炉休风。

(8) 休风后操作：休风后，打开炉顶放散阀、热风放散阀，调整蒸汽引射量，开部分视孔镜插板。视孔镜插板打开、蒸汽引射一段时间后，观察火焰变化，炉内负压、火焰回吸或很小，表明炉内形成负压，开大盖。监视送风温度计，温度上升到1350℃以上时关上视孔盖并调整引射蒸汽量。

需要注意的是，在炉况不好又必须休风时，在减风过程中风量减到常压以下后，要减慢减风节奏，严密监视风口情况，防止风口灌渣。在减风过程中，如发现风口有涌渣现象，应回风或维持一段时间当前风量，同时立即打开能出铁的铁口组织重叠出铁，待风口内熔渣吹回后再慢慢减风直至休风，休风后不要马上倒流，打开风口小盖，确认风口没有灌渣后再进行倒流。

B 休风后的煤气处理

高炉正常生产状态下是一个高温、高压容器，且整个区域均属于煤气系统，从正常生产转入休风状态的过程中，煤气系统的妥善处理是高炉安全休风的重要因素之一。

a 煤气系统赶煤气的决定因素

休风后，是否要进行煤气处理（煤气系统赶煤气和炉顶点火），需要从两个方面来考虑：

（1）如休风时间较长，超过4h，为保证煤气系统的安全，必须对煤气系统赶煤气并炉顶点火。

（2）如休风时间较短，但在休风中要在煤气系统（炉顶设备、煤气清洗系统、热风炉煤气系统等）进行动火作业时，除了必须办好动火证、做好相关准备工作之外，必须对煤气系统进行赶煤气作业。

b 高炉炉顶和煤气清洗系统赶煤气注意事项

（1）炉顶和煤气系统赶煤气，必须在风口全部堵完泥的情况下进行，目的是确保风口不再进风，不在赶煤气过程中或赶完煤气后再产生煤气。由炉前作业长通知运转人员执行赶煤气操作。

（2）赶煤气时，炉顶用蒸汽，重力除尘器和之后的部分用N_2，除尘器不能用蒸汽赶煤气，防止蒸汽冷凝成水造成煤气灰结块，日后排灰困难。

（3）在除尘器的煤气放散阀处做煤气取样，当取样气体中的CO浓度小于50ppm时，就可认为赶煤气完毕。

（4）赶完煤气后炉前工上炉顶，打开炉顶点火人孔，进行炉顶点火操作。点火操作时，操作人员不可正面对着人孔，以防止点火过程中喷出火焰伤人。点火后要确认料面上煤气火正常，并保持持续监视，确保安全。一旦发现点火枪熄灭，立即指挥相关人员撤离并重新进行炉顶点火。

C 休风后其他工作

休风后，除了进行休风委托项目开展情况的配合和监护外，生产方还需做好休风状态下高炉的一些调查工作，如风口衬套、炉顶料面形状、布料溜槽磨损情况、炉喉钢砖磨损情况、煤气封罩耐火材料破损情况、炉身静压力孔测量和炉顶十字测温情况等调查，以便了解高炉经过一段时间运行后状态的变化，为高炉下一步各项操作制度的制定和调整提供依据。

（1）风口衬套调查：对拆下来的风口衬套所在的风口编号、原尺寸、使用日期、磨损后的尺寸以及生产厂家等相关数据进行记录。

（2）炉顶料面形状调查：在炉顶点火完成大人孔打开后，对炉顶料面情况进行目测和拍照，观察并记录炉顶料面的平台宽度、平台与炉墙的距离、中心漏斗的深度、料面粒度分布、料面形状和料面火焰分布等情况。

（3）布料溜槽调查：炉顶大人孔打开后，观察布料溜槽的磨损情况，如有必要还需对溜槽的每个工作倾动角度进行测量校准。

（4）静压力孔测量：炉身静压力孔一般分布为五层，休风后炉内与炉前及相关人员一同对各静压力孔进行开孔、清孔和内部有效深度的测量。

对于长时间休风来说，休风后要重点控制热量损失，还有以下工作需要开展：

（1）确保风口密封不泄漏，休风后风口堵泥可以采取分段堵泥，在风口内堵 TC 泥后拆卸所有直吹管并更换风口，再用 R40 泥将风口后部堵满，最后在大套外进行封盲板作业。

（2）加强对高炉冷却系统的监控和管理，休风后不同阶段的冷却水量要调节到位。以某高炉 80h 的定修过程为例，休风后炉底、炉体和炉缸冷却水量的调整情况如下：

1）炉底：高炉休风后 1h，将炉底冷却水量由 $5.0m^3/min$ 降低为 $3.0m^3/min$。

2）炉体：休风后 3h，将炉体的冷却水量减少 20% ~30%（运行水泵由 3 台改为 2 台）；休风 10h 后再减少 20% ~30%（此时仅 1 台水泵运转），具体冷却水量根据水泵能力和炉体温度的状况进行调整，以减水后的排水温度作为管控依据，同时必须杜绝任何断水操作。

3）炉缸：炉缸侧壁区域的冷却水量的调整原则按照侧壁电偶温度（深）低于 50℃或水温差低于 0.1℃，或休风超过 24h 后，进行减少水量 20% 并观察 4h，然后再根据具体情况进行调整水量，原则上总的减水量不超过 50%。

4）风口：休风后减至正常水量的 30%，休风后 8h 减至 $5m^3/min$，休风后 16h 减至水流不断的水平。风口中套：休风后减至正常水量的 50%，休风后 8h 减至细流状。

5）十字测温：休风后减至正常水量的 50%，24h 后改为通氮气冷却。

另外，在休风状态下要继续保持对冷却系统的点检，观察炉顶温度变化，确认有无异常情况发生。

（3）休风后尽快进行所有主沟放残铁作业，并及时清理完残铁沟中的所有残铁，同时对渣铁沟的所有沟头进行煤气烘烤保温作业，确保高炉送风后具备立即投入使用条件。

（4）因休风时间长，减矿率高，高炉送风恢复后铁水含硅较高，可能需要进行铸铁作业，因此休风后要检查铸铁机设备状况，确保高炉送风后能够具备铸铁作业条件。

10.1.2.2 无计划紧急休风

造成高炉无计划紧急休风的原因较多，如断风、断水、全停电、炉缸烧穿、重要主线设备故障无法维持生产，以及自然灾害如地震等情况的发生等。由于事发突然，高炉操作者必须在第一时间对异常情况做出准确判断，采取相应的应急处理措施，将高炉从正常生产转入休风状态，确保高压、煤气系统安全，避免造成更大的不可挽回的损失。紧急情况的应急处置，本质上来讲，都是快速将高炉从高压转入常压状态，切断高炉煤气系统与外围煤气管网之间的连接，确保区域内不发生煤气泄漏、爆炸，以及液态金属泄漏发生火灾、爆炸等二次事故，尽量降低异常情况造成的损失。

A 高炉断风操作

一般来说，高炉断风是由于全停电造成送风机停止运行、送风机故障停止送风或其他一些原因造成。发生高炉断风时，鼓风机发来送风异常警报，"送风异常"指示灯亮，中控风量风压表显示风量、风压急剧下降。发生断风事故时，可能会引起风口、直吹管等部位严重灌渣，煤气管道产生负压而吸入空气引起爆炸，煤气向送风系统倒流造成送风系统管道爆炸等。

发生高炉断风时，可以按照以下对策和措施进行处理。

（1）确认高炉风量、风压显示值急剧下降。

（2）立即与鼓风机房确认是否送风异常、能否分送。

（3）确认送风非常，拉响高炉非常警报，通知炉前重叠出铁，与相关部门联系汇报信息。

（4）高炉操作者指令按下述步骤操作：

1）监视风压表，若鼓风机后有富氧则停止富氧；停止 TRT，确认开度后锁住调压阀组，停止除尘器放灰，上料手动控制；停止喷煤转入吹扫；重叠出铁。

2）如其他风机可以分送风，风量大于 $2500m^3/min$，按照正常休风次序进行，直至休风。

3）如其他风机不能分送风，向炉顶通入蒸汽，向除尘器和煤气清洗系统通入吹扫氮气。

4）风压降至 10kPa 时关闭热风阀休风。

5）停止热风炉烧炉，调整炉顶压力。

6）进行切煤气作业，点亮"切断煤气"指示灯。

7）打开热风放散阀倒流，打开放风阀。

（5）事后进行相关救援与处理：

1）进行炉周围和风口点检，确认风口有无灌渣、有无破损。

2）灌渣时，将灌渣风口前端的风口平台筑好砂坝，打开视孔盖尽可能把熔渣排出，注意防止喷火与熔渣喷溅。风口内熔渣排出后，用钎子清除黏结物，如清除困难，则准备更换直吹管与风口。

3）汇报信息，联系前后道工序，告知休风时间，决定进行赶煤气和炉顶点火作业。

4）配合抢修作业，尽快修复设备，恢复生产。

B 紧急减风减压操作

需要进行“紧急减风减压操作”的有：冷却水减水，风口、中套、大套烧穿，直吹管烧穿，炉体冷却板（壁）严重烧损、烧穿，高压侧煤气大泄漏，高压送风管道系统烧穿，热风炉烧穿，地震等。一般来说，可以按照以下对策和措施进行处理。

（1）现场人员发现异常情况，立即汇报中控。

（2）中控使用广播通知现场所有人员立即撤离到安全地带。

（3）紧急停止 TRT，确认开度后锁住调压阀组，停止除尘器放灰，停氧、停煤，热风炉停止烧炉，停止炉顶装料，通知重叠出铁。

（4）指定风量 $2500m^3/min$（如遇热风炉换炉时则定风压减风），风量到位后改常压。

（5）确认现场情况，联络处理和汇报信息。

（6）根据现场情况判断维持还是继续减风。

（7）如现场情况控制不住，继续减风至风压 80kPa。

（8）风压到 80kPa 后，改“定风压”操作，向炉顶通入蒸汽，向除尘器和煤气清洗系统通入吹扫氮气。

（9）继续减压到 60kPa 后，进行切煤气。

（10）切好煤气后，继续减压，直至休风。

C 急速减压操作

一般来说，发生类似于炉缸烧穿事故时，高炉操作需要急速减压，将高炉转入休风状态，以避免损失和灾害扩大。以炉缸烧穿事故为例，其对策和处理措施如下。

（1）现场人员发现炉缸烧穿、铁口部位烧穿，立即汇报中控。

（2）通知炉体及周围人员紧急撤离到安全地带，拉响“高炉非常”警报。

（3）紧急停止 TRT，确认开度后锁住高压阀组，向炉顶通入蒸汽，向煤气清洗系统通入吹扫氮气，停止放灰，停止炉顶装料，停止热风炉烧炉，停止富氧和喷煤，紧急停止制粉。

（4）点亮“紧急减压”指示灯，直接定风压20kPa，并通知风机房快速减压。

（5）全体人员撤离到安全区域，清点人数。

（6）向相关单位和人员汇报信息。

（7）待爆炸平息，确认安全后，高炉放风，风压低于10kPa时休风、切煤气。

（8）确认风口情况，进行风口堵泥，对炉缸烧穿的情况及相关设备进行确认。

（9）组织事后处理，如拉走混铁车等事项。

10.2　送风管理

高炉的送风恢复一般分两种情况：一种是高炉定修后的恢复；另一种是因设备故障引起的紧急休风后的恢复。但不管哪一种情况的恢复，其目的是相同的，即在确保高炉炉况稳定顺行、炉温充沛的情况下，尽可能快地把各项冶炼指标恢复至正常生产水平的范围，以降低成本的损失。

10.2.1　送风准备工作

10.2.1.1　制定送风恢复方案

组织相关人员进行讨论，根据休风前的生产情况、休风时间长短、休风原因、休风工事完成情况，以及公司生产组织计划等条件，确定送风恢复方案。尤其是长时间休风及紧急的无计划休风，更需要针对休风前的炉况实绩和外围条件的变化等多方面因素，制定有效可行的恢复方案。

方案的主要内容应包括：送风时间、送风时的初始参数（如鼓风温度和鼓风湿度等）、目标风氧量和产能水平、预计加风节奏、矿焦比调整计划，以及送风阶段作业人员的安排等。

10.2.1.2　送风条件确认

正常定修送风前应确认的送风条件包括：所有的定修项目都按计划完成；设备的试运转全部结束；高炉各区域的检修人孔都已确认关闭；炉顶大人孔、点火人孔关闭并通入防爆气体；风口大盖关闭、倒流阀关闭、炉身静压力孔关闭；原燃料备料正常、槽位正常；风机启动、风已送到放风阀前；设备点检人员确认可以送风；外部环境良好等。

10.2.1.3　送风前准备工作

（1）预定送风前2h开始试运转，预定送风前1h开始运转准备。

（2）预定送风前1h告知风机启动，发出信号。

（3）预定送风前1h开始点检以下情况：

1）风口、中套、直吹管等炉体区域冷却设备的排水状况，各冷却系统水量恢复至正常水平并确认无误，确保送风后冷却设备安全。

2）出铁出渣的各沟系统修整、清理、烘烤完毕，各接头确认无缝隙、过道畅通、残铁口封堵严实。

（4）确认高炉定修工事结束，预定送风前1h开始做以下送风准备工作：

1）关闭炉顶点火人孔，向炉顶通入蒸汽，向除尘器和煤气清洗系统通入氮气。

2）关闭炉顶1号、3号放散阀，关闭热风放散阀。

3）清除风口堵泥，插入煤枪。

4）决定出铁顺序，联系配置铁水罐，装好泥炮，准备开铁口。

如果是长时间的休风，则在送风前还需预留足够的时间处理休风后系统中封堵的各处盲板，比如送风前12h开始拆卸大套盲板等。

10.2.2 送风操作

10.2.2.1 预定休风后的送风操作

A 加压加风控制过程

（1）联络确认：

1）计划送风前，联系相关单位，告知送风时间，送风前15min左右，将风送到放风阀。

2）送风前确认炉顶已通入蒸汽，煤气清洗通入氮气，确认炉顶2号、4号放散阀开，确认高炉放风阀开。

3）送风开始前再次确认各项工事结束、点检及操作状况正常，确认无误后广播“送风开始”。

（2）送风：

1）发出送风信号后，开送风阀或冷风阀，随后开热风阀，送风阀打开的时间作为送风开始时间。

2）关放风阀，观察风口内部，点检送风支管、各人孔有无漏风。

3）如无异常情况，则慢慢升压，升压幅度每次10～20kPa。

（3）引煤气：

1）风压加至60kPa且炉顶压力大于5kPa时停炉顶蒸汽和重力除尘及煤气清洗的吹扫氮气。

2）根据炉顶1号、3号放散阀的开闭，进行引煤气，引煤气后关闭炉顶1号、3号放散阀。

3）进行点火试验，确认煤气点火正常。

4）与能源中心联系送煤气，并在区域内广播。

5）调整炉顶2号、4号放散阀，进行煤气水封阀排水（周围作业人员撤离，停止上料），水封排水完成后关闭炉顶2号、4号放散阀，连通煤气。

（4）升压和风量指定：

1）慢慢升压，升压幅度每次10～20kPa。

2）风压加至120kPa左右且稳定时，改定风压为定风量，风量设定3000～3500m³/min。

3）随后进行转高压操作，调整炉顶压力，热风炉开始烧炉。

4）随着风量的增加，开始富氧和喷煤。

5）风量加至5200m³/min以上，炉顶压力为140kPa且确认炉况正常后启动TRT。

6）继续加风，风量增加幅度每次200～500m³/min，加至目标风量为止。

B 加风加氧技术要点

（1）初始参数设定：送风时根据休风前的炉热情况和休风时间的长短，设定送风参数BT 1050～1150℃、BH 25～35g/m³，目的是避免炉缸过热引起下料困难。

（2）连通煤气阶段：送风后每次增加风压20kPa，加至60kPa时停炉顶蒸汽，80kPa时暂停加压，一方面处理风口平台漏风及捅风口，另一方面为煤气连通作准备。当炉顶CO含量达18.5%（临时休风CO含量达16.5%），同时煤气清洗系统点火OK、风口平台点检正常时，进行连通煤气作业。

（3）改高压和定风量的时机：煤气连通后继续分次加压至120kPa，根据炉内透气性进行选择是否要改高压。如果此时实际风量小于2800m³/min，说明炉内透气性较差，为确保高炉内的实际风量，改定风量操作，随后每次加风200m³/min，慢慢改善透气性直至风量达到3500m³/min，视情况改高压操作；如果此时实际风量达到3000m³/min左右，表明炉内透气性较好，则直接进行改高压作业，改高压结束后，顶压设定50kPa、风量3500m³/min。

（4）加风节奏的控制：在炉况顺行、炉温充沛以及压差小于130kPa的情况下，前期可以保持较快的加风节奏，每次加风500m³/min。送风时间达到1h或风量加至4000m³/min左右，打开铁口出铁。风量加至4500m³/min时可以开始喷煤（炉温不足时，也可适当提前）。风量加至5500m³/min时，视中心气流吹透情况以及喷煤量的大小，可以适当进行富氧。炉温不高时，5500m³/min的风量可以维持一段时间，等炉温充沛时再进行加风作业。风量加至5000m³/min以上后，每次加风保持200～300m³/min的节奏，氧量则根据喷煤量逐步上加，总的原则是优先加风，直至风氧加全。

C 提矿焦比技术要点

以定修时长24h、总休风减矿率20%的情况为例：根据定修时的炉热水平以及炉顶焦炭踏脚料的情况，可在送风后炉料装入20回之前提第一次矿焦比。一般情况下，矿焦比可以分三次提到定修前的水平（也可焦比略高于定修前水平），具体的提升幅度分别是焦比总量的1/2、1/4和1/4。正常情况下，三次提矿焦比之间的间隔不要小于25回，前二次燃料比可以适当放低，但第三次矿焦比下达时，燃料比一定要及时跟到位，以防止炉温产生较大的波动。

D　预定休风后送风操作不当导致炉况失常案例

尽管预定休风在休风前已做好一系列准备工作，但高炉在减风前和减风过程中的炉况顺行也不一定完全按照预期走势发展，有可能发生一些异常情况，比如压差升高或降低较多、崩滑料增多、气流分布变化、炉温波动，以及作业情况异常等。发生这些异常变化后，高炉送风时的基础状况发生了改变，需要在送风过程中调整相关操作制度，以确保高炉顺行，安全、稳定地将风量和氧量加全。下面以某高炉某次预定的短时间休风为例，介绍送风后形成炉况异常的经过、送风前后的炉况顺行变化，以及操作应对的恢复过程。

某高炉计划临时休风8h，休风减矿率为12.8%（含空焦）。休风前一周左右，由于气流分布不合理，以及炉料结构变化，炉况已开始发生转变，主要表现在风压波动幅度增大，煤气利用率下降1.5%，炉体热负荷上升近20%，且集中在炉腹、炉腰和炉身下部，料尺偏差增大，下料快慢不均。操作上的调整，一方面通过布料档位和料线疏松边缘气流，另一方面降低焦炭负荷，总焦比由295kg/t提至309kg/t。但调整效果不太理想，几次疏松边缘的动作调整后，边缘气流并没有明显改善，仍然出现风压波动大、压差高、下料快慢不均和崩滑料等现象。

2日8:56开始减风，10:04休风，休风料总共装入43回，比计划少装入3回。放风时发生了崩料，崩料深度1.1m，休风前炉温呈下降趋势，铁水温度为1475℃左右，铁水含硅为0.3%左右。休风料线5m左右（见图10-5）。

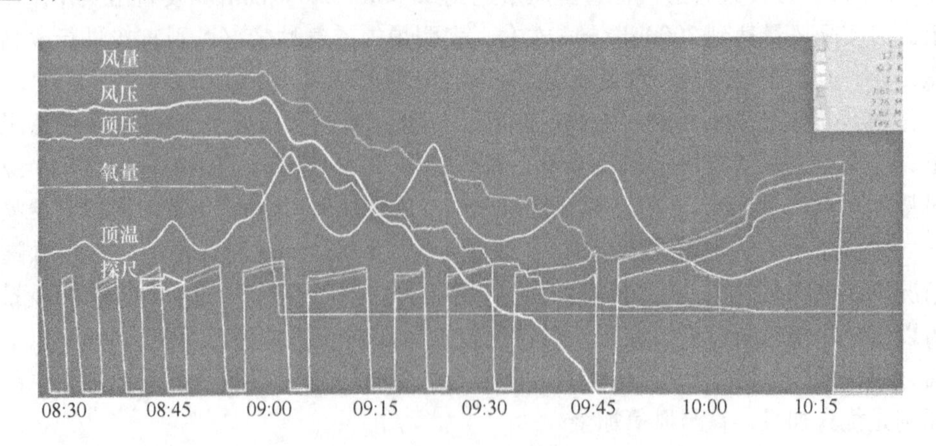

图10-5　减风过程中炉况走势

在休风前炉况不佳、减风过程中又出现了炉温低和崩料的情况下，减风和送风恢复过程中存在一些不足，未能及时有效地扭转炉况运行趋势，造成了炉况进一步恶化。

（1）休风前低料线：如不考虑崩料，休风时料线为3.4m也偏深，减风过程中造成低料线；

（2）冷却制度调整：休风状态下炉身冷却水量没有减少，炉身两台水泵都在运转；

（3）送风后低料线未及时补热：送风后最深料线达到6m，风量5200m³/min时出现大管道，正是这段低料线的料走了28回，到达软熔带位置；

（4）下部热量使用不足：初始参数设定风温1050℃、鼓风湿度25g/m³，下部热量手段使用偏低；

（5）加风节奏控制：风量加至5000m³/min以上时，料线仍然偏深，且炉温不高，加风过程中还有崩滑料现象，未及时稳守或减风控制。

经9小时17分钟休风后高炉送风，加风过程中，风压偏低，料尺偏差大，伴有崩滑料现象，风量4000m³/min时铁口打开，铁水温度1377℃，风量4300m³/min时开始喷煤并逐步增加下部热量，风量5800m³/min时料线赶到正常水平。此时，铁水温度为1356℃，铁水发红，炉渣流动性差，风口暗黑，形成炉凉（见图10-6）。

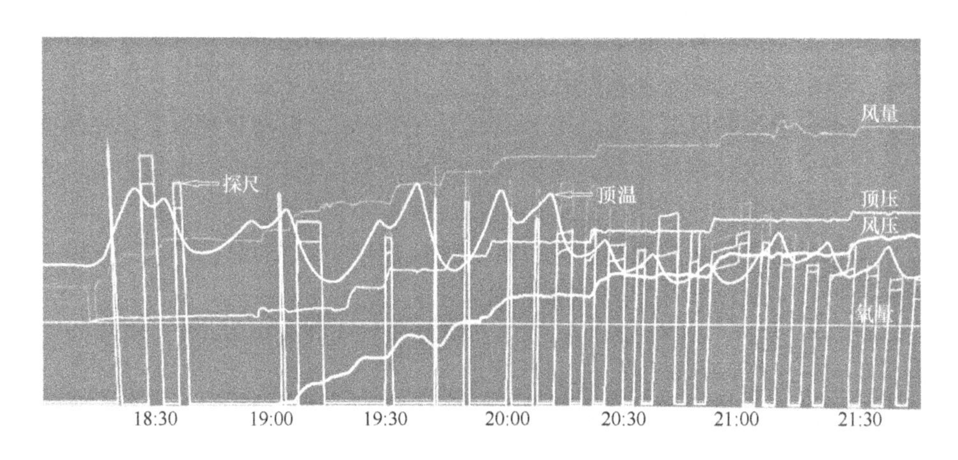

图10-6 送风后炉况走势

由于加风节奏和料线控制不当，当风量加至5800m³/min以后连续发生崩滑料，形成凉崩，炉况继续恶化。操作上立即装入空焦，风量减至5200m³/min，矿焦比退至4.0。尽管如此，炉况走势仍未有明显改善，维持5h后，出现大管道，风量减至3500m³/min，矿焦比退至2.8。此时，风口暗黑，部分风口出现涌渣现象，炉前出渣困难，渣沟冻结。

经过一段时间的低风量全焦冶炼，炉况有所稳定后，逐步从3500m³/min开始回风，每次加风 100m³/min。约 6h 后铁水温度有所回升，达到 1400℃，[Si]升至 0.45%，之后料尺逐渐走齐，下料趋于稳定，铁水温度上升至 1480℃以上，炉况逐步恢复正常，风量逐步回全（见图 10-7）。

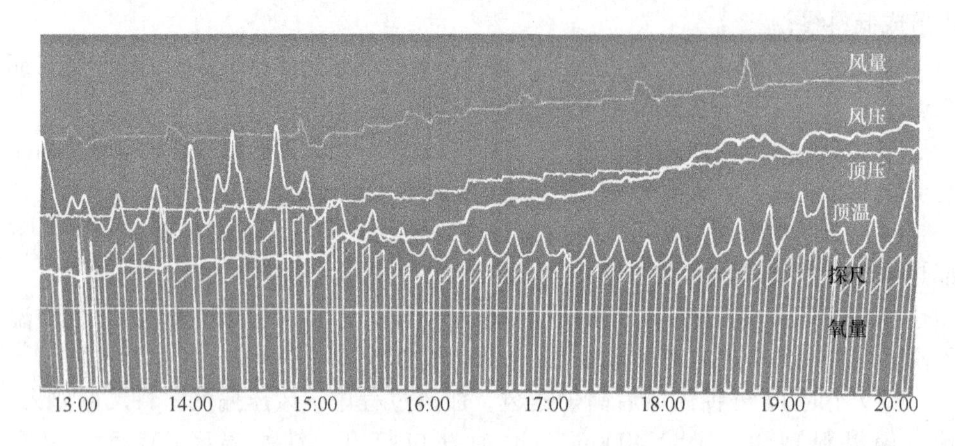

图 10-7 炉况逐步稳定风量加全过程走势

10.2.2.2 长时间休风后的送风操作

由于长时间休风的休风前和休风过程与常规休风有很多不同，在送风过程的控制和炉前作业的安排上也有一些不同，除了做好常规休风恢复过程的一些基础工作外，还有以下一些事项需要特别注意：

(1) 送风参数的设定：风温 950℃、湿分 25g/m³，根据实时炉况及时调整。

(2) 由于送风后料面较深，在刚开始送风阶段必须根据炉顶温度和探尺变化情况进行赶料线，但是赶料线速度不宜太快。

(3) 如果送风后高炉顺行状况良好，送风前期可以加风速度适当快些，但当风量达到 4500m³/min 后应适当减慢加风速度。

(4) 送风过程中原则上优先加风，在风量达到 5500m³/min 后，根据炉温状况和下料情况可以酌情进行富氧操作。

(5) 高炉送风后 40min 或风量达到 3000m³/min 时，打开第一个铁口开始出铁。第一炉为确保安全，可以选择放干渣，之后再视渣温和流动性来决定是否冲水渣。当第一个铁口出铁 30min 后仍不能见渣或第一个铁口能及时见渣并出铁 1h 后，打开对角的第二个铁口出铁。

(6) 由于高炉长时间休风，炉缸热量损失多，送风后前几炉的铁水含硫会偏高，需及时通知调度和后道工序。

10.2.2.3 无计划紧急休风后的送风操作

无计划紧急休风的原因有很多，休风所需的时间长短也各不相同，此类休风的恢复过程应根据休风原因、故障类型、故障处理情况、休风前炉况顺行和出渣铁状况等情况进行针对性分析和判断，决定送风恢复方案。

A 加风加氧控制原则

由于高炉是紧急休风，没有时间及时补充热量，因此复风后的加风原则是缓慢加风，等待轻料的下达，同时尽早打开铁口，出净炉缸内凉的渣铁。在高炉可以接受的情况下，原则上低压时间不宜过长，风量可以在4500m^3/min左右维持一段时间，等炉温趋势上行、顺行稳定后再逐步加风、加氧。

B 提矿焦比控制原则

由于休风前来不及进行操作，恢复送风后应第一时间考虑热量补偿。视休风时间的长短、休风前的炉热水平高低等情况，可采取加空焦和退矿焦比的手段，等轻料下达，炉况稳定顺行、炉热充沛后，优先加风、加氧。风氧回全后，视炉温水平高低和矿焦比退的程度，可分2~3次将矿焦比加到原来的水平，每次调整间隔应不小于25回，以便于炉热的平衡。

C 某高炉无计划紧急长时间休风后送风恢复案例

某高炉发生过一次主皮带撕裂造成高炉紧急休风的事故，休风前该高炉炉况稳定顺行，因生产状况良好，还采取了两次提高煤比和产量的强化冶炼措施。休风时炉温处于正常水平，铁水含硅0.35%，铁水温度1505℃，高炉运行的基本参数为：矿焦比5.592，总焦比301kg/t，煤比195kg/t，燃料比496kg/t，煤气利用率51%，渣比258kg/t，BT 1250℃。

a 制定高炉恢复方案

为了确保本次长时间无准备休风能顺利恢复，将设备故障损失降至最低，经讨论和分析，参考历年高炉设备故障休风实绩和此高炉操作运行特点，制定了加风控制和炉温恢复两方面的恢复方案。

（1）加风速度控制方案：高炉操作必须要以稳定顺行为中心，高炉恢复过程中的加风速度和气流分布状况是决定高炉稳定顺行的关键性因素。

1）如条件允许，尽可能在送风后1h左右，实现风量加至3000m^3/min的水平，甚至送风比达到1.0左右的水平；

2）风量加至5000m^3/min后维持一段时间，一方面观察和确保高炉稳定顺行，另一方面等待炉温回升；

3）风量加至5000m^3/min后，如顺行状况良好，煤气利用率明显上升，风口比较明亮，渣铁流动性比较好，可以富氧4000m^3/h。之后的加风情况要依据炉温的状况，原则上以增加风量为主；

4）严格按照压差管理制度操作，前期压差要小于130kPa，风量维持5000m^3/min阶段，压差应不超过150kPa，风量加至5000m^3/min以上后，未得到充分预热的炉料将下达，此阶段要密切跟踪好风压状况，在风压出现拐动或连续爬坡现象时，要及时采取减风操作，减风的原则是操作后的风压水平必须低于正常状态时的风压水平。表10-4是加风过程中相关参数的控制计划。

表10-4 加风进度计划表

时间 /min	瞬时流量 /$m^3 \cdot min^{-1}$	累积风量 /$m^3 \cdot min^{-1}$	顶压 /kPa	时间 /min	瞬时流量 /$m^3 \cdot min^{-1}$	累积风量 /$m^3 \cdot min^{-1}$	顶压 /kPa
0	0	0	0	190	5100	718000	150
10	1000	10000	0	200	5100	769000	150
20	1400	24000	0	210	5100	820000	150
30	1800	42000	8	220	5100	871000	150
40	2000	62000	12	230	5100	922000	150
50	2500	87000	12	240	5100	973000	150
60	3000	117000	40	250	5100	1024000	150
70	3400	151000	65	260	5100	1075000	150
80	3700	188000	80	270	5100	1126000	150
90	4000	228000	95	280	5100	1177000	150
100	4300	271000	110	290	5100	1228000	150
110	4500	316000	120	300	5100	1279000	150
120	4700	363000	130	310	5100	1330000	150
130	4900	412000	140	320	5100	1381000	150
140	5100	463000	150	330	5400	1435000	170
150	5100	514000	150	340	5600	1491000	185
160	5100	565000	150	350	5800	1549000	195
170	5100	616000	150	360	5900	1608000	200
180	5100	667000	150	370	6100	1669000	210

（2）炉温恢复方案：

1）补热和矿焦比调整：考虑低料线的影响，在高炉送风初期先补加3批20t的空焦。送风初期，尽可能用足下部热量。送风后矿焦比降至2.5左右（减矿率55%）。

2）炉料结构调整：熟料率由78%提高到90%，其中，球团矿10%，烧结矿80%。

3）喷煤控制：高炉改高压后确认风压水平正常、风口前端比较活跃，可以考虑开始喷煤，煤比不超过100kg/t。随后根据高炉的加风状况，结合 T_f 值水平进行煤比调节，要求在风量低于5000m^3/min时，煤比不超过150kg/t，风量超过5000m^3/min后，煤比控制在160~180kg/t的水平。

4）造渣制度调整：矿焦比2.5炉料设定目标［Si］为1.5%，碱度1.12~

1.15，（Al_2O_3）不超过14.0%。

b　炉况恢复过程控制

本次高炉送风过程中，风量接受能力较好，压差不高，加风速度相对较快，送风后2h风量即加至5000m³/min，送风后7小时20分钟风量加全至6100m³/min。

（1）加风速度控制和气流分布：煤气流分布合理是炉况顺行的根本保障，在送风过程的前期，以煤气流分布是否合理作为是否加风的依据。本次送风过程中，尽管炉温较低，但在操作上仍然采取了转高压前快速加风的操作，转高压后也是高风量、低顶压送风，目的是尽快形成稳定、合理的中心和边缘气流，确保炉况顺行，避免顺行破坏导致炉况恶化而造成炉温进一步降低。送风后煤气流分布稳定均匀，中心气流很快获得充分发展，边缘气流也得到适当疏松，且圆周方向分布较为均匀（见图10-8和图10-9）。

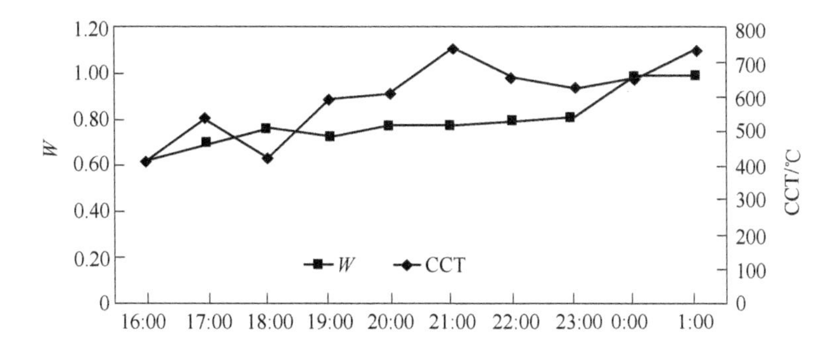

图10-8　恢复过程中煤气流分布实绩

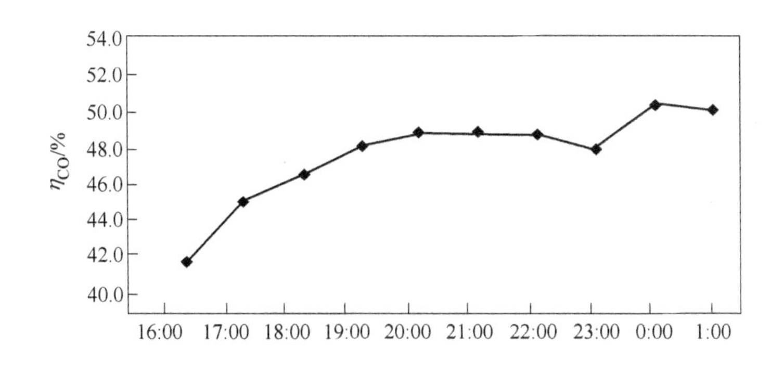

图10-9　恢复过程中煤气利用率实绩

（2）上料速度控制：本次送风恢复时，料线深达6m，为了兼顾煤气流的形成和料柱透气性的改善，防止上料过快造成炉顶温度过低和高炉压差突然增加，保持了较长时间的低料线操作。料线深、顶温高时，先装入焦炭，适当提高料线和降低顶温，如焦炭布完后顶温仍高，则进行炉顶打水，待炉料明显松动、下降时才开始上矿石，避免矿石压死气流导致发生悬料情况。

（3）炉温和炉渣成分控制：根据送风后观察的渣铁和风口状况，将原计划加入空焦的数量由 60t 减为 40t，同时通过全关湿分，尽量提高风温，用足下部热量，实现了尽早喷煤。由于是无准备紧急休风，炉缸热储备明显不足，送风恢复过程中尽可能缩短了低压时间，减少了热损失。此外高炉风量在 5000 ~ 5500m^3/min 阶段维持了较长时间，在此期间高炉获得了较好的热量补偿（见图 10-10）。

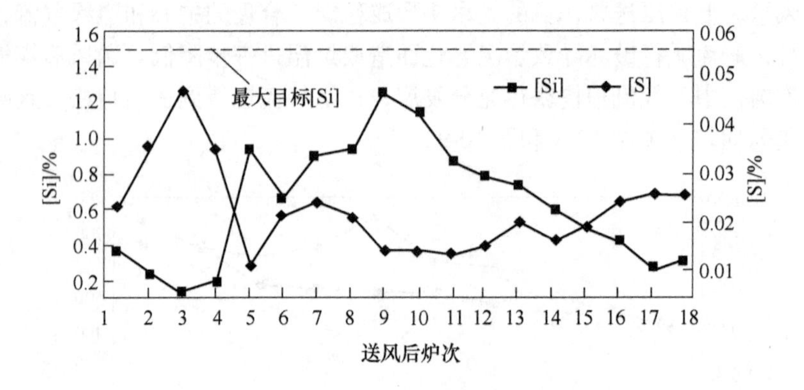

图 10-10　恢复过程中炉温实绩

为有效改善炉渣流动性，针对高炉休风前的炉渣成分状况，考虑理论与实际之间的偏差，将渣中的（Al_2O_3）含量下调 1.2% ~1.5%，碱度同步下调 0.1，其中目标［Si］设定为 1.5%（见图 10-11）。

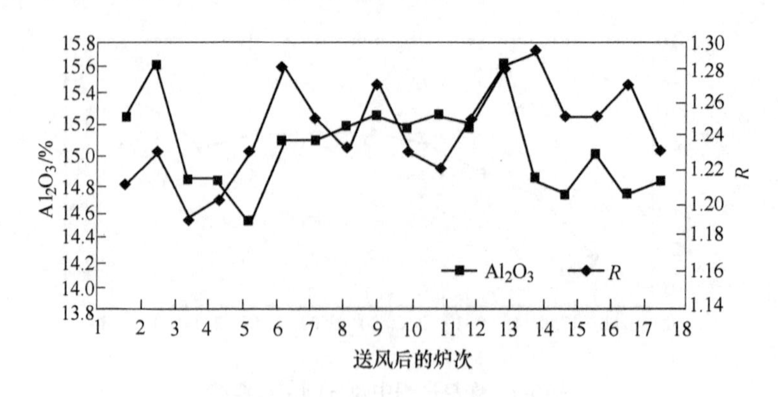

图 10-11　恢复过程中造渣制度实绩

（4）矿焦比调整：考虑到长时间无准备紧急休风的炉热损失较大，送风后炉料就按照 2.5 的矿焦比装入，同时对矿批大小和炉料结构进行调整，矿批由休风前的118t/批缩小到96t/批，熟料率由78%增加到90%。送风过程中，料层厚度分配合理，料柱透气性良好（见表10-5）。

表10-5 恢复过程中矿焦比调整实绩

O/C	装入批数	OB/t·批$^{-1}$	CR/kg·t^{-1}	SPR/%
2.500	14	96	644	90
3.000	10	96	536	90
4.189	10	111	384	85
4.720	26	118	341	83
5.244	27	118	306	80

（5）出渣铁安排：高炉复风时，炉缸热状态较差，铁水温度低，渣铁流动性差，必须及时重叠，强化出渣铁。本次送风后50min左右第一个铁口顺利打开，铁口状况较好且铁流正常，见渣时间正常，30min后再打开第二个铁口重叠出铁。之后的作业安排都按照此方式进行，以尽早排出低温渣铁，改善高炉透气性，稳定炉况。

11 开炉操作与停炉操作

11.1 开炉操作

11.1.1 概述

高炉开炉是一个复杂的系统工程，它涉及方方面面。一次成功的高炉开炉必然是一系列过程的成功集合，它包括前期设计的先进性和合理性，中期施工建设的进度和质量、安全的协调，后期设备单试、联试的充分性和可靠性，以及各个阶段各种方案的按部就班成功实施。高炉开炉，它不仅仅是开炉方案成功实施的结果，更是体现了设备的可靠、方案的合理和操作的机变。而特大型高炉的成功开炉，对各系统的设备正常运行和开工方案具有更严格的要求。

宝钢炼铁自 1985 年 9 月 15 日 1 号高炉投产以来，先后进行过 9 次高炉成功开炉，较好地掌握了特大型高炉的开炉技术。在大型高炉开工方面积累的成熟管理和技术经验有：对高炉岗位人员教育培训，包括各开工方案、岗位规程、技术规程与日常操作等培训；高炉相关设备试车方案的制定，设备单试、联试、负荷试车工作；热风炉烘炉、试压检漏、保温以及高炉烘炉等一系列操作管理和技术；高炉枕木填充、高炉炉料填充与测试技术；高炉前期生产准备工作；高炉点火投产的操作技术；高炉初期出渣铁和渣铁处理操作技术；高炉开炉后的达产、达标技术等。

11.1.2 开炉前准备工作

除了工程进度、施工质量的跟踪，设备功能调试之外，开炉前还有大量的准备工作，主要包括操作技术及作业方案、物料安排及计划、设备必备条件确认、安全措施准备、人员教育培训、外围配合单元协议签订等。

11.1.2.1 技术及作业方案制定

在开炉之前，技术人员必须编制详细的开炉技术、作业方案，按照开炉工事节点，高炉主要操作技术方案有：安全和指挥体系方案；铁口孔道捣打方案；铁沟、摆动通水试验方案；引水调试方案；高炉烘炉方案；枕木充填方案；炉料填充方案；料面测定方案；点火操作方案；初期出铁出渣作业方案；运转作业方案；制喷作业方案；二系作业方案；大沟作业方案；水渣作业方案；开炉作业预案；生产设备准备方案；物料输送及使用平衡方案；检化验协议；能源供需协议运输协议。

11.1.2.2 开炉时间节点计划安排

按照开炉点火时间节点，以小时为单位倒排各项主要工作内容，避免主要工作漏项、延迟和相互影响造成主节点延误。以宝钢某高炉开炉为例，见表11-1。

11.1.2.3 开炉必备条件确认

开炉必备条件是确保安全、生产稳定、一次点火成功的前提和关键；尤其是设备完好性、稳定性、安全连锁条件，不仅对开炉至关重要，甚至对一代炉龄都有重要影响，因为一旦开炉，很多设备系统就无法更改，因此，在高炉烘炉前、点火前必须确认好相关条件。

11.1.3 高炉烘炉

高炉烘炉是从风口吹进热风炉一定温度的热风，逐渐干燥高炉耐火材料中的游离水、结晶水，并使高炉耐火砖之间、耐火砖与冷却器之间结合部位的不定型耐火材料干燥、固化的工艺操作过程。高炉烘炉是高炉施工、建设中一个标志性的节点，它与热风炉烘炉、枕木填充、高炉炉料填充与料面测试并列为高炉点火前的“四大战役”。

11.1.3.1 烘炉方法和流程

A 烘炉目的

在点火投产之前，高炉必须进行烘炉操作，其主要目的和意义是：脱除炉衬中的自然水和结晶水，以免高炉投产后温度急剧上升时水分形成蒸汽膨胀造成炉体胀裂、鼓泡或变形甚至炉墙倒塌，影响耐火材料强度和高炉使用寿命；检验仪表是否符合生产要求；炉体各部件热态下的性能检查，如气密实验等；岗位练兵，以提高操作水平。对于快速大修高炉，烘炉时间长短和好坏，还对高炉整个大修周期有很大影响。

B 烘炉对象和重点

（1）对大修高炉，热风炉局部修补，热风总管和围管不重新砌筑，所以不必对其进行烘炉。

（2）对新建高炉，不仅包括热风炉烘炉，还包括热风总管和围管。

（3）对大修高炉，采用薄壁炉衬、上步不砌筑黏土砖，重点是烘炉缸和炉底，炉缸、炉底的砌筑是大炭砖、石墨砖，炉缸砌筑采用湿砌，主要是烘烤干捣打料、炭泥里的水分，并使之固化。对新建高炉，不砌筑黏土砖，则重点是热风炉、热风总管和围管；砌筑黏土砖，则本体和热风炉、热风总管、围管都要关注。

（4）风口以上炉身喷涂料。

表 11-1 宝钢某高炉开炉时间节点倒排表

施工内容	工期
炉内升温至 350℃	1d
350℃ 恒温	1.5d
初步检漏（大漏）	1.5d
350℃ 升温至 600℃	1.5d
600℃ 恒温	3d
全面检漏	2d
凉炉 (600℃ 降至 200℃以下）	2d
高炉全停电试验	2h
漏点处理	24h
安装强制冷风机	12h
拆直吹管、加盲板	12h
炉体灌浆	12h
布料溜槽安装	6h
炉内烘炉装置拆除	10h
热风围管主管试压	4h
除尘装置、料面测试装置安装调试	4h
枕木进场	38h
加底焦	2h
装枕木	16h
装料	24h
料面测定试验	10h
拆盲板、装直吹管准备	28h
拆盲板、装直吹管	12h
系统检查、高炉点火	12h
出铁场平台搭装枕木平台	24h
风口平台焊接完	24h
风口平台栓钉焊接完	48h
风口平台钢筋绑扎	48h
砼平台打灰	16h
砼表面收光、马道拆除	8h

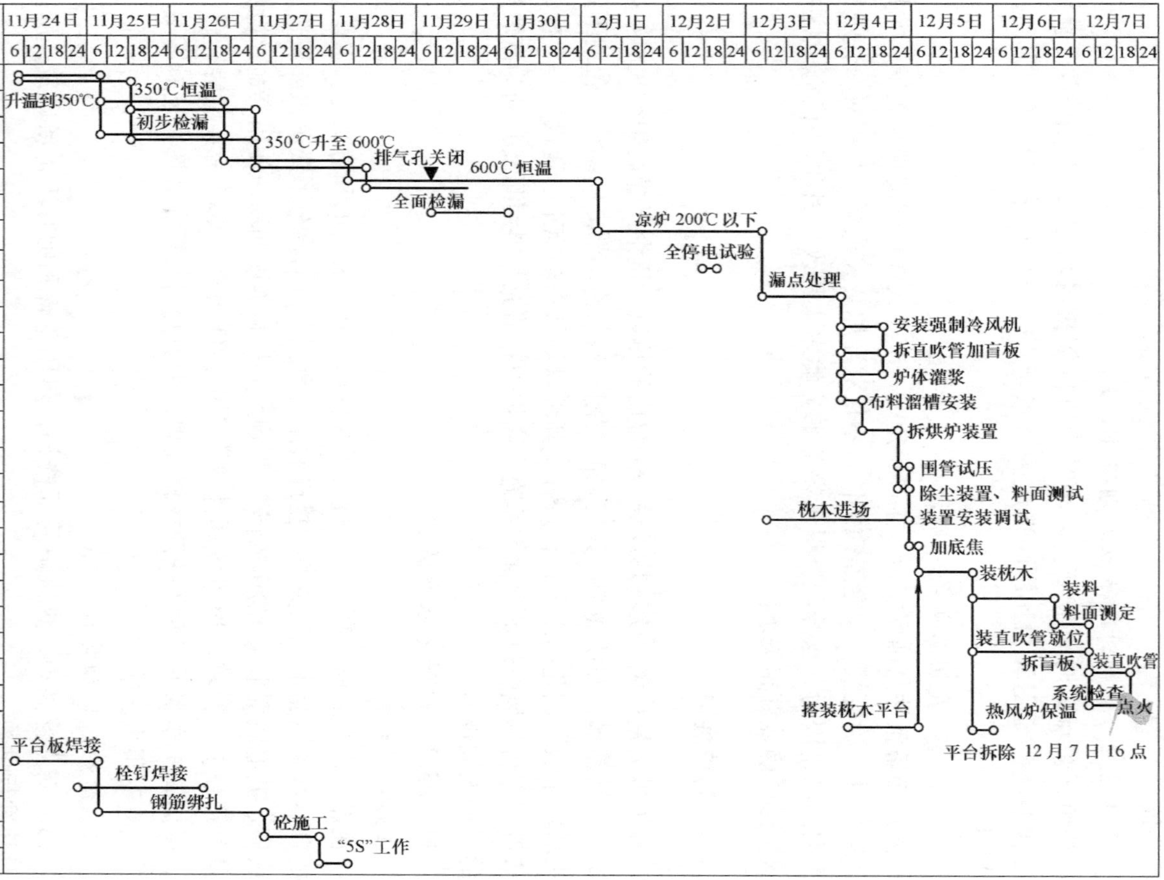

C 烘炉方法

高炉本体烘炉是从风口吹进热风炉的热风，利用热风的温度，逐渐将本体中的水分升温，最终以水蒸气的形式从排气孔以及废气排出口排走。高炉烘炉包括升温、保温、降温几个阶段，降温期间要进行高炉的气密试验和模拟训练，烘炉降温到风口前端温度降到100℃左右时，停止吹入热风，改用吹入自然风逐渐使高炉冷却下来，拆掉烘炉设备，进入高炉点火前的准备工作阶段。

D 高炉本体烘炉工艺及工作流程

从鼓风机出来的鼓风，经过热风炉升温，从风口送入高炉，对炉内耐火材料进行烘烤，水分随热风从煤气清洗处的临时排风口排出，作业和工艺流程如图11-1和图11-2所示。

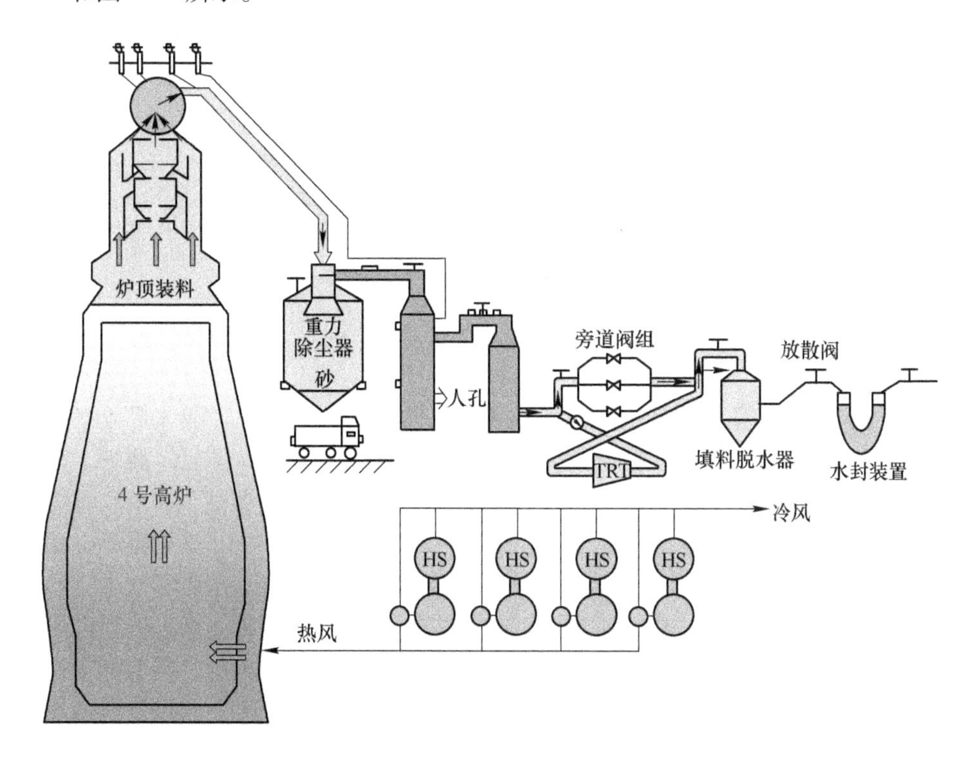

图11-1 宝钢高炉烘炉工艺流程图

11.1.3.2 本体烘炉操作

A 高炉烘炉曲线

为保证高炉烘炉的效果，烘炉前必须要制定详细的烘炉方案，其中核心关键是烘炉升温曲线及风量曲线的制定。新近投产的4座高炉烘炉升温计划曲线与实绩、风量控制计划曲线与实绩如图11-3和图11-4所示。

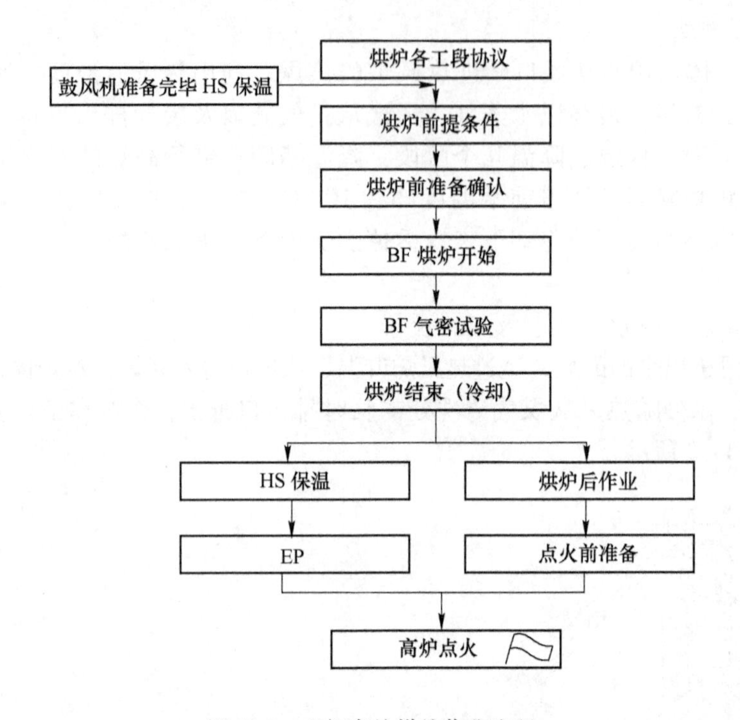

图 11-2 宝钢高炉烘炉作业流程

B 烘炉升温曲线及风量控制曲线制定

a 起始阶段

起始风温、风量主要取决于热风炉和风机的起始送风条件，即风机计量仪表所能显示的最低值、热风炉能够稳定控制的最低风温。对于快速大修高炉，热风炉管道砖砌筑时间短，自然风干程度不足，大量游离水在温度达到 150℃ 时将大量析出，较为合适的方法是维持 150℃ 左右的风温约 8～12h，以防止管道砖砌筑灰浆水分急剧气化、膨胀破坏砌体结构，同时也让整个管道系统逐步适应热状态；但风量要逐步加大，以保证有足够的热风补充传热并带走蒸汽。初期送风稳定后，送风比保持在 0.38±0.1 左右较为合适。8～12h 后，风量、风温配合按照管道砖的升温速率要求，稳步提高风口前端速度。初始升温速度主要考虑热风炉管道砖升温要求，同时考虑游离水总量及析出情况，砌筑时间短、水量大，取下限；反之可取上限。一是稳步加热热风管道，二是保证均匀、稳定地加热本体炉墙。初始升温此阶段仍应采取优先风量，风温次之的烘炉方针，因为在热风管道耐火材料结晶水析出之前，仍有较多游离水析出。升温结束时应保持 0.5～0.55 左右的送风比较为合适。

b 低温保温阶段

低温区重点环节是烘干热风总管、送风围管水分，因此低温保温的温度设置

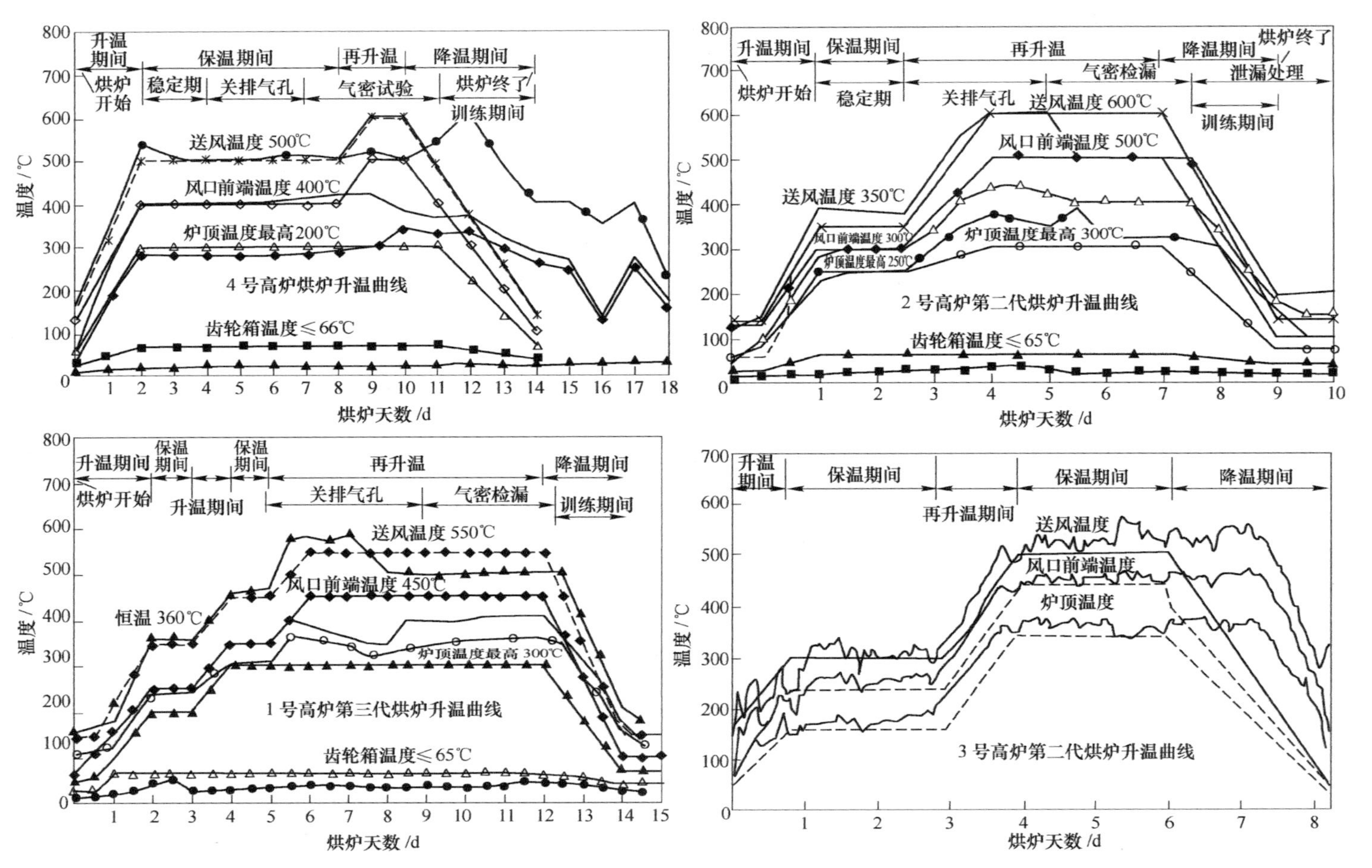

图 11-3 宝钢高炉烘炉升温计划曲线与实绩

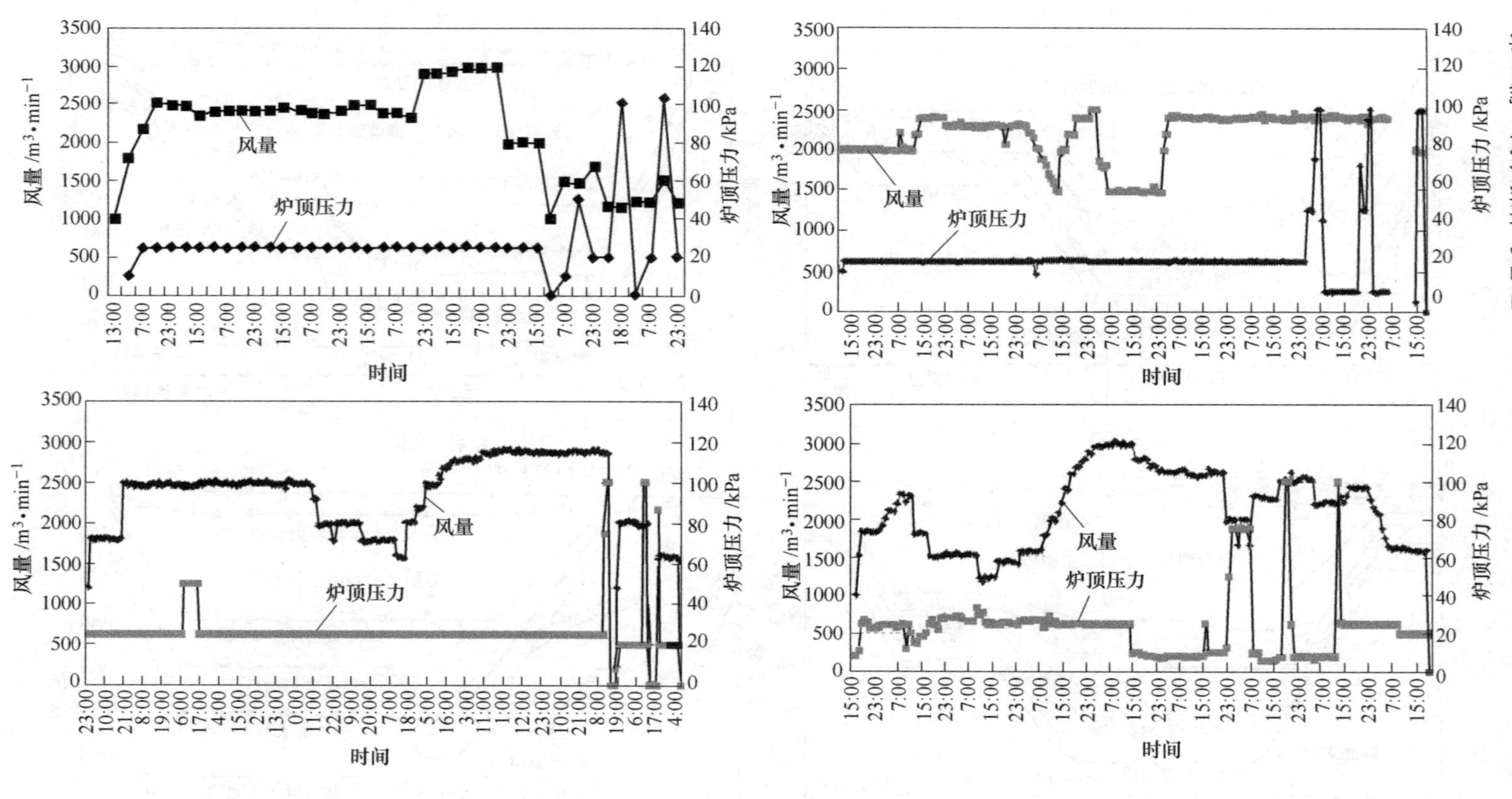

图 11-4 宝钢高炉风量控制计划曲线与实绩

主要依据是管道砖结晶水析出温度，保温时间主要依据是管道砖总水量情况，若经测算热风管道耐火材料水量较大，则保温时间要延长1～2d，同时要有管道基本烘干检查标准。

c 再升温阶段

再升温阶段升温速度主要依据炭砖耐火材料升温要求，结合热风管道砖要求来定。末期最高风温的设置，也即高温保温温度，主要依据顶温和风口前端最高温度的控制要求及历史经验，而顶温和风口前端温度是依据炉顶设备和炭砖表面开始氧化温度设定的，风口前端最高温度低于炭砖的表面氧化温度450℃，一般要求在400℃左右。高温区主要任务是烘干炉缸耐火材料水分，使冷却壁与炭砖之间的不定型耐火材料固化，所以该阶段操作要以加风温为主、风量为辅，维持前期风量或略加风量，必要时可以适当减风，送风比维持在0.55～0.58较为合适，尽量不大于0.6，目的是尽可能提高风温、提高炉缸炉墙表面与冷却壁热面温差，使壁体、壁筋温度尽可能接近目标控制值。

d 高温保温阶段

保温温度即是再升温末期温度，保温时间主要依据高炉本体耐火材料含水量、不定型耐火材料最低固化温度及需要持续时间，其中最重要的是壁体、壁筋要达到的最高温度和维持时间，同时兼顾耐火材料砌筑方式，如炉缸砖干砌还是湿砌、在线还是离线砌筑、保护砖砌筑与否等。因此，对炉缸用铜冷却壁高炉，高炉保温时间要适当延长1～2d。该阶段还必须严格对照烘炉标准，检查本体排气孔、废气含水率及冷却壁壁体、壁筋温度，直至达到要求。

e 降温凉炉阶段

烘炉完毕判定条件达到后，高炉开始降温凉炉。降温速度与再升温阶段相仿，为8～10℃，同时逐步减风，风口前端温度降到100℃左右时停止吹入热风，改用吹入自然风来逐渐使高炉冷却下来。

f 总烘炉时间

依据以上要素的必备时间，外加工期条件。正常建设或常规大修，时间较充裕，烘炉时间可以保守一点；若是快速大修，整个烘炉时间约占大修时间1/8，必须在保证烘炉效果的基础上，尽可能缩短时间。

C 烘炉操作方法

（1）烘炉初期的操作：

1）设定好初始风量，打开冷风阀（送风阀及送风调节阀全关），设定好初始炉顶压力。

2）送风后一小时内，保持炉顶压力不变，逐步加风。

3）此后按照固定时间（一般1h左右），一定节奏（一般300m^3/h）加风，调整顶压，直到目标最高风量。

4）稳定风温约 30min 左右，做升温准备。

5）送风后 2h，风温稳定良好，升温开始。

6）以风口前端温度温度为准，按照目标升温速度上升。风温调节基准：以风口前端温度为准，当风口前端温度不符合升温曲线时，应调节风温，使风口前端温度按曲线升温。升温过程中严格按照风温和风量的管理基准进行控制，直到满足第一阶段的恒温条件；确保炉顶温度小于上限水平，大于上限，立即停止加风，马上减风，按逻辑图 11-5 实施。

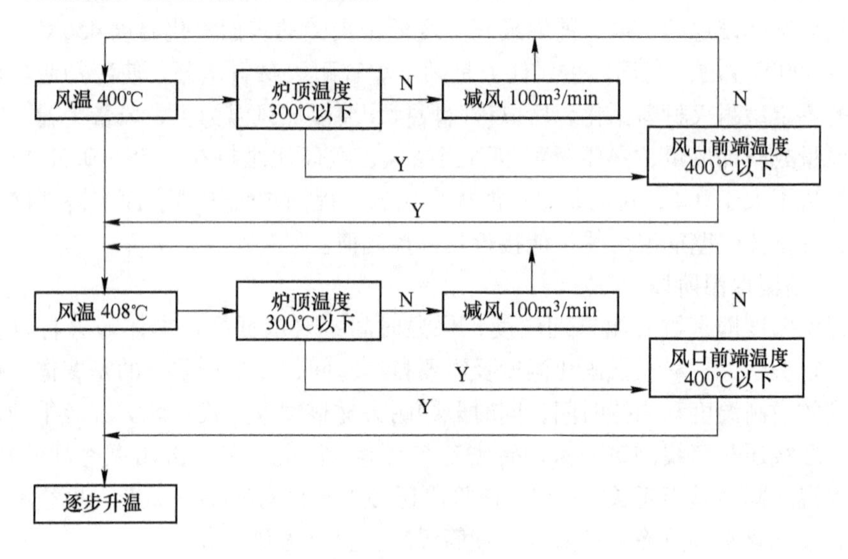

图 11-5　风温控制逻辑图

7）烘炉开始后，视实际情况，打开炉体部蒸汽排气孔，并视实际排气情况进行必要的调整。开始时可在风口区、偶数段冷却板的周围方向均匀打开。铁口区域也如此。视排水情况、取样实际调整。

8）取样在炉顶上升管的压力取出口处（临时改装的取样机），前中期每班取一次样，末期 4h 一个样，化验水分，画出推移图，专门表格记录。

（2）升温和加风过程中：齿轮箱温度不超上限，当超过上限时，要立即停止加风，马上减风。炉缸中心电偶温度电偶不超上限，否则立即停止加风或升温，马上撤风温。

（3）保温期操作法：保温根据计划，设定好风温、风量。

（4）降温至烘炉结束的操作：降温速度按烘炉曲线要求。开始降温，调整风温，逐步把炉子冷却下来。当风温达到一定程度时，风量维持一定水平进行事故模拟训练。模拟训练结束，和有关方面联系确认后，按以下步骤停风：慢慢减少风量，风压到一定水平关闭热风阀→停鼓风机→确认送风停止后，关钟阀、旁通阀组。

D 烘炉中其他管理项目

（1）冷却系统水量控制及管理：烘炉期间炉体冷却强度的高低，对冷却壁壁体温度、耐火材料温度、不定型耐火材料温度都有直接影响；过高的冷却强度，不利不定型耐火材料的干燥和固化，从而对耐火材料与冷却设备的结合紧密程度、炉缸耐火材料整体结构强度造成不利影响，严重的可能在开炉后由于气流冲刷掏空不定型耐火材料，使炉缸砖与冷却器之间出现气隙。2014 年前宝钢高炉开炉采用炉缸储水烘炉的方式较多，之后采用了蒸汽加热冷却水的烘炉方法，以尽可能提高进水温度，提高炉缸侧面冷却壁热面温度，固化不定型耐火材料。

（2）废气水分分析：4h 一次，用“U”形取样管从上升管压力取出口取样，送分析中心分析。

（3）齿轮箱温度管理：定好上限及应对措施。

（4）排气孔管理：依烘炉前要求分工管理排气孔，以排气结束为标准；每 2 ~ 4h 检查一次。

（5）炉缸炭砖背面温度管理：利用临时电偶通过冷却壁穿壁灌浆孔进行温度测量，烘炉时收集数据。

（6）炉缸侧壁电偶管理：烘炉开始后记录每小时侧壁浅电偶的温度。

（7）根据烘炉要求记录和收集相关数据。

E 烘炉中发生各种事故处理

高炉烘炉中可能会出现一些意外，宝钢按照表 11-2 方法处理。

表 11-2 烘炉中发生各种事故处理

事故类别	处理方法
给水场停水	根据停水处理顺序，紧急休风
送风非常	进行紧急休风
高炉停电	进行紧急休风
顶压拐动	急剧上升（或下降）或不稳，和仪表人员联络，同时减风到 $1000m^3/min$
各放散阀开	急速减风 $1000m^3/min$
风量指定故障	和风机联络，同时减风到 $1000m^3/min$
出现漏风或红热现象	和设备室联络处理，根据情况减风或休风

F 烘炉结束标志

烘炉结束的判定标准随着认识的不断提高和经验的积累不断修正和完善：宝钢从 1985 年 9 月投产到 3 号高炉第一代，主要看炉体排气孔的收干情况；1 号高炉第二代，炉缸采用了陶瓷杯结构，灰浆耐火材料含水率高，开始增加了废气含水率与大气含水对比；随着 2 号、4 号高炉长寿问题的出现，从 1 号高炉第三代开始，开始关注不定型耐火材料的固化问题，增加了捣打料、灰浆的固化要求。

目前的判定标准如下：

（1）废气湿度和大气湿度基本一致，连续三个样湿度差值小于 $1g/m^3$。

（2）耐火材料干燥，排气孔无水汽排出，各排气孔关闭。

（3）H_2 段壁体温度大于70℃、小于80℃，其他部位小于90℃，保温时间不小于48h。

以上（1）、（2）条标准需要全部达到，第（3）条标准尽可能满足。

G 高炉烘炉注意事项

（1）烘炉期间应打开所有排气孔，有专人确认，烘炉后关闭。

（2）烘炉期间托梁与支柱间、炉顶平台与支柱间的螺丝应处于松动状态，并安装膨胀标志，监视烘炉过程中各部位的膨胀情况。

（3）做好炉体高度和圆周方向的升降检测。

（4）炉顶液压、润滑设备不许漏油，室内灭火设施、器材齐全，以防发生火灾。

（5）烘炉期间除尘器和煤气清洗系统内部，禁止有人工作。

（6）烘炉结束，烘炉装置必须取出。

11.1.3.3 宝钢高炉本体烘炉效果

烘炉效果标志性参数情况如下。

A 废气含水情况

图11-6所示是宝钢4座高炉废气含水量与大气湿度（风机鼓风湿度）对比情况。

B 排气孔数及收干情况

表11-3是宝钢4座高炉排气孔设置及收干情况。

表11-3 4座高炉排气孔个数及水汽全部收干时间

<table>
<tr><th colspan="2">高 炉</th><th>炉缸/个</th><th>铁口脖子/个</th><th>大、中套/个</th><th>炉体/个</th><th>炉体上/个</th><th>合计/个</th><th>全部收干时间/d</th></tr>
<tr><td colspan="2">4号高炉第一代（灌浆孔）</td><td>182</td><td>20</td><td>76</td><td>848</td><td>600</td><td>1726</td><td>3</td></tr>
<tr><td colspan="2">2号高炉第二代（灌浆孔）</td><td>182</td><td>20</td><td>90</td><td>158</td><td>36</td><td>486</td><td>7</td></tr>
<tr><td colspan="2">1号高炉第三代（灌浆孔）</td><td>124</td><td>20</td><td>80</td><td>100</td><td>100</td><td>424</td><td>12</td></tr>
<tr><td rowspan="2">3号高炉第二代</td><td>灌浆孔</td><td>105</td><td></td><td>80</td><td>238</td><td></td><td>423</td><td rowspan="2">6</td></tr>
<tr><td>新增排气小孔</td><td>424</td><td></td><td></td><td></td><td>2608</td><td>3032</td></tr>
</table>

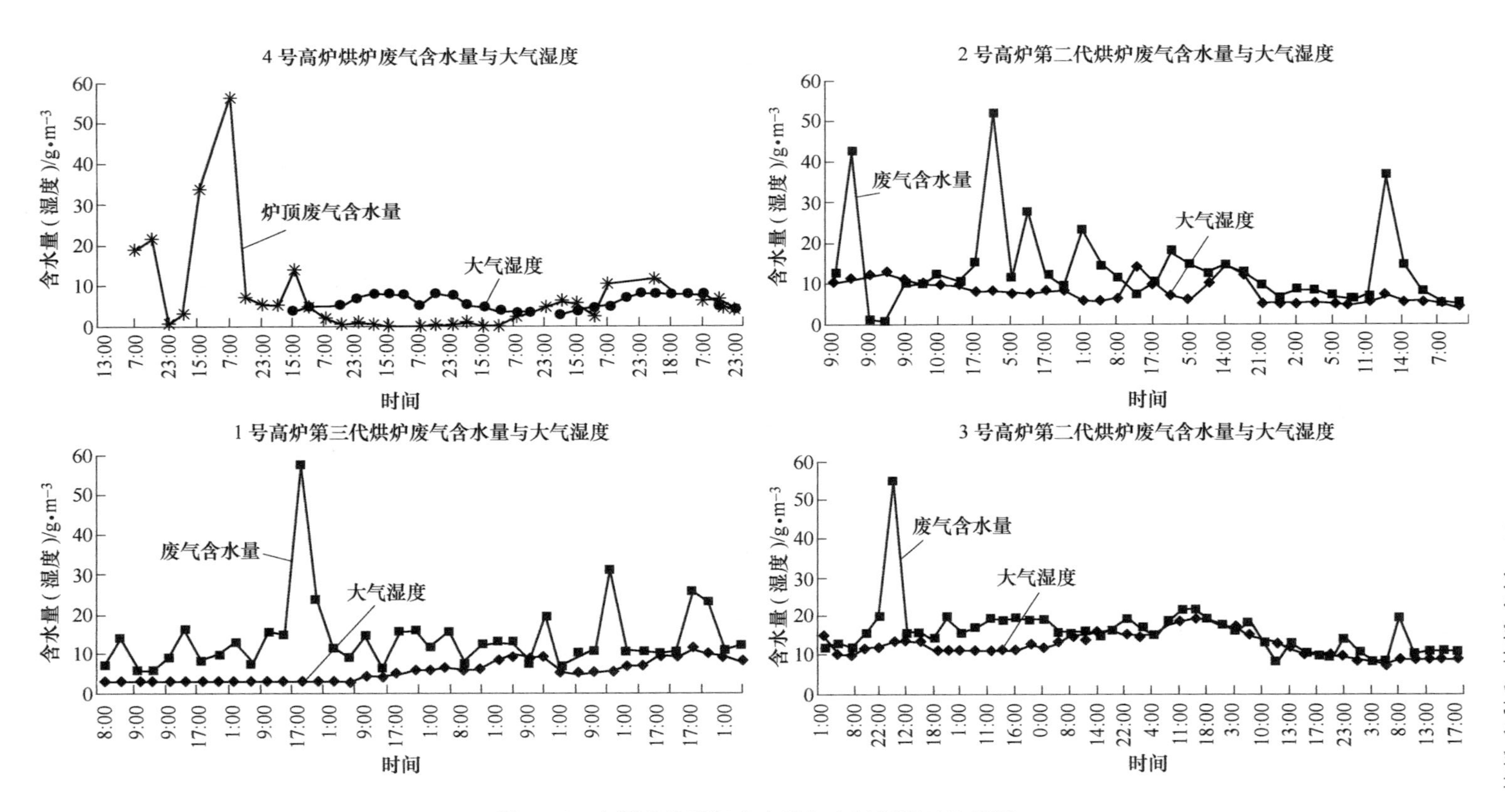

图11-6 宝钢高炉废气含水量与大气湿度对比情况

11.1.4 枕木填充及计算

11.1.4.1 概述

大型高炉点火后由于风口前焦炭燃烧产生高温煤气，为使炉缸升温，防止进入炉缸的初渣温度下降，使部分高温煤气由铁口排出，炉缸需要使用枕木填充；炉容较小的高炉有的采用焦炭填充。用焦炭填充开炉，为确保铁口排放煤气，排煤气管口径要比枕木填充大。枕木填充又分井字排列法及散装法，井字法作业复杂，工作量大，但填充率小，约为35%～40%，使用枕木较少；散装法作业简单，工作量小，但填充率大，约为50%～55%。

11.1.4.2 枕木需求量的计算方法

枕木填充的空间是从盖住炉缸内煤气导出八角管铺底焦上沿到风口下沿200mm空间，以此为推算枕木填充的总体积、各种类型枕木的体积。

A 枕木使用情况

确认各种枕木使用位置、基本尺寸，表11-4是宝钢炉缸填充枕木规格及填充部位。

表11-4 宝钢高炉使用枕木规格尺寸

炉缸区域	使用枕木类型	规格/m	作 用
中心堆包	圆木	0.1×2.5	形成气流中心通道
风口圆周区域	长枕木	2.5×0.2×0.16	保护风口
炉缸散装枕木	短枕木	(0.8～1.0)×0.2×0.16	填充炉缸

B 炉缸填充枕木体积及质量要求

(1) 计算中心堆包圆木体积 $V_{堆包}$：按照堆包底面直径（取炉缸直径的一半）、中心堆垛的堆角（一般取60°）计算。

(2) 计算保护风口用长枕木体积 $V_{圆}$：根据长枕木高度及炉缸直径计算。

(3) 炉缸散装枕木区体积 V：$V = V_1 - V_2$（铁口区域凸台体积），炉底（黏土砖表面）到风口中心线的距离。

(4) 计算所需枕木总体积：取散装短枕木的填充率为0.50，圆木填充率为0.50；短枕木体积 $=0.5\times V$；圆木体积 $=0.5V_{堆包}$；长枕木体积 $=V_{圆}$；考虑运输、保存方面的损失，取系数1.1；各种枕木乘以1.1系数后取整，加和即是炉缸填充所需枕木量。

(5) 对枕木的质量要求包括体积密度及水分含量，要求体积密度尽量高、水分尽量低。

11.1.4.3 枕木充填

A 准备工作

枕木填充由于要集中人力、物力交叉作业，时间紧、任务重，因此必须要做好相关事前策划工作，主要有统一的联络指挥体系、联络设备；人员配置及职责分工；设备资材需求；后勤保障安排；人员进入炉内作业安全防护措施确认；应急处理，联络设备故障维修，替补人员安排；医务站设立；消防车准备；进料口方位和数量计划和确认。

B　炉底八角排气管安装及铺底焦

装枕木前，为对炉底和排煤气管实施保护，铺底焦为1m厚。八角盘管如图11-7所示。

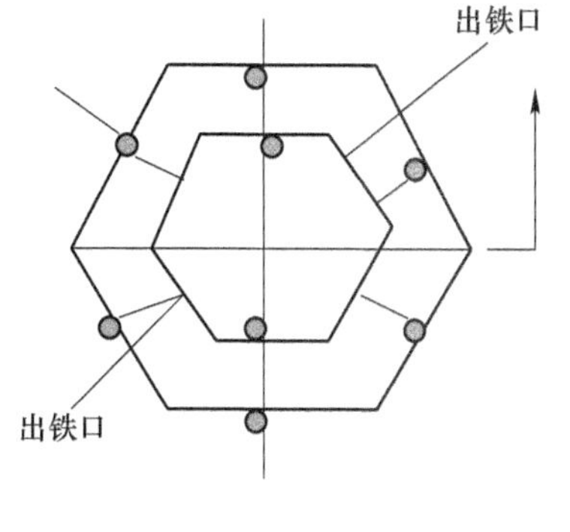

图11-7　八角盘管示意图

C　进料计划

进枕木风口、辊道安装：在填充前，必须要计划好使用风口位置，准备好辊道，原则是均匀、对称、防护好中套。进枕木风口、辊道安装如图11-8和图11-9所示。

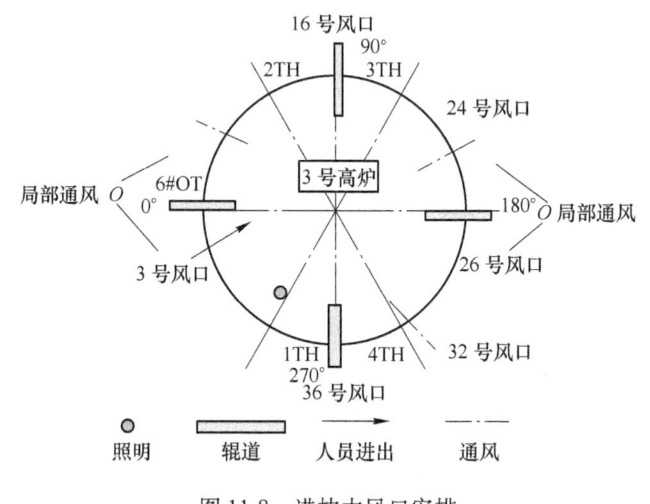

图11-8　进枕木风口安排

枕木充填进度安排：在填充枕木前，制订好节点计划，确保工事安全、顺利进行。

D　枕木充填安全措施

（1）炉内的安全措施：溜槽停止、倾动到最高位置，做机、电锁定；眼镜阀关闭，料流阀、下密封阀关闭，做机、电锁定。探尺作机、电锁定。炉顶各人孔关闭，炉顶放散阀全开。所有设备吹扫用 N_2 全部与炉内有效切断。炉内预先进行冷却，进行温度测定。进行含氧量测定后作业人员方可进入，同时辊道停止作业，有专人负责。除规定风口，都用盲板插上。

（2）防火安全措施：禁止炉内和炉周围动火，不许带火种入内。堆场留有

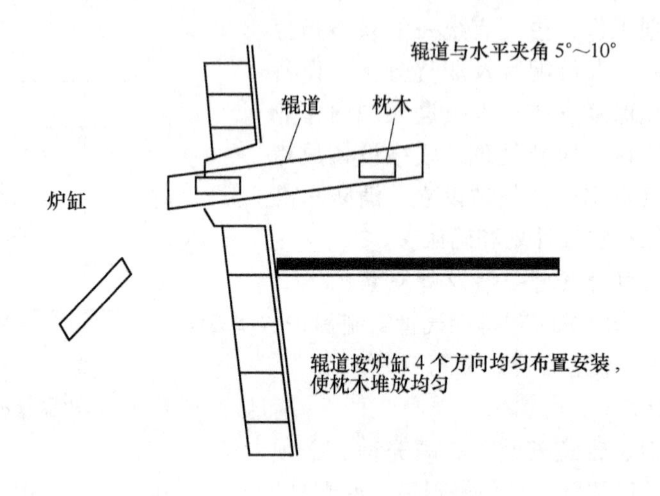

图 11-9 辊道安装示意图

通道、准备灭火器、配置打水管。设专人日夜巡视检查。

11.1.5 炉料填充及料面测试

11.1.5.1 炉料填充的主要内容及原则

高炉装入填充料对点火开炉的成败起极其重要的作用，制定正确的高炉填充料装入方案，是高炉顺利开炉的关键。开炉料需要保证开炉后炉内充分升温，保证初渣、铁的温度和流动性，其内容大致包括三点，见表 11-5。

表 11-5 高炉填充概要

构成要素	目 的	方法及内容
点火用矿石填充	炉内升温阶段的负荷调整	冶炼低熔点炉渣；沿高度 O/C 的调整
热源用燃料（点火焦）	炉内填充料的升温	装入净焦及低 O/C（<1.0）的炉料
炉缸部的强制升温	防止初期生成的渣铁降温	从出铁口排煤气

具体来讲，对开炉料需要确定下列内容：开炉炉心焦的用量设定；平均填充焦比的确定；矿石使用种类；各种原料的堆密度；装入批数、炉料压缩率及炉渣碱度；生铁［Si］和［Mn］成分设定；炉内装入料平均矿焦比；炉渣性状的设定。

11.1.5.2 炉料填充的装入计算

A 确认和计算开炉填料炉型尺寸及容积

开炉填充料必须根据实际开炉的炉容计算，即考虑料线深度、扣除耐火材料厚度后实际的空腔体积。以宝钢某高炉为例：计算炉喉-风口中心线之间工作容积 $4078m^3$；风口以下装入铺底焦和枕木，枕木装在风口下沿以下 0.2m 位置，风口以上装入净焦和正常料，开炉装料设定料线 1.3m，根据开炉各段需要填充体积，得到总装料体积为 3940.8m^3。

B 确定相关填充条件

a 开炉料结构

开炉料结构的选取原则是：烧结比不低于 75%，熟料率不低于 90%；块矿选优质单一块矿（非混矿）；兼顾碱度调剂和渣比。表 11-6 是宝钢高炉开炉料结构范围。

表 11-6 宝钢高炉开炉料结构

开炉料结构	烧 结	球 团	块 矿
比 例	75% ~80%	10% ~15%	10%

b 确定各种原料的堆密度

堆密度必须由实验实际测定；如与最近 1 年内同类型高炉开炉用料一致，且是实测值，可以不必重新测量，借鉴、参考即可。

c 装入物段数、炉料压缩率与成分设定

根据经验，开炉料一般分 15 段装入：第 1 段是枕木和铺底焦；第 2 段按炉芯焦考虑，不加熔剂；第 3 段为净焦 + 熔剂，调整炉渣碱度（注：软熔带以下不装矿石，第 2 段装在炉腹，第 3 段装在炉腰及炉身下）；第 4 ~15 段装入正常料。各段炉料的压缩率设定依据是上次同类型高炉炉料填充预测料线与实际料线的偏差程度，如有较大偏差，可以适当调整。实际渣铁成分按照开炉经验来设定：[Si]：4.0%，[Mn]：0.7%，表 11-7 是宝钢某高炉开炉料分布及压缩率及成分。

表 11-7 宝钢某高炉开炉料各段选取的压缩率

段 数	15	14	13	12	11	10	9	8	7	6	5	4	3	2
压缩率/%	5.0	6.0	7.0	7.5	8.0	8.5	9.5	10.5	11.5	12.5	13.5	14.0	14.5	15.5
目标[Si]/%	4.0	4.0	4.0	4.0	4.0	4.0	4.0	4.0	4.0	4.0	4.0	4.0		
目标[Mn]/%	0.7	0.7	0.7	0.7	0.7	0.7	0.7	0.7	0.7	0.7	0.7	0.7		

d 开炉炉芯焦的用量设定

点火用焦炭包括 O/C 为零和 O/C 不大于 1.0 的焦炭，它与枕木燃烧后需填充的空间和炉内填充料及炉墙耐火砖的升温所必需的燃烧焦炭量有关，其数量根据炉容大小及参考过去的经验来确定，一般 O/C 为零的焦炭体积占总有效炉容约 40% ~50%；O/C 不大于 1.0 的焦炭体积占有效炉容约 55% ~65%。以宝钢某高炉为例，工作容积 4078m^3，O/C 为零的焦炭量为：4078 ×0.45 ×0.53 = 973t，取整，1000t；O/C <1 的焦炭量，4078 ×0.6 ×0.53 =1296t，取整，1500t。

e 平均填充焦比的确定

$4000 \sim 5000m^3$开炉料的总焦比控制在3500kg/t左右，开炉料平均O/C控制0.45左右。见表11-8。

表11-8 开炉料平均矿焦比

高 炉	总焦比/$kg \cdot t^{-1}$	平均O/C
4号高炉第一代	3476	0.455
3号高炉第二代	3416	0.442
4号高炉第二代	3459	0.446

f 焦炭批重的确定

以焦炭在炉喉、炉腰平均层厚为选取标准。$4000m^3$级高炉开炉时，焦炭层厚在炉腰处为$0.2 \sim 0.3m$，炉喉处为$0.5 \sim 0.6m$。

g 炉内装入料O/C的分布

（1）各段负荷分布设定：按照多段平滑过渡、稳步提升炉温的原则设置；第15段是炉顶料批，O/C为2.2。表11-9是宝钢近年来开炉料各段矿焦比分布情况。

表11-9 宝钢各段负荷分布情况

高 炉	段数	1	2	3	4	5	6	7	8	9	10	11	12	13	14	15
4号高炉第一代	O/C	枕木+铺底焦	0	0	0.05	0.1	0.2	0.3	0.5	0.7	1.0	1.3	1.6	1.9	2.1	2.2
3号高炉第二代	O/C	枕木+铺底焦	0	0	0.05	0.1	0.2	0.3	0.5	0.7	1.0	1.3	1.6	1.9	2.1	2.2
4号高炉第二代	O/C	枕木+铺底焦	0	0	0.05	0.1	0.2	0.3	0.5	0.7	1.0	1.3	1.6	1.9	2.1	2.2

（2）铺底焦量的确定：铺底焦量的原则是要确保能盖住炉底铺设的管子，根据炉缸截面积计算，宝钢高炉按照厚度在1m计算，基本在$80 \sim 85t$左右。装入时要调节旋转布料器角度使焦炭均匀分布，避免焦炭打到风口，尽量使最终料面保持平坦，将炉底煤气管埋住，减少人工扒焦。一般分4次采用6°、10°、12°和18°四个角度、由内向外进行装入。

h 炉渣性状的设定对及炉料质量要求

点火时生成的炉渣首先要确保在低温下的流动性，其次要考虑到由于炉墙保护砖的熔损和［Si］的上升。实际开炉由于铁水成分偏差、炉墙耐火材料脱落等原因，渣碱度、Al_2O_3比填充料理论计算略偏高。因此，在计算时可适当控制下限，但要兼顾渣比。

（1）渣碱度的设定：根据各段料矿焦比情况及高炉矿石软化、还原特点，进行分段控制，一般开炉渣碱度控制在$0.95 \sim 1.0$范围内。计算与实际可能的偏差可以根据历史实绩进行估算，偏差控制在不大于0.1允许范围内。

（2）Al_2O_3的设定：为保证开炉渣铁黏度和流动性，必须要严格控制好渣中

Al_2O_3，一般开炉控制在13.0%～13.5%。宝钢高炉主要采用石灰石、硅石来稀释渣中 Al_2O_3 含量，渣中实际 Al_2O_3 按13%控制，考虑到实际与计算的偏差，在装入料计算时 Al_2O_3 适当降低1.5%左右。

（3）渣比的确定：在保证以上两项基础上，要保证合适的渣比。过高的渣比将对开炉透气性、稳步提升炉缸温度不利；过低渣比对物料配比、质量要求高，且不利渣成分控制，尤其是 Al_2O_3 含量控制。宝钢一般要求控制渣比在1.1～1.2t/t-p左右。若渣比过高，要看是炉料结构造成还是为平衡 Al_2O_3 含量所加熔剂过多造成。若是炉料结构造成，可以适当要求烧结临时提高品味或适当降低烧结比例；若是结构没有空间，考虑要求烧结、炼焦临时调整配比，严格控制烧结中 Al_2O_3 含量及焦炭焦灰中 Al_2O_3 含量。

（4）填充用原燃料要求：为保证开炉点火透气性和炉况顺行，必须要对开炉料提出必要的质量要求：填充时炉料在炉内落下距离长，易粉化，要求焦炭及烧结矿冷强度高；点火后原料在低温区滞留时间长，为防止还原粉化，要求烧结矿还原粉化指数（*RDI*）低；为使初期生成的软熔带稳定，要求大量使用高温情况好的烧结矿；为确保低温软融物的流动性，要求焦炭粒度大。宝钢对开炉填充料的具体要求见表11-10。

表11-10 宝钢对开炉料的质量要求

品种	烧结矿	焦炭
品质	*TI*≥75%　*RDI*≤30%	*DI*≥88.2%，*Ash*≤12.0%，S≤0.65，*CSR*≥68，*CRI*≤25
下筛网	3.5mm	ϕ38×4，ϕ45×2
其他	铺底焦采用下网为 ϕ45mm 的焦炭。开炉填充料要求筛分干净、入炉粉末少，矿石称量时t/h值按不大于180t/h控制	

C 对炉料填充进行核算

核算目的一是确认，对填充料有总体认识，看一些关键参数是否在合理范围；二是为物流平衡和物料准备做参考。主要包括：

（1）核算原燃料及副原料使用总量。

（2）核算生成渣铁量及渣比：渣量为所有填充料反应后理论生成渣的量之和；渣比为理论总渣量与理论生成铁水之比。

（3）核算炉内平均矿焦比和平均焦比：平均O/C＝入炉矿石量/入炉焦炭量；炉内平均焦比＝入炉焦炭量/生成铁量。宝钢高炉一般平均矿焦比为0.440～0.4555，平均焦比为3.42～3.47t/t-p。

（4）核算装入炉料体积：各段料体积，同时考虑压缩率之后的炉料体积。

D 开炉料填充料单

所有因素考虑完毕，做炉料填充料单，包括各段料品种、量、成分需求、批数、体积、压缩率、理论预测料线；所有料的综合信息，包括平均矿焦比、焦比、总体积、总用料量、生成渣铁量、渣比、矿焦比为零焦炭量、矿焦比小于1的焦炭量。

11.1.5.3 填充炉料及料面测定

开炉填充料理论计算完毕，经确认无修改后，待条件具备即可进行装料。在炉料填充过程中要确保安全、顺利，避免环保污染，要进行一系列基础数据测定，需要诸多相关人员协同、配合。因此，在填充炉料及料面测定前，必须要制定细致的方案。填充炉料的关键和核心是要取得布料基础数据，尤其是不同布料溜槽角度时，炉料与炉墙的第一碰撞点，同时关注料线6m以上时，不同布料档位的料面形状，以作为开炉正常生产重要的基础参考依据。

A 测定项目的确定

列出需要测定项目的内容清单，一般包含表11-11内容。

表11-11 炉料填充料面测定项目及内容

序号	项 目	内 容	装入位置	备注
1	炉料性能测定	测定炉料的堆密度和自然堆角	炉外进行	测量
2	FCG标定	明确料流控制阀与下料流量的关系，确定正常布料的开度值	炉腹和炉身	测量
3	料流性能测定	测定炉料自溜槽落下后的料流形状、料流内料度的分布，料流轨迹及多环布料时的径向分布（料量、粒度）		测量
4	料面形状测定	观察和记录不同的溜槽档位和料面形状的关系，以及中心焦在炉内的位置、形状以及其对料面的影响	炉身上部	测量
5	料流料面形状摄像	跟踪记录炉料下降过程中的轨迹形状、料流运动情况和料面的运动状态	风口至炉身	测量
6	装入高度测定	用最深探尺在每次装入炉料后进行装入高度测试，从而确定每批料的装入层数	炉腰至炉身上部	测量

B 具体测定方法

（1）在炉顶用秒表测量排料时间，与主控画面的自动测量结果对照，确认其准确性。根据生产时料流调节阀开度的可能范围，测量各种炉料在不同料流调节阀开度时的排料速度。

（2）用激光建立炉内空间坐标系，采用摄像设备，在开炉装料的同时在线连续摄取料流轨迹和料面的图像，通过计算机对获取的图像进行处理，得出开炉装料实测过程所得的各种参数和数据。

（3）对测量结果进行整理、分析，并用计算机处理，得出高炉的无钟布料规律，料流调节阀开度与排料流量的关系曲线，炉料在各个溜槽角位时的落下轨迹，炉料装入高炉后的体积压缩系数。

图 11-10 和图 11-11 所示是宝钢 4 号高炉第二代开炉料流调节阀与排料流量的关系曲线、焦炭料流轨迹、矿石料流轨迹。

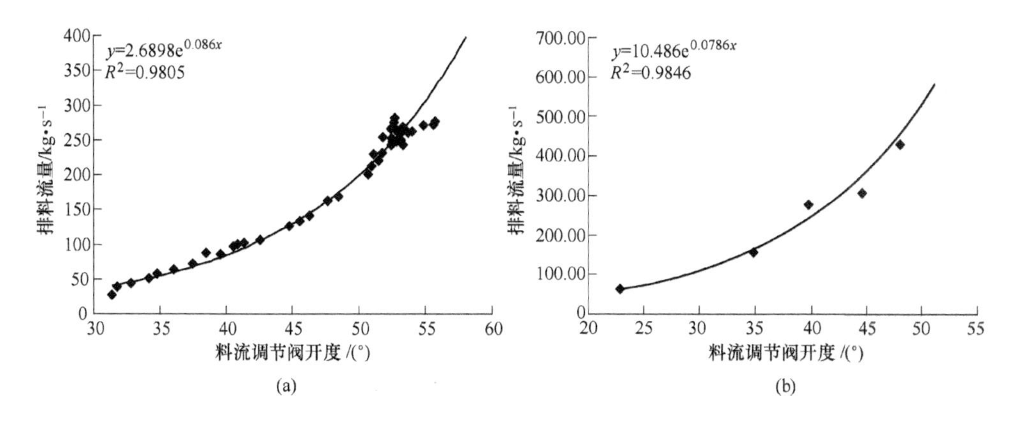

图 11-10　宝钢 4 号高炉第二代开炉料流调节阀与排料流量的关系曲线

（a）宝钢 4 号高炉焦炭 FCG 曲线；（b）宝钢 4 号高炉矿石 FCG 曲线

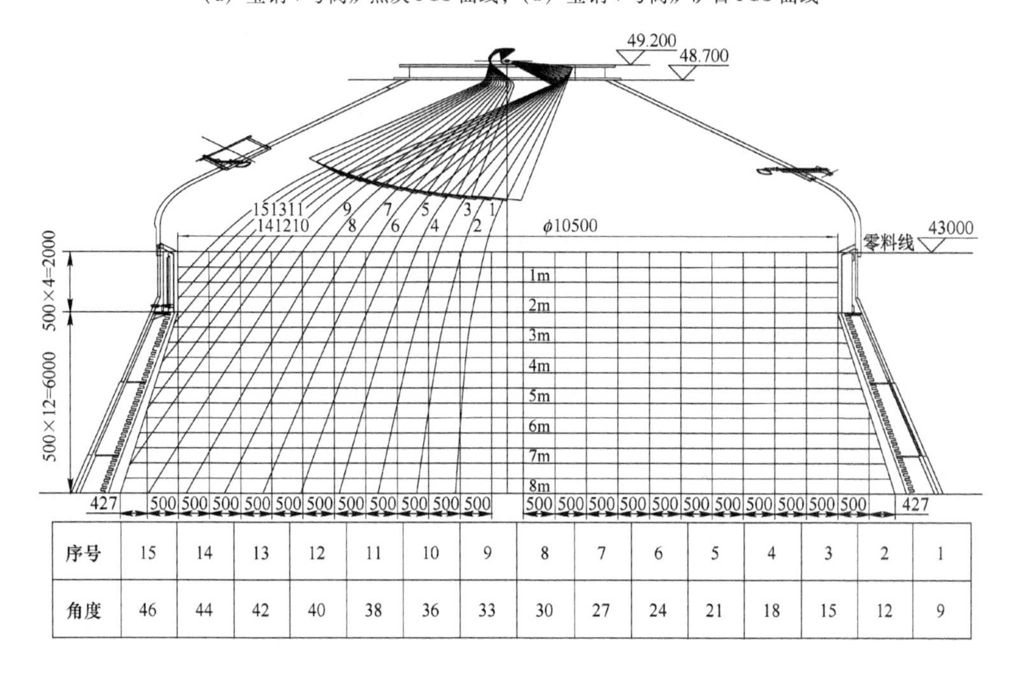

序号	15	14	13	12	11	10	9	8	7	6	5	4	3	2	1
角度	46	44	42	40	38	36	33	30	27	24	21	18	15	12	9

图 11-11　宝钢 4 号高炉第二代开炉焦炭料流轨迹

C　安全及环保注意事项

（1）联络体制及指挥体制明确。

（2）测定期间，炉顶打水、蒸汽、N_2 及齿轮箱保护 N_2 等阀门关闭，除测定所用炉顶人孔，其他所有人孔关闭；炉顶放散阀开。

（3）为保证上料正确及测定安全，上料全部采用手动上料。

（4）测定时，人孔及溜槽更换孔前均应设置临时安全栏杆。进入炉内或站立于大人孔处时，戴好安全带。如果需要，进入炉内人员必须系好安全带，戴好安全帽和口罩。

（5）为减少污染，在大人孔处安置一台排风扇和除尘布袋。

（6）测定时期，严禁无关人员进入测定现场。

11.1.6 开炉点火操作

11.1.6.1 点火后48h操作

A 基本方法

点火后24h是常温的炉内装入物升温、开始还原的时期（软熔带形成期），生成的渣铁熔融物初次排出的时期，因此，基本操作要点是：

（1）控制适宜的加风速度，避免软熔带形成期由于透气性变坏而减风。

（2）合理分布炉内O/C，确保装入物的升温、还原和炉缸的升温。

（3）充分从铁口放出煤气，使枕木完全干馏，落入炉缸的焦炭充分被加热，炉缸的焦炭呈红热状态。

（4）正确掌握生成的渣铁水平，稳定出铁出渣同时，确定初渣、初铁排放时间。

B 送风量设定

（1）初始送风量的选定：根据经验，大型高炉开炉时的送风比一般在0.5左右。

（2）加风速度的控制：在高炉点火后的5h内主要是枕木和下部焦炭的燃烧过程，高炉上部的矿石未出现熔化，高炉透气性非常好，为此本阶段是实现快速加风的过程，加风速度控制在约200m^3/h以下高炉基本能够接受，也就是最终能够实现3500m^3/min的水平，在其后的1h内由于炉内矿石开始熔化，炉料透气性出现变化，本阶段要求适当控制加风速度，一般为100m^3/h。在高炉点火后约6～8h之间是高炉软熔带形成并稳定的过程，本阶段最好能够维持既有风量，并通过下部热制度进行调节，确保炉缸热量处于既充沛又非过热的状态中。在高炉点火8h后，此时炉内软熔带已经形成并稳定，此时可以根据实际情况逐步恢复正常的加风速度。如果炉况顺行良好，送风后20h送风比达到1.0以上；然后稳步按照计划时间加风到目标风量。图11-12是宝钢根据软熔带形成情况合理控制加风节奏示意图。

C 提O/C及炉料变更

送风后平缓增加O/C，如果炉况顺行良好，最好在软熔带形成后开始提矿焦比，前期按0.1/6h幅度增加，后期可以按0.1/8h增加，当风量回全后，负荷提高到可喷煤水平。全焦冶炼期间，开炉时间短，应尽量维持开炉料结构。

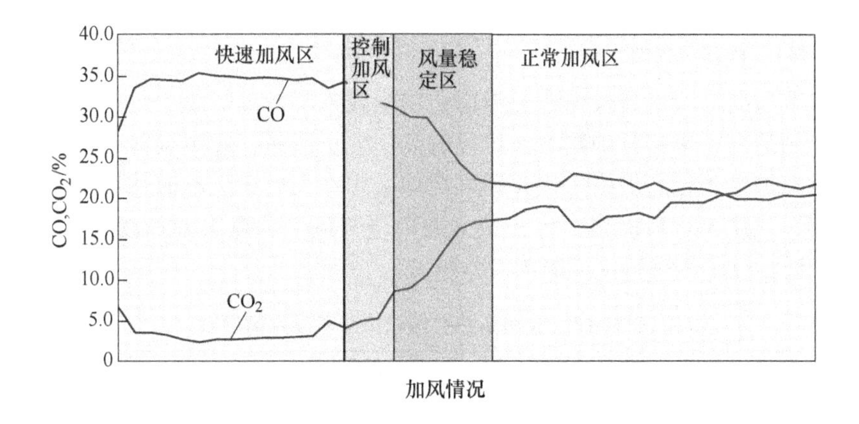

图 11-12　宝钢高炉开炉点火合理加风节奏的控制

D　风温、湿分的控制

初始风温高，有利尽快提高炉缸热量，提高初次出铁的铁水温度。一般将初始风温设定为750℃，开炉后BT的调整计划是每间隔1h提高风温10℃。在软熔带形成期间，注意控制节奏，风温暂时维持，确认炉况稳定顺行后，再逐步增加风温，仍是按照10℃/h的速度增加。煤气连通前湿分全闭，在煤气联通后，实际风温达到750℃要求后，逐步加大湿分。增加湿分时，监视好煤气中 H_2 含量变化。BT、BH的调整主要结合 T_f 值配合使用，在全焦冶炼期间，T_f 值控制在2300℃以内。宝钢近年来的做法是：在风量3500m^3/min之前，基本在燃烧枕木，软熔带未形成，不存在悬料风险，控制较低湿分，一般不大于20g/m^3。其优点是：提高入炉热量，尽快给炉缸储热。图11-13所示是宝钢某高炉第二代开炉湿

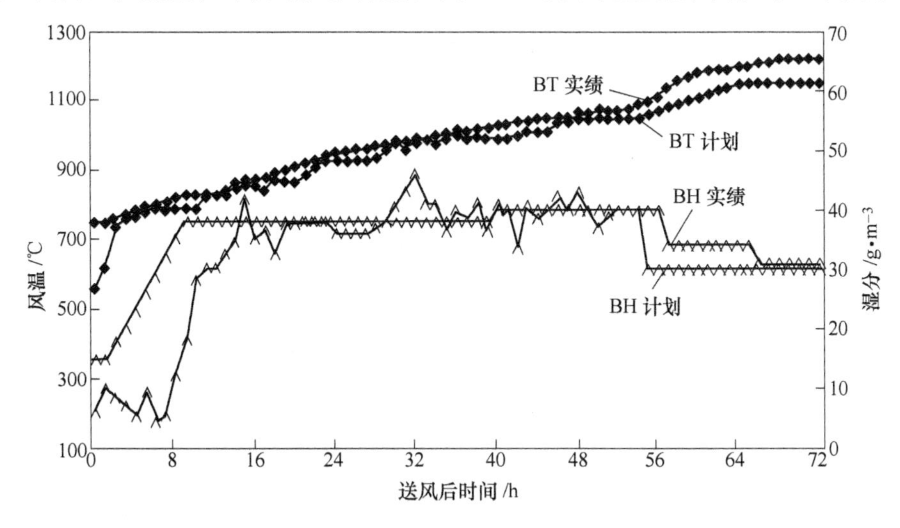

图 11-13　宝钢某高炉第二代开炉湿分及风温

分及风温。

E 风口直径设定

选取合适的风口直径及面积要考虑：喷煤投入时，高炉是否要休风；第一次休风前计划最高风量；开炉到再次休风时间间隔；风速、鼓风动能等；均匀分布等。宝钢高炉在3号高炉第二代开炉之前均采用点火后3天临时休风插煤枪的方式投入喷煤，从3号高炉第二代开炉，采用全开风口、点火前插煤枪方式开炉。表11-12是宝钢高炉初始风口面积设定情况。

表11-12 宝钢高炉初始风口面积设定情况

高 炉	4号高炉第一代	2号高炉第二代	1号高炉第三代	3号高炉第二代	4号高炉第二代
炉容/m^3	4747	4706	4966	4850	4747
风口状态	休风插枪	休风插枪	休风插枪	全开插枪	全开插枪
风口面积/m^2	0.4670	0.4838	0.4816	0.4858	0.4730

F 铁口开孔、堵口时间的设定

开炉后，确认风口前焦炭燃烧后，打开铁口点燃煤气，有渣铁粒喷出时堵上铁口。一直到计划开口出铁时间再打开铁口出铁。

G 布料矩阵确定

开炉气流调整原则为稳定边缘、开放中心；根据开炉填料情况，形成宽度约1.5~2.0m、边缘距离炉墙约0.3m平台。表11-13是宝钢某高炉第二代开炉点火后布料角度。

表11-13 宝钢某高炉第二代开炉布料角度

档 位	2	3	4	5	6	7
角度/(°)	42.0	40.0	37.5	35.0	32.0	29.0
焦炭	3	3	3	2	2	2
矿石	3	3	3	2	2	1

H 高炉引煤气及煤气成分分析

引煤气条件：煤气检测成分$O_2 \leqslant 0.5\%$连续2个样以上，炉顶、DC停止通保安气体（N_2），开始引煤气，做点火试验，点火完成，方可联通煤气。高炉送风后，要求进行人工煤气取样，初期取样频度按1次/20min，12h后按1次/60min，取样时间维持1d，后面每天取3个样。送风后色谱仪投入正常运行，人工取样成分与色谱仪进行对比。

I 初次出铁时间计算

需要计算炉缸铁面到铁口中心线时、渣面到风口下沿0.2~0.3m处时能够存储的最大铁量、渣量，再根据经验设定相关参数及边界条件和加风节奏，反推初次出铁时间。以点火后下料批数推算初次出渣铁时间最为安全、可靠。

a　储渣铁界限计算

焦炭置换量计算如下：

（1）点火后焦炭置换量：

$$C = C_1 + C_2 \tag{11-1}$$

$$C_1 = \sum (B_V T)/W,\ C_2 = C_B(\sum T)/T_B$$

式中　C_1——累计燃烧焦炭量，t；

C_2——炉芯置换焦炭量，t；

B_V——风量，m^3/min；

W——燃烧焦炭所需风量，m^3/t，宝钢一般取 $2800m^3/t$；

T——送风时间，min；

C_B——炉芯焦炭量；

T_B——枕木燃烧完时间，min，根据经验取12h。

（2）C_B（炉芯焦炭量）计算：

炉芯焦炭量 =炉芯焦体积 × 焦炭堆密度 × 压缩系数

$$炉芯焦体积V(m^3) = 3.14/4 \times [D^2H + L_C(D - 2L)^{2/3}] \tag{11-2}$$

式中　L——风口循环区长度，m，取1.5m；

H——炉底到风口的高度，m；

D——炉缸直径，m；

L_C——炉芯焦高度，m，

$$L_C = 6.935DSQR\frac{D_{pc}}{2L} \tag{11-3}$$

D_{pc}——焦炭的当量直径，m，取0.05m。

测算炉缸内引煤气管体积 V_1，则

$$C_B = (V - V_1) \times 焦炭堆密度 \times 压缩系数$$

（焦炭堆密度为 $0.53t/m^3$，压缩系数取1.15）

b　渣铁生成量的计算

即置换的焦炭量所对应的矿石、副原料生成的渣铁。为方便计算，计算时仅考虑燃烧焦炭部分生成的渣铁；置换的体积除考虑焦炭体积外，相应考虑矿石、副原料的体积。

（1）参数设定：渣铁有混合现象，取经验的铁水密度、渣密度，经多次开炉，将铁水密度、渣密度修订为 $6.60t/m^3$、$2.6t/m^3$；铁水下沉，可能会将死料柱浮起，铁口中心线下、风口至铁口中心线焦炭孔隙率需要经验设定，经多次开炉验算，将此系数修订为0.4。

（2）体积计算及存储渣铁量。

（3）根据砌筑炉型计算铁口中心线到炉底的容积。

（4）计算可储留铁水体积 = 铁口中心线到炉底的容积 × 铁口下焦炭填充孔隙率。

（5）可储留铁水量 = 可储留铁水体积 × 铁水比重。

（6）根据砌筑炉型计算铁口到风口下延之间的体积。

（7）储渣界限体积 = 铁口到风口下延之间的体积 × 风口下焦炭填充孔隙率 × 安全系数。

安全系数根据经验取定，宝钢一般取0.7。

c 出铁时间计算

将计算送风量、时间、矿焦比等数据汇总，依据累计风量、经验燃烧吨焦耗风量、12h后炉芯焦炭量固定、生成渣铁量、体积等汇总在一张表格上，计算何时渣铁量超过界限体积。需考虑的关键因素是：渣面控制在风口下沿250mm以下，即生成渣总体积不能超过理论计算的界限体积；若铁水到达铁口中心线时渣面已超过界限体积，必须提前出铁。表11-14是宝钢甲、乙高炉初次出铁时间情况表。

表11-14 宝钢甲、乙高炉第二代初次出铁情况

项目	B_V /$m^3 \cdot min^{-1}$	累计 B_V /万立方米	送风后时间	装入回数	出铁时间	开始见渣时间	出铁量/t	堵口 PT/℃	[Si]/%
甲高炉	3100	485.8	24h44min	57	53min	20min	151	1359	3.92
乙高炉	5100	457.2	19h	60	5h2min	2h15min	593	1510	4.99

需要说明的是，利用累计风量计算初次出铁时间时，由于受到风量计是否准确、吨焦耗风量大小选定、实际加风节奏等不定因素的影响，可能存在一定偏差；高炉实际出渣铁时间的确定，可根据实际送风后累计装入料批数减去软熔带以上料批生成的铁量、入炉装入料总铁量以及炉缸存储铁量进行预测。

J 提高初出铁铁水温度的方法

宝钢某高炉第二代首次铁最高铁水温度为1510℃，主要措施如下：

（1）合适的开炉填充料结构，包括总焦比、矿焦比分布、渣比控制等。

（2）软熔带形成之前，最低限度控制湿分。

（3）热风炉准备充足，维持700℃以上初始风温基础上稳步提升风温。

（4）控制合理的加风节奏，逐步储存炉缸热量。

11.1.6.2 开炉后一周操作组织

A 操作重点及操作安排

开炉后一周操作重点是维持高炉稳定顺行基础上逐步提高矿焦比、稳步过渡到喷煤；提高产量、提矿焦比，降硅到一定水平。近年来宝钢高炉采用不休风插煤枪投入喷煤的先进操作方法，48～56h 后风量基本回到目标范围，此后主要靠稳步提高负荷、适时富氧的措施稳步提产、降硅。产量爬坡可根据前后道工序物流能力，为保证长寿，开炉初期的产量要合理调控、组织，优先风量，喷煤开始后，T_f 值下降明显，开始考虑富氧。

B　指标提升

喷煤前要确认必备条件；开炉一周指标爬坡时要特别注意避免为降硅，产量、矿焦比一天之内多次调整，防止应对不及时造成炉况波动、甚至炉凉。

a　喷煤投入

喷煤投入前必须要确认相关条件及状态，条件具备方可实施，若矿焦比提到需要喷煤的水平而喷煤不能投入或不能稳定喷煤、故障频发，可能对炉况造成严重后果。表 11-15 是喷煤前确认内容。

表 11-15　喷煤前确认内容

序　号	确 认 内 容
1	前三天送风过程正常
2	设备状况良好并预计近阶段无大的设备问题出现
3	炉内 O/C 已达到 2.8 或以上。
4	高炉顺行良好，炉前出渣铁正常
5	铁水温度已达到 1500℃以上
6	煤粉制粉及喷吹系统正常

b　提高矿焦比及产量

在第一次提矿焦比之后，根据炉况、实际炉温水平进行调整，到不喷煤能够维持的最高矿焦比，为安全起见，一般维持全焦冶炼 2d 左右；喷煤投入后，根据炉况逐步提高矿焦比，但原则一般每次提矿焦比时间间隔不小于一个冶炼周期，以观察气流变化、平衡炉温。喷煤后前期因负荷低，提矿焦比幅度可 0.3～0.5/次，接近 150kg 要适当放缓。图 11-14 和图 11-15 所示是宝钢某高炉第二代

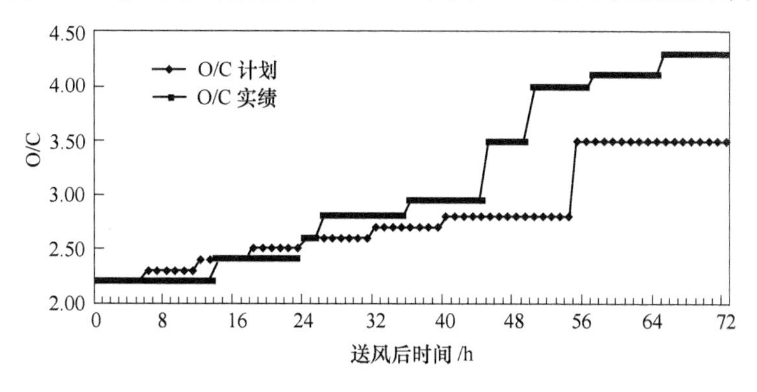

图 11-14　宝钢某高炉开炉计划矿焦比与实绩

开炉计划矿焦比与实绩、煤比及产量实绩。

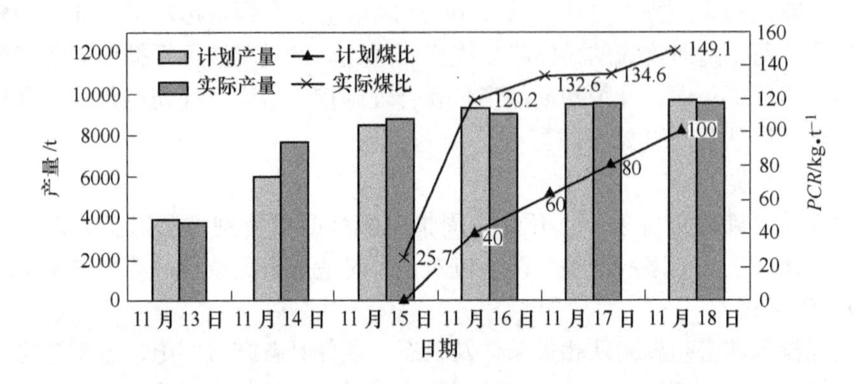

图 11-15　宝钢某高炉开炉一周煤比及产量计划与实绩对比

c　降硅操作

开炉硅素一般在 3.0% 以上，开炉一周主要通过富氧提高产量、提高负荷，同时调节风温、湿分来稳步降硅。宝钢某高炉点火后第 13 次铁时，即送风后 57h，[Si] 降到 1.0% 以下，如图 11-16 所示。

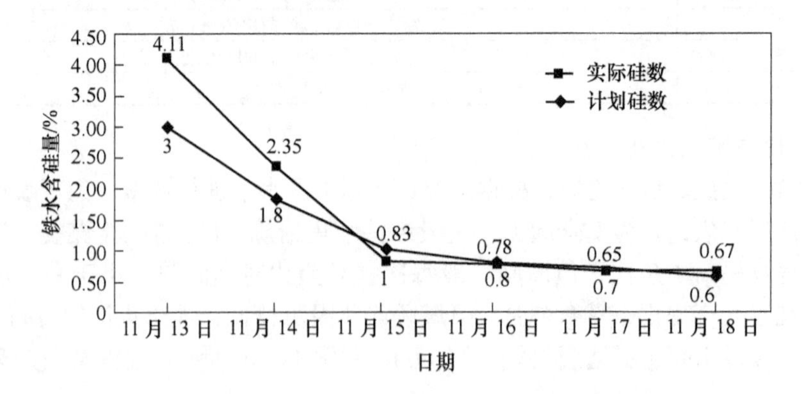

图 11-16　宝钢某高炉开炉降硅实绩

11.2　停炉操作

11.2.1　概述

高炉停炉是高炉大修、中修前的停产操作，是高炉操作的一个组成部分。高炉大修时的停炉需把炉内残余物料全部清出；中修时则将料线降到检修的部位以下即可。停炉操作一是要求保证安全；二是要为大修或中修创造方便条件。

从 1996 ~ 2014 年，宝钢炼铁厂历经 5 次停炉，均采用空料线打水凉炉，即在停炉休风料装完后停止上料，逐步减风、打水，将料面降至高炉风口。空料线停炉关键在降料线过程的煤气安全控制及放残铁，停炉主要作业过程有停炉前洗炉、物料安排、停炉设备安装等准备工作；停炉前预休风；空料线停炉及煤气管理；停炉时故障处理预案制定；炉前作业安排，如放残铁，还涉及放残铁作业；打水凉炉作业。凉炉后1号高炉第一代采用在线（原位置）爆破清理残渣铁，而后原地切割炉缸下段；2号高炉、1号高炉停炉过程中放残铁，而后解体机入炉清理残渣，最后炉缸下段整体推移；3号、4号高炉未放残铁，炉缸下段整体推移，异地解体。

11.2.2 停炉前准备工作

除确保停炉前生产正常、炉况顺行之外，停炉前还有大量的准备工作，关键事项有：

（1）停炉方案的制定和审核：包括安全措施方案、各种技术及作业方案。

（2）人员安排：方案学习、作业人员安排及责任落实、相关特殊作业培训、支撑需求等。

（3）物料、能源介质及相关需求及计划：包括料的品种，使用时间、量；用料槽的使用、用空时间；能源介质使用时段、正常量、最大量，检化验需求、运输需求等。

（4）停炉前操作调整安排及计划：包括洗炉操作安排、预休风安排、预休风后操作安排、停炉料装入安排等。

（5）停炉必备条件安排和计划：包括资财需求及准备、停炉用设备安装、所用设备进行检查及处理（主线设备、应急设备）。

11.2.2.1 停炉方案的制定和审核

为确保安全、顺利停炉，停炉之前，生产、技术人员必须要编制详细的停炉技术、作业方案，并经相关技术、操作和管理人员多次讨论后，报主管、上级主管审核，形成确认版下发员工学习。按照停炉工事节点，停炉前主要相关技术方案包括以下几方面：

（1）停炉安全和指挥体系方案：包括停炉指挥体制、停炉安全总则、配合安全保障等。

（2）停炉操作技术方案：包括停炉基本概况、洗炉及相关准备工作、停炉空料线过程、放残铁作业、高炉凉炉作业、相关附件。

（3）停炉炉前作业方案：包括停炉前出铁出渣作业安排、空料线时的出铁作业安排、异常情况预案、作业组织体制、其他协助内容。

（4）停炉运转作业方案：包括大修工程施工、作业项目安全管理；大修工程高炉停炉过程作业管理；停炉作业过程中煤气取样作业细则；大修工程项目施工过程进度跟踪管理；大修工程运转作业区人员培训管理；大修工程项目施工过程管理表等。

（5）停炉二喷作业方案：包括制喷停炉方案、水系统停炉方案、停炉期间的安全作业事项、各种记录确认表格及预案附页等。

（6）停炉水渣作业方案：包括安全确认及管理、停炉前的准备工作、设备移交准备工作、设备移交的确认、移交后的安全确认。

（7）停炉大沟作业方案：包括安全及人员管理、停炉前沟作业及使用安排、放残铁沟施工及耐火材料砌筑方案等。

11.2.2.2　人员教育培训

技术人员熟悉技术方案；作业人员熟悉作业方案；必须知晓关键要点和要求，主管上级抽查掌握情况。明确分工责任，在停炉过程中何时、何地、谁、做什么、怎么做，全体参加人员都要熟练掌握。对炉顶洒水人员、煤气取样人员进行现场培训。各区域人员班次安排周全。

11.2.2.3　停炉必备条件安排和计划

停炉必备条件是确保安全顺利降料线的前提和关键；尤其是降料线过程中使用设备的完好性、稳定性对停炉安全至关重要，甚至对一代炉龄都有重要影响。

A　停炉前最后一次定修设备准备工作

（1）仪表设备检查校对：包括风口流量计；顶温检测电偶；煤气系统的入口温度和出口温度电偶及流量计；高炉风量、风压、顶压仪表；在线煤气检测设备安装，能够分析煤气中的 O_2 含量，并分次将量程调整到停炉需要的范围；鼓风湿度及加湿蒸汽量检测计；水枪的水量及水压检测装置等。

（2）保安气体的设备管道、阀门和检测计量设备安装到位：定修前确定好保安气体接入口的位置，将接入口前端的管道、阀门和检测计量设备全部安装完毕。定修中清理所有需要接入保安介质的通道，确保畅通。现场使用的不同种介质要求相应挂牌明示。已安装的所有阀门和检测计量设备确保工作正常、准确。

（3）关键参数监控画面及记录图表准备：在停炉前及降料线过程中，涉及各种运行参数的调整和监控，为及时、有效监控关键数据，准确无误记录停炉过程，必须在停炉前制定相关参数记录表格、图标。宝钢停炉前制定的画面、图、表主要有停炉前各作业区关键参数调整时间、量的记录；洗炉开始后，炉体温度、水温差、查漏跟踪记录表；停炉过程中停炉过程人工记录关键参数调整时间、量的记录表、图；根据生产方的要求，设计专门的程序自动采集数据系统；停炉综合信息画面，如图 11-17 所示为宝钢某高炉停炉综合信息画面。

（4）冷却设备查漏及处理：定修前对高炉所有的冷却设备进行彻查，发现破损的，要尽可能地全部更换，如特殊原因不能更换的，要闭水封堵，确保在停炉期间无向炉内漏水现象。

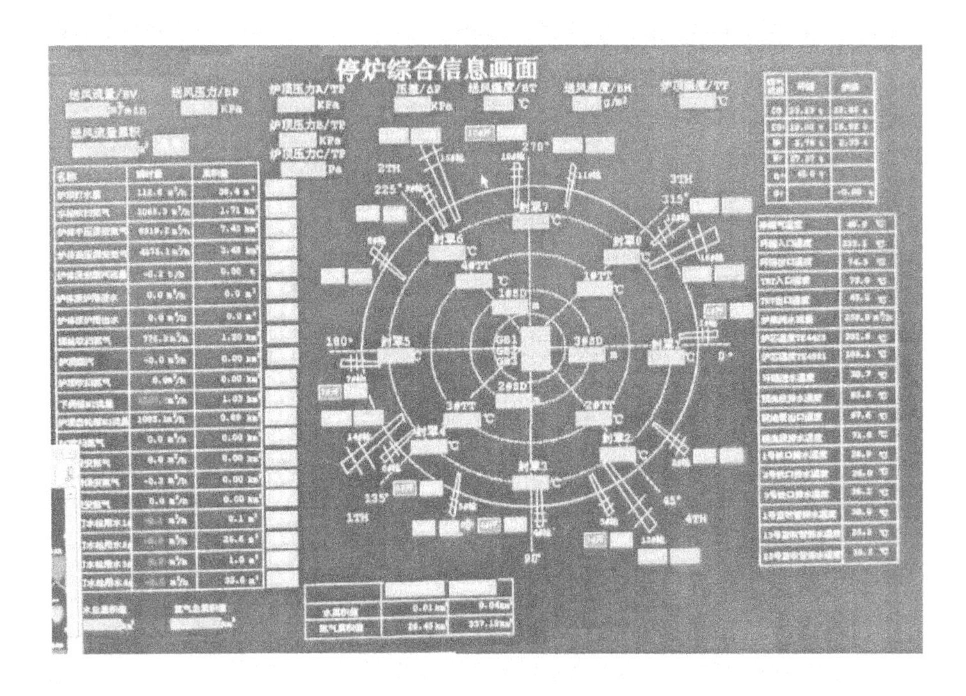

图 11-17 宝钢某高炉停炉综合信息画面

（5）炉皮检查处理：定修前全面检查炉皮煤气泄漏情况，泄漏点要焊补好，并落实现场的煤气安全警示标志；必要时，炉壳周围准备好洒水工具，并能覆盖到炉壳周围的所有区域、确保水量水压。

B 停炉前的预休风设备准备工作

（1）预休风前：再次确认管路畅通，流量满足停炉的要求；确认各种仪表设备准确，运转正常；调整炉顶放散阀的自动放散压差；重力除尘器彻底放灰。

（2）预休风时：清理保安气体的入口与通道，与外部管道连接；再次检查、确认、处理冷却设备状况；进行通保安气试验，确认流量和压力；安装停炉用设备，如炉顶煤气人工取样设备、耐高温长探尺、十字测温改装为打水枪、在一个炉顶取出孔安装微压计（空料线结束后封盲板调整炉内压力用）、炉顶在线煤气检测计等；设备状态检查，如打水枪状态、TRT 运行状态；辅助设备检查，如停炉过程中各区域照明、电梯状况等。若煤气清洗系统有入口温度控制要求，需要对煤气清洗系统供排水改造、新增管道，对系统补充新的清循环水，保持清洗水温度不过高，以免造成煤气入口温度偏高。

（3）炉顶打水装置安装及检查：为有效控制煤气温度，同时方便操作、尽可能均匀打水、减少打水、降低降料线过程中 H_2 含量，宝钢对打水枪的要求是：正常打水枪 12 根；改进打水能力，预休风时将 4 根十字测温改装成打水枪，总打水枪枪数16根，单枪流量为0.24m³/min，共计3.8m³/min；确保打水枪雾化效果；大部分打水枪采用电动阀控制，可单独操作，极少数手动控制；打水枪尽可能均匀分布。图11-18所示是宝钢某高炉停炉打水枪的布置情况。

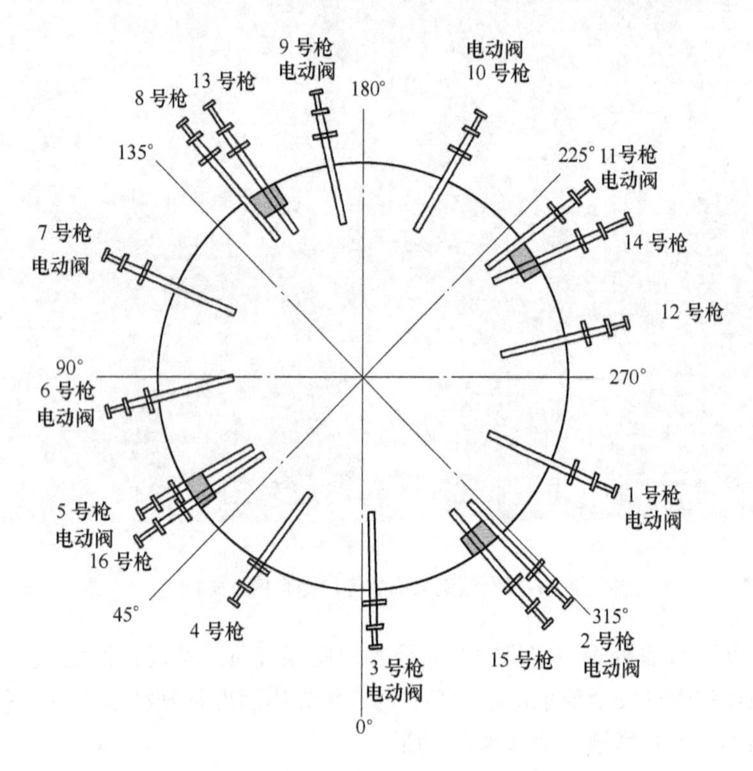

图11-18 宝钢某高炉停炉打水枪的布置

11.2.2.4 停炉前操作调整

A 洗炉作业

a 洗炉目的和对象

洗炉目的：减少炉身黏结渣皮，降低和消除降料线过程由于渣皮脱落造成煤气爆震的风险，对不留用的炉身，减少停炉后对炉身渣皮的清理时间，提高炉身进行修补、喷涂后耐火材料之间的黏结牢固程度，对不留用的炉身，减轻重量，为整体推移、快速大修或炉身解体创造条件；减薄或消除炉缸过多的凝铁层，减轻炉缸重量，降低放残铁或炉缸整体推移风险。

洗炉部位、目标：尽可能减少炉身黏结物；减薄侧壁的凝铁层厚度，将1150℃等温线尽量推至炭砖表面或最大侵蚀线处；保证炉芯温度不大于历史最高温度基础上尽可能高。

b 洗炉原则

洗炉过程中不影响高炉稳定顺行，不烧坏炉体冷却器，不致使炉皮开裂或开裂处有明显发展趋势；炉缸温度、炉底温度接近历史最高温度、计算炭砖残厚，按照500mm并能稳定至停炉；单块、单串冷却壁水温差，历史最高水温差；炉缸炉皮不开裂，不致使炉缸烧穿。

c 洗炉方法

洗炉分物理洗炉和化学洗炉。物理洗炉即依靠炉温、高温煤气流、维持一定产能、控制冷却水量来清洗炉体渣皮、炉缸凝铁层；化学洗炉即加入熔剂、控制和改变渣系进行洗炉。

物理洗炉的具体措施：

(1) 稳定炉况。调整好气流分布，稳定好炉况，杜绝炉况失常造成炉墙黏接；尽量避免减风、减氧，维持较高炉腹煤气量。

(2) 维持或适当提高冶炼强度。停炉前1个月左右，适当加大风量，保证一定炉腹煤气量和产量，如宝钢某高炉停炉前风量从6850m^3/min提高到7000m^3/min，产量从10500～10800t/d提高到11000t/d甚至超过11000t/d；预休风后进入全焦冶炼，继续维持较高风量。

(3) 维持较高煤比。如4号高炉第一代预休风前煤比按保持180～185kg/t来控制。

(4) 适当提高炉温。铁水[Si]从目前的0.45%水平提高到0.5%～0.6%。预休风后继续维持较高炉温，*PT*：1510℃，[Si]：0.8%～1.0%。

(5) 调节冷却水量：提前一月左右逐步调整直至停止炉底板水量；物理洗炉期间，根据炉缸炭砖温度情况，适当减水；化学洗炉期间，因洗炉强度较大，对炉缸冷却壁水量不进行调节。

化学洗炉的具体措施：

(1) 洗炉熔剂。先加入锰矿，隔一段时间加萤石洗炉。一般在停炉前一周加锰矿，按照铁水Mn含量0.5%来控制入炉量，停炉前3～5天加萤石洗炉，按照5kg/t-p控制加入量，能够确保洗炉效果，同时对炉况影响尽可能小。

(2) 渣系控制。预休风前，为改善渣流动性，适当降低炉渣碱度，R_2控制范围为1.18～1.22，避免高硅高碱。预休风后进入全焦冶炼时，炉渣碱度1.10～1.12，Al_2O_3≤14.0%，MgO为6.5%左右。

d 洗炉期间注意事项

监控好炉体、炉缸状况，防止炉皮发红、开裂；化学洗炉期间，如发现侧壁或炉底温度超过历史最高水平，要综合分析判断是否要减少或停止洗炉熔剂；铁口区仍是重点保护区域，铁口深度继续按照正常管理。

B 预休风安排及对停炉的积极影响

一般在停炉前3天安排一次预休风，主要任务是安装停炉用设备、查漏等。

送风后过渡到全焦冶炼，继续洗炉3天，待炉温、炉况正常，再装入休风料、空料线停炉，这是宝钢停炉的显著特点。预休风停炉优点如下：

（1）保持全风操作，炉况易保持稳定顺行。

（2）降料线前期风量大，有利迅速降低料线，缩短降料线时间。

（3）减风节奏、累计风量及降料线时间可控、可预测，避免回风最高风量不可预测的风险；避免加风操作，降低管道及炉况波动风险。

（4）开始空料线前炉墙仍保持洗炉状态，黏接渣皮少，有利降料线过程煤气安全及停炉后喷涂修复或整体转运。

（5）避免了休风热量损失，有利于保持停炉前炉温，有利于出尽渣铁和放残铁。

C 停炉料装入安排

在炉料结构、主要成分要求设定之后，停炉料主要考虑正常炉料、盖面焦的装入时间，如何控制料仓残余料量。

（1）停炉料装入批数及时间测算：根据每批料体积、料面到风口中心线之间炉容、炉料压缩率的经验数据装入批数；根据停炉前实际产能、下料速度计算休风料装入时间。

（2）盖面焦装入安排：盖面焦指停炉最后装入炉内的焦炭。宝钢一般装入盖面焦150t，不考虑炉芯焦，焦层厚度在风口中心线以上约1.6m，在空料线开始后炉顶温度超过目标管理值时逐批装入炉内，基本按照正常档位装入。

（3）料槽残余量的控制：在空料线停炉前，一般除盖面焦外及考虑保险系数，一个焦槽可多备一定量焦炭外，其余均要求尽量装完；可以允许个别槽有少量的残余料。在控制槽位期间，高炉方要与供料方沟通协作，定期、及时监控、记录槽位变化。

11.2.3 空料线停炉

空料线停炉是安全顺利停炉的核心和关键步骤，其操作要点是：减风节奏与打水合理匹配，控制炉顶温度及煤气成分在安全范围内。三者是相互影响、相互牵制，操作逻辑图如图11-19所示。

11.2.3.1 减风节奏控制

为在降料线过程中有计划、有步骤地进行减风操作，必须要事先制定减风曲线；减风过程中，参照计划曲线并根据实际情况做修正后进行操作。

A 停炉前减风曲线的制定

a 吨焦耗风量的计算

吨焦耗风量是测算累计风量与料线关系的基础数据，可以根据当前生产实绩、历史停炉实绩及国内外经验数据，综合选定。宝钢一般选定范围是2800～3000m^3/t，见表11-16。

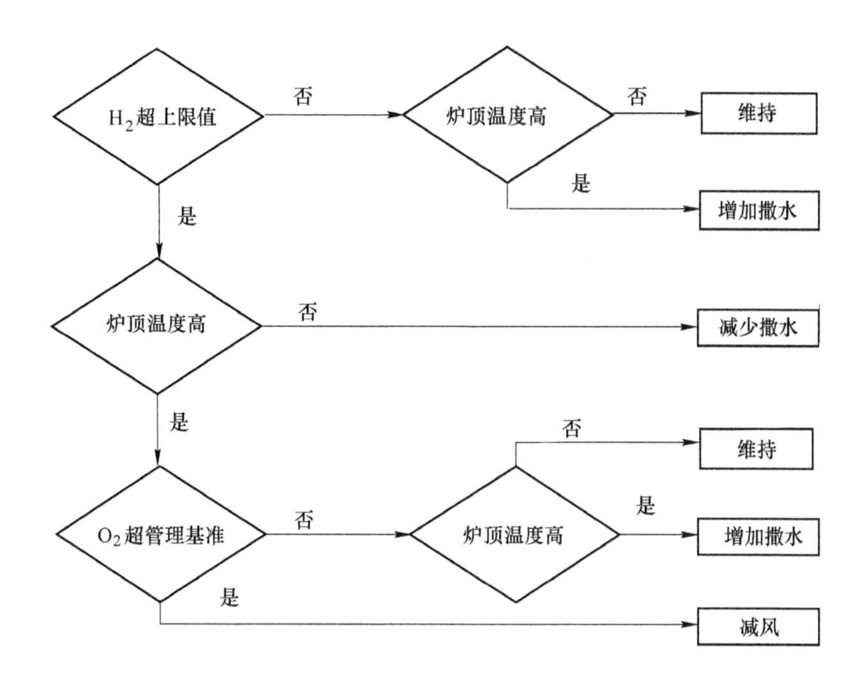

图 11-19　宝钢停炉操作控制逻辑流程图

表 11-16　宝钢高炉耗风量的计算及实绩　(m^3/t)

指　标	1 号高炉停炉	2 号高炉停炉	3 号高炉降料线	3 号高炉停炉	4 号高炉停炉
计算吨焦耗风量	2756	2776	2726	2934	2723
计划采用吨焦耗风量	3030	3050	3000	2950	2800
实绩耗风量	2621	2820	2950	2870	2517

b　减风计划曲线制定

依据料线不同深度煤气成分控制上限值要求，结合历史控制实绩制定减风和降料线计划。基本方法如下：

(1) 前期风量及顶压：尽可能较长时间维持高风量，尽快降低料线；为防止出现管道，控制煤气流速，初期顶压较正常水平高 60 ~ 80kPa，后期 80 ~ 100kPa，以压差平缓下降为控制要点。

(2) 料线降低到炉腹和炉腰交界的位置，即软熔带逐渐消失的位置，炉顶温度和煤气 H_2 含量将达到最高，必须要将风量控制到较低水平。

(3) 风量控制到一定水平，T_f 值控制适当放开，可以减湿分，有利确保炉温、降低 H_2 含量。

(4) 料线降到较深（如 8m）时，即使顶温受控，也要考虑减风、降低顶压，防止管道。

根据风量时段控制计划，可以计算累计风量，再由吨焦耗风量测算料面下降深度。图 11-20 和图 11-21 所示是宝钢 3 号、4 号高炉停炉减风、减压、降料线情况。

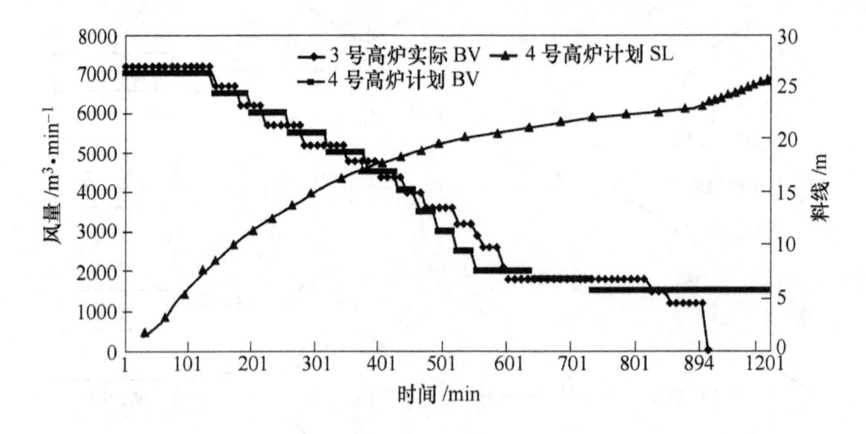

图 11-20 3 号、4 号高炉停炉减风、降料线情况

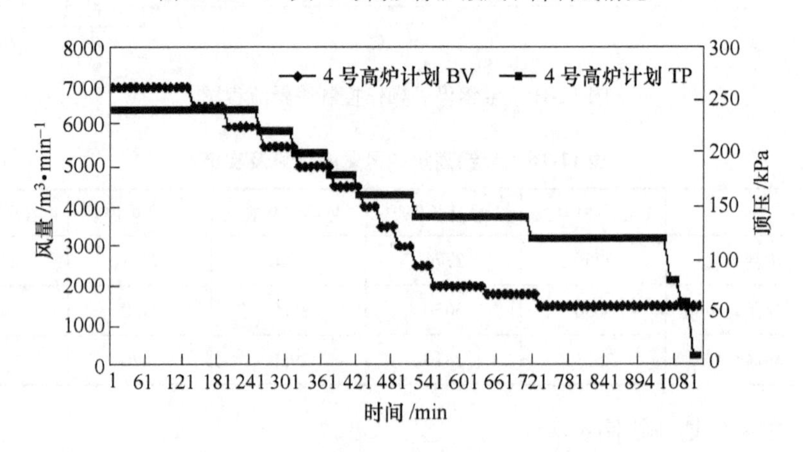

图 11-21 4 号高炉停炉减风与顶压设定计划

B 空料线过程减风控制

a 正常操作时风量、顶压控制操作

（1）确认休风料装入完毕，开始空料线操作。

（2）刚开始顶温超过管控上限时，不急于减风，优先分步装入盖面焦，尽可能维持高风量。

（3）炉况顺行良好时，按计划操作。

（4）顶温受控，尽可能维持大风量；料线下到一定水平，尤其是风压开始明显下降时，即使顶温可控，也要考虑减风，防止料层厚度减薄后差压降低，风量过大导致煤气流速过快，吹出管道。

（5）炉顶打水量达到设备最大能力，炉顶温度、煤气出口温度仍超过管理值时开始减风。

（6）高炉出现风压异常下降，有管道迹象时，或者出现崩滑料现象；炉内发生爆鸣；遇到其他临时故障时，按要求或预案减风。

另外，宝钢参照日本川崎公司描述停炉过程中矿石还原情况提出的“煤气指数”概念，大致判断料面位置，为控制减风节奏做辅助参考，其公式见式（11-4）：

$$F = (2CO_2 + CO + H_2)/(42N_2/79) \tag{11-4}$$

式中 F——煤气指数；

CO_2——煤气中 CO_2 含量，%；

CO——煤气中 CO 含量，%；

N_2——煤气中 N_2 含量，%。

在煤气指数 $F>1$ 时，说明炉料中仍有矿石存在，此时风量可以适当保持大点。当煤气指数 $F=1$ 时，说明炉内矿石全部熔化完，炉内的软熔带也就消失，表明炉料已经下降到炉腰部位，此时可能将是减风的位置。

b 切煤气及休风控制

净煤气温度超上限，或煤气热值低于下限，或 O_2 含量超上限，不符合进入管网条件，高炉放散、切煤气，改常压操作；煤气中 O_2 浓度高于 0.5%，或出现半数左右风口吹空现象时，或料线达到目标值，高炉休风。切煤气及休风操作及要点如下：

（1）风量减到一定程度后，TRT 停止，此时料层厚度薄，差压极低，要维持定风量操作，通过调整炉顶方散阀开度，逐步使顶压接近煤气管网压力。在风压达到 15～25kPa 左右时，可以改常压。

（2）改常压后，不能改定风压操作，仍要维持定风量操作，防止风压波动造成风量大幅波动出管道、料层薄煤气不能还原充分造成氧含量超标。同时要注意风机房能够显示的最低风量，若不能实现定风量操作，要马上要切煤气。若煤气热值、料线、氧含量还在可控范围，可维持定风量操作继续降料线。一般改常压后料层薄、煤气流速快，还原反应急剧降低，煤气热值迅速降低、O_2 含量迅速上升，改常压后需要马上切煤气。

（3）改常压后，若实际料线深度已经到目标料线 0.5～1.0m 左右，煤气热值低于下限，氧含量已经超标，煤气热值到或氧含量超标，料线接近目标料线，切煤气；切煤气时仍要定风量操作，维持顶压不低于煤气管网压力，宝钢一般为 7～8kPa。

（4）切煤气后，继续维持最低风量定风量操作；并根据实际料线、氧含量、风口吹空程度决定是继续降料线还是马上转入休风；其中任何一个条件达到，准备休风。

（5）休风条件具备时，维持最低风量，由风机房逐步放风。风压到一定水平，高炉休风。

（6）休风后注意探测实际料线，以作为最终降料线高度依据；同时为防止吸入空气，保持炉顶微正压 3～5kPa。

11.2.3.2 炉顶打水及煤气温度控制

（1）开始顶温超过管控上限时，优先分步装入盖面焦，尽可能减少打水。

（2）再次出现炉顶温度超过管理值时，逐个打开炉顶打水枪，开枪的顺序按周向均匀分布。逐个投入打水枪是避免一下子打水量过多，均匀分布目的是保证冷却煤气的效果。此时还要注意打水枪的水雾气射程，若射程远，顶温度高的地方优先投入对侧水枪。

（3）降料线前期要尽快降料线，在维持高风量情况下，落到料面水量少，H_2 含量受控，可控制较高打水量。

（4）顶温可控，尽可能减少打水。

（5）打水枪要投入，优先投入手动枪，可以人工控制初始打水量，然后根据顶温情况逐步投入电动打水枪；一般十字测温打水枪没有氮气冷却，要优先使用。

（6）若出现水量不足，通知能源中心开启备用水泵。

（7）炉顶打水控制和指挥要专人负责，防止多头指挥、多人操作；阶段性打水量要稳定。

（8）在高炉休风前，不允许停水，如果顶温低，可以减少打水枪数量。防止顶温高、料线低，再次开水时，瞬间大量水进入炉内，H_2 含量、氧含量急剧上升造成安全事故。

11.2.3.3 停炉煤气安全控制

停炉煤气安全控制包括并入煤气管网的温度、热值；炉内煤气成分控制；煤气温度的控制等。

A 控制标准

（1）煤气温度及热值控制标准：进入管网煤气必须要净煤气温度不大于70℃，热值不小于2.93MJ/m³，超过控制限将对管网系统安全造成影响，宝钢一般是控制 TRT 出口温度低于 70℃；炉顶最高煤气温度不超过设备或煤气清洗系统能承受的范围，宝钢一般控制顶温为 350℃，齿轮箱温度低于 70℃；另外，若煤气清洗留用，则风量较高时入口温度低于 250℃，风量到 5000m³/min 以下时，煤气量大大减少，可以按照低于 350℃控制。

（2）煤气成分控制标准：根据国家冶金行业标准及不同温度下的爆炸极限

来制定。

B 煤气成分的变化特点及控制措施

(1) CO 含量的变化特点：随着料面下降逐步上升，然后下降，拐点一般出现在炉身下和炉腰的交界处，此时标志着停炉过程间接还原反应基本结束。此后随料面下降，CO 含量逐步降低。

(2) CO_2 含量变化特点：随着料面继续下降，间接还原逐渐减弱，煤气中 CO_2 逐渐下降，到炉腰位置，CO_2 含量最低；到炉腹位置，CO_2 含量有所回升，这主要是由于 CO_2 和 C 的气化反应减弱；之后随着料面继续往下降，CO_2 含量再次拐头向下，在停炉时下降到最低。空料线过程 CO_2 含量变化的原因是由于加了盖面焦与 CO_2 发生反应，此外保安 N_2 对煤气中的 CO_2 的影响在低风量时表现比较明显。

(3) H_2 含量变化特点：料线降到炉腰位置前，即高炉软熔带的位置前，H_2 含量变化不大；降到炉腰的位置，H_2 含量出现拐点，明显上升，此时要注意及时减风、减少打水、加大保安气用量；随着料面继续下降，H_2 含量逐渐上升，炉腹中部时，H_2 最高，此时可能要大幅减风、控制打水、用最大保安气流量。

(4) O_2 含量变化特点：一般在盖面焦烧完之前，由于风口上部还有一定料层厚度，加之高压操作、煤气流速慢，鼓风与焦炭可以继续反应，氧含量为零或极低；随风口上料层厚度减薄或改常压后，空气与焦炭接触时间、煤气流速等发生变化，氧含量将上升，到目标料线附近达到最高值，此时要尽快切煤气、休风。

图 11-22 所示是宝钢某高炉一代停炉降料线过程中煤气成分曲线。

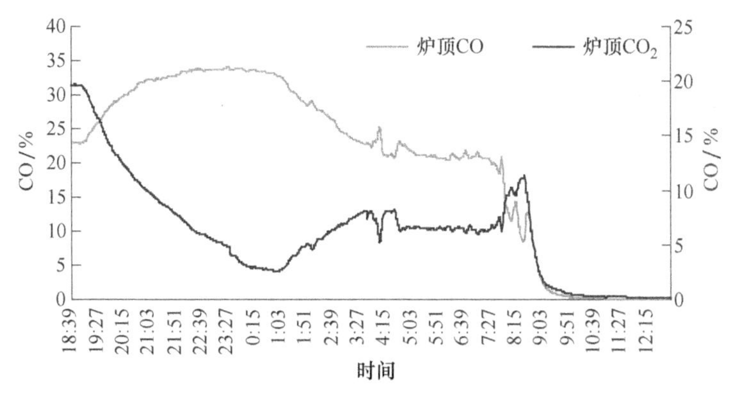

图 11-22 宝钢某高炉一代停炉降料线过程中煤气成分曲线

C 控制措施

(1) 减风节奏和打水配合调整：当料线降低到炉腹、炉腰这个位置时，较多打水会造成炉顶 H_2 含量明显上升，在炉顶温度和净煤气温度许可的条件下，优先考虑减少打水量，其次降低风量，采用低风量、延长降料线停炉时间的办法，降低炉顶 H_2 含量。

（2）合理配置保安气位置、流量，停炉过程中根据实际情况适时投入：除炉顶正常蒸汽、N_2 外，还通过炉身冷却板、微型冷却器、静压力孔、炉身灌浆孔、风口煤枪等部位增加保安 N_2 流量。N_2 流量随着 H_2 含量的升高逐渐开大，炉身静压力孔低压 N_2 和新装的冷却板的 N_2 一般在停炉开始就打开；料面降至22m 左右的位置，即炉腰和炉腹交界，H_2 含量上升明显时，分步投入煤枪 N_2 量，并逐步开到最大。

（3）根据风量调整过程调整送风湿度：前期风量高时，风温和湿分按照计划进行调节，控制 T_f 值不大于 2300℃，随着料线的降低，风量下降到一定水平时，没有悬料风险，尽快降低湿分，最终将湿分全关，也可以降低煤气 H_2 含量。

（4）避免风口全部吹空。

11.2.3.4 其他操作控制

A 料面探测

3 把探尺轮流探测，每次间隔时间控制，一般 10min 放一次；探测到料线马上提起，防止高温下探尺被烧，尤其在料线低、顶温高时要特别注意；每次探测好记录料线。

B 停炉过程中放残铁

停炉过程中若进行放残铁作业，必须维持合适压力，保证出铁顺利、快速、干净；因此，必须事先确定好放残铁时正常铁口的铁流、需要的顶压，然后由此倒推放残铁准备开口时间、残铁口打开时间。如 2 号高炉第一代料线到炉身下部，也即料线基本在 17m 左右时，通知做出残铁准备；料线到炉腰，也即料线基本在 20m 左右、风压 1kg、铁流在 0.5 ~ 1.0t/min 时，开始开残铁口。

11.2.4 打水凉炉

凉炉是将休风后的热态高炉冷却到可以进行大修施工的作业过程，是高炉停炉的最后一步。凉炉过程中关键是控制打水节奏，确保煤气成分在安全范围。宝钢一般采用前期打水凉炉、后期灌水凉炉，通过铁口、直吹管排水的方式进行凉炉。整个凉炉工作主要包括凉炉准备及条件确定、凉炉打水及煤气成分控制、凉炉排水控制、凉炉结束标准及凉炉后操作等内容。图 11-23 所示是宝钢凉炉工艺方法示意图。

11.2.4.1 凉炉准备及条件确认

A 安全条件确认

（1）准备工作进行时，停止炉顶打水，监视 TT，如果 TT > 350℃，就开始打水。

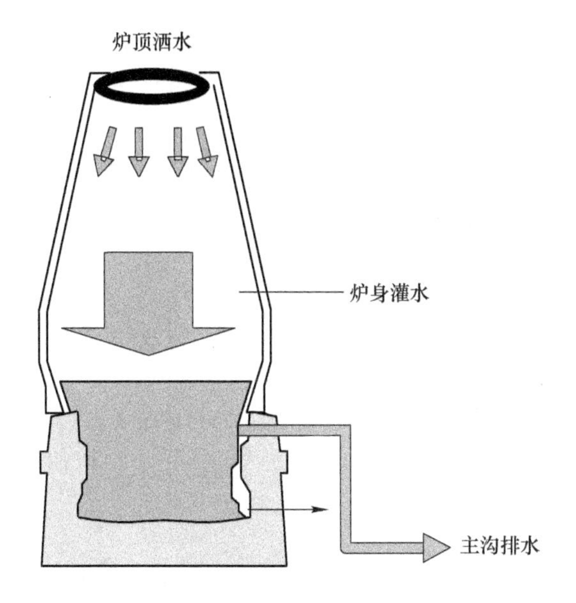

图 11-23　宝钢凉炉工艺方法示意图

（2）赶煤气，煤气检测合格。保证炉内微正压 3 ~ 5kPa，目的是防止空气进入炉内，然后进行赶煤气作业，检测煤气合格后，方可进行后续作业。煤气合格标准是 $O_2 < 0.5\%$ 且 $H_2 < 3\%$。

B　相关作业、设备准备及安装

（1）直吹管封盲板作业结束。为保证打水、灌水凉炉时的密封性，必须要进行直吹管封盲板作业。煤气检测合格后封盲板，注意事项：必须控制微正压（0.3 ~ 0.5kPa），既要防止空气吸入炉内导致煤气含量超标风险，又要防止压力过高，风口区域喷出火苗给施工带来危险。

（2）安装凉炉期间需要的设备、装置包括灌水装置、排水装置、检测装置。

1）灌水装置：灌水装置一般在炉身下部，利用原炉身微型冷却器、冷却板或灌浆孔部位，特制同尺寸、形状的设备，若炉身留用，也可通过风口直吹管的煤枪孔灌水。一般设有三通阀，降料线过程中用此位置吹入保安气，凉炉过程中用于后期灌水。

2）排水装置：凉炉水有剧毒，必须到废水池进行处理后排放，禁止直排。

3）检测装置：检测装置主要用于跟踪和控制灌水后水位、排水温度及流量。一般有直吹管水位计，铁口、直吹管排水温度计，主沟排水流量计等，并将这些信号接入中控电脑。

图 11-24 和图 11-25 所示是宝钢某高炉凉炉使用的装置。

图 11-24 宝钢某高炉停炉主沟排水装置及温度计

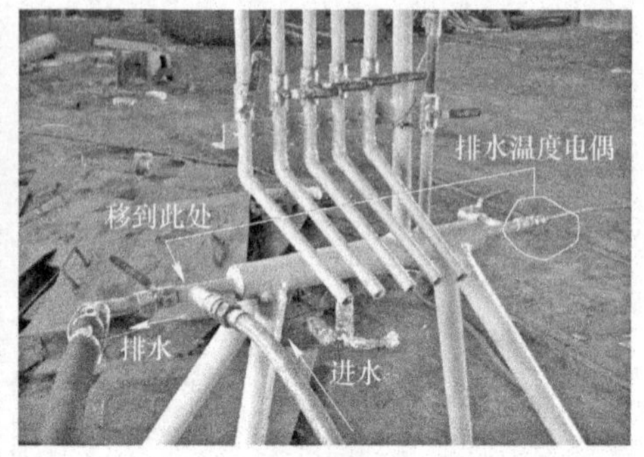

图 11-25 宝钢某高炉停炉水位计及排水温度计

C 相关作业区配合、确认工作

渣坝和铁沟接头处垒高，防止排水溢出。吹扫保安气切换到打水，炉底冷却水恢复到最大量，以加强炉缸冷却效果。

11.2.4.2 凉炉操作及煤气控制

A 凉炉打水

凉炉打水分两个步骤：前期用炉顶打水枪打水，要点是控量、缓步，控制煤气成分；后期从炉身或直吹管部位灌水，要点是控制好水位。

打水前必须要再次确认安全条件：O_2 浓度，炉内压力。宝钢一般控制 $O_2 < 0.5\%$，炉内压力 3～5kPa；打水后产生的蒸汽要有通道，炉顶放散阀、倒流阀、重力除尘放散阀、文氏放散阀全开。

确认具备打水条件，逐次投入打水枪，初始要控制最少流量，打水一段时间观察 H_2 浓度的变化情况。一般先投入 1 根枪，流量不大于 0.25m^3/min，维持至少 15min 左右。H_2 浓度基本稳定受控，则在对称方向再投入第 2 支枪，再维持一段时间，观察 H_2 浓度变化情况。

增加打水枪后，H_2 含量稳定、受控，则考虑投入一组与先前相对称的打水枪，目的是在圆周方向均匀打水。此时打水量增加较多，维持时间要延长，循序渐进，每隔 1h 左右只要观察到中间 H_2 浓度变化稳中有降，增加打水枪的数量，直至投入全部的炉顶打水枪。

在炉顶打水枪全部投入、风口四周均出现渗水时，炉顶 H_2 含量在安全范围，可以从炉身或直吹管煤枪孔部位向炉内灌水。从炉身灌水的好处是降温平缓，H_2 含量变化不剧烈，但凉炉时间延长，对炉身耐火材料有破坏作用；从炉缸灌水温度变化大，H_2 含量急剧变化，但凉炉时间可缩短，对炉身耐火材料影响小。

灌水原则是根据煤气控制要求，逐步、均匀投入，防止水量急剧加大造成

H_2 含量超标。对炉身不留用的凉炉操作，水位控制较高，只要煤气含量受控，在保持炉顶打水枪根数基础上，可以加快速度，直到最大水量，水位达到控制目标时，再根据进排水差异情况，调整灌水量或打水量；对炉身留用高炉，水位控制较低，而且是直接到炉缸，当水位达到控制目标时，则要相应控制灌水量，进入到灌排水结合、不断排热降温的流动性状态，必要时减少炉顶打水枪根数，甚至全停。

B　凉炉排水控制

a　打开铁口时机

当有水从风口与中套接触面渗出，直吹管有水流出时，表明水位已到风口位置，此时考虑打开铁口排水。为防止碎焦卡铁口，一般要放大钻杆直径，宝钢一般采用 ϕ60 ~ 65mm 钻杆。排出的热水注入主沟并用水泵排至集成水回水渠。开铁口要注意安排好顺序，原则是：风口先见水位置的铁口先开，浅铁口先开。另外，打开铁口若出现红热铁水、渣，则马上用铁棒封堵。

b　直吹管排水时机

在保持炉内水位条件下，风口排水温度小于 80℃，逐步打开风口直吹管排水管阀门。保持 80℃以下，是从安全角度考虑，防止热水烫伤作业人员及蒸汽过大。

c　排水能力测算

排水能力指包括铁口和装有排水装置直吹管单位时间总的排水极限值。一般先根据铁口孔径和铁口个数、直吹管排水软管直径及根数、炉内控制压力和伯努利方程理论推算最大值，排水管道或排水槽最大能力不小于该值。如 4 号高炉第一代凉炉过程中，测算铁口和直吹管最大排水量可达到 410m^3/h，故排水槽设计时，满足排水能力大于 410m^3/h。

d　排水过程中监控

排水过程中，跟踪铁口、直吹管排水状态，铁口卡焦炭马上用开口机捅铁口，直吹管有堵塞及时清理，确保排水畅通。点检排水主沟和排水泵运行状态，防止水漫出主沟，一旦一台泵故障或主沟水漫出，立即开备用泵。跟踪铁口、直吹管排水温度。

e　加快凉炉措施

可在整个圆周方向拆松一定数量的直吹管与风口的接触面，使更多的热水从这些部位排出，加大冷热置换的力度，缩短凉炉时间。

C　炉内水位控制

（1）标准：炉身不留用，控制风口上方 6 ~ 8m，好处是储水量大、炉缸物料浸泡在水中，冷却强度高，同时水压高，排水快；炉身留用，为保护耐火材料，必须要控制水位在炉缸、炉腹交界位置以下。

（2）方法：通过控制给、排水控制，使炉内水位上升并保持在目标水平；

在保持炉内水位条件下，逐步打开风口直吹管排水管阀门。

D 煤气成分控制要点

（1）标准：初期 H_2 含量 <6%，O_2 含量 <0.6%；中期 H_2 含量 30% ±，O_2 含量 <0.4%；后期 H_2 含量 <4%，O_2 含量 <0.6%。

（2）凉炉过程严格要求炉内保持微正压 3 ~ 5kPa，防止空气进入。

（3）根据炉顶自动在线煤气检测装置及按照取样要求人工取样，跟踪煤气成分。

（4）当炉顶煤气中 H_2、CO >4%，由炉身通入 N_2 气、蒸汽，逐步增加到最大量。

（5）当煤气中 H_2 浓度开始明显下降时，逐步减少通入 N_2 气、蒸汽量。

E 凉炉结束标准

当铁口的排水温度降低到 50℃以下并维持 4h 以上时，凉炉结束。此时停止灌水，炉缸中的剩余水全部由铁口排出。

11.2.4.3 凉炉后操作

当煤气中 H_2、CO <1%，停止通入 N_2 气、蒸汽，炉顶放散阀全开，进行赶煤气作业；停止炉体各部分冷却水，包括普压水、中压水、高压水、炉缸水、总管蒸汽、炉底板纯水停。

11.2.5 高炉停炉异常情况处置（停炉前和停炉过程中各种事故预案）

11.2.5.1 洗炉过程中风口曲损处理预案

A 风口曲损的状态及判断

风口曲损有三种状态：有曲损、曲损小泄漏、严重泄漏。有曲损：从视孔镜内观察，发现风口前端下垂，无漏风。曲损小泄漏：视孔镜观察，风口下垂，外部观测有少量煤气泄漏。严重曲损：热负荷急剧飙升，炉墙脱落方向的下方风口一只或多只曲损，现场跑风声巨大，并伴有大量煤气和火星。

B 风口曲损的处理

a 无漏风的曲损

（1）加强对该风口的现场点检，停止该风口的喷吹。

（2）现场准备好应急水管。

（3）分析炉温和气流有无异常变化，如有变化则及时汇报，调整气流。

b 曲损小泄漏

（1）立即对漏风的风口进行外部打水冷却，联系抢修人员进行紧固处理。

（2）停止该风口喷吹，根据泄漏程度决定是否减风。如能控制漏风则维持，加强点检；如泄漏发展则适当减风，减风标准以能够控制漏风为基准。

（3）保持炉温中上水平。

c　严重曲损

（1）立即调整曲损风口的给水量。

（2）现场安全条件允许，进行打水稀释煤气。

（3）立即打开两个以上铁口，尽量出尽渣铁。

（4）立即减风至常压（分3步减风操作）。

（5）定风压操作1.2kg/m^3（要防止风口灌渣）。

（6）如抢修调整曲损无效，继续减压操作至600g/m^3，准备切煤气。

（7）切完煤气后继续减压至200g/m^3→开放风阀。

（8）确认风压小于50g/m^3，关热风阀，高炉休风。

（9）有条件提前加入紧急空焦一个。

11.2.5.2　炉皮开裂的处理预案

A　炉皮开裂的状态

炉皮开裂的三种状态：有炉皮开裂现象、炉皮开裂泄漏、炉皮严重开裂泄漏。

B　炉皮开裂的状态判断

（1）有炉皮开裂现象：炉皮产生缝隙，有微量煤气泄漏，能及时压住。

（2）炉皮开裂泄漏：炉皮有明显裂缝和明显煤气泄漏，用橡胶压住仍然有少量泄漏。

（3）炉皮严重开裂泄漏：炉皮开裂较大、较长或较多，有大量煤气泄漏，现场无法控制。

C　炉皮开裂的处理

a　有炉皮开裂现象

若炉皮只有开裂现象，或略微有漏风时，用高温橡胶封堵，经确认基本无泄漏，则维持正常生产，并建立跟踪记录表。

b　炉皮开裂泄漏

（1）炉皮开裂煤气从裂缝处喷出，立即进行封堵作业。

（2）如封堵无效，煤气泄漏压力还是比较大，根据现场开裂和煤气泄漏程度，采取必要的减风或减压操作程序，减风多少以确保安全和能够成功封堵作业为准。

（3）建立跟踪记录表，一旦有发展，同上述步骤处理。

c　炉皮严重开裂泄漏

（1）若炉皮严重开裂，人员无法靠近时，应立即撤离到安全地方。

（2）根据煤气泄漏程度，立即采取快速减风操作程序：

1）有条件提前加入紧急空焦一个。

2）立即打开两个以上铁口，尽量出尽渣铁。

3）停止除尘放灰，停止喷吹，停止富氧。

4）TRT 紧急停止，锁住调压阀组。

5）分 3 步减风至常压（每次间隔越 3 ~ 5min）。

6）确认现场泄漏情况和风口状况，如不泄漏，维持；若有涌渣可适当回风反吹。

7）仍有泄漏，定风压操作 1.2kg/m^3（确认出渣铁情况，防止风口灌渣）。

8）如减压抢修封堵无效，则继续减压操作至 600g/m^3，准备切煤气。

9）切完煤气后继续减压至 200g/m^3，开放风阀。

10）确认风压小于 50g/m^3，关热风阀，高炉休风。

11.2.5.3 炉顶不能打水

空料线过程中如果出现炉顶打水突然停止，那么必须立即减风，同时最大限度提高 N_2 和蒸汽的通入量，并指派人员查明原因。如果因特殊原因的确不能进行正常打水作业，则必须进行休风处理。如果出现炉顶打水量少于正常使用量但差值并不大的情况，为确保炉顶温度保持在管理范围内可以通过提前减风或增加减风幅度的方式来实现继续操作。

11.2.5.4 探尺检测不良

如果出现 1 把或 2 把探尺故障不能测定，则适当缩小测定频度，如果 3 把探尺均不能使用，可以通过参考煤气成分中 CO，CO_2 的交叉点和风口的状况来确定停炉休风的时机。

11.2.5.5 空料线过程中发现冷却板破损

首先将已破损的冷却板进行全闭水，然后进行破损冷却板排水管堵木塞封堵，防止煤气泄漏。

11.2.5.6 炉顶煤气成分异常

当煤气成分与参考实绩相差比较大的时候，首先检查手动、自动取样结果并进行对比分析，若分析结果无误，说明炉况可能出现了管道行程，此时必须立即减风处理，减风幅度大约控制在 200 ~ 300m^3/次，同时观察煤气成分的变化。

如果煤气中的 H_2 成分出现异常高，说明炉顶打水与焦炭已经接触并产生还原，此时必须立即检查打水量是否准确，如果打水量没有异常，则必须适当减水并根据实际情况进行减风操作。

如果煤气成分分析手动和自动系统均不能取样时要尽可能马上修复，必要情况下可以考虑进行减风处理。

11.2.5.7 铁水温度低

铁水温度的目标管理值是 1480 ~ 1500℃，如果出现铁水温度过分低，同时[Si]低和[S]高的情况，必须考虑到可能是由于焦炭还原或管道行程所致，此时要结合煤气中的 H_2 和 CO 进行综合分析。必要时可以进行减水、减风操作。同时也要考虑到风温和鼓风湿分的调节。

11.2.5.8 风口破损

在空料线开始的4~5h内，若出现风口破损可以考虑进行休风更换。如果实际情况可以维持的话，可以通过减水来实现减少漏水量，同时必须采取外部打水冷却。在高炉停炉前，必须确保风口平台上已准备足够的高压水枪，且能覆盖到所有风口。在高炉停炉休风后将该水源切断。

虽然此时的更换风口休风作业与正常的更换风口休风作业相同，但是由于空料线过程中煤气中含有大量的 H_2 和 CO，一旦空气混入极易发生爆炸，所以高炉休风后必须尽快将全部风口堵泥（需更换的风口除外）。在风口更换完送风前将已堵泥风口逐个捅开，并关严大盖后按正常操作顺序进行送风。

11.2.5.9 炉况顺行恶化，连续出现崩滑料

必须适当减风，直至消除连续崩滑料的异常现象为止，同时需要进行适当的减小炉顶打水量。

11.2.5.10 炉顶爆震

立即采取减风操作，减风幅度控制在每次500~800m^3/min，同时减少炉顶打水量。并检查炉顶区域的相关设备情况。

11.2.5.11 炉顶放散管着火

炉顶放散管着火往往是由于炉顶温度过高引起的，所以此时必须立即减风，直至炉顶温度降低到正常管理范围内，同时将炉顶蒸汽量开至最大量。

11.2.5.12 VS排水温度、净煤气温度升高

全面检查能降炉顶温度和煤气温度的各项措施的实施情况，发现异常及时进行处理。为了确保煤气管网的安全运行，加强区域内的高炉煤气（BFG）管道点检，尤其是管道上的波纹管必须由高炉专职点检进行巡视。

12 炉前作业与管理

12.1 炉前作业管理的目的和意义

炉前作业是高炉冶炼过程中的重要环节。在高炉冶炼过程中，不断生成的铁水和炉渣积存在炉缸里，炉前作业的主要任务是维护好铁口状态和炉前设备，利用开口机、泥炮、摆动流嘴和炉前行车等设备，连续不断将炉内生成的高炉渣和铁水排出，保证高炉生产正常进行。

高炉炉缸中部、风口区和炉身下部，存在一个焦炭以极其缓慢速度下降的空间，在这里堆积的焦炭团块称为死料柱。在正常运行的高炉中，死料柱漂浮在铁水里，轻轻地接触炉底砖衬，也能充满整个炉缸，液态渣铁填充于死料柱的焦炭孔隙中间，出铁时，液态渣铁分别从死料柱与炉缸、炉底间隙和死料柱中的焦炭孔隙中流向铁口排出。

炉内渣铁储存量增加会导致炉缸内空间减少，高炉风压升高，透气性恶化，若炉缸存铁超过安全容铁量时，则可能发生风口烧坏等恶性事故，并可能造成炉况失常，及时出净渣铁有利于高炉正常生产；反之，会影响高炉顺行及安全生产，所以炉前作业管理的首要任务是出净渣铁。

随着高炉大型化，炉缸直径在10m以上，甚至达到15m左右。出铁时，铁口另一侧的铁水更容易通过死料柱与炉缸、炉底间隙流向铁口，炉缸内铁水环流增大，易造成高炉炉缸侧壁耐火材料侵蚀。长时间的单边出铁，部分渣铁经过死料柱中的焦层流向铁口，在炉缸内形成倾斜渣铁液面，出铁终了时炉缸内常常残留大量渣铁，引起炉缸工作不均匀，甚至在遇到突发异常情况进行紧急休减风时造成风口灌渣、烧坏风口等事故发生，未出铁的铁口由于没有打入新炮泥对泥包进行修复，在炉缸铁水环流的作用下，泥包减小，铁口深度下降，铁口区域耐火材料由于没有得到泥包的保护而受损，因此，改进炉缸排放制度，彻底、均匀地排放渣铁，是大型高炉实现强化冶炼的重要内容，要求炉前作业出好出净渣铁的同时，均匀地按时间、圆周来排尽存于炉缸内的渣铁，是高炉炉况稳定、生产正常的关键。

大型高炉出铁往往采取多个铁口轮番出铁，高炉连续出铁而单个铁口周期性间歇出铁。在出铁过程中，铁口孔道遭受渣铁侵蚀，其孔径不断增加，随出铁量和出铁时间不同，铁口孔道被侵蚀的程度不同，铁口孔道喇叭口形状也不尽相同，为了满足高炉均匀出渣铁的需要，炉前作业应保证有合适的铁口深度，合理的出铁时间，因此需要保持良好的铁口状态。

为了实现高炉生产达到优质、低耗、高产、长寿的目的，炉前作业还要维护好炉前设备和渣铁沟系统，杜绝液态金属泄漏事故，保证高炉生产的稳定。

炉前作业管理是高炉冶炼操作中的一个重要组成部分，炉前作业管理的主要目的有：（1）出净渣铁；（2）稳定均匀出铁；（3）维护好铁口状态；（4）杜绝液态金属泄漏事故。

良好的炉前作业是高炉炉况稳定顺行的前提条件，确保高炉在异常状态下能够安全顺利的休风，避免事故扩大化，良好的铁口状态也是维护高炉炉缸长寿的主要手段之一。

12.2 炉前作业管理内容及方法

炉前作业直接影响高炉生产的稳定顺行，如不能及时出净渣铁，炉缸中液态渣铁面升高后恶化炉缸料柱的透气性，会引起高炉风压升高，甚至导致顶压冒尖或悬料等异常炉况发生。铁口状态维护不好，会出现断铁口、漏铁口、打泥压力低或者打不进泥等情况，造成铁口过浅、出铁时间短、出不净渣铁，破坏炉前作业的正常，恶化炉况，长期铁口过浅直接影响高炉的长寿。

在不断总结优化大型高炉炉前作业的基础上，炉前作业管理的主要内容应包括：

（1）出渣铁状态管理，包括炉缸渣铁储存量管理、铁次管理、出渣率管理、沟系统的点检维护管理、受铁及配罐管理等。

（2）铁口状态管理，包括铁口深度管理、铁口孔道及泥包状态管理、打泥及泥套维护管理、炮泥管理等。

12.2.1 出渣铁状态管理

炉前出渣铁状态良好的主要参考指标如下：

（1）炉缸内储铁储渣量低于管控标准，渣铁生成量与排出量大致相当，炉缸内储渣铁量处于较低水平，并无急剧上升趋势，渣铁液面控制稳定。

（2）全天铁次在管控目标内，无需打开 2 个以上铁口进行重叠强化出铁，各铁口出铁时间稳定、出铁量接近，铁口间差异较小。

（3）各铁口在管理时间内下渣，出渣率在 75% ~90%。

（4）沟系统状态良好，按照通铁量进行耐火材料管理，无因沟系统耐火材料异常损坏而打乱出铁计划。

（5）按照炉前作业管理规定进行配罐，无因配罐不及时而发生紧急堵口。

在不断总结高炉炉前作业管理基础上，应从沟系统维护和跟踪受铁及配罐信息方面确保外围条件稳定为出渣铁创造条件；从跟踪管理渣铁储存量，通过炉前作业控制好合适的铁次、确保铁口打开后及时下渣等方面来保证良好的出渣铁状态。

12.2.1.1　渣铁储存量管理

A　储铁储渣管理标准

炉内渣铁储存量增加导致炉缸内空间减少，造成高炉风压升高，恶化炉况，若炉缸储存铁量超过安全容铁量时，则可能发生风口烧坏等恶性事故，所以要加强出铁渣作业，出净渣铁。炉缸安全容铁量通常是指铁口中心线至风口中心线下500mm炉缸容积所容的铁量，计算公式见式（12-1），高炉操作中要求炉缸储铁存量不超过安全容铁量[1]。

$$P_{安} = 0.6\xi \cdot \pi \cdot r^2 \cdot h \cdot \rho_{渣} \cdot \rho_{铁} / (\rho_{渣} + SV \cdot \rho_{铁}) \quad (12\text{-}1)$$

式中　0.6——安全系数；

ξ——死料柱孔隙率，一般取值0.3～0.6；

r——炉缸半径，m；

h——铁口中心线到风口中心线下500mm的高度，m；

$\rho_{渣}$——液态炉渣密度，取2.6t/m³；

$\rho_{铁}$——铁水密度，6.6～7.0t/m³；

SV——渣比，t/t-p。

宝钢4座高炉安全储渣铁量见表12-1。

表12-1　宝钢4座高炉的安全储渣铁量

指　标	1号高炉第三代	2号高炉第二代	3号高炉第二代	4号高炉第二代
炉缸直径/mm	14500	14500	14200	14200
安全储铁量/t	900	880	848	848
安全储渣量/t	243	237	228	228

B　储铁储渣管理措施

a　跟踪出铁速度监控储铁储渣量变化

为保证出净渣铁，确保高炉风压平稳、透气性良好，必须对高炉储渣铁量进行跟踪管理。只有高炉的出铁速度大于炉内铁水的生成速度，才能使炉内的铁渣及时排出，对应于不同的产量水平，要求有不同的出铁速度。出铁速度计算方法如下：

$$出铁速度 = \frac{现阶段日产量(t)}{1440min} \quad (12\text{-}2)$$

计算出数据后，实际出铁速度要大于计算出铁速度才能保证出净渣铁。正常生产操作条件下，将计算出铁出渣量与实际出铁出渣量比较，确认炉内储存的渣铁量，也可根据出渣铁管理图或者利用宝钢高炉专家系统进行跟踪。

已完成投入使用的高炉专家系统中高炉出铁渣监视管理子系统是根据高炉持续上料信息和出铁渣信息，推算出高炉渣铁生成量和实际排出量，最终确定储铁渣的变化趋势，并进行炉缸内液位模拟计算，可对操作人员进行报警，为炉前操作提供指导（见图12-1）。

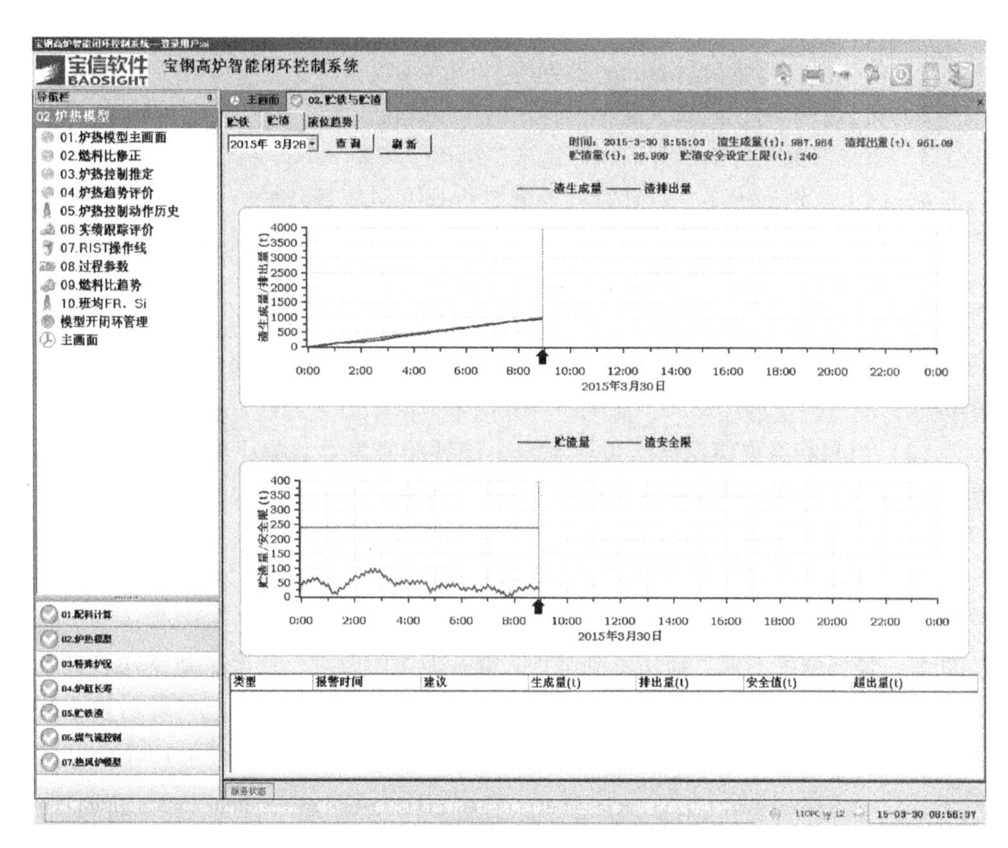

图12-1 宝钢高炉专家系统储渣监视画面

b 根据炉缸储渣铁量调整炉前作业

正常出铁时，根据高炉专家系统中的储铁储渣总量或者液面变化趋势，对炉前作业情况进行调整，在确保均匀出净渣铁的同时，兼顾合适的铁次和出渣率。

（1）如果专家系统显示储铁储渣量呈上升趋势，表明铁口出渣铁速度小于铁水的生成速度，可通过增大下一铁次的钻杆直径、延长两次出铁中间的搭接时间强化出铁。

（2）如果专家系统显示储铁储渣量呈下降趋势且单次出铁时间明显缩短时，表明出渣铁速度大于渣铁的生成速度，则可通过减小下次铁的钻杆直径、缩短两次出铁中间的搭接时间，甚至两次出铁可间隔一定时间，确保单次铁的出铁时间稳定。

(3) 如果专家系统显示储铁储渣量呈上升趋势，但出渣铁时间明显缩短，则需要从铁口状态变化以及炉况方面进行分析。

(4) 发生下列情况时，为了保证高炉储渣储铁量控制在正常范围内，应进行重叠出铁：

1) 前一次铁口堵口后60min不见渣。

2) 在出铁中期，出铁速度小于铁水的生成速度。

3) 正常情况下，由于开口困难造成连续出铁中断30min左右。

4) 因上次铁未出尽，炉缸储渣量增加到180t时应打开另一个铁口。

5) 遇有马上需要安排休风，包括定休或临时休风，应立即组织重叠出铁。

C 储铁储渣量异常的处理

当高炉储铁储渣量持续上升至以下水平时，采取的炉前作业方法如下：

(1) 当判断高炉储铁储渣量达到高炉安全储铁储渣量的80%时，为了不使炉内储存的渣铁量继续增加，应同时打开两个或两个以上的铁口重叠出铁。

(2) 当判断高炉储铁储渣量达到安全储铁储渣量并且呈上升趋势时，在重叠出铁的同时，进行减风减氧，控制渣铁生产速度。

12.2.1.2 出铁次数管理

出铁次数通常是按照高炉强化冶炼程度及每次最大出铁量不应超过炉缸安全容铁量来确定。铁次多，说明各铁口出铁时间过短，铁口新形成的泥包由于烧结时间短、烧结强度不够，而达不到维护和修补泥包的要求。铁次少就意味着某个铁口的出铁时间变长，该铁口的出渣铁负荷加大，泥包及铁口区域的砖衬侵蚀加大，不利于铁口区域长寿维护。每昼夜最低出铁次数可由式（12-3）计算[2]：

$$n = \frac{\alpha_{铁} P}{P_{安}} \tag{12-3}$$

式中 P——高炉1天的产量；

n——每昼夜最低出铁次数，小数点后进位，取整数；

$\alpha_{铁}$——每次出铁量波动系数，一般取1.2；

$P_{安}$——炉缸安全容铁量，t。

用铁口中心线到风口中心线下500mm之间炉缸容积的容铁量进行计算，见式（12-1）。

按式（12-3）计算的铁次为理论铁次，各类参数的取值对计算结果有一定影响，实际生产中，根据满足高炉正常操作需要和炉前铁口维护两方面确定实际的适宜铁次[3]。

按照高炉利用系数为2.0t/(d·m^3)，根据式（12-3）进行计算，宝钢各高炉理论铁次见表12-2。

表 12-2　宝钢高炉的理论铁次

指　标	1号高炉第三代	2号高炉第二代	3号高炉第二代	4号高炉第二代
理论铁次/次·d^{-1}	13.2	12.8	13.8	13.4

宝钢4座高炉均采用1个铁口休止进行沟耐火材料的修理，3个铁口连续出铁的作业方式，上一铁口快见喷时，下一铁口马上打开进行出铁，上一铁口再堵口。宝钢高炉铁口孔道深，每次打泥量在500kg左右，为了保证炮泥有足够的烧结时间，形成良好的泥包修复铁口孔道，在确保铁口状态稳定、渣铁出净、炉况顺行的条件下，减少出铁次数，不仅可以大幅度降低炉前劳动强度和资材消耗，而且有利于铁口的维护和高炉的长寿。但铁次减少也意味着某个铁口的出铁时间变长，该铁口的出渣铁负荷加大，泥包及铁口区域的砖衬侵蚀加大，也不利于铁口区域长寿维护。

铁次增多时，应分两种情况：

（1）各铁口出铁时间短。该情况下出铁时间过短，铁口新形成的泥包由于烧结时间短、烧结强度不够，而达不到维护和修补泥包的要求。

（2）铁口不在管理时间内下渣，重叠出铁次数多，该情况下尽管出铁次数多，但渣铁不一定出净，因此还需要见渣率进行管理。铁次的增多给高炉炉前作业也带来很多负面影响：

1）增加炉前作业人员的劳动强度。

2）增加钻杆和炮泥等炉前资材的消耗。

3）渣铁出不净，影响炉况的稳定。

近年来，随着炉前作业技术的进步和炮泥质量的提高，宝钢炉前日平均出铁次数逐步稳定在12次左右，既能满足炉况对出渣铁的要求，也能满足铁口维护的要求。

12.2.1.3　出渣率管理

高炉炉况顺行对于每次出铁见渣时间有严格的要求，以确保及时将炉内的高炉渣排出。见渣太早，渣流对铁口冲刷会导致孔道快速扩大，缩短该次铁的出铁时间，增加全天铁次，缩短铁口炮泥固化烧结时间，不利于铁口泥包的维护，同时也增加了炉前作业负担和资材消耗。出渣率是一次出铁时间内出渣时间占整个出渣铁时间的比例；日均出渣率即为总的出渣时间与全天总出渣铁时间的比例。出渣率如式（12-4）所示：

$$出渣率 = \frac{出渣时间}{出渣铁总时间} \times 100\% \tag{12-4}$$

由于宝钢高炉不设渣口，渣和铁都从铁口排出，不同于有渣口的高炉，在出铁前可用渣口将炉内生成的高炉渣从渣口排出，因此宝钢高炉每次出铁对见渣时间有严格要求，以确保在出铁时将炉内的高炉渣及时排出。一般要求日产约

10000t 的高炉，从上次出铁的铁口堵口时间算起，到这次出铁见渣时间不大于 60min，日常管理要求在 45min 内见渣，若超过规定见渣时间就进行两个铁口重叠出铁。多年的生产经验表明，出渣率在 75% ~90% 左右，能保证高炉渣铁出净，也能保证单次铁的出铁时间。

12.2.1.4　沟系统状态管控

在出铁前后和出铁过程中均要对沟系统状态点检、进行管控也是炉前作业的任务，点检内容如下：

(1) 确认主沟和铁沟以及渣沟接头处，活动主沟和主沟固定沟之间的接头有无龟裂。

(2) 确认铁沟液面和渣沟液面差是否在标准之内。

(3) 确认主沟沟壁有无龟裂，渣沟、铁沟和摆动流嘴的龟裂、侵蚀、沟嘴是否正常，摆动流嘴边上粘着的渣铁是否妨碍流嘴摆动。

(4) 确认吹制箱流嘴龟裂、侵蚀状况。

以上点检部位如有异常情况，则组织相关人员进行确认处理，如临时处理后可能影响高炉出铁的安全，则进行紧急堵口，进行处理。

12.2.1.5　受铁配罐信息管理

开铁口前先确认本次出铁铁口的铁道运输线上铁水罐配置是否达到管理标准，出铁过程中根据炉前受铁情况跟踪好配罐信息，炉前作业混铁车配置标准见表 12-3，原则上炉台下配置的混铁车内上次铁的留铁量必须在 200t 以下，200t 以上铁水罐及时拉走，有留铁的混铁车优先出铁，表面结盖严重的混铁车不得配置用于受铁。

表 12-3　炉前作业混铁车配置标准

项　目	3 个铁口出铁时	2 个铁口出铁时
本次出铁线上	配置 3 台空车	配置 3 台空车
预定下次出铁线上	配置 2 台空车	配置 2 台空车
预定再下次出铁线上	配置 1 台空车	

如果混铁车数量达不到配置标准，应及时联系配罐。重罐多时，应为确保炉前作业安全，应尽量避免两个铁口重叠出铁。

12.2.2　铁口状态管理

铁口状态良好的标志主要如下：

(1) 铁口深度在要求控制范围内。

(2) 铁口打开过程中，铁口孔道无红粒，无漏铁口、断铁口。

(3) 铁口打开后铁流稳定，铁口无喷溅，或开口后喷溅时间小于 15min，铁口不卡焦炭，无渣流断现象。

（4）铁口打泥正常，打泥压力在 200 ~ 280kg/cm²，打泥量在管控标准之内，没有出现因打泥压力过高导致打泥困难或打泥压力过低现象，无返泥情况发生。

为了保证铁口状态良好，从控制合理的铁口深度、维护好铁口孔道及泥包状态、合理存放和使用炮泥三个方面进行铁口状态管理。

12.2.2.1 控制合理的铁口深度

A 控制合理铁口深度的意义

保证铁口深度是维护好铁口状态的重要措施。铁口过深或过浅，不仅给炉前出渣铁作业带来影响，更重要的是对高炉长寿维护不利。铁口深度大幅度偏离标准值对炉前作业的影响主要有以下几点：

（1）铁口过深时，容易发生断铁口、漏铁口、开口困难、见渣迟，导致炉内储渣铁量增加和铁口易卡焦炭等异常现象，增加了炉前作业的困难。

（2）铁口过浅时，常常造成渣铁出不净，易跑大流，增加出铁次数，铁口周围炉墙受侵蚀和铁口冷却板破损，甚至引起炉况波动。

保证铁口深度是维护铁口、保护炉缸侧壁的重要措施。铁口深度过浅时，铁口泥包小，泥包对炉缸侧壁的覆盖部位减少，出渣铁作业时，高温渣铁与渣铁环流直接侵蚀炉缸耐火材料，影响高炉的长寿；以宝钢 3 号高炉炉缸为研究对象，基于计算流体力学原理，对不同出铁操作条件下炉缸铁水流动状态及侧壁剪切应力进行了模拟计算，得出铁口深度改变对炉缸侧壁剪切应力数值大小及最大剪切应力出现位置均有显著影响。随铁口深度增加，炉缸侧壁剪切应力逐渐减小，最大剪切应力出现位置也越远离铁口，维持足够铁口深度可减轻铁水环流诱导剪切应力对炉缸侧壁的冲刷侵蚀[3]。但铁口过深时，往往造成下渣晚，重叠次数多，有关研究表明重叠时炉缸内铁水环流效果更严重[4]，所以保持合理的铁口深度对炉前作业和高炉长寿都有积极意义。

B 铁口深度定义及合理铁口深度选取

高炉铁口区域是炉缸部位最薄弱的环节之一，科学合理地维护好铁口是炉前操作的首要工作。高炉铁口深度由铁口处耐火材料厚度和炉缸内铁口附近炮泥堆积层形成泥包的长度两部分组成，是铁口保护板至泥包外壳的长度，即从铁口泥套表面沿铁口中心线至联通炉缸储铁区的长度。一般来说，高炉容积越大，铁口深度也越深。铁口处工作环境恶劣，长期受高温渣铁侵蚀和冲刷，高炉投产后不久，铁口前端砖衬即被侵蚀，在整个炉役期间，炉缸铁口区域耐火材料始终由泥包保护着，而铁口泥包的维护与炮泥质量、打泥量及铁口深度等密切相关[5]。因此，在高炉生产过程中，合理的铁口深度既是出尽渣铁的有效保障，也能起到在铁口周围形成稳定的泥包保护炉缸侧壁的作用。保持稳定的铁口深度是保证炉前作业稳定和高炉长寿的重要手段之一。

由图 12-2 铁口整体结构剖面示意图可以看出，泥包与炉墙耐火材料交界处

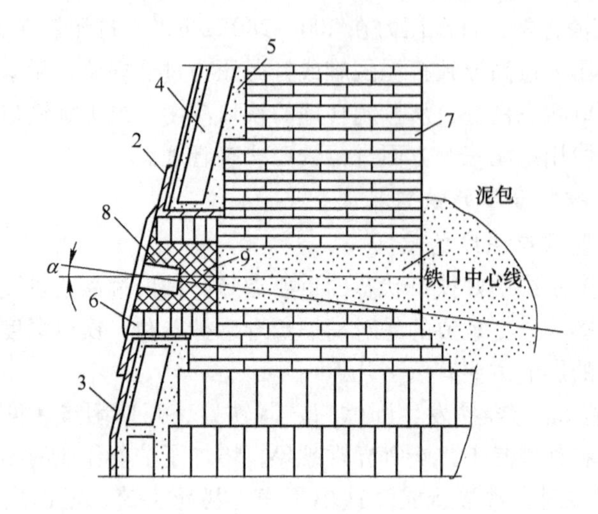

图 12-2　铁口整体结构剖面示意图

1—铁口孔道；2—铁口框架；3—炉皮；4—炉缸冷却壁；5—填充料；
6—砖套；7—砖墙；8—铁口保护板；9—泥套

牢固程度决定了铁口状态好坏；若泥包过长，表观铁口深度深，但与炉墙的接触面积小，受环流、出铁时渣铁机械冲击大，泥包不稳定；泥包过短，起不到保护耐火材料的目的。宝钢高炉按照泥包厚度约 0.6 ~ 0.8m 来选取和控制铁口深度，也即合理铁口深度的标准是铁口区砌筑耐火材料再加上 0.6 ~ 0.8m，实践也证明，宝钢高炉铁口深度控制在 3.6 ~ 3.8m 时，铁口状态稳定、良好。

C　影响铁口深度因素

如果浅铁口长期存在，不仅会缩短出铁时间，增加出铁次数，影响铁口的稳定性，还会加剧铁口周围炉墙的侵蚀，导致铁口区域侧壁温度上升，影响高炉的长寿。铁口深度下降后，连续打泥并不总是能够有效上涨铁口深度，影响铁口深度的主要因素有：

（1）出铁次数。宝钢高炉炉前作业为 3 个铁口轮流出铁，正常生产条件下，一个铁口出铁后要间隔 4 ~ 5h 才进行下一次出铁作业，打入的新炮泥在铁口内有足够的时间进行烧结。如果铁次在正常生产水平上稍有增加，可以减少铁口单次铁的出铁负荷，增加吨铁的打入炮泥量，有利于铁口的维护；如果出铁次数增加太多，出铁间隔时间短，炮泥在铁口内烧结不完全，结构强度低，炮泥抗渣铁化学侵蚀和机械冲刷性能变差，造成铁口状态变差，铁口深度下降。铁次减少时，可以增加炮泥的烧结时间，但同时增加了铁口单次出铁负荷，降低了铁口的吨铁炮泥消耗量，反而也不利于铁口深度的维护。

（2）开口方式。开口过程中，由于漏铁口等原因，会采取烧氧操作，但氧气易对炮泥中的碳质材料产生氧化，同时降低铁口的稳定性，造成铁口深度下降。

（3）打泥压力。堵口过程中，如果打泥压力过低，炮泥填充密实度不够，铁口孔道新旧炮泥结合处容易产生缝隙，导致铁液渗透，开铁口操作时发生漏、断现象，继而铁口深度就会迅速下降。

（4）炮泥质量和打入的炮泥量。由于铁口泥套面维护不良，压炮后接触面不密封导致冒泥，或者炮泥质量下降导致铁口连续打不进泥，被侵蚀的炮泥得不到足够量的补充，铁口深度也会迅速下降。休止的铁口，泥包在炉缸受到铁液环流的冲刷侵蚀而不断减小。休止期间，由于泥包的逐渐消失，铁口深度迅速下降。铁口重新投入时，铁口深度基本上只保留至炉墙砌砖的长度。铁口休止时间应尽可能缩短，避免长期休止，原则上不允许同一铁口连续使用。炮泥质量是决定铁口深度的关键因素之一，选择耐渣铁冲刷的炮泥是铁口孔道和泥包良好状态的保证。炉前日常作业要对碾泥提供的炮泥质量数据进行跟踪管理，确认困泥时间超过24h，按碾制先后顺序使用，若在炉台上由于管理不善，造成炮泥过期，该炮泥不得使用。

（5）其他因素。炉体冷却器漏水，尤其是铁口区域的冷却器漏水顺壁体而下，不仅会加快对泥包的局部点侵蚀，导致铁口孔道形成顽固性漏点，还会加速对壁体耐火材料的侵蚀，影响泥包在壁体的附着点，导致泥包脱落。

D 控制合理铁口深度的措施

a 打泥管理

（1）根据铁口深度调整打泥量。新投入铁口根据铁口深度进行打泥，具体操作方法为：

1）铁口投入初期，深度小于2.6m时，按照最大打泥量的60%～70%进行炮泥填充，少量打入的炮泥由于受到了旧泥包的保护，在铁口内部能够得到很好的烧结，在下次堵口时，它又作为旧炮泥来保护新打入的炮泥，使新炮泥得以很好的烧结。如此反复几次，铁口处的泥包逐渐长大，铁口深度也得以上涨。

2）当铁口深度逐步上涨到3.3m左右时，将炮泥打入量提高到80%。有了初始泥包作为基础后，需要进一步上涨铁口深度时，适当地增加打泥量，有利于泥包进一步长大。

3）铁口深度达到3.5m左右时，此时铁口处的泥包已基本长成，铁口深度也接近恢复到了正常状态，恢复到正常打泥量后，将使得铁口深度得以维持到正常水平，同时也能有效维护炉缸侧壁。

（2）在铁口过深时也不允许一次性大幅度减少打泥量，每次减泥量不大于80kg，最低打泥量为320kg，防止铁口深度大幅度波动对高炉长寿及炉前作业造成影响。

（3）堵铁口发生冒泥时，能封住从铁口喷出煤气即可，不要继续打泥；堵铁口发生泥炮返泥时，应停止打泥。

（4）正确掌握打泥量并记录在作业管理日志上。

b 维护好铁口泥套

铁口泥套是铁口的重要组成部分，是堵口时铁口与泥炮的工作接触面，泥套的好坏影响到能否安全堵铁口、能否确保打泥量，因此泥套维护是铁口维护中非常重要的一环。在实际出渣铁作业过程中，往往由于泥套状态不好导致堵口冒泥，甚至造成高炉减风、休风堵口，从而影响铁口深度的稳定和高炉的正常生产。铁口泥套状况可从两个方面判断：一是泥套面深度，管理标准为 50 ~ 200mm；二是泥套是否存在有整体外突、整体内陷或局部缺损等现象。

为了保证泥套的完整和堵口时不因泥套吹扫不干净而冒泥，在出铁过程中需要对铁口泥套进行日常维护。除了不断清除铁口两边的挂渣外，出铁过程中还需对泥套面及周围用压缩空气进行吹扫 2 ~ 3 次，堵口前再次吹扫干净，保证堵口时泥套面光滑完整。生产中铁口泥套维护是将压缩空气吹在铁流的某一个部位，让铁水浇在泥套面或铁口周围需要吹扫的部位，直至将铁口泥套面上的挂渣及泥套面高出的部分吹扫干净为止。操作中压缩空气的开度不要过大，避免甩动，吹扫管不要碰到铁流，尽可能在渣铁流正常时进行吹扫作业。

当发生下列情况时，必须进行铁口泥套的更新作业：

（1）堵口过程中，若连续两炉发生冒泥现象，应及时更新泥套。

（2）泥套深度大于 200mm 以上必须更新泥套。

（3）泥套面状态不佳可能会导致堵口冒泥时必须重新制作泥套。

（4）铁口泥套表面不平或被压崩。

计划休风时或铁口休止时视情况确定是否做泥套。

12.2.2.2 维护好铁口孔道及泥包状态

铁口孔道贯穿于铁口泥包之中，而泥包由不断打入铁口内的炮泥进行维护。当铁口打开出铁时，液态渣铁从铁口孔道流出，铁口孔道受液态高炉渣铁的机械冲刷和化学侵蚀逐渐增大；当出铁结束堵口时，将炮泥打入修复铁口泥包和孔道。通过铁口孔道进入炉缸的炮泥遇到炉缸内高温焦炭后，迅速烧结形成硬壳，随着打泥量的增加，硬壳逐渐在炉缸内推进，后面进入的炮泥继续会迅速以铁口为中心沿炉墙向铁口中心四周扩散，形成新的泥包。铁口深度是铁口区域炉缸耐火材料厚度与铁口泥包长度之和，所以铁口泥包的长度和状态决定了铁口的深度和状态。

A 铁口孔道及泥包状态良好的标志

一般说来，如果铁口同时具体以下特点，说明铁口孔道和泥包状态良好。

（1）铁口不出铁时有铁口煤气火，但铁口煤气火逸出时无压力，火焰长度短。

（2）开铁口过程中，未钻穿时无炮泥红粒，无断铁口、漏铁口现象。

（3）铁口孔道致密，可根据开铁口钻进速度和开口时间判定。

（4）合适的铁口深度，且同一铁口深度波动小。

（5）铁口打开后，无喷溅或者喷溅较小且喷溅时间不超过15min。

（6）堵口时，打泥量和打泥压力均能保持在管理目标范围内，无打泥困难或打泥压力低等情况。

（7）铁口孔道耐渣铁冲刷能力正常，能保证达到计划的出铁时间。

（8）铁口区域炉缸侧壁电偶温度稳定。

B 维护铁口孔道及泥包状态的措施

（1）打泥操作控制。堵口打泥的过程中，打泥压力不是稳定不变的，而是在80～300kg之间来回波动。打泥压力的大幅变化对铁口孔道的填充密实度以及泥包的稳定产生不利影响。打泥压力的高低与炮泥的质量、炉况和铁口的工作状态密切相关。为了确保堵口安全，日常操作上往往使用最快的打泥速度，在压力还较低时，炮泥已经填充结束，这样填充的铁口孔道密实度不够，经烧结后自身强度不高，抗渣铁冲刷能力下降，容易出现漏、断铁口的现象。如果在一段时间内铁口的打泥压力过低，在不影响堵口安全的前提下可以将打泥速度调低，有利于提高堵口过程中的打泥压力，从而确保孔道和泥包填充的密实度。

（2）开口控制。开口过程中，由于漏铁口或铁口断等原因，会采取烧氧操作，破坏铁口孔道状态，降低铁口的稳定性。为了保持良好的铁口孔道状态，尽量避免烧氧气和捅铁口操作，如铁口有漏的现象，可采用小钻杆迅速开过漏点。

（3）保证炮泥质量。当铁口打开出铁时，液态渣铁从铁口孔道流出，铁口孔道在受液态高温渣铁的机械冲刷和化学侵蚀后逐渐增大。出铁终了堵口时，用泥炮打入炮泥修复铁口泥包和孔道。如果炮泥质量差，使用时就会产生一系列问题，如发生潮铁口、断铁口、浅铁口等异常铁口状态，影响高炉的正常生产，甚至造成人身安全事故。在炉缸内，泥包在较短的时间内会被熔融的渣铁侵蚀，泥包被侵蚀后，铁口深度下降，铁口附近的炉缸侧壁炭砖将直接接触高温铁渣，发生不可逆侵蚀。

（4）消除铁口漏点。对容易发生漏、断的铁口，开口时使用小尺寸钻杆，操作时避免使用打击开口，即使使用打击时也不要太大。钻杆头部磨损较多时，及时更换钻杆，避免烧氧气或捅金棒开铁口。堵口时可以选用马夏值相对较低的炮泥进行铁口孔道填充，利于铁口漏点的消除。

（5）铁口喷溅的控制。铁口喷溅大时吹扫铁口时无法看清泥套面，导致冒泥次数增多，铁口难以维护，长期窜煤气造成的铁口喷溅可能会烧坏铁口附近的冷却壁，引发高炉恶性事故。如果铁口喷溅大，可采取压浆进行处理，对铁口区域煤气孔道进行封堵，以防形成煤气通道。压浆部位有风口区域、铁口脖子和铁口正面。

（6）铁口休止及投入管理。宝钢高炉采取3个铁口轮流连续出铁，1个铁口休止进行沟的修理工作，当修理好沟达到能投入出铁标准后，进行铁口的投入使用。新投入铁口的深度一般在2500～2800mm之间，打泥量严格按新投入铁口打泥标准执行，确保高炉铁口深度尽快涨至管理范围内。

铁口休止时间原则上取决于渣铁沟的修理时间和炉内外操作条件。铁口休止后，由于没有补充新的炮泥进行泥包修复，铁口休止前要确保铁口深度在正常水平，深度偏浅的铁口禁止休止，计划休止的铁口堵口时采用最大打泥量。铁口休止时要密切关注铁口区域侧壁温度的变化情况以及关注铁口煤气火颜色的变化，有异常变化时，立即分析原因，采取针对性措施处理。

（7）单次出铁时间及出铁量的管理。出铁时，渣铁通过铁口孔道排出，同时泥包和铁口孔道受高温渣铁的机械冲刷和化学侵蚀作用，泥包前端呈喇叭状，铁口孔道不断扩大，出铁结束时，通过打入炮泥进行铁口孔道和泥包修复，因此在打入炮泥量相同的条件下，控制铁口的出铁量和出铁时间，一定程度上可减少渣铁对炉缸耐火材料的冲刷和侵蚀，利于铁口泥包和铁口孔道的维护。

12.2.2.3 合理使用和存放炮泥

出渣铁终了时，通过打入炮泥对铁口孔道和泥包进行修复，因此炮泥的质量决定了铁口孔道和泥包状态。在进行铁口状态维护时应根据铁口实际状态进行炮泥品种和马夏值的选择。打泥压力偏高或偏低时，可先调整炮泥马夏值。当铁口深度偏浅，最大打泥量后铁口深度上涨困难时，调整炮泥原料配比，提高炮泥抗渣性和烧结性能。

炮泥的生产要根据高炉使用量做好灵活机动的安排，以确保炮泥的使用周期控制在一周内，压缩炮泥的库存量，尽可能使用3天以内的新鲜炮泥。炮泥送至炉台上时，注意防护工作，避免渣铁混入，破坏炮泥质量，影响炉前正常作业。气温低时要对炮泥加热保温，保证炮泥的物状性能。炮头和过渡管结焦或使用存放时间较长的炮泥，会造成填充时打泥压力升高，每次堵口拔炮后，要确认炮头和过渡管有无结焦现象，如发现有结焦现象时，及时清理，保证泥炮吐泥顺畅。连续2次未填充完的老泥要挤出来换新泥。

12.2.3 宝钢高炉炉前作业情况

宝钢炉前作业管理主要是通过对铁口状态和出渣铁状态两方面内容进行管控，通过炉前作业维护确保铁口深度在3.6～3.8m的合理范围内，为良好的炉前作业创造条件，杜绝铁口跑大流、潮泥出铁等异常作业情况。近三年来各高炉的平均铁口深度如图12-3所示，铁口深度基本在管控范围内，吨铁打泥量基本保持稳定，在0.5kg/t-p左右，能保证铁口深度在合适的范围内（见图12-4）。

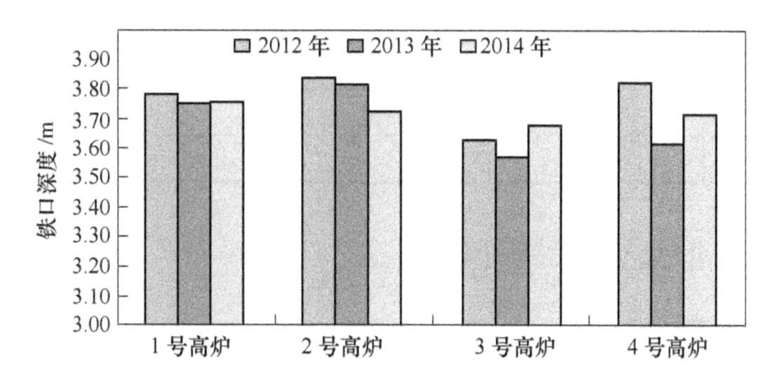

图12-3　2012～2014年宝钢各高炉的平均铁口深度

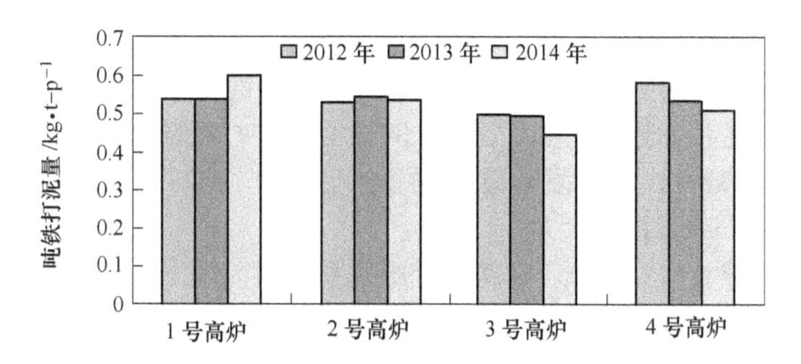

图12-4　2012～2014年宝钢各高炉平均吨铁打泥量

通过储渣铁量管理和铁口见渣时间管理，保证高炉出渣率在75%以上，其中近两年出渣率均保持在80%～85%的水平（见图12-5）。在确保铁口状态稳定，渣铁出净，炉况顺行的条件下，减少出铁次数，不仅可以大幅度降低炉前劳动强度和资材消耗，而且有利于铁口的维护和高炉的长寿。近年来，随着炉前作业技术的进步，宝钢高炉日均铁次稳定在11～13次（见表12-4）。

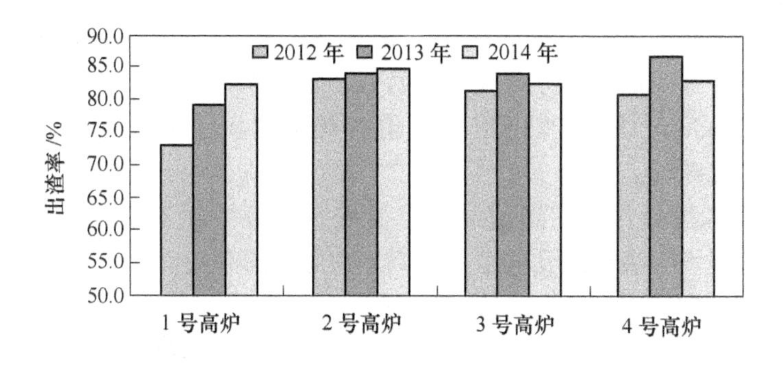

图12-5　2012～2014年宝钢各高炉的出渣率

表 12-4 2012～2014 年宝钢各高炉的日均铁次

年 份	1 号高炉	2 号高炉	3 号高炉	4 号高炉
2012	12.2	11.2	10.8	12.4
2013	12.0	11.6	11.1	12.0
2014	12.2	11.3	11.6	11.9

12.3 炉前作业状态异常的处理

12.3.1 铁口深度过深

铁口过深时，容易发生断铁口和漏铁口、开口困难见渣迟，导致炉内储渣铁量增加、铁口易卡焦炭，甚至能引起炉渣成分波动等危害。

当铁口深度低于标准较多时，炉前的处理方法如下：

（1）根据铁口实际深度调整打泥量。控制铁口的目标深度在 3.6～3.8m 之间，按铁口深度来确定打泥量。大于 3.8m 的铁口，打泥量标准 400～480kg，超过 4.0m 时进行减泥，加减泥量每次必须小于 80kg，堵口打泥量最小不得小于 320kg，防止铁口深度波动太大。

（2）减少重叠出铁次数，在铁水罐配置到位的前提下，先开后堵。出铁时间大于 2h 的铁口，提前 15～30min 开口，合理使用手动通水阀，确保一次开口成功。铁口深度大于 4m，出铁时间大于 2.5h，使用比目前作业大一号的钻杆开口。

12.3.2 铁口深度过浅

12.3.2.1 铁口深度过浅的危害

（1）铁口深度过浅，无固定泥包保护炉墙，在渣铁的冲刷侵蚀作用下，会使炉墙越来越薄，使铁口难以维护，易造成铁水穿透残余砖衬，烧坏铁口冷却板，甚至发生铁口爆炸或炉缸烧穿等重大恶性事故。

（2）铁口深度过浅，出铁时往往发生“跑大流”和“跑焦炭”事故，高炉被迫减风出铁，造成煤气流分布失常、崩料、悬料和炉温的波动。

（3）铁口深度过浅，渣铁出不尽，会使炉缸内积存过多的渣铁，造成高炉受憋，影响炉况顺行。

（4）铁口深度过浅，在退炮时易发生铁水冲开堵泥流出，造成泥炮倒灌，烧坏炮头，甚至发生渣铁漫到铁道上，烧坏铁道线的事故。

12.3.2.2 造成铁口深度过浅的原因

（1）长期铁口冒泥，使实际进入铁口孔道的泥量少，铁口越来越浅。

（2）紧急堵口或顶流堵口，导致铁口打不进泥，造成浅铁口。

（3）长期渣铁出不净，打入的泥在炉缸中存不住而漂起来，并与渣铁反应被烧损，没有有效修复泥包，造成铁口深度下降。

（4）出铁时间过长，间隔时间短，或多次单边出铁，或铁口连出，打入铁口孔道的炮泥没有得到充分烧结，耐渣铁冲刷能力下降，造成铁口过浅。

（5）开口困难而采用焖炮使铁口周围泥包鼓开，打入泥就难以形成新泥包而造成铁口过浅。

（6）炮泥质量差。有时炮泥质量下降，泥包耐渣铁冲刷能力下降，甚至出现断铁口、漏铁口和铁水孔道疏松等异常情况，造成铁口深度下降。

12.3.2.3 浅铁口的处理

当铁口深度低于标准较多时，先用下列方法进行处理，努力恢复正常。

（1）增加出铁次数，用最大的打泥量。

（2）见喷就堵铁口，不要大喷。

（3）休风时钻开铁口进行打泥。

当铁口深度低于标准，铁口冷却壁水温差上升或侧壁温度上升时，可采取下列综合措施，见表12-5。

表12-5 铁口冷却壁水温差上升或侧壁温度上升时的浅铁口处理方法

部门	措施
高炉操作	（1）降低装入S量，减少或停用高S喷吹物； （2）提高铁水中的[Si]； （3）适当减风
设备方面	（1）缩小铁口上部风口直径； （2）堵死铁口上部风口
炉前作业	（1）尽量出净渣铁后堵铁口； （2）尽力控制出铁时间或出铁量，见喷就堵； （3）根据铁口深度改变出铁次数，不断进行调整

12.3.2.4 铁口深度过浅的预防

应采取以下措施预防浅铁口：

（1）出净渣铁。每次出铁尽量做到铁口喷再堵口，避免出现设备原因或配罐不及时造成紧急堵口。

（2）稳定打泥量。根据铁口深度进行打泥量调整，铁口的打泥量波动不要超过80kg，杜绝因铁口吹扫和泥套原因造成的冒泥。

（3）提高操作水平，避免断铁口和开口困难而采取焖炮措施。

（4）加强炮泥质量检查，减少炮泥质量波动，使用炮泥时尽量使用新泥，过期炮泥不能使用。

（5）高炉操作上要稳定炉温，长期低炉温对铁口危害很大，应尽量避免。

12.3.3 漏铁事故处理

12.3.3.1 漏铁原因及危害

（1）炉前漏铁较常见的有以下几类：

1）沟接头漏铁，部位有主沟与炉皮接头、主沟与铁沟接头和主沟与残铁沟接头，宝钢高炉主沟采取浇注法制作，而接头部位是采取捣打料填充，两种耐火材料接缝处容易渗铁造成耐火材料损坏而漏铁。

2）沟帮漏铁，主要原因是沟系统通铁量过大，耐火材料侵蚀造成沟耐火材料厚度超过了管理目标而造成漏铁；或者由于耐火材料质量变化或施工质量下降，造成沟帮耐火材料剥落或异常侵蚀而漏铁。

3）沟沿漏铁，一般由铁口喷溅大或铁口斜喷，喷出的渣铁由沟沿与炉台的缝隙漏至地面。

4）摆动流嘴烧穿造成漏铁。

（2）漏铁造成的危害主要包括：

1）漏铁会烧坏主沟下设备，如水管、电缆等，主沟与炉皮接头处漏铁可能烧坏高炉炉皮或者炉缸电偶，铁沟部位漏铁可能烧坏鱼雷罐车或者铁道线。

2）漏铁可能损坏设备造成高炉长时间无计划休风，甚至高炉恢复困难造成炉况波动。

3）可能损坏铁道运输线，破坏正常的生产组织物流。

4）漏铁后需对沟系漏铁部位进行处理，打乱高炉的正常生产出铁计划，造成生产被动。

12.3.3.2 漏渣铁的处理

应根据漏渣铁程度不同，准备相应的材料及工器具；用行车将沟盖吊离，确认漏渣铁部位，制定修复方案，用解体机或风镐将残铁残料清理并吹扫干净，视情况进行捣打或浇注修补作业。用行车将垃圾斗吊运到位，进行地面渣铁清理。

12.3.4 铁口煤气火大

12.3.4.1 煤气火大的表现及原因

铁口区域在出铁与不出铁时温差非常大，耐火材料由于热胀冷缩作用存在细小缝隙，正常生产条件下不出铁的铁口泥套周围有淡蓝色的煤气火，该煤气火表现出无压力的煤气漏出。如果铁口煤气火大，且从铁口泥套周围孔洞喷出，表现出火焰长度逐渐增加，火焰冲力会随着铁口区域耐火材料缝隙的扩大而越来越大（见图12-6）。

铁口煤气火大的主要原因是炉衬砌筑质量差和填料质量差[6]。在渣铁熔蚀、渗透以及有害气体化学和物理作用下，砖衬损坏，局部产生孔洞或煤气通道，引起煤气火带压力。

12.3.4.2 煤气火大的危害

铁口煤气火大造成炉前作业非常被动。具体表现如下：

（1）煤气火大，使吹扫铁口时无法很好看清泥套表面实际状态，冒泥次数增多。

（2）堵口后泥炮处在压炮阶段，未拔炮之前泥炮在铁口区域经煤气火烘烤，会导致泥炮炮头严重变形和炮头结焦，结焦主要发生在泥炮二节处，造成炉前扣炮头存在安全隐患，严重时需要风镐清理炮头内结焦。

图 12-6 铁口煤气火大

（3）铁口上方的开口机钩座经煤气火烘烤会造成变形甚至烧损，在铁口开口过程中导致开口机上下晃动，开口时发生铁口开偏，对泥套带来很大的损伤，同时破坏铁口状态。

（4）煤气火大，缩短了铁口泥套的使用周期，砖缝内的煤气火对泥套不停的烘烤，泥套面四周全部内凹，泥套破损后，煤气火大时，对泥套的制作更新带来难度。

（5）煤气火大，使铁口周围煤气浓度上升，给炉前作业带来安全隐患。

12.3.4.3 煤气火大的处理

（1）改进高炉炉缸砌体材质，提高其加工精度，确保砌筑质量是杜绝铁口煤气火大的根本措施。

（2）应加强铁口及铁口区的日常维护，保持铁口深度，保证良好的铁口状态，出净渣铁。

（3）发现铁口煤气火大，可采取压浆进行处理，对铁口区域煤气孔道进行封堵，以防形成煤气通道。压浆部位有大套下、铁口脖子和铁口正面，处理方法具体见第 14 章。

12.3.5 打泥压力连续高

12.3.5.1 打泥压力连续高的原因

（1）渣铁未出尽，铁口不见喷或铁口假喷，即堵铁口，使铁口内阻力增加，铁口区域未形成空间，炮泥漂浮在渣铁液面上。

（2）铁口眼偏离中心较多，与泥炮嘴不在一条同心线上，使炮泥吐出不畅。

（3）铁口打开时没有完全贯通，铁口中间漏，打泥时阻力大。

（4）炮头和过渡管结焦，或使用存放时间较长的炮泥，泥质变干、变硬，充填时推不动。

（5）打泥操作上采取分段充填，中间停顿时间过长，铁口内炮泥向前运动时摩擦力增加而打泥压力高。

（6）炉温波动大，铁水温度过低或过高时，铁口眼不易扩大。

（7）来自于炉内的阻力变化，炉缸工作不均匀，往往打不进泥的铁口区域不甚活跃，没有足够的空间容纳炮泥进入，如炉墙脱落的大块脱落物没有熔化，堆积在铁口孔道前，使打泥阻力增大。

12.3.5.2　打泥压力连续高的处理

打泥压力连续高，打泥困难时要从设备、高炉操作和炉前作业三个方面进行相应的调整[7]，设备方面，检查确认打泥充填压力达到所规定的额定值，如打泥过程中有返泥时应及时更换打泥活塞头，严重时测量泥缸磨损状况，超标应更换，确保泥炮正常工作；高炉操作上稳定炉温，调整好气流分布，抑制边缘气流过度发展以减少炉缸环流对铁口区域的冲击，调整铁口上方风口面积，铁口深度低于标准较多时采取堵风口。炉前作业方面采取的措施主要包括：

（1）采用大尺寸钻杆开铁口。

（2）保证铁口出净渣铁，在除尘设备允许的条件下，以铁口大喷为准。

（3）降低炮泥马夏值，改善炮泥可塑性，尽可能使用7天内的新炮泥，气温低时应软化炮泥。

（4）确保炮头和过渡管无结焦现象，对正铁口中心，以保证炮泥吐出畅通；将连续2次未充填完的炮内老泥挤出，把过渡管上部的硬泥扣掉。

（5）堵口时一次充填，不要分段充填。

案例：打泥困难的处理

1991年9月以后，宝钢某高炉的4个铁口相继出现堵铁口时炮泥向铁口内充填困难的状况，1992年以后这种状况更严重，反复出现好几次，其状况表现为以下几个方面：

（1）充填一定的泥量后，充填压力、电流值都上升至极限的位置，炮泥不再继续进入铁口内，造成铁口内充填的炮泥量不足。

（2）充填一定的炮泥量后，充填压力、电流值还未达到额定的最高值，但出现炮泥从泥炮的返泥孔大量返出，严重时还从装泥孔返泥。这种现象除了铁口内充填泥量不足外，由于返泥的原因，充填压力未用上去，而进入铁口内的炮泥密度较差，比第一种状况更为不好。

以上两种状况间断性地发生或连续性地发生。由于存在上述不良状况，铁口在出完铁后堵铁口时的泥量充填不足和松散，造成了铁口深度下降，铁口区域炉墙靠炉内侧形成的泥包得不到补充，引起该区域炉墙温度上升，严重困扰着高炉正常生产。

原因分析：

(1) 设备问题。在设备管理部门的配合下，对4台泥炮充填压力、泥塞前进速度进行了测试，发现活塞在负荷状态下的前进速度慢了。尤其在实际堵铁口中速度比设计值平均慢了27s，使得炮泥在铁口内向前运动的时间变长，泥质变硬，阻力增加，最后造成了充填困难、打不进泥的状况。其次是泥炮活塞环和泥缸壁的磨损，造成泥缸与活塞之间的间隙过大，这是引起堵铁口充填时返泥的主要原因。

(2) 炉前作业不良。炉前作业主要存在的问题有：渣铁未出空，铁口不见喷堵铁口，使得铁口内阻力增加，铁口区域未形成空间，炮泥漂浮在渣铁液面上；铁口眼偏离中心，与泥炮嘴不在一条线上，炮泥吐出不畅。使用存放时间已较长的炮泥，炮泥变硬，炮泥不清洁，混入了杂物，造成泥缸、活塞环磨损加剧。

(3) 操作的影响。煤气流分布不合理，边缘气流强，中心气流弱，炉缸内渣铁沿炉缸壁作环状流动的状况加剧，而中心气流弱又造成了炉芯焦变大，透气性、透液性变差，铁口与炉芯间的环带越来越窄，渣铁冲击侧壁更加严重，首当其冲是铁口区域。其结果是出铁时间变短，铁口变浅和出铁速度上升，堵铁口时炮泥充填阻力增加。

由于以上三方面的原因，造成了堵铁口时发生炮泥充填困难，只有针对上述几个方面的问题进行综合治理，才能达到解决问题的目的，扭转困难局面。

采取作业措施：

(1) 解决设备方面的问题。泥缸与活塞间隙过大时，需及时更换活塞，修理泥缸，确保充填压力到额定值时不返泥。

(2) 调整操作方针。调整好煤气流的分布，抑制边缘气流过分发展，以减轻炉缸渣铁环流对铁口的影响；改善炉芯的透气、透液性，使炉缸活跃、均匀，必要时可缩小或堵死铁口上的风口。

(3) 炉前作业采取的措施。铁口必须出空，见喷吹才能堵口，以使铁口区域空间宽畅，充填进去的炮泥能有效地附着黏结在侧壁上，形成保护炉缸的泥包。扩大出铁口孔径，减少泥炮内的装泥量，以减轻堵铁口时的阻力和摩擦力；使用清洁、新鲜的炮泥，铁口眼要保持在中心位置，以保证炮泥的吐出畅通。发生泥炮充填返泥立即停止继续充填，以减轻炮泥对泥缸壁和活塞环的磨损。缩短铁口的休止时间，使铁口经常保持有新鲜炮泥充填进去，对稳定铁口深度是有好处的。

实施以上对策后效果显著，堵铁口时打泥困难的现象消失了，返泥止住了，充填量和铁口深度逐渐稳定在标准范围内。

12.3.6 跑大流

12.3.6.1 跑大流的原因

一般说来，铁水流速大于正常流速的1.5～2倍为跑大流。铁流因流量过大失去控制而溢出主沟，漫过砂坝流入渣沟。如不及时改干渣可能会造成水渣吹制箱爆鸣，如果不及时制止发生突然喷焦，后果更加严重。造成铁口跑大流的主要原因有：

（1）铁口过浅时，开口操作不当，使铁口孔径过大。

（2）潮泥出铁，泥包损坏。

（3）炮泥质量差，抗渣铁冲刷性能低。

（4）铁口浅，渣铁连续出不尽，严重晚点出铁，跑泥太多。

12.3.6.2 跑大流的处理

铁口发生跑大流后，应采用以下方法进行处理：

（1）发现铁口跑大流后，应用黄沙迅速加固沙坝，同时应根据铁流大小、流势及炉缸内渣铁多少，及时适当的减风，以减弱铁流的流势。

（2）炉前操作工根据情况可比正常时提前切换鱼雷罐，防止罐满后铁水下地，烧坏罐车和铁道线。

（3）立即改放干渣，防止渣中过铁炸坏吹制箱。

（4）立即堵上铁口。

12.3.7 出铁喷溅大

12.3.7.1 出铁喷溅大的原因及危害

（1）出铁喷溅的原因主要包括：

1）新修的高炉因砖衬未充分干燥留有残存水分，或投产后冷却设备破损漏水，水分遇到炉缸内液态渣铁后产生气化，产生的压力有一部分进入铁口，造成出铁喷溅。

2）新高炉投产后，高炉在热力作用下，均会产生不同程度的膨胀现象，炉壳、冷却壁、砖衬间都会产生细微缝隙。高炉内部为高压操作，产生的高压煤气通过砖缝进入铁口通道，使铁水产生喷溅。

3）大型高炉铁口深，一次打泥量大，铁口泥包炮泥与炉缸内高温渣铁接触，迅速烧结固化并产生气体，而铁口孔道内炮泥时烧结过程缓慢，一般需要40min以上。无论哪个阶段的炮泥，烧结时均产生大量气体，这些气体滞留在铁口孔道内又减缓了炮泥的烧结，开铁口作业时到2.5m左右会产生潮气，当铁口打开后，这些气体向铁口排出，造成铁水喷溅。

4）出铁过程中，铁口内壁受到渣铁的机械冲刷和化学侵蚀变得很不规则，并产生裂缝，马夏值高的炮泥不能填实裂缝，形成煤气通道，加剧铁口喷溅。

（2）铁口喷溅大的主要危害如下[6]：

1）由于喷溅，吹扫铁口时无法看清泥套面，导致冒泥多，铁口难维护。

2）铁口喷溅时往往铁流小，造成高炉渣铁出不净，直接影响高炉顺行。

3）在堵铁口作业时甚至出现打炮现象，给高炉操作带来隐患。

4）长期串煤气造成的铁口喷溅，很可能烧坏铁口附近的冷却壁造成高炉的恶性事故。

5）铁口喷溅造成高炉除尘效果不好，不利于环保。

12.3.7.2　出铁喷溅大的处理

出铁时铁口喷溅大，首先要加强铁口的日常维护，保持铁口深度，保证良好的铁口状态，出净渣铁；其次是使用马夏值低的炮泥进行堵口作业，尽可能修复铁口孔道中的煤气孔道；以上方法仍不能解决时，可在对应铁口大套下、铁口脖子和铁口正面压浆进行处理，对铁口区域煤气孔道进行封堵，以防形成煤气通道。

12.3.8　侧壁温度高时炉前作业应对

铁口深度是指铁口保护板至泥包外壳的长度，即从铁口泥套表面沿铁口中心线至联通炉缸储铁区的长度。从图 12-2 铁口整体结构剖面示意图可知，泥包状态决定了铁口的深度，合理的铁口深度既是出尽渣铁的有效保障，也能起到在铁口周围形成稳定的泥包保护炉缸侧壁的作用。通过对宝钢 4 号高炉第一代炉役停炉时的炉缸调查，发现铁口泥包如图 12-7 所示。一般认为，泥包形成的原因，是最初进入炉缸的炮泥遇到炉缸内高温焦炭后，迅速烧结形成硬壳，随着打泥量的增加，硬壳逐渐在炉缸内推进，后面进入的炮泥继续会迅速以铁口为中心沿炉墙向铁口中心四周扩散，形成泥包，保护铁口区域的炉缸耐火材料。从近年来对国内外高炉炉缸破损调查表明，几乎所有的破损都在出铁口周围和其下部 1m 的薄弱区域。而铁口维持足够的深度，保证有足够大的泥包，对铁口区域薄弱的内

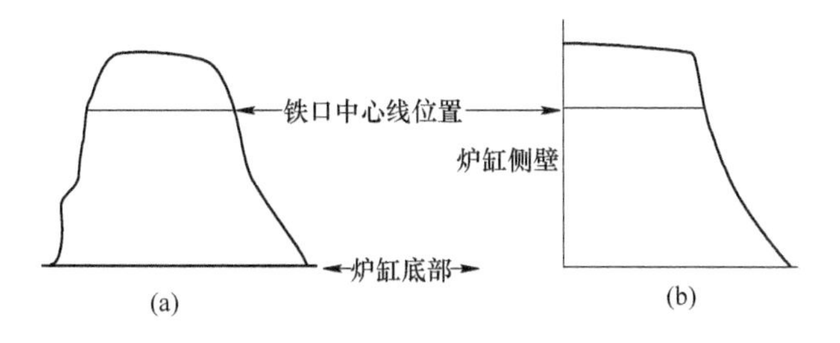

图 12-7　宝钢 4 号高炉第一代炉役停炉后铁口泥包示意图

（a）泥包正面；（b）泥包侧面

衬保护具有重大的作用。

如果铁口区域泥包被破坏，铁口深度变浅，高温渣铁直接接触到炉缸耐火材料，会使炉缸铁口区域炭砖发生侵蚀，造成铁口区域侧壁温度上升，则要尽快把铁口深度涨至管控水平，修复好铁口泥包；如果由于炉缸内铁水环流增大或凝铁层发生变化，造成炉缸侧壁温度上升，则要控制炉缸侧壁温度高区域铁口的出铁时间和出铁量，均匀出铁，减弱铁水环流对炉缸侧壁的影响，同时在炉前作业条件允许的情况下，增加铁口深度，加大铁口泥包在炉缸内的覆盖面积。炉缸侧壁温度异常上升时，炉前作业主要采取以下措施进行应对：

（1）保证铁口深度及打泥量。炉缸侧壁温度高时，根据电偶温度计算炉缸残厚，不同的残厚下，高炉铁口深度和打泥管理目标见表 12-6。

表 12-6　不同残厚下的铁口深度和打泥量管理标准

残厚标准/mm	铁口深度目标/mm	打泥目标/kg·炉$^{-1}$
700~900	≥3600	≥500
500~700	≥3800	≥600

（2）调整出铁顺序。炉缸侧壁温度上升时，通过铁次调整，对侧壁温度高的铁口进行轮空作业或临时休止温度高区域的铁口，减少高温渣铁对铁口区域耐火材料和泥包的冲刷、侵蚀。

（3）出铁时间及通铁量见表 12-7。

表 12-7　不同残厚下的出铁时间和出铁量管理标准

残厚标准/mm	出铁时间/h	出铁量/t·炉$^{-1}$
700~900	<2.5	<1000
500~700	<2.0	<800

（4）加强泥套的跟踪维护，发现泥套缺损或冒泥及时更新，确保打泥压力和打泥量控制在管理范围内。

（5）保证开口质量，提高开口成功率，避免开漏，尽量保持铁口的深度稳定，发现铁口漏及时采取措施，堵口后 3min 再打泥点动，把铁口孔道压实，使铁口孔道严实。

（6）对开口机、泥炮进行点检维护，保证铁口能正常开、堵口，避免连出或重叠出铁。

12.4　定修及开、停炉炉前作业

12.4.1　定修炉前作业管理

12.4.1.1　休风前和减风中的炉前作业

休风前炉前作业主要分炉前定修工事的资材准备和休风前一个班的作业安

排，确保预定减风时对角铁口同时见喷，满足休风作业条件。

（1）资材准备。根据定修工事安排，定修前2天准备好相应的资材，常规资材准备有炉顶点火作业资材、更换风口及装风口衬套资材、风口堵泥资材、更换冷却器资材等。

（2）作业安排。休风前一个班出好渣铁，调整好铁次，确保预定减风时对角铁口同时见喷。

休风过程中根据标准或指令堵铁口，若提前见喷，根据预定减风时间临时封堵铁口，避免烧坏沟盖，过程中杜绝冒黄烟。

12.4.1.2 休风后炉前作业

（1）主沟放残铁作业。对主沟进行耐火材料处理时，需对主沟进行放残铁作业，此外定修或临时休风，铁口不出铁时间超过8h，需进行主沟放残铁作业，宝钢3个铁口出铁，一般2h内休风放1个主沟残铁，4h放两个，超过8h 3个全放。

（2）炉顶点火作业。确认赶煤气结束，准备进行炉顶点火作业。点火前，通知炉台周围以及炉身的作业人员撤离现场，确认作业人员完全撤离后，开始进行炉顶点火作业，点火完毕挂起“炉顶点火完毕”条幅，同时用指令电话发出通知。专人监护煤气火，视点火情况投入木柴，一旦熄灭，马上通知、警报并重新点火。点火装置不用时，关闭氧气、空气、煤气阀并拔出点火器，将点火器退回到指定位置，关上人孔盖并紧固人孔螺栓。

（3）送风炉前作业管理。送风前对照预定送风时间进行出铁准备。对风口平台进行预清理，工事完成后，对剩下的TC泥以及钢钎、堵耙等资材吊下风口平台，归位。听中控指令，关点火人孔，关风口大盖，风口堵泥全部捅开，关闭倒流阀。确认出铁铁口配罐情况，送风后根据中控指令进行出渣铁作业，确认倒流阀状态。

12.4.2 开炉作业管理

12.4.2.1 开炉前作业准备

开炉前做好沟系统的准备工作，主沟用捣打料和黄沙铺好沟底部，在初出渣和初出铁前，在砂口前端设置好挡渣板，砂口过道高度为250mm，排渣口与铁沟头液面差为300~320mm，铁口空喷完毕后，在主沟上再铺加黄沙。主沟开始储铁前还需在在排渣口用R40筑高度70~50mm的坝，该坝去掉后液面差为250~270mm，堵铁口后立即除去此坝，尽可能使主沟内渣排干净（见图12-8）。

渣铁沟内全部铺上一层黄沙，渣沟帮上做沙堤。残铁沟与主沟残铁眼接缝处要用捣料填实捣实，残铁沟安全线按常规铺沙并烘烤干（见图12-9）。

在摆动流嘴的沟帮部铺好黄沙，在防溅板上和流嘴的接触部糊上耐火材料

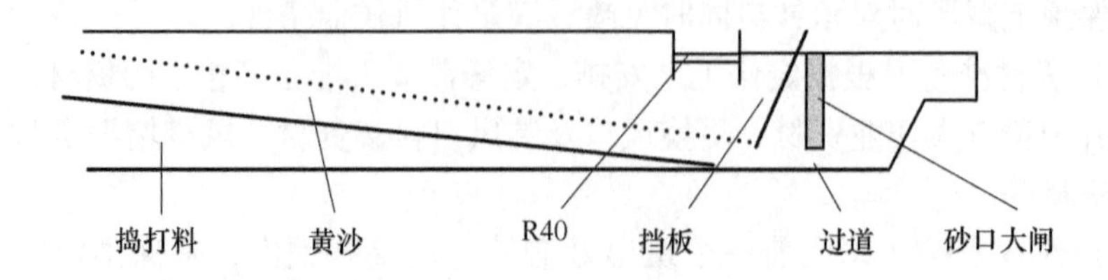

图 12-8 开炉时主沟处理示意图

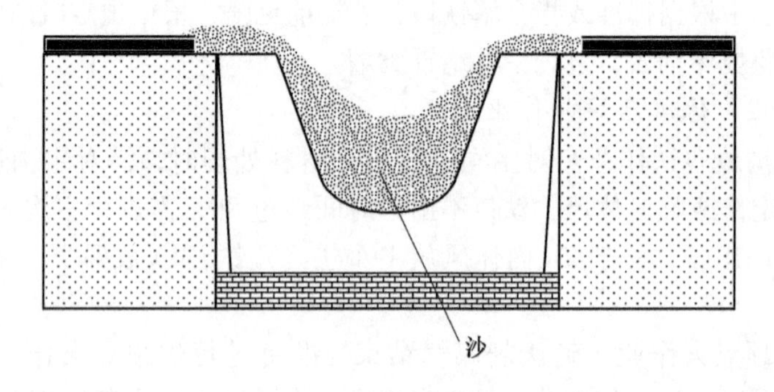

图 12-9 开炉时渣沟处理示意图

(见图 12-10)。

初出铁时主沟除保留 A 盖外，其余沟盖全部吊开，在渣铁流动性未改善前渣铁沟沟盖按每间隔 2 块横盖 1 块设置，以确保引流、人员行走安全，确认渣铁流动性改善以后所有沟盖全部就位。

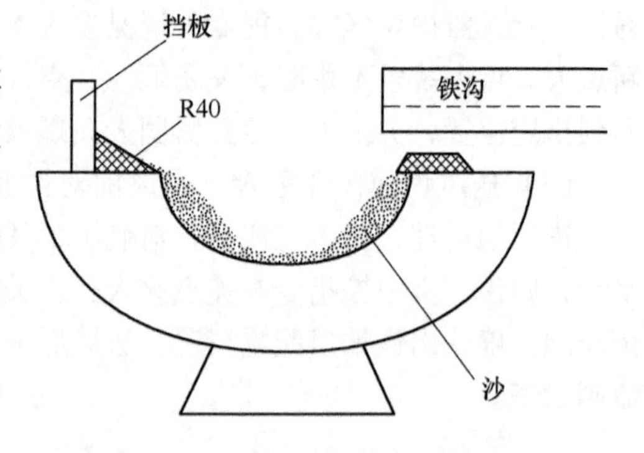

图 12-10 开炉时摆动流嘴处理示意图

12.4.2.2 开炉过程中炉前作业

A 铁口空喷作业

开炉时铁口空喷作业的主要方式可以是送风后即打开铁口空喷；也可采取在风量 3000m^3/min 左右直接用“泥炮退回”的方法打开铁口空喷，在风量 4000m^3/min 左右，用开口机钻开装有电偶的铁口。主沟上所有沟盖及集尘集尘罩全部盖好，除 A 盖外其余盖下部垫上耐火砖便于冷空气吸入。当喷出炉渣从铁口流出约 2m 时，或渣在铁口下面堆积时便可堵口。堵口注意事项如下：

（1）对炮头要进行预热。

（2）堵口时要杜绝冒泥，打泥量 100kg，泥炮操作方式根据情况选择。

（3）铁口空喷眼子扩大应提前堵口。

B 初出渣铁作业

先准备足够的开铁口的资材，如钻杆、铁棒、稻糠、引流木棒、黄沙，开炉初期铁水可能出现高硅低温的铁水，所以还需准备氧气管、氧气带并接好。

确认主沟、渣铁沟和摆动流嘴按规定处理完毕，把碎渣块清理干净，排渣口做坝，铁沟头做坝。确认主沟沙口挡渣板设置好并吊好钩。

在安排出铁的铁口下配置规定数量的混铁车并确认对位，与水渣确认各项准备工作就绪，通知中控室出铁准备完毕，并听中控统一指挥进行初出渣铁作业。

试出渣铁铁口堵口后进行初出渣铁开口，如果未进行试出渣铁，则按照《开炉方案》中确定首次出渣铁时间进行初出渣铁作业，开铁口困难时用氧气管烧开或铁棒捅开。

开铁口后，当铁水流到挡渣板处并储存有一定量后，用行车提起挡渣板，用引流木棒插入砂口过道下翻腾引流或用氧气烧。除去铁水沟头的沙坝，确保将主沟铁水液面降至排渣口以下。作业过程中经常用木棒和氧气对砂口过道进行疏通，确保过道畅通。经常对铁水沟头进行引流，防止铁水液面上升造成下渣带铁。见渣后要加强对主沟、渣沟铁水沟的流动状况的监视与保温。

原则上铁口见喷吹后堵铁口，如排渣口有耐火材料坝应立即捅干净，堵口前必须清理干净铁口周围，防止冒泥，将砂口小井表面用木棒翻干净。

如初出铁的平均铁水温度高于1450℃，且渣铁流动性好时，可考虑该铁口连出一次，但该铁口的清理工作尽快完成，满足不了上述要求时则立即放掉主沟残铁，换铁口出铁。

C 主沟储铁前的出铁作业

开炉出渣铁后，根据主沟储铁要求进行主沟储铁作业。预定用比正常生产要大的钻杆，若出铁时间连续2次不足铁口出铁管控时间应减小钻杆直径。主沟储铁前为对角铁口交替出铁，如铁水温度低于1450℃，每次出完铁要放掉主沟残铁，要尽量避免渣子放入混铁车。如铁水温度不低于1450℃可考虑每个铁口连出一次再放残铁，间隔时间不大于60min；出铁时间预定3h，实际的出铁根据以下情况安排：

（1）出铁时间不足3h时，前一铁口堵口后要等到3h后才能打开铁口。

（2）出铁时间超过3h就进行重叠出铁。

（3）重叠出铁时间不超过30min，重叠出铁的铁口打开空喷就堵上前一个铁口。

原则上铁口见喷堵口，发生意外时紧急堵口，要杜绝冒泥，连续二次冒泥必须做泥套。

D 主沟储铁作业

当高炉铁水满足主沟储铁条件时可进行主沟储铁作业。开炉后按对角铁口投入出铁，投入后尽快清理另外两个铁口主沟内的渣块及沟料，待投入铁口应随时具备出铁条件。若初出铁后 72h 具备主沟储铁条件，则投入一个铁口，用 3 个铁口连续出铁作业。原则上铁口见喷出空堵口，并根据铁口深度管理确定打泥量，不得冒泥，冒泥的铁口应严格按规定处理。主沟的储铁时间及铁口的切换时间可根据开炉后的铁水温度高低、渣铁流动性、炉况灵活调整。每次出铁时间为 3h，不足 3h 等到 3h 开下一个铁口，出铁时间超过 3h 应重叠出铁，用大钻杆开口时；出铁时间不足 2h 应调整钻杆孔径，为防止开口困难应事先打入铁棒或稍提前开口。

加强主沟的保温，主沟储铁时间超过 5h 该铁口不能出铁时应放掉主沟残铁。

12.4.3 停炉作业管理

12.4.3.1 停炉前炉前作业准备

针对炉役后期炉缸内容积增大，为进一步降低炉缸铁水液面，可采取大幅度提高 2 个对角铁口的角度和深度的措施，尽可能多出铁。因此停炉前，炉前的作业调整包括：

（1）铁口角度调整。炉缸内铁水液面高低由在炉缸内泥包处的铁口位置决定，在停炉前，应增大开口机角度，降低炉缸内铁水液面，减少炉缸内死铁层高度，停炉时减少炉缸内残铁量。角度调整完成后必须进行试运转并确保脱、挂钩正常。

（2）铁口深度及打泥量管理。开口机角度调整后，应把对应的铁口深度由生产正常管理值控制在上限水平，为了保证较深的铁口深度，每次打泥使用最大打泥量，当铁口深度达到目标水平时，为了防止铁口过深出现开口困难，可根据深度调整打泥量。为了防止铁口过深钻杆钻不穿，应准备一部分加长钻杆和铁棒。

12.4.3.2 停炉过程中炉前作业管理

空料线停炉过程中炉前的出铁作业管理主要内容如下：

（1）铁口安排。停炉过程中，使用 3 个铁口轮流出铁，休风前同时打开对角 2 个铁口出铁。

（2）钻杆选择。停炉过程中全部使用大钻头钻杆开口。

（3）空料线过程中，为了避免空料线停炉过程中开铁口困难和高硅铁水出铁困难，休风前最后对角出铁的 2 个铁口深度确保在铁口深度的上限水平，另一铁口深度保持在正常范围，可根据实际情况随机调整。

（4）空料线停炉前期实行不间隔连续出铁，见渣时间小于 60min，否则重叠出铁。末次铁视情况可以间隔一段时间后，待炉缸渣铁聚积多一些，同时打开 2 个以上铁口出铁。末次铁原则使用大角度深铁口对角出铁，尽可能将炉缸内铁水液面降到最低限度，以减少残铁量。

每次出铁时间不大于2.5h，超过2.5h应换铁口出铁。前期可根据实际情况实行南、北各出一炉的出铁方式。

（5）堵铁口时机。每次出铁必须出喷堵口，堵口打泥能封住铁口即可。末次铁出空大喷后出铁速度小于1t时再堵口。

12.4.3.3 放残铁作业

A 炉缸放残铁作业准备

为了减轻高炉停炉大修时炉缸的重量，易于整体移动炉缸，缩短大修工期，停炉后一般要将积存在炉缸内铁口中心线以下的残铁放净，因此需要比较准确地计算或估算炉底侵蚀深度，确定残铁口的位置。

放残铁口的位置应该是炉缸底部侵蚀最薄的部位，开孔容易并尽可能多出残铁；要离铁道线近，有利于铁水输送；立体空间障碍物少，有利于架设安装残铁沟槽和操作平台；空气流通性好，有利于出残铁操作以及尽可能避开地面排水沟槽，铁水流经区域干燥无易燃易爆物品等。

利用高炉最后一次定修在炉皮开孔完成残铁口开门。把法兰铁口框与炉皮满焊，法兰与法兰盖用螺栓连接。为防止炉体水对残铁口影响，残铁口上部焊挡水板。宝钢某高炉出残铁口开孔部位如图12-11所示。

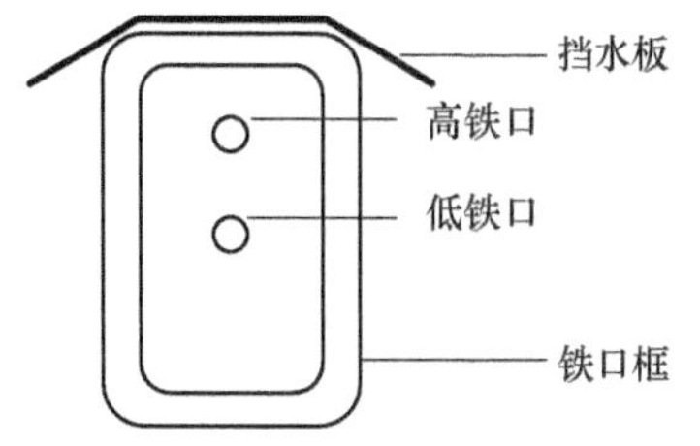

图12-11 出残铁口开孔部位示意图

残铁口的周围应尽可能宽畅，便于开残铁口操作及放置工器具、排风扇等。应在开残铁口操作平台两侧设置安全退避通道及楼梯，在铁沟两侧设置走道及安全楼梯。走道延伸至摆动流嘴上方的部位要加宽，便于操作。在操作平台设置氧气、焦炉煤气、压缩空气、杂用水等介质临时供应点。操作平台上要有足够的照明灯（见图12-12）。

铁沟头部钢壳应略宽于残铁口框、两侧高度略高于高铁口并紧贴炉皮和残铁口框法兰底部，便于法兰盖拆除后该部位的耐火材料施工。

B 炉缸放残铁作业

空料线时，确认料线降至炉身下部，其余铁口正在出铁。卸下法兰后先用风镐或钢钎在炭砖上原钻孔的以下部位挖进一定深度并能与临时残铁沟的接头处吻合上。用捣打料从炭砖里顺着往外捣打与沟底相连，与炉皮接触处一定要压实，用大火烘烤。

联络配好铁水罐，并确认对位准确。

当确认炉内焦炭面降至炉腰时可以开始开残铁口，带压开残铁口作业炉内应适当控制炉顶压力。抠除残铁孔内的堵泥，操作凿岩机钻杆上斜钻至孔底发红停止掘进，用两根氧气枪不熄火同时烧残铁孔，烧的时候尽可能将孔道烧得大些，

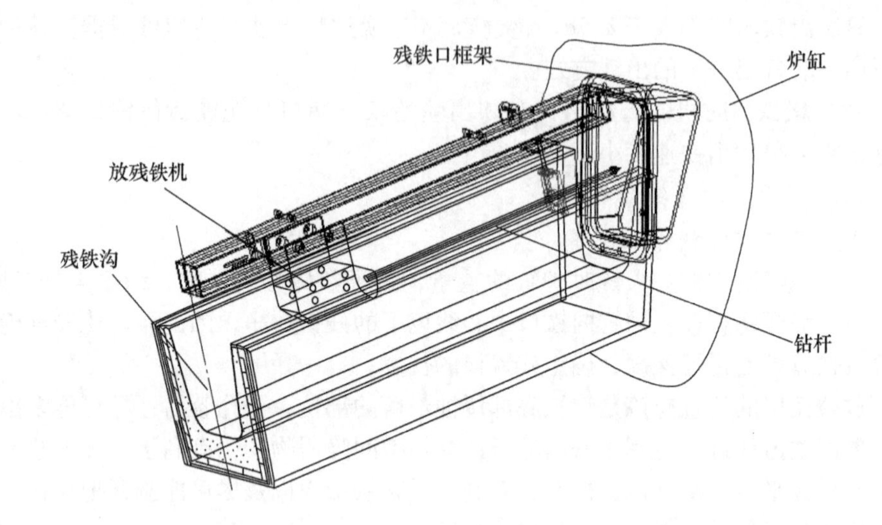

图 12-12 停炉放残铁操作示意图

直至铁水流出。

如果开口设备故障，可用风镐从预定的开孔部位扣进一定的深度。用加长风镐钎子将残铁口打穿，3 根并联打入，用氧气将打入在残铁口内的风镐钎子烧化直至铁水流出。残余厚度不深时直接用氧气烧开残铁口。

出残铁过程中有堵塞现象时可人工用钢钎捅开或用氧气烧开，对放出的残铁进行监视引流，必要时用氧气引流，并测温和取样，为了保证铁水流动性，在残铁沟沿线上方用焦炉煤气燃烧器对铁沟内的铁水进行加热保温。

当铁水温度不低于 1420℃ 时直送炼钢；铁水温度低于 1420℃ 时，将残铁拉到其他高炉兑铁后直送炼钢或直接送铸铁机；当铁水温度低于 1350℃ 时如果混铁车配车运行能加快，可以不考虑其受铁量，立即拉走。

参 考 文 献

[1] 周传典. 高炉炼铁生产技术手册[M]. 北京：冶金工业出版社，2012.

[2] 张殿有. 高炉冶炼操作技术[M]. 北京：冶金工业出版社，2006.

[3] 林成城，王楠. 炉前作业对高炉炉缸侧壁剪切应力的影响[J]. 宝钢技术，2013(5)，1 ~ 7.

[4] (德) Wolfgang Kowalski，等. 高炉出铁方针对炉缸状态的影响[J]. 高炉长寿技术文献与分析，2000，11.

[5] 项钟庸，王筱留，等. 高炉设计——炼铁工艺设计理论与实践[M]. 北京：冶金工业出版社，2007.

[6] 张寿荣，于仲洁. 高炉失常与事故处理[M]. 北京：冶金工业出版社，2013.

[7] 卢世葵. 1 号高炉铁口打泥困难的原因分析与对策[J]. 宝钢技术，1996(2)：1 ~ 3.

第三篇 高炉长寿与维护

高炉长寿是一项系统工程技术，它涉及到设计、选材、建造、生产、维护等诸多方面。国内外长寿高炉的生产实践证实：科学合理的设计和优良质量的施工建造是实现高炉长寿基础条件，而生产实践中科学合理的高炉生产操作与日常维护对实现高炉长寿具有积极作用，同时也是弥补设计和建造不足而达到高炉长寿目标的关键。

高炉长寿与高炉强化冶炼进程永远是一对矛盾。如何合理解决高炉长寿与强化冶炼之间的矛盾是高炉炼铁工作者永恒的主题。既不能为了追求高产、强化冶炼而不计代价牺牲高炉寿命，也不能为了追求高炉长寿而特意降低高炉生产效率,使高炉一代炉役虽然达到长寿命,但效率低下。宝钢高炉在实现长期的强化冶炼的同时，对高炉长寿也做了理论与实践两方面的探索，追求高效长寿，通过调剂气流，实现炉身中上部长寿；依靠强化冷却，实现炉身炉腹炉腰长寿，依托有效冷却，实现炉缸铁口长寿，在此基础上，逐渐形成了有宝钢特点的大高炉生产操作与长寿维护系统工程技术。

高炉高效长寿是从设计建造到操作维护系统技术的综合体现，设计理念要符合高炉高冶炼强度工艺客观规律，必须与高炉操作技术特点和习惯相匹配，操作技术需要正确解决高产能与长寿的矛盾关系，保持高炉长期稳定是实现高效长寿的根本，树立高炉长寿新观念，应用高炉维护新技术，以新的思想方法系统解决高炉生产中遇到的长寿难题，实现高炉高效长寿。

高炉投产以后，在一代炉役期间，高炉操作对实现长寿目标非常重要，采取合理操作制度和最佳的工艺参数，进行科学操作调剂，使高炉长期保持稳定顺行状态，是高炉实现长寿的根本，同时，结合生产过程中出现的影响长寿的问题，采取相应技术对策进行维护和消缺，保持高炉处于良好安全稳定运行状态，是高炉实现长寿保障。

13 选型与配置

高炉的选型与配置是根据炉容大小的要求，确定合理的炉型，在此基础上，结合高炉冶炼工艺基本原理，选择配置各部位耐火材料、冷却设备以及冷却水系统，达到合理的冷却强度，在确保高炉稳定顺行的条件下，减缓高炉内衬的侵蚀，实现高炉长寿。

13.1 高炉炉型

不同高炉炉型，在冶炼生产过程中呈现不同的特点，对高炉稳定顺行以及高炉长寿具有重要影响。高炉由死铁层、炉缸、炉腹、炉腰、炉身和炉喉六部分组成，其内部几何形状构成高炉炉型。高炉炉型作为高炉冶炼过程的边界条件和初始条件，对高炉冶炼进程具有重要意义，构建合理的高炉炉型是保证高炉稳定顺行的关键环节，更是实现高炉长寿的核心所在。合理的高炉炉型有利于高炉内的固体炉料、液态渣铁和煤气流相互运动过程的顺行，实现动量传输、质量传输、热量传输和物理化学反应顺利进行，提高能量利用效率，同时减缓对高炉各部位的侵蚀，达到高炉低耗、高效、长寿的目标。

至于“合理炉型”，至今为止尚无确切定义，因为每一座高炉原燃料条件各不相同，原燃料理化性能存在差异，高炉操作基本制度不尽相同，对高炉冶炼技术掌握程度参差不齐，因此，对高炉炉型的理解和要求也就很难达成共识。伴随炼铁技术进步，以及对高炉长寿理念认知不断提升，分析生产应用实绩，高炉炉型在高炉新建和改造历程中不断演变，使炉型更加趋于合理，使其适合高炉炼铁生产操作、稳定顺行和技术提升[1]。

13.1.1 宝钢高炉炉型演变

宝钢高炉自从1985年9月投产，从一座高炉发展至四座高炉，1号高炉已经经历第三代炉役，2号、3号、4号高炉也开始第二代炉役，伴随生产进程，高炉炉型在潜移默化发生演变，炉容由当初4000m^{3}级逐渐扩大至接近5000m^{3}级。宝钢各时期高炉高炉炉型主要参数如表13-1所示。

表13-1 宝钢高炉炉型主要参数

项目	1号高炉第一代	2号高炉第一代	3号高炉第一代	1号高炉第二代	4号高炉第一代	2号高炉第二代	1号高炉第三代	3号高炉第二代	4号高炉第二代
投产时间	1985-09-15	1991-06-29	1994-09-20	1997-05-25	2005-04-27	2006-12-07	2009-02-15	2013-11-16	2014-11-12

续表 13-1

项 目	1 号高炉第一代	2 号高炉第一代	3 号高炉第一代	1 号高炉第二代	4 号高炉第一代	2 号高炉第二代	1 号高炉第三代	3 号高炉第二代	4 号高炉第二代
有效容积 /m^3	4063	4063	4350	4063	4747	4706	4966	4850	4747
炉缸直径 d/mm	13400	13400	14000	13400	14200	14500	14500	14200	14200
炉腰直径 D/mm	14600	14600	15200	14600	16000	15436	16400	16400	16000
炉喉直径 d_1/mm	9500	9500	10100	9500	10500	10600	10800	10700	10500
炉缸高度 h_1/mm	4900	4900	5400	4900	5400	5400	5500	5400	5400
炉腹高度 h_2/mm	4000	4000	4000	4000	4500	4200	4400	4500	4500
炉腰高度 h_3/mm	3100	3100	2600	3100	2100	2900	2400	2300	2100
炉身高度 h_4/mm	18100	18100	17500	17600	17800	17500	17800	17800	17800
炉喉高度 h_5/mm	2000	2000	2000	2500	2000	2000	2000	2000	2000
有效高度 H_u/mm	32100	32100	31500	32100	31800	32000	32100	32000	31800
死铁层高度 h_0/mm	1800	1800	2985	2600	3600	3672	3600	3200	3600
炉腹角度 /(°)	81.47	81.47	81.47	81.47	78.69	83.64	77.82	76.26	78.69
炉身角度 /(°)	81.98	81.98	81.71	81.76	81.22	82.13	81.06	80.90	81.22
铁口数量	4	4	4	4	4	4	4	4	4
风口数量	36	36	38	36	38	40	40	40	38
高径比 H_u/D	2.199	2.199	2.072	2.199	1.988	2.073	1.957	1.951	1.988

13.1.1.1 高径比减小

宝钢1号高炉第一代于1985年9月投产，参照日本君津5号高炉设计。2号高炉投产于1991年6月，对1号高炉炉型应用效果认识尚不深刻，完全复制1号高炉炉型。1号高炉第二代是原地大修，未更换炉壳，因此，炉型基本保持原样。3号高炉在总结1号、2号高炉应用效果的条件下，将炉型进行调整，按宝钢1号、2号高炉内型尺寸，炉缸、炉腰和炉喉横向各增加600mm，有效高度降低600mm，高径比由2.199缩小到2.072，炉型向矮胖型发展。4号高炉在新建时，将炉腰直径进一步扩大，高径比缩小到2.0以内。到1号高炉第三代扩容改造时期，对高炉炉体长寿的认知不断提升，薄壁高炉得到广泛认可。1号高炉是宝钢第一座采用薄壁形式的高炉，因为当时普遍认为3号高炉实际操作炉型比较适合宝钢生产条件和操作制度，对原燃料适应能力比较强，高炉长期保持稳定顺行，高炉长寿状态良好，因此，1号高炉第三代主要参考3号高炉实际操作炉型确定，高径比进一步缩小至1.957。3号高炉大修扩容改造，将厚壁高炉改成薄壁高炉，炉型接近3号高炉原实际操作炉型，高径比达到1.951。4号高炉因为大修只是更换炉缸，炉体未进行改造，炉型尺寸保持原样。

宝钢是国内第一家拥有4000m^3级以上大型高炉企业，通过引进、消化、吸收，到自主创新，大型高炉冶炼技术取得长足进步，由学习和领会到掌握和提升，在不断分析总结生产实践基础上，结合高炉强化理论研究，对高炉炉型理解和解析越来越全面，生产践证明：矮胖型高炉与瘦长型高炉相比，在同等原燃料条件下，在强化冶炼、改善高炉透气性、稳定顺行等方面有一定优势。

根据高炉冶炼理论，煤气在料柱中的基本运动方程可用欧根（Ergun）方程描述：

$$\frac{\Delta P}{H} = 150 \times \frac{\mu v_0(1-\varepsilon)}{\overline{\Phi}^2 \overline{d}_p^2 \varepsilon^3} + 1.75 \times \frac{\rho v_0^2(1-\varepsilon)}{\overline{\Phi}\, \overline{d}_p \varepsilon^3} \tag{13-1}$$

式（13-1）右侧第一项表示黏性力造成的阻力损失，与v_0的一次方成正比，在层流状态下起主导作用；第二项则表示由运动动能引起的压力损失，与v_0的平方成正比，在湍流状态下起主导作用。在实际高炉冶炼中，煤气运动处于湍流状态，因此计算时可以忽略第一项，简化为：

$$\frac{\Delta P}{H} = 1.75 \times \frac{\rho v_0^2(1-\varepsilon)}{\overline{\Phi}\, \overline{d}_p \varepsilon^3} \tag{13-2}$$

式中 ΔP——料柱阻力损失，N/m^2；

H——料柱高度，m；

μ——煤气的黏度，Pa·s；

v_0——煤气的表观（空炉）流速，m/s；

ε——炉料孔隙度；

$\overline{\Phi}$——炉料颗粒的形状系数，为与颗粒体积相等的球体表面积与所求颗粒表面积的比值，球形的形状系数为1；

$\overline{d}_p$——炉料的平均粒径，m。

由欧根方程可以看出：煤气上升的阻力损失除了与炉料的物理特性有关外，炉料的孔隙度、煤气平均流速是影响煤气阻力损失的重要因素，并且阻力损失与炉料高度呈正比关系，即料柱高度越高，阻力损失越大，缩小高炉高径比，有利改善高炉透气性。

在同一生产时期，原燃料条件基本相同条件下，宝钢各高炉透气性指数（K值）如图13-1所示，高径比越小，高炉透气性相对越好。

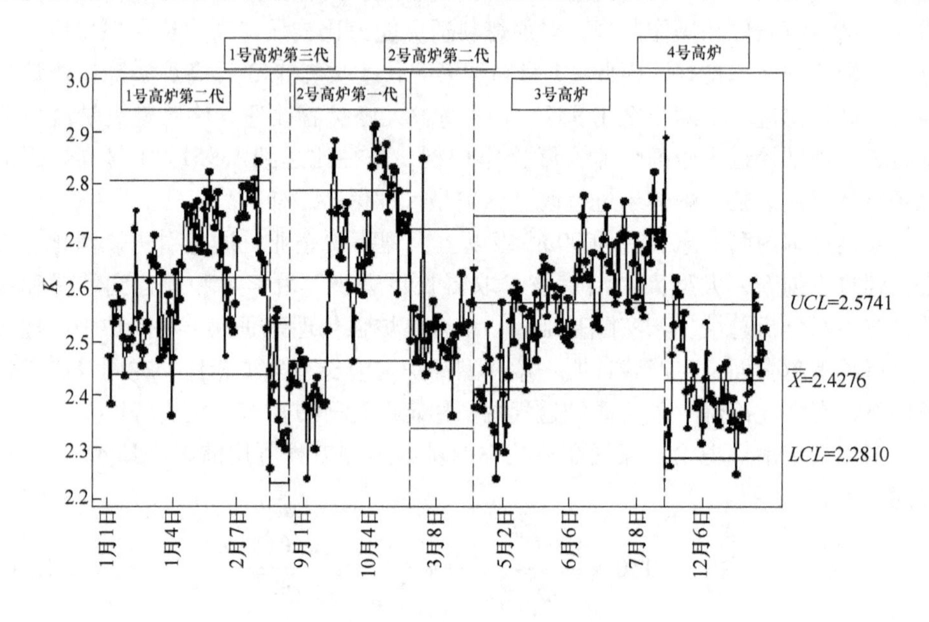

图13-1 宝钢四座高炉透气性指数推移图

在高炉大型化的进程中，高炉高度受到制约，径向直径不断扩大，高炉矮胖型呈现主流发展趋势，并且顺应高炉强化冶炼，高炉矮胖型发展与高炉综合技术进步相辅相成，随着精料水平不断改善，为高炉强化冶炼创造基本条件；大型风机为高炉提高充足炉腹煤气量，保证矮胖型高炉动量传输、质量传输、热量传输和物理化学反应充分顺利进行；无钟炉顶的出现，使高炉煤气流调剂更灵活，为改善矮胖型高炉高炉煤气利用提供保证；高压炉顶能力提升，有效控制矮胖型高炉上升煤气流速，也为改善矮胖型高炉煤气利用效率创造了条件。

高炉冶炼过程中，在煤气上升、炉料下降过程中，由于煤气与炉料水当量的较大差异，形成了上下部热交换的激烈区，而中部煤气与炉料温度接近而出现热交换缓慢的空区，如图 13-2 所示，因为有空区存在，为适当降低炉体高度，使炉型向矮胖型发展提供可能。

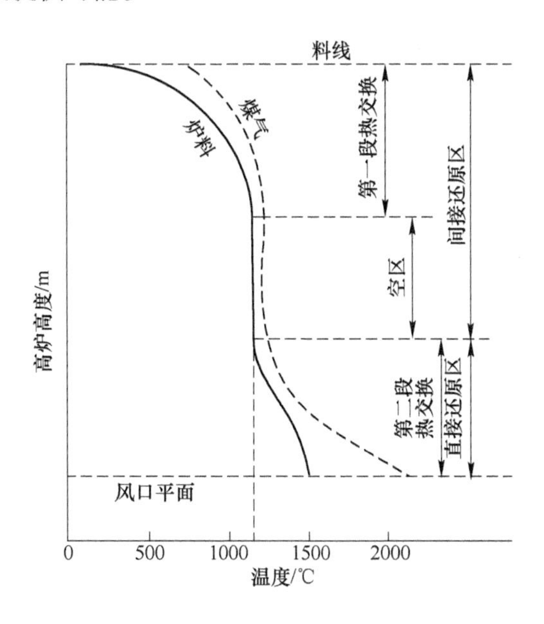

图 13-2 高炉冶炼过程中热交换过程

一般来说，直接影响高炉燃料比的主要因素煤气利用率，而煤气利用率除了与煤气流分布密切相关以外，还主要与煤气在炉内的停留时间相关，而煤气在炉内的停留时间可简单由下式计算：

$$T = \frac{H\pi D^2 \varepsilon}{4Q} \tag{13-3}$$

式中 T——煤气在炉内的停留时间，min；

D——内型平均直径，m；

H——风口到料面的距离，m；

Q——炉腹煤气量，m^3/min；

ε——炉料孔隙率。

由公式可看出，煤气在高炉内的停留时间与高度成正比，更是与直径的平方成正比，说明直径对煤气停留时间的影响更大，煤气停留时间与煤气流速相关，直径扩大，煤气流速降低。可见，高炉高径比缩小，对高炉煤气利用率影响不大。

宝钢 3 号高炉的高径比比宝钢 2 号高炉第一代和 1 号高炉第二代都小，但煤气利用率反而更高，高炉大修扩容后，高径比缩小，煤气利用率没有明显降低，如图 13-3 所示，说明缩小高径比不一定降低煤气利用率。在相同生产条件下，煤气利用率与高炉高径比关系不大，而主要取决于高炉操作。因此，高炉高径比对高炉燃料消耗影响不大。

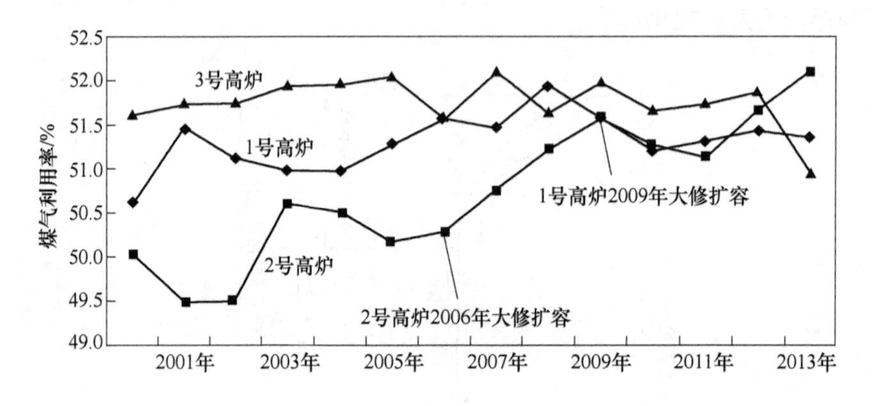

图 13-3　宝钢 1 号、2 号、3 号高炉煤气利用率对比

宝钢高炉在扩容改造中，高径比逐步缩小，不仅改善高炉透气性，为高炉顺行创造了条件，而且在强化冶炼过程中，有效降低煤气流速，减缓煤气对炉体冲刷侵蚀，有利于高炉长寿。

13.1.1.2　*厚壁向薄壁转型*

随着高炉冷却技术、耐火材料技术的进步，高效冷却器和新型优质耐火材料的应用，高炉炉体依靠加厚炉衬厚度维持长寿的传统观念逐步被摒弃。减薄炉体耐火材料砖衬，构建高效冷却的薄壁高炉，已成为现代高炉炉体结构创新发展的主流趋势。

宝钢高炉炉型也经历从厚壁向薄壁转型（见表 13-1）。宝钢 1 号、2 号高炉第一代和第二代采用冷却板结构冷却，必须保证一定厚度的炉衬，为典型厚壁高炉；3 号高炉第一代采用第三代冷却壁，增设凸台结构，炉腹、炉腰和炉身砌筑氮化硅结合碳化硅砖，仍为厚壁高炉；4 号高炉采用板壁结合冷却形式，增加了冷却效果，但仍在内壁砌筑砖衬；从 1 号高炉第三代，到 3 号高炉第二代，在参阅 3 号高炉第一代实际操作炉型的前提下，采用铸铁冷却壁和铜冷却壁结合的冷却形式，将冷却壁和砖衬组合为一个整体，形成了冷却壁—砖衬一体化结构，取消了独立的砖衬结构，是一种典型的薄壁内衬。

厚壁炉型向薄壁转型，不仅仅是减少砖衬投资，而是保持高炉长期稳定顺行和炉体长寿均有重要意义。厚壁高炉炉衬在开炉初期都要经历一个侵蚀过程，在此过渡阶段，砖衬脱落侵蚀严重，一般高炉不稳定，顺行不能保证，高炉指标差。待形成高炉操作炉型后，可以维持一段时间高炉稳定顺行，高炉达到较好指标。但随着高炉寿命的延长，高炉进一步侵蚀，通过高炉冶炼形成的适合自身冶炼条件的合理操作炉型遭到不可逆的破坏，此时高炉操作炉型的演变对于高炉炉料分布、煤气流分布以及高炉顺行等将产生负面影响，高炉生产经济技术指标明显下降。这是厚壁高炉一代炉役生命周期中高炉炉型变化的客观规律。根据诸多厚壁高炉生产实绩，高炉炉衬侵蚀过程如图 13-4 所示。

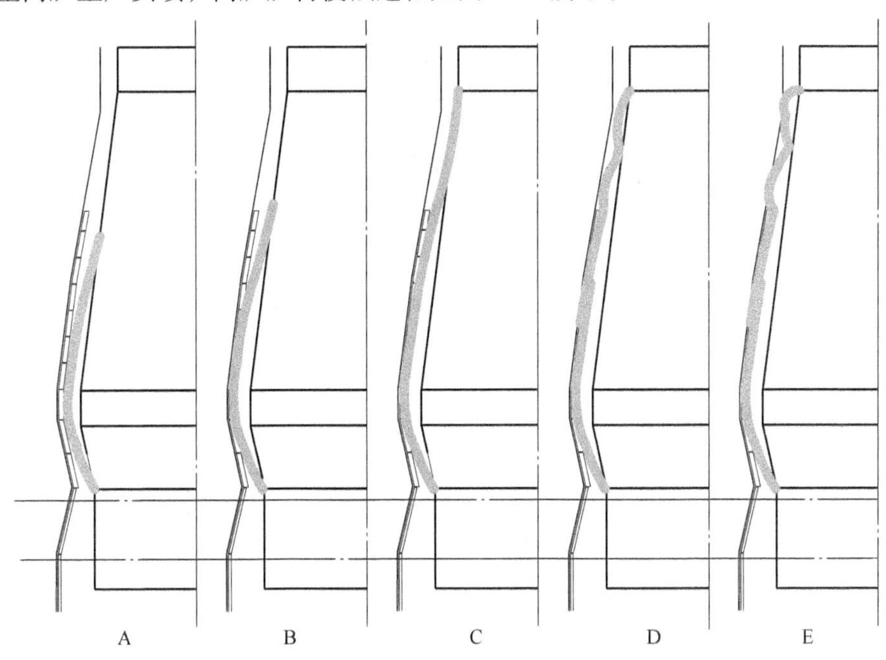

图 13-4　高炉炉衬侵蚀过程

高炉投产约一年，内衬由原始设计内型线侵蚀成图 13-4A 的形状，并且往往首先集中在炉腰的局部区域，以后逐年向上和向下扩大。除了产生特殊的不均匀侵蚀以外，从原始内型线过渡到 A、B、C 高炉的操作性能都是提高的，顺行得到改善，气流容易控制，产量提高，燃料比下降。可是侵蚀到图中 D，边缘气流会有一些发展，大约投产 6 ~ 8 年后内衬侵蚀到 E，由于炉身上部形成凸凹不平的剖面，炉况难于控制，大约只能再坚持 2 ~ 3 年炉役结束。因此，防止出现炉身的不规则侵蚀，长期保持气流稳定是延长寿命十分重要的措施。一些高炉通过内衬喷补或者硬质压浆造衬等措施，修复侵蚀的炉型，在一段时间内可以保持高炉顺行，这从另一侧面验证合理操作炉型对高炉冶炼的主要意义。

宝钢 1 号高炉第二代生产 8 年后，产生与一般厚壁高炉遇到的相同问题。当炉身上部内衬侵蚀后，在最上段冷却壁下面剖面突然扩张并形成凸凹不平的剖面，炉喉钢砖保护板脱落变形，使炉墙边缘的焦矿形成混合层，形成不规则料面形状，边缘煤气不稳定且无法控制，高炉冷却设备的加速损坏和炉壳开裂，影响到高炉寿命，如图 13-5 所示。

图 13-5　1 号高炉第二代炉喉钢砖及冷却板变形情况

根据宝钢 2 号高炉第一代停炉调查，高炉内衬使用前后的轮廓比较如图 13-6 所示。炉身侵蚀与一般厚壁高炉侵蚀也基本类似，而炉身上部采用冷却壁强化冷却，冷却壁保持完好，仅表面耐火砖部分完全脱落，炉喉钢砖结构也保护完好，高炉侵蚀没有对高炉操作产生影响，因此，炉役后期仍保持炉况稳定顺行。

宝钢 3 号高炉也有类似情况，3 号高炉开炉初期由于高炉炉况不稳定以及冷却系统设计不合理等因素影响，炉体砖衬损坏严重，开炉不到 1 年，在 1995 年 5 月开始风口中套和小套大量烧坏，风口曲损数量猛增，如图 13-7 所示。而且在更换风口时，曾在风口处扒出断裂的碳化硅砖，直到 1996 年 3 月才逐渐好转。开炉不到 3 年，砖衬已经侵蚀殆尽，冷却壁全部暴露炉内。之后由于高炉操作制度和冷却制度共同改进，炉体侵蚀得到明显改善，直至高炉停炉，一直保持良好炉体状态，如图 13-8 所示。另外，2004 年和 2009 年 3 号高炉分别整体更换炉身中部的 S3 段和 S4 段冷却壁，直至高炉停炉，S3 段和 S4 段冷却壁无一根冷却水管破损。结合炉体侵蚀情况，一方面说明高炉合理操作炉型对高炉炉体长寿具有积极作用，另一方面，证明宝钢高炉煤气流控制技术不仅有利于高炉稳定，而且对炉体长寿没有造成明显影响。

高炉设计内型和冷却设备各有不同，千变万化。高炉生产不久，高炉设计内

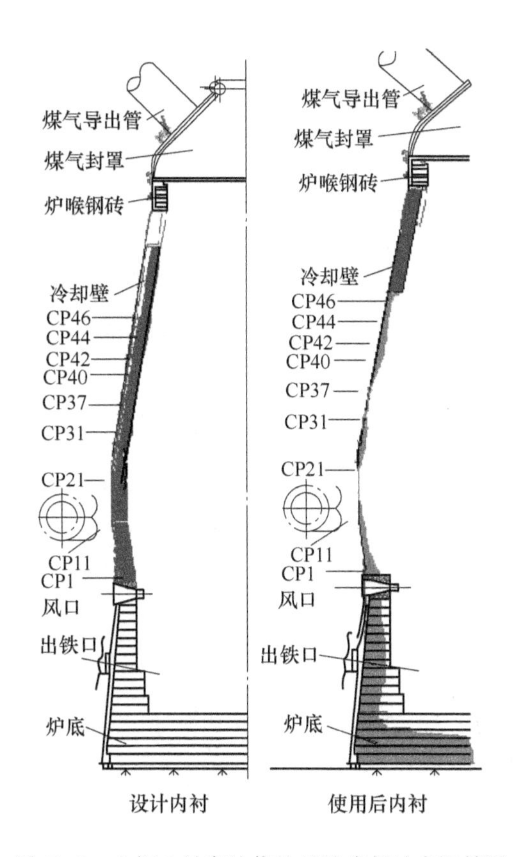

图 13-6 宝钢 2 号高炉停炉后炉身侵蚀实际情况

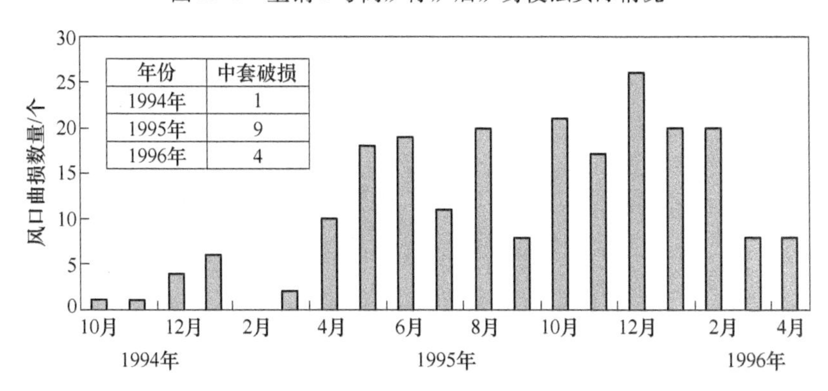

年份	中套破损
1994年	1
1995年	9
1996年	4

图 13-7 宝钢 3 号高炉开炉初期风口曲损及中套破损情况

型就被侵蚀，并向符合炉内冶炼工艺过程的方向变化——所谓合理操作内型变化。设计基本内型只是为形成合理操作内型创造条件，但是设计内型和冷却结构应该不妨碍这种演变，并且在炉型演变过程中尽量减少对高炉顺行的影响。也就是说，设计炉型应该尽量靠近合理的操作炉型，否则对高炉操作带来影响。实践

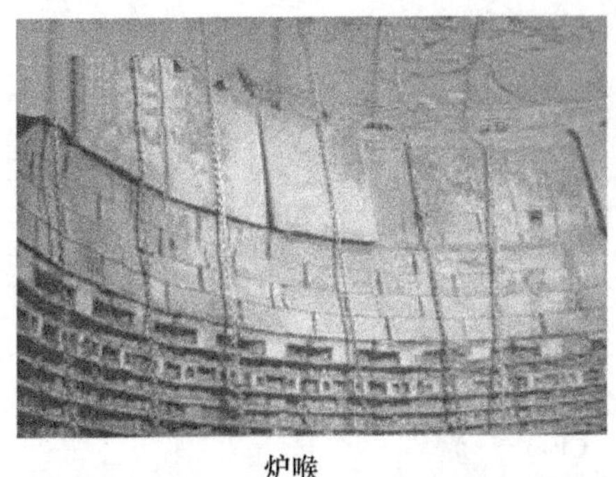

炉喉

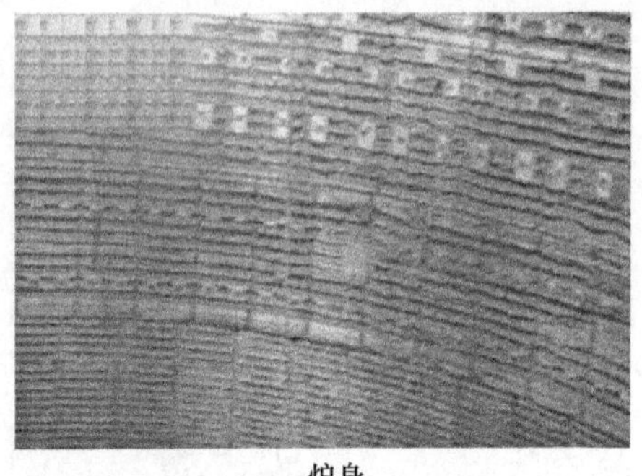

炉身

图 13-8 3 号高炉炉役后期炉体侵蚀情况

证明，设计炉型不合理，对高炉较小的影响是影响高炉顺行，较大的影响是烧损高炉冷却结构，威胁高炉长寿，这样的案例比比皆是，如图 13-9 所示。某高炉开炉不到 3 年，风口冷却壁大面积烧损，冷却壁水管烧损 35%。

图 13-9 某高炉风口冷却壁烧损情况

薄壁高炉炉型接近高炉操作炉型，可以避免厚壁高炉开炉初期炉型转换过程中对高炉顺行的影响。薄壁高炉对内型设计的要求比较高，高炉从投产至停炉的整个炉役内型不能调整、不能变化。炉腰小了很可能到炉代终结，仍然下料不顺。炉腹狭窄经常烧坏冷却设备，即使更换了不久仍然会出现问题。薄壁高炉的冷却设备事前已经把内型固定住、凝固了，在整个炉役中很难自我完善，因此在确定薄壁高炉内型时要格外慎重。由于高炉仍然是个黑箱，最佳操作时期的操作内型无法直接测量，因此炼铁界对合理操作内型的看法不一致，生产后并没有达到预期的效果，加上对薄壁的绝对化，存在违反操作内型形成规律的现象，因此出现了一些影响高炉寿命的故障。

13.1.1.3 炉缸容积扩大

炉缸是高炉最重要的部位，炉缸工作状况不仅决定高炉稳定顺行，而且决定高炉寿命。炉缸既是高炉冶炼过程的开始，又是高炉冶炼过程的终结。炉缸风口回旋区燃料燃烧为高炉提供热能和化学能，实现高炉煤气流初始分布。同时，炉缸也是液态渣铁生成和储存区，直接还原、渗碳、脱硫、硅氧化以及渣铁界面间耦合反应均发生在炉缸，炉缸反应是固、液、气多相共存的一系列物理化学复杂反应的集成，炉缸剧烈高温反应以及渣铁流动和排放对高炉炉缸内衬冲刷侵蚀破坏非常严重。因此，高炉炉缸寿命是决定高炉寿命的关键因素。

炉缸直径是高炉炉型设计中最关键的核心参数，高炉内型的其他参数都直接或间接与炉缸直径具有关联关系。根据理论研究和生产实践证明，在高炉炉缸保证一定冷却强度的前提下，炉缸内衬侵蚀主要是因为渣铁环流冲刷导致的，而炉缸渣铁环流冲刷剪切力与高炉炉缸的工况、透气透液性以及渣铁通量或者流动速度密切相关。从这个角度讲，增加炉缸直径以及增加炉缸容积，增大炉缸渣铁的存储空间，对降低渣铁环流流速，减缓对炉缸侧壁侵蚀是有利的。但是，因为高炉死料柱透气透液相对较差，高炉炉缸渣铁环流通道主要是死料柱与炉缸侧壁之间的空间，不仅与炉缸直径有关，高炉内的死料柱大小对其影响更大。确定高炉炉缸直径既要考虑炉容的大小，又要兼顾高炉基本操作制度。大型高炉生产实践证明：风口回旋区的截面积占整个高炉炉缸截面积 50% 左右，高炉透气性最佳，高炉稳定顺行状况最优[2]。

宝钢高炉随着扩容改造，炉缸直径由 13.4m 增大至 14.5m，炉缸高度由 4.9m 增加至 5.5m，炉缸容积相应增大，对改善高炉炉缸透气透液性也有良好作用，为高炉稳定顺行创造了条件。现代大型高炉炉缸直径有增大的趋势，如图 13-10 所示。根据国内外部分大型高炉炉型参数，回归得到炉缸直径与高炉有效容积的关系，随着高炉容积增加，炉缸直径相应增加，并且相关性很强。

炉缸直径的增加，对高炉长寿也产生一定副作用，由于高炉冶炼特点，高炉中心难以吹透，炉中心的死料柱温度难以提升，高炉死料柱也呈增加的趋势。只有当炉缸横截面上死料柱增加小于炉缸面积增加，才能达到改善炉缸透气透液性、降低渣铁环流对炉缸侧壁冲刷侵蚀的目的。

由于高炉炉缸结构的特殊性及工况等原因，炉缸内的渣铁流动状况无法直接测定，渣铁环流成因和影响因素很难准确判断。基于流体力学理论，通过数值模拟方法和手段对炉缸渣铁流动状态进行定量描述，分析炉缸渣铁环流形成原因及其影响因素，并且，建立能够描述高炉炉缸渣铁流动状态的数学模型，并可用于高炉炉缸渣铁流动行为、环流程度以及铁水流动诱导剪切应力的分析和计算，研

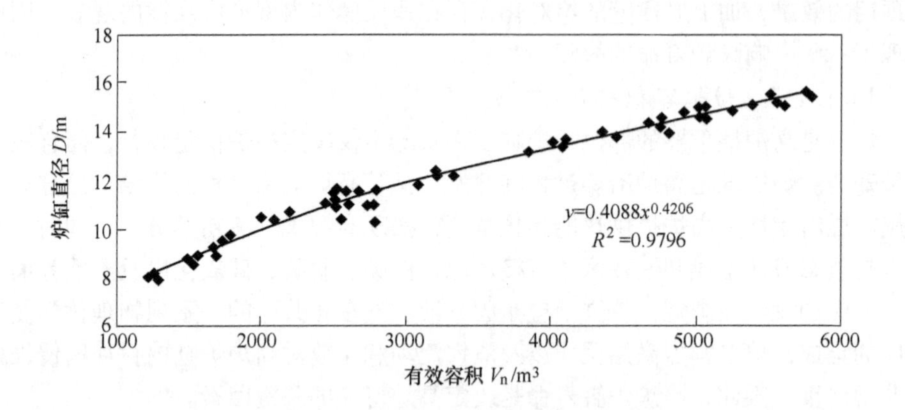

图 13-10 高炉炉缸直径与有效容积的关系

究炉缸渣铁环流对炉缸侧壁的冲刷程度，从而掌握控制炉缸渣铁环流的应对技术和操作措施。

炉缸铁水环流模型的相关控制方程包括质量守恒方程、动量守恒方程、Ergun 方程、标准 $k\text{-}\varepsilon$ 方程、能量方程、Boussinesq 模型、剪切应力方程。

（1）连续性方程：

$$\nabla \cdot (\rho \boldsymbol{u}) = 0 \tag{13-4}$$

式中 ρ——铁水密度，kg/m³；

$\boldsymbol{u}$——铁水矢量速度，m/s。

（2）动量方程：

$$\nabla \cdot (\rho \boldsymbol{u} \times \boldsymbol{u}) - \nabla(\mu_{eff} \nabla \boldsymbol{u} + \mu_{eff}(\nabla \boldsymbol{u})^{T}) = -\nabla P + \rho\beta g(T - T_{ref}) + cS_{u} \tag{13-5}$$

其中：

$$\mu_{eff} = \mu + \mu_{t} \tag{13-6}$$

$$\mu_{t} = \rho C_{\mu} \frac{k^{2}}{\varepsilon} \tag{13-7}$$

式中 P——压力，Pa；

μ_{eff}——有效黏度，Pa·s；

μ——运动黏度，Pa·s；

μ_{t}——湍流黏度，Pa·s；

C_{μ}——经验常数，取为 0.09；

k——湍动能，m^2/s^2；

ε——湍动能耗散率，m^2/s^3；

T——铁水温度，K；

T_{ref}——Boussinesq 参考温度，K；

g——重力加速度，取为9.81m/s²；

c——系数，多孔介质区域时为1，非多孔介质时为0；

S_u——源项，kg/(m·s²)。

（3）Ergun 方程（描述铁水流过死料柱多孔介质时的阻力）：

$$S_u = 150 \times \frac{(1-\gamma)^2}{\gamma^3} \cdot \frac{\mu}{(\phi d_C)^2} \cdot \boldsymbol{u} + 1.75 \times \frac{1-\gamma}{\gamma^3} \cdot \rho \cdot |\boldsymbol{u}|\boldsymbol{u} \tag{13-8}$$

式中 γ——死料柱孔隙率；

ϕ——死料柱中焦炭颗粒形状系数；

d_C——焦炭颗粒直径，m。

（4）标准 k-ε 方程（描述湍流运动）：

$$\nabla \cdot (\rho \boldsymbol{u} k) = \nabla \cdot \left[\left(\mu + \frac{\mu_t}{\sigma_k}\right)\nabla k\right] + G_k - \rho\varepsilon \tag{13-9}$$

$$\nabla \cdot (\rho \boldsymbol{u} \varepsilon) = \nabla \cdot \left[\left(\mu + \frac{\mu_t}{\sigma_\varepsilon}\right)\nabla \varepsilon\right] + (C_{1\varepsilon}G_k - C_{2\varepsilon}\rho\varepsilon)\frac{\varepsilon}{k} \tag{13-10}$$

式中 G_k——由平均速度梯度引起的湍动能 k 的产生项，kg/(m·s³)；

σ_k——k 对应的 Prandtl 数，取为1.0；

σ_ε——ε 对应的 Prandtl 数，取为1.33；

$C_{1\varepsilon}$——经验常数，取为 $C_{1\varepsilon}=1.43$；

$C_{2\varepsilon}$——经验常数，取为 $C_{2\varepsilon}=1.93$。

（5）能量方程：

$$\nabla \cdot \left[\rho \boldsymbol{u} T - \left(\frac{\lambda}{c_p} + \frac{\mu_t}{0.9}\right)\nabla T\right] = 0 \tag{13-11}$$

式中 T——温度，K；

c_p——比热，J/(kg·K)；

λ——铁水的导热系数，W/(m·K)。

（6）剪切应力方程：

$$\tau = -\mu_{eff}\frac{\partial \boldsymbol{u}}{\partial n} \tag{13-12}$$

式中 τ——剪切应力，Pa；

n——轴向坐标。

（7）Boussinesq 模型：

$$(\rho - \rho_0)g \approx -\rho_0\beta(T - T_{ref})g \tag{13-13}$$

式中 β——热膨胀系数，1/K。

利用炉缸渣铁环流数学模型，结合生产条件，基于死料柱沉坐在炉底，研究不同死料柱条件下，渣铁环流对炉缸侧壁影响。

计算条件见表13-2。

表13-2 不同死料柱大小情况时的计算条件

算 例	铁口直径	铁口倾角	铁口长度	出 铁 量	死料柱中心透液性
Case 1	100mm	11°	3.8m	8t/min	$r/R=0.7$
Case 2	100mm	11°	3.8m	8t/min	$r/R=0.8$
Case 3	100mm	11°	3.8m	8t/min	$r/R=0.9$

注：r—死料柱半径，R—炉缸半径。

不同死料柱大小条件下铁口下部炉墙切应力分布计算结果如图13-11和图13-12所示。

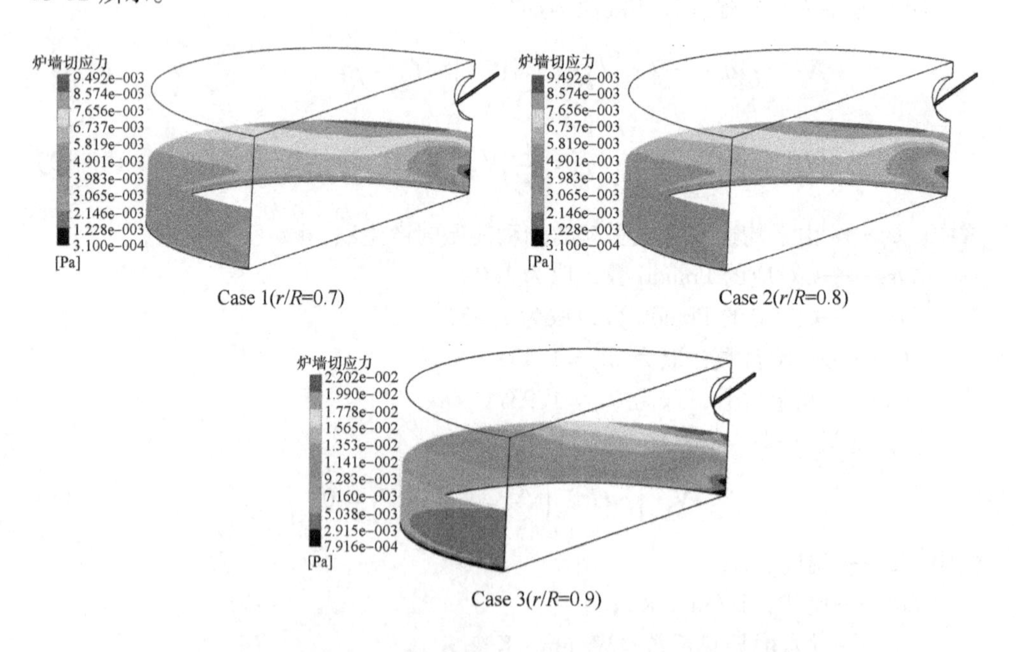

图13-11 不同死料柱情况时炉墙切应力沿炉缸纵截面以及圆周方向上的分布

由图13-12（a）可以看出，三种不同大小死料柱情况下的炉墙剪切应力明显不同，说明死料柱中心透液性对炉缸铁水的整体流动有较明显的影响。因此，采取相应措施减小死料柱所占区域能够达到很好控制炉缸铁水环流的效果。同时，由图13-12（b）可以看出，三种不同大小死料柱条件下的最大剪切应力位置均在铁口以下1.495m的位置处，即最大剪切应力出现位置不随死料柱填充状况的不同而变化。可以看出，随死料柱所占区域增加，炉缸侧壁最大剪切应力也相应增大，这表明死料柱低透气、低透液区域增大，即铁水环流通道减小时，会导致

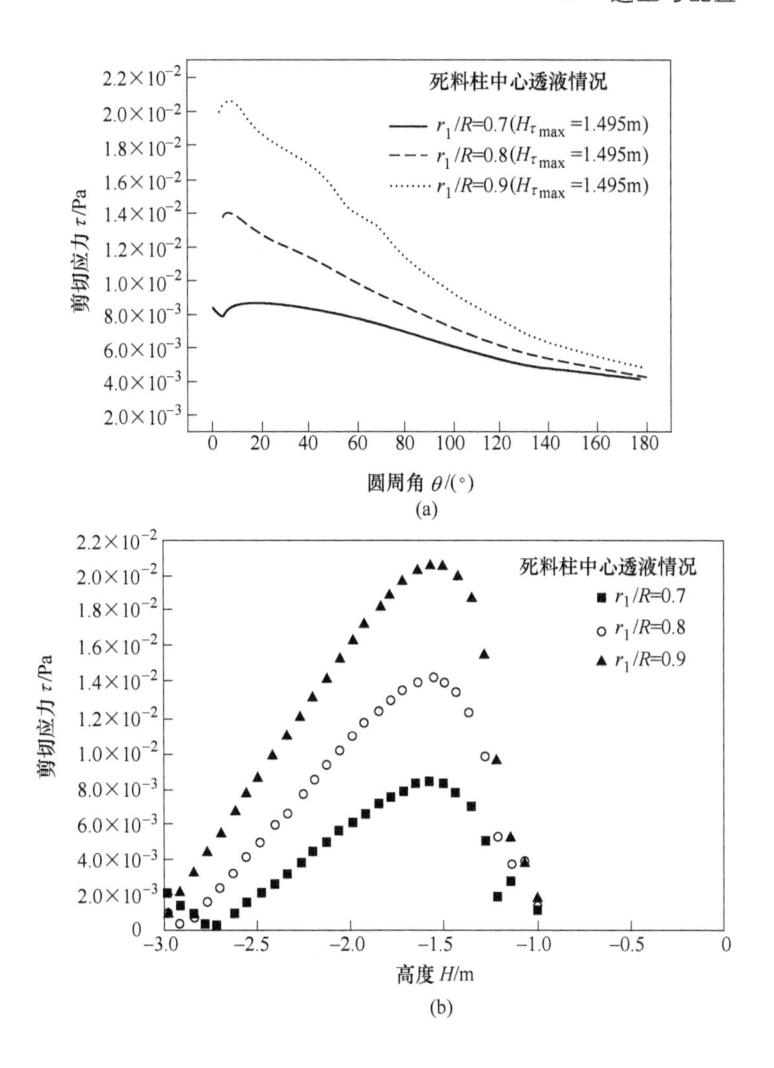

图 13-12 死料柱不同大小情况对炉缸下部侧壁剪切应力分布的影响

（a）剪切应力沿炉缸圆周方向分布图（$H_{\tau\max}$为最大剪切应力位置）；

（b）炉缸对称面上垂直方向的剪切应力分布图，即 $Y=0$

炉缸边缘环流形成，造成铁水环流对侧壁冲刷侵蚀加重。

图 13-13 和图 13-14 分别是三种死料柱中心透液情况条件下的炉缸水平截面以及纵截面上的速度矢量图。由图可以发现，死料柱透气和透液性降低，炉缸边缘区域易形成环流、铁水流速较大；同时，随死料柱所占区域增大，速度较大区域（图 13-14）明显增加，且速度值增大也很明显。此外，图 13-14 的速度矢量表明，死料柱区域越大，炉缸侧壁处铁水速度越大，铁水沿炉缸侧壁形成边缘环流的趋势越明显。这些都说明死料柱透气和透液性越差，死料柱区域越大时，即

中心死料柱堆积越严重，铁水环流对炉缸侧壁的冲刷侵蚀就会更加严重。因此，中心死料柱的活跃程度是影响铁水流动、导致炉缸铁水环流形成的重要因素之一。

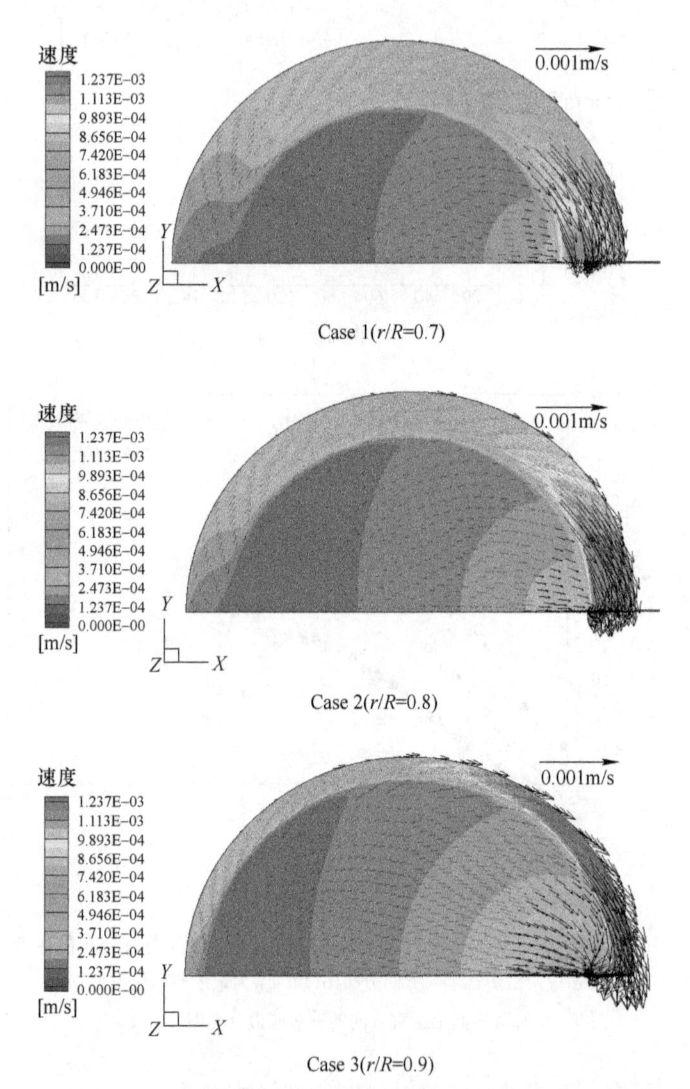

图 13-13 不同大小死料柱条件下 $H=H_{\tau_{max}}$ 水平截面速度矢量分布图

综上所述，低透气和透液性的死料柱区域越大，铁水绕流炉缸侧壁形成环流的趋势大大增加，炉缸侧壁铁水通量增大，炉墙切应力增加。

从长寿的角度看，炉缸直径应与合理的鼓风动能相适应，鼓风动能与高炉回旋区有一定相关关系，鼓风动能越大，回旋区相对越长，死料柱也就相对越小。

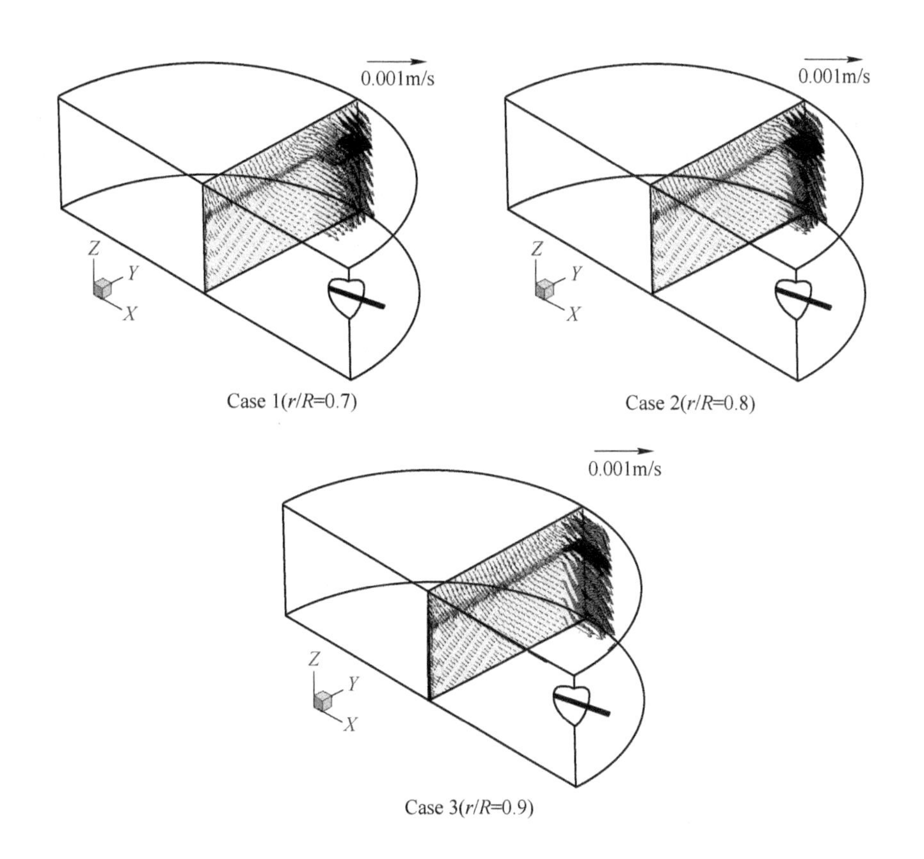

图 13-14 不同大小死料柱条件下平面 $X=0$ 纵截面上的速度矢量和速度分布

而鼓风动能又与高炉送风制度密切相关，风氧量越大，相对鼓风动能也越大，高炉渣铁生成量也就越多。只有当死料柱与炉缸侧壁之间的渣铁环流通道与渣铁生成量匹配，渣铁环流流速较低，对侧壁剪切应力较小，才能达到减缓渣铁环流对炉缸侧壁侵蚀。

宝钢 2 号高炉炉缸直径 13.4m，3 号高炉炉缸直径 14m，4 号高炉炉缸直径 14.2m，根据宝钢高炉停炉调查看，2 号高炉炉底、炉缸没有象脚侵蚀，炉底呈锅底状侵蚀，而 3 号、4 号高炉侵蚀规律相同，均呈环状侵蚀，侵蚀最严重区域均在铁口下方 1.5 ~ 2.0m 位置，3 号高炉最薄处为 230mm，4 号高炉最薄处为 290mm，而炉底几乎无侵蚀，如图 13-15 所示。

从三座高炉侵蚀情况看，2 号高炉炉缸死料柱相对活跃，死料柱下部有铁水通过，增加铁水流动通道，减轻了铁水环流对侧壁的冲刷，因而炉缸侧壁侵蚀较小，而 3 号、4 号高炉炉缸死料柱透气性和透液性相对较差，死料柱坐在炉底，加剧铁水环流，因而 3 号、4 号高炉侧壁侵蚀相对严重。从高炉长寿角度看，相对小的炉缸直径比较适合宝钢生产条件和高炉操作制度，因此，随炉容扩大，扩

图 13-15 宝钢高炉炉缸侵蚀调查情况

大炉缸直径是趋势，但需要结合自身操作制度，控制合理的炉缸直径大小。

13.1.1.4 *死铁层加深*

根据研究，如果死料柱是沉坐在炉底上，铁水通道主要依靠死料柱与炉缸侧壁之间的环流通道流动。加深死铁层目的是提高死料柱向上的浮力，使死料柱下部有铁水流动，加深死铁层有利于开通料柱下部通道，从而减轻出铁时铁水环流对炉底上部和死铁层下部侧壁造成的“蒜头状”侵蚀，有利于延长炉底寿命。同时，死铁层可贮存较多的铁水，保证炉缸具有足够的热量，稳定铁水成分及铁水温度，有利于炉前作业。死铁层加深同时也意味着炉底砌体减薄，因此可以节省部分投资费用。

宝钢随着炉容扩大，死铁层呈现加深的趋势，死铁层由 1.8m 增加至 3.6m，其目的就是为了适应炉缸直径扩大而减缓炉缸侧壁侵蚀。

一般认为，炉缸内铁水环流是造成炉缸“蒜头状”侵蚀的主要原因。炉缸耐火材料被铁水冲刷蚀损与单位面积上铁水通量成正比，铁水通量越大，耐火材料侵蚀越严重。现代大型高炉在设计时考虑产量的提高而增加容积，但整个高炉横截面尺寸的增加却落后于容积的增加，因此铁水通量较大，炉缸耐火材料侵蚀较中小高炉严重。大型高炉中死料柱若“漂浮”时，大量铁水可通过炉底无焦区域流动，炉缸侧壁与炉底交界处铁水通量不大，铁水流动对耐火材料的冲刷侵蚀可以得到一定程度控制。但若死铁层过浅，炉缸内积聚的铁水无法使死料柱漂浮，而仅仅在炉壁与炉底交界处形成无焦区域时，炉底无焦通道将关闭，大量铁水只能沿炉壁与死料柱间由于“壁面作用”形成的狭缝以及炉壁炉底交界处无焦区域流动，此时无论是铁水通量或是铁水流速都非常大，致使耐火材料侵蚀异常严重。

大型高炉增加死铁层的目的是抑制炉缸铁水环流冲刷和减缓“蒜头状”侵蚀。为了弄清炉缸铁水环流形成原因，通过力学分析，结合生产操作情况，对死料柱沉浮状态进行数值模拟计算，力求从机理上解析适宜死铁层深度。一方面，若死铁层过深，因为铁口以下的死铁层中始终贮存着大量铁水，因此越往深处炉壁和炉底炭砖承受的铁水静压力越大，铁水渗透作用必然加强，因此炭砖受到的破坏越严重；另一方面，若死铁层过浅又易产生铁水环流，同样加速“蒜头状”侵蚀的形成。

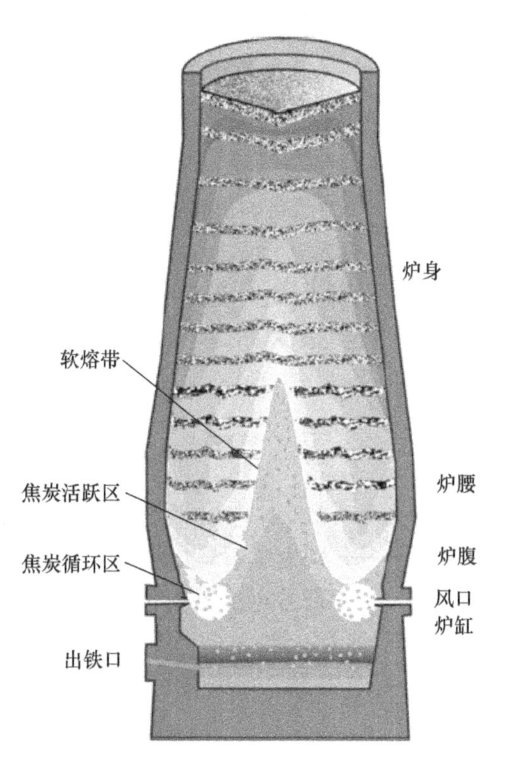

图 13-16 高炉炉料分布

图 13-16 表示高炉各部位炉料的分布情况。最上部为块状带，接下来为软熔带和滴落带，滴落带下方的风口回旋区附近出现圆锥形的死料柱，炉缸内的死料柱浸入渣铁液中。为了更好地分析料柱在高炉生产过程中的受力情况，将整个料柱视为一个受力单元体，作用在其上的力包括重力 G、煤气浮力 P、铁水浮力 F_i、渣层浮力 F_s 以及炉壁摩擦力 f，料柱受力分析如图 13-17 所示。死料柱在炉缸内的状态（沉坐或漂浮）取决于上述诸力合力的作用结果。

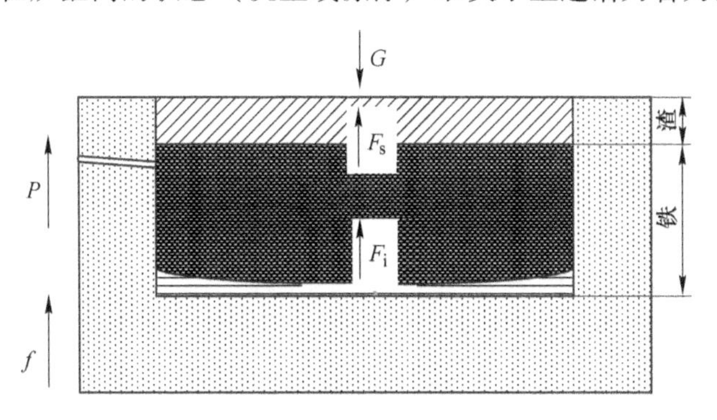

图 13-17 死料柱受力分析

（1）料柱所受重力：

$$G = G_k + G_d \tag{13-14}$$

式中 G_k——块状带和软熔带的料柱重力，N；

G_d——滴落带和死料柱的焦炭重力，N。

1）块状带和软熔带的料柱重力 G_k：

$$G_k = \rho_m g \Delta V \tag{13-15}$$

式中 ρ_m——块状带料柱的平均密度，kg/m^3；

ΔV——块状带所占体积，m^3；

g——重力加速度，$9.81m/s^2$。

对于一定的原料条件、冶炼强度和焦比，炉料的矿焦比也是确定的，其混合密度计算如下：

$$\rho_m = \frac{(1-\varepsilon)(m_o + m_c)}{m_o/\rho_o + m_c/\rho_c} \tag{13-16}$$

式中 ε——块状带炉料的平均孔隙率；

ρ_o，ρ_c——分别为矿石、焦炭的真密度，kg/m^3；

m_o，m_c——分别为吨铁消耗的矿石和焦炭，kg/t。

为方便计算，假设风口以上除回旋区外全部为块状带炉料，铁口至炉喉段称为高炉的有效容积，则块状带和软熔带的体积计算如下：

$$\Delta V = V - V_H - V_T - NV_{RW} \tag{13-17}$$

式中 V——高炉有效容积，m^3；

V_H——铁口至风口段体积，近似为 $V_H = Ah_H$，m^3；

h_H——铁口到风口中心线距离，m；

A——炉缸横截面积，$A = \pi D^2/4$，m^2；

D——炉缸直径，m；

V_T——炉喉空区所占体积，近似 $V_T = (\pi/4)d_T^2 h_T$，m^3；

d_T——炉喉直径，m；

h_T——料线深度，m；

V_{RW}——单个回旋区体积，近似 $V_{RW} = (\pi/6)d_{RW}^3$，m^3；

d_{RW}——回旋区深度，m；

N——风口个数，个。

2）滴落带和死料柱的焦炭重力 G_d。滴落带和死料柱都是由焦炭构成，只是滴落带孔隙率比死料柱大。为方便研究料柱受力，将二者考虑为一个整体进行计算：

$$G_d = \rho_c g A(h_H + h)(1 - \varepsilon_d) \tag{13-18}$$

式中 h_H——铁口至风口中心线距离，m；

h——铁口至死料柱底部深度，m；

ε_d——死料柱孔隙率。

（2）料柱所受浮力：

$$F = P + f + F_s + F_i$$

1）煤气浮力 P：

$$P = \left(p_{bl} - p_{top} - \xi\frac{\rho_g v_t^2}{2}\right)A \tag{13-19}$$

式中 p_{bl}——鼓风压力，Pa；

p_{top}——炉顶压力，Pa；

v_t——风口处鼓风速率，m/s；

ρ_g——气体密度，kg/m^3；

ξ——风口处鼓风损失系数。

2）炉壁摩擦力 f。根据炉壁摩擦力计算的经验公式，可得：

$$f = 2\rho_m V\frac{u^{0.5}d_P^{0.25}g^{0.75}}{A^{0.25}} \tag{13-20}$$

式中 u——炉料下降速度，m/s；

d_P——炉料平均粒度，m。

3）炉渣浮力 F_s：

$$F_s = \rho_s gAh_s(1 - \varepsilon_d) \tag{13-21}$$

式中 h_s——渣层高度，m；

ρ_s——炉渣密度，kg/m^3。

4）铁水浮力 F_i：

$$F_i = \rho_i gAh_i(1 - \varepsilon_d) \tag{13-22}$$

式中 h_i——死料柱浸入铁水的高度，m；

ρ_i——铁水密度，kg/m^3。

为保证死料柱在高炉生产过程中始终保持浮起状态，设计死铁层深度应大于某一临界值，即如果在高炉排尽渣铁时死料柱仍能保证浮起，则可以保证死料柱一直处于浮起状态，此时的死铁层高度即为临界死铁层高度。此时，由于铁口以上的炉渣和铁水全部排出，炉缸仅剩下铁水，浮起的死料柱仅受到自身重力、煤气浮力、铁水浮力和炉壁摩擦力的作用。

同时，存在以下受力平衡：

$$G = P + F_s + F_i + f \tag{13-23}$$

将以上各力计算式带入式（13-23），得到最小死铁层深度计算公式如下：

$$h_c = \frac{\rho_m g\Delta V + \rho_c V_H(1 - \varepsilon) - P - f}{(\rho_i - \rho_c)(1 - \varepsilon_d)gA} \tag{13-24}$$

式（13-24）可以用来判断死料柱出铁完毕后死铁层深度是否足以使其浮起。

以宝钢 3 号高炉为例，将生产操作参数及计算所需相关参数的具体数值见表 13-3，代入式（13-24）中，则得到能够保证出铁后死料柱浮起的最小死铁层深度 $h_c=3.096$m。由于 3 号高炉的设计死铁层深度为 2.952m，由模型计算得知，高炉死料柱是沉坐在炉缸底部的。

表 13-3 死料柱受力计算所采用参数

参 数	单位	数 值	参 数	单位	数 值
块状带炉料平均孔隙率 ε		0.40	单个回旋区体积 V_{RW}	m^3	3.10
矿石的真密度 ρ_o	kg/m^3	3330	风口个数 N		38
焦炭的真密度 ρ_c	kg/m^3	940	块状带所占体积 ΔV	m^3	3304
吨铁消耗的矿石 m_o	kg/t	1609	死料柱孔隙率 ε_d		0.30
吨铁消耗的焦炭 m_c	kg/t	273	铁口至死料柱底部深度 h	m	2.95
重力加速度 g	m/s^2	9.8	鼓风压力 p_{bl}	kPa	526.325
矿石品位 TFe		0.601	炉顶压力 p_{top}	kPa	346.325
炉料混合密度 ρ_m	kg/m^3	1460	风口处鼓风风速 v_t	m/s	256
高炉有效容积 V	m^3	4363	鼓风密度 ρ_g	kg/m^3	1.293
铁口到风口中心线的距离 h_H	m	5.40	回旋区深度 d_{RW}	m	1.8
铁口至风口段体积 V_H	m^3	831	炉料下降速度 u	m/s	0.0008
炉缸直径 D	m	14	炉料平均粒径 d_P	m	0.02
炉缸横截面积 A	m^2	154	渣层厚度 h_s	m	0.714
炉喉空区所占体积 V_H	m^3	112	料柱浸入铁水的深度 h_i	m	3.7
炉喉直径 d_T	m	10.1	炉渣密度 ρ_s	kg/m^3	3000
料线深度 h_T	m	1.4	铁水密度 ρ_i	kg/m^3	7000

实践证实，按照 3 号高炉死铁层深度，高炉死料柱应该一直沉在炉缸底部，与此计算基本吻合。高炉一代炉役 19 年，3 号高炉炉芯温度一代炉役没有明显升高，最高 137℃，说明几乎没有铁水通过炉底流动，并且炉底没有明显侵蚀。另外，根据 3 号高炉停炉解剖来看，高炉炉底中心的两层黏土砖保持完好，几乎没有侵蚀（如图 13-18 所示），进一步证明：在生产中高炉的死料柱完全沉坐在

炉底，并且无铁水流动。

图 13-18 宝钢 3 号高炉炉底侵蚀情况

因此，随着炉容扩大，炉缸直径增加，为了减缓炉缸环流侵蚀，需要适当增加死铁层深度，达到死料柱“漂浮”目的，拓展炉缸铁水流动通道，确定高炉死铁层深度可以参考此模型计算并结合高炉实际运行结果。

13.1.2 合理炉型选型

高炉炉型需要根据高炉工艺特点，与煤气流在炉内运动规律相匹配。在生产条件基本相同的情况下，高炉煤气流调剂控制存在一定差异，每座高炉不同炉役期，煤气流分布特点和稳定程度也存在较大差异，这主要与高炉变化有关。

维护高炉合理稳定的操作炉型，既是高炉长寿的要求，也是高炉稳定的基础。炉型的改变，无论是炉墙侵蚀的改变，还是炉墙结厚的改变，均会对高炉操作带来影响，同时也是操作难以弥补的。维护合理的操作炉型，首先，从设计上要结合高炉生产条件，设计符合生产操作规律的高炉炉型；其次，配置合理的耐火材料和冷却系统，确保高炉高强度冶炼条件下，减缓高炉侵蚀基本需求；再者，从操作上要立足高炉边缘气流合理稳定控制，依托高炉长期稳定操作制度，维护合理稳定高炉操作炉型。

合理炉型并不是简单确定高炉各部位几何参数，而是根据高炉冶炼过程的动量传输、质量传输、热量传输和物理化学反应机理，结合原燃料冶金性能，确立高炉各部位内型参数之间合理匹配关联关系。合理炉型是指在高炉一代炉役期间，在一定的原燃料条件下，高炉能够获得高效、低耗、优质、长寿的高炉操作炉型。

高炉要实现高效、低耗、优质、长寿的目标，其关键是以高炉稳定顺行为基础。进而言之，高炉一代炉役中只有稳定顺行才能为高炉长寿奠定可靠的基础，合理的操作炉型是高炉稳定顺行的先决条件。高炉长寿的实质是在高炉一代炉役中，能够长期维持合理的操作炉型，使高炉长期稳定顺行，煤气流分布合理，在炉底炉缸热面形成相对稳定的凝铁保护层；在炉腹、炉腰以及炉身下部的冷却器热面形成基于高效冷却所形成的渣皮保护层，即“自我造衬”，这种在冶炼过程中形成的内衬与原炉型共同构成高炉的操作炉型。高炉操作炉型随着高炉冶炼制度的变化、原燃料条件的变化，以及冷却侵蚀的变化，会经常发生变化，而在高炉运行过程中，保持相对稳定的操作炉型是高炉稳定顺行和高炉长寿的根本。

高炉操作炉型要求保持表面平滑规整，炉墙表面不应凹凸不平或者局部突变；圆周方向相对均匀稳定，不要出现局部异常侵蚀，也不要出现炉墙结厚等现象。高炉炉体中下部炉型出现畸变会导致高炉煤气流分布失常、高炉透气性恶化、局部气流管道或者悬料、边缘气流过分发展等，高炉炉体上部炉型发生畸变，会使高炉布料制度不受控，形成边缘炉料混合层，导致边缘煤气流难以控制，影响高炉顺行。因此，操作炉型是高炉冶炼过程中重要管控内容。

合理操作炉型的基本特征：

(1) 炉缸工况应满足强化冶炼条件下的稳定顺行。合理的炉缸内型参数有利于风口回旋区的工作，有利于改善炉缸区域的透气性和透液性，有利于活跃炉缸使其热量充沛，有利于渣铁的存储与排放，并且在一定操作制度下，炉缸侵蚀缓慢。合理的炉缸直径和高度对于高炉稳定生产和长寿至关重要。

(2) 合理的操作炉型应有利于下降的炉料与上升的煤气相向运动。减少炉料下降和煤气上升的阻力，有利于改善料柱透气性，有利于提高煤气利用率，使煤气的热能和化学能充分利用，有利于高炉内部的传热和传质，是高炉冶金反应顺利进行，为高炉顺行创造条件。

(3) 合理操作炉型应与冶炼工艺相对应，与冷却配置相对应，与冷却能力相对应。避免冷却装置长期处于高温区，有利于在冷却器和砖衬热面形成保护渣皮和凝铁层，延长冷却设备寿命。形成合理炉腹角和炉身角对高炉高温区长寿具有重要作用。

(4) 高炉炉型要符合高炉冶炼基本规律。高炉各部位炉型参数之间比例关系与高炉冶炼过程的传输原理相对应，不仅各部位的参数与高炉容积相对应，而且相互之间具有合理的相关关系。

合理操作炉型与高炉生产条件、原燃料条件以及高炉操作理念直接相关，至今为止尚无确切的定义，只有结合自身条件，以及高炉停炉解剖调查，摒弃生产过程中缺陷，探讨更合理的操作炉型。在确立合理的操作炉型时，特别是确定薄壁炉型时，需要结合炉容大小合理匹配各部位参数的相关关系，正确处理好相互之间矛盾关系和对立统一关系，并与高炉冶炼机理和生产条件相对应，使炉型参数匹配统一。

13.1.2.1 高径比

高炉高径比是高炉有效高度与炉腰直径的比值，是高炉炉型重要参数，与高炉炉容密切相关。合理的高径比有利于高炉稳定顺行，有利于高炉强化冶炼，同时又与高炉料柱透气性以及煤气利用率直接相关。高径比缩小是高炉大型化的一个明显特征。

高炉有效高度取决于炉身高度、炉腰高度、炉腹高度等，炉身高度占高炉有效高度一半以上，提高炉身高度可以增加高炉块状带，增加间接还原区间，对改善煤气热能和化学能利用是有效的。可是同样会增加煤气在料柱中透气阻力，并且对焦炭质量要求更高，而受资源、工艺和成本制约，焦炭质量不能无限提升。因此，在确立炉身高度时，既不能不顾焦炭质量，为了追求高炉煤气热能和化学能利用而过度增加炉身高度，也不能为提升高炉强化冶炼，促进高炉顺行，而过度缩小炉身高度，不符合高炉冶炼规律，炉身高度有一最小限度。综合各方面因素，在一定炉容的前提下，相对较低的炉身高度是发展趋势。炉腰在高炉中起承上启下作用，炉腰高度不仅影响高炉的有效高度，而且影响高炉的炉身角和炉腹角。随着高炉大型化，炉腰高度有缩小趋势，宝钢高炉伴随扩容，炉腰高度由3.1m缩小到2.1~2.4m。炉腹高度主要取决于炉腰和炉缸相对直径以及炉腹角，随着高炉大型化，炉腹高度有增加趋势，宝钢高炉伴随扩容，炉腹高度由4m扩大到4.5m。所以，高炉有效高度随炉容扩大并非线性增加。

高炉炉腰是软熔带存在的区域，高炉冶炼进程中传热、传质和动量传输以及还原渗碳反应集中发生在此区域，是高炉内透气能力最差的部位。炉料在下降过程中，不断被煤气加热，温度升高，体积膨胀，随着高炉大型化，炉料量增加，体积膨胀量也相应增加，因此需要进一步扩大炉腰直径，有利于高炉炉料顺利下降，满足高炉冶炼要求，而且，随着高炉大型化，高炉煤气量也相应增加，由于炉腰软熔带的存在，使煤气上升阻力增加，因此，在炉腰区域需要扩大径向尺寸，将煤气流速控制相对低一些，满足煤气流有充足时间通过需要，以及缓解透气性的需要，同时，扩大软熔带焦窗通道，降低阻力损失，从而改善高炉透气性，保持高炉稳定顺行。因此，炉腰直径应随炉容扩大呈线性增加。

随着高炉炉容扩大，为了满足高炉冶炼要求以及高炉稳定顺行需要，由于有效高度与炉腰直径不同的变化规律，高炉高径比降低是合理炉型发展趋势。

13.1.2.2 炉缸直径

高炉炉缸寿命决定高炉的寿命。炉缸是高炉最重要部位，而炉缸又是高炉冶炼环境最恶劣区域。炉缸结构既要有利于固、液、气及粉体多相共存的一系列物理化学复杂反应，又要满足液态渣铁的储存、流动和排放。

炉缸大小受制于炉容大小，炉腰扩大需要相应扩大炉缸直径，否则炉腹角不合理。扩大炉缸直径需要增加风口数目，并相应增加风口风速；保持回旋区的面积与炉缸面积之比，并尽可能加深风口回旋区的深度。炉缸风口回旋区不仅决定炉缸初始煤气流分布，而且决定炉缸活跃状态，同时主导高炉软熔带和块状带的二次和三次煤气流分布，是高炉稳定顺行的基础。可是，大型高炉回旋区深度不可能按炉缸直径的扩大相应扩大，其结果，死料柱扩大，造成炉缸不能充分热交换，炉缸透气性、透液性将会恶化。作为解决的手段，应改善焦炭的质量；同时增加死铁层的深度，加快死料柱中焦炭的更新，使死料柱的焦炭粒度加大，避免炉缸堆积。然而为了获得高质量的焦炭，成本将也上升。为此，基本思想是尽可能采用相对较小的炉缸直径。

高炉大型化，必然要求炉缸直径扩大。从另一方面看，适当扩大炉缸直径，有利于扩大渣铁的流通通道，可以有效抑制炉缸铁水环流，减少“象脚”侵蚀，已得到理论研究和实验模拟证实。而炉缸直径小，有利于吹透中心，提升死料柱的温度，保持死料柱良好透气性和透液性，有利于死料柱置换，甚至使死料柱漂浮，打通铁水炉底通道，减缓边缘环流。炉缸直径无论大还是小，如何减小环流冲刷，主要取决于死料柱的形态、大小和性能，炉缸直径、回旋区和死料柱三者之间相互制约，只有操作制度与炉缸直径相匹配，控制适宜死料柱，才能实现实现炉缸长寿。

由于炉缸液面上升会破坏回旋区，为了维持炉缸部分的透液性，应有足够的孔隙率和创造必要的供热条件，提高渣铁在炉缸中的储存能力和尽量确保流动性，应增加炉缸的储铁量。因此，结合炉容扩大应该适当提高炉缸高度。

13.1.2.3 炉腹角

高炉炉型结构是与高炉炼铁工艺原理相适应的，其关键就是使高炉各段煤气流速控制在合理范围内。风口循环区形成的煤气，在通过软熔带之前需要降低煤气流速，保证良好透气性，炉腹部位需要有较大的扩张空间。炉腹角过大，边缘煤气流速快，不仅容易导致高炉软熔带根部不稳定，而且容易使软熔带根部上移，在炉腰部位出现“结厚”情况，并且容易导致砖衬脱落，冷却壁烧损，影响高炉长寿。

高炉大型化，炉腹煤气量增加，需要更大的扩张减速空间，因此，炉腹角随炉容扩大，呈现减小趋势。而炉腹角过小，影响炉料下降，甚至引起悬料，不利于高炉顺行。通过适当提高炉腹高度，可以控制合理炉腹角。

选择相对较小的炉腹角，与高炉大型化，高炉炉腰和炉缸直径比保证相应比例相一致。为了达到高炉煤气流速控制要求，按照空塔煤气流速推算，炉腹角应该控制在76°~78°，甚至更低，这也符合炉腹冷却系统保护要求。合适的炉腹角，有利于高温还原煤气的分布，提高还原效率，避免气流在边缘集中而降低煤气利用率，同时对减轻炉体热负荷也是有利的。

13.1.2.4 炉身角

选择合理炉身角，对维护合理操作炉型和控制均匀稳定的边缘煤气流分布至关重要。维护合理的操作炉型就是控制适宜的边缘煤气流，就高炉炉身而言，高强度冶炼不仅增加了高炉煤气对炉体的冲刷侵蚀负荷，而且增大了高炉边缘煤气流控制难度。边缘气流过强，容易烧损冷却设备，边缘气流过弱，煤气流通道不畅，又会影响高炉稳定顺行，甚至出现管道、悬料等现象，也影响炉体长寿。因此，对大型高炉来讲，控制适宜边缘煤气流是实现高炉高效长寿的重要环节之一。

边缘适宜煤气流控制原则就是使高炉内部温度场和外部强化冷却相对平衡，达到稳定炉墙热负荷，就可以减缓炉墙侵蚀，保持稳定的操作炉型。高炉炉容扩大，按照高径比缩小趋势，炉身角趋于减小，炉身角偏小，炉料在下降过程中容易形成混料层和焦炭疏松层，易产生“管道”，根据炉身角与管道因素研究，为了避免管道行程，炉身角度不应低于 80°。而炉身角过大，不能满足炉料下降过程中膨胀的需要，同样会产生悬料，导致高炉不稳定。需要结合高炉炉料性能，控制适合自身生产条件的高炉炉身结构。

另外，炉身结构对高炉边缘煤气流控制影响较大。炉身结构尽量保持炉身各层完整性和均匀平滑过渡，炉身剖面产生不规则凸凹不平形状容易导致边缘煤气流不受控，热负荷高，烧损冷却设备，甚至导致炉皮开裂，影响高炉寿命，炉身结构的合理性也是高炉炉型选型控制重要方面。

13.1.2.5 小结

综上所述，合理高炉炉型是高炉煤气流合理稳定分布的基础，不同炉型结构显现不同煤气流分布特点，需要采取相对应的操作制度，才能实现高炉稳定顺行；合理操作炉型与生产条件和操作制度相对应，与高炉煤气流运动和分布规律相匹配；矮胖型高炉透气性有明显优势，煤气通过能力强，是大型高炉强化冶炼发展趋势；炉腹角对下部煤气流分布影响较大，炉腹角过大不符合煤气流速控制规律，影响高炉下部透气性和软熔带稳定，容易导致炉腰“结厚”，炉腹角过小，又会影响高炉顺行；炉身结构对高炉边缘煤气流控制影响较大，炉型设计要保持炉身结构完整性和均匀性，炉身角过小容易产生管道行程；炉缸直径随炉容扩大是趋势，但炉缸直径不利于炉缸活跃，只有炉缸直径与回旋区和死料柱相互匹配，才能减缓环流侵蚀，实现炉缸长寿。操作炉型只是高炉长寿一个方面，需要其他长寿技术共同配合，共同进步，才能使高炉长寿不断进步。

13.2 冷却配置

高炉冷却配置主要由冷却设备和冷却水系统构成，是大型高炉实现长寿的根基和重要支撑。高炉冷却的作用就是通过冷却介质将高炉炉体热量带走，保护高炉内衬耐火材料处于较好的工作环境温度，保持良好的综合性能，降低或消除热应力，使耐火材料远离高温区，促使冷却设备或耐火材料热面形成渣皮，防止冷却设备和耐火材料烧损。结合高炉工艺，选择合适的冷却设备及合理的配置以保证各部位拥有合适的冷却强度，保持合理的高炉操作内型，有利于高炉的强化冶炼和稳定顺行操作，同时，减缓炉缸炭砖侵蚀，延长高炉寿命。

高炉无论是炉缸还是炉体，没有足够冷却，就是再好的耐火材料也不能实现高炉长寿。只有强化而有效冷却，才能保证高炉长寿。宝钢高炉冷却配置是结合冷却设备技术进步，根据实践中出现的问题优化冷却效果，其目的就是保证高炉各部位强化冷却，保护炉体缓慢侵蚀，最大限度依靠冷却延长高炉寿命。

13.2.1 炉体冷却结构

高炉对炉体冷却结构的基本要求：构筑全覆盖冷却体系，消除冷却空区；有足够的冷却强度，能承受高炉工况下的最大热流强度；对高炉内衬耐火材料提供有效冷却，保护内衬和炉壳；形成均匀稳定工作内型。

原先由于设备制造水平限制，冷却壁的使用寿命无法满足一代炉役的要求，冷却壁损坏后，炉体安全受到很大威胁，并且更换冷却壁的施工技术落后，更换冷却壁必须进行高炉中修，因此高炉炉体冷却大多使用冷却板形式，主要是考虑到冷却器损坏后更换的便利性。随着冷却壁制造技术的进步，越来越多的高炉采用全冷却壁结构，铜冷却板高炉均为厚壁型高炉，随着冷却壁的应用，特别是铜冷却壁的应用，薄壁型高炉成为发展趋势。宝钢高炉炉体冷却结构主要有冷却板、冷却壁及板壁结合形式，实践证明，均能满足高炉冷却要求，没有因为炉体冷却而影响高炉长寿。

13.2.1.1 冷却板高炉结构及特点

冷却板结构的基本原理是通过点式冷却，保持耐火材料内衬一定厚度，达到保护高炉炉壳的目的。

宝钢投产之初，宝钢1号高炉全部采用冷却板冷却，之后的第二代以及2号高炉第一代、第二代也是采用冷却板冷却结构形式，结构布局总体相似，只是根据实际应用中的冷却不足进行了完善改进，进一步提升冷却强度，有利于炉体维护和高炉长寿。目前宝钢2号高炉第二代为最新冷却板结构形式，其冷却配置见表13-4。

表13-4 2号高炉第二代冷却结构配置

冷却壁段号	冷却壁数量	冷却壁材质	镶砖材质	冷却壁高度	备 注
H1	60	HT150	光面无镶砖	2010	
H2	60	纯铜	光面无镶砖	1740	
H3	60	纯铜	光面无镶砖	1740	

续表 13-4

冷却壁段号	冷却壁数量	冷却壁材质	镶砖材质	冷却壁高度	备 注
H4	44	HT150	光面无镶砖	2115	
TH	16	纯铜	光面无镶砖	1610	铁口部位
H5	60	HT150	光面无镶砖	2115	
H6	20	HT150	光面无镶砖	1160	风口部位
风口下冷却板	40	纯铜焊接式	四通道宽度 380mm		风口上
风口上冷却板	40	纯铜焊接式	六通道宽度 510mm		风口下
1 ~3 层冷却板	各 54 块	纯铜焊接式	六通道宽度 510mm		
4 ~6 层冷却板	各 54 块	纯铜焊接式	六通道宽度 510mm		
7 ~10 层冷却板	各 54 块	纯铜焊接式	六通道宽度 510mm		
11 ~30 层冷却板	各 54 块	纯铜焊接式	六通道宽度 510mm		
31 ~42 层冷却板	各 52 块	纯铜焊接式	六通道宽度 510mm		
43 ~54 层冷却板	各 48 块	纯铜焊接式	六通道宽度 510mm		
R1	48	QT400-18	氮化硅结合碳化硅砖	2240	
R2	48	QT400-18	氮化硅结合碳化硅砖	2240	
R3	48	QT400-18	氮化硅结合碳化硅砖	2390	
炉喉水冷壁	40	QT400-18	光面无镶砖	2000	

宝钢高炉应用冷却板冷却时间比较长，结合应用实绩以及出现的问题，在冷却板结构形式和强化冷却方面进行了优化改进。主要体现在：

（1）冷却板本体结构。早期宝钢高炉使用的冷却板为四通道，如图 13-19（a）所示。冷却板空腔内设置隔板，将其分成若干室，使冷却水形成固定流向，以加快水流速度，提高冷却效果，由于本体设计成楔形，故在空腔内最易滞留气泡的隔板根部开成小孔，以便将形成的气泡及时被水流带走，避免此部分局部过热烧损。伴随宝钢喷煤比提升和冶炼强度提升，四通道冷却板冷却强度不能满足冷却需要，现改进为强化型六通道铜冷却板，如图 13-19（b）所示。铜冷却板冷却的关键技术是保证前端具有较高的冷却水流速，使冷却板的端部热面稳定保持在 120℃以下，并且水的压力损失要尽可能降低，因此，增加冷却通道、优化冷却通道结构成为改善冷却板传热性能的必然选择。在不增加水量的情况下，较小的冷却通道提高了冷却板端部的冷却水流速，冷却强度大幅提升，宝钢六通道冷却板使用效果良好。

（2）冷却板安装形式。铜冷却板的安装结构形式有两种：一种是采用波纹管密封的冷却板结构，另一种是将冷却板直接焊接在炉壳上。

波纹管密封结构如图 13-20 所示，包括金属波纹管和两种密封垫片。冷却板内的耐火材料与炉壳的膨胀系数不同，因此冷却板外部设置了波纹管膨胀节来吸收热变形。法兰件的大垫片为金属包覆垫，冷却板本体和波纹管之间则采用耐热橡胶垫。为保证密封可靠，安装时螺母必须拧紧。

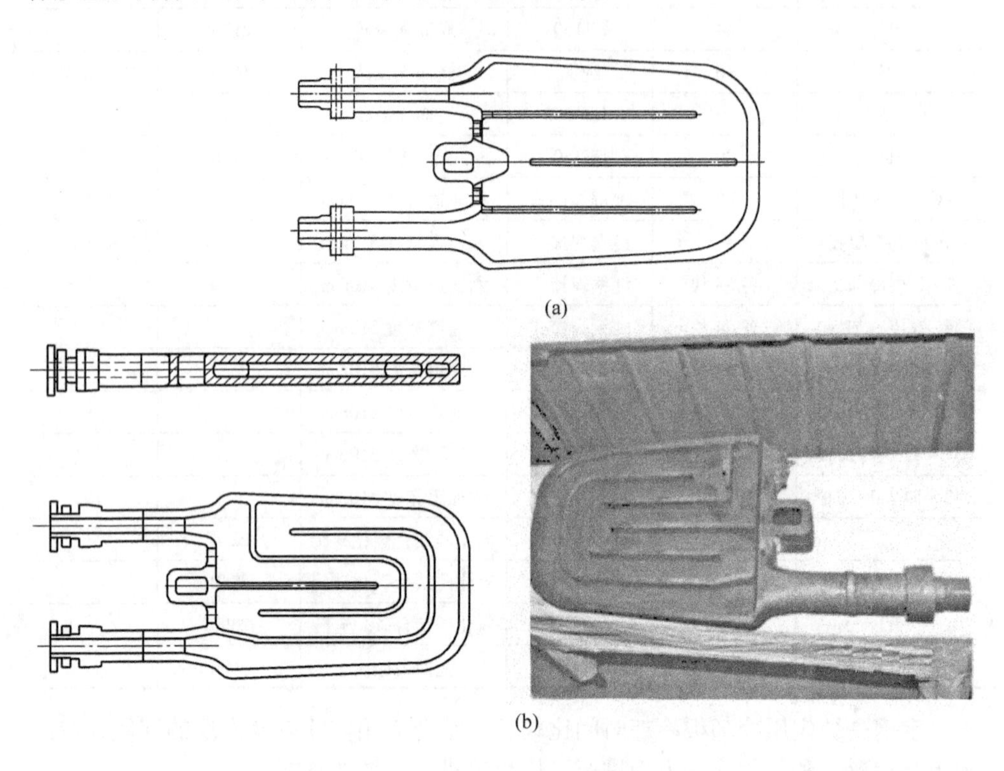

图 13-19　四通道和六通道铜冷却板

（a）四通道铜冷却板；（b）六通道铜冷却板

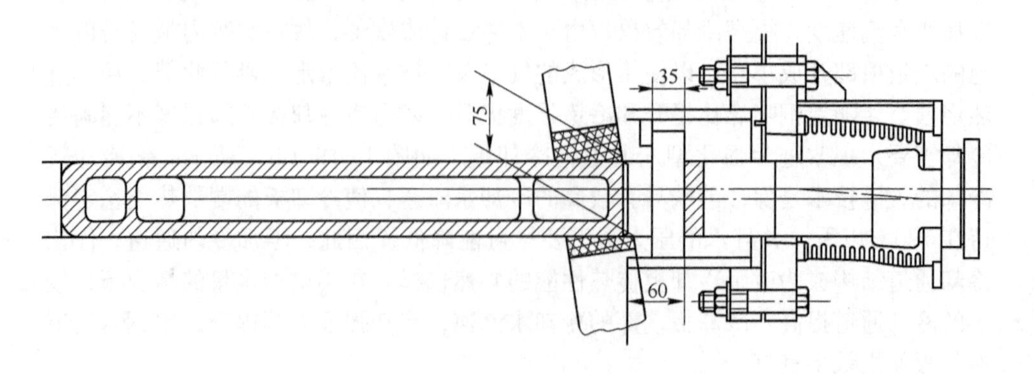

图 13-20　冷却板波纹管密封结构示意图

焊接式铜冷却板的结构如图 13-21 所示。焊接式冷却板在制造厂内把铸造好的铜冷却板外缘与钢质的安装环焊接好，到高炉安装时，把钢质安装环与炉壳上的焊接式冷却板安装座焊接牢靠，此结构相对简单，但必须保证焊接质量，否则容易泄漏。

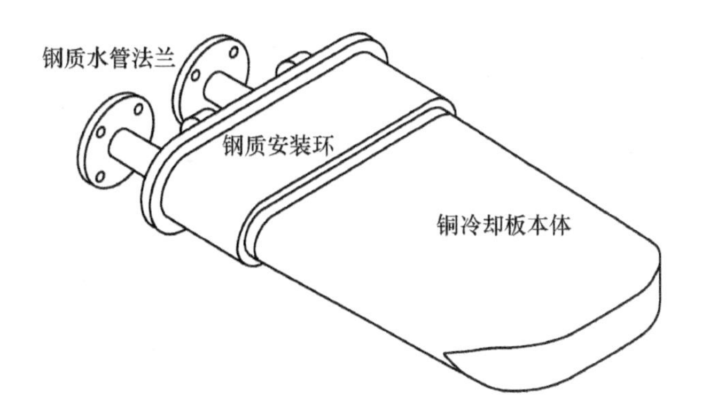

图 13-21 焊接式冷却板结构示意图

（3）结构布局。根据冷却板高炉应用实绩，炉身中上部冷却强度偏低，砖衬损坏较早，并有多处炉壳出现过局部过热现象，虽采取硬质浆处理，但只能维持一段时间，因此，为了提升中上部冷却强度，保护炉衬，将冷却板区域纵向间距由原来的 624mm 缩小至 312mm，与炉身下部一致。另外在炉身上部设置 3 段镶砖球墨铸铁水冷壁，镶砖材质为氮化硅结合碳化硅砖，炉身中上部冷却效果和炉衬侵蚀情况明显改善。

冷却板高炉特点：

（1）冷却板铜的纯度在 99.5% 以上，具有高导热性能，能够承受较高的热流强度和热震冲击。

（2）插入耐火材料砖衬中，冷却效率高，对砖衬有支撑和保护作用，减缓耐火材料侵蚀。

（3）在炉腹炉腰及炉身下部容易形成稳定渣皮保护，并且不易脱落，有利于高炉稳定顺行。

（4）容易更换，损坏后可及时更新，保证冷却均匀，不会因冷却器烧损影响高炉寿命。

（5）冷却板之间的砖衬侵蚀后容易造成炉体表面不光滑（见图 13-22），阻碍下料稳定；炉体侵蚀不均匀，容易导致边缘煤气流分布不均匀，影响顺行。

（6）由于铜的机械强度在 120℃ 以上迅速下降，高炉出现管道等现象时，温度急剧升高，容易烧坏冷却板。

（7）炉壳开孔多，炉役后期容易造成炉壳发红开裂。

（8）铜冷却板传热好，其热损失也大，并且需要较高的冷却水流速。

（9）尽管易更换，但日常维护工作量大。

13.2.1.2　冷却壁高炉结构及特点

冷却壁结构的基本原理：通过面式冷却，将高炉内传出的热量通过与冷却壁的热交换而顺畅导出，避免高温气流直接作用于炉壳。

图 13-22　冷却板高炉停炉后炉体状态

宝钢 3 号高炉第一代是宝钢第一座全冷却壁高炉，全部采用铸铁冷却壁，由 18 段冷却壁组成，共计 790 块。炉体冷却壁本体设有 4 根 $\phi60 \times 6$mm 水管，由于依靠本体管很难冷却冷却壁角部，特设置上下角部管(J)；B2 ~ S3 段冷却壁是带凸台(Γ)的结构，便于支撑砖衬，保持厚壁炉型；在炉腰及炉身下部 B2 ~ S3 段冷却壁设置背部蛇形管（S），达到强化冷却目的；炉腹、炉腰及炉身冷却壁热面设有镶砖，镶砖材料为氮化硅结合碳化硅砖，用来减少热损失和黏结渣皮，当镶砖侵蚀后，冷却壁仍可以依靠黏结渣皮维持正常工作。3 号高炉冷却壁配置情况如图 13-23 所示。

<table>
<tr><th>高炉部位</th><th>段号</th><th>符号</th><th>块数</th><th>冷却壁形式</th><th>本体系</th><th>强化系</th></tr>
<tr><td rowspan="3">炉身上部</td><td>18</td><td>R3</td><td>40</td><td rowspan="3">光面冷却壁</td><td rowspan="3"></td><td rowspan="3">Z</td></tr>
<tr><td>17</td><td>R2</td><td>40</td></tr>
<tr><td>16</td><td>R1</td><td>40</td></tr>
<tr><td rowspan="3">炉身中部</td><td>15</td><td>S5</td><td>56</td><td rowspan="2">镶砖强化冷却壁</td><td rowspan="11">Z</td><td rowspan="2">J</td></tr>
<tr><td>14</td><td>S4</td><td>56</td></tr>
<tr><td>13</td><td>S3</td><td>56</td><td rowspan="5">镶砖带凸台强化冷却壁</td><td>JΓ</td></tr>
<tr><td rowspan="2">炉身下部</td><td>12</td><td>S2</td><td>56</td><td rowspan="4">SJΓ</td></tr>
<tr><td>11</td><td>S1</td><td>56</td></tr>
<tr><td rowspan="2">炉腰</td><td>10</td><td>B3</td><td>56</td></tr>
<tr><td>9</td><td>B2</td><td>56</td></tr>
<tr><td>炉腹</td><td>8</td><td>B1</td><td>56</td><td>镶砖强化冷却壁</td><td>SJ</td></tr>
<tr><td>风口</td><td>7</td><td>T</td><td>38</td><td>光面冷却壁</td><td></td></tr>
<tr><td rowspan="6">炉底炉缸</td><td>6</td><td>H6</td><td>52</td><td rowspan="2">光面水冷壁</td><td rowspan="2">TH</td></tr>
<tr><td>5</td><td>H5</td><td>50</td></tr>
<tr><td>4</td><td>H4</td><td>20</td><td rowspan="4">光面横行水冷壁</td><td rowspan="4"></td><td rowspan="4">Z</td></tr>
<tr><td>3</td><td>H3</td><td>20</td></tr>
<tr><td>2</td><td>H2</td><td>22</td></tr>
<tr><td>1</td><td>H1</td><td>20</td></tr>
</table>

图 13-23　宝钢 3 号高炉冷却壁结构配置情况

宝钢高炉第一次使用冷却壁，在设计、制造和操作等方面均存在缺陷，主要表现在：凸台设计不合理，冷却能力不足，凸台长度过长，凸台过早破损；而S3段和S4段采用的冷却壁，在铸造冷却壁时存在缺陷，采用钢质夹具防止水管和镶砖漂浮，由于钢、铁的膨胀收缩系数不同，从而顺着钢质撑头与铸铁的结合面处就会产生微裂纹。这些微裂纹导致钢铁界面结合力远远低于铸铁基体本身的抗拉强度，当受到外力作用时，铸铁会优先在这些结合面处开裂，将冷却壁水管拉断，被迫更换了S3段和S4段冷却壁；另外，冷却能力不足，通过安装微型冷却器弥补冷却不足。

1号高炉第三代和3号高炉第二代也采用冷却壁结构形式，并且在炉腹炉腰以及炉身下部分别采用5段（B1～S2）和4段（B1～S1）铜冷却壁，意在提高高温区冷却强度。铜冷却壁相对铸铁冷却壁而言：

（1）高导热性能。铸铁冷却壁导热系数低，300℃左右时约为30.4W/(m·K)，随着温度升高不断下降，700℃时只有22.5W/(m·K)。铜冷却壁的导热系数为380W/(m·K)，是铸铁的12～15倍，因而铜冷却壁工作时壁体热面与水通道表面正常情况下仅保持15～20℃的温差，短时最大温差不超过120℃。由于铜冷却壁的表面温度很低，且非常稳定，不会产生很大的热应力，不易产生裂纹。

（2）良好的抗热震性能。虽然铸铁冷却壁采用了铁素体球墨铸铁材料，其抗热震性能和韧性已大大改善，但远不及铜冷却壁卓越的导热能力，在铜冷却壁热面不仅能形成稳定的渣皮，而且在渣皮脱落时，也能够快速地重新生成渣皮。大量实践表明，铜冷却壁重新形成渣皮只需20～30min，而铸铁冷却壁却需要4～5h。在渣皮损坏、再形成的过程中，冷却设备的温度越低，渣皮形成的速度越快，冷却设备要承受的热疲劳周期也越短，这使得铜冷却壁具有良好的抗热疲劳性能。而当冷却壁砖衬熔损而渣皮又脱落时，冷却壁热面温度经常达到750℃以上，这一温度正是球墨铸铁中珠光体的相变温度，因晶体相变引起壁体强度下降，产生热裂纹最终导致冷却壁损坏。另外，铜具有较高的延伸率，也使铜冷却壁具有很高的耐热震性能。

（3）良好的抗热流冲击性能。铜冷却壁导热性好，能承受的最大热流强度为350kW/m^2（约15min），而铸铁冷却壁能承受的最大热流强度仅为70kW/m^2（约15min）。因为铜冷却壁是靠渣皮在炉内工作的，而渣皮的导热系数很小(只有2W/(m·K))，能隔热，从而降低传到铜冷却壁的热流强度，使热负荷大大降低。生产中渣皮厚度50mm时，实际的热流强度仅为26.9kW/m^2（上限值），远远小于铜冷却壁能承受的最大热流强度。同时铜冷却壁工作时，热量直接由铜冷却壁传递给水冷系统，不像铸铁冷却壁工作时，热量由冷却壁传递给水管，再由水管传递给冷却水，这也是铜冷却壁具有良好抗热冲击性能的原因之一。

（4）抗磨损性差。在高炉块状区域容易磨损，炉身中上部不易使用。

（5）与炉渣亲和力差。在高温软熔区域容易黏结渣皮，也容易脱落，导致局部热负荷波动频繁，破坏正常的操作炉型，且渣皮落入炉缸后会引起炉温无规律性波动，如果处理不当，就会导致炉况失常。

为了保证高炉长寿，在调节合理气流的同时，制定了高炉铜冷却壁日常维护温度管理标准：

（1）炉体铜冷却壁热面壁筋高报警温度（PH）为120℃，高高报警温度（HH）为180℃。

（2）铜冷却壁的水温差管理温度为低于5℃。

（3）纯水Ⅱ系统铜冷却壁供水温度在夏秋高温季节时按低于35℃ ±2 来控制，冬春季节按低于30℃ ±2 来控制。

（4）铜冷却壁流速控制在2.0m/s左右。

冷却壁与冷却板相比，其最大特点是，炉型较规则，有利于煤气流分布合理而均匀。

13.2.1.3 板壁结合高炉结构及特点

板壁结合的基本原理：集成冷却壁和冷却板的优点，克服两者的技术缺点，在高炉炉体高温区炉腹、炉腰以及炉身下部采用两者冷却器组合模式，进一步提升冷却强度，延缓内衬耐火材料侵蚀和冷却器破损，避免或减少炉皮发红现象，延长高炉寿命。

宝钢4号高炉采用板壁结合结构，炉腹至炉身中部设置54层强化型六通道铜冷却板，在炉腰至炉身中部的冷却板空隙处设置10段光面小铸铁冷却壁，以有效防止炉壳过热而变形开裂。其结构形式如图13-24所示。

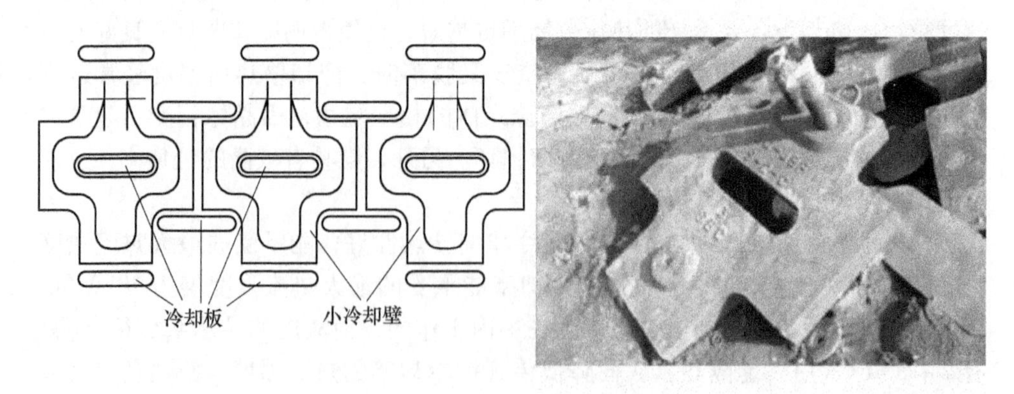

图13-24 4号高炉板壁结合

实际运行情况来看，4号高炉炉体发红情况总体良好，但在上部两层砖衬托圈部位在投产5~6年先后出现发红情况，此处存在冷却盲区，4号高炉炉役九年炉体测厚情况见表13-5。

表 13-5 4 号高炉炉体残厚情况

位置/段数	炉皮/mm	原砖衬厚度/mm	残存厚度/mm	残存比例/%
炉身上 50 ~ 54	70	539	300	55.7
炉身上 46 ~ 49	70	466	200	
CP43 层	70	466	100	21.5
炉身中 36 ~ 45	70	466	150	32.2
CP30 层	70	466	140	30.0
炉身中 29 ~ 35	70	466	200	42.9
		466	310	66.5
炉身下 21 ~ 28	70	466	190	40.8
		466	350	75.1
炉腰 14 ~ 17	65	547	305	55.8
		547	385	70.4
炉腹 1 ~ 4	90	725	600	82.8

根据 2 号高炉与 4 号高炉停炉后炉体调查情况看，板壁结合结构比纯冷却板结构炉体侵蚀情况略好，如图 13-25 所示。可见，小冷却壁的冷却有一定效果，但不明显，因为宝钢高炉冷却板采用六通道密排形式，冷却强度可以达到高炉需要。

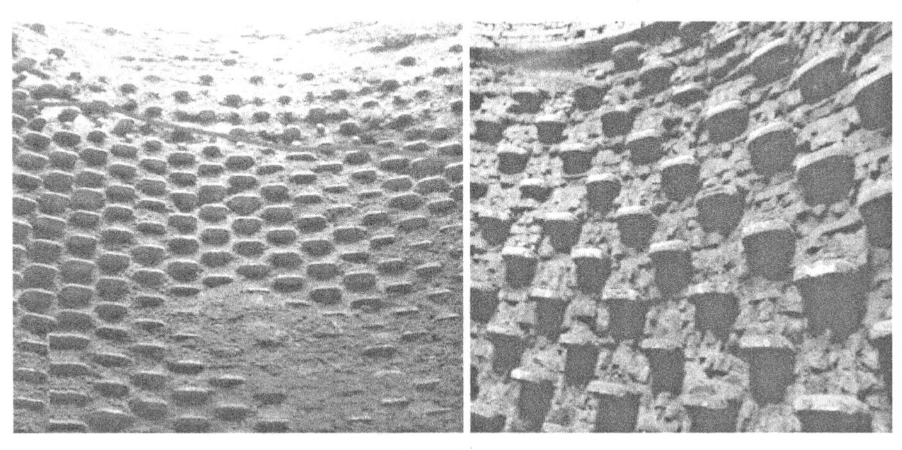

2号高炉　　4号高炉

图 13-25 2 号、4 号高炉停炉后炉体状况

13.2.2 炉缸冷却结构

炉缸是决定高炉一代炉役关键部位，只有炉缸冷却系统与内部炭砖体系协同匹配，两者相互作用、相互支撑，并且，建立良好的传热体系，有效将高炉热量

带出，同时形成稳固的凝铁层，减缓炭砖侵蚀，产能达到炉缸长寿的目的。宝钢历代高炉炉缸主要采用两种冷却形式：一种是洒水冷却，另一种是冷却壁冷却。

13.2.2.1 洒水冷却效果及特点

宝钢1号高炉第一代、第二代和2号高炉第一代炉缸冷却都采用炉壳洒水冷却，是将循环水直接喷洒在炉壳上，把传到炉壳上的热量带走，结构形式简单实用。从宝钢高炉应用炉壳洒水冷却效果看，1号、2号高炉炉缸侧壁炭砖侵蚀情况良好，一代炉役10~15年，炭砖残厚基本维持500mm左右，可见炉缸洒水冷却可以满足大型高炉冷却要求。

因为炉缸洒水存在一定不足，伴随冷却壁技术日益成熟，此结构形式逐步被淘汰，主要表现在：

（1）不利于节能环保。洒水冷却是一开路循环系统，水量消耗大，没有充足水源难以提供技术保障，并且工艺环境较差。

（2）不利于维护。采用洒水冷却，必须及时对炉壳进行清洗，防止水垢和锈垢黏结，影响传热。

（3）与冷却壁相比，在同等冷却条件下，冷却效果相对较低。

13.2.2.2 冷却壁冷却效果及特点

宝钢新投产的高炉炉缸均采用冷却壁冷却，但结构形式分两种：即卧式冷却壁和立式冷却壁两种。由于宝钢3号高炉第一代炉缸采用卧式冷却壁，根据应用实绩以及计算分析，其效果良好，因此最新投产宝钢3号高炉和4号高炉均采用卧式冷却壁结构形式，其他高炉采用的是立式冷却壁结构形式。

宝钢4号高炉第一代炉缸冷却壁全部采用的是立式冷却壁，如图13-26所示。每块冷却壁4根水管，水管直径为DN70×7mm，立式冷却壁为纵向串联，水流方向自下而上，供水由围绕高炉炉底的一圈环管分出的支管进行供给，总流量为4400t/h。

图13-26 4号高炉炉缸立式冷却壁外观结构

宝钢 3 号高炉第一代炉缸冷却壁采用的是卧式冷却壁与立式冷却壁结合搭配，外观结构如图 13-27 所示，铁口中心线以上配置立式冷却壁。在铁口中心线以下 H1 ~ H4 段采用的是卧式冷却壁排列结构，每块冷却壁 10 根水管，水管直径为 DN60.3 ×6.3mm，水管间距达到了 130mm，上下两块冷却壁间的水管间距也达到了 230mm，对强化冷却壁间缝隙的冷却发挥了重要作用。冷却壁横向连管，水流方向为水平横走，在圆周方向分两个区域，4 根支管两两相向给排水，4 段冷却壁总高度 5.6m，水量 690t/h，分南北场供水，总流量为 1380t/h。

图 13-27 3 号高炉炉缸卧式冷却壁外观结构

炉缸冷却壁冷却传热可以分两个步骤：第一，炉缸内热量传递给冷却壁，主要取决于冷却壁热面面积和冷却壁材质导热系数。第二，冷却壁获得的热量传递给冷却水。从设计的角度来讲，第一点在选取铸铁冷却壁后是固化的，因此冷却壁的冷却强度和效果主要取决于第二点。要充分发挥水冷却作用，应考虑：（1）冷却壁和冷却水换热面积（比表面积）；（2）冷却水量，管径一定时冷却壁内水流流速。

所以，冷却壁的冷却强度可以通过比表面积和水流密度来综合评估。比表面积就是冷却水管内表面积和冷却壁热面面积之比，反映了冷却水和冷却壁热交换面积大小。水流密度即与水流方向垂直的单位长度所通过的水流量（t/(m·h)）：

立式冷却壁水流密度： $W_{立} = Q/(\pi d)$ （13-25）

卧式冷却壁水流密度： $W_{卧} = Q/(hn)$ （13-26）

式中 d——冷却壁热面的高炉直径；

h——冷却壁高度；

n——段数。

3 号高炉炉缸冷却壁布置结构如图 13-28 所示，炉缸卧式冷却壁设计与通常炉缸立式冷却壁设计的比较见表 13-6。炉缸卧式冷却壁不仅比表面积相对较大，

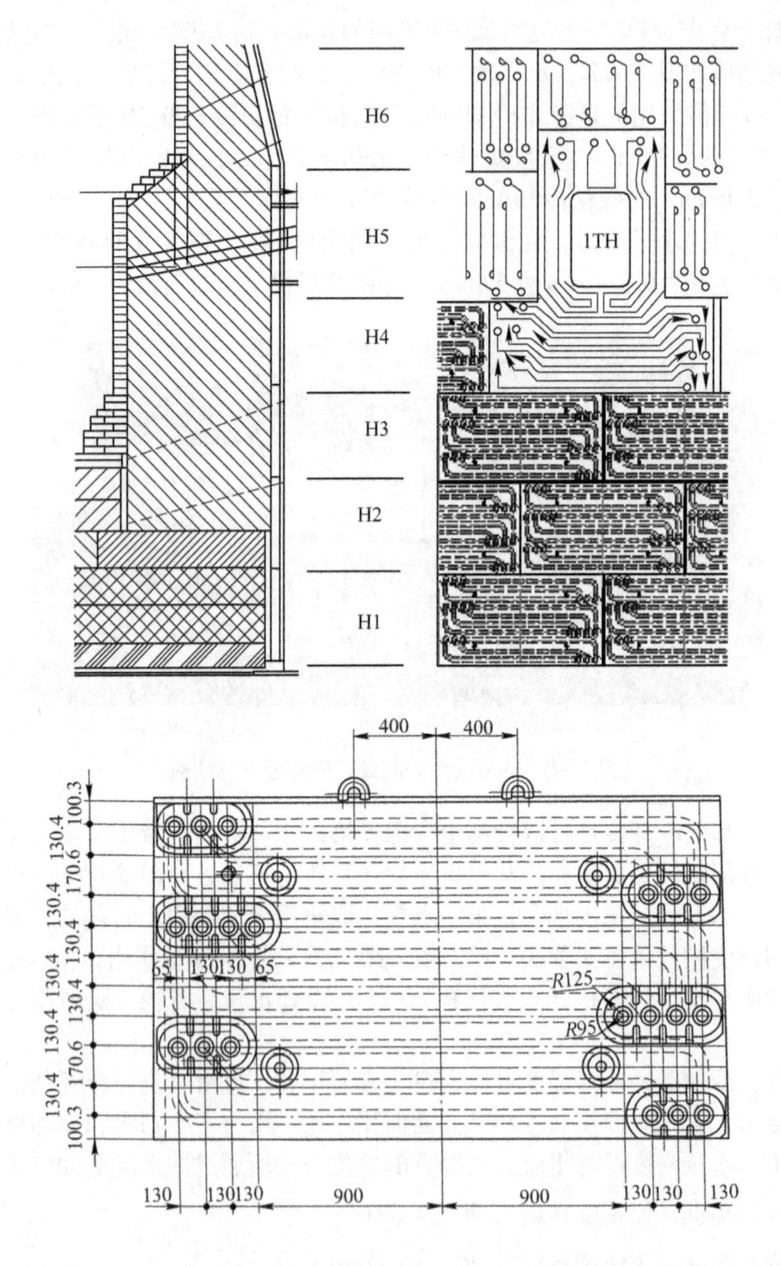

图 13-28　3 号高炉炉缸冷却壁及结构布置示意图

而且在较低的水量，可以达到较高的水流速，获得更高的冷却效果。卧式冷却壁炉缸水流密度是立式冷却壁的 1.6 倍，反过来计算，立式冷却壁 4 号高炉炉缸总水量要到 7200t/h 才与 3 号高炉炉缸冷却壁水流密度一致。相同的水流密度，立式冷却壁水量是卧式冷却壁水量的 5.2 倍。

表 13-6 卧式冷却壁与立式冷却壁比较

项　目	炉缸水量	水管流速	水流密度	比表面积
单　位	t/h	m/s	t/(m·h)	
卧式冷却壁	1380	2.72	123	1.19
立式冷却壁	4400	2.82	73	0.75
立式冷却壁	7200	4.61	123	0.75

采用卧式铸铁冷却壁纯水密闭冷却炉缸冷却壁特点：以宏观低水量、微观高水速，提高冷却强度。采用多加水管设计思路，提高比表面积，如果要使比表面积增加 1 倍，采用两根相同直径的水管比只用一根直径扩大 1 倍水管节约用水，两根水管只用一半的水量。同时，配合合理的冷却壁结构设计和炉缸耐火材料配置，建立合理的有效炉缸传热体系，使炉墙热面尽快形成稳定的凝铁层，实现炉缸长寿的目的，同时满足高强度冶炼。

卧式冷却壁除了比表面积、水流密度大的优点，它还有个重要特点——单块冷却壁中奇数编号水管与偶数编号的水管的水流方向相反。这有两大好处：第一，奇数与偶数水管有各自的供回水集管，双路供水格局更能确保安全供水。第二，能确保水温一致，立式冷却壁串联到最后一块时水温最高，而卧式对流型冷却壁第一块和最后一块水温是一样的，这从支管上安装的高精度电偶可以看出。理论上能保证炉缸圆周范围的冷却效果一致，侧壁炭砖凝铁层厚度一致。而立式冷却壁底部水温低，往上水温逐步增加，死铁层水温低，铁口环流带水温高，不利于冷却和操作维护。

从生产实绩看，炉缸卧式冷却壁结构有其优势，但是，在实践中也发现卧式冷却壁结构也有其缺陷：因为冷却壁水管密集排列，制约了水管扩大；同时，因为水头少，制约了水量提高。总之，冷却强度在一定条件下难以进一步提高。炉缸冷却水量设计为 690m^3/h，冷却壁水流通道水速为 1.5m/s，炉缸设计热负荷为 986.5 ×10MJ/h，从实际运行看，在高冶炼强度下，炉缸冷却强度偏低，因此，在投产初期增加一台泵，将冷却水量提高到 1380m^3/h，水速提高到 2.72m/s，这已达到最高水量，冷却强度也达到最大。但随着高炉冶炼强度提高，或者炉役后期炉缸炭砖侵蚀到一定程度，热流强度超过冷却强度，炉缸冷却已不能满足生产需要，不仅制约了冶炼强度的提高，而且炉缸侵蚀加剧。炉役后期，炉缸侧壁温度频繁升高，并且创新高的频率也明显加快，说明在高炉炉役后期，其冷却强度还是偏低的。因此，卧式冷却壁结构的冷却效果是有限的，从高效长寿高炉设计角度，需要进一步探讨炉缸冷却强度更好的冷却系统设计。

13.2.3 冷却水系统

高炉冷却水系统主要用于高炉各部位、设备的冷却，其目的是降低高炉内衬的温度，使耐火材料在合理的温度下工作，远离高温区，消除或降低热应力，促使冷却器或耐火材料热面形成渣皮，保护高温区的冷却设备和炉壳，防止冷却设备或耐火材料过早破损，维护高炉合理操作炉型，实现高炉稳定顺行，延长高炉寿命。

冷却水系统主要分为封闭式和敞开式两种。目前宝钢高炉敞开式冷却系统冷却介质为工业水，冷却水用过后不是立即排放掉，而是循环再利用，水的再次冷却是通过冷却塔来进行的。高炉封闭式冷却系统冷却介质为纯水，在此系统中，冷却水用过后也不是马上排放掉，而是循环再利用，在循环过程中，冷却水不暴露于空气中，所以损失很少，水中各种矿物质和离子含量一般不发生变化。

13.2.3.1 水质管理

高炉冷却水质管理对高炉长寿极为重要，水质不达标，冷却器及管道内易结垢、腐蚀及产生粘泥，冷却器冷却效果会变差而导致冷却器破损。通过投加药剂以及水置换措施，保证各种冷却水质在控制标准范围内。

A 工业水

由于工业水中含有各种离子，如钙、镁、氯、硫酸根、碳酸根等离子，随着工业水在高炉清循环冷却系统中不断循环，受蒸发等影响，各种离子在水中将不断浓缩，使各种离子浓度增加，再加上受被冷却设备的热负荷影响，水中各种离子会产生腐蚀、结垢等一系列问题，为此需要对清循环冷却系统进行水质稳定处理。一般在系统中投加阻垢剂、缓蚀剂、杀菌剂、灭藻剂等各种水质稳定剂，其加药量、加药种类将视系统的不同特点，进行试验、筛选，最终确定其最佳配置，并严格进行管理，以使设备、管道的腐蚀、结垢现象控制在最低程度，满足高炉正常生产。

高炉清循环系统水质控制标准见表13-7。

表13-7 高炉清循环水质控制标准

系统名称	pH值	电导率 /S·cm^{-1}	细菌 /个·mL^{-1}	可溶性铁 /mg·L^{-1}	悬浮物 /mg·L^{-1}	药剂浓度 /mg·L^{-1}		钙硬度 /mg·L^{-1}	溶锌 /mg·L^{-1}	铜 /mg·L^{-1}	氯化物 /mg·L^{-1}
清循环	7.5～9.0	≤2000	≤1×10^5	≤0.5	≤10	5.2～7.8	总磷	≤300	≤2	≤0.1	≤200

清循环水监测频度：除细菌每月一次以外，其他项目每天一次。药剂投放标准见表13-8。

表13-8 清循环水药剂投放标准

药 剂	投加浓度（计算参数）	投 加 点
TS-216 缓蚀阻垢剂	40～60mg/L（补水量）	冷水池送水泵吸入口
TS-8108 氧化性杀菌剂	5～7mg/L（保有水量）	冷水池（药框挂入）
TS-809A 非氧化性杀菌剂	80mg/L（保有水量）	冷水池（冲击性）

B 纯水

纯水用于高炉密闭冷却系统，纯水密闭冷却用在比较重要、热负荷较高且不允许出现结垢的系统，如宝钢1号、3号、4号高炉的炉缸冷却系统、四座高炉的热风阀冷却系统等。纯水冷却由于是密闭循环，蒸发损失极小，相较于敞开式的清循环冷却系统，可大幅节约用水。

在设置纯水密闭系统的同时，一般均设置有清循环系统或二冷水系统，一方面可向一般冷却设备提供冷却水，另一方面向换热器提供二冷水，纯水在经过换热器时释放热量，使纯水温度降低，提高纯水系统冷却效率。

纯水系统尽管几乎不含硬度，一般不会产生结垢现象，但腐蚀现象仍无法避免，因此，在纯水密闭系统中仍需加入防腐剂、杀菌剂等水质稳定剂。纯水密闭系统的水质稳定同敞开式清循环系统水质稳定方式相同。

高炉纯水密闭系统水质控制标准见表13-9。

表13-9　高炉纯水密闭系统水质控制标准

系统名称	pH值	浊度 /mg·L⁻¹	钙硬度 /mg·L⁻¹	M-A /mg·L⁻¹	可溶性铁 /mg·L⁻¹	铜 /mg·L⁻¹	MO_4^{2-} /mg·L⁻¹	NO_2^- /mg·L⁻¹	NO_3^- /mg·L⁻¹	细菌 /个·mL⁻¹
热风阀系统	8.5~10.0	≤10	≤10	≥40	≤0.5	≤0.1	—	≥300	≤30	$\leq 1\times10^5$
纯水Ⅰ系统	8.5~10.0	≤10	≤10	≥30	≤0.5	≤0.1	≥120	—	—	$\leq 1\times10^5$
纯水Ⅱ系	8.5~10.0	≤10	≤10	≥30	≤0.5	≤0.1	≥120	—	—	$\leq 1\times10^5$

纯水处理药剂如下：

（1）缓蚀剂。采用一种基于亚硝酸盐和钼酸盐的混合型药剂，用于高热负荷和热水闭路系统的腐蚀控制，同时还包括了分散剂、阻垢剂和铜缓蚀剂。该缓蚀剂是在传统的亚硝酸盐方案的基础上添加了钼酸盐配方，比单纯的亚硝酸盐方案的氧化性强，pH值适应性宽，耐热负荷性强，在金属表面形成的氧化膜更牢固，因此缓冲效果更好。由于良好的分散剂和阻垢剂的添加，还可解决高炉煤气携带入的杂质和总铁上升的沉积问题。

缓蚀剂的使用量基于系统的热负荷和补充水水质。初始投加采用较高的药剂浓度，确保系统水管内壁的快速成膜。管壁保护膜是个动态平衡过程，因此在系统中钝化膜受到损坏或破坏时，要及时修补，防止腐蚀的发生；正常使用时，按照水系统中 NO_2^- 和 MO_4^{2-} 浓度管理控制使用量。

（2）除氧剂。纯水没有经过除氧处理，通过对系统进行测试得知，水系统中存在一定程度的溶解氧；采用除氧剂除了可去除系统额外的溶解氧，减少额外溶解氧对金属的腐蚀以及对缓蚀剂的影响外，还可对金属表面进行钝化，形成磁性氧化膜，进一步帮助缓蚀剂增强对系统的防腐能力。

除氧剂的投加浓度基于系统溶解氧水平，如遇系统溶解氧异常偏高，则应投加除氧剂进行紧急处理，同时注意系统排气。

（3）杀菌剂。采用氧化性杀菌剂和非氧化性杀菌剂。在处理微生物时，长期使用同一种非氧化性杀菌剂会导致微生物产生抗药性而发生突发事件；采用含溴的氧化性杀菌剂，由于它具有的缓蚀作用，可用于闭路循环水系统高pH值情况下的杀菌方案。在正常使用非氧化性杀菌剂的情况下，周期冲击性投加氧化性杀菌剂，对处理水系统中的微生物将起到较好的效果。

（4）NaOH。为满足系统 pH 值下降较快难以稳定的操作条件，投加 NaOH 调节 pH 值，使之稳定在 8～10，是保证水处理方案的必要条件，通过在线 pH 计控制 NaOH 投加量。

清纯水监测频度：除细菌每周一次以外，其他项目每周三次。药剂投放标准见表 13-10。

表 13-10 密闭循环纯水药剂投放标准

药 剂	功 能	剂 量	投加频率	控制方式
N8338	缓蚀剂	3000ppm	根据需要	根据补水量投加
N3031	缓蚀剂	400ppm	根据需要	根据补水量投加
N2594	非氧化性杀生剂	100ppm	1 次/2 月	根据保有水量投加
N7320	非氧化性杀生剂	100ppm	1 次/4 月	根据保有水量投加

通常情况下，纯水池不需要加药。当系统补水量大时，为了维持系统药剂浓度稳定，也可以在纯水池执行上述方案。当某系统补水量超过 70% 保有水量时，需向该系统追加投加一次 N2594；N7320 在系统 pH 值高于 10.0 时投加，用于控制细菌和调节 pH 值。

13.2.3.2 冷却水系统配置

高炉冷却水系统目前在高炉上使用的主要为两种形式，即工业水系统和软水（包括纯水）密闭循环系统。近年来，较多应用的是高炉软水密闭循环冷却系统，该系统与工业水冷却系统相比，具有如下几个方面的优点：

（1）软水的水质大大优于工业水，不产生水垢，无污染，可明显改善冷却设备的冷却效果，延长高炉寿命。

（2）软水在循环过程中完全密闭，可以提高系统压力来提高水的潜热度，适用于热负荷冲击大且热负荷波动范围广的高炉，由于水质非常稳定，水量损失也小，一般补充水量小于总水量的 1%。

（3）强制循环泵的扬程仅用于克服管路及沿程各设备的阻损。其回水的余压和静压可全部加以利用，因此所需水泵扬程小，功率低，整个系统能耗少，运行费用低。

（4）软水密闭循环设有多处温度、流量、压力检测，自动化程度高，监测手段完善，管理方便，供水安全可靠。

宝钢高炉冷却水系统总体水量偏低，冷却强度不足，对高炉冷却器保护和耐火材料保护不利，影响高炉整体寿命。随着高炉大修改造，对冷却水系统不断优化和完善，为高炉长寿奠定良好基础。宝钢在冷却水系统方面主要优化改进：

（1）根据高炉热负荷分布和炉体冷却结构优化强度合理的冷却水量、水温差和水流速等工艺参数；

（2）根据高炉不同区域冷却器的工作特性，分系统强化冷却，单独设置冷却回路；

（3）根据高炉不同部位的热负荷状况，在高炉高度上进行分段冷却；将炉缸和炉身上部设置一单独冷却水系统，将炉腹、炉腰和炉身下部设置一冷却水系统；

（4）改进冷却水系统流程，优化管路布置，遵循“步步高”原则，提高系统脱气排气功能；

（5）采用圆周分区冷却方式，将高炉圆周方向分四个冷却区域管理，便于操作监控以及操作维护管理。

宝钢各冷却水系统根据冷却形式不同略有差异，但总体形式基本相差不大，以宝钢1号高炉为例，介绍水系统配置。

A 高炉纯水密闭循环系统

炉底、热风阀、炉体冷却壁采用纯水冷却，炉体冷却壁冷却分两个系统，即纯水Ⅰ系统和纯水Ⅱ系统。炉底和热风阀由单独纯水系统Ⅲ供水。如图13-29所示。

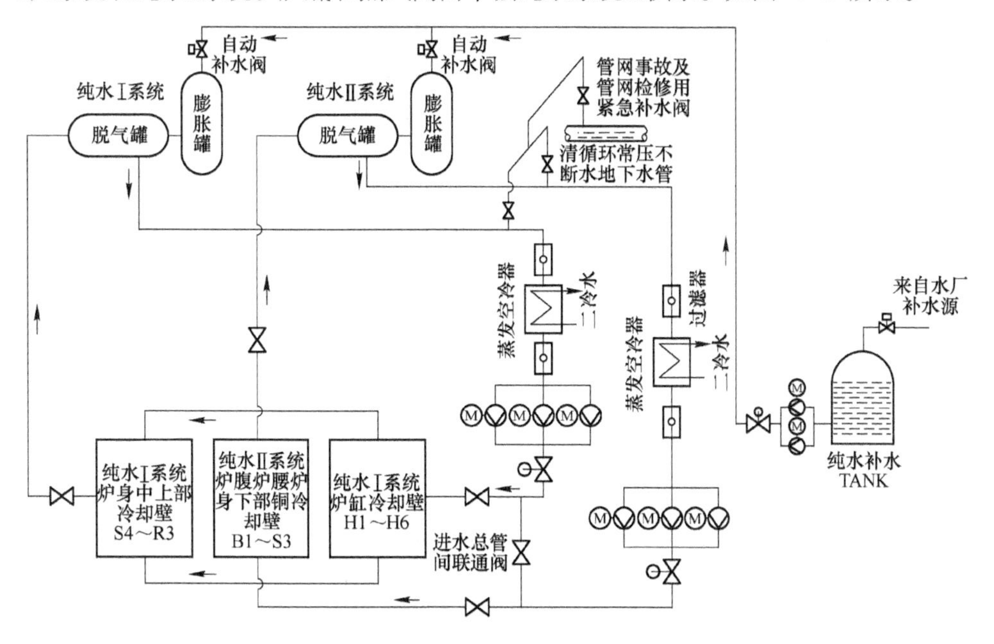

图13-29 宝钢1号高炉纯水系统简易流程图

（1）炉底、热风阀纯水冷却系统向炉底水冷管、热风阀供水，供水总量为1200m³/h。炉底水冷管供水量为540m³/h，分三组向炉底水冷管均匀供水；炉底水冷管设水头18个，每个水头水量为30m³/h，水冷管内水速1.74m/s。炉底采用ϕ89mm×5.5mm的不锈钢管作为冷却设备（见图13-30），钢管间距为300mm，共计54根。纯水冷却完炉底水冷管和热风阀后，经排水总管返回纯水泵站。

图 13-30 炉底冷却设备

（2）纯水Ⅰ系统冷却炉底、炉缸冷却壁和炉身中上部冷却壁，水量为 $4320m^3/h$。该冷却系统首先冷却炉底、炉缸冷却壁，经支管排出后汇集到8个集管内，再通过支管分配到炉身中上部冷却壁对其冷却，冷却壁内水速为2.03m/s。纯水闭路循环Ⅰ系统如图13-31所示。

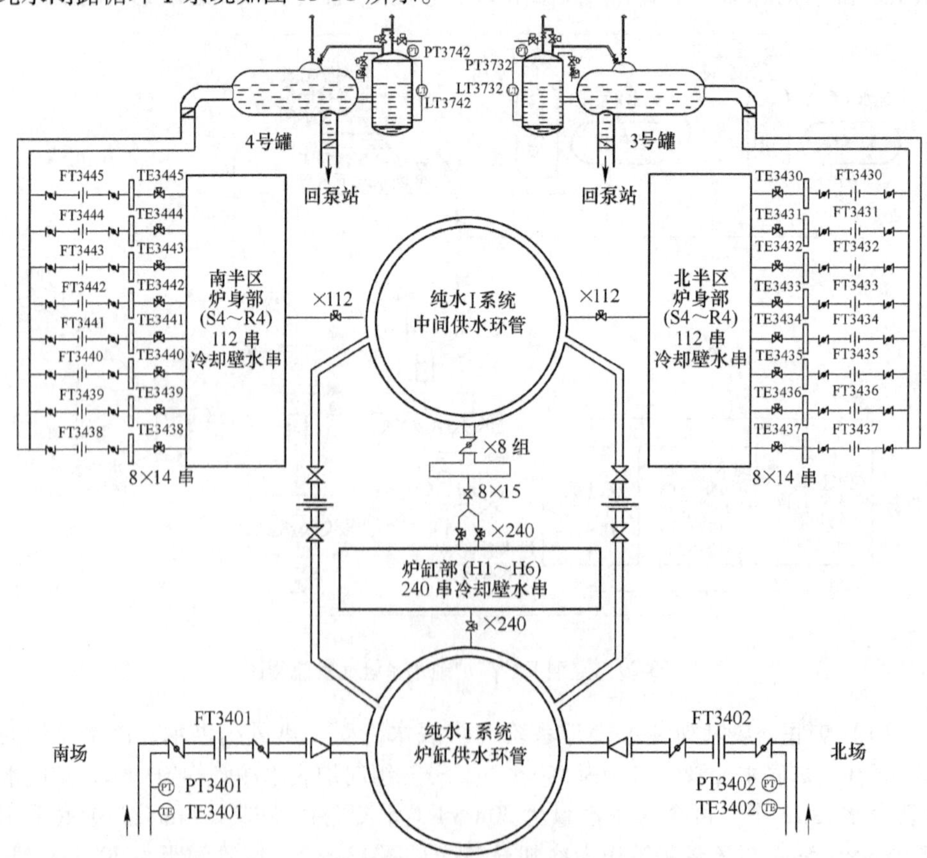

图 13-31 纯水闭路循环Ⅰ系统

（3）纯水Ⅱ系统仅冷却炉腹到炉身下部的铜冷却壁，水量为5084m^3/h，冷却壁内水速为2.31m/s。纯水闭路循环Ⅱ系统如图13-32所示。

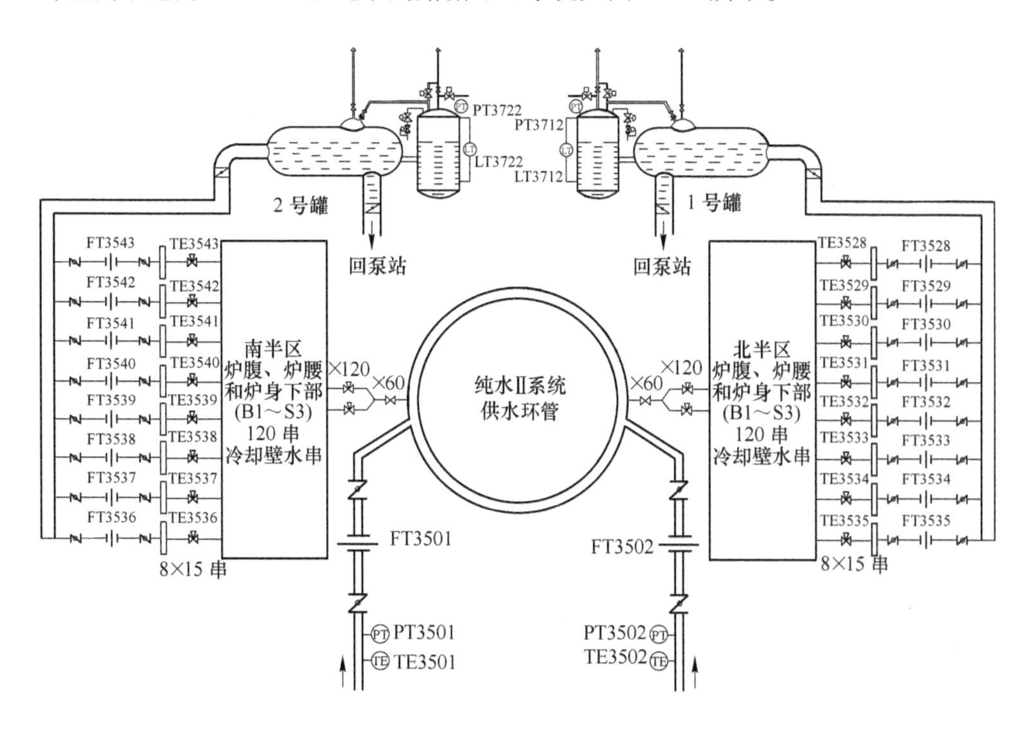

图13-32 纯水闭路循环Ⅱ系统

高炉本体冷却系统主要设备采用纯水冷却。炉体纯水系统分为纯水Ⅰ系统和纯水Ⅱ系统；热风阀冷却水系统为纯水Ⅲ系。纯水各系统用水要求见表13-11。

表13-11 密闭纯水循环系统供水量

序号	项 目	使用部位	水量/$m^3 \cdot h^{-1}$	水压/MPa	水温升/℃	供水温度/℃	安全水水量/$m^3 \cdot h^{-1}$	安全水水压/MPa
1	纯水Ⅰ系统	炉缸冷却壁、炉身冷却壁	4320	0.50	约5.5	40	2160	0.10
2	纯水Ⅱ系统	炉腹以上冷却壁	5084	0.50	约6.1	40	2542	0.10
3	纯水Ⅲ系统	炉底水冷管、热风炉放散阀	1200	0.40	约4	40	270	0.10
小 计			10604				4972	

B 高炉清循环工业水系统

宝钢高炉清循环工业水系统由高压水系统和中压水系统组成，如图13-33所示。

高炉高压工业水系统：高压工业水向风口小套前端、十字测温装置及炉顶洒水装置供水，水量为2004m^3/h，水压为1.8MPa。在进入风口小套、十字测温装

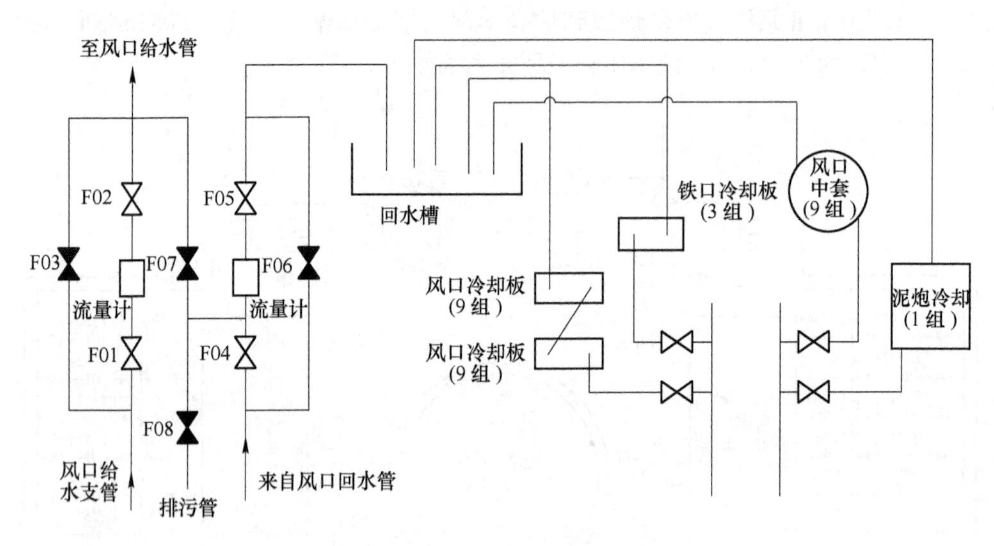

图 13-33 高炉清循环工业水系统

置以及炉顶洒水喷枪之前分别设置了供水环管，以达到均匀供水的目的。在风口小套的管道上设电磁流量计，检测风口漏损。冷却水通过排水支管，排入设在风口平台上的排水斗内。高压工业水系统的水头、水量分配见表 13-12。

表 13-12 高压工业水的水头、水量分配

序号	项 目	块数/段	水头数量	水速/m·s⁻¹	水头水量/t·h⁻¹	总水量/m³·h⁻¹
1	风口小套	40	40	13.75	40	1600
2	炉顶洒水	12	12	1.62	25	300
3	十字测温	4	4	3.07	25	100
4	红外下料面仪	2	2	2.59	2	4
合 计						2004

高炉中压工业水系统：中压水系统向炉腹冷却板、风口中套、送风支管头部、煤气取样机供水，水量为 $2038m^3/h$，水压为 0.65MPa。冷却水通过排水支管排入设在风口平台上的 4 个排水斗内，然后汇总进入排水总管。中压工业水的水头、水量分配见表 13-13。

表 13-13 中压工业水的水头、水量分配

序号	项 目	块数/段	水头数量	水速/m·s⁻¹	水头水量/t·h⁻¹	总水量/m³·h⁻¹
1	送风支管头部	40	40	1.5	4	160
2	风口中套	40	40	4.2	30	1200
3	炉腹冷却板	54	54	2.3	12	648
4	煤气取样机	1	1	1.66	30	30
合 计						2038

为防止工业水结垢而影响冷却设备传热效率，在高压和普压清循环水系统的管路上设置24台强磁水处理器。

高炉纯水系统、高压工业水系统、普压工业水系统的安全供水，分别由各系统设置的事故柴油泵提供，柴油泵启动前的不断水由安全水塔提供。

13.3 耐火材料

宝钢自1985年9月1号高炉点火投产以来，从一座高炉发展到现在的四座高炉，均为特大型高炉。这四个高炉所用耐火材料都代表了当时国内外先进的耐火材料制造和使用水平。

高炉耐火材料主要包括高炉炉体内衬耐火材料、出铁场耐火材料、维护性耐火材料等。

高炉本体内衬耐火材料按高炉的部位分成炉底、炉缸、炉身等部位，各部位使用的耐火材料种类不同，宝钢已退役5座高炉的本体耐火材料配置见表13-14。宝钢当前4座高炉的本体耐火材料配置见表13-15。

表13-14 宝钢历史高炉本体耐火材料配置

部位	1号高炉（第一代）	2号高炉（第一代）	3号高炉（第一代）	1号高炉（第二代）	4号高炉（第一代）
炉底	石墨碳化硅砖 普通炭砖	高导炭砖 普通炭砖 微孔炭砖	石墨砖 D级普通炭砖	高导炭砖 普通炭砖 微孔炭砖 陶瓷杯底	石墨砖 D级普通炭砖 两层陶瓷垫
炉缸	普通炭砖	微孔炭砖 普通炭砖	小块炭砖	超微孔炭砖 普通炭砖 陶瓷杯壁	小块炭砖
铁口区	硅线石砖	Al_2O_3-SiC-C砖	小块炭砖	大块超微孔炭砖	小块炭砖
风口区	硅线石砖	自结合SiC砖	D级炭砖	刚玉质浇注砖	硅线石砖
炉腹	刚玉砖	刚玉砖	冷却壁镶砖	赛隆刚玉砖	石墨砖
炉腰	刚玉砖	刚玉砖	冷却壁镶砖	赛隆SiC砖	石墨砖+赛隆SiC砖
炉身下部	刚玉砖	刚玉砖	冷却壁镶砖	赛隆SiC砖	石墨砖+赛隆SiC砖
炉身中部	刚玉砖 黏土砖	刚玉砖 黏土砖	冷却壁镶砖	Si_3N_4-SiC砖	赛隆SiC砖
炉身上部	致密黏土砖	致密黏土砖	冷却壁镶砖	冷却壁镶硅线石砖	冷却壁镶砖
炉缸冷却系统	炉皮洒水	炉皮洒水	冷却壁	炉皮洒水	冷却壁

表 13-15　当前四座高炉本体耐火材料配置

部　位	1 号高炉（第三代）	2 号高炉（第二代）	3 号高炉（第二代）	4 号高炉（第二代）
炉　底	石墨砖 普通炭砖 微孔炭砖 陶瓷垫	石墨砖 普通炭砖 陶瓷垫	石墨砖 普通炭砖 陶瓷垫	石墨砖 普通炭砖 陶瓷垫
炉　缸	热压小块炭砖	热压小块炭砖	超微孔炭砖 普通炭砖	超微孔炭砖 普通炭砖
铁口区	热压小块炭砖	热压小块炭砖	超微孔炭砖	超微孔炭砖
风口区	碳化硅砖	碳化硅砖	碳化硅砖	碳化硅砖
炉　腹	3 段冷却板：石墨砖 冷却壁镶砖 + 石墨砖	石墨砖	3 段冷却板：石墨砖 冷却壁镶砖 + 石墨砖	石墨砖
炉　腰	冷却壁镶砖	石墨砖 + 赛隆 SiC 砖	冷却壁镶砖	石墨砖 + 赛隆 SiC 砖
炉身下部	冷却壁镶砖	石墨砖 + 赛隆 SiC 砖	冷却壁镶砖	石墨砖 + 赛隆 SiC 砖
炉身中部	冷却壁镶砖	赛隆 SiC 砖	冷却壁镶砖	赛隆砖
炉身上部	冷却壁镶砖	冷却壁镶砖	冷却壁镶砖	冷却壁镶砖
炉缸冷却系统	冷却壁	冷却壁	冷却壁	冷却壁

出铁场耐火材料主要包括出铁沟耐火材料与炮泥，出铁沟耐火材料按部位可分为主沟、铁沟、渣沟、摆动流嘴等；按材料类型分为浇注料、捣打料、自流浇注料、喷涂料等。

维护性耐火材料主要是对高炉炉体内衬材料进行长寿维护所用的耐火材料，包括灌浆料、硬质压入料、喷涂料等。

13.3.1　炉缸耐火材料

高炉炉缸是长期储存高温、高压铁水的庞大容器，随着高炉的强化、喷煤量的增加，炉底、炉缸工作条件恶化，加速了耐火材料的破坏。炉缸耐火材料的材质、结构是否安全、可靠，对于操作稳定是一个不可缺少的条件。为了尽可能避免损坏，除了在高炉炉型的设计要维持一定的死铁层深度，以减少铁水环流侵蚀外，长寿高炉对炉缸耐火材料必须有严格的要求，其主要的质量指标应是高的导热性、好的耐铁水环流冲刷性和低的铁水渗透性，以及耐碱的侵蚀性。

铁水渗透侵蚀、铁水环流冲刷、炉衬温度分布不均造成的应力环裂，以及800℃左右温度区域的炭砖脆化、炉缸下部“象脚”侵蚀等是炉底、炉缸的主要破坏机制。应特别关注炭砖的热导率（导热系数），因为热导率的提高可以大大缓解上述破坏因素。

现代高炉采用综合碳质炉底和水冷却炉底系统，炉底寿命得到很大提高，炉缸侧壁，特别是出铁口附近区域的寿命成为高炉长寿的关键。

炉底、炉缸部位经常使用的耐火材料主要有大块炭砖、热压小块炭砖、碳复合 SiC 砖、石墨化炭砖等，其中大块炭砖又包括普通炭砖、高导炭砖、微孔炭砖、超微孔炭砖等，小块炭砖也有几种不同的材质可供选择。

1 号高炉第一代耐火材料全部从日本引进，炉缸部位采用的石墨碳化硅砖和普通炭砖，当时炭砖的导热系数只能达到10W/(m·K)左右，代表了当时的先进水平；2 号高炉（第一代）与 1 号高炉（第一代）炉缸耐火材料基本相似，在侧壁重点部位第一次使用微孔炭砖；到 3 号高炉（第一代）时，首次在炉缸部位采用了热压小块炭砖，3 号高炉（第一代）于 2013 年停炉大修，一代炉役炉龄达 19 年，是宝钢目前为止最长寿的高炉。

1996 年 1 号高炉进行大修，第二代炉役炉使用大块炭砖结合陶瓷杯结构，在铁口及象脚区域使用了超微孔炭砖。

2005 年 4 月宝钢 4 号高炉第一代基建、2006 年 12 月的 2 号高炉第一代炉役大修以及 2008 年 9 月 1 号高炉第二代炉役大修，炉缸部位都采用了小块炭砖，至 2013 年 9 月 3 号高炉第一代炉役停炉大修，当时四座高炉全部使用了小块炭砖炉缸结构。

炉缸部位的耐火材料以前一直从国外进口，自 2013 年 3 号高炉大修起，炉底石墨砖以及石墨砖上面的一层炭砖开始使用国产产品。

就炭砖本身性能而言，影响其使用寿命的主要因素有以下几种：

（1）高温。

（2）热应力。

（3）碱金属侵蚀。

（4）铁水渗透。

（5）氧化侵蚀。

（6）CO 分解中碳沉积。

（7）流动不饱和铁水对炭砖侵蚀。

针对上述影响炭砖使用寿命的主要因素，需要不同类型的炭砖和石墨砖来满足不同区域的要求。如普通炭砖、微孔炭砖、超微孔炭砖、石墨砖、高导热性炭砖等。

13.3.1.1 普通炭砖

普通炭砖是以热处理无烟煤或焦炭、石墨为主要原料，以焦油沥青或酚醛树脂为结合剂制成的耐火制品。当前的普通炭砖已经不同于 20 世纪 60 ~ 70 年代的无烟煤基的普通炭砖，现今的普通炭砖实际上相当于半石墨质炭砖，具有力学性能好、导热系数高、抗碱金属侵蚀性能好、抗 CO 侵蚀性能好等优点，可以用在炉底与炉缸侧壁，但是，由于它们的抗铁水侵蚀渗透性能和抗铁水侵蚀性能远不及微孔炭砖及超微孔炭砖，因此，对于大型长寿高炉，一般只能将它们应用在炉底微孔炭砖下面和炉缸上部靠风口区的有限几层。

炭砖的性质依赖于碳素的形式，其关系如下：

（1）导热性：石墨 > 无烟煤 > 焦化质。

（2）耐氧化性：石墨 > 无烟煤 > 焦化质。

（3）耐铁水溶解性：无烟煤 > 焦化质 > 石墨。

（4）耐碱金属性：石墨 > 无烟煤 > 焦化质。

（5）热态体积稳定性：石墨 > 无烟煤 > 焦化质。

因此，炉底直接与铁水接触部分最好用耐铁水溶解性好的无烟煤质炭砖；而非与铁水直接接触部位，即强化冷却部最好用石墨质炭砖。

13.3.1.2 高导热性炭砖

2 号高炉第一代炉底最下一层采用国外某公司生产的高导炭砖，牌号 HC-10。该砖完全用人造石墨作原料，其价格仅为 1 号高炉第一代炉底采用的石墨 SiC 砖的 48%，导热系数是它的 1.5 倍，热传导率在室温时不低于 30W/(m·K)，200℃时不低于 27W/(m·K)。几种炭砖和碳化硅砖的热传导率的典型值比较见表 13-16。

表 13-16 几种炭砖和碳化硅砖的热传导率 （W/(m·K)）

温 度	高导炭砖 HC-10	铝碳碳化硅砖	微孔炭砖 BC-7S	普通炭砖 BC-5	碳化硅砖 140℃	小块炭砖 NMA
200℃	31.40	18.14	13.14	14.1	15～20	21.3

13.3.1.3 微孔炭砖与超微孔炭砖

2 号高炉第一代炉底第 5 层和炉缸第 6～13 层采用气孔平均直径为 0.5μm 的微孔炭砖（BC-7S）取代气孔平均直径为 4μm 的普通炭砖（BC-5），提高了抗铁水渗透性和溶解性的能力。

对于炉缸、炉底铁水、锌和碱的渗透，最重要的是选择气孔细微的耐火砖。由于通常所用炭砖的气孔孔径较大，铁水渗透甚为严重。微孔炭砖气孔的平均直径由原来一般炭砖的 4～5μm 降到 0.5μm，降到 0.05μm 即称超微孔炭砖，其机械强度、抗铁水性能、高温性能随之提高。普通炭砖与微孔炭砖的特殊性能比较见表 13-17。

表 13-17 普通炭砖及微孔炭砖特殊性能比较

砖 种	牌 号	铁水溶解性		铁水渗透性/%	各直径的气孔含量/%			平均气孔直径/μm
		指数	%		<10μm	1～10μm	<1μm	
普通炭砖	BC-5		30	75	5	8	5	4
微孔炭砖	BC-7S	30	9	8	2	2	14	0.5

13.3.1.4 炉底石墨砖

高炉炉底石墨砖的主要原料有石油焦、沥青焦和煤沥青等。高炉用石墨砖除具有高炉炭砖的一般特性外，还具有非常高的热导率，常温导热系数一般在100W/(m·K)以上，而且铁含量极低。

13.3.1.5 热压小块炭砖

3号高炉第一代在炉缸侧壁部位使用了进口的热压小块炭砖来取代大块炭砖，其最大尺寸为460mm×230mm×150mm，砌筑砖缝2mm，一改过去在炉底、炉缸部位采用大块砖((2264～1088)mm×600mm×500mm)、小砖缝（0.5mm）的传统做法。

热压小块炭砖的优点是具有高的热传导性，可以降低炉缸壁的热梯度，以调节砌体的热膨胀；它能提供缸壁的径向热膨胀，并能调节缸壁厚度上的差热膨胀。同时，由于小块炭砖与炉壳之间没有捣固层，加速了热传递，使炉缸内侧热面温度降到800℃以下，碱金属、铁、渣凝固而生成保护性“结壳”，阻止了碱金属、铁、渣对表面的侵蚀，从而减轻了炉衬的蚀损。

13.3.1.6 铁口与风口部位耐火材料

4号高炉第一代，铁口区域采用与炉缸耐火材料同一材质的热压小块炭砖，铁口孔道采用现场钻孔的形式。小块炭砖铁口孔道采用现场钻孔的形式是第一次在宝钢采用，实践证明小块炭砖现场钻孔不合适。风口部位采用硅线石组合砖，该砖是机压成型，单砖的尺寸不大，因此，砖型较多，砖缝也较多。

2号高炉第二代，铁口区域采用与炉缸耐火材料同一材质的热压小块炭砖，铁口孔道与4号高炉一样采用现场钻孔的形式。风口部位采用自结合碳化硅砖组合砖，该砖是浇注成型，砖型可以做得较大，因此，砖的数量减少，砖缝相应减少，减少了窜煤气的通道。在此以后，风口部位均采用了大块的自结合碳化硅砖组合砖。当前4座高炉风口与铁口的耐火材料配置见表13-18。

表13-18 当前4座高炉风口与铁口耐火材料配置

炉 号	投产日期	铁口区域	风口区域
2号高炉第二代	2006-12-07	小块炭砖；现场钻孔	自结合碳化硅砖
1号高炉第三代	2009-02-15	小块炭砖；孔道现场砌筑	自结合碳化硅砖
3号高炉第二代	2013-11-16	超微孔炭砖，预砌筑	自结合碳化硅砖
4号高炉第二代	2014-11-12	超微孔炭砖，预砌筑	自结合碳化硅砖

13.3.1.7 陶瓷垫

自4号高炉第一代基建开始，在各高炉的基建或大修中，均使用国产陶瓷垫，其性能指标见表13-19。

陶瓷垫一般使用两层，下面一层使用刚玉砖，上一层的外环部位也使用刚玉砖，中心部位使用性能相对略低一点的莫来石砖，以期形成锅底型侵蚀，减少对侧壁的侵蚀。

表 13-19 炉底陶瓷垫性能指标

项目		单位	刚玉砖		莫来石砖
			ZGS-2	ZGS-3	ZYM-1
化学成分	Al_2O_3	%	≥75	≥70	≥70
	SiC	%	≤11	≤11	
	Fe_2O_3	%	≤1	≤1	≤1
荷软开始温度	0.2MPa	℃	≥1680	≥1660	≥1480
显气孔率		%	≤15	≤16	≤20
体积密度		g/cm^3	≥3.0	≥2.9	≥2.5
常温耐压强度		MPa	≥100	≥80	≥60
重烧线变化	1500℃×2h	%	0~+0.1	0~+0.1	0~+0.2
抗渣侵蚀性			优	优	优
抗铁水侵蚀性		%	≤1	≤1	
耐碱性（强度下降）		%	≤15	≤15	
热膨胀系数	20~1000℃	$℃^{-1}$	$\leqslant 6.5\times10^{-6}$	$\leqslant 6.5\times10^{-6}$	
导热系数	1000℃	W/(m·K)	≤6	≤6	

13.3.2 炉体耐火材料

风口区和炉腹是高炉内温度最高的区域。风口前产生的高温煤气以很高的速度上升，其温度在1600℃以上；1450~1550℃左右的高温铁水和炉渣经炉腹流向炉缸；各种冶金反应在这个区域剧烈地进行。这个区域要求耐火材料：耐高温；耐炉渣的侵蚀；抗碱性好；抗煤气和铁水、炉渣的冲刷；热震稳定性好；抗 CO_2 和 H_2O 的氧化。用于这个部位的耐火材料有：刚玉砖、铝炭砖、热压半石墨炭砖、石墨砖、SiC 砖、Si_3N_4 结合 SiC 砖、赛隆结合 SiC 砖、赛隆结合刚玉砖。现在 SiC 系列的砖体现出了较高的使用寿命。使用时这个部位的耐火材料要依靠冷却作用产生渣皮来维持生产。

炉腰和炉身下部是高炉软熔带所在位置，这里温度高，但形不成渣皮或形不成稳定的渣皮实现“自我保护”。耐火材料经受剧烈的温度波动，初成渣的侵蚀，碱金属、锌的侵蚀，高温煤气流的冲刷，下降炉料的磨损，CO_2、H_2O 的氧化和 CO 的侵蚀等。这个区域要求耐火材料：热震稳定性好，耐高温；抗碱性好，抗炉渣侵蚀能力强；抗氧化、耐磨、导热性好。这个部位用过的耐火砖有：高铝砖、刚玉砖、铝炭砖、SiC 砖、Si_3N_4 结合 SiC 砖、赛隆结合 SiC 砖、热压石墨炭砖、半石墨碳－碳化硅砖、赛隆结合刚玉砖等。迄今为止，国内外都还没有找到一种完全能满足这个部位工作条件的耐火材料。目前这个部位之所以能持续工作十年以上，主要是靠控制边缘气流和冷却。相对来说，铝炭砖、SiC 砖、Si_3N_4 结合 SiC 砖、赛隆结合 SiC 砖、赛隆结合刚玉砖等比较能够全面适应，有较好的使用效果，越来越受到欢迎。

炉身中部的温度较炉身下部低，一般选择高铝砖、刚玉砖和碳化硅砖。炉身上部温度较低，耐火材料主要受炉料的磨损和冲击，上升煤气流的冲刷及碱金属、锌和碳沉积的侵蚀。要求耐火材料耐磨；抗碱性能好；较好的热震稳定性。用过的耐火材料有黏土砖、高铝砖、硅线石砖、刚玉砖，国外也有用 SiC 砖和浇注料的。大型高炉炉身上部一般采用冷却壁镶砖来代替砌筑耐火砖。

13.3.2.1 赛隆结合刚玉砖

在 1 号高炉第二代的炉腹部位采用了国外某公司赛隆结合刚玉砖，该砖是赛隆结合的棕刚玉砖，分子式为 $Si_3Al_3O_3N_5$。赛隆与刚玉结合，材料具有比赛隆结合碳化硅砖更好的抗碱性和抗氧化性及抗热震性，另外导热系数低，更适合用于高炉炉腹、炉腰部位，减少热量的损失。

13.3.2.2 赛隆结合碳化硅砖

在 1 号高炉第二代的炉腰和炉身下部采用了赛隆结合碳化硅砖，该砖生产工艺是在 Si_3N_4 结合碳化硅砖生产工艺中引入氧化铝粉，形成更稳定的结合相，即 Si-Al-O-N 的固溶体 β-Sialon 相。

宝钢几座炉身采用镶砖冷却壁的高炉，其镶砖采用的是国产赛隆碳化硅或氮化硅结合碳化硅砖，在镶砖的前面再喷涂一层耐火材料作为保护。

就高炉用耐火材料而言，对不同结合相的碳化硅材料而言，一般认为碳化硅的结合相选择顺序为：赛隆结合、Si_3N_4 结合、β-SiC 结合。以上三种结合的碳化硅砖分别在宝钢几座高炉上进行了正常应用。

13.3.2.3 炉体石墨砖

冷却板式的高炉在炉身的冷却板间砌筑石墨砖和赛隆碳化硅砖，由于铜冷却板具有高的导热性能，冷却强度很高，砖衬使用高导热的石墨砖或赛隆碳化硅砖形成具有高冷却强度的炉衬。宝钢 4 号高炉第一代、2 号高炉第二代均在炉腹、炉腰部位使用了石墨砖，在炉身部位使用了赛隆碳化硅砖。

强化冷却可以使炉衬表面迅速形成凝固层，即使凝固层脱落，也会很快地重新形成，因此，可以起到保护炉衬的作用。同时，由于冷却强度较高，炉衬温度处于较低的水平，可以减缓碱金属的侵蚀。炉腹以上耐火材料的理化指标见表 13-20。

炉腹至炉身下部为冷却壁时，为更好地发挥冷却壁冷却强度大的优点，其耐火材料采用石墨砖与赛隆碳化硅砖相配合，满足挂渣要求。一般地，铜冷却壁镶砖采用石墨加碳化硅砖，铸铁冷却壁镶砖采用氮化硅结合碳化硅砖。

表 13-20 炉腹以上耐火材料的理化指标

项 目		单 位	石 墨 砖	赛隆碳化硅砖
体积密度		g/cm³	≥1.55	≥2.65
显气孔率		%	≤25	≤16
常温耐压强度		MPa	≥21	≥170
常温抗折强度		MPa	≥7	≥45
热态抗折强度 1400℃		MPa	≥7	≥48
热震稳定性		次		≥25
重烧线变化（1500℃ ×3h）		%	±0.2	0
线胀系数（20～1000℃）		$℃^{-1}$	0.4×10^{-6}	5.1×10^{-6}
导热系数	20℃	W/(m·K)	100	
	1200℃	W/(m·K)		16

13.3.3 炮泥

13.3.3.1 炮泥的一般要求

随着高炉大型化、高冶炼强度、高风压、大渣铁量的排出，对堵铁口的炮泥质量要求越来越高。总体讲，高炉不出铁渣熔液时，炮泥填充在铁口内，使铁口维持足够的深度；高炉出铁时，铁口内的炮泥中心被钻出孔道，铁渣熔液通过孔道排出炉外，这要求炮泥维持铁口孔径稳定，出铁均匀，最终出净炉内的铁渣熔液。每天高炉的出铁口都要反复多次被打开和充填，炽热的铁水和熔渣对炮泥产生物理的和化学的作用，使炮泥损毁。如果炮泥质量差，使用时就会产生一系列问题，如潮铁口、断铁口、浅铁口等，铁口工作恶化，降低铁口合格率，影响高炉的正常生产，甚至造成人身安全事故。因此，要求炮泥应有如下性能：

（1）较高的耐火度，能承受高温铁渣熔液的作用。

（2）较强的抵抗铁渣熔液的冲刷能力。

（3）适度的可塑性，便于泥炮操作和形成铁口泥包。

（4）良好的体积稳定性，在高温下体积变化小，不会由于收缩渗漏铁水。

（5）能够迅速烧结并有烧结强度。

（6）开口性能良好，开口机钻头容易钻孔。

（7）堵口性能良好，泥炮能顺利地将炮泥打入铁口孔道内。

在炉缸内，质量稳定的炮泥会形成一个泥包，起到保护炉缸的作用。当炮泥质量不稳定或质量达不到要求时，泥包在较短的时间内会被熔融的渣铁侵蚀，铁口附近的炉缸侧壁炭砖就直接和铁渣接触，会发生不可逆的侵蚀，随着侵蚀程度的加剧，就不得不考虑到整个炉缸的长寿问题，因此，质量稳定的炮泥对炉缸的长寿起到了较大的促进作用。

13.3.3.2 炮泥性能与原料的关系

炉前操作管理与炮泥的性能、炮泥原料的关系如图13-34所示。

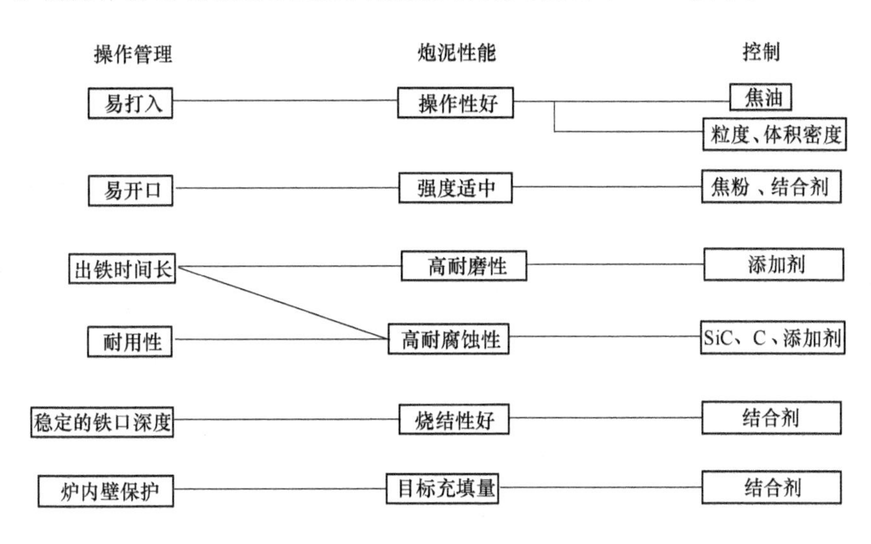

图13-34 炉前操作管理与炮泥的性能、炮泥原料关系图

炮泥常用原料有棕刚玉、碳化硅、氮化硅、高岭土、绢云母、焦粉等，一般用焦油或树脂作结合剂。

13.3.3.3 炮泥管理标准

A 炮泥质量管理标准

由于宝钢炮泥为自产自用，故没有严格的出厂检验，仅仅是碾制时检测一下马夏值合格即可，为了完善炮泥的质量检测，在以下方面做了要求：

（1）原料化学成分。对每批进厂原料，每月进行一次化学成分复检，不定期进行抽检。对于化学成分达不到宝钢采购标准的，作退货或降级处理；对于情节严重的，作退货处理。

（2）原料粒度与水分。每批进厂原料到碾泥房时，需进行粒度与水分检查，严格按照技术规程中的要求进行。对于粒度值达不到采购标准的，作退货或降级处理；对于情节严重的，做退货处理。

（3）成品理化指标。每月进行一次成品理化指标检查，检查内容如下：1）体积密度；2）显气孔率；3）常温耐压强度；4）常温抗折强度；5）重烧线变化。

B 炮泥使用管理标准

每批生产的炮泥，严格按技术规程的要求进行生产，同时，做好产品的使用跟踪工作。

（1）每只炮泥包装箱上需列明以下数据：箱号、生产管理号、马夏值、使用高炉号、生产日期、使用期限。

（2）炮泥使用前困泥时间必须大于24h。

（3）优先使用生产日期靠前的炮泥。

（4）超过使用期限的炮泥不得使用，作回收处理。

（5）做好每次使用的数据记录，包括箱号、管理号、使用日期、使用时间、铁口号等。

（6）对于使用异常信息，及时报技术组，技术组组织对原料及产品进行追溯检查及复查。

参 考 文 献

[1] 张福明，程树森. 现代高炉长寿技术[M]. 北京：冶金工业出版社，2012.

[2] 项钟庸，等. 高炉设计——炼铁工艺设计理论与实践[M]. 北京：冶金工业出版社，2007.

[3] 林成城，等. 宝钢高炉炉型特点及其对操作的影响[J]. 宝钢技术，2009，(2)：49～53.

[4] 林成城. 宝钢3号高炉长寿设计与操作技术[J]. 宝钢技术，2012，(6)：1～6.

[5] Kalevi Raipala. 高炉中死料柱及炉缸现象[J]. 世界钢铁，2001，1(4)：11～16.

14 长寿维护

高炉能否长寿取决于许多因素，其中高炉内衬状况和冷却设备状况是两个非常重要的方面，尤其是在高炉炉役的中、后期，炉体内衬和冷却设备会出现不同程度的损坏，引起侧壁温度高、炉皮发红、炉皮开裂等问题。因此，炉体长寿维护技术是延长高炉寿命的一个重要措施。

国内外的高炉维修技术持续在发展，对高炉内衬维护的内容也不尽相同。一般来说，按维护的具体技术和内容，大致可以分为三类：

（1）停炉大修。高炉停炉，放残铁（或不放残铁），待炉体内衬完全冷却后对内衬耐火材料及冷却设备更新，一般耗时在3个月以上。

（2）短期中修。高炉停炉，不放残铁，待炉体内衬完全冷却后，保留部分内衬或冷却设备，对需要维修的部位进行人工修复（如单独处理炉缸，或者单独处理炉身部位等），修复方式包括砌筑耐火砖或喷涂等，处理时间一般在1个月以内。

（3）日常维修。利用日常定修的机会，与上两类维修方式的最大的差别在于这种维修是在非停炉状态下，对其内衬或冷却设备进行局部的维修或更换。这一类维修，包括更换冷却板、更换冷却壁、安装微型冷却器、炉身喷涂、炉身硬质压入、煤气封罩上升管下降管喷涂、炉缸灌浆、铁口修复等。

前两类维修与基本建设的工序相似，不在本书的讨论范围之内。而日常维修由于实施时不需要停炉，可以在短时间内取得较好的效果，经济性较好，已经成为延长高炉寿命的主导性维修方式。

14.1 高炉内衬及冷却设备的诊断

高炉内衬及冷却设备的诊断技术，包括高炉内衬诊断和冷却设备的诊断两个方面。

高炉内衬诊断，可以通过炉体的检测系统来实现。如安装在炉体内衬的热电偶可以测量出相应部位的温度；安装在冷却壁壁体的电偶可以测量出冷却壁壁体的温度；安装在水系统的热电偶可以测量出冷却系统的水温差；炉皮贴片电偶或手持红外线测温计可以测量出炉皮的温度；通过在炉身部位钻孔可以测量出炉体内衬的实际厚度；炉缸部位的内衬状况可以借助炉缸侵蚀模型来进行判断与分析。

冷却设备的诊断主要是通过对其水质、水量、水速等方面的异常变化来加以判断。

14.1.1 炉体检测系统

为使操作人员能及时了解高炉各部位的运行情况，在炉体系统中设置了大量的检测仪表。热电偶可以测量其对应位置的温度及变化情况，因此在炉体内衬、冷却壁壁体以及水系统内埋设热电偶是一种最常见的检测手段。另外，还有一些专门的检测手段设置在炉体及水系统等部位。

以2号高炉第二代为例，检测仪表设置情况如下所述。

14.1.1.1 炉体检测仪表设置

A 炉底炉缸热电偶设置

高炉基础上设2支热电偶。炉底满铺炭砖上设2层热电偶，每层41支，按8个方位布置，共82支热电偶。炉缸侧壁炭砖温度检测设12层。其中，标高为10.4m、11.4m、12.4m三层在圆周上按24个方位设置，每个方位设2支，而0°、90°、180°、270°方位各增设1支，每层52支热电偶；其余9层在圆周上按16个方位设置，每个方位2支，每层32支；此外，每个铁口再增设4支热电偶，炉缸侧壁炭砖热电偶共计460支。炉底炉缸冷却设备（H-1 ~ H-5）5段共设50支。高炉基础、炉底炉缸耐火材料和冷却设备热电偶总计677支。

B 炉腹以上热电偶设置

炉腹至炉身中部耐火内衬设15层热电偶，每层16支，按8个方位布置。铜冷却板和水冷壁母材温度监测共设104支热电偶。炉喉水冷壁设8支，炉喉水冷壁中部设悬挂式十字测温器4根，热电偶21支。煤气封罩上设置了8支热电偶，并与炉顶洒水装置连锁，用于控制炉顶煤气温度和保护炉顶设备。炉腹以上热电偶总计381支。

C 炉体其他检测设置

炉身压力与差压检测共20个点。送风支管设40个流量检测点。在煤气封罩处设置一套炉内料面红外摄像装置。

高炉控制系统配置中，预留了高炉专家系统的硬件容量，高炉检测设备配置也考虑设置专家系统的需要。

14.1.1.2 水系统检测仪表设置

在炉体水系统中，纯水、高压水、中压水供水总管上均设有热电偶、压力计、流量计，每层供水环管的支管上设有流量计，用于控制每层供水环管的水量分配。为实现炉体热负荷检测，将铜冷却壁和炉身上部铸铁冷却壁的排水支管分成16个区，分别安装流量计和热电偶。此外在冷却壁联络管上设5层共80支热电偶，在每个风口平台排水槽上设移动式热电偶2支。风口小套的供排水支管上设有检漏用流量计共80台，该流量计位于风口平台上的4个电磁流量计室内。

高炉生产过程中冷却水进出水温差的检测十分重要。迄今为止我国高炉操作者仍习惯通过对冷却水进出温差的监测，计算得出炉体热负荷或热流强度，从而指导高炉操作和炉体维护。在冷却水量一定的条件下，水温差直观地反映了冷却器所承受的热负荷状况。在线监测冷却水水温差的重要意义在于，在冷却水量和进水温度相对恒定的情况下，可以根据水温差的变化，及时发现问题，采用有效措施进行处理；此外，高炉圆周方向冷却进出水温差的均匀性也反映出高炉圆周方向温度分布的均匀性，对于高炉操作炉型的管理和炉体维护具有参考意义。

14.1.1.3 炉皮监控与管理

高炉的炉皮在生产中起着承受负荷、强固炉体、密封炉墙等作用，其强度必定随着一代炉龄的延长而日趋劣化。特别是当炉壳内部耐火材料侵蚀剥离和脱落，冷却器破损后，炉墙受侵蚀变薄后，很容易会出现炉皮温度升高和发红的现象，而且同一区域炉皮发红次数过多，就造成钢制炉壳的变形，甚至开裂，严重威胁高炉的长寿。

因此，对炉皮需要日常加强维护与监控。炉皮煤气泄漏对炉皮损害最大，对日常点检发现的泄漏点要及时补焊，消除煤气泄漏，可以有效控制炉皮温度升高和发红。

14.1.1.4 炉体测厚管理

炉体测厚是宝钢高炉炉体监控的重要管理内容，利用大修机会，在清理静压力孔的同时，测量高炉砖衬残存厚度，并记录绘图。同时与同类型高炉相同炉役期对比，了解和掌握高炉炉体侵蚀情况和程度，分析原因，并及时调整相应对策，控制炉体侵蚀。图14-1为宝钢1号高炉第二代炉体砖衬厚度情况。

因为静压力孔测量残厚区域与范围有限，并且可能黏结渣皮，难以准确界定内部砖衬情况，所以还不定期通过拆装冷却板来测量残存砖衬厚度，这种方式对把握炉体侵蚀情况更可靠。

对于冷却板高炉主要调查砖衬残存厚度，而对于冷却壁高炉主要掌握冷却壁体侵蚀情况，通过安装微型冷却器钻孔，可以测得冷却壁残存厚度。

14.1.2 炉缸侵蚀模型

高炉炉缸侵蚀模型，以传热学为理论基础，将炉缸视为稳态传热过程，以炉缸热电偶的温度为依据，按照铁水1150℃凝固线，确定炉缸死铁层内铁水凝固线位置和耐火材料侵蚀线位置，推定确定高炉炉缸区域高炉耐火材料的侵蚀状态，确定炉缸温度场分布，并确定炉缸冷却状态，如图14-2所示。

高炉炉缸侵蚀模型主要包括三个模块：侵蚀状态推定、温度场计算及冷却状

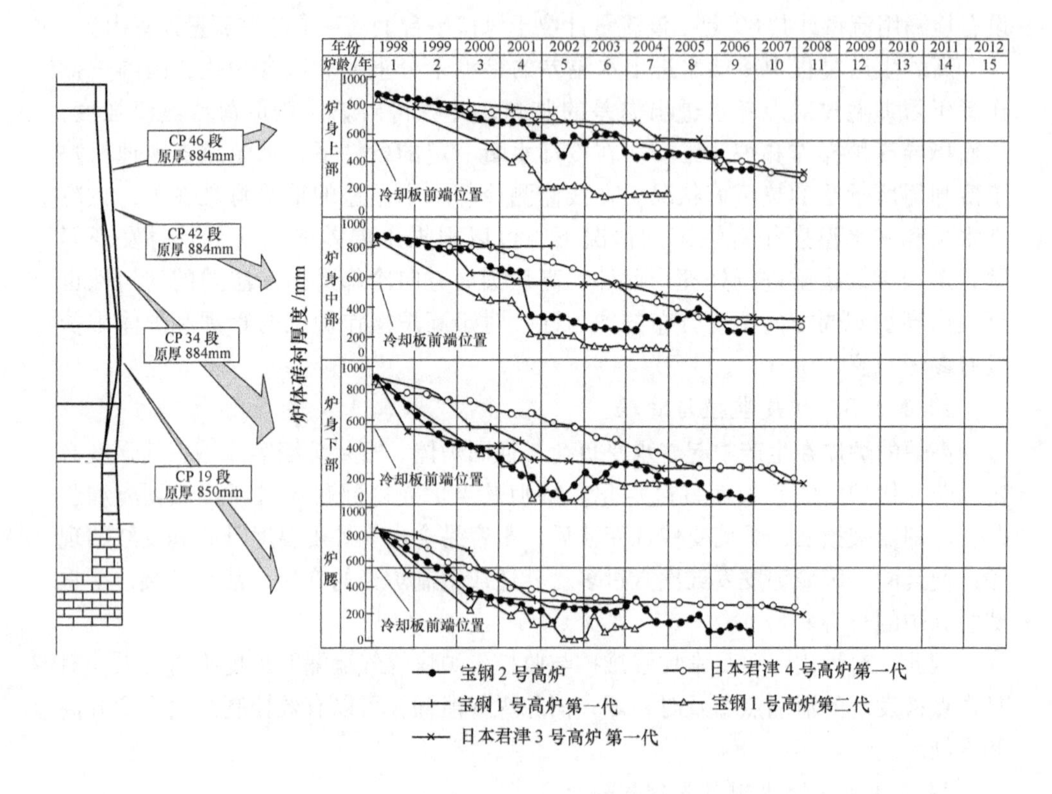

图 14-1　宝钢 1 号高炉第二代炉体砖衬厚度情况

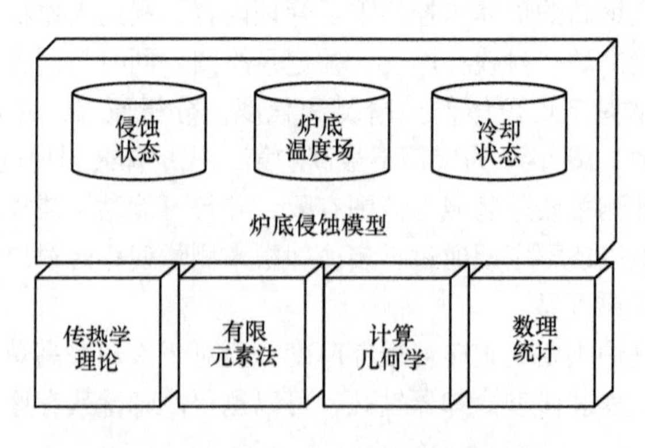

图 14-2　高炉炉缸侵蚀模型功能架构图

态计算。功能模块划分如图 14-3 所示。

14. 1. 2. 1　侵蚀状态推定

将炉缸传热问题简化成一维问题或二维问题，使用两点推算法或有限元素法，定周期推定计算炉缸死铁成凝固线位置、耐火材料侵蚀线位置，并将计算结果保存到数据库系统并展现到 HMI 画面上。

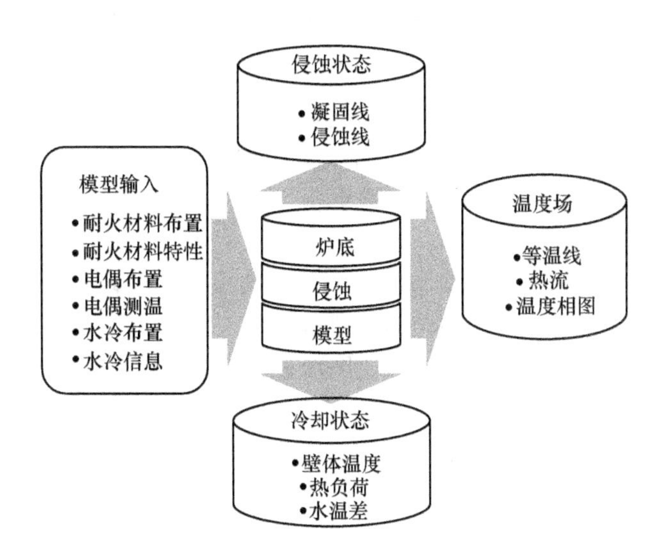

图 14-3　1 号高炉炉缸侵蚀模型功能模块划分

由图 14-4 可知，主画面有四个区，分别是：角度选择区、图形功能区、计算日期、主图形显示区。

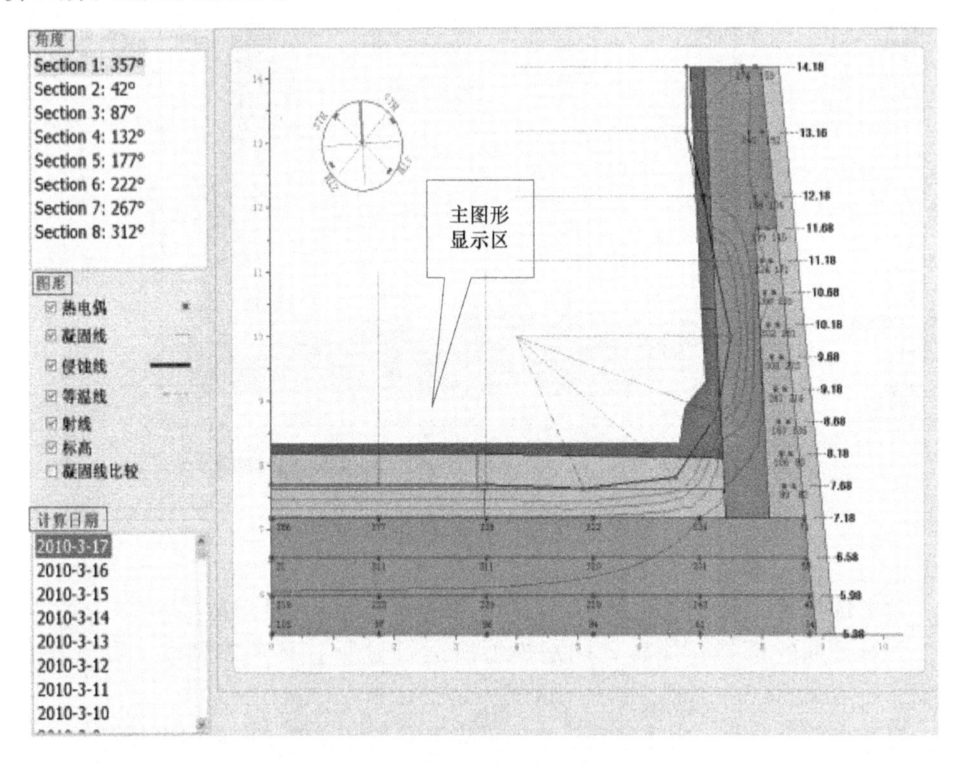

图 14-4　侵蚀模型主画面

角度选择区：表示的是主图形显示区将显示所选的角度信息。

图形功能区：图形显示选择控制，内容包括热电偶、凝固线、侵蚀线、等温线、射线、标高、凝固线比较。默认情况是前六个复选框是全选的。当选择凝固线比较时，系统会自动选择凝固线与标高且其他项是不可选择的。

计算日期的选择：计算日期是模型所运行过所有日期的列表，可以任意选择。

主图形显示区域：显示内容包括指南针、材质、热电偶、凝固线、侵蚀线、等温线、射线、标高。其中，后六项与图形功能区中的前六项是一一对应的，如果选择了图形功能区的复选框，则在主图形显示区中就会有相应的显示。

14.1.2.2 温度场计算

在利用有限元方法推定炉缸凝固线的计算结果基础上，详细计算炉缸区域内各点的温度信息，计算设定温度的等温线形状，同时推算炉缸的传热方向和热流强度，并在画面上显示上述信息。

由图14-5可知，主画面有三个区，分别是：角度选择区、计算日期、主图形显示区。

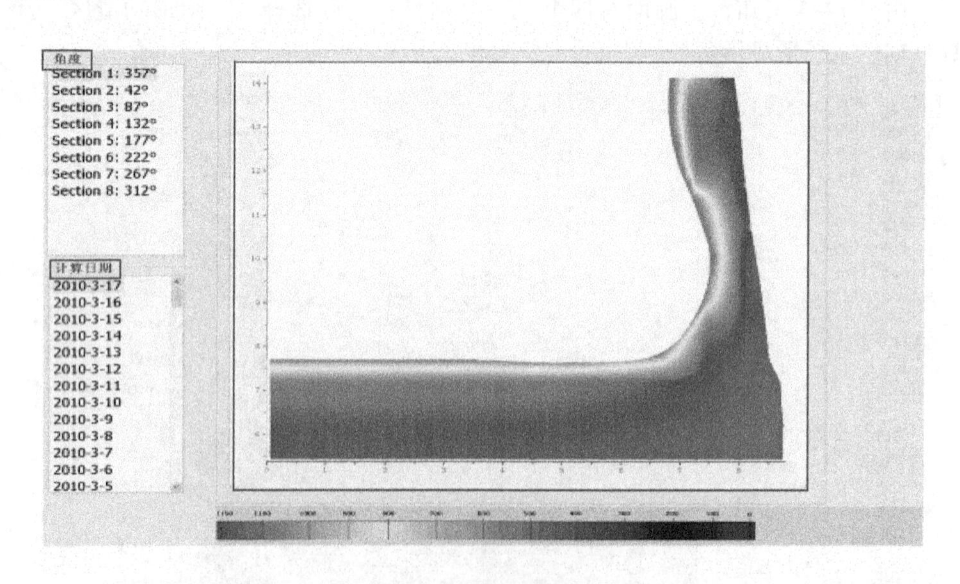

图14-5 温度场画面

角度选择区：表示的是主图形显示区将显示所选的角度信息。

计算日期的选择：计算日期是模型所运行过所有日期的列表，可以任意选择。

温度点信息显示：内容包括横坐标、纵坐标及温度值。点击温度场画面中任意一点便可出现该点的温度信息。

14.1.2.3 冷却状态计算

在利用有限元方法推定炉缸凝固线的计算结果基础上，推算炉体侧壁的壁体温度、热流密度，并计算确定炉缸区域相关的热负荷和冷却水温差信息。

由图14-6可知，主画面有四个区，分别是：角度选择区、图形功能区、计算日期、主图形显示区。

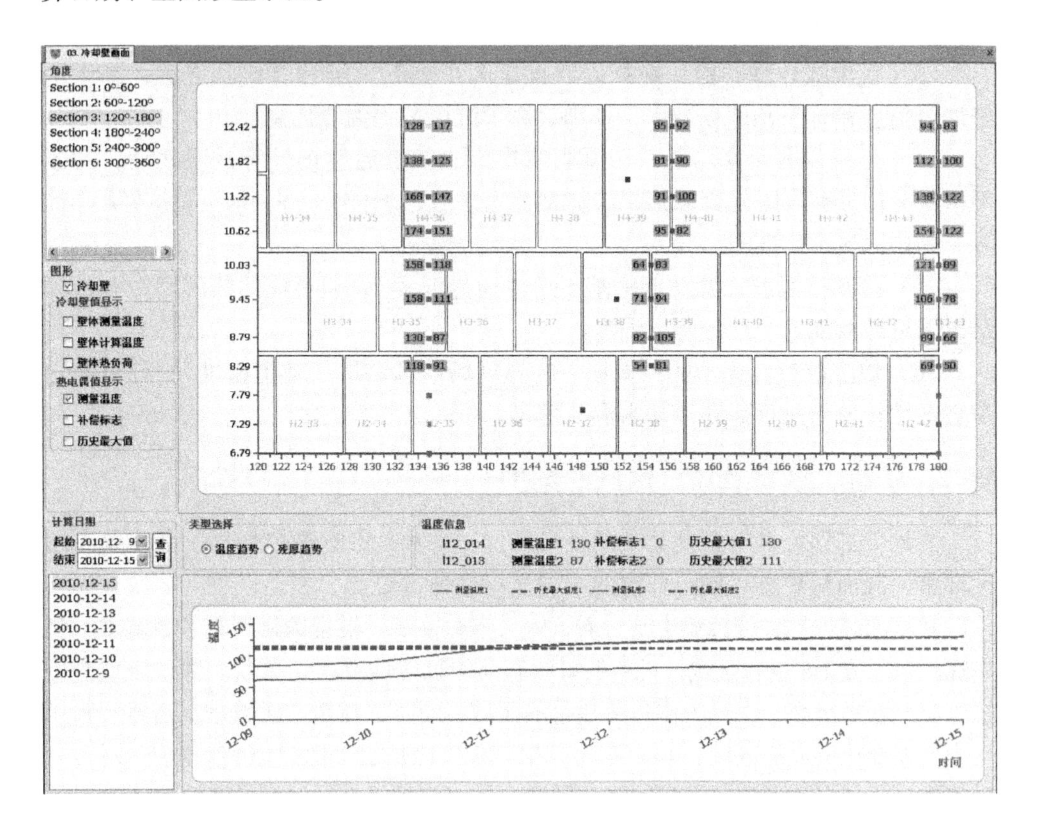

图14-6 冷却壁画面

角度选择区：表示的是主图形显示区将显示所选的角度信息。

图形功能区：内容包括冷却壁、冷却壁值显示及热电偶值显示。系统默认情况是选择了冷却壁及热电偶显示功能模块中的初始温度。

计算日期区：计算日期是模型所运行过所有日期的列表，可以任意选择，以显示对应计算日期的相关结果信息。

主图形显示区域：主图形显示区是由上下两个分图区域组成。上图区域显示的内容是冷却壁具体的相关信息，如热电偶测量温度、历史最大温度及壁体温度、壁体热负荷等。具体显示信息的内容全由左边角度区、图形区及计算日期区的选择决定的。下图区域显示的是上图某个热电偶的具体信息。

高炉炉缸侵蚀模型，主要有以下功能：

（1）凝固线推定功能：Timer 定周期启动，计算炉缸死铁层凝固线、侵蚀线等相关信息，并将结果保存的数据库系统并展现到 HMI 画面。

（2）炉缸温度场云图计算功能：在凝固线推定和炉缸温度场计算成功之后，基于网格划分信息和有限元计算结果，详细计算炉缸区域内各点的温度信息，为温度场画面显示提供数据。

（3）等温线计算功能：在凝固线推定和炉缸温度场计算成功之后，基于网格划分信息和有限元计算结果，详细计算炉缸区域等温线信息。

（4）热流强度计算功能：在凝固线推定和炉缸温度场计算成功之后，基于网格划分信息和有限元计算结果，详细计算炉缸区域传热方向和热流密度大小计算，为画面显示作准备。

（5）冷却壁温度计算功能：基于炉体边界温度 T_C 和对应的热流密度 q 计算结果，可计算确定炉缸冷却壁温度。

（6）炉缸散热计算功能：根据炉缸温度场计算结果（热流密度），计算确定炉缸区域相关的热负荷和冷却水温差信息。

14.2 炉缸、铁口及风口区域的维护

高炉炉缸部位，特别是其中的铁口部位，一直是影响高炉长寿一个重要限制性环节，因而对炉缸、铁口部位的维护显得格外重要。

从目前高炉炉缸侵蚀调查结果看，绝大多数高炉炉缸侵蚀最严重区域基本上集中在铁口下方 1m 左右区域，说明铁口状态与炉缸侵蚀有密切关联。铁口区域是炉缸工况最恶劣区域，也是工作负荷最重的区域，同时，在铁口区域是从高压到常压压力梯度变化最大的区域，非常容易产生气隙，而炉缸气隙是影响炉缸有效传热、导致铁口区域出现侵蚀的关键因素。因此，铁口维护是高炉炉缸长寿重要环节。

风口区域多采用组合砖结构，不定形耐火材料也使用较多，材料之间的界面很多，煤气很容易从组合砖与中套之间窜入，再窜入捣打料的缝隙之中，影响炉缸的传热，因而，风口区域可以看成是窜气的源头，对风口区域的维护主要是进行窜气源头的封堵工作。

14.2.1 炉缸区域维护

14.2.1.1 炉缸维护的必要性

炉底炉缸所用耐火材料为大块炭砖的高炉，若采用洒水冷却，则在炉皮与大块炭砖之间采用炭素捣打料填充；若采用冷却壁冷却，则在冷却壁与大块炭砖之间采用炭素捣打料填充。这种耐火材料的配置在使用一段时间以后，捣打料中的挥发分挥发，会形成许多缝隙，而气体的导热系数非常低，影响了大块炭砖向炉

皮或冷却壁之间的传热，长此以往，会导致电偶温度居高不下。

在定修时，根据停止和恢复炉缸打水时炉缸侧壁热电偶的温度变化，或者冷却壁水温差的变化，推断捣打层中有无缝隙。若产生缝隙，就要在相应部位开孔，灌入高导热性碳质泥浆，利用灌入的碳质泥浆把空隙填满，提高捣打料的导热性和应有的冷却强度，使热量能够及时导出，保护炉缸侧壁的炭砖不被侵蚀或者减少侵蚀。炉缸侧壁电偶温度上升或铁口周围冒煤气火大的时候，也需要对炉底炉缸进行灌浆（向耐火砖与冷却壁之间或冷却壁背面灌浆）。目的是防止冷却壁与耐火砖之间，以及炉皮与冷却壁之间产生间隙，保证良好的导热性能，以便冷却发挥效果。

炉缸采用热压小块炭砖的高炉，在砌筑时小块炭砖紧贴冷却壁，在砖与冷却壁之间没有捣打层。热压小块炭砖的优点是具有高的热传导率，可以降低炉缸侧壁的热梯度，以调节砌体的热膨胀；它能提供缸壁的径向热膨胀，并能调节缸壁厚度上的差热膨胀。同时由于小块炭砖与炉壳之间没有捣打层，加速了热传递，使炉缸内侧热面温度降至800℃以下，碱金属、铁、渣凝固形成保护性渣皮，阻止碱金属、铁、渣对表面的侵蚀，从而减轻炉衬的侵蚀。所以，炉缸侧壁使用热压小块炭砖的高炉，不需要像使用大块炭砖的高炉那样对捣打料采取灌浆来维护。

当小块炭砖与冷却壁之间发生不均匀膨胀时，原本紧贴冷却壁的小块炭砖局部与冷却壁分离，产生气隙，造成局部热电偶温度居高不下，而对应的水温差却不是相应的变化。当发生此类现象时，一般可以判定在小块炭砖与冷却壁之间产生的气隙，需要进行维护来充填气隙，让热量能够通过小块炭砖传递到冷却壁，通过冷却水带出。

当出现炉缸内衬与炉皮表面温度同步上升的情况，或冷却壁与炉皮之间由于材料收缩存在缝隙时，冷却壁与炉皮之间已经成为煤气通道。因此，在进行炉缸内衬灌浆的同时，需要对这个煤气通道进行封堵。

14.2.1.2 炉缸维护用材料

炉缸部位维护材料一般都是与炉缸内衬所用材料相似的碳质材料，常用的有CC-3B炭质灌浆料、重油、树脂结合炭质灌浆料等，几种材料均为非水性材料。

冷却壁与炉皮之间的灌浆料，可以使用CC-3B炭质灌浆料，也可使用硅溶胶结合灌浆料，或其他非水压炭质灌浆料。

14.2.1.3 灌浆作业准备

（1）CC-3B炭质灌浆料的加热（重油和树脂结合炭胶料无需进行加热）。

（2）隔水加热：料桶内不得进水。

（3）加热温度：料内温度高于80℃。

（4）加热时间：不少于4h。

14.2.1.4 灌浆作业步骤

（1）用热水（≥80℃）循环加热压入泵、压入管路。

（2）排净压入泵及管路的水：打开泵侧压入阀，关闭泵侧循环阀，待水位下降至料斗最底部，倒入充分搅拌的CC-3B炭质灌浆料。

（3）搅拌的好CC-3B炭质灌浆料必须均匀、无沉淀物。

（4）待料出管线路前端的压入出口时，打开循环阀，关闭泵侧压入阀，再关闭管路前端的截止阀。连接管线与压入孔。

（5）打开压入孔的截止阀及管路前端的截止阀，缓慢打开泵侧压入阀及关泵侧循环阀。

（6）灌浆作业开始。

（7）灌浆量控制：25～50kg/孔；压力控制：正常灌浆压入压力（管道沿程压损加10kg净压力）。当CC-3B炭质灌浆料能缓慢地压入炉内时，泵侧压力大于15kg/cm^2，仍可继续压入，但是若压力超过20kg/cm^2，即停止作业。

（8）若压入时，CC-3B炭质灌浆料从铁口、风口或其他地方冒出，立即停止作业，并检查冒浆部位有无异常。

（9）若CC-3B炭质灌浆料起不到凝固的作用，则改为树脂结合炭胶料进行压入，压入时要注意调整炭胶料的稀稠度。

14.2.2 铁口区域维护

14.2.2.1 铁口区域维护的必要性

铁口维护一直是高炉操作的重要组成部分。铁口维护主要分两个方面：

（1）定期维护。定期有计划地进行大套和中套灌浆，消除气隙，有效隔断向铁口区域窜气，并利用定修更换铁口保护砖和铁口压浆，消除铁口区域煤气泄漏，避免铁口区域气隙的扩大，提高炉缸的有效传热。

（2）日常维护。跟踪炮泥质量，维护好铁口状况，保证打泥量，保证铁口深度，正常控制铁口深度3.5～3.8m，在确保出尽渣铁的同时，出铁时间控制在2～2.5h左右，日均出铁次数控制在10～12次左右，减缓环流对炉缸炭砖冲刷侵蚀。

铁口状态维护主要通过铁口煤气火以及水温差判断铁口区域是否存在气隙，进行有效维护，实现铁口有效传热，避免铁口区域侵蚀，保证铁口作业正常。在正常的生产过程中铁口区域经常会出现铁口煤气火过大的现象，这是由于铁口区域存在的气隙将炉内气体导出的结果。填补铁口区域的浅表面气隙，消除铁口煤气火过大的现象；消除炉缸部位钢壳与砌筑耐火材料之间的气隙；抑制铁口区域侧壁温度的上升，是铁口状态维护重要管理内容。

14.2.2.2 铁口区域问题原因分析

从高炉铁口结构可以看出：铁口脖子伸入炉壳内，与冷却壁热面齐平，由此可排除铁口煤气通路来自炉壳与冷却壁冷面之间的间隙。高炉正常生产中炉缸内铁口区有泥包保护，而铁口区由两块大炭砖横向错缝整体组成，炉缸内煤气由炭砖间气隙窜出，再通过捣打层冒出铁口外的可能性极小。铁口孔道内，由于频繁打泥充填，也很难有气隙通道。铁口脖子内的两块炭砖与外壳有环形间隙，用捣打料填充固定（见图 14-7 与图 14-8），而铁口脖子环形捣打料与冷却壁热面捣打料连接，捣打料夹在炭砖和冷却壁之间，很容易形成从风口到铁口的缝隙通道。鉴于上述分析，可以断定风口区煤气由炭砖与冷却壁间的气隙窜向铁口区域。图 14-9 展示了铁口煤气流向通路。另外，从四个铁口的煤气火状态看，均为铁口上部煤气火较大，而下半部相对较小，也间接验证了铁口煤气主要来源于上部风口区的判断。

图 14-7　冷却壁热面与铁口脖子砌筑图

图 14-8　铁口大炭砖与铁口脖子外壳间的捣打料

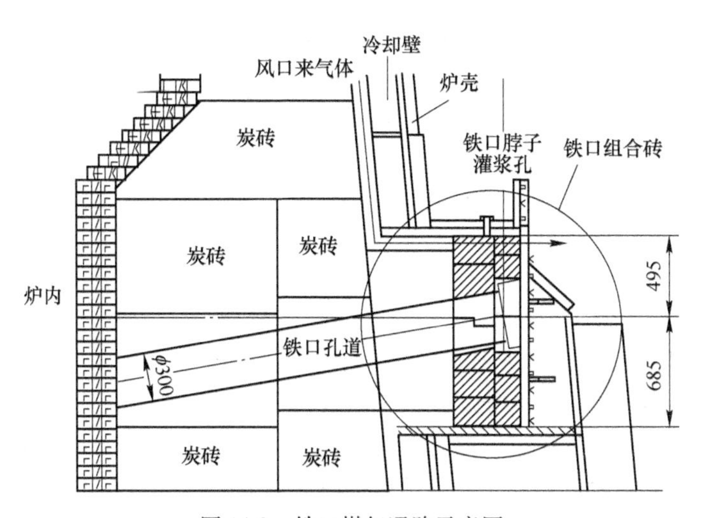

图 14-9　铁口煤气通路示意图

针对上述铁口煤气通路的分析，制定了抑制煤气火的相应措施。解决铁口煤气火的关键是填充掉捣打料间的气隙，封堵煤气窜通的路径。因此，对风口至铁口间的区域采取灌浆处理，以此填充炭砖与冷却壁之间的气隙。

14.2.2.3 永久砖、保护砖更换

当铁口煤气火较大时，铁口保护砖和永久砖的火泥很容易被冲刷，煤气通道变大，导致保护砖局部剥落，永久砖出现裂缝。为了保证炉前作业的稳定，需要利用休风的机会及时对损坏的永久砖和铁口保护砖进行更换。

首先解体原设计的碳化硅质保护砖，露出永久层。用碳弧刨或氧气割除原设计残留的保护筋板，清除后对铁口框周围打磨，解体清理完成后进行永久砖、铁口保护砖的检查与砌筑。

A 永久层砖结构检查

在砌筑铁口保护砖前，先对保留的永久层砖砖缝和周围碳捣料进行检查。如发现永久层砖与铁口框结合部位原有碳捣料出现局部疏松空洞，则用可塑料进行充填，要求充填密实。若永久砖有损坏，则对损坏的永久砖进行局部更换，若损坏严重，则对永久砖进行全部更换。

B 筋板焊接

为防止永久砖的位置发生移动，在永久层砖外设有压砖筋板，压砖筋板采用Q235钢，厚度20～30mm。施工时要求，左右两条压板紧贴永久层，两侧各五点点焊在铁口框上，再在每侧焊上四块压筋板，要求所有焊缝均是满焊。筋板焊接按要求进行施工，焊缝不得有气孔，焊缝均匀。

C 永久砖、保护砖砌筑

砌砖前，按铁口中心先将保护砖块干摆，如与中心不合时，应在现场加工调整。定中心后，先砌铁口底部砖、铁口中心组合砖，再砌周围镶砖。铁口保护砖周围镶砖要求加工精度准确，砌筑灰缝尽可能小，同时对无法满足砌筑要求的铁口框边角部位必须用可塑料充填密实。保护砖砌筑完毕，将附着在正面的泥浆清除，再用较干的火泥对砖缝、砖与铁口框间的缝隙进行勾缝处理。

砖缝厚度	2mm（+1，0）
灰浆饱满度	≥90%
平整度	（+1，0）
垂直度	（+3，0）

14.2.2.4 铁口脖子密封灌浆

铁口脖子环形捣打料由于煤气冲刷以及自身收缩，很容易产生气隙。铁口脖子压浆的目的是通过浆料充填捣打料缝隙间，阻挡煤气窜出。每个铁口脖子处在高炉设计中原来就设置了五处供高炉烘炉时使用的疏气孔（见图14-10），上方1个，左右两侧各2个。而该处的疏气孔在高炉烘炉后就闲置不用了，我们在实际

工作中改变了疏气孔的用途，将其作为灌浆孔向铁口区域进行灌浆。铁口脖子5个灌浆孔的位置都在永久砖的层面，铁口脖子压浆材料可以选用易固化的SC-8YK，也可以选用炭质灌浆料CC-3B或树脂结合炭质料，压浆过程中严格控制压入量和压力，防止铁口耐火材料和脖子变形受损。

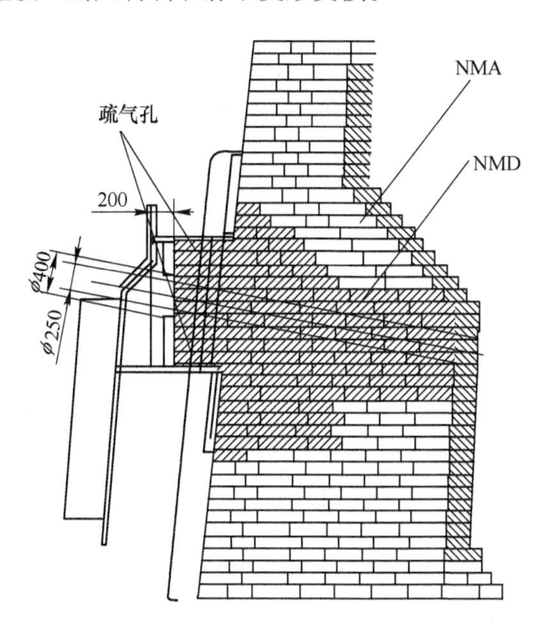

图14-10 疏气孔位置示意图

灌浆所用材料及方法与炉缸区域基本相同。

14.2.2.5 铁口区正面灌浆

在日常的出铁过程中，有的铁口即使在铁口深度较深的情况下也会有持续的大喷溅现象，并伴有铁口煤气火过大的现象，这是由于形成铁口孔道的炮泥结合不密实并与铁口区域存在的气隙联通将炉内气体导出而形成的问题。从铁口区域煤气火分布看，煤气火从多处缝隙窜出，因此采用铁口封盲板正面压浆，以达到压实铁口孔道、填补铁口区域的气隙，消除出铁过程中出现的喷溅过大的现象、控制煤气火的目的。

铁口封盲板灌浆需要将铁口永久砖进行解体，以炭砖端面为基准进行钢板的封焊，封焊钢板要有一定强度，厚度至少20mm以上，有必要时还要加焊加强筋，要求与钢壳严格密封，在钢板上开孔进行灌浆（见图14-11）。铁口正面压浆料采用CC-3B炭质灌浆料、树脂结合炭质料，也可选用AP-12S中套料，为保证耐火材料形质不发生变化，灌浆压力不得高于30kg/cm^2。

14.2.2.6 铁口孔道灌浆

在铁口休止后，将铁口预钻一定的深度（一般比正常铁口深度小1m左右），

图 14-11　铁口封盲板灌浆

灌浆设备采用炉缸灌浆的设备，利用专门的转接头，将孔道灌浆材料从铁口孔道灌入。此方法对修复孔道中大块炭砖砖缝、炮泥收缩缝及泥包收缩缝等有较好效果，可以明显减少铁口喷溅，减少铁口煤气火。

铁口孔道灌浆的工艺路线：使用蜗杆式压入机，通过软管与专门设计的压入模具相连，压入时用泥炮顶住压入模具，靠近出铁口侧用两块 10mm 厚橡胶圈进行密封。工艺路线示意图如图 14-12 所示，压入模具的示意图如图 14-13 所示，泥炮与压入模具的配合如图 14-14 所示。

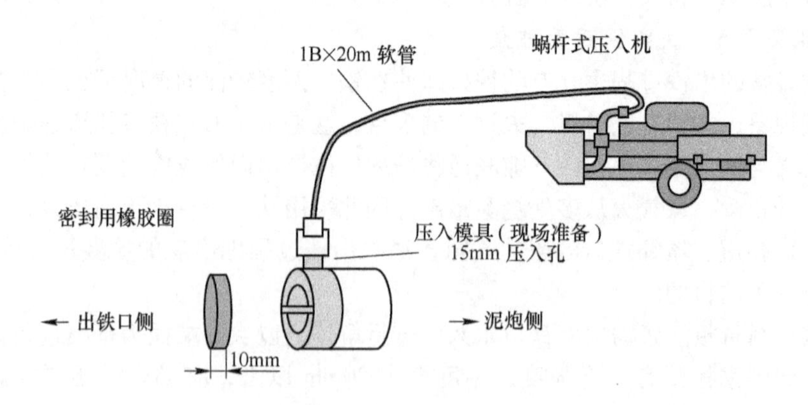

图 14-12　铁口孔道灌浆工艺示意图

实施步骤：

(1) 压入工具安装在泥炮上；

(2) 出铁孔开孔至 2000mm 深度；

(3) 再一次开孔至2900mm左右的深度，比实际铁口深度低800~1000mm；

(4) 压入工具焊接在泥炮头上；

(5) 材料混练；

(6) 出铁口周围清扫解体；

(7) 材料投入至压入机料罐中（循环压力2kg/cm²），无负荷灌浆测试；

(8) 泥炮的前端压着在出铁口上；

(9) 压入开始（设定最大压力：设定35kg/cm²）；

(10) 压入结束；

(11) 泥炮重新调换头部，打入炮泥。

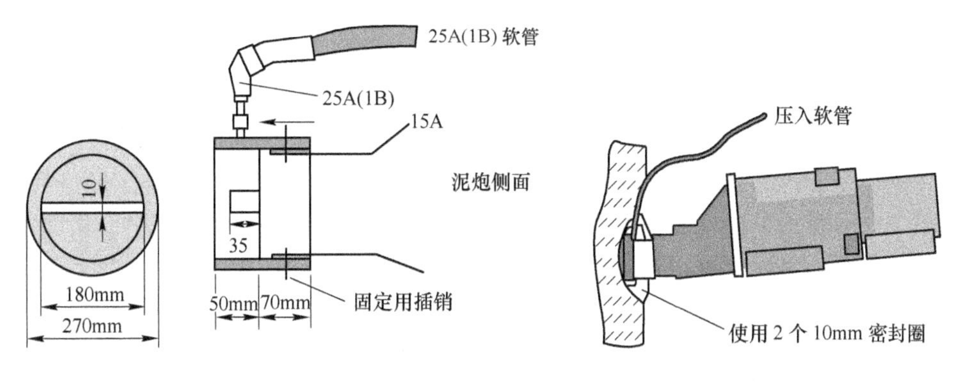

图14-13 压入模具 图14-14 泥炮与压入模具的配合

14.2.2.7 铁口维护效果

通过采取更换永久砖或保护砖、铁口脖子压浆、铁口正面灌浆、铁口孔道灌浆等措施后，会取得以下效果：

(1) 铁口区域煤气火明显减小，得到有效控制。

(2) 铁口区域侧壁温度有一定程度的下降。

(3) 炮头结焦现象也明显减少，炮头无变形，铁口上方的开口机钩座得到较好维护。

(4) 炉前作业明显改善，做泥套更换容易，冒泥次数减少。

(5) 泥套的使用周期明显加长。

封堵完整的气路通道有几个办法，可以处理源头，也可以封堵出口，也可以封堵中间。封堵上方气流的源头是根治煤气火的办法，但是，这是最难以实施的办法，很难取得较好的效果；封堵中间则是配合源头或出口处理时一起进行，起到锦上添花的效果，一般不单独进行，封堵出口相对来说易于操作，方法也比较多，在一定的时期内会取得较好的效果，但是，后期仍需不断地坚持重复作业来维护。

另外，铁口整体浇注也是一个可行的铁口维护方法。其对铁口框结构进行调整，拆除铁口框内的最外层独立炭砖，彻底暴露碳捣层与该位置的炭砖砌筑缝，并用浇注料整体浇注形成迷宫错缝结构，经养护、脱模、烘烤后，恢复最外层的保护砖。此方法对铁口煤气火问题效果最好，但实施相对较复杂，风险系数较大，需要专业的高炉炉体维护人员参加。

14.2.3 风口区域维护

14.2.3.1 风口区域维护的必要性

铁口区域煤气火是由风口区煤气由炭砖与冷却壁间的气隙窜向铁口区域，风口压浆的目的是阻隔风口煤气窜入铁口。高炉利用休风机会，采用高导热灌浆料对风口区域进行灌浆，填充风口区下部的气隙。

风口区域维护主要包括对中套、大套的灌浆孔进行灌浆，以及对大套下的穿壁孔、不穿壁孔进行灌浆。

14.2.3.2 风口区域煤气通道分析

风口组合砖的砌筑顺序如图14-15所示，图中的序号表示的是施工顺序号。由图中可以看到中套与风口组合砖之间充填的是不定形耐火材料；序号10部位中套与下部组合砖之间，填充的是缓冲火泥；序号14与16部位是中套与上部组

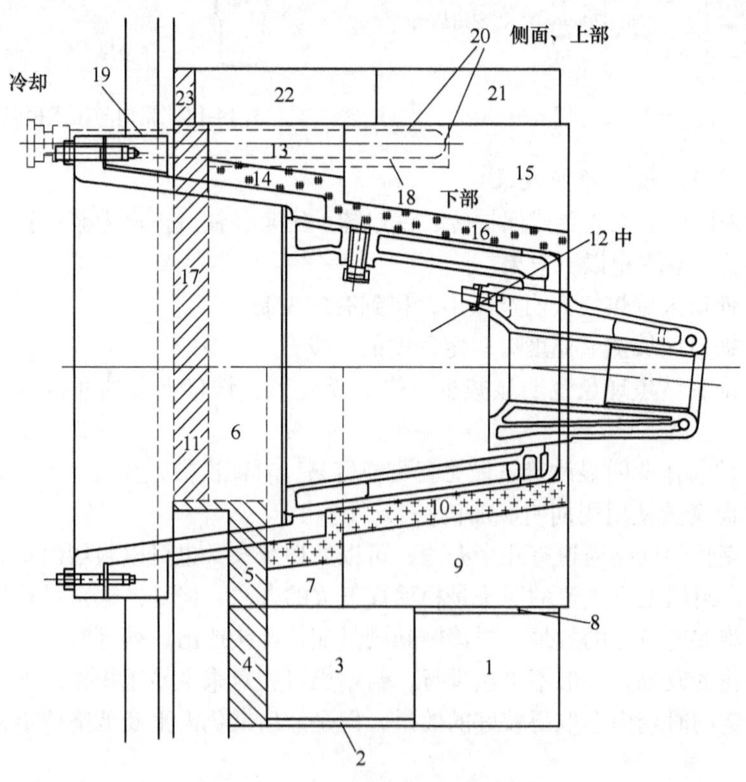

图14-15 风口组合砖砌筑顺序图

合砖之间，填充的是碳化硅质填充火泥；序号4和5是组合砖与冷却壁之间部位，此部位充填高导热系数的炭素捣打料；序号11和17是风口组合砖与炉壳喷涂料之间部位，此部位充填低导热系数的炭素捣打料。组合砖施工时的图片如图14-16所示。

图14-16 组合砖施工

风口大套、中套与风口组合砖之间结构复杂，所用不定形耐火材料品种很多，耐火材料之间的界面也很多，因为材料之间的差异性，界面是最容易出问题的地方。正常生产后，炉缸炭砖带动风口组合砖向上膨胀，下部的10部位被压缩，而上部的14和16部位则由于膨胀产生了缝隙，煤气会沿着16、14部位进一步向17、11部位进入，而炭素捣打料之间是连接在一起的，因此，必须要对风口大套、中套部位进行灌浆，来封堵因为炉缸和风口整体膨胀产生的缝隙，而对在大套下的灌浆孔，包括穿壁孔和不穿壁孔，进行灌浆封堵也是一个很好的办法。

14.2.3.3 风口大套、中套灌浆

灌浆位置：风口大套、中套上的灌浆孔。

灌浆材料：SC-8YK灌浆料。

灌浆作业准备：

(1) 压送泵工器具在作业前应进行点检并确保完好。

(2) 准备好的灌浆料运至现场。

(3) 压入机摆放时考虑压入位置，软管尽量缩短，并不得有扭曲、折叠现象。

(4) 结合剂与粉料的配比严格按压入料的要求进行。

(5) 搅拌必须充分，不得有线团现象。

灌浆作业：

(1) 灌浆孔为大套、中套上预留的灌浆孔。

（2）压入前打开40个大套、中套上的两个灌浆孔，用手提冲击钻清理孔内可能存在的耐火材料，并用压缩空气吹扫，确保压入孔通道畅通。

（3）将SC-8YK灌浆料压至快速接头出口将水排空，关闭截止阀，连接大套下部灌浆孔（此时大套上部灌浆孔打开），灌浆。压力控制：≤25kg/cm^2。

（4）压入停止条件：1）泵侧压力：>25kg/cm^2；2）大套上部压入孔冒浆；3）灌浆量：>75kg。

（5）如下部灌浆孔压不进，则改压上部灌浆孔。

（6）灌浆情况记录与整理、分析。

14.2.3.4 风口大套下灌浆

灌浆位置：包括大套下穿壁孔浆孔和不穿壁灌浆孔，位置事先选定。

灌浆材料按穿壁孔与不穿壁孔区分。穿壁孔：CC-3B炭质灌浆料、重油或树脂结合炭质料。不穿壁孔：SC-8YK灌浆料。

灌浆工事准备：

（1）压送泵工器具在作业前应进行点检并确保完好。

（2）准备好的压入料运至现场。

（3）压入机摆放时考虑压入位置，软管尽量缩短，并不得有扭曲、折叠现象。

（4）结合剂与粉料的配比严格按压入料的要求进行。

（5）搅拌必须充分，不得有线团现象，CC-3B炭质灌浆料需事先加热到70～90℃。

灌浆作业：

（1）灌浆孔为大套下的预留的灌浆孔，也可新开孔。

（2）压入前打开灌浆孔，用手提冲击钻清理孔内可能存在的耐火材料，并用压缩空气吹扫，确保灌浆孔通道畅通。

（3）将灌浆料压至快速接头出口将水排空，关闭截止阀，连接灌浆孔，灌浆。压力按灌浆孔入口处压力来控制：穿壁孔≤10kg/cm^2，不穿壁孔≤15kg/cm^2。

（4）灌浆停止条件：1）达到灌浆压力；2）周边灌浆孔冒浆；3）灌浆量：>50kg。

（5）灌浆数据记录与整理、分析。

14.3 炉体内衬的维护

14.3.1 炉体内衬维护的必要性

随着高炉运行时间推延，将会出现局部部位炉皮发红、龟裂、变形，炉衬耐火材料残存厚度越来越薄，使高炉操作越来越困难，有时被迫休风，造成休风次数增加，休风时间增长。因此，对炉体内衬进行维护在高炉运行的中后期非常有必要。

导致高炉炉皮发红的主要是由于炉体砖衬侵蚀减薄、高炉局部煤气流急剧升高、高炉炉墙黏结物脱落、局部窜煤气等原因所致。监控高炉炉皮发红的主要措施：

（1）控制稳定煤气流分布，降低管道行程次数，强化炉体冷却，减缓炉体侵蚀。

（2）优化外部冷却方式。如果在炉皮温度异常升高并发红时直接使用水冷却，会使炉皮表面温度骤然降低，导致炉皮内外部温差过大，产生极大的应力，破坏炉皮的强度甚至引发炉皮开裂。针对炉皮发红，首先使用热风炉200℃左右的冷风冷却，待温度下降后，逐步配加雾化冷却水冷却，避免炉皮开裂。

（3）在炉皮温度波动较大的部位安装贴片电偶，实时监控温度变化，并设置温度上限报警，及时采取冷却措施，避免炉皮发红。

通过合理的维护措施，可以有效降低高炉炉皮发红次数，可以采取局部修补的方式对内衬进行修实：

（1）针对局部炉皮发红部位，利用定修的机会，降低料线，在热态状态下从高炉炉内对薄弱的内衬部位进行喷涂施工，煤气封罩、上升管、下降管部位内衬存在问题时，也同样利用定修机会进行修补。

（2）针对局部炉皮发红部位，在炉外进行硬质压入，按梯形分布确定压入点，使压入料在炉内形成整体而互相依托，形成稳定壁衬。

14.3.2 炉身喷涂

喷补施工技术主要应用于炉身上部、中部，造衬面积较大，可维持时间较长，一般可以达到8~12个月，寿命长的甚至可以达到2年左右，但是炉身喷涂需休风时间长，而且高炉需要降料线。而硬质压入修补法主要用于高炉炉身中下部的局部的内衬维护，利用常规定修的时间就可以完成，但是维持时间相对较短。

14.3.2.1 喷涂的方法与工艺

A 喷涂工艺

按喷涂工艺的区分，一般可以分为半干法喷涂和湿法喷涂两种。

半干法喷涂是指将喷补料（骨料、粉料、结合剂、添加剂）通过高压空气送至枪口附近，同时水也输送至该处，水与料经过快速混合，喷射到需修补的高炉内衬表面，并附着在其表面达到一定的厚度（一般可以达到几百毫米），以此取代重新砌筑耐火砖衬，在残存砖衬或炉壳表面实现再造炉衬，恢复炉型。煤气封罩、上升管、下降管喷涂一般采用半干法喷涂。半干法喷涂施工工艺示意图如图14-17所示。

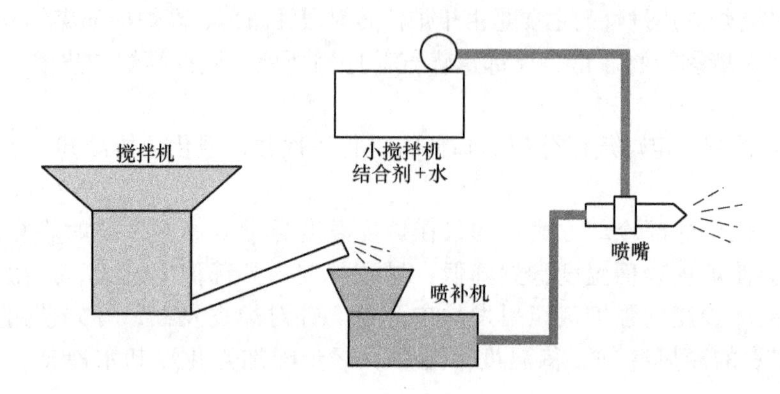

图14-17 半干法喷补施工工艺简图

半干法喷补的特点：

（1）喷涂设备简单，易于操作。

（2）修复的炉衬整体性好，可以再造炉型。

（3）施工回弹较大，作业环境差。

湿法喷涂是将喷补料与水事先在搅拌机内混合好，成为可以泵送的自流料，再通过高压泵、管道等运送至喷涂枪头。在枪头喷嘴内添加促凝剂与压缩空气，与湿料迅速混合，喷至修补面。炉身喷涂一般采用湿法喷涂。湿法喷涂施工工艺示意图如图14-18所示。

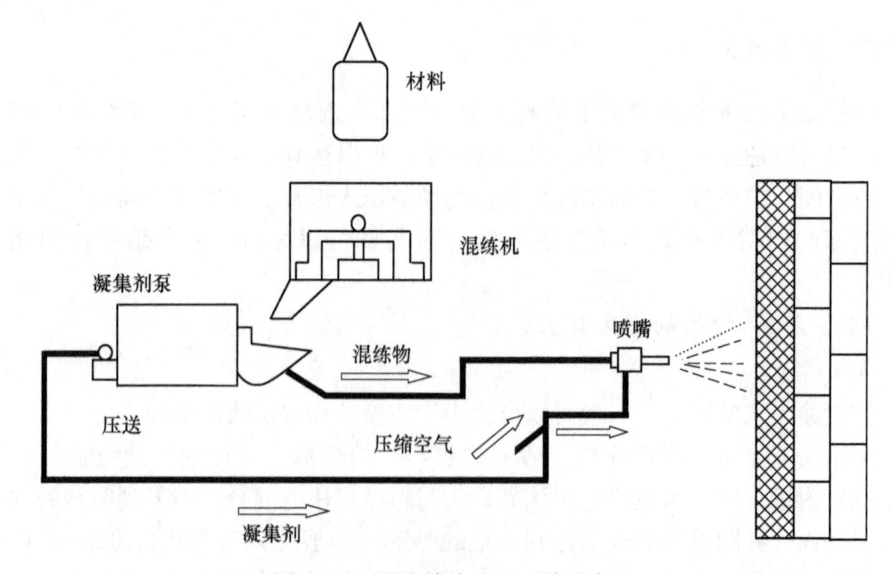

图14-18 湿法喷涂施工工艺示意图

与干式喷涂法相比较，湿法喷涂有以下特点：

（1）施工效率非常高（从干式喷涂2～4t/h提高到4～10t/h）；

（2）不会发生添加水分不匀所发生的分层剥离；

（3）粉尘回弹很少；

（4）施工体的体积密度均匀。

与浇注施工相比较，湿法喷涂有以下特点：

（1）不要施工模具；

（2）可节省浇注到脱模的养生时间（但材质不同，有的材料需在烘烤前进行较短时间的养生）；

（3）施工厚度可以根据不同部位的需要随意调节。

三种施工方法的技术性能比较见表14-1。

表14-1 三种施工方法的性能比较

施工方法		湿法喷涂施工法	浇注施工法	干式喷补法
施工性	施工效率/$t \cdot h^{-1}$	4～10	10～15	2～4
	回弹率/%	1～3	0	15～20
	作业损耗	搅拌机损耗+管道损耗3kg/m	搅拌机损耗	0
施工体	添加水量/%	6～7	5～6	9～12
	气孔率/%	19～23	18～22	20～28
	抗侵蚀性指数	110～150	100	200～250

B 喷涂方法

喷涂作业根据施工环境的不同，采用不同的作业方式，热态情况下一般采用机器人遥控喷涂作业，冷态情况下一般采用人工普通喷涂作业，也可采用机器人遥控喷涂作业。

a 人工喷涂作业

这种方法是在高炉完全冷却后，操作人员利用脚手架或吊篮进入炉内，对炉衬需要修复的部位进行修补。这种方式多用于2000m^3以下高炉的内衬修补。其作业特点是喷补设备简单，清除渣皮和松动的残存砖比较灵活和有效，对裸露的钢板、冷却器等金属件可以进行维修、更换或改造，喷补部位及厚度容易控制。其缺点是对生产的影响大、工人的操作环境差等。人工喷涂作业施工如图14-19所示。

宝钢4号高炉2014年炉缸大修时，在冷态状况下对炉体部位也进行了人工湿法喷涂作业。

b 遥控喷涂作业

这种方法是把喷枪组合设备（机器人）从人孔或专门开设的孔位放入炉内，通过桥架或导链做上下移动；而操作人员通过设置在炉外的电视屏幕观察和调节喷补作业。这种喷补方式的特点是不需要人员进入炉内，操作人员的作业条件较好。其缺点是设备比较复杂，投资和维护费用比较大。遥控喷涂作业施工如图14-20所示。

图 14-19　人工喷涂作业

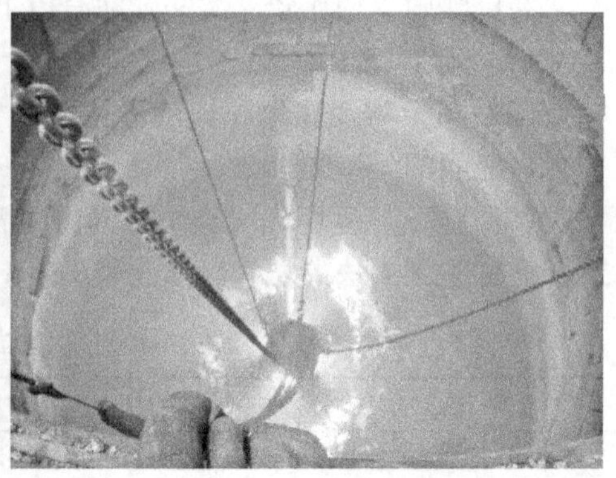

图 14-20　遥控喷涂作业

20世纪70年代以来，高炉喷补技术在欧美、日本等工业发达国家的高炉上得到广泛应用，如日本的鹿岛3号高炉（内容积5050m^3），寿命达13年5个月，单位炉容产铁近万吨。该炉13年间共喷补了30多次；英国斯肯索普（Scunthorpe）、德国蒂森（Thyssen）、加拿大多法斯科（Dofasco）等钢铁厂都采用高炉喷补技术，并取得了良好的效果。

我国高炉喷补技术的研究和应用相对较晚。近20年来，我国在设备和耐火材料领域取得长足进步，高炉喷补技术得以快速推广应用，已经从初期的半干法喷补发展到湿法喷补。根据喷补方式和喷补耐火材料质量和用量的不同，一次喷补后高炉的维持效果，可以从6个月到一年以上，喷补对高炉维护的效果体现明显。

14.3.2.2　喷涂的实施

宝钢2号高炉自2006年12月第二代炉役投产以来，曾长期受到炉墙结厚的困扰，多次采取洗炉措施，炉墙脱落频繁，热负荷波动大。2011年9月份以来，热负荷波动加剧，控制困难，多次出现炉皮发红，甚至炉身冷却板焊缝开裂的情况，炉身中下部炉衬剥落严重，并多次出现冷却板根部焊缝开裂跑煤气状况，开裂与发红多集中于0°~135°的28层~37层，威胁到高炉生产安全，影响到高炉的正常生产和长寿。为保证2号高炉生产安全，消除炉皮开裂的问题，2号高炉于2012年6月和2014年11月进行了两次降料线炉身喷涂作业。

喷涂的实施主要包括设备安装、洗炉、喷涂三个主要的工序。

设备安装：

（1）在停炉前7天将出铁场的搅拌泵送设备安装就位；

（2）在停炉前6天将炉顶所需设备材料全部吊运至炉顶45.4m平台，并将1、2、3号电动葫芦吊挂至工作位；

（3）在大人孔打开之后安装4、5号电动葫芦吊挂所需的门型框架，同时将探尺取出，探尺孔上的法兰打开，安装链条导向轮；

（4）将小人孔打开，安装链条导向轮；

（5）连接水源、电源和压缩空气；

（6）安装4、5号电动葫芦；

（7）测试电动葫芦的运转状态；

（8）将喷涂机械手推放至大人孔前，并安装枪管、喷枪头和配重块；

（9）连接喷涂机械手上的压缩空气管、料管和控制管线；

（10）将喷涂机械手吊装进炉。

洗炉：

（1）将喷涂机械手降至炉身下部，喷涂起始位置以下约1m的位置，并观察及调节机械手水平，使机械手始终保持水平旋转；

（2）打开压缩空气及炉用水的阀门，开始洗炉；

（3）洗炉从喷涂的最高位置开始、依次下降，同时观察洗炉效果，如遇到炉墙上残留炉渣和耐火材料较多的部位适当延长该位置的洗炉时间；

（4）洗炉至喷涂机械手在计划喷涂起始位置约1m即可，当洗完该位置之后，待炉内灰尘减少后，再观察洗炉效果；

（5）根据观察效果再次清洗未洗干净的部位，直至具备施工条件为止；

（6）在高炉内洗炉冲击的烟尘减轻之后，将视频系统打开，开始录像，同时缓慢将机械手升起保持录像状态，至35.000m标高结束录像。

喷涂：

（1）洗炉达到喷涂要求时，即可开始搅拌喷涂料；

（2）按照喷涂料搅拌要求控制搅拌材料，搅拌时间控制在不小于5min。

（3）吊料由出铁场的两台天车同时进行，一台天车负责将材料从出铁场吊运至10.10m平台即搅拌机附近，另一台天车负责将10.10m平台上的材料加到搅拌机内；

（4）搅拌好的材料由耐火泵机通过料管泵送至炉顶平台上的泵机料斗内；

（5）炉顶泵机的料斗装满之后开始往炉内泵送材料，开始喷涂施工作业；

（6）喷涂位置计划从炉身下部（标高25500mm）到炉身中部（标高34100mm）。喷涂过程中控制喷涂机械手的水平及位置，确保新造炉衬连续、光滑，符合操作炉型要求。喷涂厚度控制在200mm左右；

（7）按喷涂速率和位置所设定的喷涂时间表来控制喷涂机械手的提升速度，

自下而上匀速喷涂，注意观察，如遇炉壁凹坑部位，手动控制喷涂机械手在凹坑部位多次往复，确保新造炉衬连续、光滑；

（8）喷涂过程中时刻注意观察喷枪头，发现有穿孔现象时立即组织更换；

（9）出铁场的泵机操作人员必须每搅拌30t通报炉顶指挥者一次材料消耗情况，并在材料剩余100t、60t、30t、20t、10t、5t直至结束的时候向指挥者通报剩余量，以便及时调整喷涂方案；

（10）喷涂结束后立即组织拆管洗管；

（11）洗管之后将机械手吊出高炉；

（12）将电动葫芦的链条和挂钩从高炉内取出；

（13）盖大人孔盖板。

14.3.2.3 喷涂的实施效果

（1）指标优化。喷补恢复后，确定了维护喷补料长期、有效的生产原则，更长时间地维护好炉体长寿，同时分阶段提高煤比指标。经过1个多月的调整，高炉操作指标趋于改善，崩滑料次数减少，煤比指标提升8kg/t，燃料比下降1kg/t。

（2）炉体热负荷稳定。为改善气流分布，进行了系列的调整后，炉体热负荷基本稳定于95～115GJ/h。

1）针对下部制度进行优化，针对风速过高的情况，顶压分步增加至245kPa。

2）针对喷补后边缘气流总体趋弱的情况，逐步上提料线至1.1～1.2m，同时矿石档位疏松边缘。

3）通过炉身喷涂，不仅维护了现有炉衬的稳定性，而且在很大程度上改善了高炉操作炉型，为高炉操作及炉况的稳定顺行创造了良好条件。

14.3.3 封罩喷涂

高炉煤气封罩位于高炉上部顶层平台，此部位炉壳呈圆锥体，由于在高温状态下长期气流冲刷，部分耐火材料严重脱落。利用高炉定修的机会，在原有脱落位置重新焊接锚固件，安装龟甲板，对煤气封罩内衬耐火材料进行喷涂。

工程重点及难点：

（1）施工环境恶劣。施工时施工位置温度较高，热辐射强，容易灼伤人。炉顶内部有粉尘和一氧化碳等有害气体。

（2）时间比较紧张。根据工艺要求，从休风后整个施工只有60个小时的时间，作业时间非常紧。

（3）炉内温度高。施工人员进入炉内施工时穿戴隔热服，戴长管式空气呼吸器，并且只能短时间在里面工作。

（4）脚手架搭设难度大。炉内无脚手架，施工前需搭设脚手架。

炉顶煤气封罩上的喷涂层，其锚固件采用“龟甲板”形式，以提高喷涂料与炉壳的粘结性。喷涂料采用抗折强度高、耐CO侵蚀性能优良的喷涂料。

煤气封罩喷涂的施工流程如图14-21所示。

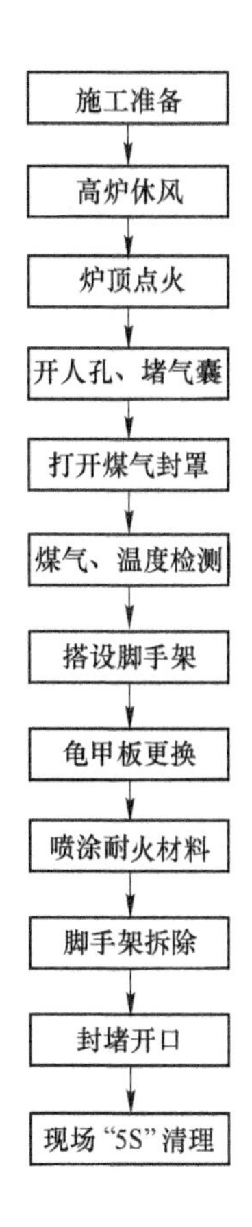

图14-21 施工流程图

14.3.4 上升管下降管维护

维护原因：高炉上升管、下降管在生产过程中一直承受着煤气的冲蚀，进入高炉炉役的中后期，测温结果显示部分耐火材料内衬出现损坏，影响生产正常进行，因此，需要对损坏的内衬进行喷补维修。

主要施工内容包括：集合管与上升管下部人孔开设、下降管中部人孔、重力除尘器人孔开闭（工程技术公司），上升管封堵平台搭设与拆除、集合管位置盲板封堵、拆除，中部人孔保护平台搭设，施工平台小车安装、下降管内原有喷涂内衬局部解体，局部龟甲网或网片安装（包括锚固件焊接），耐火材料喷涂等。

工程特点：

（1）存在有害气体煤气；

（2）作业环境温度高；

（3）喷涂回弹率高、施工难度大，高粉尘环境；

（4）管内高空作业；

（5）施工作业空间小，安全隐患多。

14.3.5 硬质压入

14.3.5.1 硬质压入原理

高炉是个竖形的巨大的反应器，由于各部位的不同，影响内衬耐火材料的因素也不同，主要有：机械的冲击、碱金属的侵蚀作用、Zn和ZnO的作用、水蒸气的作用、热冲击、熔铁及熔渣的侵蚀以及操作上的影响。在大多数场合下，以上这些原因单独使内衬损坏的情况很少，一般是复杂而交替地作用下而使内衬损坏。

而且，从理论上说，低侵蚀反应温度（T_u）依据炉内耐火材料的种类、侵蚀的原因及高炉的操作情况不同；发生侵蚀的工作面后退，并且最终达到的反应下限温度时，侵蚀则为零；对于炉衬来说，反应下限温度的等温线只有离炉壳越远越好。同时，随着内衬耐火材料的不断变薄，热阻变小，内衬工作表面的热量传出越快，最终达到一个平衡的残存厚度。

基于以上机理，将具有高强度、高导热性、良好的附着性及耐磨性的耐火材料压入炉内（矿石与内衬之间），可以大大降低侵蚀速度，增大平衡残厚，达到高炉长寿的目的。

传统的压入维修，一般选用水系的水泥结合的高铝质压入料进行，泵侧压力一般在 2～3MPa，炉侧压力一般小于 0.5MPa。高水分低黏性的压入料进行在高炉炉内，粘附在炉壁的压入料施工体硬化迟缓，高含量水分蒸发后易产生炸裂现象，也易损坏原有的耐火砖内衬，并且由于压入料施工体气孔率高、强度低，因而寿命较短。采用单一树脂结合的铝碳质压入料，由于施工工艺参数和设备以及压入料配方等方面的限制，技术性能指标较低，使用寿命也不高。硬质压入料和压入技术正是克服了上述压入维修的缺点，在学习、吸收国外先进经验的基础上，结合宝钢高炉的实际情况而开发的一项大型高炉内衬维修技术。

所谓的硬质压入，是区别于传统的压入方式，主要表现在高硬度和高压方面。高压是指进行压入维修过程中将修补料压入炉内的压力高于普通压入方式。硬质是指进行压入维修使用的耐火材料的黏度大于普通压入耐火材料。高黏度是指压入料的工艺特性，是根据维修工艺要求而确定，在压入料方面，则主要反映为结合剂的特性，表 14-2 列出了各种结合剂在不同条件下的特性。

表 14-2　各种结合剂在不同条件下的特性

评价项目 结合剂	综合评价	与金属体黏结性	低温区域的早强速度和强度			热态强度			压入后组织（在热态下致密性）		
		400℃	150℃	300℃	450℃	150～600℃	600～1000℃	1000～1200℃	150℃	300℃	450℃
水玻璃	4	×	△	○	○	◎	◎	×	○	○	○
磷酸铝	5	△	△	△	△	△	△	△	△	△	△
高铝水泥	3	×	◎	◎	△	○	○	○	◎	◎	△
酚醛树脂	1	◎	○	△	○	○	○	△	△	△	○
呋喃树脂	2	○	○	◎	○	△	△	△	◎	○	○

注：×—不良；△—尚可；○—较好；◎—好。

综合各项指标，对高炉内衬进行压入维修来讲，作为压入料的结合剂效果最好的就是酚醛复合树脂。由此加上特殊配方的粉料混练出来的压入料便表现为高黏性。

高黏性的压入料必须通过高压的压入设备来实现压入维修，所以高压压入设备是实现硬质压入工艺技术的必要手段。目前宝钢所用的两台硬质压入机，一台是从日本引进的，另一台是国产的，压力均可以达到 18.8MPa 以上，而传统压入机的压力只能达到 3～4MPa。

14.3.5.2 硬质压入工艺简介

硬质压入技术以完善的压入工艺来实现对高炉内衬进行压入维修为目的。传统压入技术认为，对高炉进行压入维修的有效位置在高炉炉身中部以上全部有炉料的区域。传统认识之所以把压入维修的区间定在炉身下部以上，是因为炉内温度和压力两个因素。研究发现，只要压入料的性能能够适应炉内温度，压入设备的压力能够满足压入料入炉要求，压入维修的区间可以推广到炉身下部以下和炉腹部位。压入维修的优越性是能够进一步得到发挥的。

研究结果表明，对高炉内衬进行压入维修的有效部位确定在软熔带以上全部装料的部位，而软熔带则由高炉操作方通过特殊操作实现有效监控。

设备安装及压入料走向如图14-22所示。全部压入作业包括炉体钻孔、配管和操作控制三方面内容。

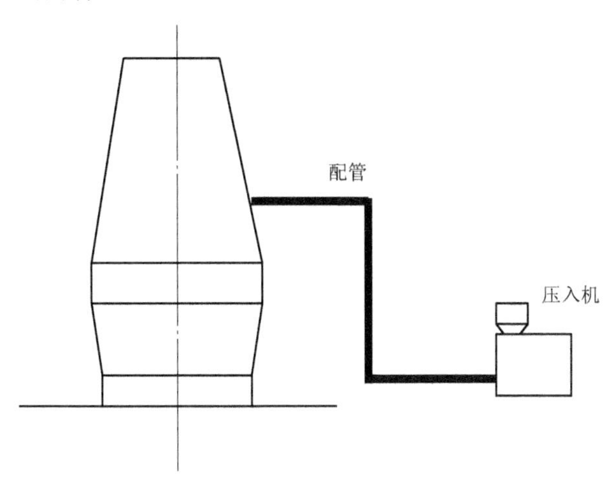

图14-22 硬质压入设备安装及压入料走向图

A 钻孔

钻孔分两类：对只剩炉壳的部位只需将炉壳钻通，钻孔直径需与压入配管配套；对炉内残存部分耐火材料内衬的部位，首先需钻通炉壳，然后再将耐火材料内衬钻通，孔径比炉壳相应缩小。

钻孔配件如图14-23所示，炉皮开孔位置示意图如图14-24所示。

B 配管

配管包括从压入机出口至炉体的全部压入料输送管。

配管原则：

(1) 平直：以尽可能减少管内沿程压力损失。

(2) 接口严密：硬质压入的特点之一就是高压，接口不严密不仅影响压力，而且影响安全。

(3) 以硬质管为主：以保证当量直径不变，物料畅通。

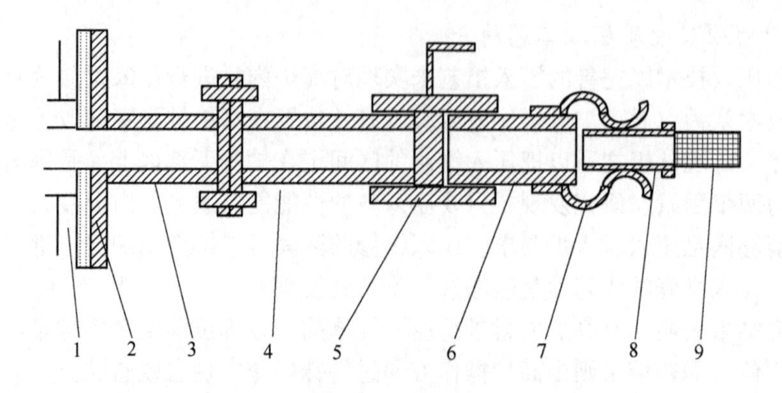

图 14-23 钻孔配件图

（3~6 需在每只孔上安装，7~9 在压入配管上安装）

1—耐火材料内衬；2—炉壳；3，4，6，8—短管；5—球阀；7—快速接头；9—软管

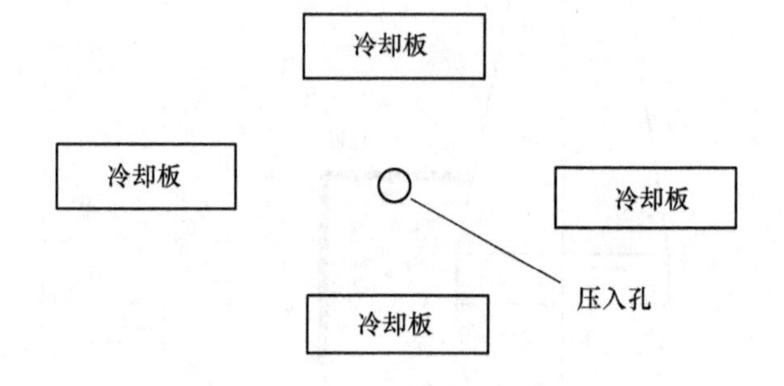

图 14-24 炉皮开孔位置示意图

（4）避开高温源。

C 操作控制

（1）准备：压入机试运转、试压；管道润滑，气密及各连接阀开启检查。

（2）操作：按标准程序操作。

（3）关键控制内容：1）压入量控制：按作业标准控制；2）压力控制：机侧 18.8MPa，炉侧 2.5MPa。

D 压入程序

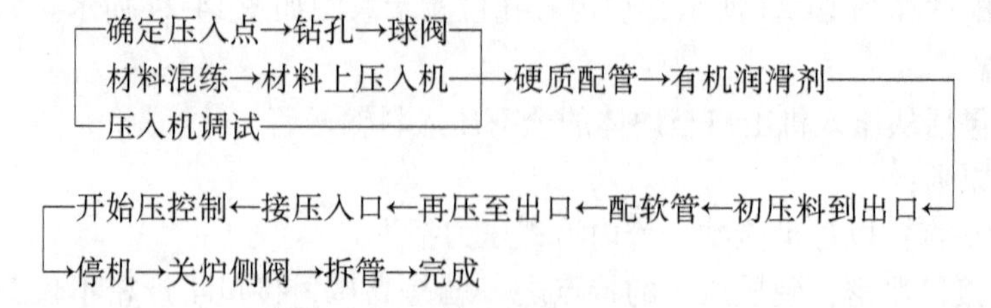

E 特殊困难压入点的对策

表 14-3 列出了特殊困难压入点及相应的对策。

表 14-3 特殊困难压入点及对策

原 因	对 策
压入孔未通	继续钻
遇炉渣，钻头打滑	钎子打通
钻通后炉内低熔物烧结再封口	再钻或钎子打
部位狭窄	采用特殊钻孔机
压入机压力升高异常	管道坚持有机润滑剂； 管端出料后再接炉侧孔； 机侧压力可达到极限； 再钻孔

14.3.5.3 硬质压入料的组成成分

A 压入料粉料

压入料的粉料主要由两部分组成，一部分为不同粒度的铝硅质材料，一部分为碳质材料。对于优质高纯的耐火原料的生产，国外主要采用两种方法：（1）用天然原料进行精选，提纯或引入适宜的加入物，以调节改善性能；（2）用人工原料合成，开拓高性能复合材料。我国目前采用天然原料，多采用简单的手选，原料成分波动很大，杂质含量高，煅烧程度不均，原料疏松，强度差，不同批量之间性能有很大差异，以致用这种原料配制的耐火材料性能达不到要求，直接影响使用效果。硬质压入料使用在高炉的关键部位必须采用优质原料。

近年来国内已有一些不同牌号的合成原料供应，试验中采用国内生产的优质人工合成原料，它是采用优质原料经过粉碎精选再合成而制成的。主要原料采用优质高岭土工业铝氧、蓝晶石等合成，由工业生产线进行超细粉碎—除铁—真空炼泥—挤泥成型—烧成（1750℃）破碎—分级—球磨—除铁而成。其晶粒发育良好，其理化指标如下：Al_2O_3 46% ~ 47%；SiO_2 51% ~ 52%；TiO_2 ≤0.2%；Fe_2O_3≤0.8%；$K_2O + Na_2O$ 0.3%；耐火度 1710℃；体积密度大于 2.62g/cm^3；显气孔率小于 3%；吸水率小于 0.8；真密度 2.7g/cm^3；线膨胀系数（20 ~ 1000℃）3.47×10^{-6}/℃。

X 射线衍射显示其主要矿物成分为莫来石、少量石英等。

人工骨料显示出化学成分均一、有害杂质含量较低、熟料煅烧良好、颗粒强度高等优点。显而易见，用其制作的耐火材料性能也是优异的。

B 石墨质材料

粉料中除硬质黏土外，为提高材料的抗渣碱侵蚀的能力，基质部分加有大量的高纯度石墨质材料。石墨质材料由于其耐火度高（纯碳的熔融温度为 3500℃，实际上在 3000℃开始升华），具有良好的导热性，极难为炉渣浸润，具有良好的抗渣性和韧性。热震稳定性也很好。因此，加入石墨质材料可以大大提高压入量的各种性能。

C 防氧化剂

但是石墨质材料有易被氧化的缺点，极易和空气中的氧及组分中的氧化物反应。因此，为提高石墨质材料的抗氧化性，必须加入各种抗氧化剂。

添加金属防氧化剂被认为能优先与氧形成相应的金属的氧化物，再逐渐氧化而起到抑制碳氧化的作用，此碳化物在高温下最终形成氧化物，同时伴随着一定的体积膨胀，堵塞或充填气孔而使材料致密化，降低氧化层的透气性，从而达到提高材料抗氧化性的目的。

经过反复比较，硬质压入料采用了以金属硅粉为主的复合氧化剂。

D 作业性赋予剂

综上所述，硬质压入料作为一种特殊的不定形耐火材料，既要完成长距离的输送，又要经过压入机高压（最高可过 18800kPa）的传递，压入炉内扩展，黏结及硬化，不加入作业性赋予剂显然是不行的。通过一些材料的比较、筛选，选择了适宜的作业性赋予剂。

E 结合剂

硬质压入料的结合剂是很重要的组分，它要求能与粉料很好的润湿和混合，制成的压入料有一定的保存期，不会因时间延长而造成沉淀分层，压入料要具适宜的黏性和流动性，常温和高温下都具有足够的强度，能顺利地压入炉内并在要求的时间内与炉衬耐火材料及炉壳铁皮黏结在一起，并能承受炉内恶劣的工作条件，以达要求的使用期限。

酚类和醛类的聚产物通称为酚醛树脂，一般常指由酚类（苯酚、甲酚、二甲酚等）和醛类（甲醛、乙醛、糖醛等）在酸或碱的催化剂存在下合成的缩聚物。

在树脂合成过程中，单体的官能团数目、摩尔比以及催化剂的类型，对生成的树脂性能有很大的影响。

酚醛树脂分为热固性酚醛树脂和热塑性酚醛树脂两大类。

热固性酚醛树脂（一阶树脂）的缩聚反应一般是在碱性催化剂存在的条件下进行，常用催化剂为氢氧化钠、氨水、氢氧化钡等，苯甲酚和甲醛的摩尔比一般控制在 1.1～1.5 之间，碱的强弱和参与反应的甲醛量的多少对产物结构有很大影响。

在热固性酚醛树脂形成过程中，随着反应浓度不同，可将热固性酚醛树脂分为甲、乙、丙三个阶段，甲阶段酚醛树脂为直链型与支链型的混合物。由于甲醛是过量的，分子中含有大量羟甲基和余下的酚核活性反应点，它们可以进一步相互缩聚转变成乙阶和丙阶树脂。乙阶和丙阶树脂均为含有凝胶的树脂。

热塑性酚醛树脂（二阶树脂）的缩聚反应一般是在强酸性催化剂存在下进

行，其摩尔比小于1，合成的是一种热塑性线性树脂，分子内基本上不含羟甲基和亚甲基醚键。因此在没有补加醛时，该类树脂不能进一步反应而固化。只有借助于加入六次甲基四胺或多聚甲醛等与树脂中酚核余下的流行性点反应，才能变成不溶的体型结构树脂，因此线型酚醛树脂又称二步法树脂。

压入料对酚醛树脂的要求很高，主要有如下几点：

(1) 骨料、粉料的润湿性要好，加入一定量的树脂即可制成性能良好的压入料。润湿性取决于润湿角的大小，润湿角越小，润湿性越好。要严格控制树脂内的水分，水分越低越好。

(2) 黏度适宜，为0.3Pa·s（30℃）。树脂要具有良好的分散性，制成的压入料要具良好的施工作业性。

(3) 常温下与骨料、粉料极少产生化学反应，压入料不应随时间变化。

(4) 含有足够的固定碳。

(5) 在温度的作用下，在适宜的固化时间内使压入料产生足够的强度。

(6) 含有害成分少。

近年来，由于镁铝质、碳质耐火材料的发展，国内已有几十家树脂生产厂生产热塑、热固性等多种树脂，为镁（铝）碳质耐火材料做出重大努力，但因原料、工艺、反应条件等多种原因，普遍存在着性能不稳定、保存时间有限等问题。树脂是在反应釜内生产，由于是间断生产，每罐之间都有差异。此次压入料试制初期选用国内多家树脂生产厂的产品均达不到使用要求，在压入料的体密、强度、黏结时间等项存在不足，一些树脂内溶剂水分过高，以致制成压入料孔隙甚大，强度很低。按使用要求，由树脂厂进行调试加工，在反应的原料、催化剂、摩尔比、反应时间等多方面调整，反复试验后，得到合乎压入料使用要求的热固性酚醛树脂。

酚醛树脂需要适宜的保存温度（5~25℃），超过温度树脂将很快增稠固化。

14.3.5.4 硬质压入选点办法

硬质压入选点的主要参考依据：

(1) 炉皮测温记录；

(2) 炉皮发红记录；

(3) 炉身探孔测厚记录；

(4) 压入点位置分布图；

(5) 前3次硬质压入施工的位置分布图。

坚持对炉皮进行测温跟踪，是一个非常实用且非常有效的办法。通过对炉皮进行测温，可以大致了解炉皮的温度分布情况，长时间的记录可以基本了解整体的温度变化情况。炉皮测温记录实际上是交叉的数据库，可以对此进行利用，对压入选点提供依据，也可以对压入的效果进行评价。对每个定休周期内的测温记录进行汇总，在定休前期分析。炉皮温度偏高的（≥75℃但炉皮没发红），准备在定休中进行压入。

利用炉身探孔测厚记录，对炉衬厚度小于200mm的位置准备进行压入施工。

结合炉皮发红记录，对每个发红的部位、每次发红的时间进行详细的记录，在定休时对每个发红部位都要进行硬质压入，确保炉皮发红现象得到缓解。但是在大面积发红部位，并不是进行每孔都压入，而是采用间隔选点。若每孔都压入，会因压入量过大而造成脱落，在通过模拟试验弄清压入料在炉内的行为变化后，采用间隔选点法，既保证压入效果，又减少了压入量，同时避免了压入料脱落而造成压入后很快二次发红。

在压入施工后对发红点的炉皮进行跟踪测温，在下次的定休中要对上个周期的发红点进行维护性压入。

14.3.5.5 硬质压入作业标准

A 硬质压入的作业标准

（1）硬质压入末端压力≤25kg/cm²。

（2）硬质压入前端压力≥188kg/cm²。

（3）压入量与压入周期：

类 型	压入量	压入周期
维护性压入（炉皮测温低于75℃）	90～120kg	≥6个月/次
炉皮温度高压入（炉皮测温达到75℃以上，但炉皮未发红）	100～150kg	每次定修尽可能压入
炉皮发红（包括新开孔）	200kg	每次定修必须压入

B 新开孔条件

（1）炉皮发红点。

（2）长期炉皮温度高点（一个定修周期间此点炉皮测温温度≥75℃）。

C 工作制度

（1）定修前一周，由炉长、生产技术系统相关人员与炉窑技术人员一起制定本次定修硬质压入计划。

（2）定修硬质压入作业中生产技术系统派一名负责人与生产人员一起进行现场跟踪。

（3）生产技术系统及时对硬质压入数据收集、整理，并反馈各方。

14.3.5.6 硬质压入效果分析

定期进行硬质压入后，有以下使用效果：

（1）炉皮温度有不同程度的下降。

（2）炉体内衬得到局部的修补，厚度变大。

（3）炉皮发红得到缓解。

14.4 冷却设备的维护

14.4.1 冷却设备维护简介

大型高炉一般采用冷却壁和冷却板两种冷却形式，两种形式都具有良好的业绩，也有根据不同部位采用板壁结合的冷却形式。

冷却壁式高炉优点是造价较低，一般采用球墨铸铁，采用砌砖或者镶砖作为内衬，高炉内衬较平滑，冷却壁发生大面积损坏时，可以利用定修的机会对损坏的冷却壁进行更换。

冷却板式高炉优点：（1）冷却强度大；（2）便于维护，损坏可更换。缺点：（1）材质为纯铜，成本较高；（2）与炉皮连接处易漏煤气。在高炉炉役的中后期，内衬侵蚀严重，冷却板裸露在外，仅剩下冷却板之间的一点内衬，内衬不平滑。当冷却板发生损坏时，要及时进行更换。

当原有冷却器发生损坏时，微型冷却器可以安装在原有损坏的部位，作为冷却的补充。

冷却设备的维护主要包括三个方面的内容：冷却壁的整体更换、冷却板的更换以及微型冷却器的安装。

14.4.2 冷却壁的整体更换

14.4.2.1 冷却壁整体更换的必要性

当高炉的冷却壁发生大面积破损、危及高炉正常生产时，国内的传统方法是采取停炉中修，人员进入炉内，对破损的冷却壁进行更换。此种方法停炉时间长，一般在15天以上，产量损失较大，经济性不好。因此，利用定修的时间对破损冷却壁进行更换是一个经济高效的方法。

宝钢3号高炉于1994年9月投入生产，内容积为4350m^3，是当时国内最大的高炉。随着高炉炉龄的增加及冷却设备本身存在的缺陷，到2003年底，S3段冷却壁破损情况日趋严重，本体管破损率达70%以上，占所有本体管的三分之二左右，冷却效果大大降低。这种破损冷却壁如不能及时更换，必定会对高炉炉体长寿造成很大的负面影响，炉皮随时会因冷却强度不足出现温度上升或发红现象，高炉的产能优势也就不可能得到充分发挥，所以对S3段冷却壁的更换工作非常有必要。

14.4.2.2 更换S3段冷却壁施工介绍

针对3号高炉冷却壁的状况，于2004年3月23日至2004年3月27日实施休风降料线更换S3段冷却壁作业，整个休风更换S3段冷却壁作业耗时6013min，料线降至炉身下部。

本次更换3号高炉S3段冷却壁作业是在施工人员不进入炉内，现场环境非常复杂的条件下得以成功实施的。由于受场地空间和检修时间的限制，在施工前制定了严密的施工计划，充分考虑到施工过程中可能遇见的困难并做好应对方案，大大提高了本次施工作业的安全性和有效性。在施工过程中充分利用了现有的高炉本体周围环境，合理地解决了每块重达5t的旧冷却壁的拆除和新冷却壁的吊装、存放和转运等限制性环节问题，使S3段56块冷却壁得以顺利整体更换。另外大量冷却水管的重新配置、冷却水量的重新分配也是这次更换S3段冷却壁作业的重要内容。

14.4.2.3 炉壳开孔的安全性计算分析

高炉是一封闭的结构，要更换冷却壁就需解决冷却壁的进出通道，必须在高炉炉皮的合适部位开一定数量的孔，开孔牵涉到炉皮强度和恢复焊接等一系列问题。现论证如下：

为了进行S3段冷却壁的更换，需在S3段上部的一定位置开孔，根据方便冷却壁安装原则，开孔数量暂定为4个，具体数量视炉皮强度计算后而定。在对现场情况调查后决定，开孔位置定在R2段处，孔的大小和一块R2段冷却壁一样，根据以上确定条件计算开孔后炉皮强度。

A R2段开孔应力计算结果

四种状态下的弹性应力计算结果见表14-4。弹性分析结果表明，对于开四孔情况的计算，根据压力容器的标准，炉壳强度是符合要求的。

表14-4 弹性应力计算结果

状 态		最大应力/MPa
R2段炉衬还在	R2段未开孔	142
	R2段开4孔	326
R1～R3段炉衬已经全部烧损	R2段未开孔	23.4
	R2段开4孔	61.2

B R2段开孔屈曲稳定性计算结果

计算采用ANSYS有限元计算程序中线性屈曲分析计算软件，该软件采用弹性分析的方法，使用结构应力形成几何刚度矩阵。从计算结果可以得到，其屈曲临界载荷的装载倍数为13.17，远远高于4～5倍标准值。因此，宝钢3号高炉炉壳在R2段开分布均匀的4个2m×0.9m的孔，不会发生屈曲问题。

14.4.2.4 更换冷却壁关键技术

冷却壁整体更换的关键技术有以下几个方面：

(1) 冷却壁改型。原有冷却壁材质为QT450-10，强度较高，但韧性不足，使冷却壁在高应力状态下断裂，造成内部水管破裂，失去冷却作用。更换的冷却壁采用 QT400-18 材质，强度有所降低，但韧性提高近 1 倍，可有效防止冷却壁在高应力下的断裂。

原有冷却壁的冷却强度已不能满足需要，因此，更换的冷却壁增加了内部冷却水管直径，提高了冷却强度。

（2）旧冷却壁拆除与吊出。在高炉炉顶外部平台上沿炉身一圈事先架设 20 台左右的无走行固定电动葫芦，特殊设计的“吊钩”在高炉休风后通过炉身顶部开孔进入炉内，进行吊装作业，吊装效率高，作业时间缩短。

根据旧冷却壁的构造和安装方式，冷却壁拆除时使用液压千斤顶，利用槽钢制作反力架并间焊接在炉壳上，通过顶冷却壁本体冷却管将冷却壁推入炉内。

先在旧冷却壁的冷却管保护管上焊上吊耳，当旧冷却壁完全被顶出，自由落入炉内后，用电动葫芦将其从炉皮开孔或炉顶大人孔处吊出。

（3）新冷却壁吊入与安装。当所有冷却壁拆除完毕后，对安装面适当清理，然后进行冷却壁的安装。同样利用炉顶布置的 20 多台电动葫芦进行冷却壁的吊装，冷却壁进入炉内的通道则利用 R2 段炉皮上开的四个孔和炉顶大人孔。

由于冷却壁更换量较大，共计 56 块约 280t，所以为了使施工时间不受制于运输环节，设置了专门的中间倒运设备。在 R2 段铺设专用环形轨道，在轨道上布置数台自制运输台车，进行冷却壁的倒运。

将新冷却壁运至 R2 段安装吊运孔前，通过操作电动葫芦和倒链，使冷却壁进入炉内，然后将新冷却壁放到待安装位置进行安装。待冷却壁就位后，套上垫圈及螺栓螺母，紧固到位，完成冷却壁的安装作业。

（4）安装后的处理。冷却壁更换完成后，要对其表面和背面进行处理。冷却壁背部与炉皮之间的空隙通过灌浆进行充填，在冷却壁镶砖的表面喷涂一层保护砖。

14.4.2.5 冷却壁更换后的高炉操作效果

整体更换 S3 段冷却壁是 3 号高炉长寿维护技术的重要进步。通过这项措施，消除了高炉炉身部位的薄弱环节，炉身中部的冷却强度得到了加强，高炉炉型也有了很好的改善，为 3 号高炉一代炉龄寿命达到近 19 年打下了坚实的基础。

冷却壁整体更换后取得了如下良好的效果：

（1）冷却效果加强。在更换 S3 段冷却壁之前，由于 S3 段冷却壁破损严重，炉身中部冷却效果下降，在目前高煤比、高利用系数冶炼条件下，高炉很难保证炉墙的长久稳定和安全。通过这次整体更换 S3 段破损冷却壁，炉身中部的冷却能力得到了有效、合理加强，这部位的热负荷也明显下降，这对 3 号高炉稳定炉况，创造更佳的高炉生产指标提供了有利条件。

（2）高炉操作条件改善。S3 段冷却壁更换以后，在炉体冷却效果加强的同时，炉型也得到了改善，从而高炉操作制度得到了进一步优化。以高炉操作中非常重要的煤气流分布来说，在更换 S3 段冷却壁前，炉顶煤气流的分布比较发散，且煤气流的波动幅度相对比较大；在更换 S3 段冷却壁后，这一状况得到了明显改进，炉顶温度趋于平稳收拢。从这一方面的有益变化可以充分体现 S3 段冷却壁的更换，对改善 3 号高炉的操作环境也起了非常积极的作用。

（3）高炉生产指标改进。3 号高炉炉身冷却强度的有效加强和操作炉型的改善，给高炉操作者搭建了一个进一步提高经济技术指标的舞台。更换 S3 段冷却壁之后的一个季度里，3 号高炉的生产技术指标确实也得到了很好的发挥，特别是在高煤比操作条件下，高炉的产量跃升到一个新的台阶，2004 年二季度 3 号高炉利用系数达到 2.433t/(d·m^3)，2005 年的年平均利用系数更是达到了 2.492 t/(d·m^3)，创宝钢最好水平。

14.4.3 冷却板的更换

14.4.3.1 冷却板破损原因

高炉在长期使用过程中，随着内衬耐火砖被侵蚀，冷却板不可避免地逐步暴露在炉料环境中，不断受到高炉炉料的磨蚀、高温气流的冲蚀以及各种化学介质的腐蚀，而使铜质冷却板的头部破损，进而出现漏水、漏煤气，甚至局部炉皮发红、开裂等现象，危及高炉的正常生产和寿命。

当冷却板水质存在问题时，冷却板的传热受到影响，也会导致冷却板的烧坏。

14.4.3.2 冷却板破损管理

随着高炉炉墙减薄及操作不当，冷却板将不可避免地出现烧损泄漏，可以通过观察回水支管的排水量、排水状况以及检测排水中是否含有煤气来判断。

平时，在设备点检时，要定期对冷却板进行检查，检查冷却板处漏煤气情况、冷却板排水状况、水温高低、炉皮有无异常等。建立一系列的检查制度和报表登记制度，定期进行查漏，并提出冷却板紧固计划。

根据国内外冷却板高炉操作的经验，在没有冷却系统时，炉体内衬的侵蚀速度要比有冷却系统时大得多，冷却板一旦破损，冷却水要立刻关闭，以防止向炉内漏水。同时，要安排在最近的一次定修对破损的冷却板进行更换。若不及时更换，会造成冷却板附近的内衬侵蚀严重。

14.4.3.3 冷却板更换实施

冷却板更换的步骤如下：

首先松开法兰上的坚固螺丝，接临时冷却水管，拆除短管密封套和波纹管；

安装冷却板拆除专用工具，拆除旧冷却板；清孔并安装新冷却板和冷却板附件；压入耐火材料充填。

由于原有冷却板是在建设期安装在高炉炉衬结构中的，冷却板与周围耐火砖之间形成比较好的结合。所以，常用的方法是适当减小新冷却板的尺寸，包括长度、宽度和厚度。

在高炉定修时进行冷却板更换作业，当新冷却板安装就位后，在新冷却板与周围耐火砖之间必然形成一定的空间和间隙，煤气通过这些间隙泄漏，影响炉衬及冷却板的寿命。为了消除这些间隙，可以在新安装的短管法兰面上预留灌浆孔并加焊短管，等全部结构安装完毕、高炉点火开炉前，进行灌浆作业，把特殊耐火材料压入炉内，充填冷却板与周围耐火砖之间的间隙。以往使用的是高铝质泥浆，后改为导热性能良好的含碳质泥浆 IPK-GRIC，其理化性能指标见表 14-5。

表 14-5 IPK-GRIC 的理化性能指标

化学成分/%			抗折强度 (110℃ ×24h) /MPa	体积密度 (110℃ ×24h) /$g \cdot cm^{-3}$	残存线膨胀收缩率 (110℃ ×24h) /%	热传导率 (110℃ ×24h) /$W \cdot (m \cdot K)^{-1}$
Al_2O_3	SiC	F. C				
35	4	55	19.6	1.88	-0.5	6.98

14.4.4 微型冷却器的安装

14.4.4.1 安装的必要性

由于高炉热负荷的增大，或是原有冷却设备发生破损导致冷却强度下降后，内衬耐火材料破损严重，甚至炉壳发红、开裂。

对于这种情况，近年来，研究一种新型的维修方式并得到成功应用，即安装微型冷却器。传统的冷却器包括水冷箱、水冷壁等。以这些传统技术为基础，综合冷却板结构的技术原料，设计出的微型冷却器具有体积小、安装简单灵活、冷却效果明显和更换方便等优点。

14.4.4.2 炉壳开孔应力计算

组装微型冷却器要在炉腰和炉身下部的炉壳展开面积为 470m² 上开大量的孔，原有大小孔 2532 个，需新开孔数量为一期 504 个、二期 896 个，孔径 110mm 或 130mm。根据 3 号高炉实际情况及材料性能、结构尺寸，对炉壳进行整体应力计算，弹性和弹塑性有限元分析，屈曲稳定性和温度场计算，最后以炉壳光弹试验模型进行弹性应力模拟试验。

A 整体应力计算

炉壳各段的竖向应力为环向应力的 6.6% ~29%，气体压力和内衬膨胀引起的应力占主导地位，在炉壳计算中起着控制作用。在高炉生产过程中内衬逐步被烧损而减薄，炉壳的温差和温差应力略有增大，但内衬相对于炉壳的径向刚度变小，内衬膨胀压力降低，计算结果表明内衬膨胀压力降低量远大于炉壳温差应力的增大量。分析得出在 B2、B3、S1 段开孔应力计算的整体应力值为环向应力 100.98MPa，竖向应力 17.37MPa。

B 开孔应力弹性分析

在正常情况下炉壳中的应力可分为一次薄膜应力和局部应力两类。由于增加新开孔，减少了炉壳的有效面积，因此不同开孔情况下的环向及竖向的一次薄膜应力都有不同程度的增加。对环向应力，新增开孔使最大的一次薄膜应力提高了7.2%，但不超过其许用应力。对竖向应力，因开孔位置距整个周期单元的多孔区较远，对最大一次薄膜应力没有影响，且炉壳本身竖向应力很小，因此开孔后的竖向最大一次薄膜应力远远低于其许用应力。

开孔应力集中引起的应力是局部区域的应力，可被认为是峰值应力。在安装微型冷却器需开孔的情况下，应力增大区域都是集中在炉壳原开孔位置上。新增加的孔只是改变了这些孔附近的应力分布。据弹性应力分析结果，新增孔后的应力值低于炉壳的许用应力值，不会造成炉壳破坏。

C 开孔应力塑性分析

根据弹性应力分析结构采用塑性理论的基本概念，对设计状态下炉壳开孔后的强度进行校验。随着外加应力的增加，塑性区域逐渐扩展。炉壳新开孔对炉壳应力分布及塑性区发展有一定影响。但是由于炉壳应力集中最为严重、最先发生塑性屈服并且最先达到塑性区域贯通破坏条件的位置并不在新增开孔位置，而在原开孔区的孔之间，这些孔的应力分布在外加应力载荷增加的过程中，几乎不受新孔的影响。因此得出结论，在炉壳新增开孔不会影响炉壳的安全性。

D 结构稳定性分析

炉壳除了强度、刚度分析外还应校核结构的稳定性及进行设备的失稳分析。采用偏安全的计算法。用弹性分析方法使用结构应力形成几何刚度矩阵，在分析中所考虑的载荷为节点力、力矩、压力、温度及重力，并且考虑了由于结构有些凹凸或壁厚不匀及所受压力的偏心而引起结构的不完善性，使用最终非理想化模型进行一系列的分析。分析认为，开孔对炉壳金属量有削弱，对高炉炉壳屈曲稳定性有一定影响，但金属量削弱较多的主要在原来的开孔处。几种不同几何加载条件下其屈曲临界载荷的装载倍数都在7.5以上，远远高于4~5标准值，考虑到本计算采用偏安全的选取，所以宝钢高炉炉壳在已知的各种实际条件下不会发生屈曲破坏。

E 炉壳局部受热温度场计算

炉壳不仅承受各种机械应力和因局部膨胀受阻引起的热应力，还要承受由于炉内温度变化在炉壳上反复出现局部受热而产生的热疲劳效应。应力场计算中的应力的绝对值要比过热产生的应力小得多。建立炉壳局部过热物理模型，列出了详尽的节点热平衡方程。炉壳寿命的主要影响来自炉内温度作用的持续时间，特别是周期性波动，炉壳温度的周期性变化使炉壳产生蠕变和开裂，另外还会产生热疲劳和热冲击，会使炉壳塑性性能急剧下降，可导致其脆性破坏，应该注意热疲劳仅有几千次循环。提出了过热的临界次数和过热区中心温度的关系及炉壳厚度允许增大率与过热区中心温度的关系。

温度场计算结果表明：只要炉壳内还保存着完好的填料层，炉壳的温度就不会超过240℃，因此也就不会有材料力学性能的急剧变化和热疲劳发生。

宝钢3号高炉是在炉壳一块冷却壁的面积上新开四个130mm的孔，在高炉晚期冷却壁水管完全损坏以后，可在原冷却壁进出水孔的位置上设置微型冷却器，不另开新孔。由上可见，在新增开孔的状态下，炉壳也是安全的。

14.4.4.3 微型冷却器的制造

微型冷却器研制按伸进炉内部位的热流强度与使用高炉清循环水的水压、水量进行设计，使微型冷却器接受的热流密度与导出的能力相适应。将微型冷却器伸进炉内段进行表面硬化处理，使其高温硬度比纯铜提高3倍以上，可有效地抗御炉内渣铁和物料的磨刷。微型冷却器设有冷却水进出孔道和耐火料的压入孔道，伸进炉内凸出内衬壁70~120mm，可以挂住渣皮，在耐火料压入时，可以起到支撑和锚固作用。这样可以使高炉长寿的压入维修法能在冷却壁式高炉上应用。整个设备小巧玲珑，采用法兰连接，设有千斤顶把持机构，组装和更换简便。

微型冷却器参数：外径ϕ100~130mm，长度400~650mm，纯铜制作，含铜量99.7%。

14.4.4.4 微型冷却器的安装

微型冷却器既可以安装在冷却板式结构的高炉炉体，也可以安装在冷却壁结构的炉体。对于冷却壁结构的高炉，可以在已经破损的冷却壁上破壁安装，也可以选择在冷却壁的间隙安装。

14.4.4.5 微型冷却器安装后的效果

安装微型冷却器，有效增大了冷却壁的冷却强度。

研究表明，影响冷却壁温度的首要因素是渣壳厚度。安装微型冷却器后，由于形成稳定的渣皮保护层，在冷却壁本体上粘结渣皮厚度约为15mm左右，相同条件下的球铁冷却器最高温度可以降低1/3，使冷却壁热负荷降低约25%（见图14-25)，有利于保护冷却壁，减少水管破损，从而延长了高炉的寿命。

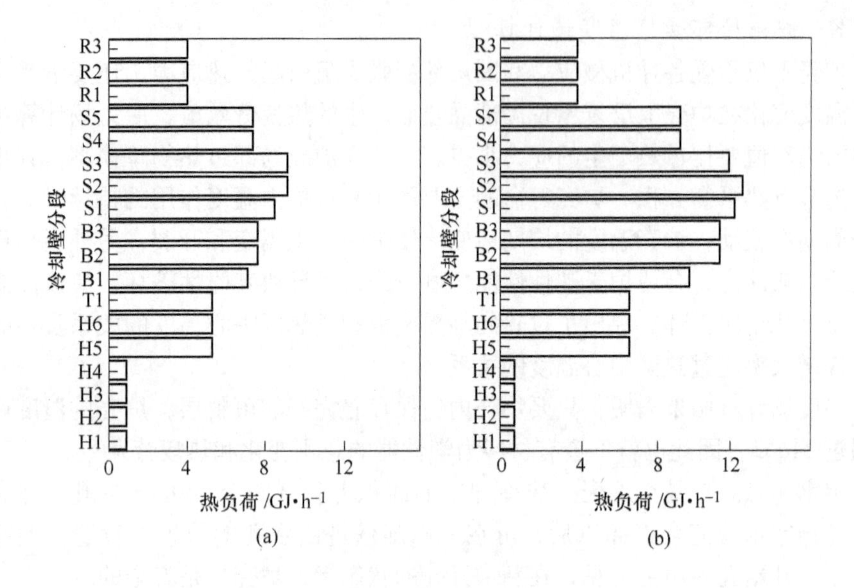

图 14-25 安装冷却器前后冷却壁各段热负荷对比

（a）安装冷却器后；（b）安装冷却器前

参 考 文 献

[1] 张福明，程树森．现代高炉长寿技术[M]．北京：冶金工业出版社，2012.

[2] 周传典．高炉炼铁生产技术手册[M]．北京：冶金工业出版社，2012.

[3] 项钟庸，王筱留，等．高炉设计——炼铁工艺设计理论与实践[M]．北京：冶金工业出版社，2007.

[4] 王筱留．钢铁冶金学（炼铁部分）[M]．北京：冶金工业出版社，2013.

[5] 张金艳，刘兴平，范咏莲．高炉长寿内衬维修技术及所用耐火材料[C]．2008 年耐火材料学术交流论文，2008.

[6] 朱仁良，陶卫忠．宝钢 3 号高炉冷却壁更换及效果[J]．炼铁，2004，23(5)：1～5.

[7] 施科．宝钢 3 号高炉冷却壁更换技术[J]．炼铁，2005，24(增刊)：92～95.

[8] 张立亮．宝钢高炉冷却壁存在问题及对策[J]．宝钢技术，2000，(1)：60～62.

[9] 王雄，朱宝良，彭根东．宝钢三高炉冷却壁更换施工技术[J]．宝钢技术，2005,(2)：1～3.

[10] 邓炳炀，姜伟忠．高炉冷却板的管理与维护[J]．上海金属，1994，16(6)：24～27.

[11] 李军，汪国俊．宝钢 2 号高炉炉体长寿维护实践[J]．炼铁，2005，24(3)：1～4.

[12] 林成城．微型冷却器在宝钢 3 号高炉的应用[J]．宝钢技术，1999，(5).

[13] 郭可中，周家裕，刘兆宏．冷却壁和微型冷却器相结合的维修技术在 3 号高炉的应用[J]．宝钢技术，2000，(3)：47～50.

[14] 梁利生，沈峰满，魏国，等．宝钢 3 号高炉长寿技术实践[J]．钢铁，2009，44(11).

第四篇 工艺装备技术发展

宝钢炼铁厂的高炉工艺装备，最早是1978年1号高炉建设时，完全从日本新日铁引进，走了一条“引进—消化—吸收—创新”的道路，通过高炉的新建、大修改造等途径，工艺装备的国产化率逐步提高，并且不断地融入炼铁工艺、机械电气设备等新技术，符合国家环保新要求，到2014年4号高炉炉缸大修，完成了一轮建设改造，高炉全系统的工艺装备水平从20世纪70年代末先进水平已经提升到当今特大型高炉主流先进工艺装备水平，在此过程中，高炉炉前原料输送系统、高炉本体系统、炉顶装料系统、煤气净化系统、热风炉系统、煤粉喷吹系统、通风除尘系统、三电控制系统、高炉专家系统等都有新的发展。本篇仅对最具有代表性的几个方面，如炉顶装料系统、煤气净化系统、高炉专家系统等与高炉操作密切相关的工艺系统做集中归纳叙述。

炉顶装料系统是用来装料入炉并使炉料在炉内合理分布，同时起炉顶密封作用。按工艺要求炉顶装料系统，设备结构力求简单，便于制造、运输和安装，零部件寿命长，

维护和修理方便，并要有足够的赶料能力。宝钢高炉炉顶装料系统先后运用了双钟四阀式炉顶、串罐无料钟炉顶和并罐无料钟炉顶等型式。

煤气净化系统是用来把高炉煤气中的灰尘颗粒除去，为钢铁联合企业的煤气用户提供洁净的气态能源。高炉煤气净化原理是借助外力作用使尘粒和气体分离的，方式有湿法、干法及干湿两用。宝钢高炉煤气净化系统最早采用湿法双文洗涤系统，之后引入了湿法环缝洗涤，自主集成研发了煤气布袋干法除尘系统，符合国家环保导向和要求，提升了煤气品质和余能回收的效率。

高炉专家系统是通过高炉冶炼过程的主要参数的基础上建立数学模型，将高炉操作专家的经验编写成规则，运用逻辑推理来判断高炉冶炼进程，并提出相应的操作建议，减少人为判断失误造成的高炉炉况波动和失常。宝钢早期专家系统是GO-STOP异常炉况判定模型，此后经过不断完善，已经发展出具有高炉炉热调节、煤气流控制、炉渣性能控制、特殊炉况判断、出渣铁监视、炉缸侵蚀监控及热风炉自动烧炉等多种控制的智能型专家系统。

15 炉顶装料系统

宝钢1号高炉1985年点火投产，大部分装备是引进新日铁技术，炉顶系统采用双钟四阀式。1991年点火投产的2号高炉开始使用无料钟炉顶技术，此后的3号高炉、4号高炉都使用无料钟炉顶，1号高炉2008年的大修也把钟式炉顶改造为无料钟炉顶。目前在用4座高炉，都已改造为无料钟炉顶，因此，本章对宝钢的钟式炉顶仅做简要的介绍，更多篇幅用于介绍无料钟炉顶。

15.1 宝钢钟式炉顶装料设备

宝钢1号高炉第一代双钟四阀式炉顶设备的组成如图15-1所示，由旋转布料器、上部固定贮料斗及闸阀、密封阀、小料钟及其料斗、小钟煤气封罩、大料钟及其料斗、大料钟煤气封罩、料钟拉杆、活动炉喉护板、炉顶高压操作设备等。

高炉装入皮带机头部溜槽的落料，经过旋转布料器布入固定贮料漏斗，贮料漏斗设置四个漏料口，各漏料口设有扇形闸阀，在程序设计上，允许扇形闸阀同时打开或者是以某一时间间隔打开。将贮料漏斗中的炉料同心地布在小钟料斗上。小钟料斗上部的小钟煤气封罩在扇形闸阀对应位置上，各有一套翻板式密封阀，可以保证高炉炉顶高压操作。

采用以上方式，保持了皮带上料均匀分布的优越性，同时可以减少在圆周方向上的炉料偏析。和炉内导料板装置配合，就可以随意地进行调节，获得预期的炉顶布料效果。

15.2 串罐式无料钟炉顶

无料钟炉顶设备与传统的料钟装料设备相比有以下优点：

（1）布料灵活，可以采用多种布料手段，如定点布料、环形布料、扇形布料，从而达到比较理想的布料状态。

（2）炉顶布料功能与炉顶煤气密封功能分开，采用多层软质小面积密封，改善了密封性能，有利于提高炉顶压力。

（3）体积小、重量轻、投资省、维修更为方便。

1991年投产的宝钢2号高炉，炉顶装料设备采用的是串罐式上罐旋转型无料钟炉顶。此后，在3号高炉建设时，采用了改进型带旋转受料罐的串罐无料钟炉

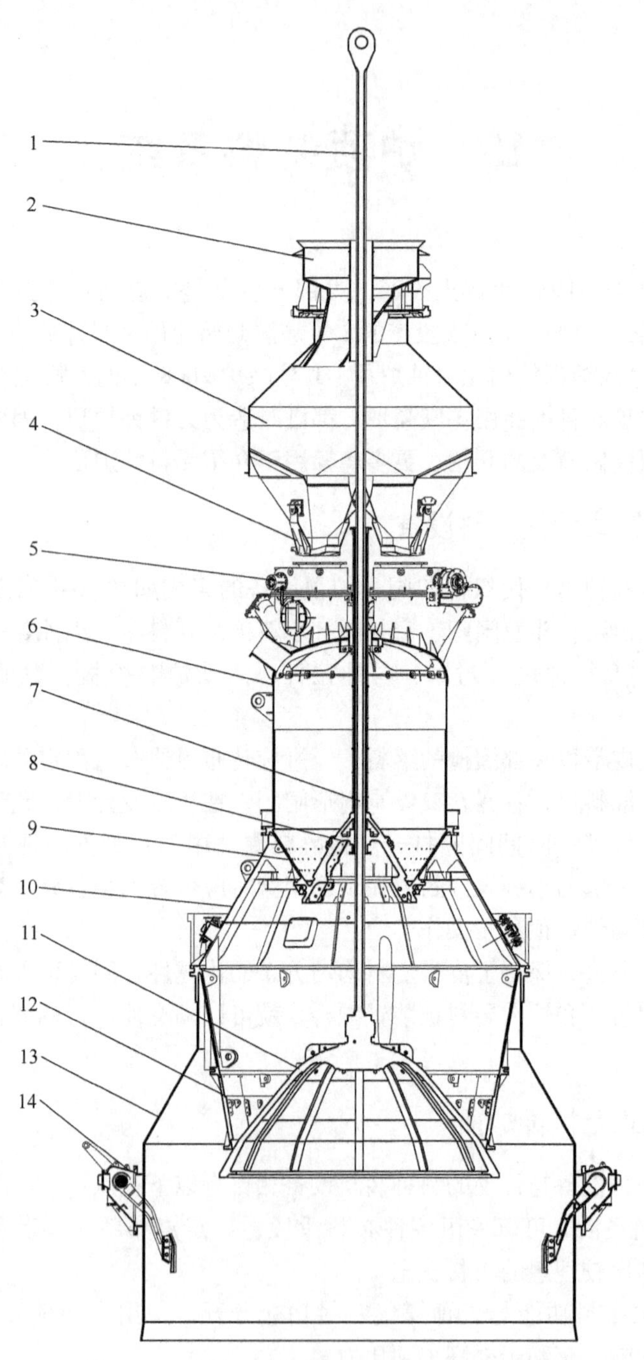

图 15-1　宝钢 1 号高炉双钟四阀式炉顶示意图

1—大钟拉杆；2—旋转布料器；3—固定贮料斗；4—扇形闸阀；5—翻板式密封阀；6—小钟煤气封罩；7—小钟拉杆；8—小料钟；9—小钟料斗；10—大钟煤气封罩；11—大料钟；12—大钟料斗；13—高炉；14—可调炉喉

顶，4号高炉和2号高炉大修时，采用固定料罐型串罐无料钟炉顶，3号高炉第一次大修改为带托轮的旋转受料罐串罐无料钟炉顶。

以下就分别介绍各种串罐无料钟炉顶的装备情况。

15.2.1　早期的旋转受料罐式串罐无料钟炉顶

2号高炉第一代和3号高炉第一代旋转受料罐式无料钟炉顶是由卢森堡PW公司引进的早期型式，其装备情况如下。

15.2.1.1　设备构成

炉顶主要由旋转受料罐、上料流闸阀、称量料罐、上部密封阀、阀箱、下料流阀、下密封阀、中心波纹管、眼镜阀、气密水冷传动齿轮箱、布料溜槽、均排压系统、液压润滑及附属设备构成。

2号高炉炉顶装料设备总图如图15-2所示。

15.2.1.2　炉顶设备的装料过程

炉料从上料皮带机落下后，进入旋转受料罐，经过上料流闸阀，上部密封阀后进入称量料罐。上密封阀打开之前要进行排压，当炉料进入称量料罐前，先打开上部密封阀，后打开上料流闸阀，旋转受料罐装料结束后，则是先关闭上料流闸阀，后关闭上部密封阀。称量料罐的炉料经过下料流阀、下密封阀后通过中心喉管进入布料溜槽到达炉内。下密封阀打开之前要进行一次、二次均压、称量料罐排料时，先打开下部密封阀，后开启下料流调节阀。料流调节阀根据不同的物料及下料时间要求，有不同的开度，排料结束时，先关闭料流调节阀，再关闭下部密封阀，最后布料溜槽根据高炉操作的需要而采取灵活多样的方式将炉料布到炉内。

15.2.1.3　设备的主要性能及结构特点介绍

A　旋转受料罐及上料闸阀

旋转受料罐容积为80m^3，安装在炉顶装料设备的顶部，由旋转大轴承支承，上部与上料皮带机溜槽相联。它主要由旋转受料罐驱动装置、料罐本体、旋转大轴承支承装置、中心回转接头、润滑设备等组成。

旋转受料罐的运转是由两套驱动装置驱动的，每套驱动装置都是由一台电动机驱动，通过弹性柱销联轴器与齿轮减速机相联，经过齿轮箱二级减速后，输出轴上的小齿轮把运动传递给旋转大齿圈，旋转大齿圈带动旋转受料罐做匀速运转，根据工艺的需要，旋转受料罐可以正旋转，也可以逆旋转。通常情况下两套同时驱动，在事故状态下单台也可以短时间驱动旋转受料罐。

旋转受料罐本体主要由料罐上筒体、下锥体、直筒部衬板、锥部衬板、导料锥、导料锥衬板、导料锥吊杆、保护套、导料锥吊杆支承臂及保护套等组成。直筒部衬板为耐磨钢，锥部衬板及导料锥衬板材料为高铬铸铁，导料锥吊杆保护套

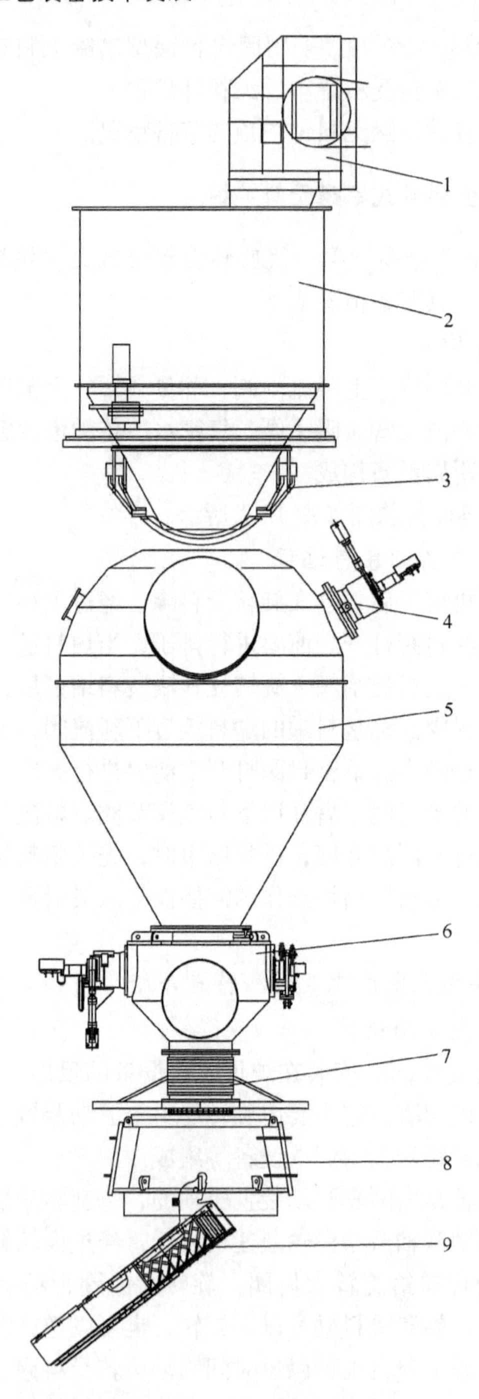

图 15-2 早期旋转受料罐式串罐无料钟炉顶示意图

1—装入皮带头部溜槽；2—旋转受料罐；3—上料闸阀；4—上密封阀；5—称量料罐；
6—下阀箱（包括下料流阀和下密封阀）；7—眼镜阀；8—气密水冷齿轮箱；9—布料溜槽

也采用高铬铸铁，导料锥吊杆支承臂保护套采用普通碳钢堆焊硬质耐磨合金材料，结构上则采用自衬料垫的型式。

旋转受料罐的回转支承采用大轴承的型式，旋转料罐本体与回转大轴承的外圈用螺栓连接，而旋转大轴承的外圈在设计时与大齿圈合成一体，所以大齿圈实际就是大轴承的外圈。回转大轴承的内圈与支承托架相联结，并用螺栓进行固定，支承托架则焊接在炉顶框架上。轴承采用二排滚动体，一排采用球，一排采用滚子；轴承在工作中承受大量轴向力，少量径向力。在设计时，为了保证轴承的正常运转，使其达到寿命10年以上，在轴承内圈上装有4排共48个给油孔，每8min给油一次，使轴承得到充分的润滑。

旋转受料罐的顶部设置旋转中心接头，为上料闸阀提供驱动液压油、润滑脂以及限位电气信号的传输等。从炉顶液压站来的液压油管和润滑脂管道从旋转受料罐的顶部盖板连接到中心接头，从中心接头排出的管道与旋转受料罐的本体固定，穿过保护横梁到旋转受料罐的壳体外部，再排布到上料闸阀。上料闸阀开闭信号线也是通过中心接头和端子箱，与高炉主控制室相连。

3号高炉第一代为了进一步改善布料状况，在设计时，把装入皮带机的中心线与高炉中心线错开1200mm，炉料从装入皮带头部溜槽进入旋转溜槽时偏离中心，在料罐旋转作用下，炉料排布更加均匀，可减少炉顶布料偏析。

上料闸阀结构如图15-3所示，主要由2套油缸、2套四杆驱动机构、半球形阀板及衬板等组成。这些部件都安装在旋转受料罐的下部，阀板本体是铸钢件，阀板分为上、下两半球形，分别安装有6块高铬铸铁衬板。衬板与阀体用特殊螺

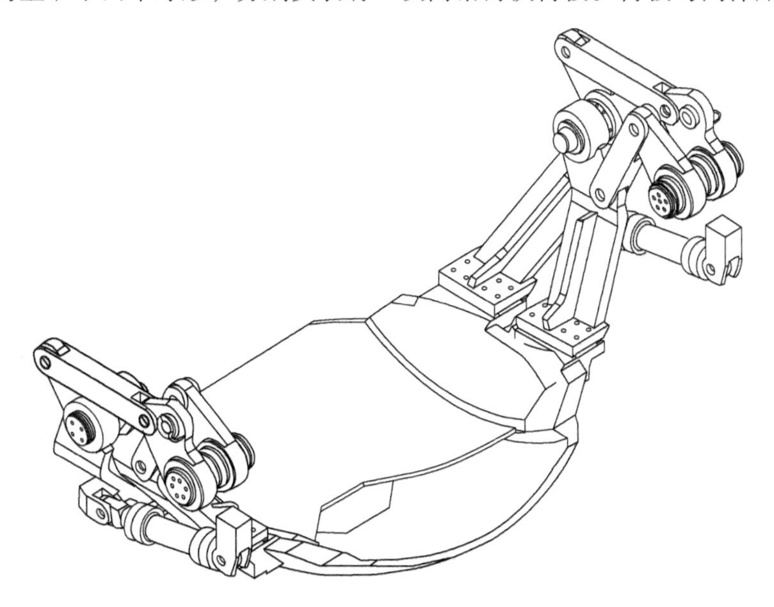

图15-3　上料闸阀结构示意图

栓连接。阀板与驱动杆也用螺栓连接，拆装维护比较方便。

上料流阀安装在旋转受料罐的下部，工作原理如图15-4所示。与旋转受料罐一起旋转，阀板开闭靠两个油缸驱动杆1，通过四连杆机构将运动传给杆5，杆1和杆5分别与上阀板及下阀板相连，杆1和杆5的摆动使阀板动作。

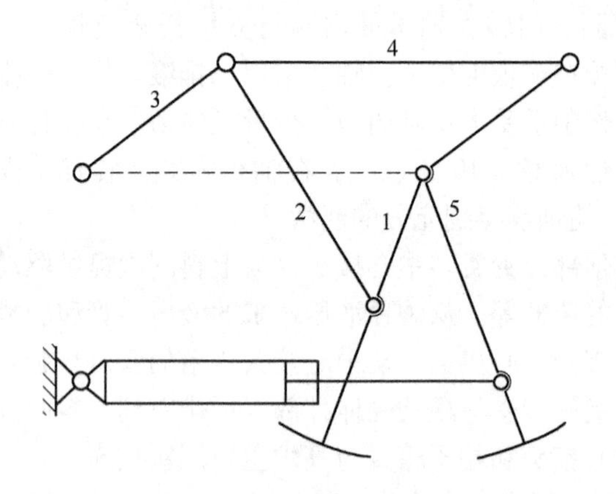

图15-4 上料闸阀动作原理图

B 称量料罐及上密封阀主要性能及结构特点介绍

称量料罐容积80m^{3}位于旋转受料罐与阀箱之间，称量料罐的重量（包括料重）是通过三组吊挂装置传递到三个电子压头上，电子压头安装在炉顶框架上，电子压头的重量信号通过一系列电子转化装置最后将料重显示出来。

称量料罐主要由料罐本体、吊挂装置、称量装置等组成。料罐本体由壳体、耐磨衬板、导料锥及导料锥保护板、料垫圆盘及支承杆、支承杆保护环、导料锥支承臂及保护衬板等组成。壳体由钢板焊接而成，内部直筒部衬板为耐磨钢板，锥部衬板为高铬铸铁，导料锥支承臂共有3根，每根上分别安装3块耐磨衬板，衬板与支承臂用螺栓连接。在导料锥上方，设计有一块料垫式圆盘，其作用是减少料对导料锥及称量料罐内部的冲刷。料罐本体是通过吊挂装置悬挂在炉顶框架上，吊挂装置共有3个，并与3个称量压头位置对应。

称量料罐的制造是按照压力容器的标准，在称量料罐壳体上钻了若干衬板安装螺栓孔，壳体外部焊接法兰短管，衬板特殊螺栓安装螺母紧固后，法兰短管外部用法兰盲板封闭，保证称量料罐的气密性。称量料罐在投入使用前，必须做水压试验，达到炉顶设计压力的1.5倍不发生变形和泄漏。

为了保证称量的准确，与称量料罐相连接的设备设置了软连接，如均排压支管、上部旋转受料罐的集尘罩、下阀箱下部中心波纹管等。

上部密封阀安装在称量料罐的上部，结构如图15-5所示，主要由驱动油缸、回转臂、阀板、阀座等组成。驱动油缸有压紧油缸和转动油缸。回转臂主要由轴承座、轴承、转臂、摆动杆、密封组件等组成，阀板主要由阀板本体、密封圈、压圈等；阀座主要由阀座体、密封O形圈、调整垫、安装螺栓等组成。阀板上的密封圈为硅橡胶圈。

上密封阀驱动原理如图15-6所示。

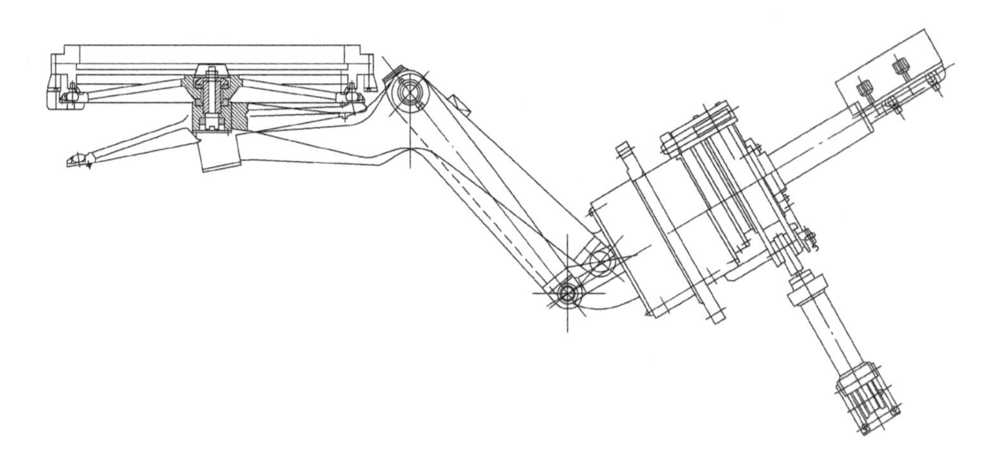

图15-5 上密封阀结构示意图

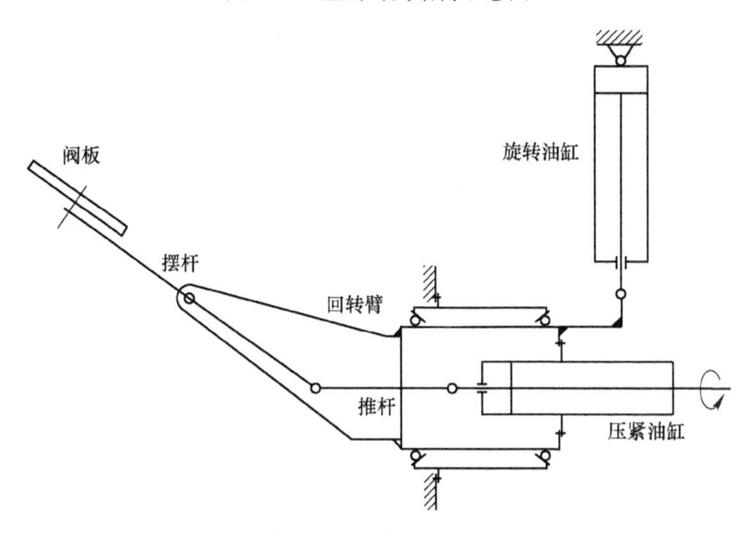

图15-6 上密封阀驱动原理图

上密封阀结构特点如下：

（1）阀板上的硅橡胶密封圈与密封座圈的接触是一个软硬接触的密封，其密封可靠。

（2）为防止密封圈因压力过大受到破坏，密封圈内侧装有一个限制环，限制环与阀板之间留有一定的调整间隙。

（3）密封阀阀座外侧安装有一个加热圈，加热温度100～120℃，防止由于炉料含水分使阀座处结露而黏结粉尘。

（4）密封座圈堆焊硬质合金，提高座圈的寿命。

（5）阀座与称量料罐顶部的连接，橡胶密封圈的固定都是采用螺栓连接的方式，便于维修更换。

（6）密封阀阀板与心轴的连接用球形铜套面结合，阀板与驱动臂连接用螺栓加碟型弹簧的结构。碟型弹簧的作用，一方面能使阀板在关闭过程中有一些微小的移动；另一方面使阀板与驱动臂之间具有一定的刚度，关闭时，不产生较大的变形，密封位置正确，密封磨损减少。

（7）密封阀驱动部分与阀门安装座之间用螺栓连接，借助于专门设计的拆卸工具，整体更换方便。

C 阀箱、下料流阀、下密封阀主要性能及结构特点

阀箱的结构如图15-7所示。

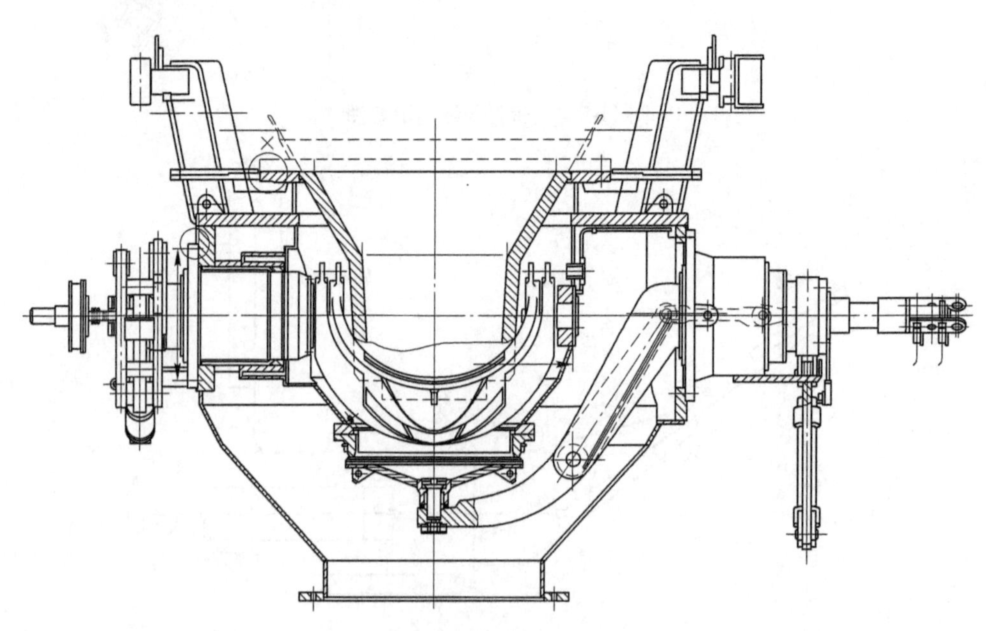

图15-7 无料钟炉型下阀箱结构示意图

阀箱安装在称量料罐下部，与称量料罐用螺栓连接。阀箱本体是由钢板焊接而成，在其入口装有一个耐磨管，材质为高铬铸铁，在入口耐磨管下部，依次为下料流闸阀和下密封阀，下料流闸阀和下密封阀的驱动部分别装在阀箱的两个侧面。

下料流闸阀主要由驱动油缸、驱动臂及杆件、转动轴、阀板等组成。转动轴

共有两根，其中一根是实心轴，一根是空心轴，它们是套在一起同心的，分别驱动上、下阀板；阀板是两个半球形体，分上、下阀板；上、下阀板上分别装有6块衬板以防止料流的冲刷，材料为高铬铸铁。

下料流闸阀的阀板开度不同，由上下阀板缺口形成的近似菱形的落料口面积也不同，炉料的通流能力也随之变化。下料流闸阀的阀板打开角度与其流通面积和通流能力存在一定的关系，在下料流闸阀设计时已经考虑，制造装配完成后，出厂前可以做料流模拟试验。在高炉安装完成后，可以在装入开炉料的阶段实际验证。

根据装料测定的结果，设定料流阀分别装焦炭和矿石的角度档位，与炉顶布料溜槽的角度配合可以实现炉顶调剂。

下料流闸阀驱动液压阀是比例换向阀，油缸可以在任一中间位置停止，实现上述开度的控制。

下密封阀主要由驱动油缸、回转臂、阀板、阀座等组成。驱动油缸有两个(压紧油缸和转动油缸各一个)，分别完成压紧和转动动作。回转臂主要由轴承座、轴承、转臂、摆动杆、密封组件等组成。阀板主要由阀板本体、密封圈、压圈等组成。阀座主要由阀座体、密封O形圈、调整垫、安装螺栓等组成，阀板上的密封圈为硅橡胶圈。

下密封阀有以下结构特点：

(1) 阀板上的硅橡胶密封圈与密封座圈的接触是一个软硬接触的密封，可靠性强。

(2) 密封阀阀座外侧安装有一个加热圈，加热温度100~120℃，防止由于炉料含水分使阀座处结露而黏结灰尘。

(3) 密封座圈堆焊硬质合金，提高座圈寿命。

(4) 下密封阀与上密封阀不同，其阀门关闭时，转臂回转中心位置在阀座上面。

(5) 下阀箱箱体设有氮气冷却孔，与炉顶冷却氮气系统连接，在高炉装料过程，下阀箱通入一定量的氮气，主要目的是防止炉顶高温煤气窜入烧损下密封阀密封圈。

D 中心波纹管

下阀箱以下，设置了中心波纹管，主要作用是保证称量料罐的称量准确性。中心波纹管加装了耐磨堆焊材料制成的保护内衬保护波纹管本身不被炉料冲击损坏。

E 布料器（布料溜槽及其驱动装置）

布料器安装在炉顶钢圈上，主要由上部齿轮箱（行星齿轮箱）、水冷气密齿轮箱、倾动齿轮箱、布料溜槽等组成。

布料溜槽有两个动作——旋转和倾动。布料溜槽的旋转是由一台功率为 18.5kW/6.2kW，转速为 1500r/min/500r/min 的双速电机驱动，经上部齿轮箱减速后，由齿轮将运动传递给与旋转底盘相连接的旋转齿圈，从而使旋转底盘带着布料溜槽一起旋转。布料溜槽驱动装置如图 15-8 所示。

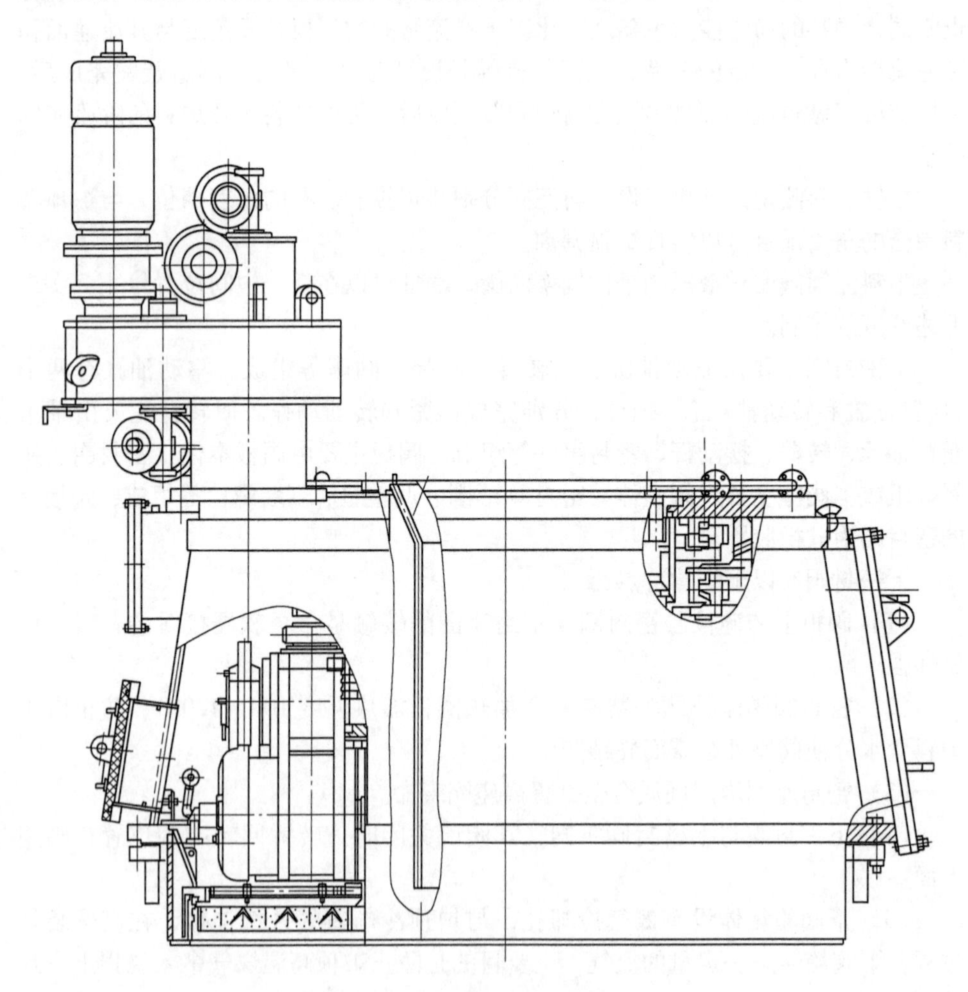

图 15-8　布料溜槽驱动装置结构示意图

溜槽的倾动是由一台 18.5kW，转速为 1500r/min 的倾动电机，经上部齿轮箱减速后，由齿轮将运动传递给双联旋转齿圈，再与倾动齿轮箱的小齿轮啮合，倾动齿轮箱输出小齿轮轴与扇形内齿轮啮合，与扇形内齿轮同轴安装输出轴带动溜槽做倾动动作。由于倾动齿轮箱在布料溜槽旋转时与布料器的底盘一起运动，因此，倾动运动方向是由溜槽旋转底盘旋转速度与齿圈旋转速度之间的差异决定。当溜槽的旋转速度小于齿圈的旋转速度时，溜槽向下倾动。

布料溜槽驱动装置中的传动齿轮箱（水冷气密齿轮箱）是整个炉顶装料设备中最关键的设备。在设计中，寿命定为一个炉役，即一代炉龄不更换零部件。为了达到这个目的，采取的措施有：

（1）零部件在设计计算时，耐久寿命大于10年。强度计算时，按照电机堵转时，零件所受的应力不大于弹性极限的0.8倍。

（2）齿轮箱底部安装隔热材料。

（3）传动齿轮箱的旋转体表面装有蛇形冷却水管构成的冷却板，用水强制冷却，水管用不锈钢管，防止结垢。

（4）齿轮箱空腔通入氮气，加强对高炉炉顶煤气的密封，防止炉顶煤气灰尘进入齿轮箱啮合部位。

（5）齿轮箱各运转及啮合部位加强润滑。炉顶集中给脂润滑系统分为两个系统，对重点部位的润滑周期是45min，对普通运转部位的润滑周期是8h。

（6）齿轮箱倾动轴铜套部位的润滑选用耐高温油脂，且每个倾动齿轮箱带有润滑油脂罐以及凸轮机械驱动的给脂泵，溜槽在下倾过程中可以实现给脂。

（7）对齿轮箱的关键部位安装监测仪表，控制齿轮箱的温度，减少箱体变形卡阻。

（8）布料溜槽旋转电机为高低速切换电机，能够以两种速度旋转，高速为8r/min，低速约为2.7r/min。

布料溜槽的倾动范围是0°~53°，设有11个档位。

由于布料溜槽既能旋转又能倾动，因而实现了定点布料、环形布料、扇形布料、螺旋布料等诸多功能，这些灵活多样的布料手段，使进入高炉内的炉料有比较理想的分布状态，实现了高炉的稳定顺行。

布料溜槽本体如图15-9所示，布料溜槽有如下特点：

（1）与倾动齿轮箱挂耳连接部位是由厚不锈钢板焊接加工，溜槽本体是略薄一些的不锈钢板焊接结构。

（2）溜槽槽体截面为方形，能够在溜槽旋转和倾动时更准确地把炉料分布到所需位置。

（3）溜槽有效长度为4500mm，适应特大型高炉的布料要求。

（4）溜槽内安装耐磨堆焊带料垫衬板，其中第一落料点的冲击剧烈，料垫的高度为100mm，且两个侧面均焊有格状的料垫；第二落料点的堆焊衬板为双层，最上层设置较低的料垫，既不影响炉料的平稳滑落，又可以提高溜槽的使用寿命。

（5）溜槽槽体下部浇筑隔热耐火材料。

（6）布料溜槽的鹅头卡装在驱动齿轮箱内左右倾动齿轮箱的输出轴上，并通过定位销固定，可以随着炉顶齿轮箱旋转和倾动。

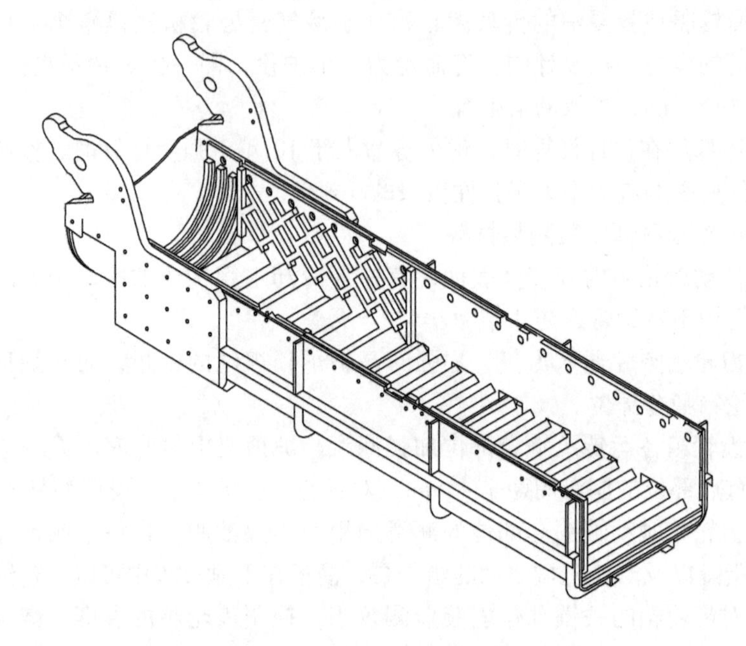

图 15-9 布料溜槽结构示意图

15.2.2 固定受料罐式串罐无料钟炉顶

2005 年 4 月投产的宝钢 4 号高炉，设计炉容为 4747m^3，设计最高炉顶压力为 0.25MPa，炉顶装料设备采用了固定受料罐式串罐无料钟炉顶。

2006 年 9 月，2 号高炉原地短期化扩容大修，炉容增大到 4706m^3，设计最高炉顶压力为 0.28MPa，炉顶装料设备改造为固定受料罐式串罐无料钟炉顶。

固定料罐串罐式无料钟炉顶从下阀箱以下，与之前所述的旋转受料罐式的串罐无料钟炉顶可实现部件的互换，本节主要介绍称量料罐以上的差异。

15.2.2.1 设备的组成

炉顶主要由固定受料罐、上料流闸阀、称量料罐、上部密封阀、阀箱、下料流阀、下密封阀、中心波纹管、气密水冷传动齿轮箱、布料溜槽、均排压系统、液压润滑及附属设备组成。

固定受料罐式无料钟炉顶装料设备总图如图 15-10 所示。

15.2.2.2 炉顶设备的装料过程

炉料从上料皮带机落下后，进入固定受料罐，在分料溜槽的作用下，炉料基本均分地进入受料罐的四个方向，经过上料流闸阀，上部密封阀后进入称量料罐。上密封阀打开之前要进行排压，当炉料进入称量料罐前，先打开上部密封阀，后打开上料流闸阀，固定受料罐装料结束后，则是先关闭上料流闸阀，

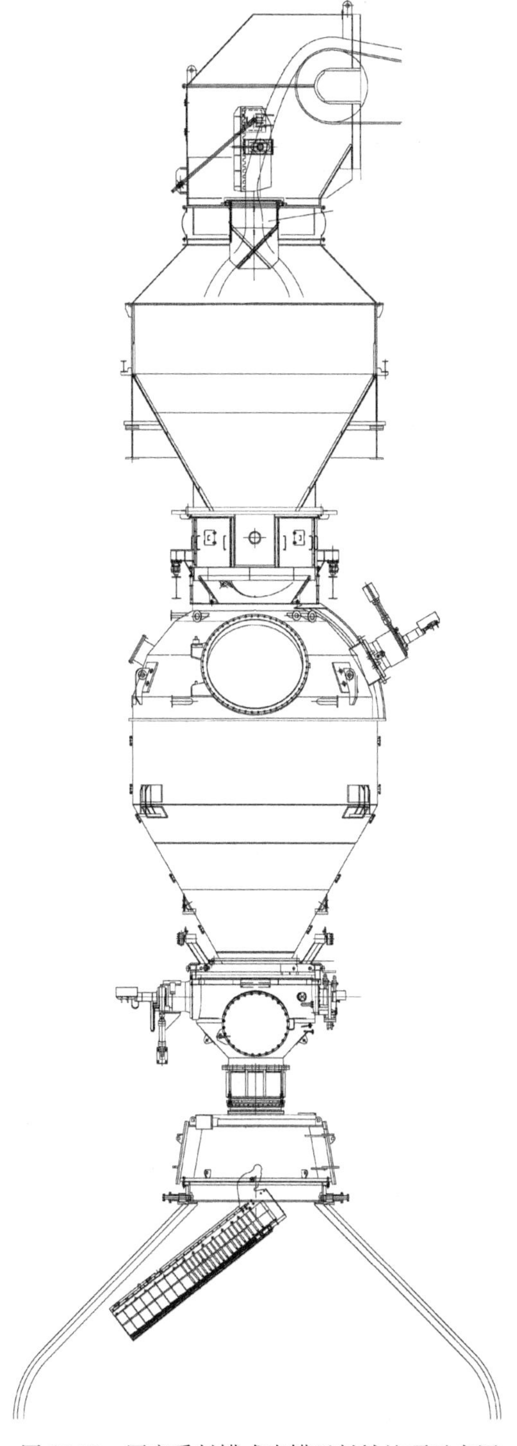

图 15-10　固定受料罐式串罐无料钟炉顶示意图

后关闭上部密封阀。称量料罐的炉料经过下料流阀、下密封阀后通过中心喉管进入布料溜槽到达炉内。下密封阀打开之前要进行一次、二次均压，称量料罐排料时，先打开下部密封阀，后开启下料流调节阀。料流调节阀根据不同的物料及下料时间要求，有不同的开度，布料溜槽根据高炉操作的需要而采取灵活多样的方式将炉料布到炉内。排料结束时，先关闭料流调节阀，再关闭下部密封阀。

15.2.2.3 设备的主要性能及结构特点介绍

A 分料溜槽

分料溜槽结构如图15-11所示，装入皮带头部溜槽及挡板将炉料引导至分料溜槽入口，炉料基本均匀地分成四部分，分别流向受料罐的四个方向，最大限度地利用固定受料罐的有效容积空间，减少固定料罐的局部堆尖和物料偏析状况。分料溜槽贴有耐磨衬板，基本能够满足400万吨的过料量。

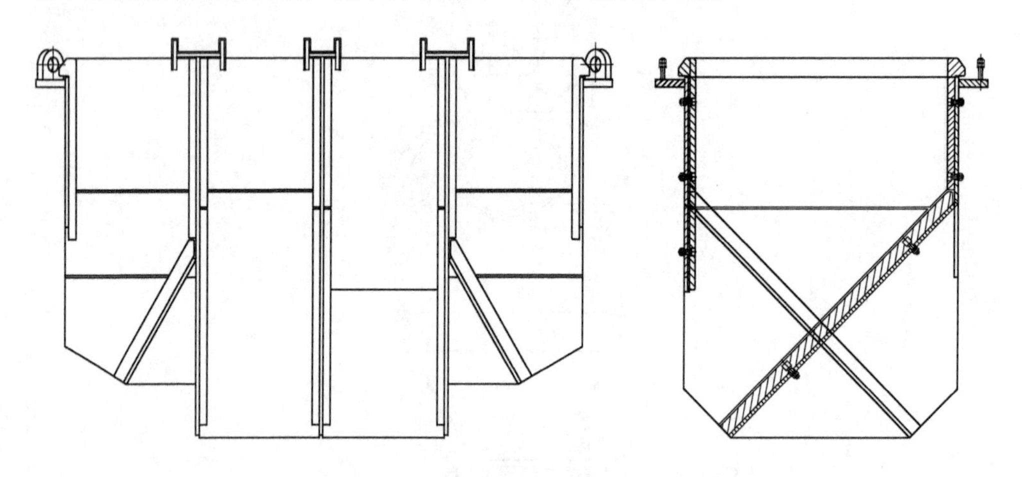

图15-11 炉顶分料溜槽示意图

B 固定受料罐

固定受料罐的内容积为85m^3，其结构有如下特点：

（1）本体主要由料罐上筒体、下锥体、分料溜槽、直筒部衬板、锥部衬板、导料锥、导料锥衬板、保护套、导料锥吊杆支承臂及保护套等组成。

（2）固定受料罐本体为钢板焊接结构，为了便于从制造厂运输到安装现场，料罐本体设计为上下二段，用法兰螺栓连接，下段支承在炉顶小框架上。

（3）固定受料罐内部不再设置保护支撑杆横梁，炉料落入受料罐时不会由于支撑杆横梁阻碍而发生偏析。

（4）固定受料罐结构简单，附属机电设备较少，取消了故障多发的旋转大轴承、中心接头等，维护简单。

（5）固定受料罐的除尘罩密封性能优于旋转受料罐，炉顶环境大大改善。

（6）直筒部衬板为耐磨钢，锥部衬板及导料锥衬板材料为高铬铸铁，导料锥吊杆保护套也采用高铬铸铁，导料锥吊杆支承臂保护套采用普通碳钢堆焊硬质耐磨合金材料，结构上则采用自衬料垫的型式。

C　上料流闸阀

上料闸阀公称通径为 DN1400mm，其结构如图 15-12 所示，新的上料闸阀维护工作更加简单。其结构有如下特点：

（1）上料流闸阀由受料套及其衬板、1 套油缸，1 套四杆驱动机构、半球形阀板及衬板等组成；

（2）上料流闸阀用法兰螺栓与固定受料罐下部连接。上料流闸阀的下部用软连接的方式与称量料罐连接，防止粉尘逃逸；

（3）阀板开闭靠一个油缸驱动杆 1，通过四连杆机构传递运动，其工作原理如图 15-4 所示；

（4）上料流闸阀板本体是铸钢件，阀板分为上、下两半球形，分别安装有 6 块高铬铸铁衬板，衬板厚度约为 50mm；

（5）上料流闸阀的驱动油缸设置在闸阀外部，工作环境改善，不会再受到大量含粉尘煤气的冲刷腐蚀，油缸使用寿命得到延长；

（6）上料流闸阀的液压管道不用设置旋转接头，消除了旋转接头泄漏引起的故障；

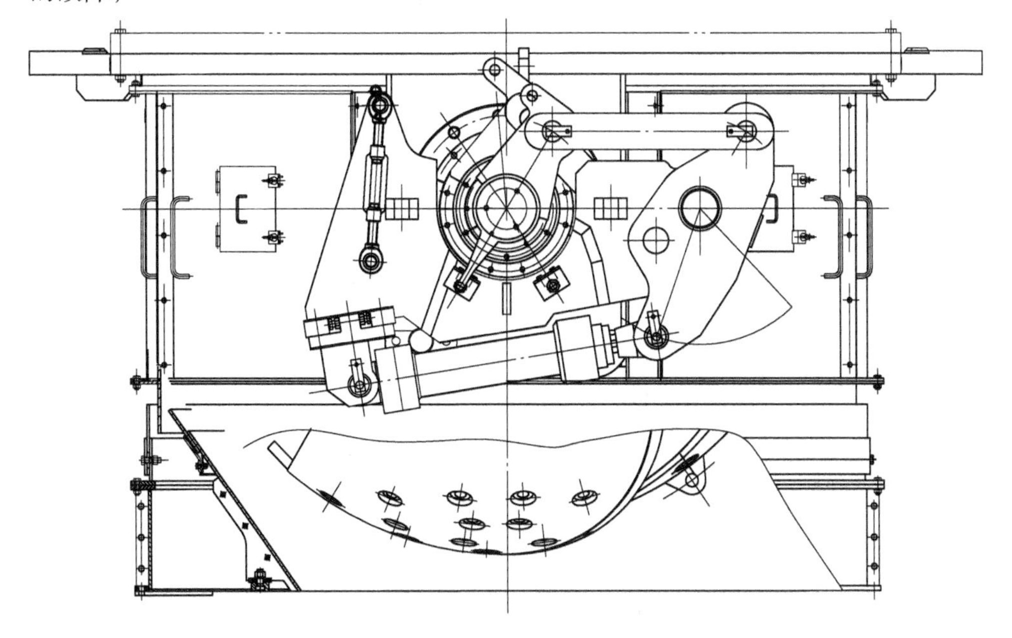

图 15-12　4 号高炉上料闸阀结构示意图

（7）上料流闸阀的驱动臂润滑状况得到改善，且容易检查维护；

（8）上料流闸阀为独立设备，可以整体更换，而原先旋转受料罐的上料流闸阀阀板耳轴是挂在旋转受料罐壳体上，更换维护非常不便。

15.2.3　新型旋转受料罐式串罐无料钟炉顶

2013 年 9 月，3 号高炉原地短期化大修，对高炉炉体整体更换扩容，设计炉容为 4850m^3，2013 年 11 月投产，炉顶装料设备改为带托轮的新型旋转受料罐式串罐无料钟炉顶。

15.2.3.1　设备构成

从装入皮带头部挡板和溜槽以下开始，炉顶主要由带托轮旋转受料罐、上料流闸阀、称量料罐、上部密封阀、阀箱、下料流阀、下密封阀、中心波纹管、气密水冷传动齿轮箱、布料溜槽、均排压系统、液压润滑及附属设备组成。

新型旋转受料罐串罐式无料钟炉顶装料设备总图如图 15-13 所示。

宝钢 2 号高炉第一代和 3 号高炉第一代都使用了旋转受料罐，由回转轴承齿圈支承受料罐，在投产使用多年后，回转轴承损坏无法长时间连续运转，给炉顶布料带来一定困难。2 号高炉原地大修时改为带分料溜槽的固定受料罐，但由于 3 号高炉主皮带中心线与高炉中心线偏离 1200mm 的现实无法改变，因此 3 号高炉原地大修仍采用旋转受料罐的方式。所不同的是，旋转受料罐由托轮托圈支承，托圈和托轮都有可更换性。

15.2.3.2　设备的主要性能及结构特点

旋转受料罐内容积为 85m^3，由 2 台 30kW 的变频电机驱动，其结构特点如下：

（1）旋转受料罐的壳体是钢板焊接结构，筒体锥体部通过螺栓固定在托圈上，托圈在圆周方向均分为 5 个部分，可以单独更换。

（2）托圈的受力踏面是角度很大的锥面做表面淬火硬化处理。

（3）旋转受料罐本体主要由料罐上筒体、下锥体、直筒部衬板、锥部衬板、导料锥、导料锥衬板、导料锥吊杆、保护套、导料锥吊杆支承臂及保护套等组成。

（4）直筒部衬板为耐磨钢，锥部衬板及导料锥衬板材料为高铬铸铁，导料锥吊杆保护套也采用高铬铸铁，导料锥吊杆支承臂保护套采用普通碳钢堆焊硬质耐磨合金材料，结构上则采用自衬料垫的型式。带托轮旋转受料罐如图 15-14 所示。

（5）旋转受料罐的托轮也是锥台结构，锥角与托圈锥角互余。托轮的表面也做淬火硬化处理，托轮托圈旋转过程中在接触面喷洒油雾润滑剂。

（6）旋转受料罐的中心可以通过 8 个托轮的位置做调整。托轮轴是可调整的

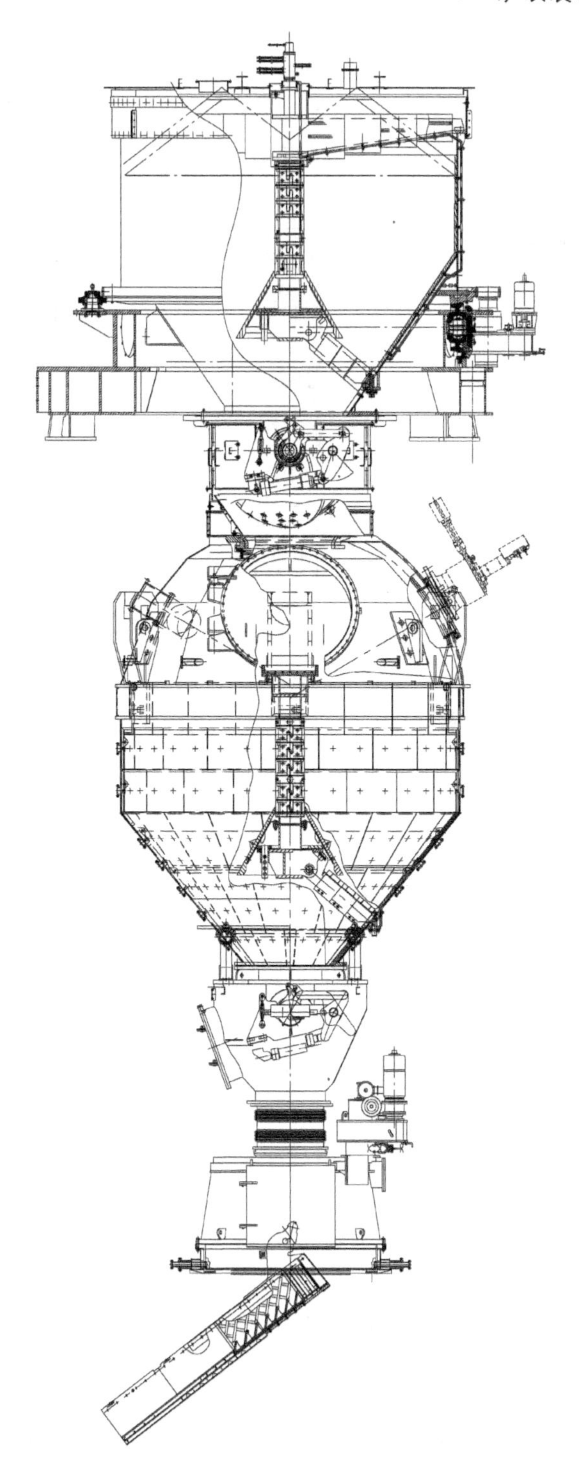

图 15-13　新型旋转受料罐串罐式无料钟炉顶装料设备总图

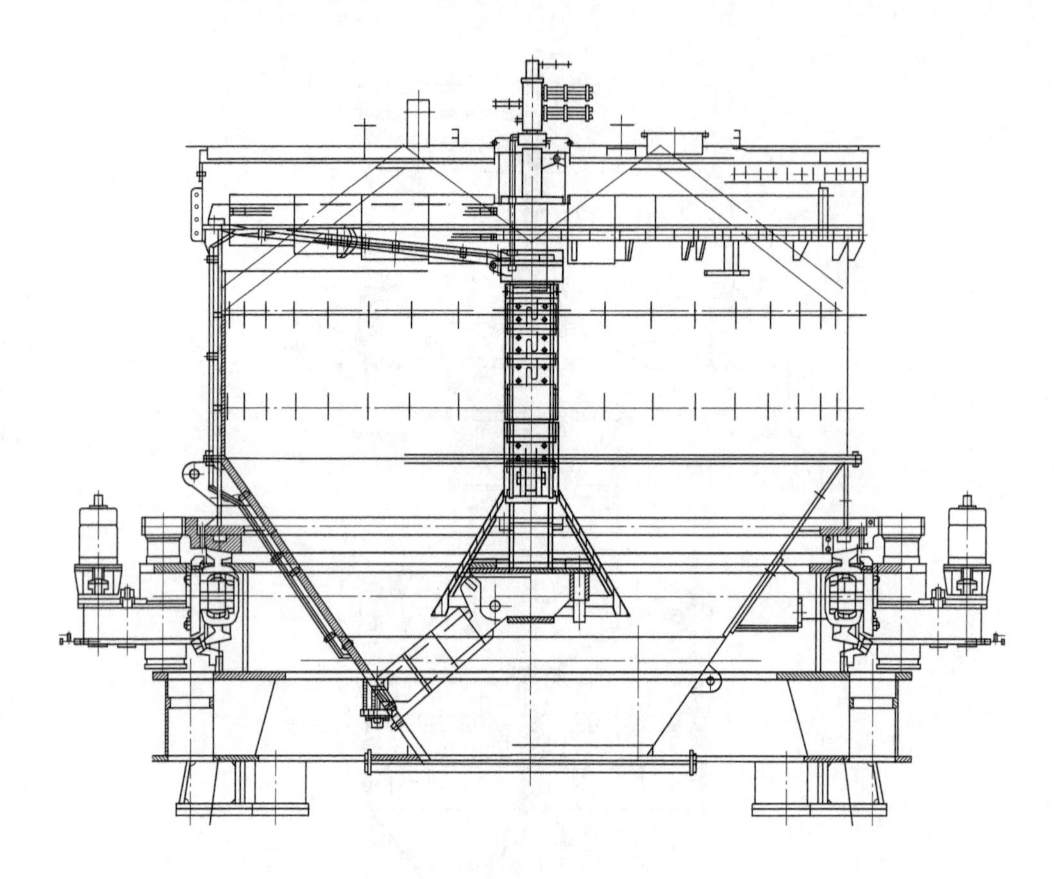

图 15-14 带托轮旋转受料罐示意图

偏心轴，通过扭转托轮轴的角度可以调整托轮的中心高度。但通常情况下调整好中心位置后是基本保持不变的。

（7）旋转受料罐设置托轮外圆四个侧挡轮，防止旋转过程中心偏差过大。

（8）旋转受料罐的旋转驱动装置为两套变频电机驱动减速机，减速机的输出轴小齿轮与托圈大齿轮啮合，不仅启动平稳，而且可以根据工艺需求调节旋转速度。

（9）旋转受料罐的顶部设置旋转中心接头，为上料闸阀提供驱动液压油、润滑脂以及限位电气信号的传输等。

（10）旋转受料罐下的上料流闸阀沿用了 4 号高炉固定料罐上料流闸阀的型式，用法兰螺栓与旋转受料罐连接，安装尺寸与 4 号高炉上料流闸阀完全可互换。

从称量料罐以下到布料溜槽的结构型式与串罐式无料钟炉顶一致，不再详细叙述。

15.3 并罐式无料钟炉顶

2008年9月，1号高炉第二次原地大修，实施短期化大修，对高炉炉体整体更换扩容，并采用离线组装，整体更换的方式对炉顶装料设备进行了改造。设计炉容为4966m³，2009年2月投产，由于装入皮带机的角度受限，皮带机头轮中心线已无法再提高，炉顶装料系统使用串罐无料钟炉顶将会使受料罐和称量料罐的容积受限，因此炉顶装料设备改用新并罐无料钟炉顶，这在宝钢尚属首次。

以下详细介绍宝钢新型并罐无料钟炉顶的主要性能及结构特点。

15.3.1 设备构成

从装入皮带头部挡板和溜槽以下开始，炉顶主要由翻板溜槽、2个并列的称量料罐及上部密封阀、2套下料流阀、2套料罐波纹管、下阀箱、中心波纹管、气密水冷传动齿轮箱、布料溜槽、均排压系统、液压润滑及附属设备等组成。宝钢新型并罐无料钟炉顶设备全部实现了国产化，新型并罐无料钟炉顶装料设备总图如图15-15所示。

15.3.2 炉顶设备的装料过程

炉料从装料皮带机向炉顶输送，翻板溜槽向某一侧称量料罐倾斜，该料罐的上密封阀打开，炉料由装料皮带头部挡板将炉料导入翻板溜槽的受料漏斗中，顺着翻板溜槽流入称量料罐，一批炉料装完后，料罐的上密封阀关闭，该侧均排压阀切换，对料罐均压。然后打开下阀箱中这一侧的下密封阀，打开下料流阀至某一开度，调节料流以某一速度流向中心喉管和布料溜槽，最后布料溜槽根据高炉操作的需要而采取灵活多样的方式将炉料布到炉内。

在上述装料过程中，两侧料罐的密封阀和料流调节阀是交替打开的，在装料程序中已经做到了联锁。上密封阀打开之前要进行排压，当炉料进入称量料罐前，先打开上部密封阀，再使翻板溜槽摆动到本侧，装料结束后，则是先把翻板溜槽摆回居中位置，再关闭上密封阀。

称量料罐的炉料经过下料流阀、下密封阀后通过中心喉管进入布料溜槽到达炉内。下密封阀打开之前要进行一次、二次均压、称量料罐排料时，先打开下部密封阀，后开启下料流调节阀。料流调节阀根据不同的物料及下料时间要求，有不同的开度，排料结束时，先关闭料流调节阀，再关闭下部密封阀。

15.3.3 主要性能及结构特点介绍

15.3.3.1 翻板溜槽

翻板溜槽主要有以下结构特点：

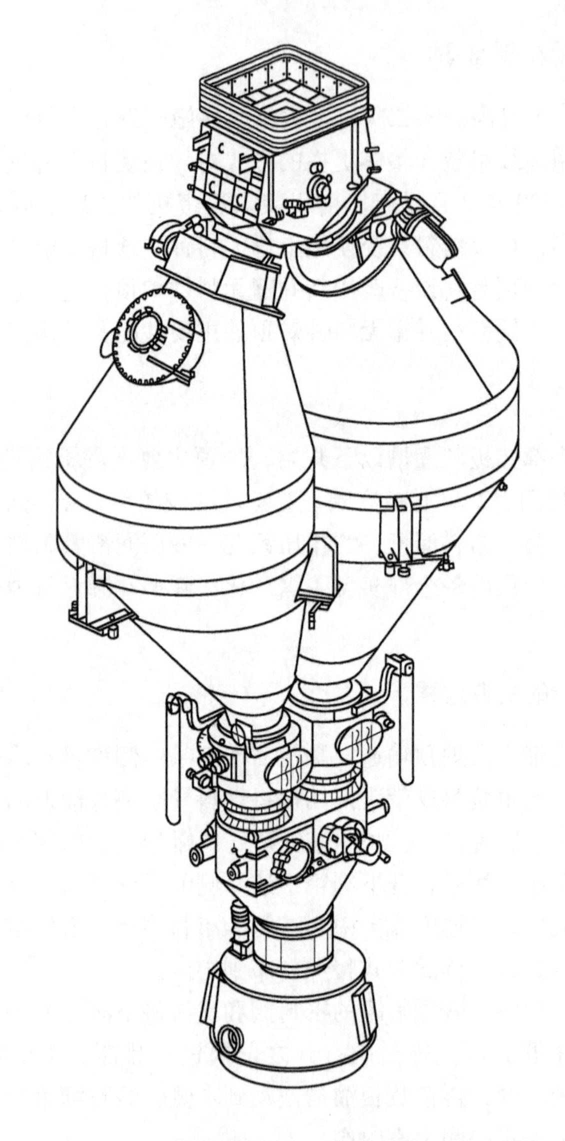

图 15-15　新型并罐无料钟炉顶装料设备总图

（1）翻板溜槽及其受料漏斗安装在装入皮带挡料板以下，受料漏斗本体为钢板焊接结构，落口为八角形，内部安装耐磨的高铬铸铁衬板。

（2）翻板溜槽本体由钢板卷取焊接而成，溜槽本体中间焊接了耳轴，由两个轴承支承在壳体上，耳轴一端安装曲柄，并通过一个液压油缸驱动，溜槽向左右两侧的摆动幅度各为 50°。

（3）翻板溜槽的衬板是高铬铸铁带沟槽的衬板。

（4）翻板溜槽检修时可使用小车轮在轨道上行走平移到罩壳外部，方便检修维护。

由于受到高炉原有框架和装入皮带位置所限，溜槽中心线与装入皮带中心线呈13°，使得向两个称量料罐中无偏析地布料比较困难。

15.3.3.2 称量料罐及上密封阀

两个称量料罐的有效容积都是$85m^3$，称量料罐的结构有如下特点：

（1）称量料罐为偏心结构，目的是减小称量料罐下口与高炉中心线之间的偏差距离，降低炉料下落到下阀箱和中心喉管的偏析。

（2）称量料罐壳体由钢板卷取焊接而成。称量料罐壳体分为三段，中段为直筒段，上下段均为偏心锥台。

（3）称量料罐的内部安装了高铬铸铁衬板，其中直接受到炉料冲刷的部位，衬板设计成带沟槽料垫的结构。

（4）称量料罐与上部翻板溜槽之间安装了软连接防尘罩，既不影响称量，又可以防止粉尘外逸。

（5）称量料罐的支承方式是三点支承在炉顶框架上，各电子压头部位设置了防止料罐偏扭的拉杆装置。

（6）称量料罐的制造是按照压力容器的标准，在称量料罐壳体上钻了若干衬板安装螺栓孔，壳体外部焊接法兰短管，衬板特殊螺栓安装螺母紧固后，法兰短管外部用法兰盲板封闭，保证称量料罐的气密性。称量料罐在投入使用前，必须做水压试验，达到炉顶设计压力的1.5倍不发生变形和泄漏。

（7）称量料罐上段壳体设置了大的检修人孔以及小的检查人孔，料罐内部预先设置了检修用的栅格平台，可以供检修上密封阀使用。

上密封阀公称通径为DN1100mm，安装在称量料罐上段壳体上，上密封阀有以下结构特点：

（1）上密封阀为摆动翻板结构，全部打开时摆动角度是110°，此时从上部翻板溜槽落下的炉料通过上密封阀口，且不会冲刷到密封阀阀板。

（2）阀板上的硅橡胶密封圈与密封座圈的接触是一个软硬接触的密封，其密封可靠。

（3）为防止密封圈因压力过大受到破坏，密封圈内侧装有一个限制环，限制环与阀板之间留有一定的间隙。

（4）密封座圈堆焊硬质合金，提高座圈的寿命。

（5）阀座与称量料罐顶部的连接，橡胶密封圈的固定都是采用螺栓连接的方式，便于维修更换。

（6）密封阀阀板与心轴的连接用球形铜套面结合，阀板与驱动臂连接用螺栓加弹簧的结构。碟型弹簧的作用，一方面能使阀板在关闭过程中有一些微小的移动；另一方面使阀板与驱动臂之间具有一定的刚度，关闭时，不产生较大的变形，密封位置正确，密封磨损减少。

15.3.3.3 下料流阀

下料流阀公称通径为 DN800mm，如图 15-16 所示，两台分别安装在两个称量料罐下方。下料流阀有如下结构特点：

（1）下料流阀阀板型式是双轴回转的两个弧形阀板，不同于串罐无料钟炉顶是同轴回转的球面形阀板。

（2）下料流阀壳体是钢板焊接结构，具有承压的能力，上法兰与称量料罐的下法兰连接，下法兰与波纹管连接。

（3）下料流阀两块阀板曲臂的耳轴互相平行地支承在料流阀壳体上，耳轴的一端安装曲柄，曲柄长度相等，并用连杆连接，由液压油缸驱动，料流阀开闭时，两边的阀板曲臂摆动的角度相同。

（4）在下料流阀曲臂耳轴上安装了旋转编码器，指示料流阀的打开角度。下料流阀在出厂时做过料流试验，处于不同角度时，通流面积变化，矿石或者焦

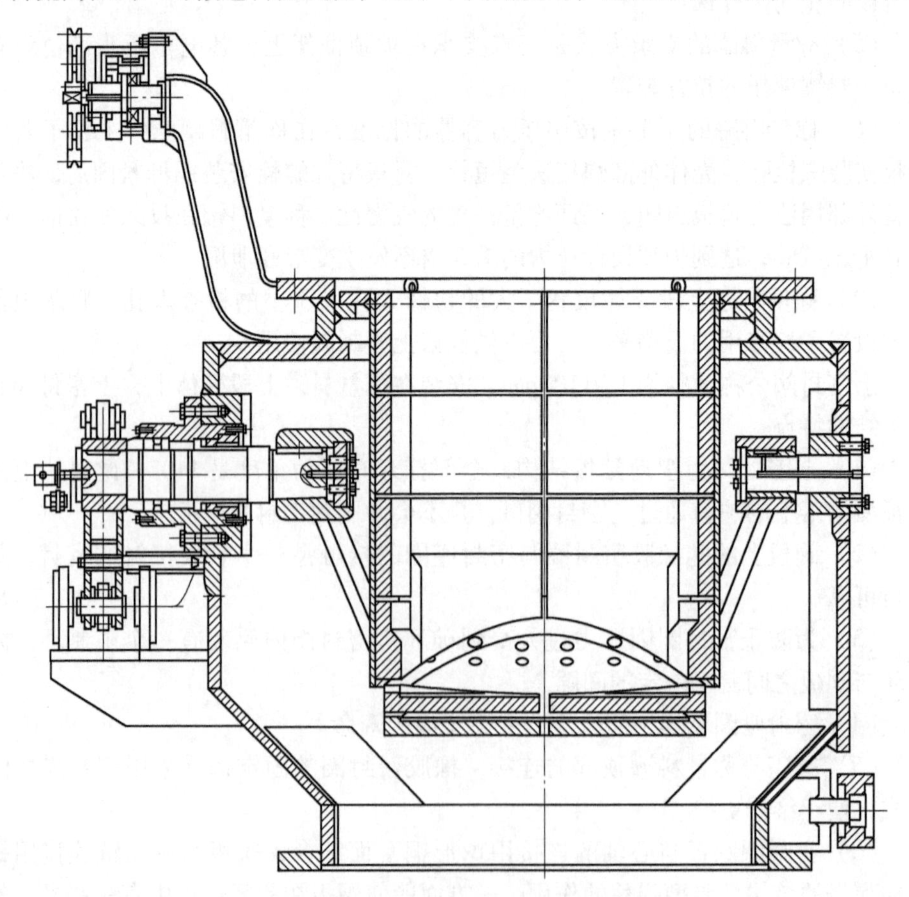

图 15-16 新型并罐无料钟炉顶料流调节阀示意图

炭的通流能力不同，由此绘制料流调节曲线，根据工艺要求设定料流阀角度档位。

（5）下料流阀的落料漏斗安装了耐磨的高铬铸铁衬板，阀板上安装了弧形堆焊衬板。

（6）下料流阀的下部落口安装耐磨保护套。阀体的两个侧面各开了一个大的检修人孔，可以进入阀体内检修。

（7）为了便于检修，下料流阀的壳体上安装了两个挂耳和走行车轮，靠高炉中心侧安装了两个车轮，这些车轮都设计成偏心轴结构，需要移除下料流阀时，把偏心轴偏转使车轮与轨道接触，可以把下料流阀整体移出。

15.3.3.4 下料流阀波纹管

为保证称量料罐称量的准确性，料罐与下料流阀连接成一体后，与其他设备的连接设置了波纹管软连接，下料流阀下的波纹管也是起到这个作用，波纹管的公称通径为 DN800mm，内部衬套安装了堆焊的耐磨保护内衬。

15.3.3.5 下阀箱及下密封阀

新型并罐无料钟炉顶的两套下密封阀安装在一个下阀箱里，主要性能及结构特点如下：

（1）下阀箱壳体是钢板焊接结构，承压设计，阀箱上部的两个法兰与波纹管连接，阀箱的下法兰与中心喉管波纹管连接。

（2）下阀箱内安装两套下密封阀，各有一个油缸驱动，密封阀为转臂摆动结构，转臂为曲臂，单侧支承，曲臂的一端伸出下阀箱壳体外，并安装曲柄，由液压油缸驱动。

（3）下阀箱下部落料口设置了耐磨的高铬铸铁衬板。阀箱的壳体上设置冷却氮气吹扫孔，在高炉装料过程中可以防止高温造成下密封阀的密封圈损坏。

（4）下阀箱壳体上安装了四个偏心轴车轮，当需要整体更换下阀箱时，可以把偏心轴偏转一定角度使车轮与轨道接触，整体把下阀箱平移到炉顶起重机的作业范围内。

下密封阀的阀板主要由阀板本体、密封圈、压圈等组成。下密封阀有以下结构特点：

（1）阀座主要由阀座体、密封 O 形圈、调整垫、安装螺栓等组成，阀板上的密封圈为硅橡胶圈。

（2）阀板上的硅橡胶密封圈与密封座圈的接触是一个软硬接触的密封，可靠性强。

（3）密封座圈是用螺栓与下阀箱连接，密封面堆焊硬质合金，提高座圈寿命。

（4）下密封阀的摆动角度是 120°，密封阀全开时，炉料从称量料罐流向中心喉管不会对密封阀阀板造成磨损。

（5）两套下密封阀不能同时全开，从程序上已实现互锁。

下阀箱及下密封阀的结构如图 15-17 所示。

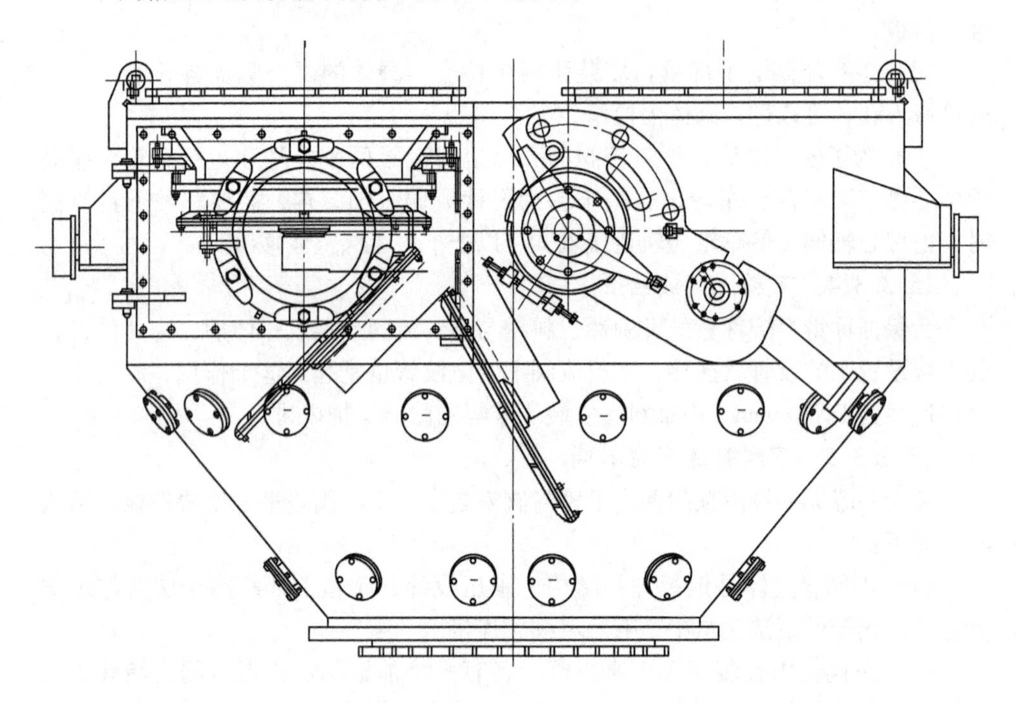

图 15-17　新型并罐无料钟炉顶下阀箱及下密封阀示意图

中心喉管波纹管及其以下的布料器，与串罐式无料钟炉顶的配置相同，不再详细叙述。

宝钢在役的四座高炉炉顶设备对照表见表 15-1。

表 15-1　宝钢四座在用高炉炉顶设备状况对比表

项　目	1 号高炉	2 号高炉	3 号高炉	4 号高炉
炉容/m^3	4966	4706	4850	4747
点火日期	2009-02-15	2006-12-07	2013-11-16	2014-11-12
炉顶装料设备总高度/m	22. 500	22. 600	22. 605	25. 500
装料型式	新型并罐无料钟	串罐无料钟	串罐无料钟	串罐无料钟
受料罐	并罐带 翻板溜槽	分料溜槽 固定受料罐	带托轮旋转 受料罐	分料溜槽 固定受料罐
受料罐容积/m^3		85	85	85
上料闸阀		法兰连接型	法兰连接型	法兰连接型

续表 15-1

项　目	1 号高炉	2 号高炉	3 号高炉	4 号高炉
上料闸阀油缸		ϕ125mm × ϕ70mm × ST550	ϕ125mm × ϕ70mm × ST550	ϕ125mm × ϕ70mm × ST550
上料闸阀公称直径/mm		1400	1400	1400
上密封阀	摆动式	摆动压紧式	摆动压紧式	摆动压紧式
上密封阀油缸旋转	ϕ125mm × ϕ90mm × ST500	ϕ125mm × ϕ70mm × ST380	ϕ125mm × ϕ70mm × ST380	ϕ125mm × ϕ70mm × ST380
上密封阀压紧油缸		ϕ120mm × ϕ100mm × ST290	ϕ120mm × ϕ100mm × ST290	ϕ120mm × ϕ100mm × ST290
上密封阀公称直径/mm	1100	1600	1600	1600
称量料罐容积/m^3	85 × 2	85	85	85
料流调节阀	颚式阀	颚式球形阀	颚式球形阀	颚式球形阀
料流调节阀油缸	ϕ100mm × ϕ70mm × ST300	ϕ100mm × ϕ70mm × ST470	ϕ100mm × ϕ70mm × ST470	ϕ100mm × ϕ70mm × ST470
料流调节阀公称直径/mm	800	750	750	750
下密封阀	双轴回转的两个弧形阀板	摆动压紧式	摆动压紧式	摆动压紧式
下密封阀旋转油缸	ϕ125mm × ϕ90mm × ST500	ϕ80mm × ϕ56mm × ST435	ϕ80mm × ϕ56mm × ST435	ϕ80mm × ϕ56mm × ST435
下密封阀压紧油缸		ϕ120mm × ϕ100mm × ST160	ϕ120mm × ϕ100mm × ST160	ϕ120mm × ϕ100mm × ST160
下密封阀公称直径/mm	900	900	900	900
中心波纹管直径/mm	1100	1100	1100	1100
溜槽齿轮箱	加强型气密水冷齿轮箱（国产）	加强型气密水冷齿轮箱（PW）	加强型气密水冷齿轮箱（国产）	加强型气密水冷齿轮箱（PW）
布料溜槽	方形 4500mm	方形 4500mm	方形 4500mm	方形 4500mm

注：炉顶装料设备总高度指装入皮带头轮中心线标高与炉顶齿轮箱安装法兰标高之差。

炉顶装入设备应满足布料均匀、调剂灵活、承受高压、运行平稳、结构简单、安全可靠及寿命长、投资省等要求。宝钢特大型高炉炉顶装料设备从双钟四阀式逐渐发展到无料钟炉顶，且无料钟炉顶也有多种型式。

1 号高炉第一代和第二代炉役钟式炉顶，通过可调炉喉的档位调节，也同样实现了长期生产稳定以及喷煤比全月平均 260kg 以上的良好经济技术指标。但随着高炉容积的大型化与高压化，已满足不了现代化高炉的生产要求。

高炉使用无料钟炉顶，由于解决了密封与布料分开的问题，使无料钟炉顶设备得到了更大范围的应用。宝钢从 2 号高炉起就开始采用无料钟炉顶设备，且根据使用实绩，对无料钟炉顶设备进行优化和完善，形成了几座高炉各具特色的无料钟工艺。由于炉顶无料钟布料方法的灵活性，使高炉上部调节手段更加丰富，为高炉高顶压、高煤气利用率提供了保证，宝钢高炉煤气利用率普遍在 51% 以上。

2 号、3 号、4 号高炉虽然都是使用串罐无料钟炉顶设备，但 3 号高炉为了改善炉料在炉顶受料罐的落料偏析，采用了带托轮旋转受料罐，使用效果良好。1 号高炉第三代并罐式使用无料钟炉顶，装料能力有所提高，但由于布局的局限性，高炉炉顶布料偏析现象比较严重，且难以消除，生产操作人员长时间生产实践，从优化装料程序，改进左右料罐的翻板溜槽摆动角度，改变焦矿的装入方式（从 CO 模式改成 COO 模式或 CCO 模式）等方面着手，有效地解决了炉顶布料偏析问题，使高炉炉况基本稳定受控。

16 煤气净化系统

高炉煤气是钢铁联合企业中的重要气态能源。从高炉炉顶排出的粗煤气含尘量约30g/m³（标态），温度为200℃左右，煤气压力约为0.28MPa。粗煤气不能直接供给下游用户使用，否则会磨损或者堵塞管道，使耐火材料渣化，降低设备的使用寿命，影响传热效率等，所以高炉煤气必须进行净化处理，以达到用户的要求。

高炉煤气除尘过程是循序渐进的，一般采用能量消耗低、费用少的三段式除尘，即粗除尘、半精细除尘和精细除尘。高炉常用煤气除尘设备有重力除尘器、洗涤塔、文氏管、静电除尘器、布袋除尘器等。

按照上述三段式除尘组合的高炉煤气除尘工艺流程有：

湿法：重力除尘器—溢流文氏管—高能文氏管

重力除尘器—环缝洗涤塔—脱水器

干法：重力除尘器—布袋除尘器

旋风除尘器—布袋除尘器

湿法除尘的效果稳定，清洗后煤气质量好，但缺点是产生污水，既要消耗大量新水，又要对污水进行处理。另外煤气压力损失和温度损失大，对余压回收的效率影响较大。

干法除尘的最大优点是消除了污水的产生，有利于环保，但工作不稳定，净煤气含尘量会有波动。我国在中小型高炉上推进全干法煤气除尘取得了较好的效果，但在特大型高炉的煤气干法除尘工艺方面发展得较为缓慢，宝钢1号高炉第三代和3号高炉第二代实现了特大型高炉全干法煤气除尘。

16.1 双文洗涤塔式的煤气净化系统

16.1.1 工艺流程简述

宝钢1号高炉第一代、第二代，2号高炉第一代和3号高炉第一代都是使用双文洗涤系统的煤气净化流程。

16.1.1.1 煤气系统工艺流程

经过重力除尘器处理的荒煤气进入一级文氏管除尘器，然后再进入二级文氏管除尘器。经过一、二级文氏管进一步除尘后，煤气中的含尘量（标态）可达到 10mg/m³ 以下，最后净煤气流经高压阀组、消声器、紧急水封阀后分两路：一路送到热风炉供燃烧用，另一路送至公司煤气总管网。双文洗涤煤气净化系统工艺流程如图 16-1 所示。

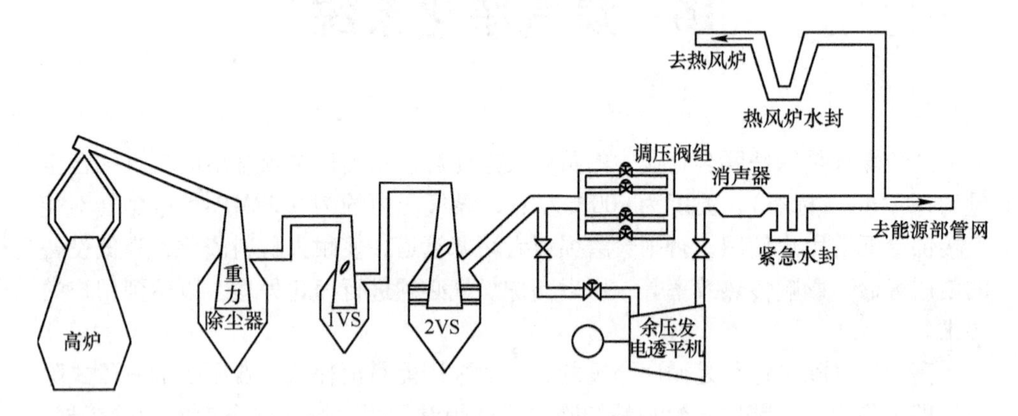

图 16-1　双文洗涤煤气净化系统工艺流程图

16.1.1.2　水洗系统工艺流程

水系统的流程为：沉淀池溢流水—流入 2VS 给水池—通过 2VS 给水泵将水抽到 2VS 喉口部位及喉口上部进行煤气清洗—含尘洗涤水经惯性和重力沉降至灰泥收集器下部—经排水阀至排水架空排水槽—1VS 给水池—通过 1VS 给水泵将水抽到 1VS 喉口部位及喉口上部进行煤气清洗—含尘洗涤水沉降至 1VS 底部—经排水阀至排水架空排水槽—流入沉淀池。双文洗涤系统的给排水流程如图 16-2 所示。

16.1.2　主要设备及结构特点

粗煤气经重力除尘器后，已除去其中 50% ~75% 的粉尘。但一些颗粒较细的粉尘必须经过进一步的消除。文氏管除尘共设两级。

文氏管主要由收缩管、喉口、扩张管三部分组成。当带有大量粉尘的煤气流从文氏管上部（收缩管）进入时，其流速逐渐升高，压力降低，达到喉口时，达到最大。此时，在喉口部对煤气流喷水。由于煤气流中粉尘流速与水速相差极大，粉尘粒子与水滴粒子之间发生激烈的碰撞。当进入下部扩张管后，因流速逐渐变慢，压力升高，因此水滴粒子与粉尘粒子发生凝聚，最后一同沉降到洗涤塔下部。文氏管除尘在除去粉尘的同时，也使煤气流得到冷却。

16.1.2.1　工艺设备

A　一级文氏管

一级文氏管（1VS），主要由收缩管、喉口本体、扩张管、煤气流导向板、

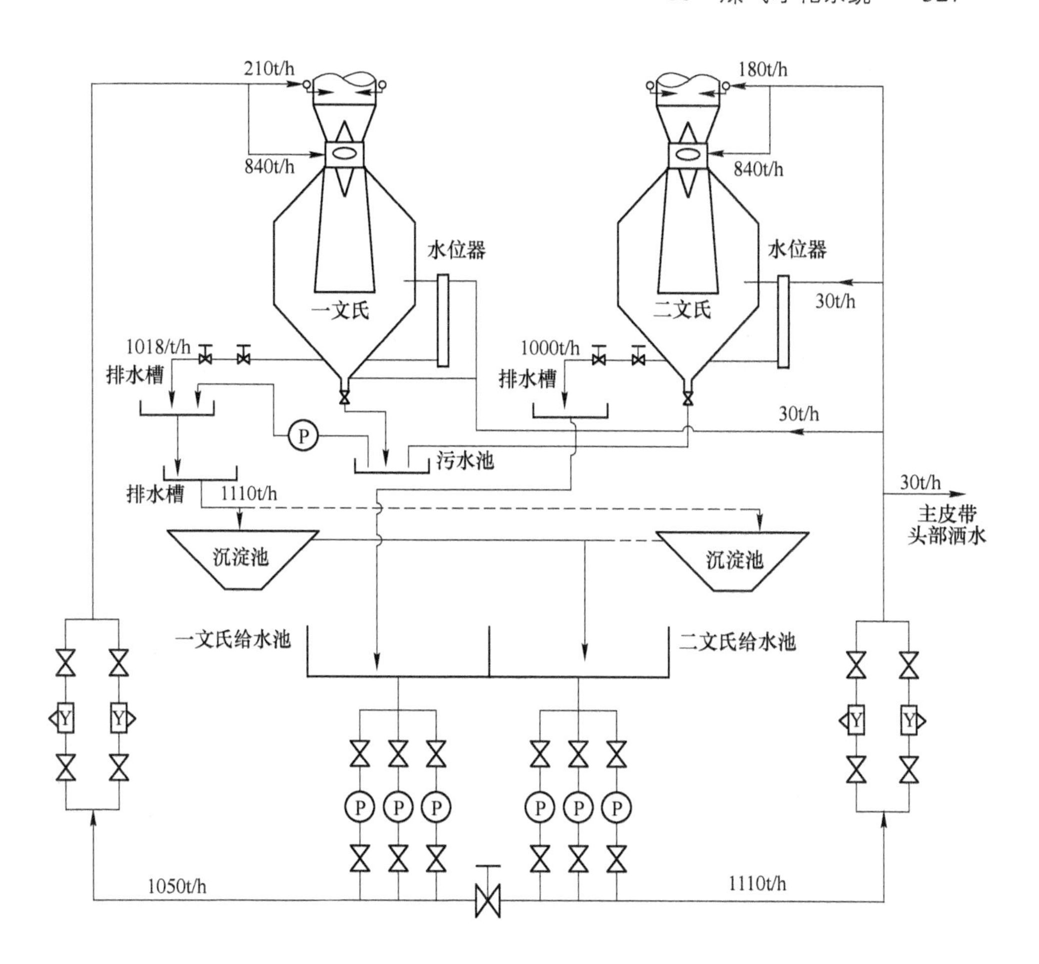

图 16-2 双文洗涤系统的给排水流程图

可调“R”板及其驱动装置、灰泥收集器等组成。一级文氏管如图 16-3 所示。

导流板的主要作用是使煤气流均匀地流入 R 型挡板与喉口形成的空档内，防止煤气流产生涡流。

喉口本体为一方形截面；R 型挡板是一个椭圆体，两端面与喉口内侧面间隙单边为 15mm，可调 R 型挡板在 0°～90°范围内转动，当设定为 0°时，煤气流通过的截面最大，此时对应高炉的最大煤气流量。当 R 型挡板运转到 90°时，煤气流通过的截面最小。R 型挡板的作用是根据不同的煤气流量，调节喉口开度，以使煤气流速保持相对稳定，确保洗涤灰尘的效果。

在可调 R 型挡板两端壳体上，为减小磨损，在外侧面装有耐磨的碳化硅砖，耐磨砖和壳体之间喷涂不定型耐火材料。

一文氏喉口 R 型挡板是由电机驱动减速机通过联轴器与 R 型挡板轴连接驱动的。转轴的两侧均由自动调心滚柱球面轴承支承，其驱动侧为固定侧，从动侧为自由侧。转轴的两侧均由“V”形密封圈和“O”形密封圈组合密封，防止煤气通过转轴泄漏。

B　二级文氏管

二级文氏管除尘器结构与一级文氏管除尘器相近。与一级文氏管除尘器相比，二级文氏管除尘器增加了湿气分离器和除水器。湿气分离器是由圆钢做成的小方格状的格栅，共分为两层。除水器填料由聚丙烯塑料制品做成。

C　消声器

消声器设置在减压阀组之后，以吸收噪声。消声器主要由台架、消声器本体、气流分隔片等组成。

消声器本体：由钢板焊接。消声器结构如图16-4所示。

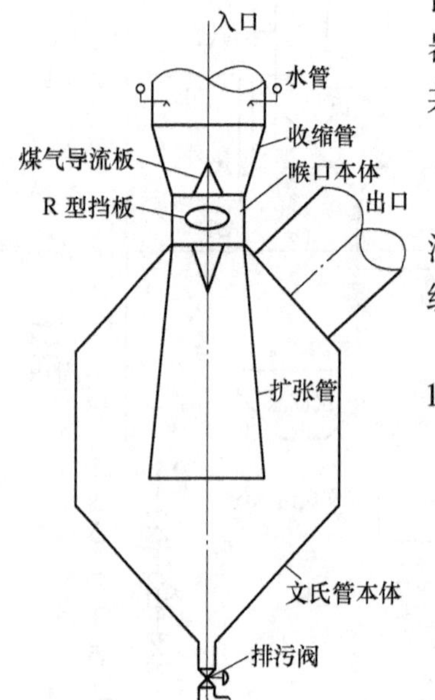

图16-3　一级文氏管结构示意图

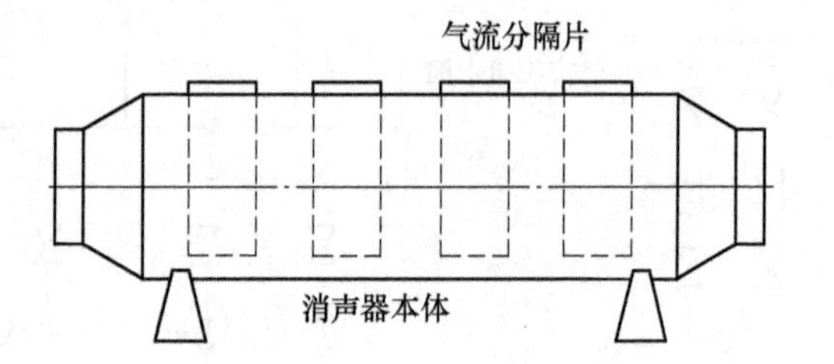

图16-4　消声器结构示意图

气流分隔片：在消声器本体内插入4排气流分隔片，共32块。气流分隔片共有三种规格，断面尺寸相同，但高度不同。气流分隔片的结构如图16-5所示，由多孔板、玻璃布、吸声材料组成。气流分隔片插入消声器本体时，在本体底部有两个定位销，气流分隔片坐在定位销上，然后在插入口处用盖密封。

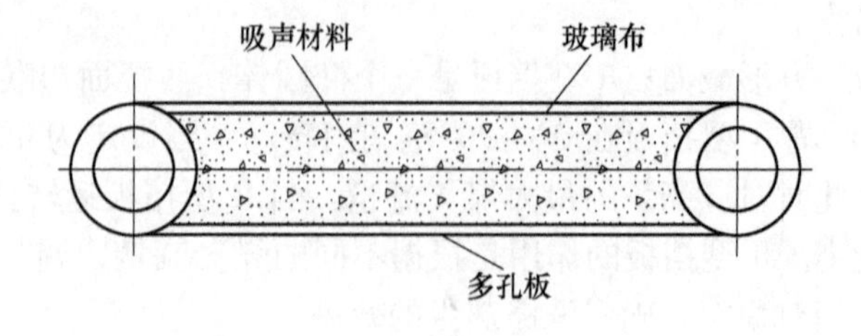

图16-5　气流分隔片结构示意图

D　减压阀组

在高炉高压操作下，炉顶压力是由设在煤气清洗设备上的减压阀组来调节的。减压阀组设置于二文氏之后，与余压发电 TRT 设备并列设置。减压阀组有以下结构特点：

（1）减压阀组由入口集合管、阀体、阀前后短管、渐扩管和出口集合管组成。

（2）减压阀的阀壳为圆筒形壳体，材料为碳钢。阀壳内层嵌入 35mm 厚的高铬铸铁内衬，以提高耐磨性。

（3）阀板安装在阀壳内，由驱动轴支承。阀板与阀壳内衬间的单边间隙仅有 1mm，因此在使用中要求阀壳内衬内壁不能积垢，否则将造成阀板卡死，不能动作。阀板材质为高铬铸铁。

（4）阀板驱动轴的两端由衬套和套筒支承，在靠驱动侧设有密封层，用 V 形盘根加石棉盘根与法兰压死。

（5）每个蝶阀由两只油缸驱动，通过转臂带动轴转动。油缸的动作能够使每个阀门做 90°开闭动作。

E 紧急水封及高架水箱

在煤气清洗系统的出口设置了紧急水封，为缩短切断煤气所需要的时间，设置了高架水箱。

紧急水封管道内径 3200mm，水封高度 3000mm，本体由碳钢板焊接而成，完成水封的时间在 3min 以内。

16.1.2.2 附属设备

A 给排水设施

双文洗涤系统的给排水设施主要包括一级二级文氏管的给水阀门、水位控制阀门、排水阀门及管道、排水架空水槽、煤气设施的排水密封罐等。排水控制阀门为电液执行机构驱动和气动执行机构驱动两种型式。

紧急水封的给水设施主要是向高架水箱补水，包括水泵、电动阀门、管道等设施，紧急水封的排水设施主要是电动阀门及管道。

B 液压系统

液压系统的主要功能是为减压阀组的各阀门提供液压动力以及实现调节控制功能，液压站设置在减压阀组附近，液压站由伺服控制阀台等组成。

C 煤气放散及吹扫装置

煤气放散及吹扫装置包括煤气放散阀、吹扫蒸汽引射装置、煤气设施本体附属的氮气吹扫控制阀门等。

16.2 环缝洗涤系统

16.2.1 工艺流程简述

2005 年，4 号高炉新建时采用了环缝洗涤塔—旋流脱水器—填料脱水器的组合型煤气净化处理工艺，使气流在环缝洗涤塔内的分布更均匀，形成较小的速度梯度，紊流程度较文氏喉口内小，产生的摩擦阻力小；逆流的雾化水粒经碰撞后直径更小，能有效捕集尘粒。

为确保清洗设备的可靠性，对一些国内目前制造水平还满足不了要求的关键设备，如环缝洗涤器、液压装置、控制阀门以及特殊仪表等采用少量引进，其余设备国内配套的方式。

经过环缝洗涤系统处理后的净煤气含尘量在 $10mg/m^3$ 以下，机械水含量在 $7g/m^3$ 以下，环缝洗涤之后到余压发电系统之前的工艺段，煤气压力损失在 20kPa 以内。

16.2.1.1　煤气系统工艺流程

环缝洗涤煤气工艺系统由环缝洗涤塔、旋流脱水器、给排水装置、煤气放散装置、紧急水封及高架水箱、旁通阀组、配管及阀门等组成。环缝洗涤系统煤气工艺流程如图 16-6 所示。

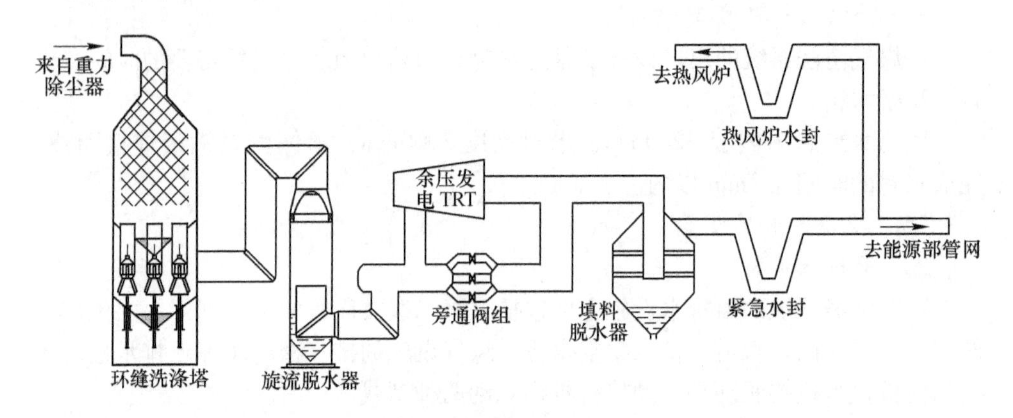

图 16-6　4 号高炉煤气清洗净化工艺流程示意图

来自高炉的荒煤气经重力除尘器脱除大颗粒灰尘，再以顺流方式进入环缝洗涤塔上部，荒煤气从环缝洗涤塔顶部进入，在预洗涤段设有若干层大流量单向和双向喷嘴将两种不同的洗涤水雾化，这些喷嘴布置在预洗涤塔内中心线上，在不同的位置，水以顺流或逆流方向喷入煤气流中。荒煤气在此主要被冷却，同时较大直径的尘粒被雾化后的水滴捕集后得到半净煤气，从半净煤气中分离出来的含尘水滴汇集在预洗涤段下部的集水槽处，通过一套水位自动控制系统排出塔外，由架空水槽送至水处理厂净化、冷却和加压后循环使用。部分半净煤气返回至高炉作为无料钟布料炉顶的一次均压煤气，其余部分则进入环缝洗涤塔下段（环缝洗涤段）。

在环缝洗涤段，高炉煤气被最终冷却和除尘。其关键部件是 3 个环缝洗涤器（Annular Gap Scrubbe，以下简称 AGS），它与连接预洗涤段和环缝洗涤段的导流管用法兰连接以便于检修。

在每个环缝洗涤装置的导流管中设有一个大流量喷嘴将洗涤水雾化，雾化后的水滴在环缝洗涤器内被高速气流进一步雾化成更细小的颗粒，一般粒径大于5μm的尘粒均能被水滴捕集，只要控制AGS的适当差压，就可保证净煤气含尘量低于5mg/m^3。

从净煤气中分离的含尘水滴汇集在环缝洗涤段下部的积水槽中，排至立式旋流脱水器的水槽中。旋流脱水器是利用离心作用将煤气中携带的大部分机械水脱除。由于是共用一套水位自动控制系统，环缝洗涤段积水槽和立式旋流脱水器积水槽的水位同步保持在一个水平，两处排水由一根管道送至设在洗涤塔附近的再循环水泵加压后送至预洗涤段最上部几个喷嘴再循环使用。

净煤气从旋流脱水器中引出，经TRT进行余压发电并得到降压后送回主煤气管网，再通过填料脱水器进一步脱水，经过紧急水封阀后进入能源部总管网。当TRT不运行时，通过环缝调压，煤气由旁通管路送出。旁通管路中设有液动旁通快开阀QOV，当TRT机组故障急停时，TRT快切阀快速关闭，同时旁通快开阀快速打开，既可保证TRT机组安全，又可保证高炉正常生产。

16.2.1.2 水系统工艺流程

环缝洗涤塔的给排水流程是：经处理后的循环水一部分供环缝洗涤段，其余部分供预洗涤段下部喷嘴；环缝洗涤段排水经就地再循环水泵加压后供预洗涤段最上部的几个喷嘴。总供水量正常为2020m^3/h，其中送水处理系统经沉淀、加药处理的循环水量为1420m^3/h，再循环水量为600m^3/h。两段排水均设有自动控制水位的排水系统。环缝洗涤系统给排水流程如图16-7所示。

16.2.1.3 脱水设施

本工艺流程中考虑在环缝洗涤塔后设置立式旋流脱水器，并将TRT出口侧的填料脱水器设在净煤气总管的紧急水封之前。

净煤气携带小直径水粒排出洗涤塔而进入立式旋流脱水器，立式旋流脱水器上部设有导流锥和旋流叶片以使净煤气产生旋流，煤气中的水滴在离心力的作用下分离出来，脱除了净煤气中机械水，使净煤气机械水含量不高于7g/m^3，满足了TRT对煤气含水量的要求，而且其下部的积水槽能有效地释放排水中夹带的煤气，有利于再循环泵的可靠运行。

填料脱水器采用花环或其他类似的规整填料以增大与煤气的接触面积，经生产实践证明是一种高效的脱水装置。同时它紧接在旁通阀之后，能大幅降低旁通阀产生的节流噪声，因而可以不再设置消声器。

将这两种形式的脱水器有机的串联设置，确保了净煤气机械水含量不高于7g/m^3。

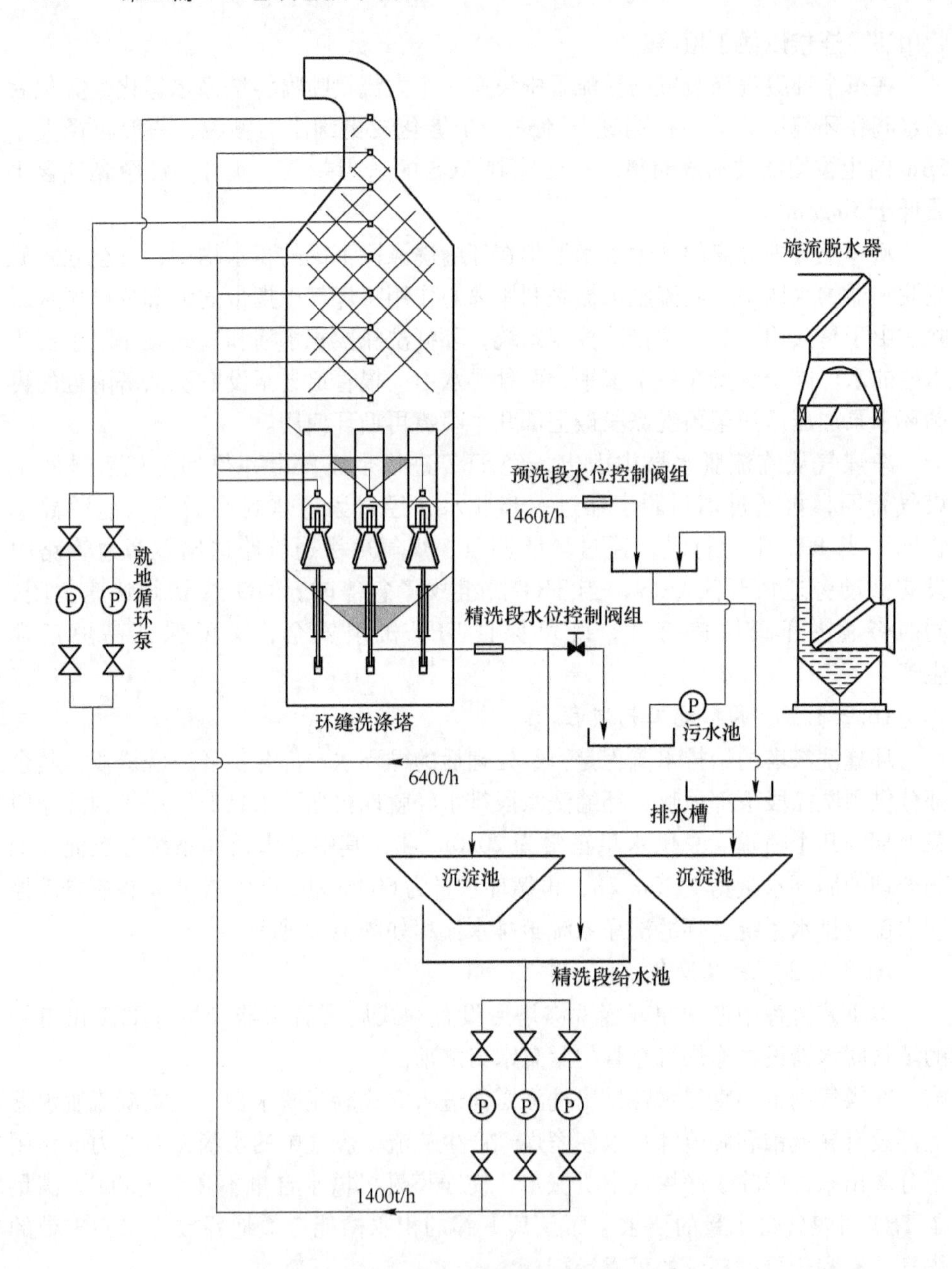

图 16-7　4 号高炉煤气净化系统给排水流程

16.2.1.4　环缝对炉顶压力的控制

炉顶压力的波动可由 AGS 进行调节控制，AGS 的调节由液压驱动实现。若要求提高炉顶压力，则液压缸前进，减少环缝宽度，反之则液压缸回退，增大环缝宽度。同时液压缸有行程开关，以防止环缝洗涤元件 AGE（Annular Gap Element)的完全闭合，保证环缝的最小宽度在10mm以上。

AGS的控制是将测量到的环缝洗涤器差压信号送至函数发生器，函数发生器内集成了AGS的性能曲线（AGS的压差、流量和开度的关系曲线），函数发生器和液压缸反馈的位置信号输出到位置控制器，位置控制器操作液压系统的伺服阀使AGS的液压杆运动。

环缝洗涤器的运转监视和操作均通过高炉中控室CRT画面监视进行操作，并备用手操控制盘。

16.2.1.5 总体工艺特点

（1）环缝洗涤集煤气冷却降温、粗除尘、精除尘和控制炉顶压力于一个塔内，能确保净煤气含尘量不高于5mg/m³（高炉常压操作时不高于10mg/m³）；

（2）环缝洗涤器的煤气流场均匀、冲蚀磨损小、噪声低、使用寿命长（一代炉龄）、维护工作量小；

（3）串联设置旋流脱水器和填料脱水器，提高了系统的脱水能力，确保净煤气机械水含量不高于7g/m³；

（4）环缝洗涤器具有恒差压和大差压两种操作方式，既满足了煤气精除尘的质量要求，又保证了TRT稳定的回收余能；

（5）环缝洗涤塔的排水方式采用液位自动调节（与双文排水方式一样），其排水阀门采用耐磨蝶阀，延长其使用寿命。

16.2.2 主要设备及结构特点

16.2.2.1 工艺设备

A 环缝洗涤塔

环缝洗涤塔由筒体、环缝洗涤器（AGS）、导流管、洗涤水喷嘴、上下段锥形集水槽、煤气入出口管、给排水配管等组成。

环缝洗涤塔的筒体内径为6400mm，高度约36m，主要由Q345R材料焊接而成。塔体如图16-8所示。

环缝洗涤塔筒体内容易受到煤气流冲击的部位，砌筑了耐酸砖。

未砌筑耐酸砖的筒体内壁，涂抹组合涂料，作用是防止煤气清洗水的酸性腐蚀，同时起到一定的耐磨作用，涂料严格按照工艺施工，每一层涂料施工结束后，要用

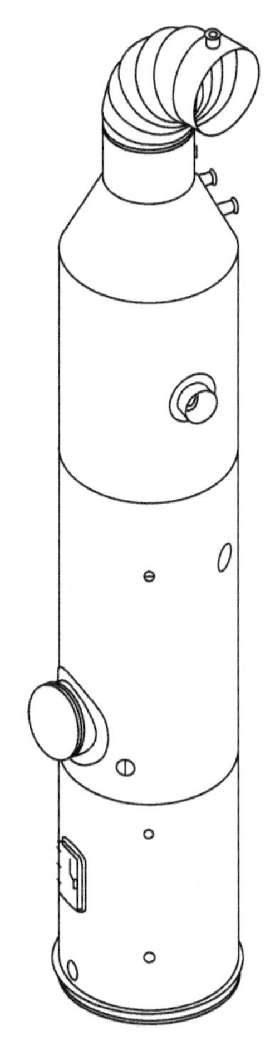

图16-8 环缝洗涤塔筒体

电火花试验检查，发现有漏点及时补刷。

环缝洗涤器（AGS）由德国进口，如图 16-9 所示，共有三套，每套 AGS 由隔离罩、导流管、文丘里外壳、内锥体（AGE）、驱动杆、密封盒组成。隔离罩位于导流管的上部，防止预洗涤段污水进入导流管以减轻环缝洗涤器的磨损和提高煤气清洗质量。每个 AGS 与连接预洗涤段和环缝洗涤段的导流管用法兰连接。

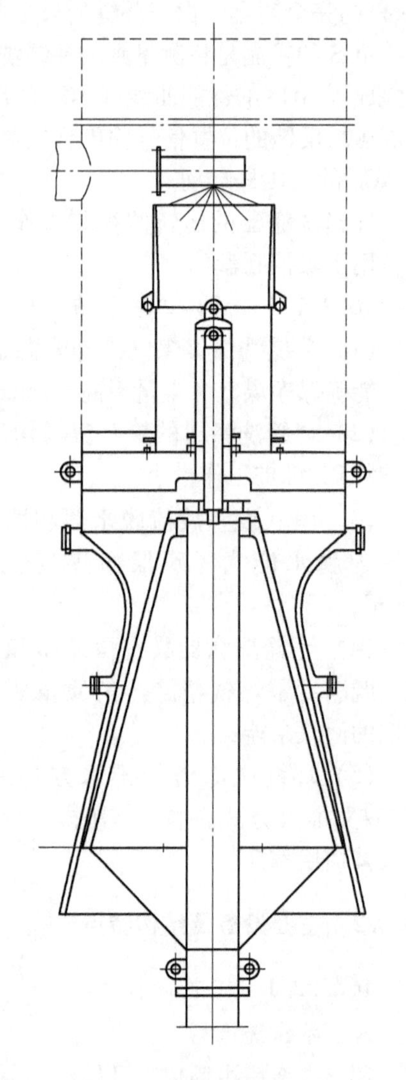

图 16-9 环缝洗涤器及导流管结构示意图

环缝洗涤器的驱动依靠液压油缸上下推拉。

环缝洗涤器的文丘里外壳由碳钢制成，内表面喷焊耐磨材料，内锥体由不锈钢制成，外表面喷焊碳化钨硬质合金。

环缝洗涤塔的喷嘴总共有 12 组，其中预洗段有 9 组喷嘴，三个环缝洗涤器各对应一组喷嘴。

环缝洗涤喷嘴的型式为大口径旋流式喷嘴，由耐磨的哈氏合金铸造，外形如图 16-10 所示。

喷枪管道外部用法兰与环缝洗涤塔安装法兰短管连接，喷枪枪管下部设置两块支撑板以增加强度。

各环缝洗涤喷嘴的总体尺寸和安装尺寸相同，只是通过喷嘴上的盲板或孔板的开孔尺寸改变其工艺性能。

环缝洗涤塔的预洗段和环缝洗涤段各设置一个锥形积水槽，上下锥形积水槽的作用是将洗涤煤气的污水集中到锥体底部的排水管排出。与锥形积水槽并排布置在塔体以外各两个水位检测罐，水位检测信号传递到高炉主控制室，可以控制积水槽中的水位，既不会发生煤气外逸，又不能造成煤气流通不畅。

B 旋流脱水器

旋流脱水器由筒体、固定在脱水器顶部的导流锥、旋流叶片、排水管及阀门等组成。脱水器筒体内径为 4500mm，高度约 30m，主要由 Q345R 钢板焊接而成。

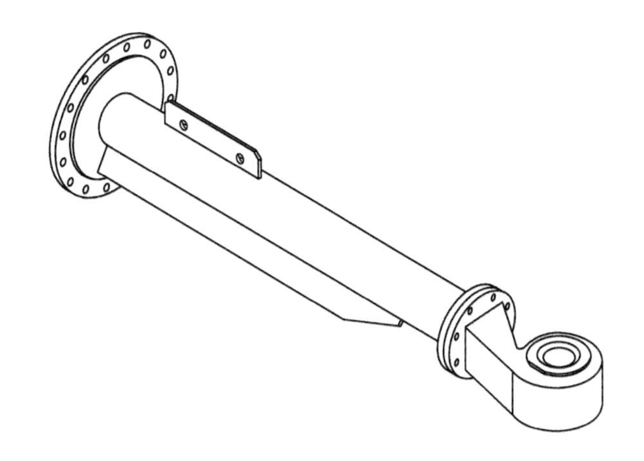

图 16-10　环缝洗涤喷嘴组装示意图

旋流脱水器的入口和出口煤气管道是直角弯的结构，内部设置导流叶片。

旋流脱水器的底部和上部设置了检修人孔，可以进入筒体内部检查叶片的情况。

C　填料脱水器

填料脱水器设置在 TRT 系统与旁通阀组之后，本体直径为 9m，内部煤气管道直径为 3m。处于低压煤气管段，填料为两层聚丙烯脱水环，总体积约 $80m^3$，各由两层网格板固定。

填料脱水器设置了 8 组清洗喷水管，在停止使用的时候可以通水清洗。

D　紧急水封及高架水箱

在煤气清洗系统的出口设置了紧急水封，为缩短切断煤气所需要的时间，设置了高架水箱。

紧急水封管道内径 3200mm，水封高度 3000mm，本体由碳钢板焊接而成，完成水封的时间在 3min 以内。

16. 2. 2. 2　液压系统

A　环缝洗涤塔液压系统

环缝洗涤塔附属的液压系统由液压油缸、阀台、蓄能器、液压油站（包括液压泵、油箱、过滤器、加热器、冷却器、循环泵、配管及附件等）等部分组成。

环缝洗涤塔液压站坐落在地面，压系统有如下特点：

（1）环缝洗涤器（AGS）和排水控制蝶阀共用一套液压系统；

（2）液压泵为一用一备，3 个 AGS 各用一套阀台，6 个排水蝶阀各用一个阀台；

（3）当油泵发生故障时，6 组容量为 50L 的蓄能器提供足够的压力驱动蝶阀和 AGS 运动到安全的位置；

（4）环缝洗涤器驱动液压油缸自带位置传感器，便于控制其开度；

（5）水位控制阀门的驱动油缸为微型转角型油缸。

B　旁通阀组液压系统

旁通阀组由一个DN1400mm电动蝶阀和两个DN900mm液动蝶阀组成。

旁通阀组的结构有如下特点：

（1）旁通阀本体为硬面密封双偏心蝶阀，在阀门全关闭时，基本可以做到零泄漏；

（2）旁通阀组两个液动阀门都附带角度编码器指示阀门开度，便于控制；

（3）旁通阀组阀门的气流冲击部位做了耐磨性处理。

旁通阀组液压站坐落在地面，液压系统有如下特点：

（1）液压泵一用一备；

（2）液压元件选用较多的插装逻辑阀；

（3）液压站的蓄能器组能够确保停电状态下所有阀门回到安全位置。

16.2.2.3　给排水配管、附件及阀门

给水装置由过滤器、配管、附件及阀门、喷嘴等组成。排水装置由自动排水阀装置、水位检测装置、配管、附件及阀门等组成。

环缝洗涤系统给排水装置有如下特点：

（1）设置了一用一备的就地循环泵系统，环缝洗涤段积水槽回流的水通过就地循环泵送回预洗段的上排三个喷嘴，节省了水处理工艺占地和能耗，但带来的问题是就地循环泵及其管道磨损严重；

（2）预洗段和环缝洗涤段排水配管选用内壁耐磨处理的管道；

（3）水位控制阀门为蝶阀，阀板和阀壳内壁也做耐磨处理；

（4）预洗段和环缝洗涤段的水位调节阀附带旋转编码器，可精确指示开度，便于自动控制；

（5）预洗段和环缝洗涤段的紧急排水阀、紧急切断阀同样是微型旋转油缸驱动，不附带旋转编码器，仅附带全开全闭限位开关。

16.3　煤气干法除尘系统

16.3.1　工艺流程简述

2008年9月，1号高炉采用短期化原地大修的方式，对煤气净化系统进行了改造，拆除一座沉淀池，建造煤气干法除尘系统，采用以干法除尘为主，湿法洗涤备用的模式。2009年2月1号高炉投产。2015年拆除备用湿法洗涤，实现全干法除尘。

2013年9月，3号高炉采用短期化原地大修的方式，对煤气净化系统进行了改造，拆除两座沉淀池，建造煤气干法除尘系统，采用全干法煤气净化的模式。2013年11月3号高炉投产。

两座高炉的干法煤气净化系统运行平稳，完全满足高炉生产工艺的需求。

经过煤气干法除尘系统处理后的净煤气含尘量在 5mg/m^3 以下，干法除尘到余压发电系统之前的工艺段，煤气压力损失在 10kPa 以内。

16.3.1.1 干法除尘煤气系统工艺流程

粗煤气经过重力除尘器除去大颗粒以后，经过荒煤气水平管送往煤气干法除尘系统。如图 16-11 所示。

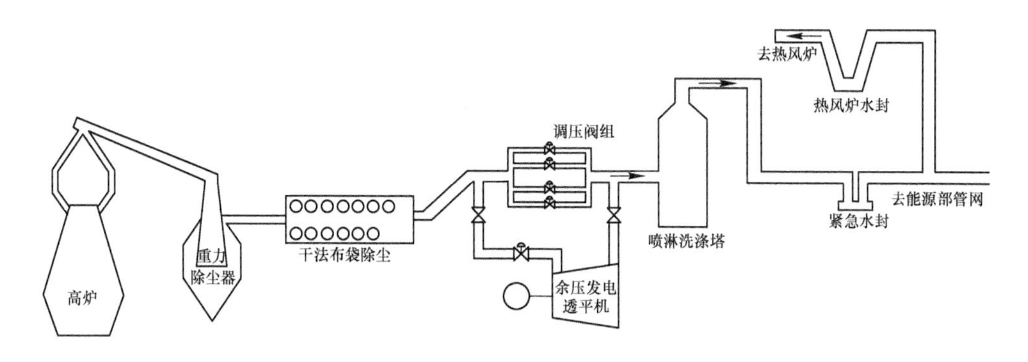

图 16-11 宝钢干法除尘煤气工艺流程图

荒煤气从总管进入干法除尘系统后，分为 2 列共 13 个支管，支管上设置电动蝶阀和电动封闭式插板阀，然后进入布袋除尘器的顶部，除尘器的中心荒煤气管穿过花板进入除尘器下部，荒煤气经过布袋过滤后，净煤气从布袋除尘器顶部流出，净煤气支管开设在除尘器封头的上部，分 2 列并入 2 根净煤气本管，最终汇集并入净煤气总管。炉顶均压用的净煤气由净煤气总管引出。

净煤气经过余压发电或者减压阀组后，进入喷淋洗涤塔和紧急水封，一部分煤气供给自身热风炉使用，其余煤气进入公司低压煤气管网。

16.3.1.2 水系统工艺流程

喷淋降温洗涤塔的煤气入口管道在塔体的中下部，煤气上升过程中受到喷枪喷射出的雾状高压水洗涤后，经过 2 层脱水环从塔体顶部排出，洗涤水由塔体底部的锥体收集，通过排水密封罐排到回水池。经过 3 台回水泵将水送回喷淋降温洗涤塔附近的冷却塔并回流到给水池，由 3 台给水泵向喷淋洗涤塔供水。在回水池设置了加碱装置调节水的 pH 值，以保证供排水设备的安全运行。给排水流程图如图 16-12 所示。

16.3.1.3 工艺特点

（1）总图布局合理，荒煤气本管、净煤气本管的长度较短，煤气管道的弯头较少，管道的阻损和内壁磨损情况得到改善；

（2）布袋除尘器数量较少，与灰罐位置设置得当，总体占地面积减小；

（3）所有布袋除尘器出口净煤气支管都安装了粉尘浓度检测计，便于跟踪；

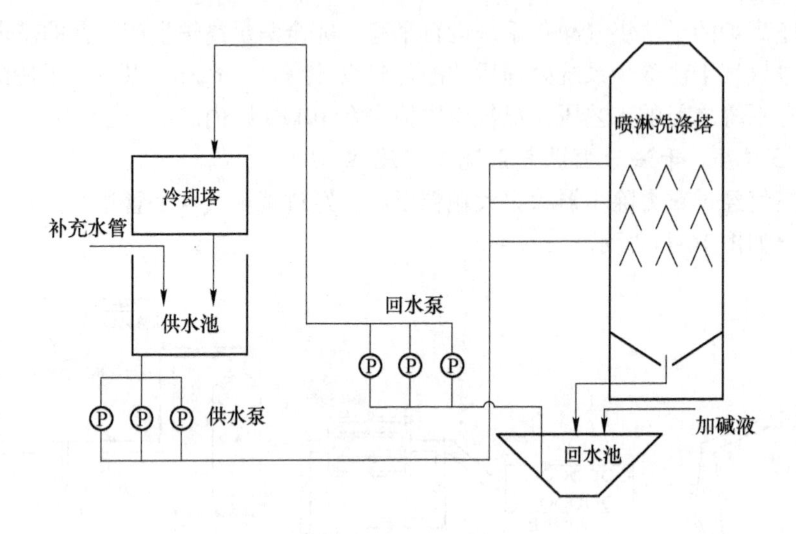

图 16-12　干法除尘喷淋塔给排水流程图

（4）均压煤气本管的取出口位置优化，缩短了均压煤气本管的总长度；

（5）拆除消声器，喷淋塔的位置前移至原先消声器的位置，喷淋塔同时起到消声器的作用；

（6）喷淋塔的循环水自成系统，完全由炼铁厂控制水质，节省了水处理系统的电耗和人力；

（7）所有布袋除尘器出口净煤气支管都安装了粉尘浓度检测计，便于跟踪。

16.3.2　主要设备及结构特点

16.3.2.1　布袋除尘器

布袋除尘器两列布置共 13 套，布局如图 16-13 所示。

布袋除尘器结构特点如下：

（1）布袋除尘器筒体由钢板焊接而成，设计为承压结构，筒体下锥部安装保温蒸汽环管；

（2）布袋除尘器筒体的荒煤气入口设置在筒体顶部封头中央，净煤气出口设置在椭圆封头顶部；

（3）布袋除尘器进口出口管道均设置了波纹管伸缩节、电动硬密封蝶阀和电动封闭式插板阀；

（4）每个布袋除尘器的氮气脉冲反吹清灰设置两个氮气包，40 套淹没式脉冲阀，煤气除尘器的反吹气包位置较合理，手动切断球阀操控方便；

（5）布袋除尘器的滤袋材质为玻璃纤维基布 + 复合针刺毡层聚亚酰胺（代号 P84）；

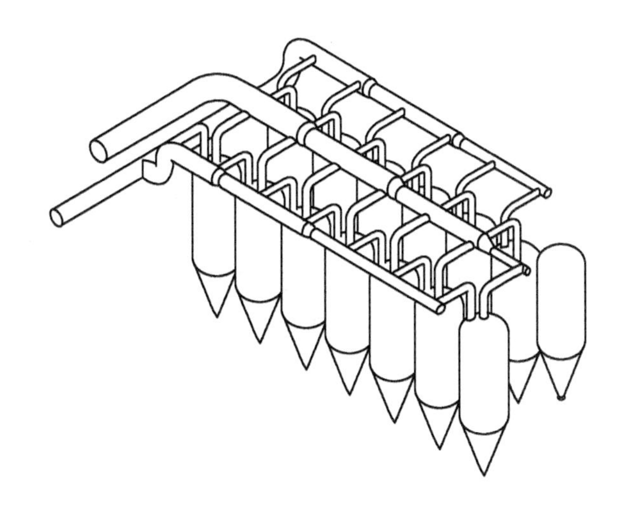

图 16-13 3 号高炉第二代煤气干法除尘设备布置示意图

（6）滤袋袋笼材质为不锈钢，是由钢丝和钢丝支架组焊成的笼状结构，袋笼由三段组成，采用星形分段插接式结构；

（7）花板作为滤袋组件的安装支撑架，将布袋除尘器筒体分为过滤室和净煤气室，也可作为滤袋组件的检修平台；

（8）布袋除尘器的荒煤气室内设置格栅形的检修平台，便于人员检修；

（9）布袋除尘器的卸灰系统采用气动球阀，并安装了流化装置，消除排灰时堵塞的风险。

16.3.2.2 灰罐及输灰管道

灰罐及输灰管道结构特点如下：

（1）灰罐为 1 套，筒体下锥部安装保温蒸汽环管，防止灰尘结露板结；

（2）灰罐输灰管道入口有两个，各对应一个布袋除尘器系列，设置在直筒下部相对的位置，尾气出口设置在椭圆封头顶部中间；

（3）灰罐的氮气脉冲反吹清灰设置两个氮气包，21 套淹没式脉冲阀；

（4）灰罐的滤袋材质为玻璃纤维基布 + 复合针刺毡层聚亚酰胺（代号 P84）；

（5）灰罐袋笼材质为不锈钢，是由钢丝和钢丝支架组焊成的笼状整体结构；

（6）输灰系统设计为浓相输送，载送气体管道安装了锥形喷嘴，可防止管道堵塞，布袋除尘器向灰罐的输灰管道内衬自蔓延陶瓷，增加管道的耐磨性能，输灰管道设置了氮气输送和净煤气输送两种方式，尾气通往低压净煤气管道或者是通过灰罐顶部的放散阀释放，用煤气作为输灰介质可以节省氮气，但为了防止输灰管道结露堵塞，通常用氮气输送；输灰管道外部铺设蒸汽伴热保温管，并包覆保温材料；

（7）灰罐下的排灰装置为两套，包括手动球阀、气动球阀，电动星形卸灰阀、电动粉尘加湿搅拌机，灰罐的粉尘通过排灰装置成为湿度较高的尘泥，由卡车外排至原料堆场回收利用；

（8）灰罐下气动球阀为硬面密封结构，排灰时通常向灰罐中充入氮气保持稍许正压；

（9）排灰用电动星形卸灰阀的排放能力与加湿搅拌机匹配，防止排放过程断续或者是加湿搅拌机过载；

（10）排灰加湿搅拌机为封闭结构，防止排灰过程中的煤气泄漏和粉尘外逸，加湿搅拌机给水系统设置流量控制阀，确保排出尘泥湿度适中；

（11）两个系列的输灰管道通向一个灰罐，管道内衬自蔓延陶瓷，增加管道的耐磨性能，其他情况与 1 号高炉干法除尘类似。

16.3.2.3　煤气管道及阀门

煤气管道及阀门的布局如图 16-14 所示，技术特点如下：

（1）荒煤气管道保温采用煤气管道内壁喷涂抗磨耐火材料，涵盖荒煤气本管和支管，直到除尘器入口的荒煤气插板阀。第一可以减少荒煤气对管道内壁的冲刷；第二可以使煤气与管道钢板之间隔离，防止部分位置低温结露腐蚀；第三喷涂耐火材料有一定的吸湿能力，当荒煤气短时间含湿量较大时不至于直接对除尘滤袋造成严重损害。

（2）荒煤气总管进入干法除尘系统以后，管径按照等流速原则设计成变径管，使进入各除尘器的流量分配力求均匀。

（3）荒煤气支管从总管上分 2 列布置，净煤气支管分 2 列汇聚成 2 根本管，最终合并进入到净煤气总管，净煤气支管和总管都设置外部保温。

（4）净煤气管道内部涂刷重防腐涂料，尤其是 TRT 出口到喷淋塔之间的煤气管道全部改用不锈钢。

（5）荒煤气支管和净煤气支管上都设置了电动切换硬密封蝶阀和电动封闭式插板阀。除尘器筒体的入口和出口阀门全部集中在最顶层，便于今后检修。管道上设置了检修人孔，可观察管道内积灰和腐蚀磨损情况。

（6）电动金属硬密封蝶阀结构是三偏心蝶阀，密封圈是由不锈钢环板车削加工成弹性截面形状的环，安装在蝶阀阀板上。蝶阀的阀座堆焊硬质合金后磨削加工。

（7）电动封闭式插板阀的动作由压紧（松开）和走板机构。压紧（松开）机构由滚子链条驱动四个链轮带动螺旋顶丝，走行机构通过电动执行机构驱动链轮和销柱链条。

（8）电动封闭式插板阀的壳体为承压结构，一般来说插板阀压紧状态后阀箱内残余煤气全部放散干净，但极端情况出现压紧后阀箱仍泄漏煤气的，可以关闭阀箱放散阀维持生产。

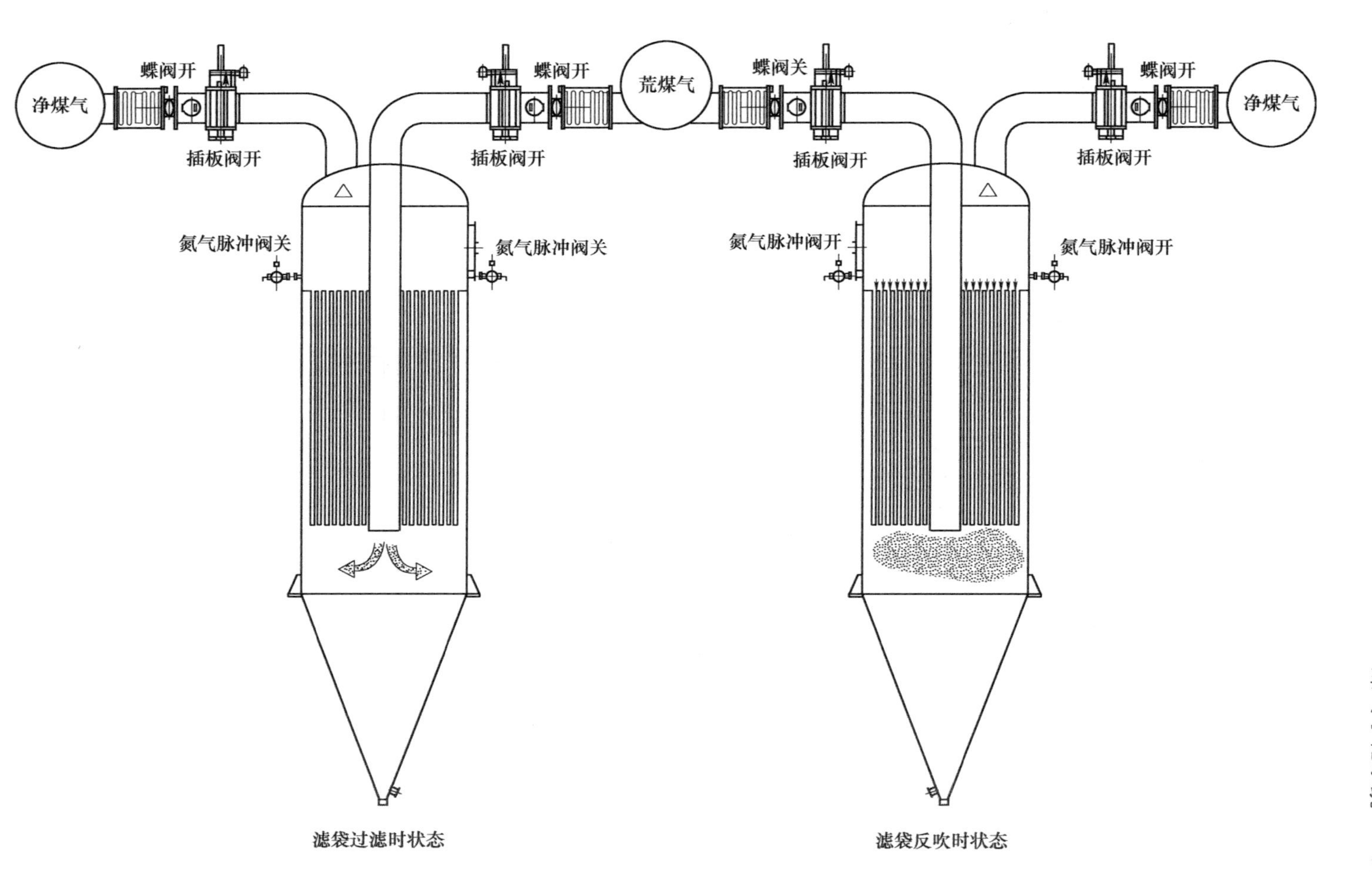

图 16-14 高炉布袋除尘器过滤和反吹时的状态示意图

(9) 电动封闭式插板阀内的伸缩节选用耐腐蚀的254SMo不锈钢波纹管伸缩节，以提高使用寿命。

(10) 净煤气管道每根支管上设置粉尘浓度在线监控设备，可及时发现净煤气的质量波动。

(11) 干法除尘系统的所有封闭式插板阀和电动蝶阀等，都可以在中控室操作，赶煤气和引煤气作业比较方便。

16.3.2.4　喷淋洗涤塔及给排水设施

喷淋洗涤塔设置在减压阀组之后，快速水封阀之前，结构如图16-15所示。

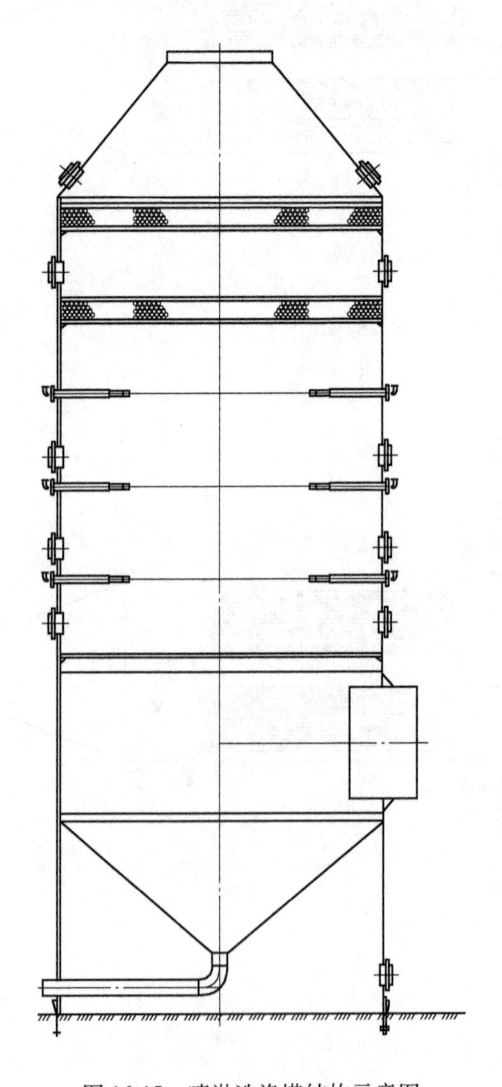

图16-15　喷淋洗涤塔结构示意图

喷淋洗涤塔及给排水设施结构特点如下：

（1）塔体为钢板焊接结构，外壳采用自支承形式，塔体内部设置锥形积水斗；

（2）塔体设置喷枪保护套管共50套，喷枪采用法兰连接方式与保护套管的外侧法兰连接；

（3）塔体在现场组装结束后，内部涂覆玻璃鳞片重防腐材料，喷淋塔内的支架材料采用耐氯离子腐蚀的254SMo不锈钢，筒体内壁以及进行重防腐；

（4）塔体底部设置锥形排水斗，外部安装排水密封罐；

（5）喷淋洗涤塔下段增加一层导流格栅，格栅采用254SMo不锈钢，内部加装聚丙烯塑料填料环，塔体上部设置2层聚丙烯塑料脱水环，堆积体积共计68m^3，上下各用钢板网封闭固定；

（6）三层喷枪共50支，其中第一层16支，第二层16支，第三层18支，喷枪的喷嘴选用哈氏合金的螺旋形喷嘴，雾化效果较好。

喷淋洗涤塔给排水管道设备结构特点如下：

（1）给水本管设置流量计以及调节阀，可根据工艺需要调整喷水水量；

（2）给水本管到喷淋塔三层环管之间设置了U形水封管，即使给水断水，也能确保喷淋塔内的煤气不发生回流；

（3）喷淋洗涤塔回水到水坑后，通过2用1备的三台返送泵将水送回冷却塔给水池，喷淋塔回水流入地坑中，返送泵是自吸式水泵，可根据水位高低控制启停；

（4）冷却塔和给水池是混凝土结构，高于地面，给水泵是离心式水泵，泵壳和叶轮都是耐腐蚀材料制成；

（5）喷淋塔回水坑旁边设置加碱液装置，返送水管道设置在线pH计，可定量加入碱液调整污循环水的酸碱度；

（6）碱液储罐由钢板焊接内部衬橡胶，碱液储罐的容积为20m^3，设置了保温装置防止碱液结晶。

煤气净化系统主要是伴随着新型材料技术、检测技术、制造技术的发展而发展的。目标是消耗更少的能源介质和工业新水，更大效能地提升高炉煤气的显热和余热利用，回收更多能源。随着高炉大型化炉顶压力的提高，从炉顶逸出的煤气具有很大的压力和温度等能量，从节能观点出发，利用这些能量具有很大的价值。

随着高炉煤气清洗工艺技术的发展，宝钢高炉煤气清洗工艺也从重力除尘加双文氏系统逐步过渡到重力除尘加干法除尘系统，湿法除尘改变为干法除尘，由此带来了除尘效率的提高和TRT回收能量的增加。通过几年来的实践表明，高炉煤气干法除尘系统的发电能力比湿法系统提升约23%，对高炉顶压波动的控制更加精准。但同时应该看到，煤气干法除尘系统除尘滤袋不耐高温，当过滤的煤气温度高于260℃时，滤袋会被高温气体烧蚀穿孔漏灰，大量的粗煤气粉尘进入到净煤气中，使布袋除尘器失去除尘过滤作用；除尘滤袋怕低温高湿，当过滤的煤气温度低于100℃时，若煤气中含水量过多，煤气中的饱和水将冷凝大量析出，使吸附在滤袋上的粉尘形成致密不透气的泥浆壳包裹着滤袋（俗称糊袋），并且泥浆还堵塞滤袋的微小毛细过滤孔，布袋除尘器失去除尘过滤作用。布袋除尘系统不适应长期在超设计过滤负荷工况下运行，布袋除尘超过滤负荷运行将使除尘器的每个箱体内粗净煤气压力差增大，反吹清灰效果差，易造成滤袋帽头处渗漏灰现象，同时滤袋受压力加大使寿命缩短。因此，干法除尘对高炉操作的要求更高，尤其是对高炉顶温控制必须满足设备的要求。

17　高炉专家系统

17.1　高炉专家系统简介

高炉冶炼是在“黑匣子”状态下进行的复杂的冶金物理化学过程，传统的高炉操作主要依赖操作人员的经验。为了提高高炉冶炼过程的自动化控制水平，提高生产效率，20 世纪 70 ~ 80 年代以来工业发达国家对高炉数学模型和专家系统进行了大量的研究开发工作。

高炉专家系统是在高炉冶炼过程主要参数曲线或数学模型的基础上，将高炉操作专家的经验编写成规则，运用逻辑推理判断高炉冶炼进程，并提出相应的操作建议，20 世纪 90 年代逐步应用到工业控制领域。国内外实践证明，高炉采用专家系统后炉况更为稳定，在防止炉况失常，特别是减少铁水成分的波动、增铁节焦的效益方面非常明显。

高炉生产过程具有对象复杂、过程封闭、随机性强等特性，现有常规建模和控制技术难以奏效，而这些恰恰成为专家系统研究的热点。日本 NKK 公司早在 1986 年就率先开发出世界上第一个高炉专家系统。20 世纪 90 年代芬兰和瑞典在开发高炉专家系统上非常活跃。芬兰洛德罗基开发的专家系统，具有上千条规则，对炉热和异常炉况进行全面的控制，这些系统主要呈现功能单一、用途有限的特点，主要作为高炉生产中某种异常事件或异常诊断的预警或操作指导系统。21 世纪以来，随着自动控制技术的发展，特别是人工智能技术的日益成熟，具有闭环控制功能的高炉专家系统开始出现，首先是奥钢联开发的高炉专家系统 VAIRON，是世界上首个实现闭环控制的高炉专家系统，该系统可实时跟踪监视高炉状态，并即时做出相应的作业判定，并闭环控制焦比、碱度等因子。随后宝钢也开展了这方面的研究工作，最终成功开发了较为全面的闭环性高炉专家系统，碱度、炉温、出渣铁等常见动作量实现了闭环控制。

17.1.1　高炉专家系统的功能

高炉专家系统，功能涉及炉热自动控制、煤气流自动调节、炉渣性能自动调节、出铁渣监视和管理、炉缸长寿管理、特殊炉况判定处理、热风炉自动控制等方面。基于生产实绩信息，各子系统进行相关技术计算和规则推理，判定高炉相关操作制度的当前状态，做出相关的趋势预测，最终确定对应的操作动作量，其中部分操作因子的相关动作量可自动下发设定到 L1 系统自动执行。

宝钢高炉专家系统闭环控制功能涉及高炉炉热调节、煤气流控制和炉渣性能控制等内容，相关控制因子包括鼓风风温、鼓风湿分、喷煤煤比、焦比、布料档位、炉渣碱度、炉渣 Al_2O_3、炉渣 MgO 以及热风炉用焦炉煤气流量和空气流量等。

17.1.2 高炉专家系统的总体要求

高炉专家系统是高炉炼铁操作经验、软件技术、建模技术的有机结合，所以需要具有丰富经验的生产技术人员总结大量专家规则，软件技术人员利用合适开发工具将专家知识运用计算机语言表达出来，最后，专家系统还需要大量数学模型作为基础，相应的工艺机理模型、神经网络模型、模糊控制模型都对专家系统的建立提供有益帮助。

开发专家系统所使用的语言，可以是人工智能语言，如 LISP、PROLOG 等，也可以是面向对象的 C 语言和 C ++ 语言。为了加快专家系统的开发速度，可以使用专家系统开发工具。专家系统开发工具就是不含知识库的专家系统。澳大利亚 BHP 公司在专家系统开发工具 G2 的基础上研制了名为 SHERPA 的专家系统开发工具，可以帮助在较短时间内建立一个专家系统原型。

专家系统就像一名很有经验的操作人员，可以处理检测数据，计算各种参数的偏差及变化，分析当前状态下这些计算参数的数值，比较分析数据与正常操作时的参考数据，分选出异常现象，最后由系统对每个异常现象提出合适的控制操作建议，使程序回到正常状态。

专家系统需要一个独立且通用的专家系统推理平台，对外提供引擎相关操作接口，实现推理引擎的初始化、事实创建维护、知识库加载、推理运行控制、推理过程导出等功能。该推理平台将实现推理过程相关的参数、规则、数据、结果的控制管理，实现推理过程的控制（图 17-1）。基于规则推理的专家系统主要内容包括：事实表（fact list），包括推理所需的数据；知识库（knowledge base），包括所有规则；推理机（inference engine），对运行进行总体控制。

推理机是专家推理系统核心组成部分之一，它根据工艺的要求定周期的运行，基于规则库知识以及当前事实表，按照一定推理机理执行规则演绎。

专家知识采用规则形式表示，规则库在系统开发阶段以文本方式进行编辑与修改，并将规则逻辑和判定参数有效分离，最终以加密方式存储，以提高系统灵活性和可靠性。

17.1.3 高炉专家系统的实践

鉴于高炉操作的复杂性，自从专家系统出现以来，高炉专家系统就成为研究的重点。从 20 世纪 80 年代末以来，主要的钢铁生产国都开展了大量相关研究工

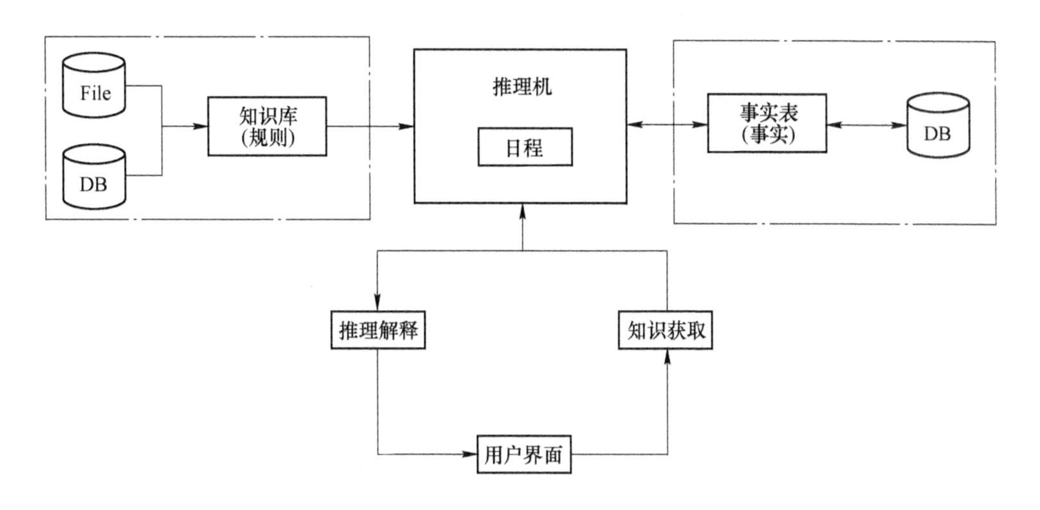

图 17-1 推理系统结构图

作。日本首先开发了高炉专家系统，效果也很好，主要原因有：（1）高炉检测仪表品种齐全、性能可靠；（2）高炉操作水平高、经验丰富；（3）系统可同时调用高性能的数学模型以处理炉况较稳定时的判断和控制问题；（4）综合应用了模糊推理、神经网络等先进的 AI 技术，以及应用实例学习法提取知识。

17.2 早期高炉专家系统

20 世纪 90 年代，宝钢从国外引进了一整套数学模型，其中 GO-STOP 异常炉况判定模型，实质上就是高炉炉况判定专家系统的一种。它通过收集和分析数百例炉况发生显著变化时的高炉数据，利用全压差、炉身压差、炉料下降、炉顶煤气利用率、炉身煤气分布、炉体温度分布和炉缸储渣量 8 种指数来判断炉况。其后，在 90 年代后期，在自主消化系统的基础上，开发了自己的专家系统，但总体上仍遵循了原系统的架构。

17.2.1 早期高炉专家系统的特点

早期，由于宝钢高炉操作经验尚未成熟，并且当时自动化水平比较低，计算机的速度容量有限等原因，早期的专家系统应用效果不明显，内容也比较单一，实质上只相当于现在高炉专家系统中的一个模块，即特殊炉况判定模块，只能起到一些简单指导作用。

17.2.2 早期高炉专家系统的应用实践

根据宝钢高炉操作的现场工艺环境和实际操作习惯，采用了 25 个操作因子的水准值和 9 个操作因子的变动值，作为模型判定的依据。

对所选的参数分别进行数值判定和变动量判定，最后汇总并综合评价出炉况的“好”与“坏”。系统的判定流程如图 17-2 所示。

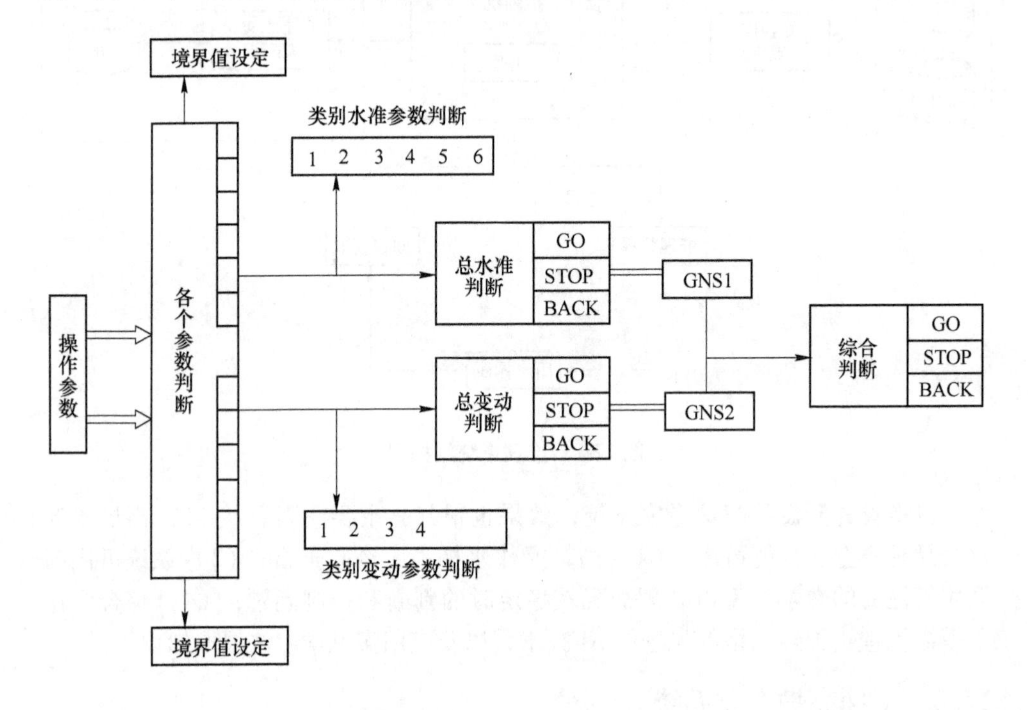

图 17-2　GO-STOP 系统结构简图

系统判断的主要步骤如下：

第一步，在线收集各过程检测数据，并根据工艺要求对其中一部分数据进行加工整理成判定因子。

第二步，对采集的过程数据和因子进行三值判定，即把这些数据或因子分别与各自预先设定的界限值进行比较，确定其属于“好”（GO）、“注意”(STOP)、“坏”（BACK)三个范围内的哪一个，分别赋以正值“2”、“1”、“0”，这些值被称之为 GS 值（GO-STOP 值)。

第三步，在对各检测数据和因子进行判定的基础上，把 25 个操作因子归并为 8 个分类。在合并过程中，按各个因子对高炉操作的影响程度进行加权处理。各分类的 GS 值计算方法为：

$$PW_j = W_i P_i$$

式中　P_i——第 i 项因子的 GS 值；

W_i——第 i 项因子的权重；

PW_j——j 项分类的加权 GS 值。

第四步，对 8 个分类的 GS 值进行评价，把它们的 GS 值与各自的界限值进行比较，确定其属于“好”、“注意”、“坏”的范围，并把判定结果用规整化的数字表示出来，即分别用“2”、“1”、“0”来表示。这些数称为分类判定的GS值。

第五步，在对上述因子进行判定的基础上求出全部因子判定的累计GS值：

$$GSN_1 = P_i W_i$$

式中　P_i——第i项因子的GS值；

W_i——第i项因子的权重；

GSN_1——因子判定综合GS值。

在对各操作因子加权求和时，使得所有的操作因子判定结果均为2时，利用权重W_i的调整，使$GSN_1 = 100$。故GSN_1值总在0～100范围内波动。数值越大表明炉况越佳，反之数值越小表明炉况越差。

与因子判定步骤类似，对9个因子的变动判定，9个因子的变动值被划为4类，其判定方法与上述因子判定方法相同，就不再复述了。

变动判定结果为“好”，赋值为“0”，“注意”赋值为“-1”，“坏”赋值为“-2”，其变动的综合GS值为：

$$GSN_2 = P_i W_i$$

式中　P_i——第i项变动的GS值；

W_i——第i项变动的权重；

GSN_2——变动判定综合GS值。

对各变动判定GS进行加权求和时，调整权重使GSN_2值在0～-30范围内波动。其值绝对值越大，则表明炉况波动越大。

第六步，是进行炉况的综合评价，将以上的GSN_1和GSN_2相加，即作为GO-STOP系统总的判定结果GS值：

$$GSN = GSN_1 + GSN_2$$

最终，对GSN值进行判定。当GSN>70～80时，判定炉况为“GO”，表明炉况状态良好，可以维持现状；当60～65<GSN<70～80时，判定炉况为“STOP”，表明炉况不良应引起注意，寻找原因以必要的对策，防止炉况失常。当GSN<60～65时，炉况判定为“BACK”，表明炉况已经失常，必须寻求改变适当的动作量，调整炉况，以防炉况恶化。

17.3　现有高炉专家系统

从2007年开始，宝钢策划并启动专家系统研发，鉴于宝钢有丰富操炉经验、雄厚的技术积累和成熟的人员储备，最终决定集中宝钢内各方面力量进行攻关，自主开发宝钢自己的高炉专家系统。该专家系统吸取国内外相关经验教训，将目标定位于高炉闭环控制系统，定位于新一代高炉炼铁标志性技术。相关闭环控制范围涵盖了炉热调整参数、气流控制参数、配料控制参数、热风炉燃烧控制等主要操炉因子，并同时对出铁操作、长寿管理等非闭环操作制度提供实时操作指导。

17.3.1　现有高炉专家系统的特点

现有高炉专家系统的功能涉及炉热自动控制、煤气流自动调节、炉渣性能自动调节、出渣铁监视和管理、炉缸长寿管理、特殊炉况判定和处理、热风炉自动控制七大子系统。基于生产实绩信息，各子系统进行相关技术计算和规则推理，判定高炉相关操作制度的当前状态，做出相关的趋势预测，最终确定对应的操作动作量，其中部分操作因子的相关动作量可自动下发设定到PLC(L1)系统自动执行。

宝钢高炉专家系统闭环控制功能涉及高炉炉热调节、煤气流控制和炉渣性能控制，相关控制因子包括鼓风风温、鼓风湿分、喷煤煤比、焦比、布料档位、炉渣碱度、炉渣 Al_2O_3、炉渣 MgO，以及热风炉用转炉煤气流量和空气流量。

17.3.2　现有高炉专家系统的应用实践

高炉专家系统架构由高炉原有计算机过程控制应用系统（L2）和专家系统推理平台基础上，利用原 L2 系统相关基础数据，基于相关专家规则并通过专家推理系统的规则演绎过程，实现高炉专家系统的相关判定与控制功能，系统架构如图 17-3 所示。

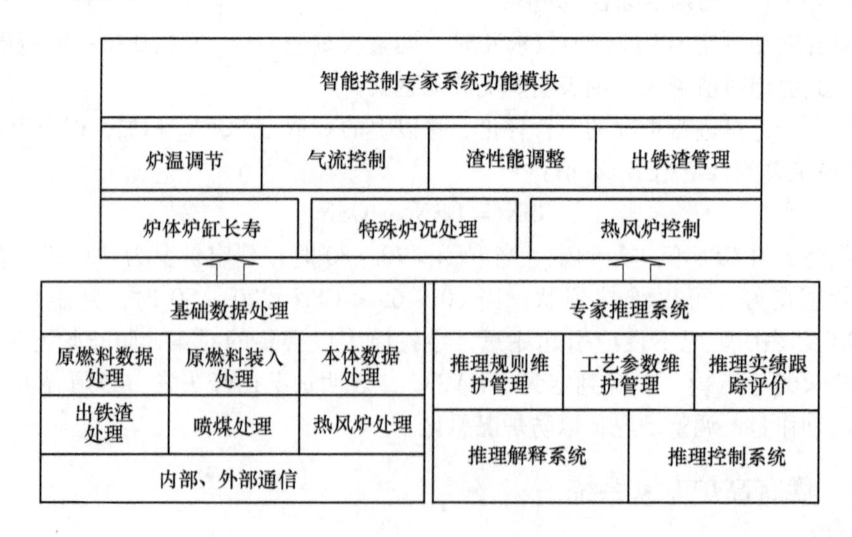

图 17-3　高炉专家系统功能关联图

其中高炉 L2 过程控制系统涉及原燃料数据处理、原燃料装入处理、本体数据处理、出渣铁处理、喷煤处理、热风炉处理、设备管理等功能；规则推理系统包括推理控制、推理解释、规则维护、参数维护、实绩跟踪评级等功能；高炉专家系统从生产操作角度出发，内容包括炉温控制、煤气流控制、炉渣性能控制、出渣铁操作、特殊炉况处理、炉体炉缸长寿和热风炉控制等功能，其中炉温控制、煤气流控制、炉渣性能控制和热风炉控制功能涉及相关操炉因子的闭环控制。主要的相关控制参数输出结果如图 17-4 所示 。

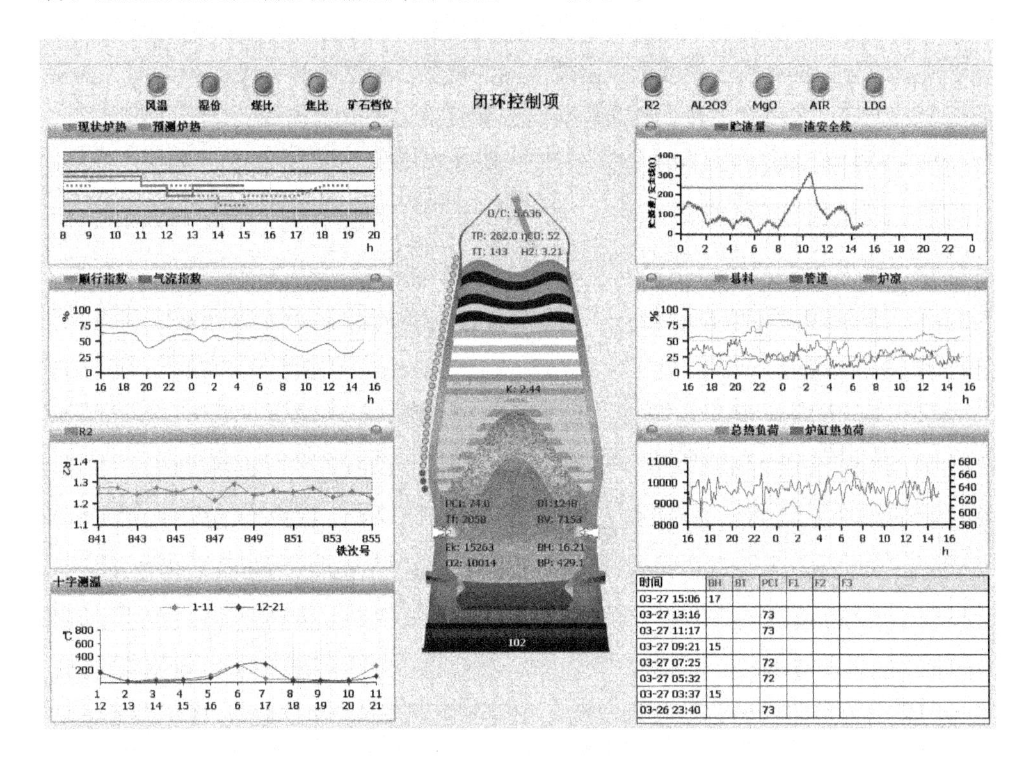

时间	BH	BT	PCI	F1	F2	F3
03-27 15:06	17					
03-27 13:16			73			
03-27 11:17			73			
03-27 09:21	15					
03-27 07:25			72			
03-27 05:32			72			
03-27 03:37	15					
03-26 23:40			73			

图 17-4 高炉专家系统主要控制参数输出结果

17.3.2.1 炉热调节

高炉生产的热滞后性大，影响因素众多且过程复杂，合理控制高炉炉热，具有重要意义，这是高炉稳定顺行、长寿、高产、优质、低耗的直接保证。炉热过高、过低都不利于高炉的正常生产，只有在炉温稳定的条件下，炉内的渣铁流动性、炉料的透气性、煤气流分布的稳定性以及炉料下降的均匀性等才会得到保证。

专家系统炉热调节子系统，涉及炉热现状判定、炉热趋势预测和炉热调节设定功能。

A 炉热现状判定

根据高炉生产实绩（铁水物理热、铁水化学热以及信息），综合判定高炉炉热高低以及相关程度，并进行评价判定。判定过程中同时进行相关数据有效性判定、异常情况处理。

炉热现状判断模型是整个炉热控制系统的基础，它的好坏将直接影响和决定着整个控制系统的正确与否。炉热的判断主要通过现场测得的铁水温度和现场取样的分析数据。在正常判断时，一般根据铁水温度和现场分析数据同时进行综合分析判断，并形成可供计算机识别判断的模型。同时，在实际生产中，铁水温度和取样数据并不是同时到达，它们之间存在着不可预测的时间差，有时当有铁水温度时，而铁样由于分析等其他原因会造成数据很长时间无法正常取得，有时也会出现有了铁水成分数据而铁水温度数据出现遗漏的现象。当这些异常情况出现时，为保证整个系统的正常持续运转，就需要对这些异常情况采取合理的模型进行处理。

对炉热现状的判断主要是依据以上计算确定的铁水温度差值（ΔPT）、铁水硅含量差值（ΔSi），根据其各自的变化量在不同区间内的条件进行判断，同时在不同条件下采取不同方法进行的判定。根据实际情况，对可能存在状态进行分类主要有三种，根据这三种不同的状态分别设计对应三种不同模型如下：

（1）正常炉热现状判定模型。当前铁次中铁水温度和 Si 值都存在，即 ΔPT、ΔSi 均能正常取得。

（2）纯 PT 或 Si 判定模型。当前铁次中只有铁水温度能即时取得，即在当前状态下只能得到 ΔPT；当前铁次中仅有 Si 值存在，即当前状态下只能得到 ΔSi。

（3）综合判定模型。综合判定模型主要是将正常炉热现状判定模型和纯 Si 判定模型加权平均结合后产生一种判定方法。

应用以上四种炉热现状判定方法进行综合分析，则不同判定模型在不同条件下的应用原则如图 17-5 所示。

B 炉热趋势模型

炉热趋势预测模型包括两大模块，一是对炉热趋势评价模型，该模型主要通过各种经验模型以及理论计算模型实现对高炉炉热方向性预测结果；另一个是炉热预测模型，它是建立在现状判断和趋势预测基础上，对炉热的未来走势进行的综合预测结果。根据高炉炉热现状判定结果，结合近阶段原燃料条件（如原燃料质量和配比）、设备信息、冶炼参数和操炉制度（如生产效率、炉热指数、理论燃烧温度等）等因素，以及相关因素的影响量和起效时间，对照专家经验规则，综合推算未来数小时高炉炉热的发展趋势。整个推理过程采用模糊逻辑技术。

对炉热方向性评价结果共分为 3 种状态，分别是趋势走高、趋势平稳、趋势走低。通过这 3 种状态，结合炉热现状判断的 7 种结果，共可以推出 21 种判断结果。将高炉整个炉热区间划分 7 个区间状态，它们分别是：过高、高、偏高、正常、偏低、低、过低，并将这 7 种不同状态赋予以不同颜色。最终实现将不同的炉热状态均可归属于不同的炉热区间状态，同时也实现了对炉热现状判断的定性定量化和可视化处理。

C 炉热调节设定

炉热控制主要是通过控制燃料比进行相关修正来实现，其依据是依靠当前炉

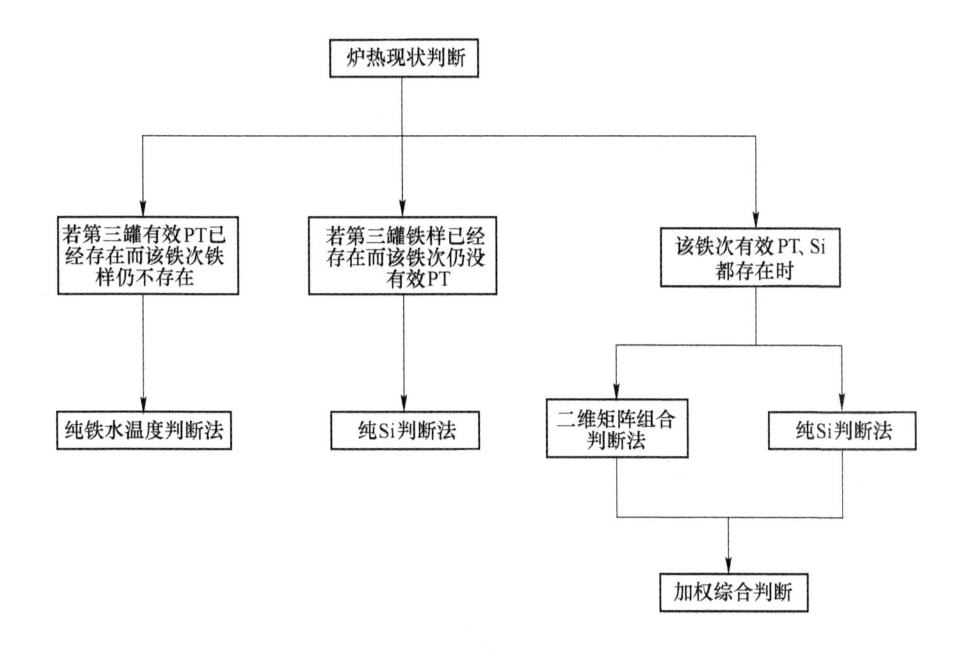

图 17-5 炉热现状判定模型应用逻辑图

热状态及其变化趋势信息，相关操作因子涉及鼓风温度、鼓风湿度、喷煤量、焦比等。炉热监控及调节主画面如图 17-6 所示。主画面中由炉热现状判断、炉热预测结果、四个鼓风湿度（BH）、鼓风温度（BT）、喷煤量（PCI）以及入炉焦比（CR）参与“开环”或“闭环”的控制选择项、再有目标铁水温度（PT）、目标铁水硅含量（Si），以及基准燃料比和基准料速四个目标参数输入项。其中目标 PT、目标 Si 是炉热控制所要达到的目标值，设定这两个值后，整个系统的运行将直接围绕这两个参数进行控制和管理，以确保高炉的炉热始终保持在这两个设定的目标炉热范围周围。而基准燃料比和基准料速所反应的是在当前原燃料和冶炼条件下，高炉正常生产所需的燃料比以及高炉冶炼情况。

炉热智能控制模型有如下技术特点：

（1）炉热参数的预处理技术；

（2）铁口温差识别以及修正技术；

（3）高炉炉热判定技术；

（4）采用色温区间表示炉热状态技术；

（5）炉热趋势判断技术；

（6）炉热预测技术；

（7）燃料比动态控制技术；

（8）炉热控制动作推定技术；

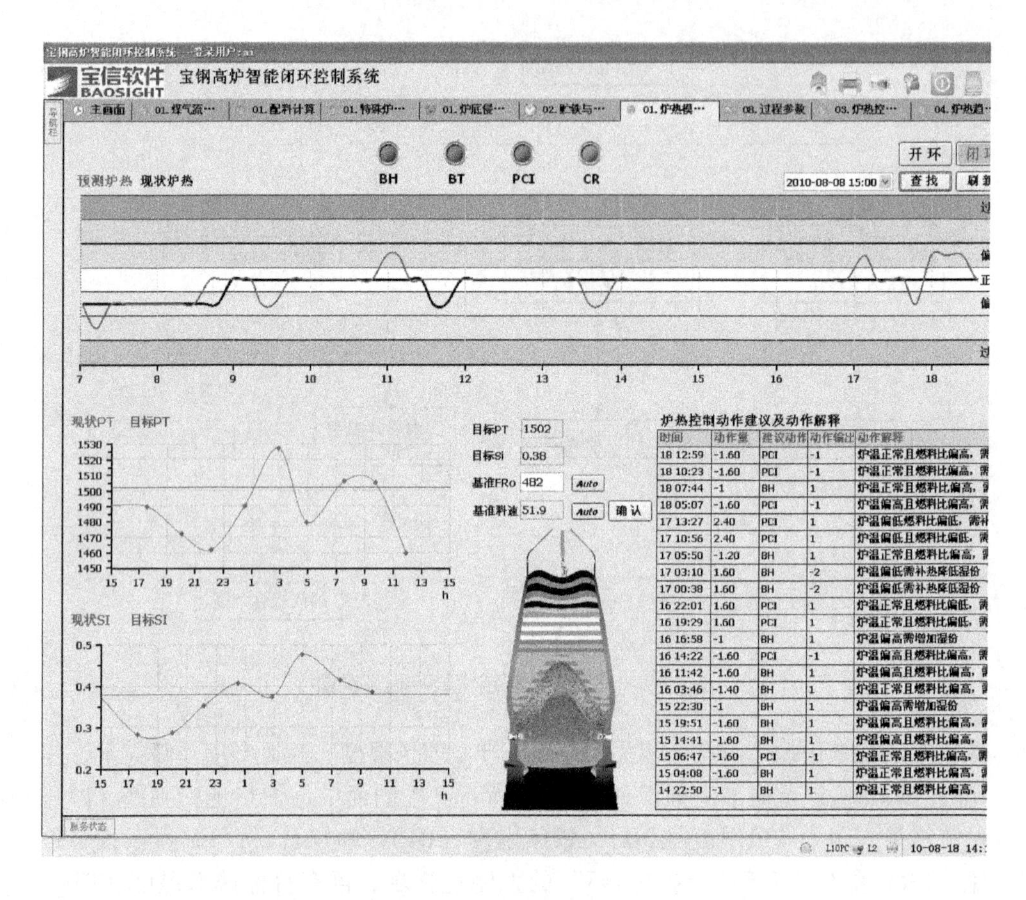

图 17-6　热炉调整监控主画面

（9）热负荷对炉热影响的补正技术；

（10）焦比变化对炉热影响的补正技术；

（11）炉热动作输出控制技术。

17.3.2.2　煤气流调节

在高炉生产中，煤气流分布的调整和控制是高炉操作的重要内容。煤气流的分布关系到炉内温度分布、软熔带结构、炉况顺行和煤气的热能与化学能的利用状况，最终影响到高炉冶炼的产量和能耗指标，并对高炉寿命有着重要影响。高炉操作也主要是围绕获得合理、适宜的煤气流分布来进行的。另一方面，煤气流分布也是高炉操作者判断炉况的重要依据。气流分布合理，煤气利用率高且矿石还原充分；分布不合理，煤气利用不好，而且还会产生一些炉况不顺的问题。所以，通过专家系统研究炉内煤气流的分布状况对于高炉操作有着很重要的意义。

煤气流不仅是炉料还原、软化、熔融造渣的条件，也是影响炉衬寿命的决定性因素，因为煤气流是高温、强还原性，含有碱金属的气流，这是炉身下部机械磨损和化学侵蚀的根源。煤气流分布、温度的波动也会造成炉衬温度的起伏，进而造成热应力破坏。高温煤气流使炉衬温度升高，直接促进炉衬的磨损和碱金属侵蚀，煤气流多的地方炉料下料快，从而造成炉衬磨损加剧，另外含尘气流也直接冲刷、侵蚀炉衬。当边缘气流不足时，又会造成炉墙边缘结厚甚至结瘤，并且还影响边缘炉料正常的预热、还原和膨胀，从而使炉料在下降到风口区时还不能熔化，引起风口的破损和烧坏，并且在洗炉时，还会造成炉墙黏结物黏连炉衬一同脱落的现象。上述两种煤气流分布都会恶化炉况，影响高炉的顺行，故合理控制边缘煤气流量在一定范围内，选择一个最佳的分布，使之既能确保高产、顺行，又能控制炉衬的侵蚀和破损，这一点是很有必要的。

操作先进的高炉气流控制技术主要反映在以下几方面：

（1）先进可靠的检测手段，包括各种在线与离线的料面形状、料流轨迹、温度分布等的检测仪表；

（2）通过周密的研究，准确把握料面形成的规律以及温度分布形状，建立高精度布料数学模型；

（3）开发煤气流控制判别系统，指导不同煤比、不同原料结构等条件下装料制度等的调节；

（4）检测、模型与专家系统构成一个闭环控制系统，提高判断与控制的可靠性；

（5）利用气流控制的研究成果，指导改造装料设备。

总体思路是按照煤气流调整现有方法进行，只是借助计算机和一些计算机软件对数据进行计算和处理，使一些数据能更直接清晰地展现出来，通过专家系统进行识别和判断，然后与专家系统知识库的内容相互结合，最后提出调整意见。

建立和完善两个数学模型：利用高炉气流判别参数，建立高炉煤气流判定GO-STOP系统，就是在煤气流分布有较大的变化前，迅速做出判断依据，提请操作者注意并采取相应的措施，防止重大的气流失常，对煤气流分布进行一个定量的分析；在得到气流判定的基础上，结合无料钟布料模型，给出一个气流调整的方案。在上述两个数模的基础上，通过高炉气流分布状态，充实和完善气流分布模式判断规则和气流综合控制专家规则库。煤气流调节子系统，涉及气流分布判定、气流调整控制功能。

A 煤气流分布状况判定

根据炉顶各部温度及温度分布、压力、压差、煤气成分以及高炉其他相关信息，判定炉顶中心气流和边缘气流的分布状况，该判定过程使用模式识别与规则推理相结合进行。

模型对煤气流的判定采用顺行指数和气流指数相结合的方式，以顺行指数作为判别的标准、以气流指数作为判别的依据，对煤气流分布作出一个综合性的判断。根据高炉检测装置的配置，选用全压差、透气性指数、风压西格玛水平、煤气利用率、崩滑料指数、探尺深度偏差六个参数作为高炉顺行指数的判别依据；选用 W 值、Z 值、Z/W、T_1、ΔT_1 极差、T_1-T_2、CCT、CCT_2 以及 B_2 热负荷、S_1-S_2 热负荷、钢砖 R 段热负荷、料速偏差共 12 个参数来组成，其中 W 值、Z 值、Z/W、T_1、ΔT_1 极差、T_1-T_2、CCT、CCT_2 均为高炉炉顶十字测温数据。在高炉实时数据中，根据上述选定的 18 项参数内容由计算机进行处理，将数据加工整理成判别因子：

（1）高炉全压差：高炉热风压力 - 高炉炉顶压力；

（2）高炉透气性指数；

（3）风压西格玛水平；

（4）煤气利用率；

（5）崩滑料指数；

（6）探尺深度偏差；

（7）十字测温 W 值；

（8）十字测温 Z 值；

（9）十字测温 T_1（边缘四点温度平均值）；

（10）十字测温 ΔT_1 极差（边缘四点温度极差）；

（11）十字测温 T_1-T_2（边缘四点温度平均值 - 边缘次四点温度平均值）；

（12）十字测温气流指数 Z/W（Z 值/W 值）；

（13）十字测温 CCT：中心点温度；

（14）十字测温 CCT_2：次中心四点温度均值；

（15）钢砖 R 段热负荷 Q_R；

（16）炉身下部热负荷 $Q_{S_1-S_2}$；

（17）炉腰热负荷 Q_{B_2}；

（18）下料速度偏差 ΔSP。

对加工整理后得到的判别因子与境界值进行比较判定，确定其属于“好”、“注意”、“坏”三种模式中的哪一种，并分别赋予数值，按照设定的分数给其进行打分，得出顺行指数和气流指数的分数，然后对顺行状态和气流状态的稳定性进行判断，气流指数还要通过参数权重作最后的判断，综合评价出煤气流分布的“好”、“注意”、“坏”三种模式。顺行指数是一项限制性条件，在输出“注意”、“坏”模式时，结合气流分布指数的输出必须进行动作。

判断煤气流分布“强”和“弱”的方法很多，在本模块中尝试了一种新的方法，是采用十字测温环面积上通过的热量进行计算，来判断气流通过量的大小。气流分布指数以边缘气流指数（BY 值）、中间气流指数（ZJ 值）和中心气流指数（ZX 值）组成，计算方法如下。

边缘气流指数计算公式：

$$\text{边缘气流指数(BY 值)} = \frac{S_1T_1 + \frac{T_1+T_2}{2}S_2}{(S_1+S_2)T_T} \Bigg/ \left(\frac{\frac{T_2+T_3}{2}S_3 + \frac{T_3+T_4}{2}S_4 + \frac{T_4+T_5}{2}S_5}{(S_3+S_4+S_5)T_T} + \frac{(T_5+T_6)S_6}{S_6T_T} + \frac{S_1T_1 + \frac{T_1+T_2}{2}S_2}{(S_1+S_2)T_T} \right)$$

式中　T_1——十字测温第一环平均温度,℃；

T_2——十字测温第二环平均温度,℃；

S_1——十字测温第一环面积，m^2；

S_2——十字测温第二环面积，m^2；

T_T——炉顶煤气温度,℃。

中间气流指数计算公式：

$$\text{中间气流指数(ZJ 值)} = \frac{\frac{T_2+T_3}{2}S_3 + \frac{T_3+T_4}{2}S_4 + \frac{T_4+T_5}{2}S_5}{(S_3+S_4+S_5)T_T} \Bigg/ \left(\frac{\frac{T_2+T_3}{2}S_3 + \frac{T_3+T_4}{2}S_4 + \frac{T_4+T_5}{2}S_5}{(S_3+S_4+S_5)T_T} + \frac{(T_5+T_6)S_6}{S_6T_T} + \frac{S_1T_1 + \frac{T_1+T_2}{2}S_2}{(S_1+S_2)T_T} \right)$$

式中　T_3——十字测温第三环平均温度,℃；

T_4——十字测温第四环平均温度,℃；

S_3——十字测温第三环面积，m^2；

S_4——十字测温第四环面积，m^2；

T_T——炉顶煤气温度,℃。

中心气流指数计算公式：

$$\text{中心气流指数(ZX 值)} = \frac{\frac{T_5+T_6}{2}S_6}{S_6T_T} \Bigg/ \left(\frac{\frac{T_2+T_3}{2}S_3 + \frac{T_3+T_4}{2}S_4 + \frac{T_4+T_5}{2}S_5}{(S_3+S_4+S_5)T_T} + \frac{(T_5+T_6)S_6}{S_6T_T} + \frac{S_1T_1 + \frac{T_1+T_2}{2}S_2}{(S_1+S_2)T_T} \right)$$

式中　T_5——十字测温第五环平均温度，℃；

T_6——十字测温第六环温度，℃；

S_5——十字测温第五环面积，m^2；

S_6——十字测温第六环面积，m^2；

T_T——炉顶煤气温度，℃。

最后，通过气流指数计算得到的结果在判定的结果中还要输出边缘和中心气流的“强”和“弱”，供操作者调节气流参考。系统的判断流程如图 17-7 所示。

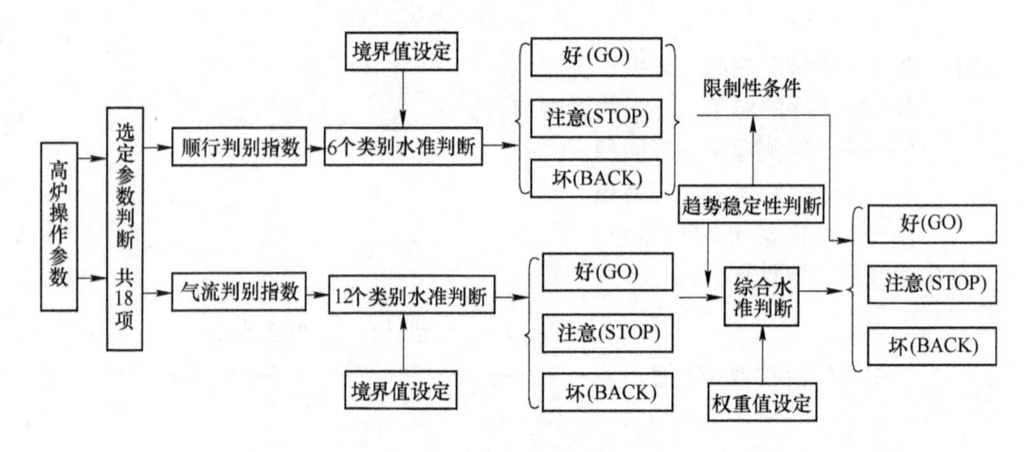

图 17-7　煤气流分布判定流程

B　气流调整控制

根据气流发展特性及其与目标特征之间的距离，自动调整布料档位，因考虑到安全方面因素，本系统目前仅仅开放矿石布料档位调节功能，焦炭布料档位暂不开放。

无料钟布料档位推定模型是依据顺行指数、煤气流指数和气流分布指数（边缘气流指数以及中心气流指数）进行逻辑判断，决定是否采用动作。由于高炉在不同时期具有不同的煤气流控制参数，因此顺行指数、煤气流指数、气流分布指数（边缘气流指数、中间气流指数、中心气流指数）以及高炉参数 CCT、CCT_2、Z/W、W、Q_R、ΔT_1 等参数的界限值可以计算机画面在逻辑判断回路中进行设定或修改，以获得最佳的调节模式。煤气流调整控制流程如图 17-8 所示。

在煤气流控制模式为闭环的条件下，模型会输出建议布矿档位信息，并按照输出的结果进行人工确认后进行自动调整；模型在离线运行时，则只输出建议布矿档位，操作人员可以选择适当的建议布矿档位，然后按“设定”设定到 L1 系统，模型信息画面如图 17-9 所示。该栏信息实时记录着实际档位变动情况，包括布矿档位变动的时间。

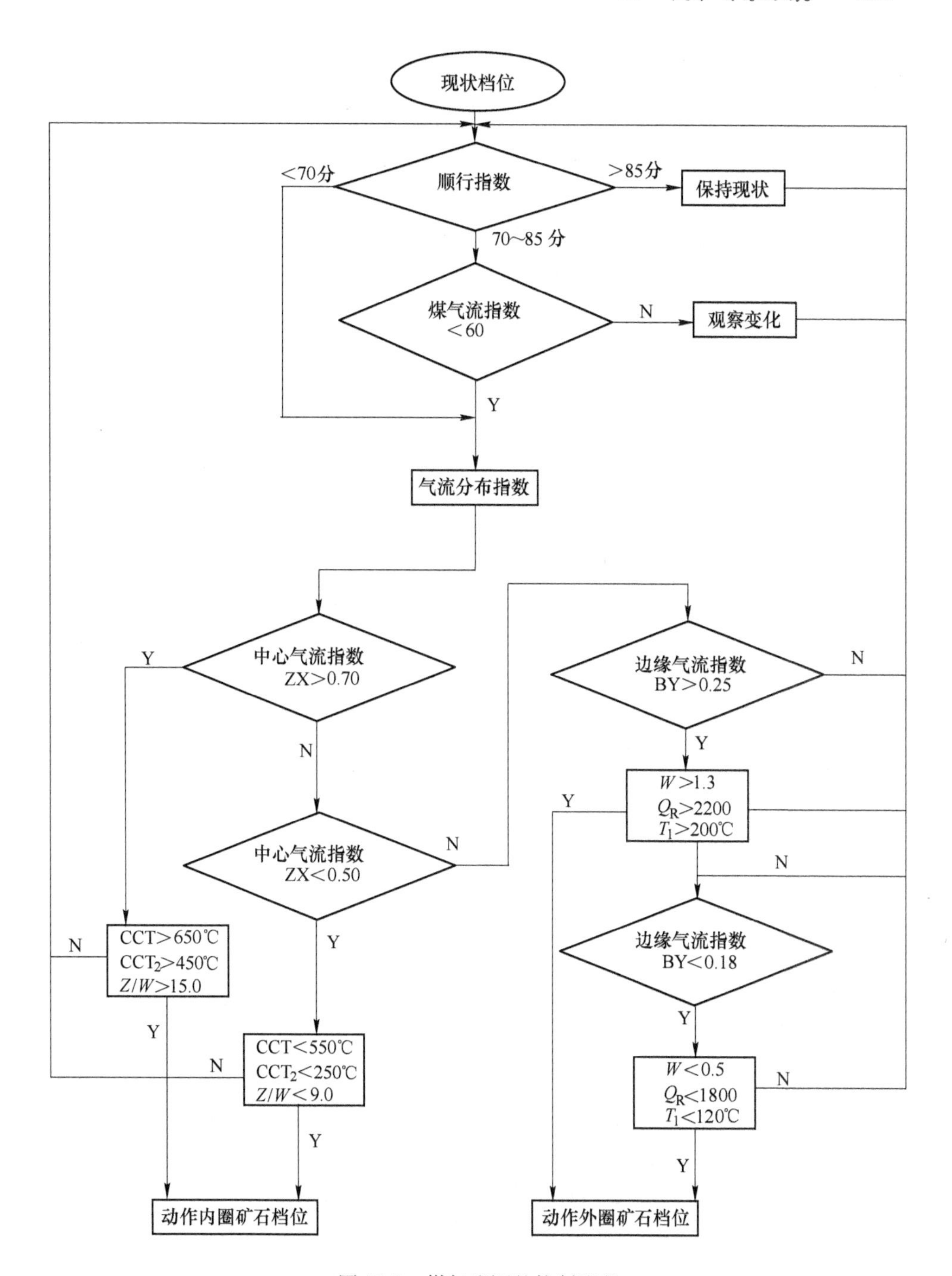

图 17-8 煤气流调整控制流程

煤气流调节模型有界限值参数调整、指数趋势值、稳定性分析、稳定性分析趋势图、煤气流控制参数调整、无料钟布料档位方式表、煤气流信息、模型自学

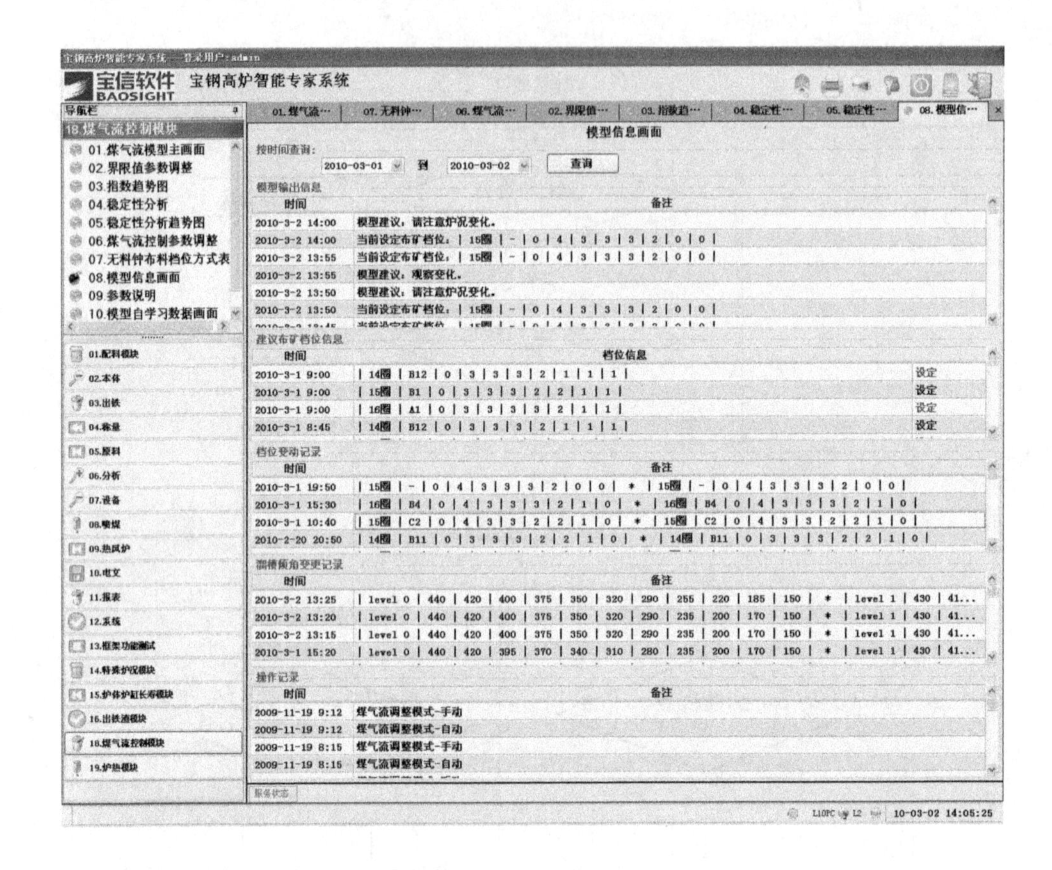

图 17-9　模型信息输出画面

习数据等画面。煤气流模型主显示画面如图 17-10 所示。

主画面有四个区，分别是模型运行模式选择、调整模式选择、图表（包括顺行指数雷达图、气流分布指数雷达图、气流水平分布指数图）、数据显示（包括顺行指数、气流指数各因子的最新值、最近 9h 平均值和最近 3 班平均值）。

17.3.2.3　渣性能调整

合适的炉渣应当具有既要高炉气流顺利通过渣液，同时又要具有合适的黏度，使炉渣能在操作温度下迅速而自由地流出高炉的性能。具备稳定的且合适的炉渣性能，是高炉的稳定运行的前提。

现有装入计算模块只能进行简单的计算，物料的变更主要依靠操作人员的经验判断，根据炉料成分计算得到的结果，进行预约变更称量，这个过程需要高炉多个作业区共同协作完成。本配料计算模型，功能涉及到物料跟踪和配料模型两大部分。

A　物料跟踪模块

物料跟踪模块主要实现高炉配料控制过程相关的物料信息的采集和处理，对入炉物料的存储、称量、上料、装料、炉内运行直至渣铁排出的物流相关信息跟踪采

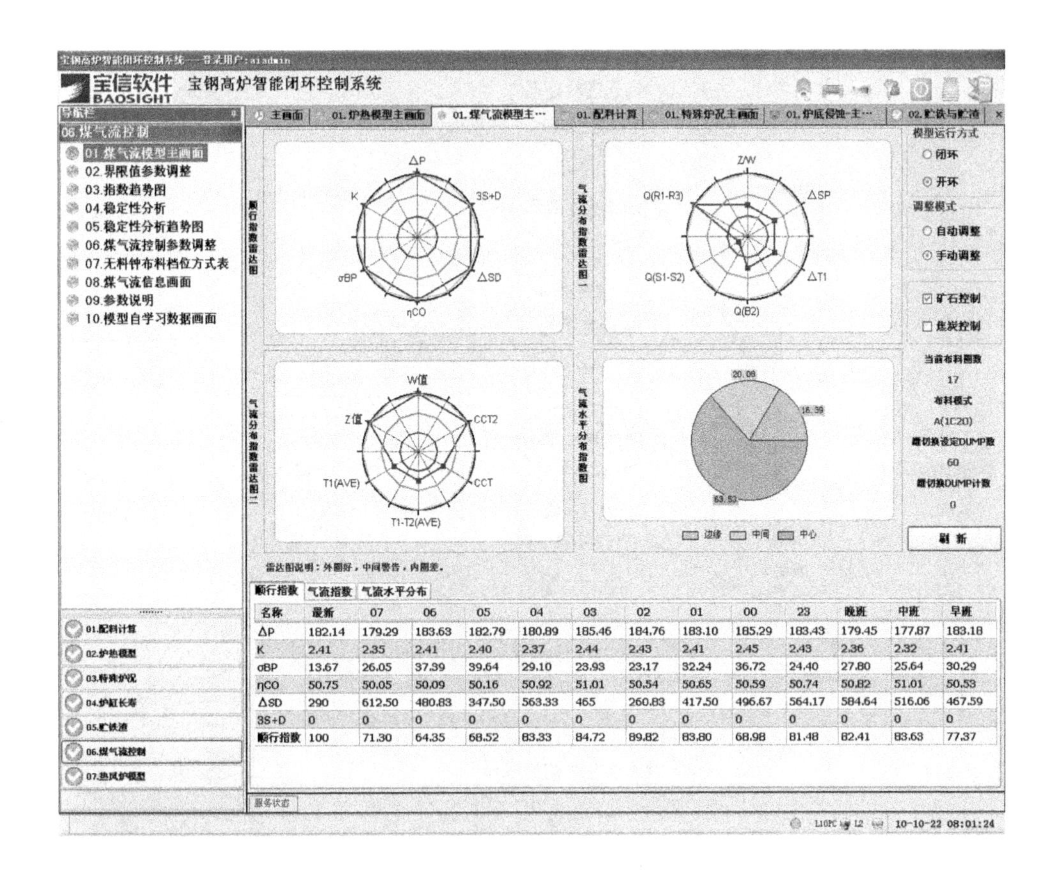

图 17-10　煤气流控制模型主画面

集。采用的方法是采集基础自动化系统的状态和信息，接收外部计算机系统的电文信息，过程数据的加工处理和存储，为后继配料模型和控制模型提供基础信息。

物料跟踪相关用例如图 17-11 所示。

B　综合配料计算模型

综合配料计算模型主要执行高炉配料变料控制计算、配料料单最优计算、配料单称量制度决策推定以及相关辅助处理，包括配料计算、称量制度编制、配料学习、辅料使用调整四个模块，如图 17-12 所示。

配料计算模块：主要考虑在高炉原料条件、燃料条件、设备条件和工艺要求的情况下，计算得到辅料用量最少、工艺合理的配料制度。

称量制度编制模块：主要是根据配料计算的主原料、辅原料、焦炭及煤比的配料使用量，并结合设备状态（是否可用、配料速度、称量精度等）和高炉装料制度编制规则、确定一个称量周期内各 Charge、各 Batch 的称量任务分配制度。

配料学习模块：根据上料称量过程实绩信息和相关出铁实绩信息，即实绩

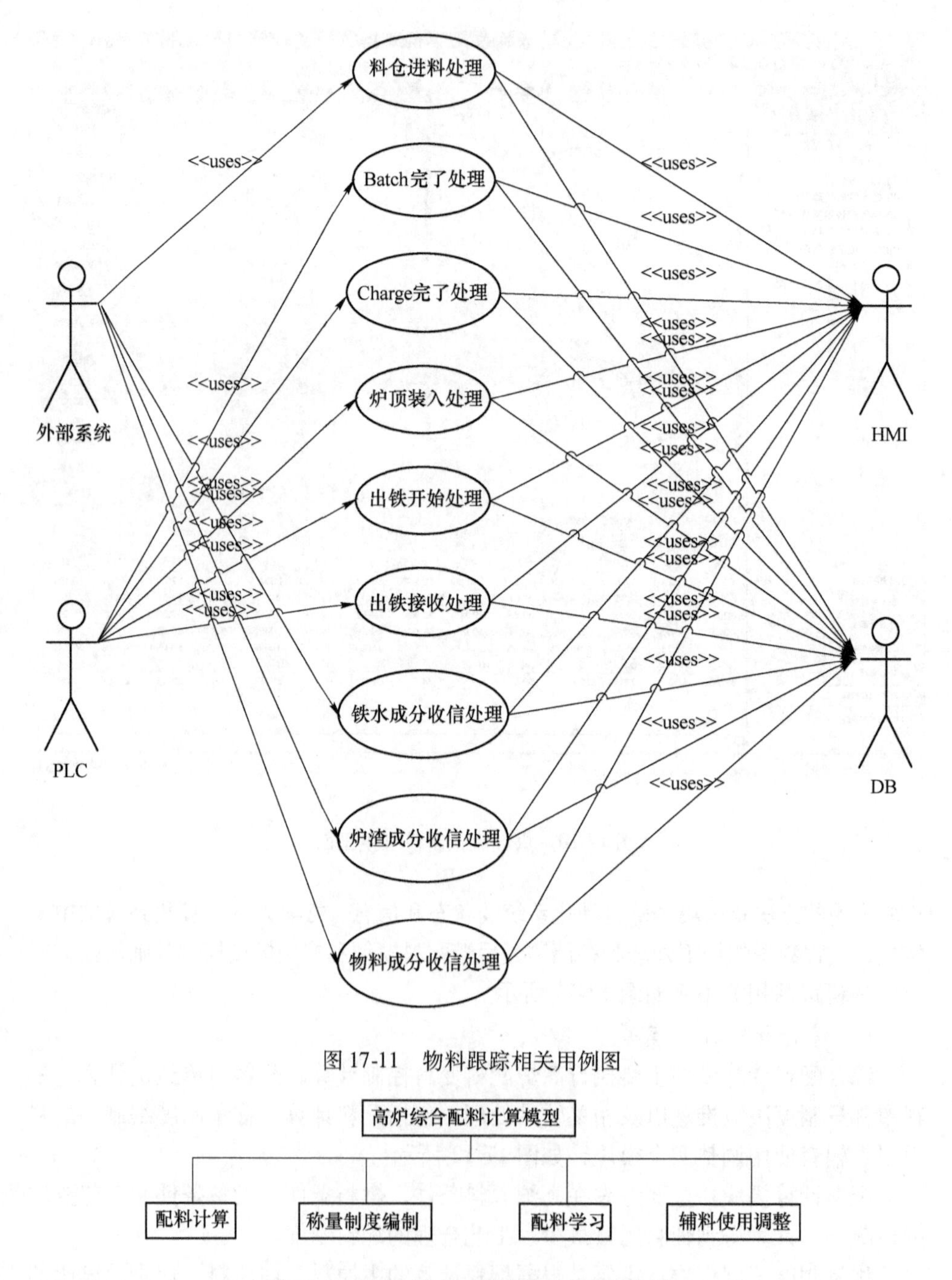

图 17-11 物料跟踪相关用例图

图 17-12 高炉综合配料计算功能模块划分

R、(Al_2O_3)、(MgO)信息，计算确定配料计算设定目标与出铁实绩的偏差量，并反馈学习模型系数，即辨识出铁硅修正后理论炉渣碱度和(Al_2O_3)、(MgO)值与出铁实绩之间的关系。

辅料使用量调整：本模块实现两种功能：（1）根据配料计算模块计算得到的配料制度，获取当前选定的矩阵节点并根据该节点对应的配料制度，进行数据整理、根据不同的运行模式（开环、半自动、闭环）判断是否变料、是否保存料单、是否打印料单；（2）根据配料计算模块计算得到的配料制度，当人工干预进行调整辅料时，负责重新进行配料制度计算，并返回给画面。

配料计算模块、称量过程编制模块和配料学习模块控制流程分别如图 17-13 ~ 图 17-15 所示。

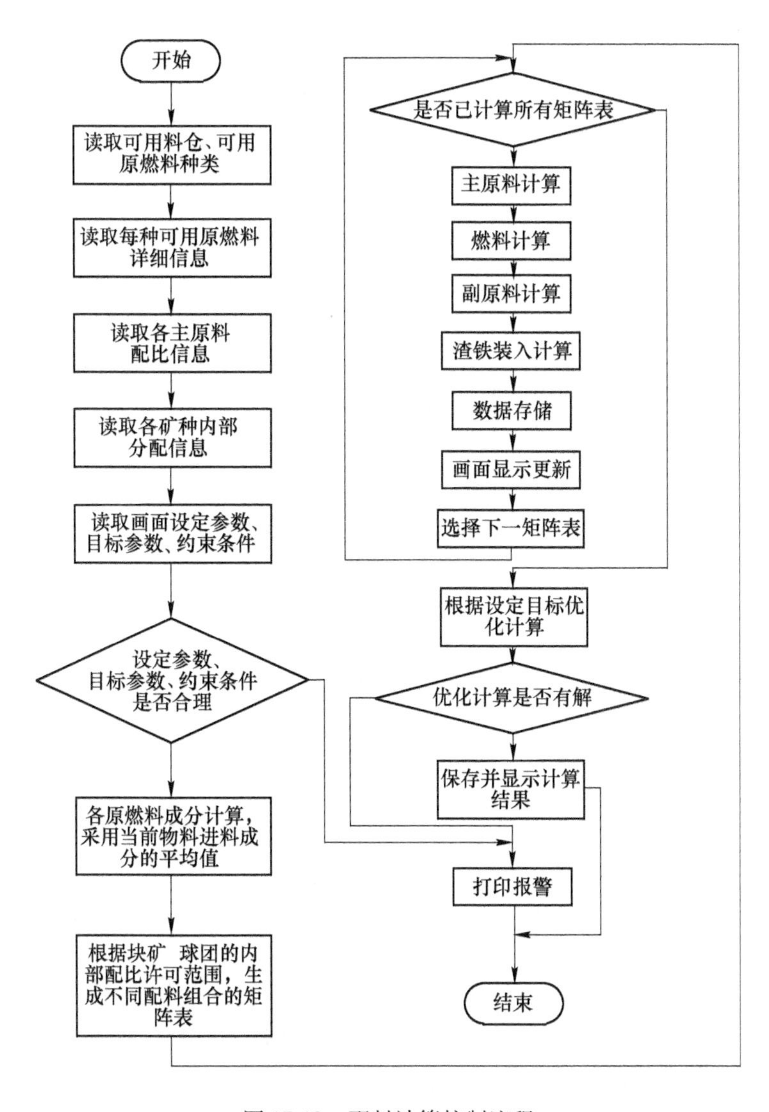

图 17-13 配料计算控制流程

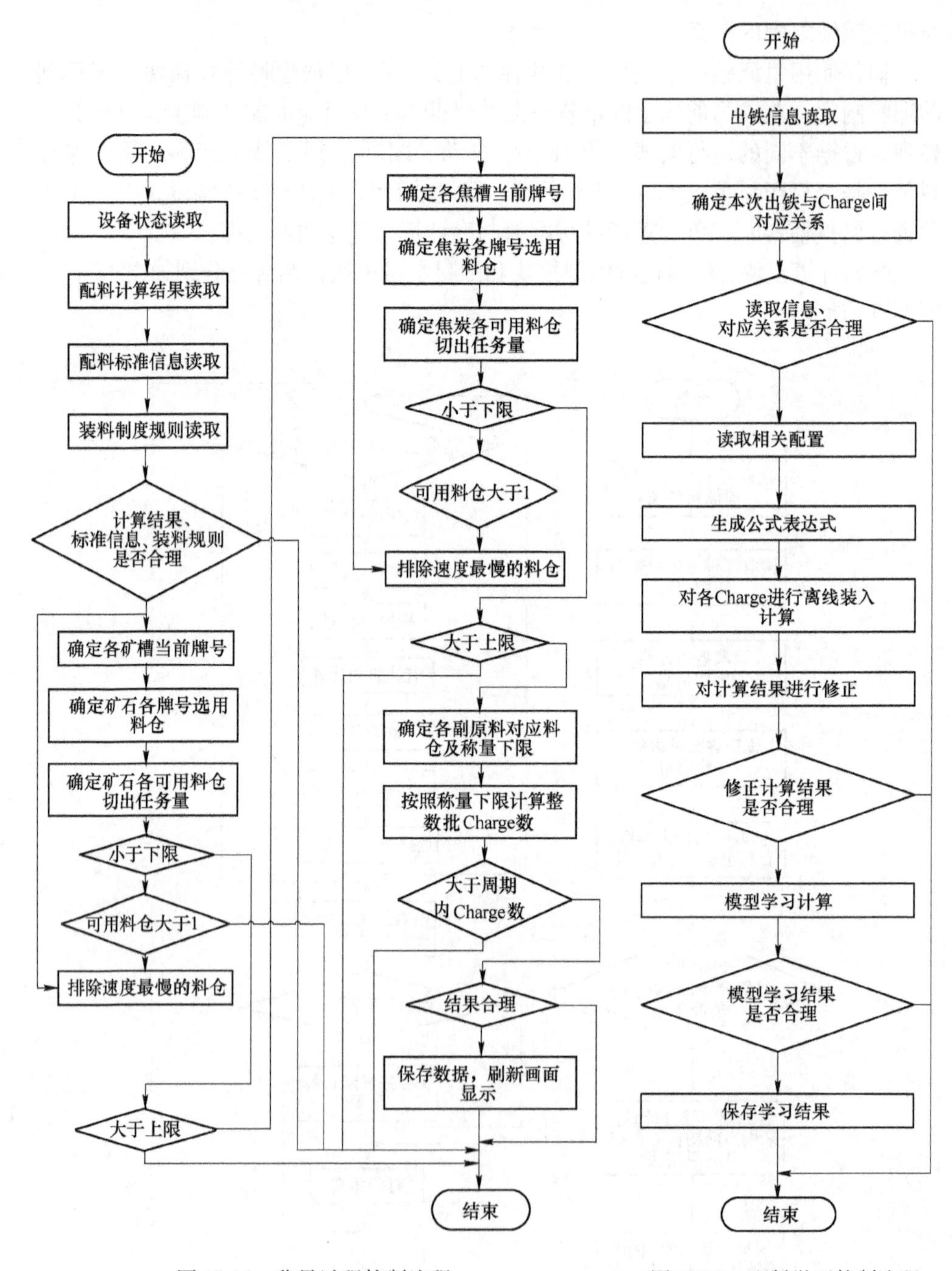

图 17-14 称量过程控制流程　　图 17-15 配料学习控制流程

高炉炉渣性能调节系统的技术特点是实现炉渣性能的自动调节，实现闭环控制，实现经济型优化配料，即实现炉渣碱度的自动计算调节和上料闭环控制。本系统可以在原燃料存在大幅波动或炉渣成分、炉渣性能发生较大偏差条件下，适时提供最佳变料方案，在全自动条件下，该方案将自动打印执行。炉渣性能控制系统主画面如图 17-16 所示。

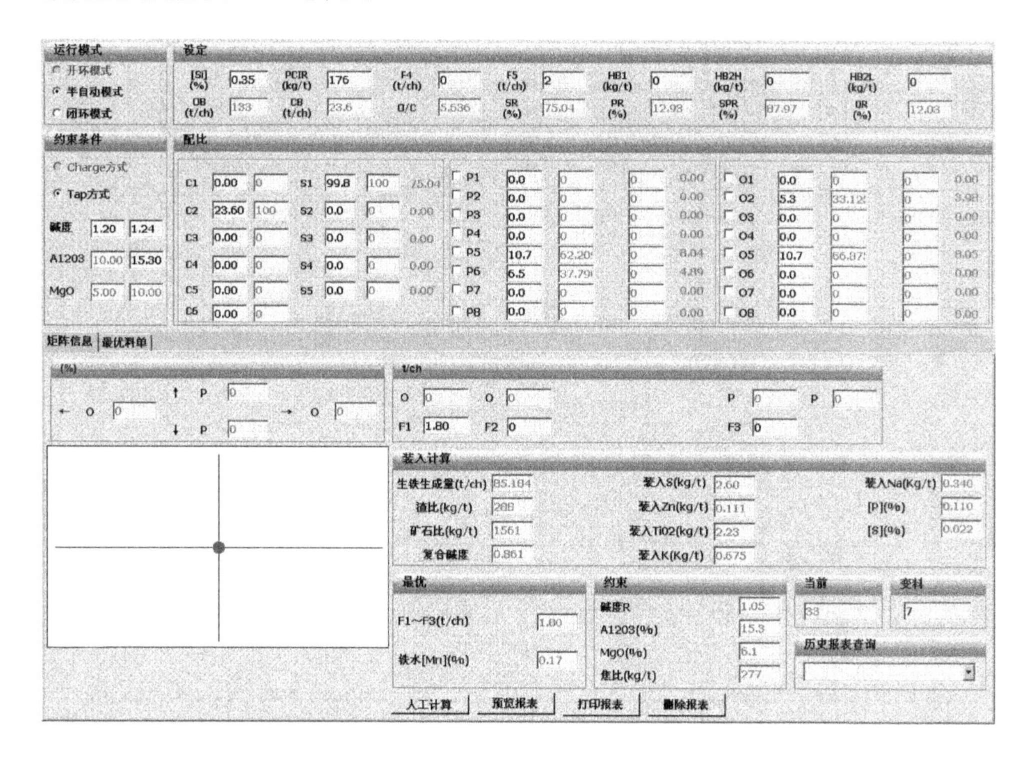

图 17-16　炉渣性能调整控制模型主画面

17. 3. 2. 4　出渣铁监视和管理

炉前操作的主要任务是通过出渣铁及时将生成的渣铁出净，其直接影响高炉生产的正常进行。如不按时出净渣铁，必然恶化炉缸料柱透气性，风压升高，料速减慢，出现崩料、悬料，甚至导致风口灌渣事故。实时掌握炉内渣铁总量并采取适当的炉前操作，是实现高炉生产稳定的重要条件。计算炉缸中贮渣量、贮铁量，加强炉缸渣铁液面监控和管理对于大型高炉操作具有重要指导意义。以高炉生产条件为基础，根据炉料配比、成分、装入批数，分别计算铁、渣累计生成量，根据炉前出铁口鱼雷罐称重液面计显示的出铁速度和转鼓显示的出渣速度（扣除含水率），分别计算铁、渣累计排出量，然后计算炉缸内贮铁量、贮渣量，根据上述计算出的贮铁量、贮渣量和炉缸容积、焦炭孔隙率、铁水比重、炉渣比重，计算炉缸内渣铁液面，实现炉缸渣铁液面动态显示，并及时提出优化出渣铁管理和确保炉缸安全的建议。同时还增加一些出渣铁数据统计表。高炉出渣铁监视管理子系统，根据炉料配比、成分、装入批数，分别计算渣、铁累计生成量，根据炉前出渣铁数据分别计算渣、铁累计排出量，然后计算炉缸内贮渣量、贮铁量，根据贮渣量、贮铁量和炉缸容积、焦炭孔隙率计算渣铁液面，实现炉缸渣铁液面动态模拟，为炉前操作提供指导，出渣铁趋势跟踪如图 17-17 和图 17-18 所示。

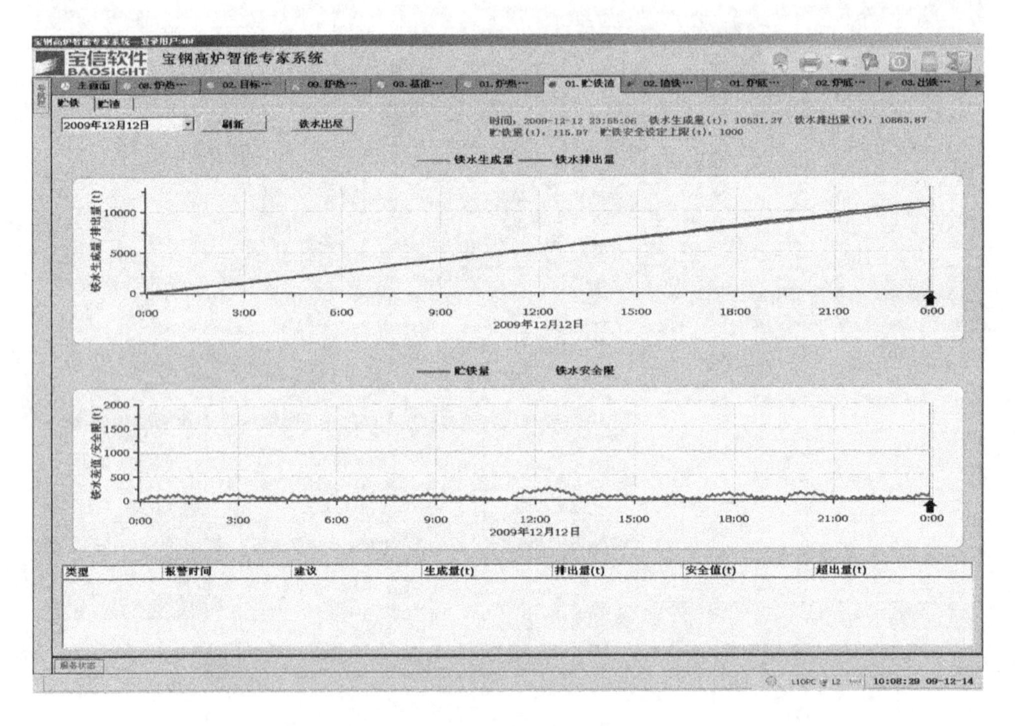

图 17-17 炉缸内贮铁量趋势

实现炉缸贮渣量、贮铁量监视技术逻辑如图 17-19 所示。相关内容包括：

（1）渣铁生成量计算：根据料仓原燃料成分、称量切出重量和上料实绩，计算高炉铁水和炉渣的生成速率以及日生产量累计值；

（2）铁水排出量计算：根据鱼雷罐液面计信号、鱼雷罐称重仪信号或铁水重量设定值，实时推算铁水排出量（连续或离散）；

（3）炉渣排出量计算：根据水渣渣处理相关信息，实时推算炉渣排出速率，以及日生产量累计值；

（4）储铁渣总量计算：根据渣铁生产量计算值、铁水排出量计算值、炉渣排出量计算值，实时推算当前时刻炉内渣铁总量；

（5）液位模拟计算：根据当前时刻炉内渣铁总量以及铁口打开顺行，模拟计算渣铁液面高度和形状；

（6）报警和操作指导：实时跟踪炉内渣铁总量和发展趋势，当储铁渣总量超限时及时报警，并发布操作指导。

基于炉缸贮铁量、贮渣量计算结果，炉缸几何尺寸，炉缸焦炭孔隙率等相关参

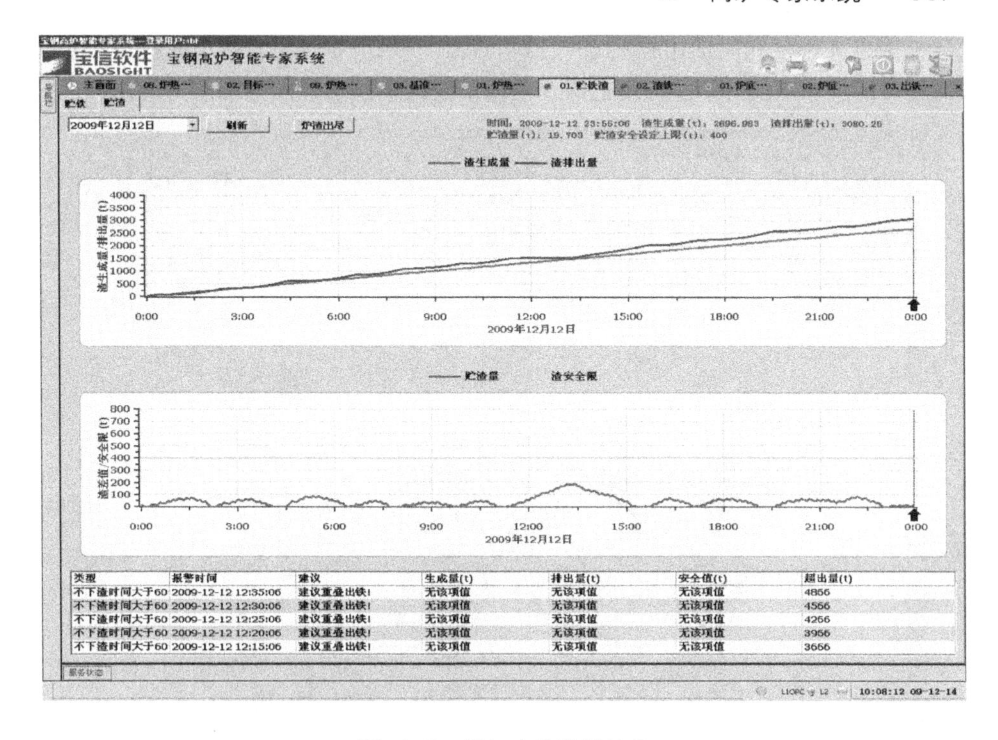

图 17-18 炉缸内贮渣量趋势

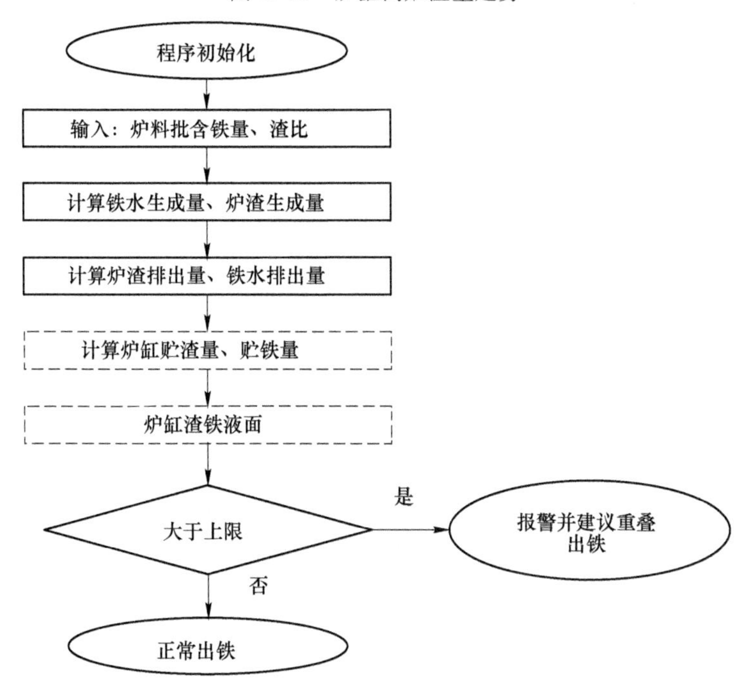

图 17-19 出渣铁监视和管理技术逻辑

数，并结合高炉各铁口的出铁状态（铁口打开、铁口关闭）信息，计算高炉炉缸不同径向的铁水液面和炉渣液面曲线，炉缸渣铁液面动态显示如图 17-20 所示。

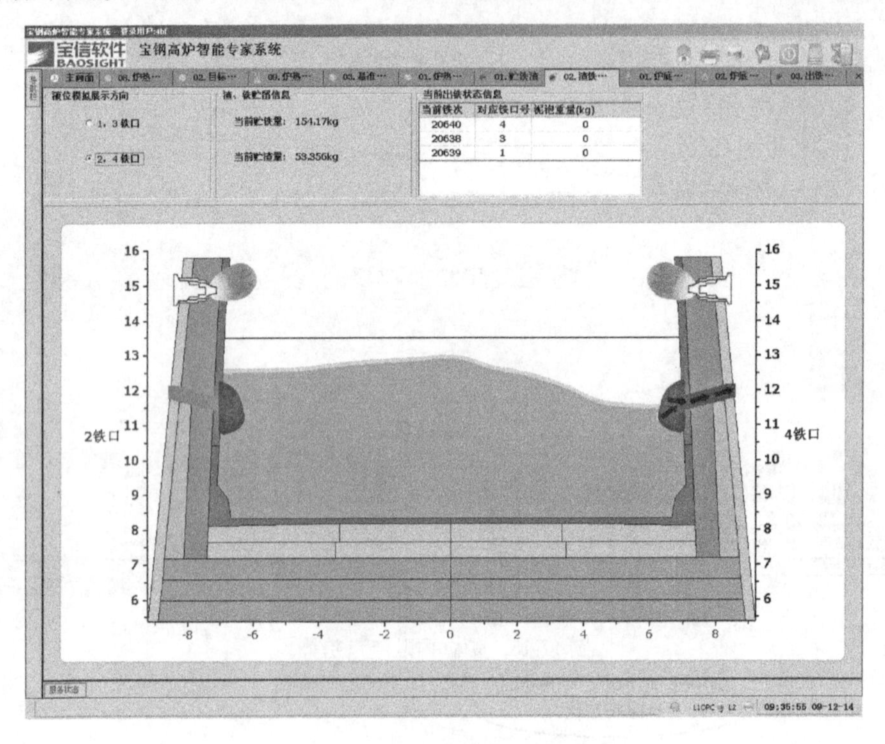

图 17-20　炉缸渣铁液面动态示意图

基于炉缸贮铁量 W^t_{Pig} 和炉缸贮渣量 W^t_{Slag} 及高炉炉缸尺寸，计算铁水液面基本高度 H^t_0 和炉渣液面高度 Δh^t_{Slag}：

$$\text{铁水液面基本高度}\ H^t_0 = \frac{W^t_{\text{Pig}}}{\varepsilon \pi r^2 \rho_{\text{Pig}}} - H'_0$$

式中　ε——焦炭孔隙率；

r——炉缸直径；

ρ_{Pig}——铁水密度；

H'_0——高度修正参数（在铁水出尽时，模型需要自动修正该参数）。

不同铁口（1TH～4TH）方向各自保存对应的铁水液面最低高度 H^t_1 ～ H^t_4 值。在铁口（iTH）打开状态下高度 H^t_i 值以速度 ΔH_{down} 液面下降，在铁口（iTH）关闭状态下以速度 ΔH_{up} 上升。各 H_i 的迭代计算关系式为：

$$H^t_i = H^{t-1}_i + \Delta H_{\text{up}} T^t_{i,\text{closed}} - \Delta H_{\text{down}} T^t_{i,\text{opened}} \quad (H_{\text{Min}} \leqslant H^t_i \leqslant H_0)$$

式中　$T^t_{i,\text{opened}}$，$T^t_{i,\text{closed}}$——分别为铁口 i 在计算周期 t 期间内分别处于打开和关闭状态的时间比率。

对于铁口（iTH）的液面节点（i,j），其标高 $h_{i,j}^{t}$ 值是基于当前时刻 H_0^t 和 H_i^t 进行加权处理，

$$h_{i,j}^{t} = w_j H_0^t + (1 - w_j) H_i^t$$

式中 w_j, $1 - w_j$ ——分别为 H_0 和 H_i 对节点 j 的影响权重大小。

炉渣液面高度
$$\Delta h_{\mathrm{Slag}}^{t} = \frac{W_{\mathrm{Slag}}^{t}}{\rho_{\mathrm{Slag}} \pi r^2}$$

式中 r——炉缸直径；

ρ_{Slag}——炉渣比重。

对应炉渣液面节点（i,j），其高度为：$\Delta h_{i,j}^{t} + \Delta h_{\mathrm{Slag}}^{t}$。

17.3.2.5 炉体炉缸长寿

随着高炉的大型化和操作条件的日趋苛刻，炉缸砖衬的损耗加速，引起高炉寿命的短缩。高炉炉缸侵蚀线推定模型的目的，就是利用炉缸侧壁及底板上埋设的温度计所测得的实际温度及冷却条件，连续推定炉缸侵蚀线及凝固线的位置。把握炉缸砖衬的侵蚀情况和凝固层的分布，以便迅速正确地实施短期、长期的保护措施，延长砖衬的寿命，并进行凝固层层厚控制。及时掌握炉缸侵蚀情况并采取适当保护措施，才能实现高炉的长寿和稳定生产。高炉炉缸侵蚀模型，以传热学为理论基础，以炉缸内部的内、外两层热电偶检测值为依据，按照铁水1150℃凝固线，确定炉缸死铁层内铁水凝固线位置和耐火材料侵蚀线位置，推定确定高炉炉缸区域高炉耐火材料的侵蚀状态，进行数学建模。建模过程采用正交试验分析和有限元相结合的方法进行基于二维的凝固线、侵蚀线及炭砖砖衬温度场的推定。此外，模型画面多角度展示高炉炉缸侵蚀情况，是维护高炉长寿一个不可或缺的得力工具。

高炉炉缸侵蚀模型，主要包括如下模块：

（1）侵蚀状态推定：将炉缸传热问题简化成一维问题或二维问题，使用两点推算法或有限元素法，定周期推定计算炉缸死铁层凝固线位置、耐火材料侵蚀线位置，并将计算结果保存到数据库系统并展现到HMI画面上。

（2）温度场计算：在利用有限元方法推定炉缸凝固线的计算结果基础上，详细计算炉缸区域内各点的温度信息，计算设定温度的等温线形状，同时推算炉缸的传热方向和热流强度，并在画面上显示上述信息。

（3）冷却状态计算：在利用有限元方法推定炉缸凝固线的计算结果基础上，推算炉体侧壁的壁体温度、热流密度，并计算确定炉缸区域相关的热负荷和冷却水温差信息。

模型功能模块划分如图14-3所示。相关内容包括：

（1）凝固线推定：根据高炉炉缸热电偶实测温度，基于二维稳态传热理论，采用有限元素方法，推定炉缸渣铁凝固线位置。

（2）侵蚀线推定：跟踪记录炉缸不同区域凝固线位置，判定炉缸耐火材料侵蚀线，记录炉缸侵蚀状态走势。

（3）炉衬残厚计算：基于炉缸热电偶信息和侵蚀线推定结果，计算炉缸不同区域耐火材料残余尺寸，真实的反映炉缸砖衬残厚情况。

（4）等温线计算：在二维传热有限元素计算结果基础上，推算不同温度等温线的形状和位置。

（5）温度相图计算：在二维传热有限元素计算结果基础上，推算炉缸区域不同位置的温度值，并用温度热相图方式模拟显示，以展示炉缸砖衬各部位的温度分布情况。

（6）侵蚀趋势分析：通过比较对照不同时期的炉缸凝固线，确定炉缸渣铁凝固线发展趋势，模拟展示炉缸侵蚀状态走势和发展速度。

（7）报警提示：根据炉缸热电偶温度、凝固线位置及发展速度，模型系统实时识别炉缸侵蚀发展趋势，并及时报警显示。

高炉炉缸侵蚀模型监控主画面如图 14-4 所示。

17.3.2.6　*特殊炉况处理*

高炉炼铁特殊炉况模型主要是根据高炉当前的炉况来定量分析高炉发生悬料、管道以及炉凉的概率，并分析出现特殊炉况的主要原因，针对原因提出相应的调整对策，对发生异常炉况时提出处理方案，该模型还对高炉出现“停电”、“停水”和“送风异常”提出处理意见并具有学习功能。高炉炼铁特殊炉况模型的目标是减少高炉出现悬料、管道和炉凉的概率，根据模型定量计算的结果，提前预知高炉炉况的变化，据此来及时调整炉况以减少甚至消除异常炉况的发生。该模型提出了出现异常炉况和“三停”事故时的应对措施，以减少人员处理此类异常炉况时失误。模型的学习功能可以提高新人的技能水平。

特殊炉况模型的主要任务为根据当前的炉况参数（影响因子），如风压水平、风压波动情况、气流参数、炉热水平、出渣铁情况、原燃料条件等参数，来定量判断这些影响因子对炉况的影响。根据各种影响因子对导致悬料、管道和炉凉的影响程度设定权重，然后计算出当前炉况水平下可能导致悬料、管道和炉凉的概率。

特殊炉况的概率预测是特殊炉况模型的主要任务，包括悬料异常概率预测、管道异常概率预测和炉凉异常概率预测。

首先对可能导致异常炉况的炉况参数（影响因子）进行量化表达，如对于悬料，可能导致悬料的炉况参数包括炉况（风压、风压波动、风压趋势、透气性、压差、近 40charge 内出现的管道、悬料、崩滑料情况等）、气流（边缘四点温度、中心温度、钢砖温度、封罩温度的值以及温度偏差等）、炉温（包括铁水温度、铁水［Si］含量、燃料比水平等）、原燃料（包括焦炭、烧结矿等理化指标和冶金性能等)、炉前作业的出渣铁情况、炉渣情况（包括碱度、Al_2O_3 含量)、探尺监测。

其次根据多年的生产经验和具体高炉实际，总结出当炉况顺行稳定时这些炉况参数（影响因子）的标准区间，当影响因子偏离标准区间时，影响因子对炉况的稳定顺行会产生影响，即可能导致异常炉况。根据影响因子偏离的程度，计算量化影响因子可能导致异常炉况的影响程度，并以概率表示。

再总结出不同影响因子对特殊炉况的影响程度，根据影响程度来给定权重，最后计算当前炉况情况下可能会出现异常炉况的总概率。将概率分为三种：(1）当概率为0% ~30%表示发生异常炉况的可能性小；(2）当概率为30% ~70%表示有可能发生异常炉况；(3）当概率为70% ~100%表示非常有可能发生异常炉况。

炉况信息显示的是当前炉况的重要参数。运行模式有自动模式和半自动模式，在日常正常生产时为自动模式，在高炉处于休送风等特殊情况下选择半自动模式，系统暂停运行。管道、悬料和炉凉预测概率的时间推移图、异常处理建议以及历史概率的查询可以从画面显示，特殊炉况监测主画面如图 17-21 所示。

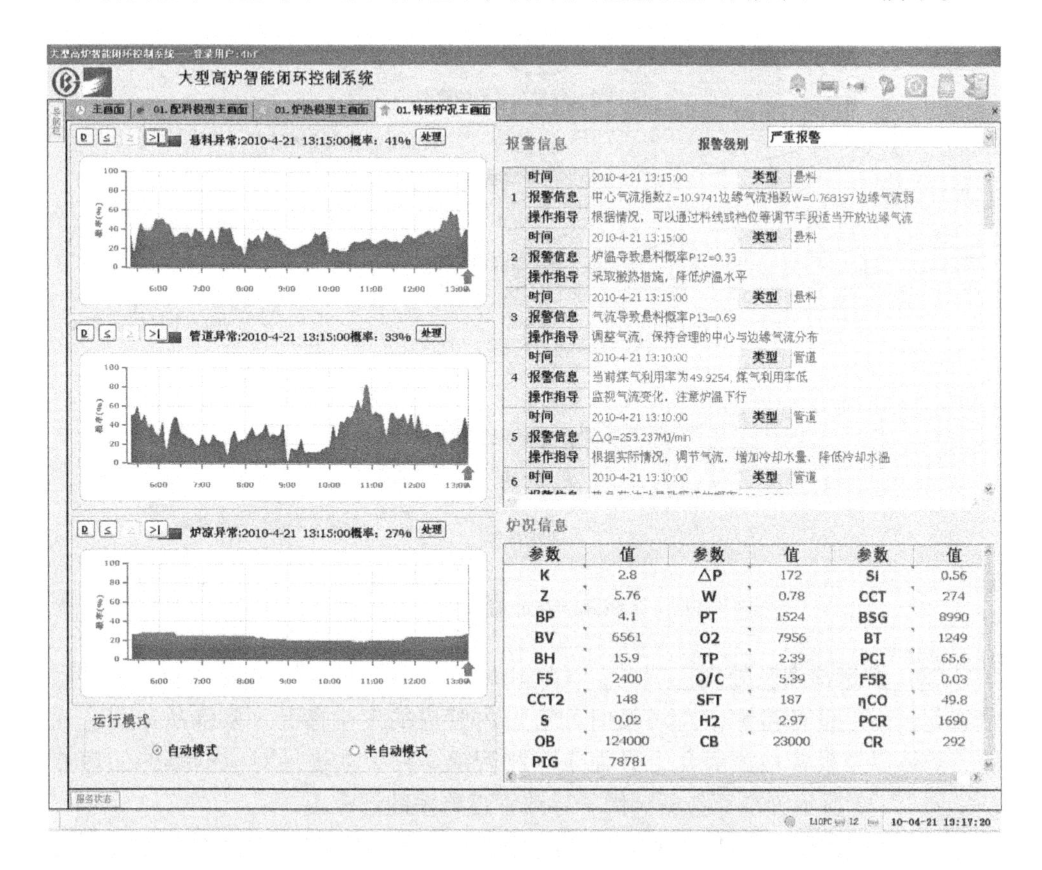

图 17-21 特殊炉况监测主画面

高炉炼铁过程惯性很大，及时判断和预测炉况异常事件非常重要。本模型在过程数据基础（事实）上，对照专家规则库既有规则，执行正向规则推理，判定当前高炉生产状态和各异常事件的发生概率，并提供相应的操作指导，主要内容包括：

（1）悬料预测及处理：从炉况、炉温、气流、原燃料、作业、探尺检测以及炉渣性状等几个方面来预测悬料事件，确定悬料发生的概率高低和严重程度，以及可能产生或已经产生悬料的原因，采取不同的悬料处理方法。图 17-22 所示为推算各影响因子导致悬料概率的逻辑图。

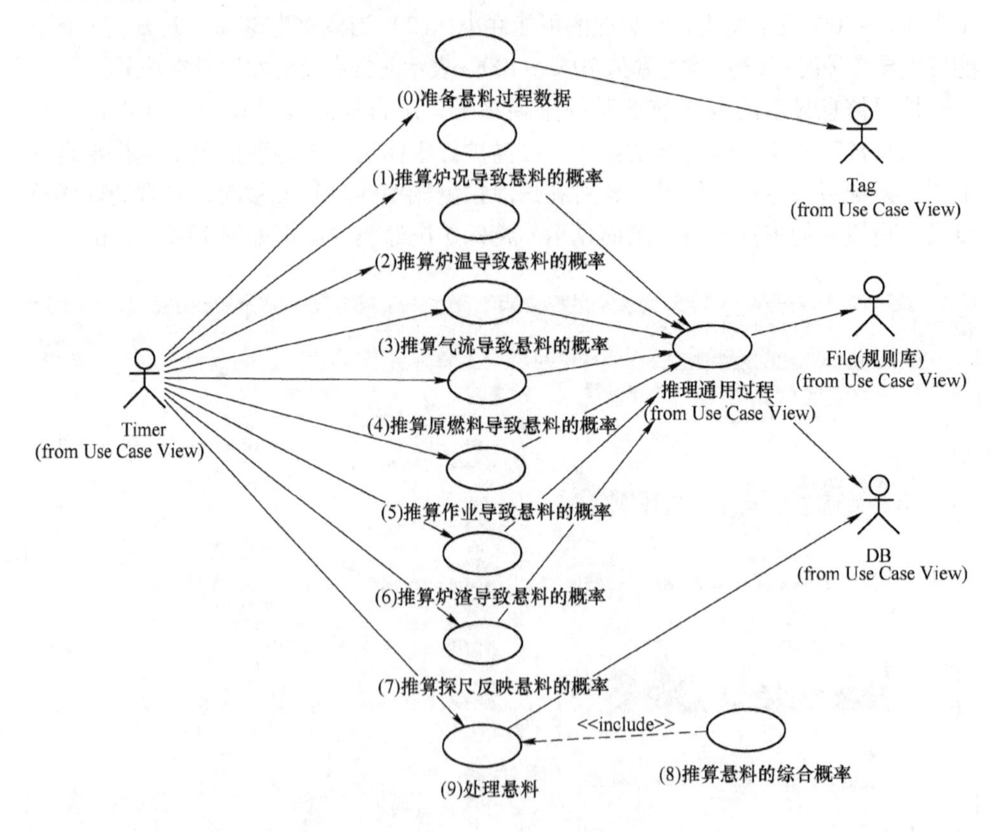

图 17-22　各影响因子导致悬料概率的逻辑图

（2）管道预测及处理：炉况、气流和炉体等因素均可能导致局部料柱发生流态化，另外设备检测信息可及时判定炉内管道的发生情况。系统从炉况、气流、炉体以及设备检测等几个方面来预测管道事件，并提供对应的操作处理方法。图 17-23 所示为推算各影响因子导致管道概率的逻辑图。

（3）炉凉预测及处理：炉凉是高炉操作的大忌，产生炉凉的原因非常复杂，总体可以分为高炉顺行情况下的炉凉、炉况异常时导致炉凉和设备原因导致炉

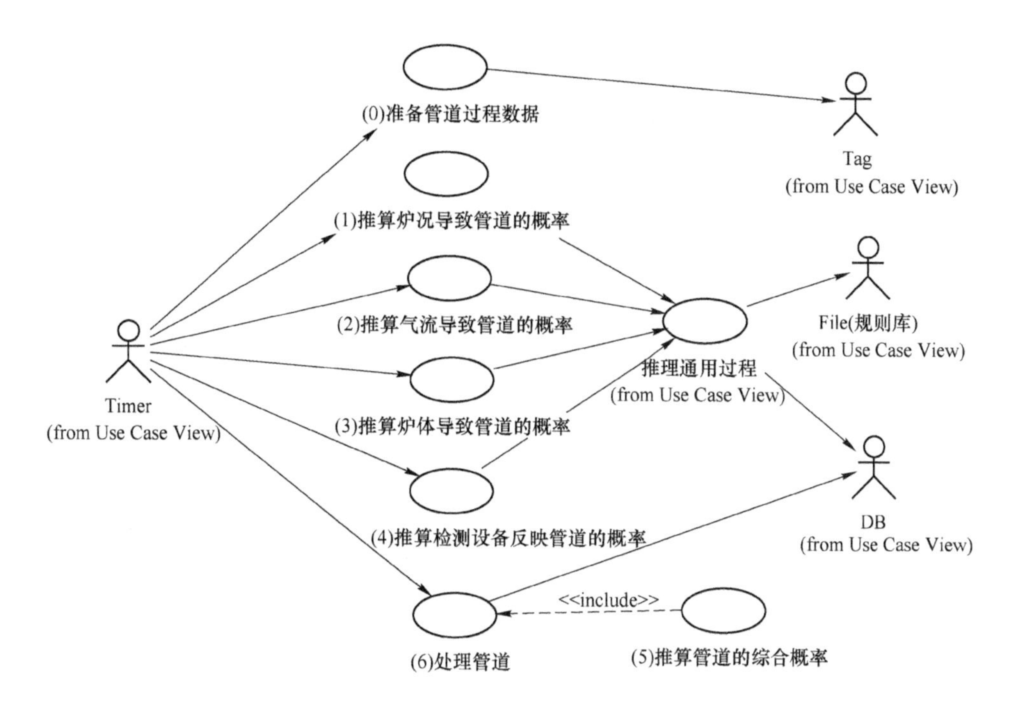

图 17-23 各影响因子导致管道概率的逻辑图

凉。高炉顺行时导致炉凉的根本原因是实际燃料比比所需要的燃料比要低，测得的铁水温度低于管理温度。炉况异常时炉凉指由于崩滑料、悬料、管道、炉墙脱落和低料线等导致炉凉。系统可根据当前时刻炉凉发生概率和具体情况，提供相应的操作指导。图 17-24 所示为推算各影响因子导致炉凉概率的逻辑图。

17.3.2.7 热风炉控制

热风炉控制子系统具有热风炉系统设备管理和燃烧控制两大功能。从热风炉设备安全管理的角度出发，管理热风炉炉体各部分的温度，尤其应关注热风炉炉体最高温度部位，负责拱顶部的温度控制和炉箅子部的温度控制，另外为了实现稳定的热风炉操作，本子系统还负责燃烧流量计算控制：

（1）气体流量计算：根据热风炉蓄热室平均温度信息、焦炉煤气（COG）与高炉煤气（BFG）的混合比及空燃比，确定热风炉的蓄热量、BFG 支管流量、COG 支管流量以及助燃空气（AIR）支管流量。

（2）拱顶温度控制：通过操作比 BFG 燃烧发热量高的 COG 调节，来改变混合煤气的燃烧发热量，从而控制拱顶温度。

（3）废气温度控制：为提高热风炉的蓄热量，尤其是蓄热室中下部的蓄热量，本子系统在确保设备安全前提下，力求适当提高废气温度，以减少周期风温度降落，是提高风温的一种措施。当燃烧进入废气温度管理期，逐渐减少燃气流

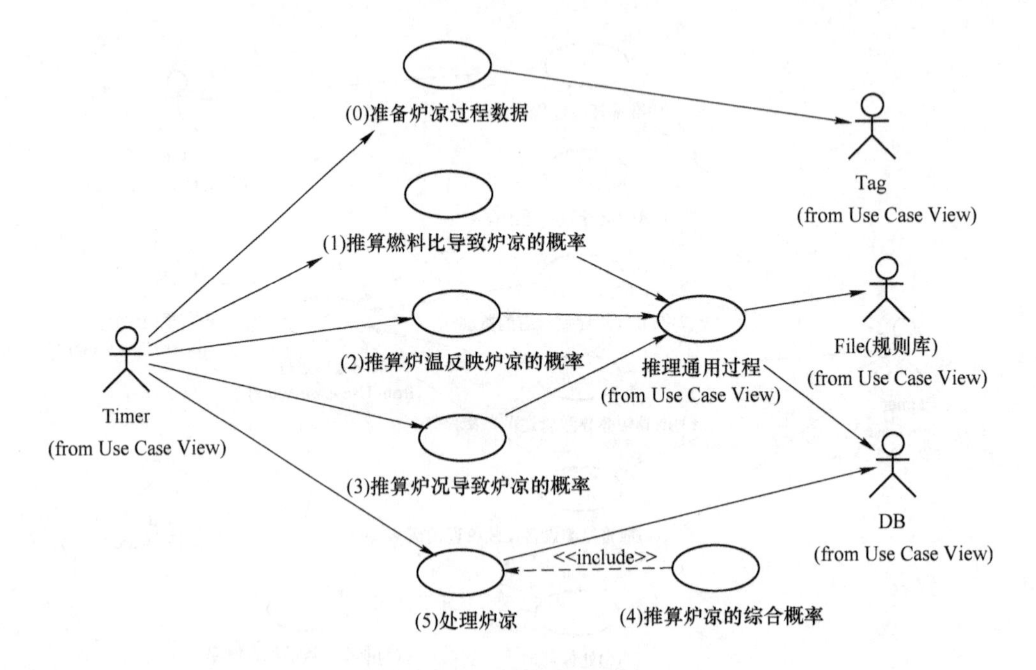

图 17-24　各影响因子导致炉凉概率的逻辑图

量，确保废气温度和炉箅子温度受控。

从使用效果来看，改进后的热风炉燃烧计算机控制模型，能实现全自动闭环控制烧炉、解决了高炉煤气支管流量计算值偏差大的问题，模型能根据烧炉的实际情况自动调整 BFG 流量、空燃比能及时跟踪，确保能根据 BFG、COG 的流量自动调整助燃空气流量。

17.4　展望

宝钢高炉投产 30 年来，在高炉操作、过程控制以及高炉建模探索等方面都积累了丰富的经验。现在使用的高炉智能专家系统，采用先进的数学建模方法与现场操作经验，实现了具有高炉操作过程闭环控制的功能。高炉专家系统的开发应用，有利于增强高炉稳定性、减少炉况异常波动、提高铁水品质、降低燃料消耗，同时还有利于消除现场操作人员之间的操作差异。

高炉智能专家模型投运以来，经过不断的修改和完善逐渐成熟，模型判断的准确性大幅度提高，其准确率已经达到 85% 以上，模型的运行率及闭环率等指标一直保持在较高水平，对高炉生产的指导意义进一步加强，为高炉操作提供了重要的参考和指导。图 17-25 所示为在 2009 年 11 月至 2010 年 9 月高炉智能专家模型投入期间，通过特殊炉况专家系统中的管道异常模块对高炉发生管道预测及处理的结果。从图中可以看出，自 2010 年 5 月份以后管道概率大大降低，从

2009 年 11 月至 2010 年 5 月的半年里月均发生管道的次数为 11. 14 次，而 2010 年 5 月份以后月均次数降低到 0. 75 次。

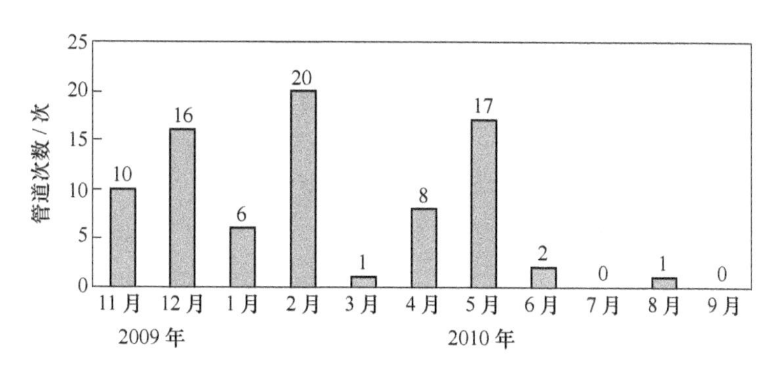

图 17-25 高炉管道预测结果

高炉专家系统开发，实现了钢铁企业专家经验的信息化数字化，使得专家经验得以固化传承，有利于企业的长期发展。目前专家系统主要着眼于为操作人员提供生产建议，操作者可以对建议决定是否采纳或拒绝。专家系统有利于帮助收集、整理和保存领域专家的知识和经验，有利于年轻工程师的迅速成长。毫无疑问，专家系统由指导型发展到闭环控制，为高炉专家系统的进一步应用提升了空间，也是未来智能制造的发展方向。随着人工智能技术的发展，经验型专家系统将融合进更多智能技术，形成智能控制专家系统，实现真正的高炉炼铁智能生产。专家系统的应用可以使生产过程更加稳定、产量更高、能耗更低。